Rudolf Pitka, Steffen Bohrmann,
Horst Stöcker, Georg Terlecki

# Physik

## Der Grundkurs

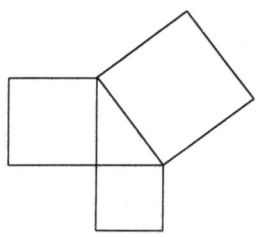

Verlag Harri Deutsch

Die Deutsche Bibliothek - CIP-Einheitsaufnahme

**Physik** : der Grundkurs / Pitka ... - Thun ; Frankfurt am Main :
Deutsch, 1999
 ISBN 3-8171-1575-X

**Physik** [Medienkombination] : der Grundkurs / Pitka ... - Thun ;
Frankfurt am Main : Deutsch
 ISBN 3-8171-1576-8
 Buch. 1999
 kart.
 CD-ROM. Clixx Physik. - 1999

**ISBN 3-8171-1575-X**
**ISBN 3-8171-1576-8 (mit CD-ROM)**

1. Auflage 1999
© Verlag Harri Deutsch, Thun und Frankfurt am Main, 1999
Umschlaggestaltung: Claudia Müller
Herstellungsleitung: Peter Holz
Druck: Präzis-Druck GmbH, Karlsruhe
Printed in Germany

# Vorwort

Dieses moderne **Lehr- und Lernbuch der Physik** für Studienanfänger der Ingenieur- und Naturwissenschaften an Fachhochschulen, Technischen Hochschulen und Universitäten ist völlig neu konzipiert worden.

Das Autorenteam hat, den heutigen Erfordernissen Rechnung tragend, alle Standardgebiete der Physik – von der **elementaren Basis bis zu fortgeschrittenen Anwendungen** – klar und ausführlich, dem Verständnis der Studenten der Anfangssemester angepaßt, dargeboten. Der sehr ausführlich und bildhaft dargestellte Stoff orientiert sich an den Anwendungsbereichen der Ingenieurpraxis.

Um den Bedürfnissen der Studenten in den Anfangssemestern gerecht zu werden, wurde insbesondere im Bereich der **Mechanik** auf eine möglichst einfache Darstellung Wert gelegt. Das Verständnis der notwendigen physikalischen Zusammenhänge wird somit auch mit einem relativ geringen mathematischen Grundstock ermöglicht.

Die weiterführenden Kapitel zu **Schwingungen** und **Wellen** (mit **Optik** und **Akustik**), zur **Elektrodynamik** (und **Elektrotechnik**) sowie zur **Thermodynamik** enthalten das für die heutige Ingenieurpraxis wichtige Aufbauwissen.

Zahlreiche ausführlich durchgerechnete **Beispiele** mit unterschiedlichem Schwierigkeitsgrad sowie hunderte von erprobten **Klausuraufgaben** mit Lösungen und Übungsaufgaben mit hohem Praxisbezug erleichtern dem Studenten das Verständnis und sind bei den Prüfungsvorbereitungen nützlich.

Die Herleitung der Ergebnisformeln im Haupttext und in den Beispielen ist sehr ausführlich gehalten, so daß sie mit allen benutzten Zwischenrechnungen sofort nachvollzogen und verstanden werden kann. Unterstützt wird der Student in seinen Prüfungsvorbereitungen zusätzlich durch die **Zusammenfassungen** der einzelnen Kapitel, die die wichtigsten physikalischen Gesetzmäßigkeiten mit kommentierendem Text enthalten.

Um auch den Bedürfnissen der Ingenieurstudenten der verschiedenen Fachrichtungen im Hauptstudium sowie den Ingenieuren in der Praxis gerecht zu werden, sind außerdem anwendungsbezogene und weiterführende Kapitel der klassischen Physik zusätzlich aufgenommen. Das vorliegende Buch liefert somit die notwendigen physikalischen Grundlagen zur Einarbeitung in neue Arbeitsgebiete und zur Weiterbildung.

Zahlreiche Hinweise von unseren Studenten, Assistenten und Kollegen wurden in dieses moderne Lehrbuch integriert. An dieser Stelle möchten wir uns bei ihnen allen bedanken.

Für die Texterfassung bedanken wir uns besonders bei Frau A. Rosenstock, ohne deren Hilfe die anfallende Arbeit nicht hätte geleistet werden können. Für die Erstellung der Abbildungen bedanken wir uns bei Frau Flach. Wir freuen uns, wenn dieses neu konzipierte Lehrbuch den Ingenieurstudenten bei der Bewältigung ihres Studiums hilfreich und den in der Praxis stehenden Ingenieuren ein nützliches Nachschlagewerk sein wird.

Frankfurt, Kaiserslautern und Mannheim, September 1998

S. Bohrmann, R. Pitka, H. Stöcker, G. Terlecki

# Inhaltsverzeichnis

| | | |
|---|---|---|
| **1** | **Einleitung** | 1 |
| | 1.1 Physikalische Meßgrößen | 1 |
| | 1.2 Fehler von Meßgrößen | 3 |
| | | |
| **I** | **Mechanik der Punktmasse und des starren Körpers** | **5** |
| | | |
| **2** | **Kinematik der geradlinigen Bewegung** | 6 |
| | 2.1 Bezugssysteme | 6 |
| | 2.2 Gegenüberstellung Translation–Rotation | 6 |
| | 2.3 Durchschnittsgeschwindigkeit | 7 |
| | 2.4 Momentangeschwindigkeit | 9 |
| | 2.5 Beschleunigung | 11 |
| | 2.6 Senkrechter Wurf | 17 |
| | 2.7 Zusammenfassung | 18 |
| | 2.8 Aufgaben | 19 |
| | | |
| **3** | **Bewegung in einer Ebene** | 22 |
| | 3.1 Vektoren – Grundbegriffe | 22 |
| | 3.2 Einfache zusammengesetzte Bewegungen | 26 |
| | 3.3 Drehbewegungen | 30 |
| | 3.4 Überlagerung von Translations- und Drehbewegung | 34 |
| | 3.5 Zusammenfassung | 35 |
| | 3.6 Aufgaben | 36 |
| | | |
| **4** | **Newtons Gesetze der Bewegung** | 40 |
| | 4.1 Kräfte und Beschleunigung | 40 |
| | 4.2 Anwendung: Reibungskräfte | 46 |
| | 4.3 Kräfte in bewegten Bezugssystemen | 48 |
| | 4.4 Zusammenfassung | 51 |
| | 4.5 Aufgaben | 52 |
| | | |
| **5** | **Arbeit, Energie und Leistung** | 54 |
| | 5.1 Arbeit | 54 |
| | 5.2 Arbeit und kinetische Energie | 56 |
| | 5.3 Potentielle Energie und Energieerhaltung | 58 |
| | 5.4 Energien bei nichtkonservativen Kräften | 63 |
| | 5.5 Leistung und Wirkungsgrad | 64 |
| | 5.6 Zusammenfassung | 66 |
| | 5.7 Aufgaben | 67 |
| | | |
| **6** | **Impuls und Mehrkörperprobleme** | 68 |
| | 6.1 Impuls | 68 |
| | 6.2 Impulserhaltung bei Zweikörpersystemen | 69 |
| | 6.3 Elastische Stoßprozesse | 72 |
| | 6.4 Inelastische Stoßvorgänge | 74 |

6.5   Zusammenfassung .......................................... 76
6.6   Aufgaben ................................................. 77

**7     Dynamik der Drehbewegung des starren Körpers** ...................... 78
7.1   Winkelgrößen als Vektoren ................................. 78
7.2   Drehmoment und Winkelbeschleunigung ........................ 82
7.3   Arbeit, Energie und Leistung .............................. 89
7.4   Trägheitskräfte in rotierenden Bezugssystemen ............... 93
7.5   Statisches Gleichgewicht .................................. 96
7.6   Drehimpuls und Drehmoment ................................. 98
7.7   Kreisel .................................................. 101
7.8   Zusammenfassung .......................................... 103
7.9   Aufgaben ................................................. 105

**8     Gravitation** .............................................. 108
8.1   Keplersche Gesetze ....................................... 108
8.2   Gravitationsfeld ......................................... 111
8.3   Zusammenfassung .......................................... 112
8.4   Aufgaben ................................................. 113

**II    Elastomechanik und Hydrodynamik                          114**

**9     Mechanik der Kontinua** ..................................... 115
9.1   Elastizität fester Körper ................................ 115
9.2   Druck in Flüssigkeiten und Gasen ......................... 123
9.3   Stationäre ideale Strömungen ............................. 129
9.4   Stationäre Strömungen mit Reibung ........................ 136
9.5   Zusammenfassung .......................................... 139
9.6   Aufgaben ................................................. 142

**III   Schwingungen und Wellen                                  145**

**10    Schwingungen** ............................................. 146
10.1  Periodische Zustandsänderungen ........................... 146
10.2  Harmonischer Oszillator, Federpendel ..................... 148
10.3  Viskosgedämpfte Schwingungen ............................. 154
10.4  Erzwungene Schwingungen, Resonanz ........................ 156
10.5  Überlagerung von Schwingungen und gekoppelte Schwingungen ... 161
10.6  Zusammenfassung .......................................... 163
10.7  Aufgaben ................................................. 166

**11    Mechanische Wellen und Akustik** ............................ 171
11.1  Wellenbegriff; Ausbreitung von Störungen ................. 171
11.2  Longitudinale und transversale Wellen; Polarisation ...... 174
11.3  Harmonische Wellen ....................................... 176
11.4  Energietransport in Schallwellen ......................... 179
11.5  Reflexion von Wellen ..................................... 184
11.6  Stehende Wellen in einseitig begrenzten Medien ........... 185
11.7  Tonhöhe und Lautstärke ................................... 188

11.8 Doppler-Effekt, Mach-Welle . . . . . . . . . . . . . . . . . . . . . . . . . . . . . . . . 189
11.9 Interferenz von Wellen . . . . . . . . . . . . . . . . . . . . . . . . . . . . . . . . . . . . 193
11.10 Beugung und Huygenssches Prinzip . . . . . . . . . . . . . . . . . . . . . . . . . 199
11.11 Reflexion und Brechung von Wellen . . . . . . . . . . . . . . . . . . . . . . . . . 205
11.12 Zusammenfassung . . . . . . . . . . . . . . . . . . . . . . . . . . . . . . . . . . . . . . 207
11.13 Aufgaben . . . . . . . . . . . . . . . . . . . . . . . . . . . . . . . . . . . . . . . . . . . . . 212

**12   Lichtwellen und Optik** . . . . . . . . . . . . . . . . . . . . . . . . . . . . . . . . . . 216
12.1 Elektromagnetische Wellen und Licht . . . . . . . . . . . . . . . . . . . . . . . . 216
12.2 Reflexion und Transmission elektromagnetischer Wellen . . . . . . . . . . . 219
12.3 Dispersion und Absorption elektromagnetischer Wellen . . . . . . . . . . . . 222
12.4 Spektralzerlegung durch Prisma und Beugungsgitter . . . . . . . . . . . . . . 223
12.5 Interferometrie . . . . . . . . . . . . . . . . . . . . . . . . . . . . . . . . . . . . . . . . 224
12.6 Lichtleiter . . . . . . . . . . . . . . . . . . . . . . . . . . . . . . . . . . . . . . . . . . . . 225
12.7 Linsen . . . . . . . . . . . . . . . . . . . . . . . . . . . . . . . . . . . . . . . . . . . . . . . 227
12.8 Zusammenfassung . . . . . . . . . . . . . . . . . . . . . . . . . . . . . . . . . . . . . . 229
12.9 Aufgaben . . . . . . . . . . . . . . . . . . . . . . . . . . . . . . . . . . . . . . . . . . . . . 231

**IV   Elektrodynamik**                                                          **234**

**13   Elektrostatik** . . . . . . . . . . . . . . . . . . . . . . . . . . . . . . . . . . . . . . . . . . 235
13.1 Elektrische Ladung . . . . . . . . . . . . . . . . . . . . . . . . . . . . . . . . . . . . . . 235
13.2 Elektrische Feldstärke und Coulombsches Gesetz . . . . . . . . . . . . . . . . 237
13.3 Elektrische Spannung und elektrisches Potential . . . . . . . . . . . . . . . . . 240
13.4 Ladungsverteilung . . . . . . . . . . . . . . . . . . . . . . . . . . . . . . . . . . . . . . 244
13.5 Verschiebungsdichte . . . . . . . . . . . . . . . . . . . . . . . . . . . . . . . . . . . . . 246
13.6 Influenz . . . . . . . . . . . . . . . . . . . . . . . . . . . . . . . . . . . . . . . . . . . . . . 251
13.7 Kapazität . . . . . . . . . . . . . . . . . . . . . . . . . . . . . . . . . . . . . . . . . . . . . 252
13.8 Dielektrikum im elektrischen Feld . . . . . . . . . . . . . . . . . . . . . . . . . . . 254
13.9 Energie im elektrischen Feld . . . . . . . . . . . . . . . . . . . . . . . . . . . . . . . 259
13.10 Zusammenfassung . . . . . . . . . . . . . . . . . . . . . . . . . . . . . . . . . . . . . . 260
13.11 Aufgaben . . . . . . . . . . . . . . . . . . . . . . . . . . . . . . . . . . . . . . . . . . . . . 262

**14   Das stationäre elektrische Strömungsfeld** . . . . . . . . . . . . . . . . . . . . 264
14.1 Elektrischer Strom . . . . . . . . . . . . . . . . . . . . . . . . . . . . . . . . . . . . . . 264
14.2 Ohmsches Gesetz . . . . . . . . . . . . . . . . . . . . . . . . . . . . . . . . . . . . . . . 266
14.3 Temperaturabhängigkeit des elektrischen Widerstandes . . . . . . . . . . . . 269
14.4 Leistung und Arbeit in einem Leiter . . . . . . . . . . . . . . . . . . . . . . . . . . 272
14.5 Einführung in die Gleichstromtechnik . . . . . . . . . . . . . . . . . . . . . . . . . 272
14.6 Zusammenfassung . . . . . . . . . . . . . . . . . . . . . . . . . . . . . . . . . . . . . . 280
14.7 Aufgaben . . . . . . . . . . . . . . . . . . . . . . . . . . . . . . . . . . . . . . . . . . . . . 281

**15   Magnetostatik** . . . . . . . . . . . . . . . . . . . . . . . . . . . . . . . . . . . . . . . . . 283
15.1 Grundlegende Erscheinungen . . . . . . . . . . . . . . . . . . . . . . . . . . . . . . . 283
15.2 Magnetische Induktion und magnetischer Fluß . . . . . . . . . . . . . . . . . . 284
15.3 Magnetische Feldstärke und Durchflutungssatz . . . . . . . . . . . . . . . . . . 286
15.4 Magnetisches Moment . . . . . . . . . . . . . . . . . . . . . . . . . . . . . . . . . . . . 288
15.5 Kraftwirkung auf bewegte Ladungen im magnetischen Feld . . . . . . . . . 290
15.6 Materie im Magnetfeld . . . . . . . . . . . . . . . . . . . . . . . . . . . . . . . . . . . 293

15.7   Zusammenfassung . . . . . . . . . . . . . . . . . . . . . . . . . . 295
15.8   Aufgaben . . . . . . . . . . . . . . . . . . . . . . . . . . . . . . 296

**16   Instationäre elektromagnetische Felder** . . . . . . . . . . . . . . . 298
16.1   Induktionsgesetz . . . . . . . . . . . . . . . . . . . . . . . . . . 298
16.2   Selbstinduktion und Selbstinduktivität . . . . . . . . . . . . . . . 302
16.3   Maxwellsche Gleichungen . . . . . . . . . . . . . . . . . . . . . . 306
16.4   Zusammenfassung . . . . . . . . . . . . . . . . . . . . . . . . . . 307
16.5   Aufgaben . . . . . . . . . . . . . . . . . . . . . . . . . . . . . . 308

**V   Thermodynamik**                                                      **309**

**17   Gleichgewicht und Zustandsgrößen** . . . . . . . . . . . . . . . . . 310
17.1   Überblick . . . . . . . . . . . . . . . . . . . . . . . . . . . . . . 310
17.2   Systeme, Phasen und Zustandsgrößen . . . . . . . . . . . . . . . . 312
17.3   Gleichgewicht und Temperatur – Nullter Hauptsatz . . . . . . . . . 314
17.4   Absolute Temperatur, Kelvin- und Celsius-Skala . . . . . . . . . . 317
17.5   Druck . . . . . . . . . . . . . . . . . . . . . . . . . . . . . . . . 319
17.6   Ideales Gas . . . . . . . . . . . . . . . . . . . . . . . . . . . . . 320
17.7   Stoffmenge und Avogadrozahl . . . . . . . . . . . . . . . . . . . . 323
17.8   Kinetische Theorie des idealen Gases . . . . . . . . . . . . . . . . 326
17.9   Zustandsgleichung realer Gase . . . . . . . . . . . . . . . . . . . 330
17.10  Zustandsgleichung für Flüssigkeiten und Festkörper . . . . . . . . 332
17.11  Zusammenfassung . . . . . . . . . . . . . . . . . . . . . . . . . . 335
17.12  Aufgaben . . . . . . . . . . . . . . . . . . . . . . . . . . . . . . 336

**18   Energieformen und Zustandsänderungen** . . . . . . . . . . . . . . . 337
18.1   Arbeit . . . . . . . . . . . . . . . . . . . . . . . . . . . . . . . . 337
18.2   Wärme und Wärmekapazität . . . . . . . . . . . . . . . . . . . . . 338
18.3   Umwandlung von Energieformen . . . . . . . . . . . . . . . . . . . 345
18.4   Reversible und irreversible Prozesse . . . . . . . . . . . . . . . . . 348
18.5   Spezielle Zustandsänderungen . . . . . . . . . . . . . . . . . . . . 350
18.6   Zusammenfassung . . . . . . . . . . . . . . . . . . . . . . . . . . 352
18.7   Aufgaben . . . . . . . . . . . . . . . . . . . . . . . . . . . . . . 353

**19   Thermodynamische Hauptsätze** . . . . . . . . . . . . . . . . . . . 355
19.1   Nullter Hauptsatz . . . . . . . . . . . . . . . . . . . . . . . . . . 355
19.2   Erster Hauptsatz . . . . . . . . . . . . . . . . . . . . . . . . . . . 355
19.3   Carnotscher Kreisprozeß und Entropie . . . . . . . . . . . . . . . 360
19.4   Zweiter Hauptsatz . . . . . . . . . . . . . . . . . . . . . . . . . . 365
19.5   Entropie – mikroskopisch betrachtet . . . . . . . . . . . . . . . . . 367
19.6   Dritter Hauptsatz . . . . . . . . . . . . . . . . . . . . . . . . . . 368
19.7   Abgeschlossenes System im Gleichgewicht . . . . . . . . . . . . . 368
19.8   Thermodynamische Maschinen . . . . . . . . . . . . . . . . . . . . 369
19.9   Zusammenfassung . . . . . . . . . . . . . . . . . . . . . . . . . . 375
19.10  Aufgaben . . . . . . . . . . . . . . . . . . . . . . . . . . . . . . 376

**20   Nichtgleichgewichtsprozesse** . . . . . . . . . . . . . . . . . . . . . 378
20.1   Temperaturausgleich . . . . . . . . . . . . . . . . . . . . . . . . . 378

20.2 Wärmeübertragung . . . . . . . . . . . . . . . . . . . . . . . . . . . . . . . . . . . . . 381

20.3 Wärmeübergang . . . . . . . . . . . . . . . . . . . . . . . . . . . . . . . . . . . . . . . 383

20.4 Wärmeleitung . . . . . . . . . . . . . . . . . . . . . . . . . . . . . . . . . . . . . . . . 385

20.5 Wärmewiderstand und Wärmedurchgang . . . . . . . . . . . . . . . . . . . . . . 388

20.6 Zusammenfassung . . . . . . . . . . . . . . . . . . . . . . . . . . . . . . . . . . . . . 390

20.7 Aufgaben . . . . . . . . . . . . . . . . . . . . . . . . . . . . . . . . . . . . . . . . . . . 391

**21 Phasenumwandlungen** . . . . . . . . . . . . . . . . . . . . . . . . . . . . . . . . . . . . 392

21.1 Aggregatzustände und Phasenübergänge . . . . . . . . . . . . . . . . . . . . . . 392

21.2 Klassifikation von Phasenübergängen . . . . . . . . . . . . . . . . . . . . . . . . 395

21.3 Phasengleichgewicht . . . . . . . . . . . . . . . . . . . . . . . . . . . . . . . . . . . 397

21.4 Beispiele für Phasenübergänge . . . . . . . . . . . . . . . . . . . . . . . . . . . . 398

21.5 Zusammenfassung . . . . . . . . . . . . . . . . . . . . . . . . . . . . . . . . . . . . . 400

21.6 Aufgaben . . . . . . . . . . . . . . . . . . . . . . . . . . . . . . . . . . . . . . . . . . . 400

**Lösungen der Aufgaben** . . . . . . . . . . . . . . . . . . . . . . . . . . . . . . . . . . . . . 402

**Sachwortverzeichnis** . . . . . . . . . . . . . . . . . . . . . . . . . . . . . . . . . . . . . . . 402

# Beispiele

| Beispiel | 2.1 | Durchschnittsgeschwindigkeit eines ICE | 8 |
|---|---|---|---|
| Beispiel | 2.2 | Überholen von Fahrzeugen | 9 |
| Beispiel | 2.3 | Durchschnittsgeschwindigkeit | 11 |
| Beispiel | 2.4 | Beschleunigung eines ICE | 13 |
| Beispiel | 2.5 | Freier Fall ohne Anfangsgeschwindigkeit | 15 |
| Beispiel | 2.6 | Bremsweg und Verzögerung eines PKW | 16 |
| Beispiel | 2.7 | Hochspringer | 18 |
| Beispiel | 3.1 | Weitspringer | 29 |
| Beispiel | 3.2 | Kugelstoßer | 29 |
| Beispiel | 3.3 | Bahnkurve eines Wasserstrahls | 30 |
| Beispiel | 3.4 | Radialbeschleunigung bei einer Langspielplatte | 32 |
| Beispiel | 3.5 | Drehbewegung mit verschiedenen Winkelbeschleunigungen | 34 |
| Beispiel | 3.6 | Relativbewegung eines Rades | 35 |
| Beispiel | 4.1 | Konstante Geschwindigkeit | 41 |
| Beispiel | 4.2 | Aufprall gegen ein Hindernis | 41 |
| Beispiel | 4.3 | Fahrbahnexperiment | 41 |
| Beispiel | 4.4 | Fallversuch in einer leeren Röhre | 42 |
| Beispiel | 4.5 | Gewichtheber | 43 |
| Beispiel | 4.6 | Masse an einer Feder | 43 |
| Beispiel | 4.7 | Körper auf einer schiefen Ebene | 43 |
| Beispiel | 4.8 | 3. Newtonsches Gesetz | 44 |
| Beispiel | 4.9 | Verknüpfung von zwei Federn | 45 |
| Beispiel | 4.10 | Reibung auf der schiefen Ebene | 47 |
| Beispiel | 4.11 | Gehen | 47 |
| Beispiel | 4.12 | Rollendes Rad | 48 |
| Beispiel | 4.13 | Trägheitskräfte beim Anfahren | 50 |
| Beispiel | 4.14 | Atwood-Maschine mit trägheitsloser Rolle | 50 |
| Beispiel | 5.1 | Reibungsarbeit | 55 |
| Beispiel | 5.2 | Hubarbeit | 55 |
| Beispiel | 5.3 | Verformungsarbeit | 56 |
| Beispiel | 5.4 | Beschleunigungsarbeit | 57 |
| Beispiel | 5.5 | Fall eines Balls mit Reflexion am Boden | 59 |
| Beispiel | 5.6 | Rutschen eines Schlittens auf einer schiefen Bahn | 60 |
| Beispiel | 5.7 | Potentielle Energie einer Feder | 61 |
| Beispiel | 5.8 | Rutschen eines Schlittens auf einer schiefen Ebene mit Reibung | 64 |
| Beispiel | 5.9 | Leistung eines PKW | 65 |
| Beispiel | 6.1 | Gleitern auf der Luftkissenfahrbahn | 70 |
| Beispiel | 6.2 | Der steinschleudernde Astronaut | 70 |
| Beispiel | 6.3 | Fall mit anschließendem Stoß von zwei Kugeln | 73 |
| Beispiel | 6.4 | Ballistisches Pendel | 75 |
| Beispiel | 7.1 | Rad auf Kreisbahn | 80 |
| Beispiel | 7.2 | Fortsetzung – Rad auf Kreisbahn | 81 |
| Beispiel | 7.3 | Kräftepaar | 83 |
| Beispiel | 7.4 | Massenträgheitsmoment einer halbkreisförmigen Scheibe | 86 |
| Beispiel | 7.5 | Trägheitsmoment einer Hantel | 87 |
| Beispiel | 7.6 | Atwood-Maschine | 88 |
| Beispiel | 7.7 | Bestimmung von Drehmoment und Leistung mit dem Pronyschen Zaum | 89 |

Beispiel 7.8 Energie eines Schwungrades . . . . . . . . . . . . . . . . . . . . . . . . . . . . . . . . 90
Beispiel 7.9 Rollende Körper auf einer schiefen Ebene . . . . . . . . . . . . . . . . . . . . 91
Beispiel 7.10 Ultrazentrifuge . . . . . . . . . . . . . . . . . . . . . . . . . . . . . . . . . . . . . . . . 93
Beispiel 7.11 Überhöhte Eisenbahnkurve . . . . . . . . . . . . . . . . . . . . . . . . . . . . . . . 94
Beispiel 7.12 Kugel in einer rotierenden Kreisrinne . . . . . . . . . . . . . . . . . . . . . . . . . 94
Beispiel 7.13 Gleichgewicht einer Hantel . . . . . . . . . . . . . . . . . . . . . . . . . . . . . . . . 97
Beispiel 7.14 Drehstuhlexperiment 1 . . . . . . . . . . . . . . . . . . . . . . . . . . . . . . . . . . 99
Beispiel 7.15 Drehstuhlexperiment 2 . . . . . . . . . . . . . . . . . . . . . . . . . . . . . . . . . . 99
Beispiel 7.16 Scheibe auf einer Kreisbahn . . . . . . . . . . . . . . . . . . . . . . . . . . . . . . 103
Beispiel 8.1 Masse der Sonne . . . . . . . . . . . . . . . . . . . . . . . . . . . . . . . . . . . . . . 110
Beispiel 8.2 Fluchtgeschwindigkeit . . . . . . . . . . . . . . . . . . . . . . . . . . . . . . . . . . 112
Beispiel 9.1 Dehnung eines Drahtes . . . . . . . . . . . . . . . . . . . . . . . . . . . . . . . . . 119
Beispiel 9.2 Deformation eines Gummiwürfels . . . . . . . . . . . . . . . . . . . . . . . . . . 120
Beispiel 9.3 Torsion eines zylindrischen Rundstabes . . . . . . . . . . . . . . . . . . . . . . 122
Beispiel 9.4 Torsion eines Drahtes . . . . . . . . . . . . . . . . . . . . . . . . . . . . . . . . . . 123
Beispiel 9.5 Wasser im Schwerefeld der Erdoberfläche . . . . . . . . . . . . . . . . . . . 126
Beispiel 9.6 Füllstandsanzeiger und U-Rohr-Manometer . . . . . . . . . . . . . . . . . . . 127
Beispiel 9.7 Senkwaage . . . . . . . . . . . . . . . . . . . . . . . . . . . . . . . . . . . . . . . . . 128
Beispiel 9.8 Geschwindigkeitsbestimmung mit dem Prandtlschen Staurohr . . . . . . . . . . . 134
Beispiel 9.9 Schmierung . . . . . . . . . . . . . . . . . . . . . . . . . . . . . . . . . . . . . . . . 138
Beispiel 10.1 Die Dreh- oder Torsionsschwingung . . . . . . . . . . . . . . . . . . . . . . . 151
Beispiel 10.2 Das (mathematische) Schwerependel . . . . . . . . . . . . . . . . . . . . . . . 152
Beispiel 10.3 Das physikalische Pendel . . . . . . . . . . . . . . . . . . . . . . . . . . . . . . . 152
Beispiel 10.4 Zeigerinstrument . . . . . . . . . . . . . . . . . . . . . . . . . . . . . . . . . . . . . 156
Beispiel 10.5 Erzwungene Schwingungen in der Technik . . . . . . . . . . . . . . . . . . . 157
Beispiel 11.1 Transversale Welle auf einem elastischen Seil . . . . . . . . . . . . . . . . . 175
Beispiel 11.2 Longitudinale Welle längs eines elastischen Stabes . . . . . . . . . . . . . . 175
Beispiel 11.3 Schallwelle, longitudinale Welle in kompressiblem Medium . . . . . . . . . . . 175
Beispiel 11.4 Phasendifferenz bei einer harmonischen Welle . . . . . . . . . . . . . . . . . 178
Beispiel 11.5 Auslenkungsamplitude von Luftmolekülen in einer Schallwelle . . . . . . . . 182
Beispiel 11.6 Schallpegel einer Schallwelle . . . . . . . . . . . . . . . . . . . . . . . . . . . . 189
Beispiel 11.7 Dopplereffekt eines hupenden, fahrenden Fahrzeuges . . . . . . . . . . . . 191
Beispiel 11.8 Richtung der Auslöschung, Verstärkung . . . . . . . . . . . . . . . . . . . . . . 198
Beispiel 13.1 Feldstärke als Gradient des Potentials einer Punktladung . . . . . . . . . . . 244
Beispiel 13.2 Verschiebungsdichte und Feldstärke einer leitenden Kugel . . . . . . . . . 249
Beispiel 13.3 Verschiebungsdichte und Feldstärke einer Koaxialleitung . . . . . . . . . . 250
Beispiel 13.4 Kapazität eines Kugelkondensators . . . . . . . . . . . . . . . . . . . . . . . . 256
Beispiel 13.5 Kapazität einer Koaxialleitung . . . . . . . . . . . . . . . . . . . . . . . . . . . . 258
Beispiel 14.1 Driftgeschwindigkeit der Elektronen in einem Metalldraht . . . . . . . . . . 268
Beispiel 14.2 Temperaturabhängigkeit eines Metallwiderstandes . . . . . . . . . . . . . . 271
Beispiel 14.3 Ströme und Spannungen in einem Gleichstromkreis . . . . . . . . . . . . . . 278
Beispiel 14.4 Leistungen im Gleichstromkreis mit realer Spannungsquelle . . . . . . . . . 279
Beispiel 15.1 Magnetische Induktion einer langen Zylinderspule . . . . . . . . . . . . . . . 287
Beispiel 15.2 Magnetisches Moment einer langen Zylinderspule . . . . . . . . . . . . . . . 289
Beispiel 15.3 Zeigerausschlag eines Drehspulmeßwerkes . . . . . . . . . . . . . . . . . . . 292
Beispiel 15.4 Kraft zwischen den Drähten einer zweiadrigen Leitung . . . . . . . . . . . . 292
Beispiel 16.1 Rotierende Leiterschleife im homogenen Magnetfeld . . . . . . . . . . . . . 302
Beispiel 16.2 Induktivität einer langen Zylinderspule . . . . . . . . . . . . . . . . . . . . . . . 303
Beispiel 16.3 Toroidspule mit zwei Wicklungen als Transformator . . . . . . . . . . . . . . 304
Beispiel 16.4 Magnetische Energie einer Toroidspule . . . . . . . . . . . . . . . . . . . . . . 305

Beispiel 17.1 Molvolumen und die Masse der Luft . . . . . . . . . . . . . . . . . . . . . . . . . . . . 323
Beispiel 17.2 Dichte von Helium bei Standardbedingung . . . . . . . . . . . . . . . . . . . . . . . 325
Beispiel 17.3 Barometrische Höhenformel und Boltzmannfaktor . . . . . . . . . . . . . . . . . . 325
Beispiel 17.4 Mittlere quadratische Geschwindigkeit von $H_2$ . . . . . . . . . . . . . . . . . . . 329
Beispiel 17.5 Plasmaphase von $H_2$ . . . . . . . . . . . . . . . . . . . . . . . . . . . . . . . . . . . . . 329
Beispiel 18.1 Wärmeerzeugung mit einem Tauchsieder . . . . . . . . . . . . . . . . . . . . . . . 345
Beispiel 18.2 Abwärme eines Widerstandes . . . . . . . . . . . . . . . . . . . . . . . . . . . . . . . 345
Beispiel 18.3 Abstoppen einer Kugel im Sandsack . . . . . . . . . . . . . . . . . . . . . . . . . . 346
Beispiel 18.4 Kohlefeuerung . . . . . . . . . . . . . . . . . . . . . . . . . . . . . . . . . . . . . . . . . 347
Beispiel 18.5 Aufwärmung einer Platte in der Sonne . . . . . . . . . . . . . . . . . . . . . . . . 348
Beispiel 18.6 Isotherme Expansion . . . . . . . . . . . . . . . . . . . . . . . . . . . . . . . . . . . . 349
Beispiel 18.7 Arbeit eines idealen Gases . . . . . . . . . . . . . . . . . . . . . . . . . . . . . . . . 351
Beispiel 19.1 Innere Energie und geleistete Arbeit des idealen Gases . . . . . . . . . . . . . 357
Beispiel 19.2 Innere Energie . . . . . . . . . . . . . . . . . . . . . . . . . . . . . . . . . . . . . . . . . 358
Beispiel 19.3 Adiabatengleichung . . . . . . . . . . . . . . . . . . . . . . . . . . . . . . . . . . . . . 358
Beispiel 19.4 Entropie eines idealen Gases . . . . . . . . . . . . . . . . . . . . . . . . . . . . . . . 366
Beispiel 19.5 Zimmerheizung . . . . . . . . . . . . . . . . . . . . . . . . . . . . . . . . . . . . . . . . 371
Beispiel 20.1 Mischung bei kleinem $\Delta T$ . . . . . . . . . . . . . . . . . . . . . . . . . . . . . . . 380
Beispiel 20.2 Abkühlung eines Metallwerkstücks in Luft . . . . . . . . . . . . . . . . . . . . . 384
Beispiel 21.1 Erwärmung eines Eisblocks . . . . . . . . . . . . . . . . . . . . . . . . . . . . . . . 392

# Kapitel 1

# Einleitung

## 1.1 Physikalische Meßgrößen

Die Physik beschäftigt sich mit Erscheinungen, die durch meßbare Begriffe, die physikalischen Größen, erfaßt werden können. Alle Naturgesetze werden mit Ausdrücken beschrieben, die gewisse Basisgrößen enthalten. Zum Beispiel können Größen wie Kraft, Geschwindigkeit, Volumen und Beschleunigung zurückgeführt werden auf fundamentale Größen. Im Bereich der Mechanik sind dies die Größen Länge, Zeit und Masse.

## Einheiten

Alle physikalischen Größen $G$ werden als Produkt eines Zahlenwertes $\{G\}$ und einer Einheit $[G]$ geschrieben:

$$G = \{G\} \cdot [G] \tag{1.1}$$

z. B.: Länge $l = 3\mathrm{m} \implies \{l\} = 3, [l] = \mathrm{m}$

## Basisgrößen

Die Einheit der Längenmessung, das Meter, wurde im Jahre 1795 von der französischen Nationalversammlung eingeführt. Es sollte 40 Millionstel des Erdumfangs darstellen. Bis in neuere Zeit wurde das Urmeter an einem Platinbarren genommen, der in der Nähe von Paris aufbewahrt wurde. Heute wird das Meter definiert über die Strecke, die das Licht während der Zeit von $(299\,792\,458)^{-1}$ s im Vakuum zurücklegt. Die erreichbare relative Genauigkeit liegt bei $10^{-14}$.

Ausgangspunkt der Definition der Zeiteinheit Sekunde war die Länge eines Tages. Die mittlere Tageslänge war früher durch $86\,400\,(= 24 \cdot 60 \cdot 60)$ Sekunden gegeben. Infolge der Fortschritte der Meßgenauigkeit wurde festgestellt, daß die Tageslänge nicht hinreichend konstant ist, um als Bezugsnormal zu dienen. Daher wird heute die Basiseinheit Sekunde über die Dauer von $9\,192\,631\,770$ Perioden der Strahlung definiert, die beim Übergang zwischen den beiden Hyperfeinstrukturniveaus des Grundzustands von Cäsium 133 auftritt. Die relative Genauigkeit beträgt wie bei der Basiseinheit Meter $10^{-14}$.

Basis der Massenbestimmung war in früheren Zeiten die Masse von 1 cm$^3$ Wasser. Sie ist jedoch nicht genügend reproduzierbar, so daß heute ein Zylinder aus einer Platin-Iridium-Legierung die Masse von 1 kg mit einer relativen Genauigkeit von $10^{-9}$ definiert.

Die Definitionen der restlichen Basiseinheiten sind (in Klammern die relative Genauigkeit):

- 1 **Ampère** ist die Stärke eines konstanten Stroms, der durch zwei im Vakuum parallel im Abstand von 1 Meter angeordnete, geradlinige, unendlich lange Leiter von vernachlässigbar kleinem kreisförmigen Querschnitt fließt und zwischen diesen Leitern je 1 Meter Leiterlänge die Kraft $2 \cdot 10^{-7}$ Newton hervorruft ($10^{-6}$).

- 1 **Kelvin** ist der 213,16te Teil der thermodynamischen Temperatur des Tripelpunktes von Wasser ($10^{-6}$).
- 1 **Candela** ist die Lichtstärke in eine bestimmte Richtung einer Strahlungsquelle, die monochromatische Strahlung der Frequenz 540 THz aussendet und deren Strahlstärke in dieser Richtung 1/683 W/sr beträgt ($5 \cdot 10^{-3}$).
- 1 **Mol** ist die Stoffmenge eines Systems, das aus ebensoviel Einzelteilchen besteht, wie Atome in $12 \cdot 10^{-3}$ Kilogramm des Kohlenstoffnuklids $^{12}C$ enthalten sind ($10^{-6}$).

Die physikalischen Basisgrößen sind im SI-Einheitensystem (Système Internationale d'Unités) definiert. Tabelle 1.1 gibt die sieben Fundamentalgrößen an, die seit 1969 gesetzlicher Standard sind.

*Tabelle 1.1   Basisgrößen und Basiseinheiten im SI-System*

| Basisgrösse | Größenzeichen | Basiseinheit | Einheitenzeichen |
|---|---|---|---|
| Länge | $l$ | Meter | m |
| Masse | $m$ | Kilogramm | kg |
| Zeit | $t$ | Sekunde | s |
| El. Stromstärke | $I$ | Ampere | A |
| Temperatur | $T$ | Kelvin | K |
| Lichtstärke | $I$ | Candela | cd |
| Stoffmenge | $y$ | Mol | mol |

Zur Vereinfachung können physikalische Maßeinheiten mit Vorsilben versehen werden. Damit ergeben sich einfache Schreibweisen für ansonsten unhandlich große und kleine Meßgrößen. In Tabelle 1.2 sind die erlaubten Vorsätze zusammengestellt.

*Tabelle 1.2   Vorsätze für Maßeinheiten*

| | | | | | |
|---|---|---|---|---|---|
| $10^{18}$ | Exa | E | $10^{-1}$ | Dezi | d |
| $10^{15}$ | Peta | P | $10^{-2}$ | Zenti | c |
| $10^{12}$ | Tera | T | $10^{-3}$ | Milli | m |
| $10^{9}$ | Giga | G | $10^{-6}$ | Mikro | $\mu$ |
| $10^{6}$ | Mega | M | $10^{-9}$ | Nano | n |
| $10^{3}$ | Kilo | k | $10^{-12}$ | Piko | p |
| $10^{2}$ | Hekto | h | $10^{-15}$ | Femto | f |
| $10^{1}$ | Deka | da | $10^{-18}$ | Atto | a |

Alle anderen physikalischen Größen können auf Kombinationen dieser sieben Basisgrößen zurückgeführt werden. Im Anhang ist eine Auswahl von wichtigen Größen aufgelistet. Dort finden sich auch Zahlenwerte für fundamentale Größen, die Naturkonstanten.

# Skalare, Vektoren und Tensoren

Alle physikalischen Größen können nach ihrem Verhalten beim Übergang von einem räumlichen Koordinatensystem auf ein anderes klassifiziert werden. Größen, die zu ihrer Bestimmung nur die Angabe von Maßzahl und Einheit benötigen, verhalten sich dabei anders als Größen, die zusätzlich noch die Angabe der **Richtung** benötigen. Größen, die durch Maßzahl und Einheit eindeutig gekennzeichnet sind, heißen **Skalare**: z. B. Masse, Zeit und Energie. Diejenigen Größen, die zu ihrer Charakterisierung noch der Richtung bedürfen, werden **Vektoren** genannt: z. B. Verschiebung, Geschwindigkeit, Beschleunigung und Kraft. Daneben gibt es noch Größen, die sich beim Wechsel des Koordinatensystems noch komplizierter verhalten. Sie werden **Tensoren** genannt, z. B. Spannungstensor, elektromagnetischer Feldstärketensor.

# Größengleichungen

Gesetzmäßigkeiten der Physik werden mathematisch formuliert. Die hierbei auftretenden Gleichungen heißen **Größengleichungen**, da jede eingehende Größe als Produkt von Maßzahl $\{G\}$ und Einheit $[G]$ vorkommt. Als Beispiel soll die abgeleitete Größe Dichte $\rho$ vorgestellt werden. Sie ist definiert durch den Quotienten aus der Masse $m$ und dem Volumen $V$:

$$\rho = \frac{m}{V} \tag{1.2}$$

Die Dimension $[\rho]$ der Dichte berechnet sich demgemäß zu:

$$[\rho] = \frac{[m]}{[V]} = \frac{\text{kg}}{\text{m}^3} \tag{1.3}$$

in SI-Einheiten.

Die Aufstellung einer solchen Einheitengleichung ist sinnvoll, um sich z. B. eine Kontrolle über alle in einer Gleichung verwendeten Größen zu verschaffen.

*Tabelle 1.3    Dichte verschiedener Materialien*

| **Feste Stoffe** | $10^3\text{kg}/\text{m}^3$ | **Flüssige Stoffe** (18 °C) | $10^3\text{kg}/\text{m}^3$ |
|---|---|---|---|
| Aluminium | 2,69 | Alkohol | 0,790 |
| Blei | 11,34 | Azeton | 0,791 |
| Eisen (Schmiede) | 7,8 | Benzol | 0,879 |
| Eisen (Stahl) | 7,7 | Glyzerin | 1,260 |
| Eisen (Guß) | 7,6 | Quecksilber | 13,551 |
| Gold | 19,3 | Wasser | 0,9986 |
| Silber | 10,5 | | |
| Platin | 21,4 | **Gase** (Normalbedingungen) | $\text{kg}/\text{m}^3$ |
| Kupfer | 8,93 | Luft | 1,293 |
| Messing | 8,3 | $O_2$ | 1,429 |
| Nickel | 8,8 | $N_2$ | 1,251 |
| Wolfram | 19,1 | $H_2$ | 0,0899 |
| Zink | 7,1 | He | 0,179 |
| Jenaer Glas | 2,6 | $NH_3$ | 0,771 |
| Porzellan | 2,3 | $CO_2$ | 1,977 |
| Kochsalz | 2,16 | | |
| Kohlenstoff (Graphit) | 2,3 | | |
| Kohlenstoff (Diamant) | 3,5 | | |

# 1.2    Fehler von Meßgrößen

Soll eine physikalische Größe quantitativ bestimmt werden, so bedeutet das einen Vergleich dieser Größe mit dem im SI-Einheitensystem gegebenen Standard (**Eichung**). Werden nun mehrere Messungen derselben Größe (z. B. der Masse) an einem Objekt wiederholt ausgeführt, so ergeben sich unterschiedliche Ergebnisse durch zufällige Abweichungen.

## Mittelwerte

Wird z. B. die Länge $x$ einer Strecke bestimmt, so kann nach mehreren Messungen ein **Mittelwert** $\bar{x}$ aus den Einzelmessungen $x_i$ bestimmt werden:

$$\bar{x} = \frac{1}{N} \sum_{i=1}^{N} x_i \qquad (1.4)$$

Die Summe erstreckt sich über alle Meßwerte $x_i$, wobei der Index $i$ die Nummer der jeweiligen Messung ($i = 1$: erste Messung mit Meßwert $x_1$, $i = N$: letzte Messung, Meßwert $x_N$) angibt. Jede Einzelmessung $x_i$ weicht vom Mittelwert $\bar{x}$ um die Differenz

$$\varepsilon_i = x_i - \bar{x} \qquad \text{ab:} \qquad x_i = \bar{x} + \varepsilon_i \qquad (1.5)$$

## Quadratische Abweichung, Standardabweichung

Wenn man die Abweichung $\varepsilon_i$ vom Mittelwert $\bar{x}$ quadriert und über die Quadrate $\varepsilon_i^2$ mittelt, erhält man das **Quadrat der Standardabweichung** $s$ der Messung:

$$s^2 = \frac{1}{N-1} \sum_{i=1}^{N} \varepsilon_i^2 = \frac{1}{N-1} \sum_{i=1}^{N} (x_i - \bar{x})^2 \qquad (1.6)$$

Die Standardabweichung $s$ besitzt die gleiche Dimension wie die Meßgröße. Sie gibt an, welcher Anteil der Messungen in den Wertebereich $\bar{x} \pm s$ fällt.

Für zufällige Abweichungen und eine große Anzahl von Messungen beträgt dieser Anteil 68 %. Je größer die Zahl $N$ der Messungen, desto kleiner wird die Differenz zwischen dem Mittelwert $\bar{x}$ und dem **wahren Meßwert** $x_w$ sein.

## Standardabweichung des Mittelwertes

Die **Standardabweichung des Mittelwertes** $\Delta\bar{x}$ wird mit steigender Anzahl der Versuche immer kleiner:

$$\Delta\bar{x} = \frac{s}{\sqrt{N}} \qquad (1.7)$$

Die Unsicherheit $\Delta\bar{x}$ bestimmt die Genauigkeit des Durchschnittswertes $\bar{x}$. Bei Meßserien aus $N$ Messungen liegt in 68 % aller Fälle der Durchschnitt $\bar{x}$ innerhalb eines Abstandes $\pm\Delta\bar{x}$ zum wahren, jedoch unbekannten Meßwert. Die Ungenauigkeit der Einzelmessung wird durch $N \to \infty$ also **nicht** verkleinert, aber die **Ungenauigkeit im Mittelwert**.

Was bedeutet das für die Praxis?

> Bestimmt nun ein Vermesser den Abstand $x$ zweier Punkte nach 100 Messungen mit $\bar{x} = 10,34$ m mit einer Standardabweichung $s = 0,30$ m, so ist die Ungenauigkeit des Mittelwertes $\Delta\bar{x} = s/\sqrt{100}$. Der Vermesser wird daher seinen Meßwert folgendermaßen angeben :
>
> $$x = \bar{x} \pm \Delta\bar{x} = 10,34 \text{ m} \pm 0,03 \text{ m} \qquad \text{bzw.} \qquad x = 10,34 \text{ m} \ (\pm 3 \text{ \%}) \qquad \underline{1}$$
>
> bei Verwendung von relativen Fehlern.

# Teil I
# Mechanik der Punktmasse und des starren Körpers

# Kapitel 2

# Kinematik der geradlinigen Bewegung

## 2.1 Bezugssysteme

Zu Beginn jeder Behandlung von mechanischen Problemen müssen wir uns der Frage zuwenden, wie wir den Ort eines Körpers sinnvoll beschreiben. Diese Problematik soll am Beispiel einer Fahrt mit der Eisenbahn erläutert werden.

Wenn wir mit einem Eisenbahnzug auf einer geraden Strecke fahren und – nach einer gewissen Zeit – feststellen, daß wir (z. B. von Frankfurt nach Kassel) eine bestimmte Strecke (z. B. 200 km) gefahren sind, so meinen wir, daß wir uns auf der Erdoberfläche um diese Entfernung vom Ausgangspunkt entfernt haben. Während unserer Fahrzeit bewegt sich der Zug jedoch – von der Sonne aus betrachtet – mit der Erde um viele tausend Kilometer.

Dieses Bild soll verdeutlichen, daß die Positionsbestimmung des Zuges immer in bezug zu einem anderen Punkt vorgenommen werden muß. Die Art und Weise, wie sie durchgeführt wird, hängt von unserer Wahl des **Koordinatensystems** ab. Von der Festlegung des **Koordinatensystems** hängt auch die Beschreibung der Ortsveränderungen, der Bewegungen, ab. Daher ist **jede** Bewegung eine **Relativbewegung**. Die Definition einer **absoluten** Bewegung ohne Bezug zu einem anderen Körper ist physikalisch sinnlos. Das Koordinatensystem, relativ zu dem die Bewegung erfolgt, heißt **Bezugssystem**. Die Angabe des Bezugssystems ist für die Beschreibung jeder Bewegung **unbedingt notwendig**.

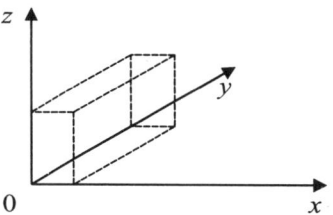

Abb. 2.1: Kartesisches Koordinatensystem

Die Bewegung eines Fußgängers an Bord eines Zuges stellt sich für einen mitreisenden sitzenden Beobachter anders dar als für einen Zuschauer am Bahndamm. Die Wahl des Koordinatensystems hat großen Einfluß auf das Problem der Beschreibung einer Bewegung. Eine kluge Wahl des Koordinatensystems reduziert den Aufwand an mathematischer Beschreibung erheblich. In allen folgenden Diskussionen wird, wenn nicht anders erwähnt, ein kartesisches Koordinatensystem verwendet, das auf der Oberfläche der Erde an einem interessierenden Punkt seinen Ursprung besitzt. Außerdem wird häufig angenommen, daß die zurückgelegten Entfernungen so klein sind, daß die Erdkrümmung vernachlässigt werden kann.

(Das ist z. B. bei Langstreckenflügen nicht mehr möglich, ihre Flugbahnberechnungen würden sonst in das Weltall bzw. in den falschen Kontinent führen.)

## 2.2 Gegenüberstellung Translation–Rotation

In dem erwähnten Beispiel des Eisenbahnzuges, bei der Auf- und Abbewegung eines Aufzugs und auch beim freien Fall bewegt sich der Körper entlang einer geraden Linie. Genauer betrachtet bewegen sich alle Punkte des Körpers entlang gerader Linien.

Jeder Punkt des Aufzugkorbs legt die gleiche Strecke zurück: der Aufzugkorb wird parallel verschoben. Jeder Körper, der sich in dieser Weise bewegt, führt eine **Translation** durch. Bei einer solchen Bewegung erleichtert es die Beschreibung, wenn eine Koordinatenachse parallel zur Bewegung ausgerichtet wird. Ferner ist es nicht notwendig, für jeden Punkt des Aufzugkorbs die Bewegung detailliert zu beschreiben: Da der Aufzugkorb nahezu starr ist, bleiben alle Abstände der Teile des Korbs untereinander praktisch unverändert. Er ist daher ein Beispiel für das Modell einens **starren Körpers**. Für starre Körper ist es deshalb ausreichend, die Bewegung eines repräsentativen Punktes zu betrachten. Diese Vereinfachung findet seine Entsprechung in dem Bild des **Massenpunktes**. Das ist das Modell eines Körper mit endlicher Masse, jedoch mit verschwindender Ausdehnung. Zur mathematischen Beschreibung kann bei geradlinigen Bewegungen ohne Rotation jeder starre Körper durch einen Massenpunkt, dessen Ort im Schwerpunkt des starren Körpers liegt, ersetzt werden.

In Gegensatz dazu müssen **Rotationsbewegungen** gesehen werden, wie sie z. B. bei einem Propeller auftreten. Jeder Punkt des Propellers behält dabei seinen Abstand von der Drehachse und legt daher einen Weg auf einem Kreisbogen zurück. Die Drehachse muß nicht mit einer Koordinatenachse zusammenfallen, jedoch ist die Beschreibung einfacher, falls das der Fall ist.

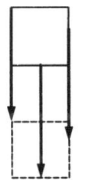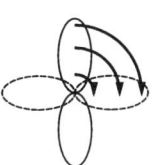

*Abb. 2.2: Translation–Rotation*

# 2.3 Durchschnittsgeschwindigkeit

Betrachten wir im folgenden wieder den Eisenbahnzug, der auf einer geraden Strecke fährt (bzw. einen Wagen auf der Fahrbahn im Hörsaalversuch). Die Wahl des Koordinatensystems bleibt der Willkür des Anwenders vorbehalten. Sinnvoll und vereinfachend ist es, die $x$-Achse in die Richtung der Schienen zu legen. Es hätte aber auch die $y$- oder $z$-Richtung sein können. Beim kartesischen Koordinatensystem sind die drei Achsen gleichberechtigt. Dann bleibt noch die Wahl des **Koordinatenursprungs**. Bei der Eisenbahnstrecke könnte das der Kilometerstein 0 sein, bei einem Fahrbahnversuch der Beginn der Meßstrecke. Durch die Festlegung dieses Koordinatensystems ist nur die $x$-Koordinate eine Funktion der Zeit $t$:

**Eindimensionale Bewegung**
$$x = x(t)$$
$$y = \text{const.}$$
$$z = \text{const.}$$
(2.1)

Die Koordinaten $y$ und $z$ sind unabhängig von der Zeit $t$ und daher für den Fortgang der Rechnung unerheblich. Man spricht dann von eindimensionaler Bewegung.

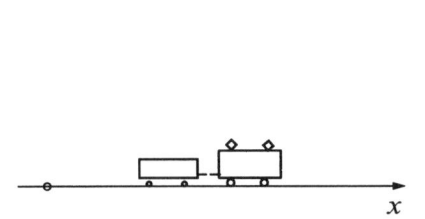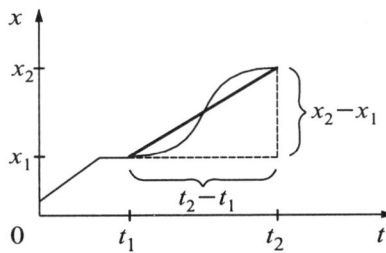

*Abb. 2.3: Weg-Zeit-Diagramm*

Zur Messung des Abstandes $x(t)$ muß immer der gleiche repräsentative Punkt des Zuges, z. B. der vordere Puffer der Lokomotive, herangezogen werden. Das mögliche Ergebnis einer länger dauernden Beobachtung ist in der Abbildung 2.3 wiedergegeben.

Eine solche Darstellung heißt Weg-Zeit-Diagramm. Aus ihm können wir entnehmen, zu welcher Zeit sich der Zug an welchem Ort befindet, ob er sich in Bewegung befindet oder anhält. Für den Fahrgast interessant ist die Frage, wie schnell er die Strecke zwischen den Bahnhöfen 1 und 2 zurücklegt, deren Koordinaten durch $x_1$ bzw. $x_2$ gegeben sind. Der Zug legt die Wegstrecke $\Delta x = x_2 - x_1$ in der Zeitdauer $t = t_2 - t_1$ zurück. Die Zeiten $t_1$ und $t_2$ sind die Abfahrts- und Ankunftszeit des Zuges. Mit diesen Weg- und Zeitdifferenzen kann man die **Durchschnittsgeschwindigkeit** $\bar{v}$ (sprich v quer) definieren:

$$\boxed{\bar{v} = \frac{\Delta x}{\Delta t} = \frac{x_2 - x_1}{t_2 - t_1} \qquad [\bar{v}] = \frac{m}{s}}$$

(2.2)

in Worten:

**Durchschnittsgeschwindigkeit ist zurückgelegter Weg $\Delta x$ geteilt durch benötigte Zeit $\Delta t$.**

Die Durchschnittsgeschwindigkeit $\bar{v}$ gibt anschaulich die Steigung der Sekante zwischen den Punkten $(x_1, t_1)$ und $(x_2, t_2)$ im Weg-Zeit-Diagramm an. Diese Gerade bildet die Hypotenuse des Dreiecks, oder die Diagonale des Rechtecks $\Delta x \Delta t$, mit der Ankathete $\Delta t$ und der Gegenkathete $\Delta x$.

**Hinweis:** Die Angabe einer Durchschnittsgeschwindigkeit ist wertlos ohne die Angabe der Zeit oder der Wegstrecke, auf die sich die Durchschnittsgeschwindigkeit bezieht.

Vorsicht ist aber auch geboten bei Berechnung der durchschnittlichen Geschwindigkeit, wenn sich das Vorzeichen der Geschwindigkeit ändert: Wenn ein Schwimmer auf einer 50-m-Bahn nach zwei Bahnlängen wieder an den Ausgangspunkt zurückkehrt, ist sowohl $x_1 = 0$ als auch $x_2 = 0$. Nach obiger Definition beträgt demgemäß die Durchschnittsgeschwindigkeit $\bar{v} = 0$.

Dieses Beispiel weist auf eine Schwäche der Definition (2.2) hin: Sie ist nur anwendbar, falls sich der beobachtete Körper in eine Richtung bewegt und die Funktion $x(t)$ monoton anwächst (immer größer wird).

*Beispiel 2.1*:    Durchschnittsgeschwindigkeit eines ICE

Der ICE 593 verläßt Frankfurt/Main um 6.07 Uhr und erreicht Hamburg Hbf. um 9.42 Uhr. Die Entfernung beträgt laut Fahrplan 539 km.
Wie groß ist die Durchschnittsgeschwindigkeit?

**Lösung:**

Die Zeitdifferenz $\Delta t$ beträgt 3 h 35 min, entsprechend 3,583 h (abgerundet bei der 3. Nachkommastelle).

$$\bar{v} = \frac{539 \text{ km}}{3,583 \text{ h}} = 150,4 \text{ km/h} = 41,78 \text{ m/s}$$

<u>1</u>

Der Zusammenhang zwischen zurückgelegter Weglänge $\Delta x$ und der Zeitdauer $\Delta t$ wird durch die folgenden Gleichungen vermittelt:

$$\boxed{\begin{aligned} \Delta x &= \bar{v} \cdot \Delta t \\ x_2 &= x_1 + \bar{v}(t_2 - t_1) \end{aligned}}$$

Die Durchschnittsgeschwindigkeit kann sowohl positiv als auch negativ sein, je nachdem, in welche Richtung sich das Objekt bewegt. Das ist ein wesentlicher Unterschied zu der umgangssprachlichen

Anwendung des Begriffs **Geschwindigkeit**. Dort wird in der Regel die Richtung der Bewegung nicht durch ein Vorzeichen erfaßt, meist ist nur der Betrag $|\vec{v}|$ gemeint.

*Beispiel 2.2:* Überholen von Fahrzeugen

Ein PKW fährt mit konstanter Geschwindigkeit $v_1 = 120$ km/h hinter einem anderen PKW her, dessen Geschwindigkeit $v_2 = 84$ km/h ist. Der Abstand zur Zeit $t = 0$ ist $s_a = 800$ m.
Nach welcher Zeit $t$ und welcher Strecke $s$ hat der Wagen 1 den Wagen 2 eingeholt?

**Lösung:**

Zuerst stellen wir die Weg-Zeit-Funktion für die beiden Fahrzeuge auf. Der Koordinatenursprung befindet sich am Ort des Fahrzeugs 1 zur Zeit $t = 0$.

$$s_1(t) = v_1 \cdot t$$

$$s_2(t) = v_2 \cdot t + s_a \qquad \underline{1}$$

Im Moment des Überholens befinden sich die Fahrzeuge am gleichen Ort, d. h., es gilt:

$$s_1 = s_2 \qquad \underline{2}$$

Daraus folgt für den Zeitpunkt des Überholvorgangs

$$t = \frac{s_a}{v_1 - v_2} = 80 \text{ s} \qquad \underline{3}$$

Der gesuchte Ort des Überholens ergibt sich daraus zu:

$$s = v_1 \cdot t = \frac{v_1}{v_1 - v_2} \cdot s_a = 2666,7 \text{ m} \qquad \underline{4}$$

# 2.4 Momentangeschwindigkeit

Interessieren wir uns bei der Zugbewegung nach Abbildung 2.3 für die Durchschnittsgeschwindigkeit $\bar{v}$ bei immer kürzer werdenden Zeitdauern $\Delta t$ (bzw. Wegstrecken $\Delta x$), so gelangen wir zu dem Begriff der **Momentangeschwindigkeit**

$$v = \left.\frac{\Delta x}{\Delta t}\right|_{\Delta t \to 0} = \left.\frac{x_2 - x_1}{t_2 - t_1}\right|_{t_2 \to t_1} \qquad (2.3)$$

(wobei $\Delta t$ sehr klein ist und gegen null tendiert)

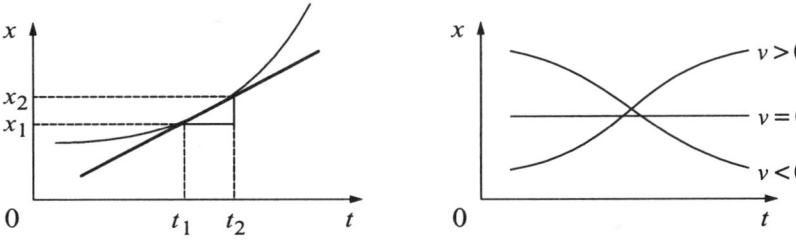

*Abb. 2.4: Momentangeschwindigkeit als Tangente*

Mathematisch wird dies korrekt mit dem Begriff des **Grenzwertes** (limes) für verschwindende Zeitdauern $\Delta t$ beschrieben:

$$v = \lim_{\Delta t \to 0} \frac{\Delta x}{\Delta t} = \lim_{t_2 \to t_1} \frac{x_2 - x_1}{t_2 - t_1} \qquad (2.4)$$

Man sagt dann, daß die Geschwindigkeit $v$ die **Ableitung** der Funktion $x(t)$ nach der Zeit $t$ ist und schreibt:

$$v = \frac{\mathrm{d}x}{\mathrm{d}t} = \dot{x} \qquad (2.5)$$

Die Momentangeschwindigkeit $v(t)$ gibt anschaulich die Steigung der Tangente im Punkt $t$ an die Weg-Zeit-Kurve an. Wir können folgende wichtige Fälle unterscheiden:

1.  $v > 0 \Longrightarrow \Delta x > 0 \Longrightarrow x_2 > x_1$, $x_2 - x_1$ wächst mit der Zeit an.
    Der Körper bewegt sich in die Richtung der positiven Koordinatenachse, d. h., die $x$-$t$-Kurve steigt an: Die Ableitung der Kurve $x(t)$ ist positiv.

2.  $v = 0 \Longrightarrow \Delta x = 0 \Longrightarrow x_2 = x_1$, der Abstand $\Delta x$ ist konstant (Null).
    Der Körper ist in Ruhe (in diesem Koordinatensystem) (ev. nur kurzzeitig), d. h., $v$ ist die waagerechte Tangente, die Ableitung ist Null.

3.  $v < 0 \Longrightarrow \Delta x < 0 \Longrightarrow x_2 < x_1$, $x_2 - x_1$ schrumpft mit der Zeit.
    Der Körper bewegt sich in negativer Richtung, die $x$-$t$-Kurve fällt, die Ableitung $v = \mathrm{d}x(t)/\mathrm{d}t = \dot{x}$ ist negativ.

Ein physikalisches Experiment zur Bestimmung der Momentangeschwindigkeit eines Zuges besteht darin, eine kurze Wegstrecke $\Delta x$, z. B. 1m, abzustecken und die von den Puffern der Lok zur Durchquerung dieser Strecke benötigte Zeitdifferenz mit einer Stoppuhr und zwei Lichtschranken zu ermitteln. Bei den heute erreichbaren Zuggeschwindigkeiten treten dabei Zeitdifferenzen bis zu $\Delta t = 14$ ms auf, so daß eine elektronische Auslösung, z. B. mit Lichtschranken, unerläßlich ist.

Aus physikalischer Sicht ist zur Definition der Momentangeschwindigkeit mittels Grenzwert $\Delta t \to 0$ zu bemerken, daß natürlich keine Messung bei verschwindender Zeitdifferenz möglich ist. Jede Geschwindigkeitsmessung setzt das Vorhandensein einer Meßstrecke $\Delta x > 0$ (bzw. Zeitdifferenz $\Delta t > 0$) voraus. Das Ergebnis jeder Messung $\Delta x/\Delta t$ ist definitionsgemäß eine Durchschnittsgeschwindigkeit $\bar{v}$. Damit $\bar{v}$ der Momentangeschwindigkeit $v$ nahe kommt, muß die Meßstrecke $\Delta x$ so kurz gewählt werden, daß die Momentangeschwindigkeit als konstant betrachtet werden kann. Anschaulich stimmt dann die Steigung der Sekante ungefähr mit der Steigung der Tangente überein.

## Spezialfall: Konstante Geschwindigkeit

Im Falle einer konstanten Geschwindigkeit $v$ kann die zurückgelegte Strecke $\Delta x$, wie folgt, ermittelt werden:

$$\begin{aligned} \Delta x &= v \cdot \Delta t \\ x_2 &= x_1 + v(t_2 - t_1) \end{aligned}$$

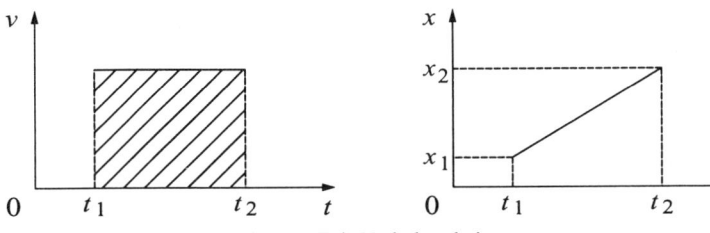

Abb. 2.5: Weg-Zeit-Verhalten bei $v =$ const.

Die zurückgelegte Wegstrecke $\Delta x$ kann dabei anschaulich gedeutet werden als Fläche zwischen der $v$-$t$-Kurve und der $t$-Achse: Die Wegstrecke wächst linear mit der Zeit $t$.

Es gilt für konstante Geschwindigkeit die Beziehung:

$$\boxed{\Delta x \sim t \quad \text{für} \quad v = \text{const.}}$$                                  (2.6)

mit der Geschwindigkeit $v$ als Proportionalitätskonstante.

Diese grafische Deutung behält auch ihre Gültigkeit, wenn wir zu veränderlichen Momentangeschwindigkeiten übergehen.

*Beispiel 2.3*:     Durchschnittsgeschwindigkeit

Es soll die Durchschnittsgeschwindigkeit $\bar{v}$ eines PKW im Zeitraum zwischen 10.00 Uhr und 12.15 Uhr bestimmt werden, der ein $v$-$t$-Diagramm gemäß der folgenden Abbildung aufweist. Die Geschwindigkeit ist abschnittweise konstant. Die Geschwindigkeitsänderung bei 10.45 Uhr geschieht so rasch, daß bei der gewählten Auflösung der $t$-Achse die $v$-$t$-Kurve als Stufenkurve gezeichnet werden kann.

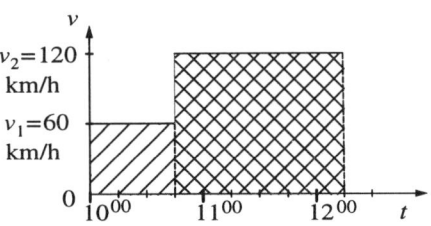

Abb. 2.6: Geschwindigkeits-Zeit-Diagramm

**Lösung:**

Die gesamte Wegstrecke $\Delta x$ wird aufgeteilt in die vor und nach 10.45 Uhr zurückgelegten Wege:

$$\Delta x = v_1 \Delta t_1 + v_2 \Delta t_2$$

$$\Delta x = 60 \text{ km/h} \cdot 0,75 \text{ h} + 120 \text{ km/h} \cdot 1,5 \text{ h}$$     <u>1</u>

und durch die gesamte benötigte Zeit, $\Delta t = 2,24$ h, geteilt:

$$\bar{v} = \frac{v_1 \Delta t_1 + v_2 \Delta t_2}{\Delta t_1 + \Delta t_2} = \frac{225 \text{ km}}{2,25 \text{ h}} = 100 \text{ km/h}$$     <u>2</u>

**Hinweis:** Häufig gemachter Fehler:

$$\bar{v} \neq \frac{v_1 + v_2}{2}$$     <u>3</u>

Nur im Falle gleicher Zeiten $\Delta t_1 = \Delta t_2$ geht das obige Ergebnis in das arithmetische Mittel über.

## 2.5    Beschleunigung

Ändert der Eisenbahnzug seine Geschwindigkeit, so sagen wir, er wird beschleunigt. Eine Beschleunigung tritt sowohl bei einer Erhöhung als auch bei einer Erniedrigung (Abbremsen) der Geschwindigkeit auf.

Betrachten wir wieder einen längeren Zeitraum $\Delta t$, siehe Abbildung 2.7, so können wir – wie im Falle der Geschwindigkeit – eine mittlere Größe, die durchschnittliche Beschleunigung $\bar{a}$, definieren:

$$\bar{a} = \frac{\Delta v}{\Delta t} = \frac{v_2 - v_1}{t_2 - t_1}; \quad \text{da} \quad [v] = \frac{\text{m}}{\text{s}}, \quad \text{gilt} \quad [\bar{a}] = \frac{\text{m}}{\text{s}^2} \tag{2.7}$$

in Worten:

**Die mittlere Beschleunigung ist Geschwindigkeitsänderung $\Delta v$ geteilt durch die benötigte Zeit $\Delta t$.**

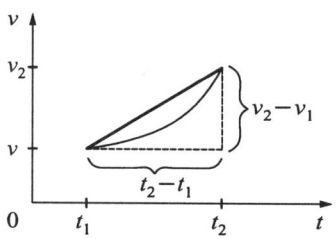

Abb. 2.7: *Durchschnittliche Beschleunigung*

In dieser Abbildung sind $v_1$ und $v_2$ die Geschwindigkeiten zu zwei verschiedenen Zeitpunkten $t_1$ und $t_2$. Die Durchschnittsbeschleunigung gibt grafisch die Steigung der Sekante zwischen den Punkten $(v_1, t_1)$ und $(v_2, t_2)$ im Geschwindigkeits-Zeit-Diagramm an. Diese Gerade bildet die Hypotenuse des Dreiecks mit der Ankathete $\Delta t$ und der Gegenkathete $\Delta v$. Die Angabe der Durchschnittsbeschleunigung ist ohne Sinn, wenn nicht die Zeit- bzw. die Geschwindigkeitsdifferenz angegeben wird, auf die sich dieser Wert bezieht.

**Hinweis:** Wie bei der Durchschnittsgeschwindigkeit ist auch bei der Anwendung der **Durchschnittsbeschleunigung** Vorsicht geboten, wenn die Momentangeschwindigkeit im betrachteten Zeitintervall sowohl steigt als auch fällt (d. h. das Vorzeichen von $v$ sich ändert).

Den Zusammenhang zwischen der Geschwindigkeitsänderung $\Delta v$ und dem Zeitintervall $\Delta t$ vermitteln die folgenden Gleichungen:

$$\Delta v = \bar{a} \cdot \Delta t$$
$$v_2 = v_1 + \bar{a} \cdot (t_2 - t_1)$$

Wählen wir das Zeitintervall $\Delta t$ bei der Messung der Beschleunigung $\bar{a}$ immer kürzer, so kommen wir in Analogie zur Momentangeschwindigkeit zum Begriff der **Momentanbeschleunigung** $a$, die wir in Zukunft nur noch als Beschleunigung bezeichnen wollen:

$$a = \left.\frac{\Delta v}{\Delta t}\right|_{\Delta t \to 0} = \left.\frac{v_2 - v_1}{t_2 - t_1}\right|_{t_2 \to t_1}; \quad [a] = \frac{\text{m}}{\text{s}^2} \tag{2.8}$$

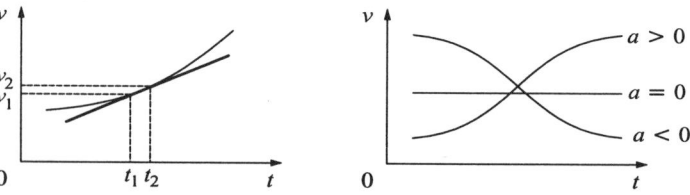

Abb. 2.8: *Momentanbeschleunigung als Tangente*

Wie bei der Momentangeschwindigkeit $v$ kann dieser Sachverhalt mit einem Grenzwert beschrieben werden:

**Beschleunigung** $$a = \lim_{\Delta t \to 0} \frac{\Delta v}{\Delta t} = \lim_{t_2 \to t_1} \frac{v_2 - v_1}{t_2 - t_1} \tag{2.9}$$

Die Beschleunigung $a$ ist die Ableitung der $v$-$t$-Kurve nach der Zeit. Da die Geschwindigkeit ihrerseits eine Ableitung darstellt, ergibt sich folgende Schreibweise:

$$a = \frac{dv}{dt} = \dot{v}; \qquad v = \frac{dx}{dt} = \dot{x}$$

also zusammengefaßt

$$a = \frac{d}{dt}\left(\frac{dx}{dt}\right) = \frac{d^2x}{dt^2} = \ddot{x} \qquad [a] = \frac{m}{s^2} \qquad\qquad (2.10)$$

Die Beschleunigung ist die **zweite Ableitung** der Weg-Zeit-Funktion $x(t)$.

Die Beschleunigung $a$ stellt anschaulich die Steigung der Tangente im $v$-$t$-Diagramm dar. Die nachstehend beschriebenen Fälle können dabei unterschieden werden:

1. $a > 0 \Longrightarrow v > 0 \Longrightarrow v_2 > v_1$
   Der Körper bewegt sich mit größer werdender Geschwindigkeit, d. h. im $v$-$t$-Diagramm steigt die Kurve.
   **Hinweis:** Je nach dem Vorzeichen der Anfangsgeschwindigkeit $v_1$ umfaßt dieser Spezialfall sowohl Vorgänge, die umgangssprachlich mit den Begriffen „schneller werden" als auch „abbremsen" beschrieben werden. Ist nämlich $v_1$ negativ, so wird die Geschwindigkeit dem Betrage nach kleiner.

2. $a = 0 \Longrightarrow v = 0 \Longrightarrow v_2 = v_1$
   Der Körper ändert seine Geschwindigkeit (evtl. nur kurzzeitig) nicht.

3. $a < 0 \Longrightarrow v < 0 \Longrightarrow v_2 < v_1$
   Der Körper bewegt sich mit kleiner werdender Geschwindigkeit.
   **Hinweis:** Ist die Anfangsgeschwindigkeit $v_1 > 0$, so können wir den Vorgang mit dem Begriff „Abbremsen" versehen. Ist aber $v_1 < 0$, so bedeutet dies ($a < 0$) ein schneller werden nach links! Die Begriffsbildung ist eindeutig, muß aber in der Anwendung sorgfältig beachtet werden.

*Beispiel 2.4:* **Beschleunigung eines ICE**

Ein ICE-Zug der Bundesbahn erreicht seine Fahrgeschwindigkeit von 250 km/h innerhalb von 600 Sekunden. Zum Abbremsen benötigt er 139 Sekunden, zur Notbremsung 57 Sekunden.
Wie groß sind die durchschnittlichen Beschleunigungen während des Anfahrens und des Verzögerns?

**Lösung:**

Wie verwenden die angegebene Beziehung für die durchschnittliche Beschleunigung und berücksichtigen, daß in der Differenz für $\Delta v$ immer eine Geschwindigkeit 0 ist.

$$\text{Anfahren} \quad \bar{a} = \frac{250 \text{ km}}{3600 \text{ s}} \frac{1}{600 \text{ s}} = 0,116 \text{ m/s}^2$$

$$\text{Abbremsen} \quad \bar{a} = -\frac{250 \text{ km}}{3600 \text{ s}} \frac{1}{139 \text{ s}} = -0,5 \text{ m/s}^2$$

$$\text{Notbremsen} \quad \bar{a} = -\frac{250 \text{ km}}{3600 \text{ s}} \frac{1}{57 \text{ s}} = -1,22 \text{ m/s}^2 \qquad\qquad \underline{1}$$

Wie können wir nun ausrechnen, welche Strecke $\Delta x$ ein Zug während der Beschleunigungsphase zurücklegt?

Wir setzen die Kenntnis des Verlaufs der Geschwindigkeit als Funktion der Zeit voraus. Das Argument, das uns weiterhilft, wurde bereits früher erwähnt: Die Fläche unter der $v$-$t$-Kurve ist ein Maß für den zurückgelegten Weg.

Diese Fläche kann nun im allgemeinen Fall einer gekrümmten Kurve nicht durch geometrische Überlegungen gefunden werden.

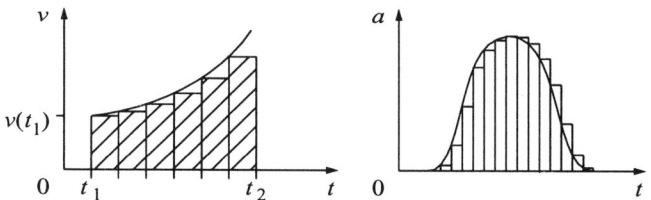

*Abb. 2.9: Ermittlung der Orts- und Geschwindigkeitsänderung durch Summierung über Rechtecke*

Wie müssen die Fläche in möglichst viele schmale Rechtecke zerlegen, über die dann summiert wird:

$$\Delta x \approx v(t_1) \cdot \Delta t + v(t_1 + \Delta t) \cdot \Delta t + \cdots + v(t_1 + (n-1) \cdot \Delta t) \cdot \Delta t$$

$$\approx \sum_{i=0}^{n-1} v(t_1 + i\Delta t) \cdot \Delta t \tag{2.11}$$

Im Grenzfall unendlich vieler Rechtecke, $n \to \infty$, geht die Summe in ein Integral über. Aus dem Ungefährsymbol wird das Gleichheitszeichen:

$$\Delta x = \int_{t_1}^{t_2} v(t)\,\mathrm{d}t \tag{2.12}$$

Mit einem gleichartigen Argument kann aus dem Verlauf der Beschleunigung als Funktion der Zeit die Geschwindigkeitsänderung ermittelt werden:

$$\Delta v \approx a(t_1) \cdot \Delta t + a(t_1 + \Delta t) \cdot \Delta t + \cdots + a(t_1 + (n-1) \cdot \Delta t) \cdot \Delta t$$

$$\approx \sum_{i=0}^{n-1} a(t_1 + i\Delta t) \cdot \Delta t \tag{2.13}$$

Auch diese Summe geht im Grenzfall unendlich feiner Unterteilung in ein Integral über:

$$\Delta v = \int_{t_1}^{t_2} a(t)\,\mathrm{d}t \tag{2.14}$$

## Spezialfall: Gleichförmige Beschleunigung

Im Spezialfall der konstanten Beschleunigung $a$ können die Integrale Gl. (2.12) und Gl. (2.14) für die Berechnung der Weg- und Geschwindigkeitsdifferenzen auf geometrische Weise gelöst werden.

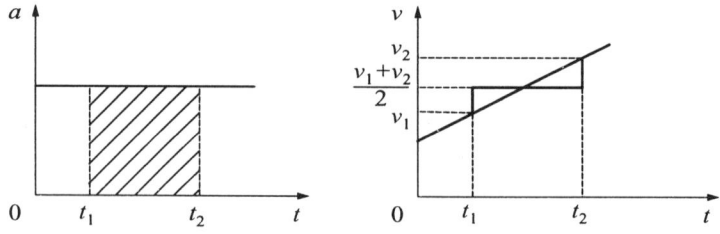

*Abb. 2.10: Diagramm für konstante Beschleunigung*

Die Geschwindigkeitsdifferenz $\Delta v$ ergibt sich aus der schraffierten Fläche zu:

$$\Delta v = a \cdot \Delta t = a \cdot (t_2 - t_1)$$
$$v_2 = v_1 + a \cdot (t_2 - t_1)$$

Die Geschwindigkeit ist eine lineare Funktion der Zeit. Die zu berechnende Fläche im $v$-$t$-Diagramm, die dem zurückgelegten Weg $x$ entspricht, ist daher ein Trapez. Dessen Fläche ergibt sich mit der mittleren Höhe $(v_1 + v_2)/2$ zu

$$\Delta x = \frac{1}{2}(v_1 + v_2) \cdot \Delta t \tag{2.15}$$

Alternative Formulierungen ergeben sich durch die Substitution $v_2 = v_1 + at$ bzw. $t = (v_2 - v_1)/a$:

$$\Delta x = \frac{1}{2}(v_1 + v_1 + a\Delta t) \cdot \Delta t$$
$$= \boxed{v_1 \Delta t + \frac{1}{2}a\Delta t^2}$$
$$= \frac{1}{2}(v_1 + v_2)\frac{v_2 - v_1}{a}$$
$$= \boxed{\frac{1}{2a}(v_2^2 - v_1^2)} \tag{2.16}$$

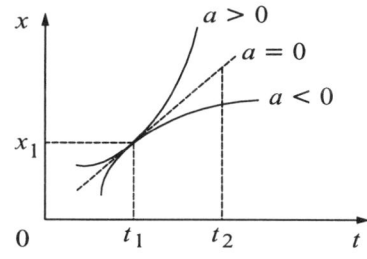

Abb. 2.11: Weg-Zeit-Diagramm für $a = $ const.

Zur grafischen Darstellung als Funktion der Zeit eignet sich besonders die Gleichung $x = v_1 \cdot \Delta t + \frac{1}{2}a \cdot t^2$. In diesem Graph ist die Funktion $v_1 t$ gestrichelt eingezeichnet, die bei verschwindender Beschleunigung $a = 0$ auftritt. Die beiden anderen Kurven geben den prinzipiellen Kurvenverlauf bei gleicher Anfangsgeschwindigkeit $v_1$, jedoch unterschiedlichem Vorzeichen der Beschleunigung $a$, wieder.

*Beispiel 2.5*:    Freier Fall ohne Anfangsgeschwindigkeit

In diesem Fall reduzieren sich die Gleichungen (2.15) und (2.16) auf folgende Form:

$$v = a\Delta t$$
$$x = \frac{1}{2}a\Delta t^2 = \frac{1}{2}\frac{v^2}{a}$$

**Hinweis:** Bei der Festlegung des **Vorzeichens** der Beschleunigung $a$ ist Vorsicht geboten. Dieses Vorzeichen ist bereits durch die Wahl des Bezugssystems festgelegt. Liegt der Koordinatenursprung im Absprungpunkt und ist die positive $x$-Achse nach oben gerichtet, so wird die Beschleunigung negativ.

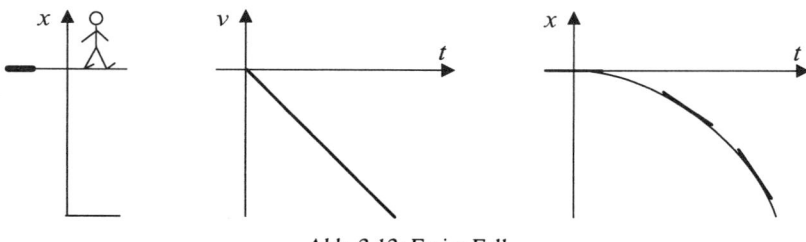

Abb. 2.12: Freier Fall

**Versuch:** Ein Experiment der Bestimmung der Beschleunigung mit einer Kugelfallmaschine liefert zum Beispiel folgende Fallzeiten für verschiedene Höhen:

| $-x$/cm | 20 | 40 | 80 | 160 |
|---------|------|------|------|------|
| $t$/s | 0,21 | 0,29 | 0,41 | 0,57 |

Die Meßstrecken $x$ wurden mit Absicht im Verhältnis $1 : 2 : 4 : 8$ gewählt, damit eine quadratische Abhängigkeit ohne aufwendige Rechnung erkannt werden kann:
Eine Verdopplung der Fallzeit bedeutet eine Vervierfachung der Wegstrecke.

Das Ergebnis stützt die Vorhersage der quadratischen Abhängigkeit durch $|a| = g$, ergibt sich mit Verwendung der Meßwerte $x = 160$ cm und $t = 0,57$ s

$$g = \frac{2|x|}{\Delta t^2} = \frac{3,2 \text{ m}}{(0,57 \text{ s})^2} = 9,85 \text{ m/s}^2 \qquad \underline{2}$$

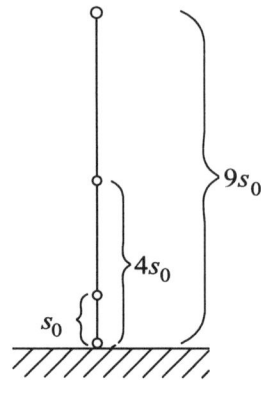

Abb. 2.13: Freier Fall einer Kugelkette

Die quadratische Abhängigkeit der Fallstrecke von der Zeit kann auch gut verdeutlicht werden mit einer Kugelkette, bei der die Kugeln in quadratisch wachsenden Abständen befestigt sind:
Wird eine solche Kugelkette fallengelassen, so erreichen die Kugeln in gleichen Zeitabständen den Erdboden.

Präzisionsmessungen liefern für die **Fallbeschleunigung** in unseren geografischen Breiten den Wert

$$g = 9,806\,65 \text{ m/s}^2 \qquad\qquad\qquad (2.17)$$

## *Beispiel 2.6:*    Bremsweg und Verzögerung eines PKW

Während des Abbremsens eines PKW treten bei gleichmäßiger Verzögerung folgende Weg- bzw. Geschwindigkeits-Diagramme auf.

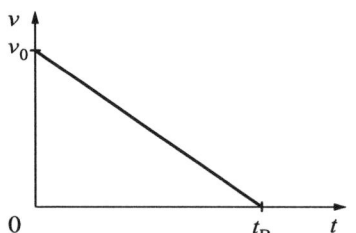 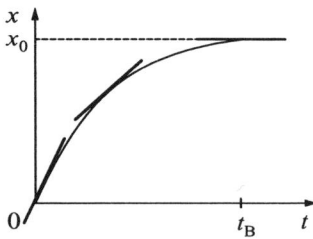

Abb. 2.14: Abbremsen eines Fahrzeugs mit $a = $ const.

Die Geschwindigkeit $v(t)$ gehorcht der Funktion $v(t) = v_0 - |a| \cdot t$ und erreicht den Wert 0 nach der **Bremszeit** $t_B = v_0/|a|$. Die Tangente an die $x$-$t$-Kurve verläuft in diesem Punkt parallel zur $t$-Achse.
Der Bremsweg $x_B$ hängt mit der Anfangsgeschwindigkeit $v_0$ und der Beschleunigung wie folgt zusammen:

$$x_B = \frac{1}{2a}\left(v_1^2 - v_0^2\right) = -\frac{1}{2a}v_0^2 \qquad \underline{1}$$

Der Bremsweg wächst also **quadratisch** mit der Fahrgeschwindigkeit an! (von $v = 45$ km/h auf 90 km/h vervierfacht sich der Bremsweg!)

Daraus folgt für die Verzögerung $a$:

$$a = -\frac{1}{2}\frac{v_0^2}{x_B} \qquad\qquad \underline{2}$$

(Da die Bremsbeschleunigung, bedingt durch die Auslegung der Bremsanlage, nahezu konstant bleibt.) In einem Zahlenbeispiel mit der Anfangsgeschwindigkeit $v_0 = 90$km/h und dem Bremsweg $x_B = 50$ m folgt für die mittlere Verzögerung:

$$a = -\frac{1}{2} \cdot \frac{(90 \text{ km/h})^2}{50 \text{ m}} = -\frac{1}{2} \cdot \frac{1}{50 \text{ m}} \left( \frac{90\,000 \text{ m}}{3600 \text{ s}} \right)^2 = -6,25 \text{ m/s}^2 \qquad \underline{3}$$

# 2.6 Senkrechter Wurf

## Freier Fall mit Anfangsgeschwindigkeit

Zu Beginn müssen wir das Bezugssystem festlegen. Der Abwurf(sprung)punkt ist gleichzeitig der Koordinatenursprung. Die $x$-Achse wird lotrecht gelegt und nach oben positiv gewertet. Mit dieser Festlegung lauten die Weg- und Geschwindigkeit-Zeit-Funktionen:

$$v(t) = v_0 - g \cdot t$$

$$x(t) = v_0 \cdot t - \frac{1}{2} \cdot g \cdot t^2 \qquad (2.18)$$

Die Wahl des Abwurfpunktes als Koordinatenursprung ist willkürlich. Wir hätten ebensogut die Erdoberfläche als Ursprung festlegen können. In diesem Fall tritt in der Gleichung $x(t)$ auf der rechten Seite die Anfangshöhe $x_0$ in Erscheinung.

Im folgenden wird eine Fallunterscheidung nach den Vorzeichen der Anfangsgeschwindigkeit $v_0$ vorgenommen:

## Senkrechter Wurf nach oben $v_0 > 0$

Die zugehörigen Diagramme sind nachfolgend abgebildet:

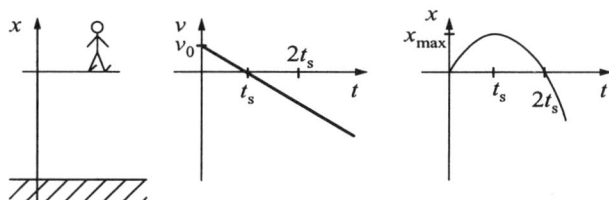

*Abb. 2.15: Freier Fall mit $v_0 > 0$*

Die größte Höhe $x_{max}$ erreicht der Körper, wenn $v(t_s) = 0$ ist:

$$v(t_s) = 0 = v_0 - g \cdot t_s$$

$$\implies v_0 = g \cdot t_s$$

$$\implies t_s = \frac{v_0}{g} \qquad (2.19)$$

mit der Steigzeit $t_s$.

Die erreichte Gipfelhöhe $x_{max}$ berechnet sich unter Zuhilfenahme von Gleichung (2.18):

$$x_{max} = v_0 \cdot t_s - \frac{1}{2} g \cdot t_s^2 = \frac{1}{2} \frac{v_0^2}{g} \qquad (2.20)$$

*Beispiel 2.7*:    Hochspringer

Ein Hochspringer, der über eine 1,5 m höher gelegene Latte springt, muß demnach mindestens mit der Geschwindigkeit

$$v_0 = \sqrt{2gx_{\text{max}}} = 5,4 \text{ m/s} \qquad \underline{1}$$

nach oben abspringen.

Nach der doppelten Steigzeit erreicht der Körper im Fall wieder die Ausgangshöhe und hat dort den gleichen Betrag der Geschwindigkeit, aber entgegengesetztes Vorzeichen wie zu Beginn.

## Senkrechter Wurf nach unten, $v_0 < 0$

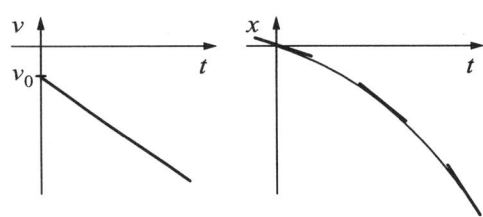

*Abb. 2.16: Freier Fall mit $v_0 < 0$*

Wie lange braucht der Körper, bis er wieder die Erdoberfläche trifft?
Im Moment des Auftreffens gilt:

$$-h = -v_0 \cdot t_f - \frac{1}{2} \cdot g \cdot t_f^2 \qquad (2.21)$$

Diese quadratische Gleichung besitzt die beiden Lösungen

$$t_{1/2} = -\frac{v_0}{g} \pm \sqrt{\left(\frac{v_0}{g}\right)^2 + \frac{2h}{g}} \qquad (2.22)$$

Die physikalisch sinnvolle Lösung besitzt das positive Vorzeichen, andernfalls wird die Fallzeit $t_f$ negativ.

## 2.7    Zusammenfassung

Die Durchschnittsgeschwindigkeit $\bar{v}$ eines Körpers während eines Zeitintervalls ist das Verhältnis aus der Wegdifferenz $\Delta x$ und dem Zeitintervall $\Delta t$:

$$\bar{v} = \frac{\Delta x}{\Delta t} \qquad (2.23)$$

Die Momentangeschwindigkeit eines Körpers ist der Grenzwert des Verhältnisses $\Delta x / \Delta t$ für verschwindende Zeitdifferenzen:

$$v = \lim_{\Delta t \to 0} \frac{\Delta x}{\Delta t} = \frac{dx}{dt} = \dot{x} \qquad (2.24)$$

Die Durchschnitts- bzw. mittlere Beschleunigung $\bar{a}$ in einem Zeitintervall wird mit dem Verhältnis von Geschwindigkeitsänderung $\Delta v$ und Zeitintervall $\Delta t$ definiert:

$$\bar{a} = \frac{\Delta v}{\Delta t} \qquad (2.25)$$

Die Momentanbeschleunigung, kurz auch Beschleunigung genannt, wird durch den Grenzwert des Verhältnisses $\Delta v / \Delta t$ für $\Delta t \to 0$ definiert:

$$a = \lim_{\Delta t \to 0} \frac{\Delta v}{\Delta t} = \frac{dv}{dt} = \dot{v} \qquad (2.26)$$

Die Steigung der Tangente an die $x$-$t$-Kurve entspricht in jedem Augenblick der Momentangeschwindigkeit.

Die Steigung der Tangente an die $v$-$t$-Kurve führt in jedem Zeitpunkt zur momentanen Beschleunigung $a$.

Die Fläche unter der $v$-$t$-Kurve entspricht dem zurückgelegten Weg $\Delta x$ des Körpers.

Die kinematischen Bewegungsgleichungen können im Falle der **gleichförmigen Beschleunigung** geschrieben werden:

$$v_2 = v_1 + a(t_2 - t_1)$$

$$x_2 - x_1 = v_1 \cdot (t_2 - t_1) + \frac{1}{2}a \cdot (t_2 - t_1)^2$$

$$x_2 - x_1 = \frac{1}{2}(v_1 + v_2)(t_2 - t_1)$$

$$x_2 - x_1 = \frac{1}{2a}(v_2^2 - v_1^2) \tag{2.27}$$

# 2.8 Aufgaben

**2.1** Zwei Autos mit $|v_1| = 54$ km/h, $|v_2| = 72$ km/h sind auf einer geraden Straße $s = 3000$ m voneinander entfernt.

Wo begegnen sie sich, wenn sie aufeinander zufahren?

**2.2** Ein Läufer legt 100 m in 12 s zurück. Er beschleunigt die ersten 25 m gleichmäßig, läuft die restlichen 75 m mit der erreichten Geschwindigkeit $\bar{v}$ weiter.

Berechnen Sie die Beschleunigung und die Geschwindigkeit $\bar{v}$.
Zeichnen Sie das $v$-$t$-, $a$-$t$-, $s$-$t$-Diagramm.

**2.3** Eine Rakete beschleunigt einen Schlitten konstant mit $4,5$ m/s². Dabei wird eine maximale Geschwindigkeit von 162 km/h erreicht. Ohne Antrieb läuft der Schlitten noch 30 s bis zum Stillstand aus ($a = $ const.).

Gesucht:
a) Wie groß ist die Brenndauer der Rakete und die Weglänge?
b) Wo und wann ist der Schlitten 72 km/h schnell?

**2.4** Ein PKW bremst gleichmäßig. Auf einer Strecke von 60m verringert er seine Geschwindigkeit von 80 km/h auf 50 km/h.

Welche Strecke und welche Zeit braucht er bei gleichbleibender Bremsbeschleunigung noch, um zum Stillstand zu kommen?

**2.5** Ein Bus fährt mit der Beschleunigung $a_1 = 1,0$ m/s² an, hat eine Zeitlang die Geschwindigkeit $v_2 = 12$ m/s, bremst dann mit einer Verzögerung $a_3 = -1,5$ m/s². Die gesamte Fahrstrecke beträgt $s = 300$ m.

Wie lange dauert die Fahrt?
Zeichnen Sie das $v$-$t$-, $a$-$t$-, $s$-$t$-Diagramm.
Wie groß sind Fahrzeit und Maximalgeschwindigkeit ohne die Geschwindigkeitsbegrenzung bei sonst unveränderten Beschleunigungen $a_1$ und $a_3$?

**2.6** Ein frei fallender Körper passiert zwei 10 m entfernte Meßpunkte im zeitlichen Abstand von $0,5$ s.

Aus welcher Höhe über dem oberen Meßpunkt fiel der Körper?
Welche Geschwindigkeit hat er in beiden Punkten?

**2.7** Ein senkrecht nach oben geworfener Stein hat in 20 m Höhe die Geschwindigkeit $v_1 = 8$ m/s.

Berechnen Sie die Abwurfgeschwindigkeit $v_0$, die Wurfhöhe $h$ und die gesamte Flugzeit $T$.

**2.8** Ein Stein wird am Rand eines 240 m tiefen Schachtes mit $v = 25$ m/s senkrecht nach oben geworfen.

Nach welcher Zeit hört man den Aufprall am Boden des Schachtes?
Die Schallgeschwindigkeit beträgt $v_s = 340$ m/s.

**2.9** Eine Kugel fällt von einem 100 m hohen Turm.

Mit welcher Anfangsgeschwindigkeit muß eine zweite Kugel 1,5 s später nachgeworfen werden, wenn sie die erste 21,5 m vor Erreichen des Bodens treffen soll?

**2.10** Ein Autofahrer verzögert wegen Nebels seine Geschwindigkeit gleichmäßig von 108 km/h auf 36 km/h in 4 Sekunden. Ein zweiter PKW, der in einem ursprünglichen Abstand von 25 m folgt, führt nach einer Reaktionszeit von 0,8 s den gleichen Bremsvorgang durch.

a) Wie groß ist der Abstand beider PKW 2 Sekunden nach Beginn des Bremsmanövers von Fahrzeug 1?
b) Wie groß ist der Abstand der Fahrzeuge, wenn beide Autos abgebremst sind?

**2.11** Ein PKW (*) fährt mit 108 km/h auf einer Landstraße. In einem Abstand von 20 m setzt er zum Überholen eines mit 90 km/h fahrenden Autos (**) an. Das überholte Fahrzeug beschleunigt mit $a = 1$ m/s², sobald der Überholer neben ihm ist, von 90 km/h auf 99 km/h.
Wenn der Abstand zum überholten PKW (**) 20 m beträgt, schert der Wagen (*) auf die rechte Fahrspur.

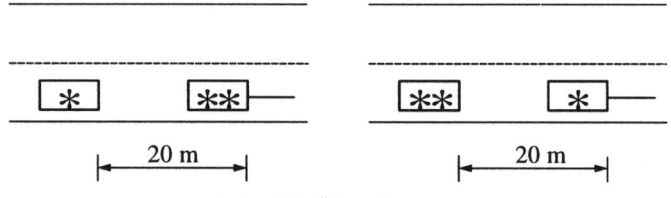

*Abb. 2.17: Überholvorgang*

Wie lange dauert der Überholvorgang, und welche Strecke legt der PKW (*) dabei zurück?

**2.12** Zwei Radrennfahrer starten zeitgleich an gegenüberliegenden Punkten eines Rundkurses (Umfang $U = 300$ m) zu einem Stundenrennen. Rennfahrer $A$ fährt mit der konstanten Geschwindigkeit $v_A = 40,0$ km/h, Rennfahrer $B$ mit $v_B = 41,5$ km/h.

Zu welchen Zeiten wird der langsamere Fahrer überholt?

**2.13** Zwei Schwimmer starten zeitgleich auf einer 50 m-Bahn zu einem 1500 m-Rennen. Beide schwimmen mit konstanter Geschwindigkeit: Schwimmer $A$ benötigt die Zeit 18:04 Minuten, $B$ braucht aber 19:55 Minuten für diese Strecke.

Nach welcher Zeit wird der langsamere Schwimmer zum ersten Mal überrundet?
Welchen Abstand zum Startblock haben die Schwimmer in diesem Augenblick?

**2.14** Auf der Autobahn beträgt bei nebligem Wetter die Sichtweite $l = 50$ m.

Wie schnell darf ein Auto höchstens fahren, damit es vor einem stehenden Hindernis zum Halten gebracht werden kann?

Die Reaktionszeit bis zum Ansprechen der Bremsen betrage $t_R = 0,7$ s; die Bremsverzögerung $a$ soll berechnet werden aus dem Bremsweg $s_B = 50$ m (ohne Reaktionszeit) für eine Vollbremsung von 100 km/h bis zum Stillstand.

**2.15** An einer Autobahnauffahrt steht ein PKW, dem sich auf der Autobahn ein zweiter Wagen mit der Geschwindigkeit $v_2 = 100$ km/h nähert. Der Wagen 1 beschleunigt in 18 s auf 120 km/h.

Wie weit muß der Wagen 2 beim Anfahren des 1. PKW mindestens entfernt sein, damit der Abstand zwischen beiden Autos nie kleiner als 50 m wird?
Nach welcher Fahrstrecke des PKW 1 wird der kleinste Abstand erreicht?

**2.16**  Auf der Autobahn beträgt bei nebligem Wetter die Sichtweite $l = 50$ m.

Wie schnell darf ein Auto höchstens fahren, damit es rechtzeitig vor einer mit 50 km/h fahrenden Kolonne noch abbremsen kann?

Der Abstand zum letzten Fahrzeug der Kolonne soll am Ende des Bremsmanövers noch 5 m betragen. Die Reaktionszeit bis zum Ansprechen der Bremsen betrage $t_R = 1,2$ s; die Bremsverzögerung $a$ soll berechnet werden aus dem Bremsweg $s_B = 50$ m (ohne Reaktionszeit) für eine Vollbremsung von 100 km/h bis zum Stillstand.

**2.17**  Zwei Schwimmer starten zeitgleich auf einer 50 m-Bahn zu einem 1500 m-Rennen. Beide schwimmen mit konstanter Geschwindigkeit: Schwimmer $A$ benötigt die Zeit 18:00 Minuten, Schwimmer $B$ braucht 22:00 Minuten für diese Strecke.

Nach welcher Zeit begegnen sich die beiden Schwimmer mit entgegengesetzten Richtungen ihrer Geschwindigkeiten zum fünften Mal, und in welchem Abstand vom Startblock findet dieses Treffen statt?

**2.18**  Ein Radfahrer fährt mit 18 km/h an einem parkenden PKW vorbei. 5 Sekunden später fährt dieser Wagen mit der konstanten Beschleunigung $a = 0,8$ m/s$^2$ an.

Nach welcher Wegstrecke wird der Radfahrer überholt?

**2.19**  Ein Autofahrer legt eine Strecke von 300 km zurück. Auf der ersten Hälfte der Strecke fährt er eine Durchschnittsgeschwindigkeit $\bar{v}_1 = 70$ km/h; die zweite Hälfte wird mit $\bar{v}_2 = 130$ km/h zurückgelegt.

Wie groß ist die Durchschnittsgeschwindigkeit $\bar{v}$?

**2.20**  Ein Raumschiff startet zu einer Fahrt zum Planeten Saturn mit der Beschleuigung $a_1 = 4$ m/s$^2$. 24 Stunden später folgt ein zweites Raumschiff mit der Beschleunigung $a_2 = 6$ m/s$^2$.

Nach welcher Zeit und welcher Wegstrecke wird das erste Raumschiff eingeholt?

**2.21**  Ein Güterzug beschleunigt gleichmäßig von 0 auf 80 km/h in 6 Minuten. Ein Personenzug, der am gleichen Ort 1:00 Minuten später abfährt, benötigt zur Beschleunigung auf 120 km/h 2 Minuten. Nach der Beschleunigungsphase fahren beide Züge mit konstanter Geschwindigkeit.

Nach welcher Zeit wird der langsamere Zug überholt, und welche Strecke haben die Züge bis dahin zurückgelegt?

**2.22**  Berechnen Sie die durchschnittliche Geschwindigkeit $v$ bei folgendem Vorgang (in Bruchteilen der Maximalgeschwindigkeit $v_{max}$):

Ein Wagen beschleunigt gleichmäßig von 0 auf $v_{max}$ mit der Beschleunigung $a$. Danach verzögert er gleichmäßig mit der Beschleunigung $-a$ auf $v_{max}/2$.

**2.23**  Die Geschwindigkeit eines Sportwagens, der mit der Beschleunigung $a = 4$ m/s$^2$ anfährt, soll nach 50 m Fahrstrecke gemessen werden. Dazu wird die Zeit des Durchgangs des Wagens bei 30 m und 70 m gestoppt und die Durchschnittsgeschwindigkeit berechnet.

Welche Abweichung ergibt sich gegenüber der wirklichen Momentangeschwindigkeit bei der 50 m-Marke?

**2.24**  Kurz nach 18 Uhr fahren im Frankfurter Hauptbahnhof zwei Züge ab, die zunächst parallele Streckenführung haben. Der IC-Zug fährt 20 Sekunden vor dem Eilzug ab. Der IC beschleunigt gleichmäßig in 6 Minuten auf die Endgeschwindigkeit $v_1 = 160$ km/h, der Eilzug innerhalb von 2 Minuten auf $v_2 = 120$ km/h.

Wann und wo überholt der IC-Zug den Eilzug?

**2.25**  Ein Eilzug passiert um 10.20 Uhr eine Schranke und fährt mit der konstanten Geschwindigkeit $v_E = 120$ km/h. Ein entgegenkommender Güterzug fährt an einem 30 km entfernten Signal um 10.12 Uhr an und beschleunigt in 4 Minuten von 0 auf die Endgeschwindigkeit $v_G = 60$ km/h.

In welchem Abstand vom Signal begegnen die Züge einander?

# Kapitel 3

# Bewegung in einer Ebene

Bisher haben wir nur Bewegungen in einer Richtung behandelt. Wir mußten daher nicht ausdrücklich auf die Vektoreigenschaft vieler beteiligter Größen eingehen. Da in diesem Kapitel die Bewegung in mehreren Raumrichtungen behandelt werden soll, ist es erforderlich, genauer auf Eigenschaften von Vektoren einzugehen.

## 3.1 Vektoren – Grundbegriffe

Wie bereits im Einführungskapitel erwähnt wurde, sind Vektoren Größen, die außer einer Maßzahl (mit Einheit) noch der Festlegung der Richtung bedürfen. Die in Kapitel 2 behandelten Größen wie Ort, Geschwindigkeit und Beschleunigung sind Vektoren, mit denen nur im Falle geradliniger Bewegung so einfach umgegangen werden kann. Vektoren lassen sich anschaulich durch Pfeile darstellen, deren Längen die Beträge (Maßzahl) der Vektoren symbolisieren.

Im Falle des Ortsvektors wurden bereits Koordinatensysteme eingeführt. Es war die Rede von $x$-, $y$- und $z$-Koordinaten. Wir wollen in Zukunft das kartesische Koordinatensystem benutzen. Für den Ortsvektor $\vec{r}$ gilt dann:

$$\vec{r} = \begin{pmatrix} x \\ y \\ z \end{pmatrix}, \tag{3.1}$$

mit den kartesischen Komponenten $x$, $y$ und $z$.

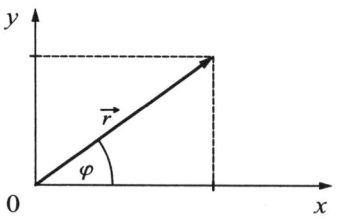

Abb. 3.1: Komponentenzerlegung eines Vektors in der Ebene

Für zweidimensionale Vektoren können wir wichtige Zusammenhänge der Abbildung 3.1 entnehmen.

Als Betrag $r = |\vec{r}|$ wird die Länge des Ortsvektors $\vec{r}$ bezeichnet. Die Länge ist im Falle des Ortsvektors $\vec{r}$ der Abstand zum Koordinatenursprung. Zwischen dem Betrag von $\vec{r}$ und den Komponenten $x$ und $y$ gelten folgende Zusammenhänge:

$$r = \sqrt{x^2 + y^2}$$

$$x = r \cos \varphi$$

$$y = r \sin \varphi \tag{3.2}$$

Der Winkel $\varphi$ wird bestimmt durch die Gleichung:

$$\tan \varphi = \frac{y}{x} \tag{3.3}$$

Der Betrag $r$ und der Winkel $\varphi$ sind die ebenen Polarkoordinaten des Vektors $\vec{r}$. Ob nun kartesische Koordinaten oder ebene Polarkoordinaten zur Beschreibung eines Problems benutzt werden, muß von

Fall zu Fall entschieden werden. Für Bewegungen auf einem Kreis, den Drehbewegungen, vereinfacht die Anwendung von ebenen Polarkoordinaten die Beschreibung erheblich.

Die Verallgemeinerung der Gleichung (3.2) für drei Dimensionen lautet:

$$r = \sqrt{x^2 + y^2 + z^2} \qquad (3.4)$$

Mit allen Vektoren können nun bestimmte Rechenoperationen, die für physikalische Anwendungen bedeutsam sind, vorgenommen werden. Die folgenden Ausführungen gelten nicht nur für Ortsvektoren, sondern auch für Geschwindigkeits-, Beschleunigungs- und andere Vektoren.

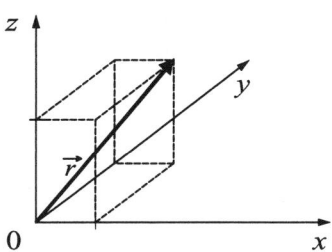

*Abb. 3.2: Komponentenzerlegung eines Vektors im Raum*

## Multiplikation eines Vektors $\vec{a}$ mit einem Skalar $c$

Der resultierende Vektor $\vec{b}$ besitzt die gleiche Richtung wie der Vektor $\vec{a}$, jedoch den Betrag $|\vec{b}| = c \cdot |\vec{a}|$. In Komponentenschreibweise gilt:

$$\vec{b} = c\vec{a}$$

$$\begin{pmatrix} b_x \\ b_y \\ b_z \end{pmatrix} = c \begin{pmatrix} a_x \\ a_y \\ a_z \end{pmatrix} = \begin{pmatrix} ca_x \\ ca_y \\ ca_z \end{pmatrix}$$

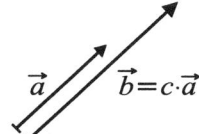

*Abb. 3.3: Multiplikation eines Vektors mit einem Skalar*

Im Sonderfall $c = -1$ weist der Vektor $\vec{b}$ in die entgegengesetzte Richtung von $\vec{a}$:

$$\vec{a} = -\vec{b} \qquad c = -1 \qquad (3.5)$$

Ist der Skalar $c$ mit einer Maßeinheit versehen, entsteht durch die Multiplikation ein Vektor $\vec{b}$, der eine andere physikalische Bedeutung besitzt als $\vec{a}$.

## Addition von zwei Vektoren

Der aus der Addition zweier Vektoren $\vec{a}$ und $\vec{b}$ resultierende Vektor $\vec{c} = \vec{a} + \vec{b}$ ergibt sich aus der Parallelogrammkonstruktion gemäß nebenstehender Abbildung.
Der Vektor $\vec{b}$ kann dabei an die Spitze des Vektors $\vec{a}$ gesetzt werden.
Der Summenvektor $\vec{a} + \vec{b} = \vec{c}$ ergibt sich durch die Verbindung des Anfangspunktes von $\vec{a}$ mit der Spitze von $\vec{b}$.

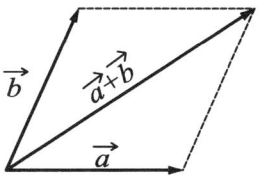

*Abb. 3.4: Addition von Vektoren*

In kartesischen Koordinaten ergibt sich für die Komponenten:

$$\vec{c} = \vec{a} + \vec{b}$$

$$\begin{pmatrix} c_x \\ c_y \\ c_z \end{pmatrix} = \begin{pmatrix} a_x \\ a_y \\ a_z \end{pmatrix} + \begin{pmatrix} b_x \\ b_y \\ b_z \end{pmatrix} = \begin{pmatrix} a_x + b_x \\ a_y + b_y \\ a_z + b_z \end{pmatrix} \qquad (3.6)$$

**Hinweis**: Es ist zu beachten, daß nur gleichartige Vektoren addiert werden können, keinesfalls dürfen z. B. Ortsvektoren und Geschwindigkeitsvektoren addiert werden.

## Differenz von zwei Vektoren

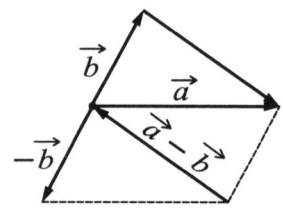

Abb. 3.5: Vektordifferenz

Die Subtraktion von zwei Vektoren $\vec{a} - \vec{b}$ kann durch einen kleinen Kunstgriff auf die Addition von Vektoren zurückgeführt werden. Zum Vektor $\vec{a}$ wird der Vektor $-\vec{b}$ addiert:

$$\vec{c} = \vec{a} - \vec{b} = \vec{a} + (-\vec{b}) \tag{3.7}$$

Der Differenzvektor $\vec{a} - \vec{b}$ verbindet die Spitzen der Vektoren $\vec{a}$ und $\vec{b}$, seine Komponenten lauten in kartesischen Koordinaten:

$$\begin{pmatrix} c_x \\ c_y \\ c_z \end{pmatrix} = \begin{pmatrix} a_x \\ a_y \\ a_z \end{pmatrix} - \begin{pmatrix} b_x \\ b_y \\ b_z \end{pmatrix} = \begin{pmatrix} a_x - b_x \\ a_y - b_y \\ a_z - b_z \end{pmatrix} \tag{3.8}$$

## Einheitsvektoren

Wichtige Vektoren, um ein Koordinatensystem zu charakterisieren, sind die Einheitsvektoren. Es sind dies Vektoren vom Betrag 1. Legen wir drei Einheitsvektoren in die Richtungen der Achsen eines kartesischen Koordinatensystems, so ist das Koordinatensystem vollständig bestimmt. Bezeichnen wir die drei **Einheitsvektoren** mit $\vec{e}_x$, $\vec{e}_y$ und $\vec{e}_z$, so ist die Schreibweise

$$\vec{r} = x\vec{e}_x + y\vec{e}_y + z\vec{e}_z \tag{3.9}$$

der Formulierung

$$\vec{r} = \begin{pmatrix} x \\ y \\ z \end{pmatrix} \tag{3.10}$$

gleichwertig.

## Kinematik mit Vektoren

Nach diesen einführenden Bemerkungen sind wir nun in der Lage, die Kinematik in vektorieller Schreibweise zu formulieren.

Die Geschwindigkeit, die wir bei der geradlinigen Bewegung mit dem Quotienten $\Delta x/\Delta t$ assoziierten, muß bei der Bewegung in mehreren Dimensionen vektoriell geschrieben werden:

$$\vec{v} = \lim_{t_2 \to t_1} \frac{\vec{r}_2 - \vec{r}_1}{t_2 - t_1} = \lim_{\Delta t \to 0} \frac{\Delta \vec{r}}{\Delta t} = \begin{pmatrix} v_x \\ v_y \\ v_z \end{pmatrix} \tag{3.11}$$

$$\text{mit} \quad v_x = \lim_{\Delta t \to 0} \frac{\Delta x}{\Delta t}, \quad v_y = \lim_{\Delta t \to 0} \frac{\Delta y}{\Delta t}, \quad v_z = \lim_{\Delta t \to 0} \frac{\Delta z}{\Delta t}.$$

Der Differenzvektor $\vec{r}_2 - \vec{r}_1 = \Delta \vec{r}$ für verschiedene Zeiten gibt die Richtung der Geschwindigkeit an. Der Geschwindigkeitvektor $\vec{v}$ liegt in jedem Punkt der Bahn tangential an der Bahnkurve.

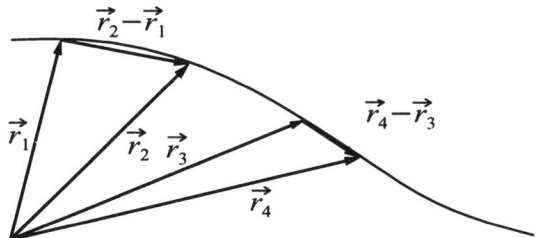

Abb. 3.6: Verschiebungsvektor $\vec{r}_2 - \vec{r}_1$ an einer Bahnkurve

# Spezialfall: konstante Geschwindigkeit, $\vec{v} = \text{const.}$

Konstante Geschwindigkeit bedeutet, da es sich bei $\vec{v}$ um einen Vektor handelt, nicht nur konstanten Betrag $|\vec{v}|$, sondern auch unveränderte Richtung.

In diesem Sinne verkörpert dieser Spezialfall eine geradlinige Bewegung, wie sie im vergangenen Kapitel bereits behandelt wurde.

Hier soll jedoch eine geradlinige Bewegung untersucht werden, die nicht parallel zu einer der Koordinatenachsen verläuft.

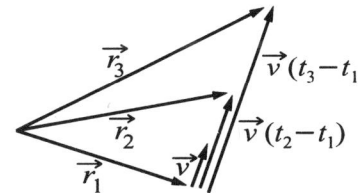

Abb. 3.7: Bahnkurve für $\vec{v} = \text{const.}$

Der Grenzwert in der Gleichung (3.11) kann in diesem Spezialfall außer acht gelassen werden:

$$\vec{v} = \frac{\vec{r}_2 - \vec{r}_1}{t_2 - t_1} \qquad (3.12)$$

Aus dieser Vektorgleichung kann durch Umformung die Verschiebung $\vec{r}_2 - \vec{r}_1$ hergeleitet werden:

$$\vec{r}_2 - \vec{r}_1 = \vec{v} \cdot (t_2 - t_1)$$
$$\vec{r}_2 = \vec{r}_1 + \vec{v} \cdot (t_2 - t_1) \qquad (3.13)$$

In Komponentenschreibweise lautet diese Gleichung:

$$x_2 = x_1 + v_x \cdot (t_2 - t_1)$$
$$y_2 = y_1 + v_y \cdot (t_2 - t_1)$$
$$z_2 = z_1 + v_z \cdot (t_2 - t_1) \qquad (3.14)$$

$v_x$, $v_y$ und $v_z$ sind die Komponenten der Geschwindigkeit $\vec{v}$, deren Betrag $|\vec{v}|$ mit den Komponenten wie folgt zusammenhängt:

$$|\vec{v}| = \sqrt{v_x^2 + v_y^2 + v_z^2} \qquad (3.15)$$

Im Falle einer Bewegung in der $x$-$y$-Ebene wird $v_z = 0$, und die Gleichungen reduzieren sich auf:

$$x_2 = x_1 + v_x \cdot (t_2 - t_1)$$
$$y_2 = y_1 + v_y \cdot (t_2 - t_1)$$
$$z_2 = z_1$$
$$|\vec{v}| = \sqrt{v_x^2 + v_y^2} \qquad (3.16)$$

Der Winkel der Bahnkurve mit der $x$-Achse kann aus dem Verhältnis der Komponenten bestimmt werden:

$$\tan\varphi = \frac{v_y}{v_x} \tag{3.17}$$

## Beschleunigung

Ähnlich wie bei der Geschwindigkeit können wir jetzt die Beschleunigung vektoriell definieren:

$$\vec{a} = \lim_{t_2 \to t_1} \frac{\vec{v}_2 - \vec{v}_1}{t_2 - t_1} = \lim_{\Delta t \to 0} \frac{\Delta\vec{v}}{\Delta t} = \begin{pmatrix} a_x \\ a_y \\ a_z \end{pmatrix} \tag{3.18}$$

$$\text{mit} \quad a_x = \frac{\Delta v_x}{\Delta t}, \quad a_y = \frac{\Delta v_y}{\Delta t}, \quad a_z = \frac{\Delta v_z}{\Delta t}.$$

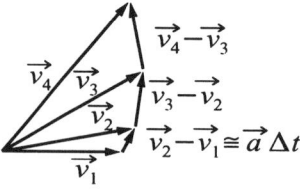

*Abb. 3.8: Veränderliche Geschwindigkeiten*

Die Abbildung 3.8 zeigt ein Beispiel, bei dem sich sowohl die Beträge als auch die Richtungen der Geschwindigkeitsvektoren ändern.

Der Fall, daß die Beschleunigung $\vec{a}$ parallel zur aktuellen Geschwindigkeit $\vec{v}$ ist, entspricht der linearen beschleunigten Bewegung, die in Kapitel 2 abgehandelt wurde.

Ist die Beschleunigung parallel zu $\vec{v}_1$, ändert sich der Betrag der Geschwindigkeit, nicht jedoch die Richtung.

*Abb. 3.9: Wirkung von Beschleunigungen parallel und senkrecht zur Geschwindigkeit*

$$|\vec{v}_1| \approx |\vec{v}_2| \tag{3.19}$$

aus dem Dreieck in der Abbildung 3.9 abgelesen werden kann.

Verläuft die Beschleunigung senkrecht zu $\vec{v}_1$, so ändert sich im ersten Augenblick nur die Richtung der Geschwindigkeit.

Der Betrag $|\vec{v}|$ wird zuerst nur wenig beeinflußt, weil für kleiner werdende Zeitdifferenzen $\Delta t \to 0$ die Beziehung

## 3.2    Einfache zusammengesetzte Bewegungen

In diesem Abschnitt wollen wir Bewegungen untersuchen, die in zwei Dimensionen verlaufen und die durch Überlagerung von Bewegungen mit konstanter Geschwindigkeit und Beschleunigung beschrieben werden können. **Die Gesamtbewegung kann aus Teilbewegungen entlang jeder der verschiedenen Koordinatenachsen zusammengesetzt werden.** Hierbei kommt das **Superpositionsprinzip** zur Anwendung, d. h. das Prinzip der ungestörten Überlagerung: Die Bewegungen setzen sich zusammen, ohne sich gegenseitig zu beeinflussen. Sowohl die Verschiebungen als auch die Geschwindigkeiten setzen sich jeweils vektoriell zusammen.

Im Fall konstanter Beschleunigung $\vec{a}$ kann die Gleichung (3.18) ohne Grenzwert als Differenzenquotient formuliert werden:

$$\vec{a} = \frac{\Delta \vec{v}}{\Delta t} \tag{3.20}$$

Daraus ergibt sich nach Umformung:

$$\vec{v}_2 = \vec{v}_1 + \vec{a} \cdot \Delta t \tag{3.21}$$

Unter Anwendung des Superpositionsprinzips können wir komponentenweise die Verschiebungen bestimmen:

$$\Delta x = v_{1,x} \cdot \Delta t + \frac{1}{2} a_x \cdot \Delta t^2$$

$$\Delta y = v_{1,y} \cdot \Delta t + \frac{1}{2} a_y \cdot \Delta t^2$$

$$\Delta z = v_{1,z} \cdot \Delta t + \frac{1}{2} a_z \cdot \Delta t^2 \tag{3.22}$$

In Vektorschreibweise:

$$\Delta \vec{r} = \vec{v}_1 \Delta t + \frac{1}{2} \vec{a} \Delta t^2 \tag{3.23}$$

## Spezialfall: Waagerechter Wurf

Ein Stein wird waagerecht mit der Geschwindigkeit $v_0$ vom Koordinatenursprung abgeworfen.

Die Gleichungen für die Komponenten des Ortsvektors $\vec{r}$ mit der Zeit $t$ als Parameter lauten:

$$\begin{cases} x(t) = v_0 \cdot t \\ y(t) = -\frac{1}{2} g \cdot t^2 \\ z(t) = \text{const.} \end{cases} \tag{3.24}$$

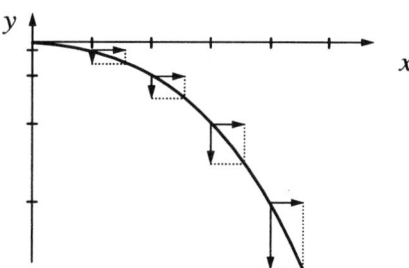

Abb. 3.10: Waagerechter Wurf

Hierbei treten alle Fälle auf, die wir im vorigen Kapitel kennengelernt haben. Die Bewegung entlang der $x$-Achse erfolgt mit konstanter Geschwindigkeit. Entlang der $y$-Achse wird der Stein mit $a = -g$ beschleunigt.

Die $z$-Komponente bleibt unverändert. Die Momentangeschwindigkeit setzt sich vektoriell zusammen:

$$\vec{v}(t) = \begin{pmatrix} v_0 \\ -g \cdot t \\ 0 \end{pmatrix} \tag{3.25}$$

Sie liegt in jedem Augenblick tangential zur Bahnkurve. Der Betrag der Geschwindigkeit $\vec{v}$ ist durch die nächste Gleichung gegeben:

$$|\vec{v}| = \sqrt{v_x^2 + v_y^2 + v_z^2} = \sqrt{v_0^2 + (g \cdot t)^2} \tag{3.26}$$

Sie wird auch Bahngeschwindigkeit genannt. Der Winkel $\varphi$ der Geschwindigkeit $\vec{v}$ mit der $x$-Achse ist gegeben durch

$$\tan \alpha = \frac{v_y}{v_x} = -\frac{g \cdot t}{v_0},\qquad\qquad (3.27)$$

d. h., für $t = 0$ ist die Bewegung parallel zur $x$-Achse ($\varphi = 0$) und für $t \to \infty$ ist die Bewegung parallel zur $y$-Achse ($\varphi = \pi/2 = 90°$).

Die Gleichung $y = f(x)$ für die **Bahnkurve** erhalten wir, indem wir die Zeit $t$ aus der Gleichung $x = v_0 \cdot t$ eliminieren und in $y(t)$ einsetzen:

$$y(x) = -\frac{1}{2}g \cdot t^2 = -\frac{1}{2}g\frac{x^2}{v_0^2}\qquad\qquad (3.28)$$

Die Bahnkurve stellt den fallenden Ast einer nach unten offenen Parabel dar.

## Spezialfall: Schräger Wurf

Ein Apfel wird unter dem Winkel $\varphi_0$ mit der Anfangsgeschwindigkeit $v_0 = (v_{0,x}, v_{0,y}, 0)$ bei der Zeit $t = 0$ am Koordinatenursprung abgeworfen. Wir können diesen Wurf verstehen als Überlagerung der Bewegung in der Waagerechten (bei konstanter Geschwindigkeit) mit der Bewegung des vertikalen senkrechten Wurfs. Die Beschleunigung, Geschwindigkeit und die Verschiebung besitzen die vektoriellen Darstellungen:

$$\vec{a} = \begin{pmatrix} 0 \\ -g \\ 0 \end{pmatrix} \qquad \vec{v} = \begin{pmatrix} v_{0,x} \\ v_{0,y} - g \cdot t \\ 0 \end{pmatrix} \qquad \vec{r} = \begin{pmatrix} v_{0,x} \cdot t \\ v_{0,y} \cdot t - \frac{1}{2}g \cdot t^2 \\ 0 \end{pmatrix}\qquad (3.29)$$

Die Bahnkurve ergibt sich wieder durch Elimination der Zeit $t$ aus der Gleichung für $x(t)$, $t = x/v_{0,x}$ und Einsetzen in die Gleichung für $y(t)$:

$$y(x) = \frac{v_{0,y}}{v_{0,x}} \cdot x - \frac{1}{2}g \cdot \frac{x^2}{v_{0,x}^2}\qquad\qquad (3.30)$$

Abb. 3.11 zeigt eine Parabel mit der Steigung $\tan \varphi_0 = v_{0,y}/v_{0,x}$ am Abwurfzeitpunkt. Mit dem Betrag der Abwurfgeschwindigkeit $|v_0|$ gilt $v_{0,x} = |v_0|\cos\varphi$, $v_{0,y} = v_0 \cdot \sin\varphi$, und somit lautet die Gleichung der Bahnkurve:

$$y(x) = \tan \varphi_0 \cdot x - \frac{1}{2}g\frac{x^2}{v_0^2 \cdot \cos^2\varphi_0}\qquad\qquad (3.31)$$

Wichtige Größen für diese Bewegung können unter Rückgriff auf Beziehungen für den vertikalen Wurf angegeben werden:

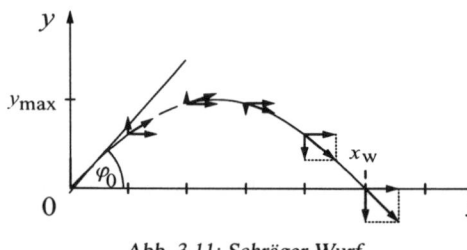

Abb. 3.11: Schräger Wurf

Steigzeit bis $v_y(t) = 0$ ist:

$$t_s = \frac{v_{0,y}}{g} = v_0\frac{\sin\varphi_0}{g}\qquad\qquad (3.32)$$

Flugzeit bis zum Erreichen der Abwurfhöhe $y = 0$

$$t_f = 2 \cdot t_s = 2 \cdot v_0\frac{\sin\varphi_0}{g}\qquad\qquad (3.33)$$

Größte Höhe:

$$y_{max} = \frac{1}{2}\frac{v_{0,y}^2}{g} = \frac{1}{2}\frac{v_0^2}{g}\sin^2\varphi_0\qquad (3.34)$$

Die Wurfweite in $x$-Richtung ergibt sich aus der Komponente $x(t)$ für die Flugzeit $t = t_f$:

$$x_w = x(t_f) = v_{0,x} \cdot t_f$$

$$= v_0 \cos \varphi_0 \frac{2 \cdot v_0 \cdot \sin \varphi_0}{g}$$

$$= \frac{v_0^2}{g} \sin(2\varphi_0) \qquad (3.35)$$

Die Abbildung 3.12 zeigt die Abhängigkeit der Wurfweite $x_w$ vom Abwurfwinkel $\varphi_0$ bei fester Anfangsgeschwindigkeit $v_0$.

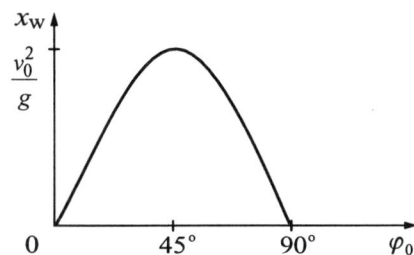

Abb. 3.12: Maximale Wurfweite als Funktion des Winkels $\varphi_0$

Bemerkenswert an dieser Kurve sind folgende Eigenschaften:
1. Bei einem Abwurfwinkel $\varphi_0 = 45°$ wird die größte Wurfweite $x_{w_{max}}$ erreicht.
2. Für jede kleinere Wurfweite $x_w$ gibt es zwei Abwurfwinkel $\varphi_0$, die sich symmetrisch zum Winkel 45° gruppieren. Dem entspricht in der nebenstehenden Abbildung der steilere und flachere Wurf.

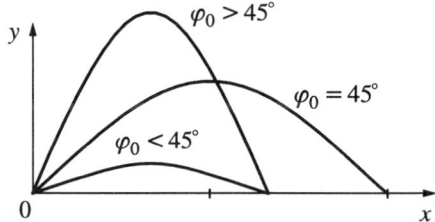

Abb. 3.13: Wurfkurven beim schrägen Wurf

Die Bahngeschwindigkeit $|\vec{v}| = \sqrt{v_x^2 + v_y^2}$ berechnet sich zu:

$$v = \sqrt{(v_0 \cdot \cos \varphi_0)^2 + (v_0 \cdot \sin \varphi_0 - g \cdot t)^2} \qquad (3.36)$$

Sie besitzt bei Erreichen der Wurfweite bzw. $y = 0$ den gleichen Wert wie zu Beginn des Wurfes.

## *Beispiel 3.1:* Weitspringer

Ein Weitspringer ist in der Lage, mit der Anfangsgeschwindigkeit $|\vec{v}_0| = v_0 = 10\,\text{m/s}$ abzuspringen (100 m-Läufer $\approx$ 10 s). Wie weit kann er springen, wenn er unter einem Winkel von $\varphi_0 = 30°$ abspringt und als Punktmasse behandelt wird?

**Lösung:**

Da die Absprunggeschwindigkeit und der Absprungwinkel gegeben sind, kann die Gleichung (3.35) verwendet werden.

$$x_{max} = \frac{v_0^2}{g} \sin(2\varphi_0) = 8,83\,\text{m} \qquad \underline{1}$$

(In der Nähe des Weltrekords!) In der Praxis kann er steiler springen und den Schwerpunkt geschickt verlagern, somit sind theoretisch größere Weiten möglich, die durch Luftreibung wieder kleiner werden.

## *Beispiel 3.2:* Kugelstoßer

Unter welchem Abstoßwinkel und mit welcher Geschwindigkeit erreicht ein Kugelstoßer seine größte Wurfweite $x_w = 20\,\text{m}$? Zur Vereinfachung wird auf die Berücksichtigung des Höhenunterschiedes zwischen Abwurf- und Auftreffpunkt verzichtet.

**Lösung:**

Die größte Abwurfweite wird bei einem Abwurfwinkel von 45° erreicht. Die Abwurfgeschwindigkeit $|v_0|$ berechnet sich daher zu:

$$v_0 = \sqrt{g x_w} = 14,0\,\text{m/s} \qquad \underline{1}$$

*Beispiel 3.3:*      Bahnkurve eines Wasserstrahls

Ein Feuerwehrmann versucht, mit dem Wasserstrahl ($v_0 = 18$ m/s) aus seiner Spritze ein Fenster in einem brennenden Haus zu treffen. Die Koordinaten des Fensters sind $x_f = 6$ m und $y_f = 12$ m, vom Feuerwehrmann aus gemessen. Unter welchem Winkel muß der Feuerwehrmann spritzen, damit er das Fenster trifft?

**Lösung:**

Weil sich der Standort des Feuerwehrmanns und das Fenster nicht auf gleicher Höhe befinden, muß die Gleichung der Bahnkurve (3.31) verwendet werden:

$$y(x) = \tan(\varphi_0)x - \frac{1}{2}\frac{gx^2}{v_0^2\cos^2\varphi_0} \qquad \underline{1}$$

Das ist eine quadratische Gleichung für den unbekannten Winkel $\varphi_0$. Die Größe $1/\cos^2\varphi_0$ kann mit Hilfe folgender Beziehung umgeformt und ersetzt werden:

$$\frac{1}{\cos^2\varphi_0} = \frac{\sin^2\varphi_0 + \cos^2\varphi_0}{\cos^2\varphi_0} = 1 + \tan^2\varphi_0 \qquad \underline{2}$$

Die Funktion $y(x)$ muß für $x_f = 6$ m den Wert $y_f = 12$ m annehmen:

$$y_f = \tan(\varphi_0)x_f - \frac{1}{2}\frac{g}{v_0^2}(1 + \tan^2\varphi_0) \cdot x_f^2 \qquad \underline{3}$$

Diese quadratische Gleichung geht mit der Substitution $u = \tan\varphi_0$ über in:

$$0 = u \cdot x_f - \frac{1}{2}\frac{g}{v_0^2}(u^2 + 1)x_f^2 - y_f \qquad \underline{4}$$

Zur Anwendung der *p-q*-Formel sortieren wir nach Potenzen von $u$:

$$0 = u^2 - \frac{2x_f}{gx_f^2/v_0^2}u + 1 + \frac{2y_f}{gx_f^2/v_0^2} \qquad \underline{5}$$

Die Lösungen $u_{1/2}$ sind:

$$u_{1/2} = \frac{v_0^2}{gx_f} \pm \sqrt{\left(\frac{v_0^2}{gx_f}\right)^2 - 1 - \frac{2y_f}{gx_f^2/v_0^2}}$$

$$u_{1/2} = 5,505 \pm 2,699 = 8,204 \quad \text{oder} \quad 2,806 \qquad \underline{6}$$

Dem entsprechen die Winkel $\varphi_0 = 70,4°$ bzw. $83,0°$. Der Feuerwehrmann kann das Fenster mit dem Wasserstrahl auf zweierlei Weise treffen.

# 3.3    Drehbewegungen

In diesem Kapitel beschreiben wir die Bewegung eines Körpers, der sich auf einer Kreisbahn bewegt. Die $x$-$y$-Ebene unseres Koordinatensystems legen wir in die Ebene der Kreisbahn, so daß die Behandlung der $z$-Komponente entbehrlich wird.

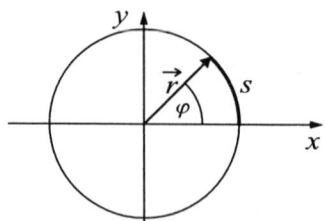

*Abb. 3.14: Ebene Polarkoordinaten*

Besonders geeignet zur Behandlung der Drehbewegung sind die eingangs von Kapitel 3.1 eingeführten **ebenen Polarkoordinaten** $(r, \varphi)$. Mit Verwendung dieser Koordinaten reduziert sich die Anzahl der zur Beschreibung notwendigen Größen auf eine: den Winkel $\varphi$. Für die Kreisbewegung ist nämlich der Abstand $r = $ const. eine konstante Größe und der momentane Ort des Körpers durch die Angabe des Winkels $\varphi(t)$ vollständig angegeben:

$$x(t) = r \cos \varphi(t)$$

$$y(t) = r \sin \varphi(t) \tag{3.37}$$

Der Ort $s$ des rotierenden Körpers, gemessen längs des Kreisumfangs, ist:

$$s = r \cdot \varphi \quad \text{Bogenlänge, Umfangsweg} \tag{3.38}$$

Bei der Anwendung dieser Beziehung ist zu beachten, daß der Winkel im Bogenmaß (in rad) eingesetzt werden muß!

Im Falle einer vollen Kreisbahn ergibt sich der Kreisumfang:

$$U = r \cdot 2\pi \tag{3.39}$$

Die Umrechnung zwischen **Grad** und **Bogenmaß** wird aus der Relation $2\pi \widehat{=} 360°$ abgeleitet:

$$\varphi_{\mathrm{B}} = \frac{\varphi_{\mathrm{G}}}{360°} \cdot 2\pi \tag{3.40}$$

Wir definieren auf ähnliche Weise wie bei der geradlinigen Bewegung neue Größen:

**Kreisförmige Bewegung**:

| | | |
|---|---|---|
| **Mittlere Winkelgeschwindigkeit:** | $\bar{\omega} = \dfrac{\Delta \varphi}{\Delta t}$ | $[\bar{\omega}] = \dfrac{1}{\mathrm{s}}$ |
| **Momentane Winkelgeschwindigkeit:** | $\omega = \lim\limits_{\Delta t \to 0} \dfrac{\Delta \varphi}{\Delta t} = \dfrac{\mathrm{d}\varphi}{\mathrm{d}t} = \dot{\varphi}$ | |
| **Bahngeschwindigkeit:** | $v_{\mathrm{B}} = \dfrac{\mathrm{d}s}{\mathrm{d}t} = r \cdot \omega = r \cdot \dot{\varphi}$ | $[v_{\mathrm{B}}] = \dfrac{\mathrm{m}}{\mathrm{s}}$ |
| **Zahl der Umdrehungen:** | $N = \dfrac{\varphi}{2\pi}$ | |
| **Zeit für eine Periode:** | $T$ | |
| **Frequenz, Drehzahl:** | $f, n = \dfrac{\mathrm{d}N}{\mathrm{d}t} = \dfrac{\omega}{2\pi}$ | $[n] = \dfrac{1}{\mathrm{s}}, \; [f] = \mathrm{Hz}$ |
| **Kreisfrequenz:** | $\omega = \dfrac{2\pi}{T}$ | $[\omega] = \dfrac{1}{\mathrm{s}}$ |

## Spezialfall: Gleichförmige Kreisbewegung

Bei der gleichförmigen Kreisbewegung sind mittlere und momentane Winkelgeschwindigkeit identisch und konstant. Die Bahngeschwindigkeit $v$ ist ebenfalls konstant. Die Drehzahl und die Winkelgeschwindigkeit können mit der Zeit $T$ für eine Umdrehung festgelegt werden:

$$\boxed{n = \frac{1}{T}} \quad \boxed{\omega = \frac{2\pi}{T}} \quad \boxed{\omega = 2\pi n} \tag{3.41}$$

Der Winkel $\varphi(t)$ wächst bei der gleichförmigen Kreisbewegung linear an, analog zur zurückgelegten Strecke bei der linearen gleichförmigen Bewegung $x = v \cdot z$.

Der zurückgelegte Winkel entspricht der Fläche unter der $\omega$-$t$-Kurve:

$$\boxed{\begin{aligned} \Delta \varphi &= \varphi_2 - \varphi_1 = \omega \cdot (t_2 - t_1) \\ \varphi_2 &= \varphi_1 + \omega \cdot (t_2 - t_1) \end{aligned}} \tag{3.42}$$

Das Vorzeichen der Winkelgeschwindigkeit zeigt an, ob es sich um eine Links- oder eine Rechtsdrehung handelt.

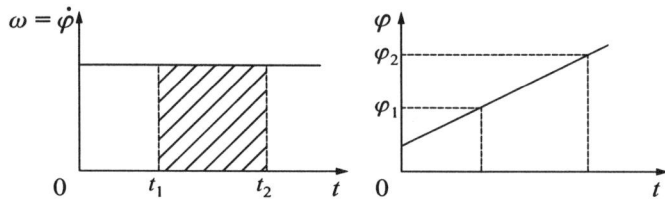

*Abb. 3.15: Winkelgeschwindigkeit und Winkel bei einer gleichförmigen Drehbewegung*

# Zentripetalbeschleunigung

Wir müssen uns im klaren darüber sein, daß es sich auch bei der gleichförmigen Kreisbewegung um eine **beschleunigte** Bewegung handelt. Die Geschwindigkeit $\vec{v}$ behält zwar ihren Betrag, ändert jedoch stetig ihre Richtung.

Wie bei einem chinesischem Feuerrad liegen alle Geschwindigkeitsvektoren tangential am Kreisumfang:

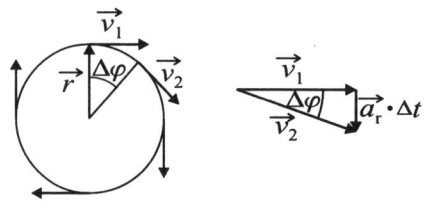

*Abb. 3.16: Geschwindigkeiten bei einer gleichförmigen Drehbewegung*

Die **Radialbeschleunigung** $\vec{a}_r$ ist in jedem Augenblick auf den Kreismittelpunkt gerichtet. Der Betrag ergibt sich aus der folgenden Beziehung:

$$|\vec{a}_r|\Delta t \sim |\vec{v}_2 - \vec{v}_1|$$

$$|\vec{a}_r|\Delta t \sim |\vec{v}_1|\Delta\varphi$$

$$|\vec{a}_r| \sim |\vec{v}_1|\frac{\Delta\varphi}{\Delta t} \tag{3.43}$$

Für verschwindende Zeitdifferenzen $\Delta t$ ergibt sich also die **Zentripetalbeschleunigung** $a_r$:

$$\boxed{a_r = v \cdot \omega = r\omega^2 = \frac{v^2}{r}} \tag{3.44}$$

Der Index r deutet die Richtung der Beschleunigung parallel zum Radiusvektor an.

## *Beispiel 3.4*:    Radialbeschleunigung bei einer Langspielplatte

Wie groß ist die Radialbeschleunigung am Rand einer Langspielplatte mit dem Durchmesser $d = 30$ cm, die sich mit der Drehzahl $n = (33 + 1/3)/\text{min}$ dreht?

**Lösung:**

Gleichung (3.44) kann angewendet werden, nachdem wir die Drehzahl in die Winkelgeschwindigkeit umgerechnet haben.

$$a_r = r \cdot \omega^2 = r(2\pi n)^2 = 0,15 \text{ m} \left(2\pi \cdot \frac{33 + \frac{1}{3}}{60 \text{ s}}\right)^2 = 1,83 \frac{\text{m}}{\text{s}^2} \qquad \underline{1}$$

Ändert sich die Drehzahl eines Körpers im Laufe der Zeit, so tritt eine Winkelbeschleunigung auf. Sie kann analog zur geradlinigen beschleunigten Bewegung definiert werden:

$$\boxed{\alpha = \lim_{\Delta t \to 0} \frac{\Delta\omega}{\Delta t} = \frac{d\omega}{dt} = \dot{\omega} \qquad [\alpha] = \frac{1}{\text{s}^2}} \tag{3.45}$$

Die Winkelbeschleunigung $\alpha$ hängt mit der Bahnbeschleunigung $a_B$ wie folgt zusammen:

$$a_B = \lim_{\Delta t \to 0} \frac{\Delta v_B}{\Delta t} = \lim_{\Delta t \to 0} r \frac{\Delta \omega}{\Delta t} = r \cdot \alpha \qquad (3.46)$$

**Hinweis**: Die Bahnbeschleunigung $a_B$ steht tangential zur Bahnkurve.

## Spezialfall: Gleichförmige Winkelbeschleunigung

Bei gleichförmiger Winkelbeschleunigung $\alpha = $ const. nimmt die Winkelgeschwindigkeit linear mit der Zeit zu:

$$\Delta \omega = \alpha \cdot \Delta t$$
$$\omega_2 = \omega_1 + \alpha \cdot (t_2 - t_1) \qquad (3.47)$$

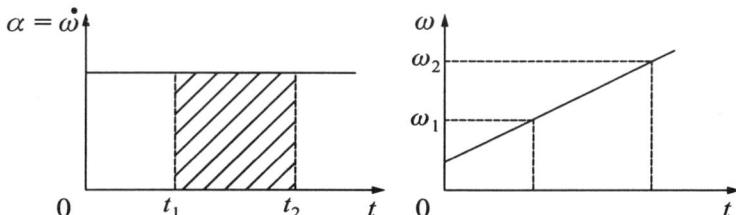

*Abb. 3.17: Graphen für Winkelbeschleunigung $\alpha = $ const.*

Für die Drehzahl gilt:

$$n_2 = n_1 + \frac{\alpha}{2\pi}(t_2 - t_1) \qquad (3.48)$$

Die zurückgelegte Winkeldifferenz $\Delta \varphi$ kann durch eine geometrische Überlegung aus der Fläche unter der $\omega$-$t$-Kurve bestimmt werden:

$$\Delta \varphi = \frac{1}{2}(\omega_1 + \omega_2)\Delta t \qquad (3.49)$$

Alternative Formulierungen ergeben sich durch die Substitution $\omega_2 = \omega_1 + \alpha \cdot \Delta t$ bzw. $\Delta t = (\omega_2 - \omega_1)/\alpha$:

$$\Delta \varphi = \omega_1 \Delta t + \frac{1}{2}\alpha \Delta t^2$$
$$\Delta \varphi = \frac{1}{2}\frac{\omega_2^2 - \omega_1^2}{\alpha} \qquad (3.50)$$

Für die Zahl der zurückgelegten Umdrehungen $\Delta N$ gelten folgende Beziehungen:

$$\Delta N = n_1 \Delta t + \frac{1}{2}\frac{\alpha}{2\pi}\Delta t^2$$
$$\Delta N = \frac{1}{2}\frac{n_2^2 - n_1^2}{\alpha} \cdot 2\pi \qquad (3.51)$$

*Beispiel 3.5:*    Drehbewegung mit verschiedenen Winkelbeschleunigungen

Gegeben ist eine Drehbewegung, die abschnittweise konstante Winkelbeschleunigungen gemäß der folgenden Skizze aufweist.

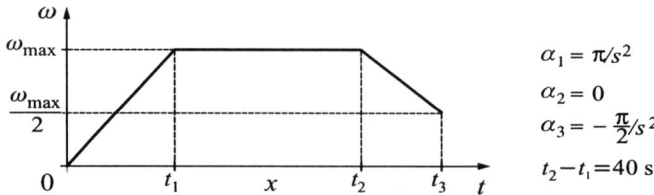

$\alpha_1 = \pi/s^2$
$\alpha_2 = 0$
$\alpha_3 = -\frac{\pi}{2}/s^2$
$t_2 - t_1 = 40\ s$

*Abb. 3.18: Winkelgeschwindigkeits-Zeit-Verlauf*

Gesucht wird die Gesamtdauer $t_3$ des Vorganges und die Zahl der zurückgelegten Umdrehungen $N = \Delta N_1 + \Delta N_2 + \Delta N_3$. Die Umdrehungszahl im ersten Abschnitt beträgt $\Delta N_1 = 49$.

**Lösung:**

Es ist sinnvoll, die Bewegung abschnittsweise zu untersuchen.

Abschnitt 1:    $\Delta N_1 = \frac{1}{2} \cdot \frac{\alpha_1}{2\pi} t_1^2 \Longrightarrow t_1 = 2\sqrt{\frac{\pi \Delta N_1}{\alpha_1}} = 14\ s$

Abschnitt 2:    $\Delta N_2 = \frac{\omega_{max}}{2\pi}(t_2 - t_1) = \frac{1}{2\pi}\alpha_1 t_1 (t_2 - t_1) = 280$

Abschnitt 3:
$$\Delta N_3 = \frac{1}{2} \cdot \frac{1}{2\pi}\left(\frac{\omega_{max}^2}{|\alpha_3|} - \frac{\omega_{max}^2}{4|\alpha_3|}\right)$$
$$= \frac{1}{2} \cdot \frac{1}{2\pi}\frac{3}{4}\frac{\omega_{max}}{|\alpha_3|} = 73,5$$
$$\Delta t_3 = \frac{\Delta\omega}{\alpha_3} = \frac{\omega_{max}}{2\alpha_3} = 14\ s$$

1

Die Gesamtdauer des Vorganges beträgt 68 Sekunden, die Zahl der bewältigten Umdrehungen 402,5.

# 3.4 Überlagerung von Translations- und Drehbewegung

Wenn wir die Bewegung eines rollenden Rades beobachten, so stellen wir fest, daß es sowohl eine Translation als auch eine Rotation ausführt.

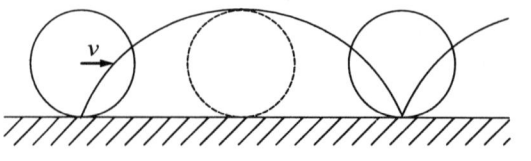

*Abb. 3.19: Bewegung eines rollenden Rades*

Rollt das Rad ohne zu gleiten, so ist die von einem mitlaufenden Beobachter gemessene Bahngeschwindigkeit $|\vec{v}_B|$ am Umfang des Rades genau so groß wie der Betrag der Geschwindigkeit der Achse $|\vec{v}|$. Die Bewegung eines markierten Punktes am Radumfang können wir in einem ortsfesten Koordinatensystem durch Überlagerung von Translation und Rotation beschreiben:

$$\begin{pmatrix} x \\ y \\ z \end{pmatrix} = \begin{pmatrix} v \cdot t \\ 0 \\ 0 \end{pmatrix} + \begin{pmatrix} r \cdot \cos \varphi(t) \\ r \cdot \sin \varphi(t) \\ 0 \end{pmatrix} \tag{3.52}$$

Die Abhängigkeit $\varphi(t)$ folgt aus der Gleichheit der Geschwindigkeiten:

$$v_B = r \cdot \dot{\varphi} = v \tag{3.53}$$

Bei konstanter Geschwindigkeit $v$ gilt demnach:

$$\varphi(t) = \frac{v}{r} t + \varphi_0 \tag{3.54}$$

Die Bahnkurve, die unser ausgewählter Punkt des Rades beschreibt, ist recht kompliziert, sie wird mit dem mathematischen Begriff Zykloide bezeichnet.

### *Beispiel 3.6:* Relativbewegung eines Rades

Welche Geschwindigkeiten registriert ein stehender Fußgänger, der an einem mit $v = 10$ km/h vorbeifahrenden Fahrrad eine Markierung am Reifen bei Bodenberührung und am oberen Umkehrpunkt ansieht?

**Lösung:**

Im Moment der Bodenberührung ist die Bahngeschwindigkeit $\vec{v}_B$ (vom Radfahrer aus gesehen) der Geschwindigkeit des Rades $\vec{v}$ entgegengesetzt gleich. Die vom Fußgänger beobachtete Geschwindigkeit ist daher 0. Im höchsten Punkt sind $\vec{v}_B$ und $\vec{v}$ gleich gerichtet. Die gemessene Geschwindigkeit ist daher in diesem Augenblick $2 \cdot \vec{v}$.

# 3.5 Zusammenfassung

Die Bahnkurve eines unter einem beliebigen Winkels $\varphi_0$ in der $x$-$y$-Ebene geworfenen Körpers lautet in Komponentenschreibweise:

$$\boxed{\begin{aligned} \Delta x(t) &= v_{0,x} \cdot \Delta t \\ \Delta y(t) &= v_{0,y} \cdot \Delta t - \frac{1}{2} g \cdot \Delta t^2 \end{aligned}} \tag{3.55}$$

Nach Elimination der Zeit erhalten wir $y = f(x)$:

$$\boxed{\Delta y(x) = \tan(\varphi_0) \cdot \Delta x - \frac{1}{2} \frac{g}{v_0^2} \frac{\Delta x^2}{\cos^2 \varphi_0}} \tag{3.56}$$

Diese Gleichung umfaßt als Sonderfall auch den waagerechten Wurf mit $\varphi_0 = 0$.
Die Geschwindigkeit $\vec{v}$ lautet:

$$\vec{v} = \begin{pmatrix} v_{0,x} \\ v_{0,y} - g \cdot t \\ 0 \end{pmatrix} \tag{3.57}$$

In der folgenden Tabelle sind die kinematischen Größen der Drehbewegung den entsprechenden Größen der Translationsbewegung gegenübergestellt.

*Tabelle 3.1    Vergleich der kinematischen Größen von Translation und Rotation*

| Translation | Rotation | Verknüpfung |
|---|---|---|
| Ort $s$ | Winkel $\varphi$ <br> Zahl der Umdrehungen $N$ | $s = r \cdot \varphi \quad N = \dfrac{\varphi}{2\pi}$ |
| Geschwindigkeit <br> $v = \dfrac{\mathrm{d}s}{\mathrm{d}t} = \dot{s}$ | Winkelgeschwindigkeit <br> $\omega = \dfrac{\mathrm{d}\varphi}{\mathrm{d}t} = \dot{\varphi}$ <br> Drehzahl $n = \dfrac{\mathrm{d}N}{\mathrm{d}t} = \dot{N}$ | $v_B = r \cdot \omega \quad n = \dfrac{\omega}{2\pi}$ |
| Beschleunigung <br> $a = \dfrac{\mathrm{d}v}{\mathrm{d}t} = \dot{v} = \ddot{s}$ | Winkelbeschleunigung <br> $\alpha = \dfrac{\mathrm{d}\omega}{\mathrm{d}t} = \dot{\omega} = \ddot{\varphi}$ | $a_B = r \cdot \alpha$ |
| Gleichförmige Bewegung <br> $v = $ const. <br> $s = v\Delta t + s_0$ | $\omega = $ const., $n = $ const. <br> $\varphi = \omega\,\Delta t + \varphi_0$ <br> $N = n\Delta t + N_0$ | |
| gleichmäßig beschleunigte Bewegung <br> $a = $ const. <br> $v = v_0 + a\Delta t$ <br><br> $s = s_0 + v_0\Delta t + \dfrac{1}{2}a\Delta t^2$ | $\alpha = $ const. <br> $\omega = \omega_0 + \alpha \cdot \Delta t$ <br> $n = n_0 + \dfrac{\alpha}{2\pi}\Delta t$ <br> $\varphi = \varphi_0 + \omega_0\Delta t + \dfrac{1}{2}\alpha\,\Delta t^2$ <br> $N = N_0 + n_0\Delta t + \dfrac{1}{2}\dfrac{\alpha}{2\pi}\Delta t^2$ | |

# 3.6    Aufgaben

**3.1**    Von einem Punkt, der $h = 180$ m über einer waagerechten Ebene liegt, wird ein Stein mit $v_0 = 54$ m/s in der Horizontalen geworfen.

1. Mit welcher Geschwindigkeit trifft er die Ebene?
2. Wie groß ist die Wurfweite und Wurfzeit?
3. Wie groß ist der Winkel, unter dem er die Ebene trifft?

**3.2**    Ein Stein wird von einem Turm unter 60° Neigung zur Horizontalen mit $v = 15$ m/s schräg nach oben geworfen. Nach 5 s sieht man ihn aufschlagen.

Berechnen Sie

1. die Höhe des Turms;
2. die Entfernung Abwurfstelle-Auftreffpunkt,
3. die max. Geschwindigkeit während des Wurfes,
4. die maximale Höhe des Steins über dem Boden.

**3.3**    Von einem Turm mit der Höhe $h = 40$ m werden zwei Kugeln gleichzeitig abgeworfen: die Kugel 1 unter dem Neigungswinkel $\Phi = 30°$ schräg nach oben, Kugel 2 senkrecht nach oben. Die Kugel 1 schlägt 95 m entfernt vom Fußpunkt des Turmes auf; die Kugel 2 unmittelbar am Fußpunkt, aber $t = 1,2$ s später als die Kugel 1.

Berechnen Sie die Abwurfgeschwindigkeiten der Kugeln.

**3.4** Von einem Turm der Höhe $h = 80$ m wird ein Körper mit $v = 30$ m/s unter dem Neigungswinkel $\Phi = 60°$ zur Horizontalen nach oben geworfen. Gleichzeitig fällt ein weiterer Körper nach unten.

Wie groß ist die Zeitdifferenz, mit der man die Aufschläge an der Abwurfstelle hört?

**3.5** Eine Turbine (Durchmesser $d = 1,2$ m) erreicht eine Minute nach dem Anlaufen eine Drehzahl von $n = 7200/\text{min}$. Die Beschleunigung ist gleichmäßig.

1. Wie groß ist die Winkelbeschleunigung?
2. Wie groß ist die Umfangsgeschwindigkeit nach 40 s?
3. Wieviel Umdrehungen sind nach 10 s, 40 s, 60 s zurückgelegt?

**3.6** Während einer Zeit von 3 s verdoppelt ein Schwungrad (Durchmesser $d = 1$ m) seine Winkelgeschwindigkeit. In dieser Zeit werden 30 Umdrehungen ausgeführt.

Berechnen Sie die Winkelbeschleunigung und Winkelgeschwindigkeit am Anfang und am Ende des betrachtetes Zeitraumes.
Wie groß ist die mittlere Geschwindigkeit am Umfang während dieser Zeit?

**3.7** Eine Welle mit dem Durchmesser $d = 1,6$ m wird mit konstanter Winkelbeschleunigung $\alpha$ angetrieben. Zu Beginn der Beobachtungzeit beträgt die Drehzahl $n = 40/\text{min}$. Nach einer Zeit von 12 s beträgt die Bahngeschwindigkeit am Anfang $v = 15$ m/s. Nach Erreichen der Umlaufzeit $T = 0,12$ s wird die Winkelbeschleunigung $\alpha = 0$.

Berechnen Sie

1. die Winkelbeschleunigung nach 20 s,
2. die Zeit für die Beschleunigung von 0 auf $n = 40/\text{min}$ und die Anzahl der dabei zurückgelegten Umdrehungen,
3. die Zeit für 300 Umdrehungen.

Alle Zeiten sind vom Beobachtungsbeginn aus anzugeben.

**3.8** Nach dem Verlassen des Bahnhofs steigert ein S-Bahn-Triebwagen seine Geschwindigkeit in 25 s gleichmäßig auf 90 km/h. Die dabei befahrene Strecke hat den Krümmungsradius $r = 700$ m.

Wie groß sind Bahn-, Radial- und resultierende Gesamtbeschleunigung nach 20 s Fahrzeit?

**3.9** Der Durchmesser einer Raumstation betrage 20 m.

Berechnen Sie
1. die Drehzahl, mit der die Station rotieren muß, damit am Umfang die Radialbeschleunigung $g/3$ beträgt,
2. um wieviel Prozent die Radialbeschleunigung am Kopf eines $1,80$ m großen aufrecht stehenden Menschen geringer ist als an seinen Füßen.

*Abb. 3.20: Raumstation*

**3.10** Die Trommel einer Waschmaschine hat einen Durchmesser von 480 mm und rotiert im Schleudergang mit einer Drehzahl von $1100\,\text{min}^{-1}$.

Berechnen Sie die Geschwindigkeit und die Beschleunigung eines Punktes am Umfang, und geben Sie letztere als Vielfaches der Fallbeschleunigung an.

**3.11** Ein Schwungrad dreht sich 15 s lang mit 90 % der maximal zulässigen Drehzahl und verzögert anschließend gleichmäßig mit der Winkelbeschleunigung $\alpha = 31,4/\text{s}^2$ auf 15 % der max. Drehzahl. Das Schwungrad legt in der gesamten Zeit 5600 Umdrehungen zurück.

Wie groß ist die maximal zulässige Drehzahl?

**3.12** Ein Hammerwerfer schleudert sein Sportgerät unter einem Winkel von 45° auf eine Weite von 65 m.

1. Welche Winkelgeschwindigkeit hat der Hammer im Zeitpunkt des Abwurfs, wenn Sie annehmen, daß er sich vorher auf einer Kreisbahn mit dem Radius 2 m bewegte?

2. Der Hammer werde auf dieser Kreisbahn innerhalb von 3,5 Umdrehungen gleichmäßig beschleunigt. Wie groß ist die Winkelbeschleunigung?

**3.13** An einem Hang mit $\varphi = 25°$ Neigung wird ein Stein unter einem Winkel von $\alpha = 35°$ zur Horizontalen geworfen. Der Stein schlägt bergab 90 m entfernt von der Abwurfstelle auf dem Hang auf.

Berechnen Sie die Abwurfgeschwindigkeit und Wurfdauer.

**3.14** Ein Zug fährt mit $v = 72$ km/h über eine Brücke. Ein Fahrgast wirft aus einem Fenster (unerlaubterweise) eine Büchse waagerecht in den 78,5 m tiefer liegenden Fluß. Die Büchse erhält durch den Werfer eine Anfangsgeschwindigkeit senkrecht zur Fahrtrichtung von 10 m/s.

Wie groß ist die Bahngeschwindigkeit im Moment des Auftreffens, und welchen Abstand hat der Auftreffpunkt von der Abwurfstelle?

**3.15** Ein Schwungrad verzögert innerhalb einer Zeit von 40 s auf 1/4 der ursprünglichen Drehzahl $n_0 = 5280$/min.

Wie groß ist die Winkelbeschleunigung, und wieviel Umdrehungen werden in dieser Zeit zurückgelegt?

**3.16** Von zwei Zeigeruhren, die gleichzeitig auf 12 Uhr stehen, geht eine je Minute um 1,2 s nach.

Welche Zeit vergeht, bis beide Uhren wieder gleichzeitig auf 12 Uhr zeigen?

**3.17** Zwei Zahnräder mit 400 und 356 Zähnen bilden zusammen eine Übersetzung. Beide Zahnräder sind mit je einer Nocke versehen, die sich anfänglich gegenüberstehen.

Nach wieviel Umdrehungen des größeren Zahnrades stehen sich die Nocken erstmals wieder gegenüber?

**3.18** Zwei gegenläufige Propeller mit zwei Blättern rotieren mit den Drehzahlen $n_1 = 1080$/min und $n_2 = 1120$/min. Zu Beginn der Beobachtungszeit ($t = 0$) weisen beide Propeller in die Richtung $\varphi = 0°$.

Welche Zeit vergeht, bis erstmalig wieder beide Propeller deckungsgleich in die Richtung $\varphi = 0°$ zeigen?

**3.19** Zwei gegenläufige Rotoren drehen sich mit den Drehzahlen $n_1 = 1080$/min und $n_2 = 1120$/min. Zu Beginn der Beobachtungszeit ($t = 0$) weisen die Markierungen an beiden Rotoren in die Richtung $\varphi = 0°$.

Welche Zeit liegt zwischen dem 2. und 3. Mal, an denen die Markierungen zur Deckung kommen?

**3.20** Ein Schwungrad verzögert von 90 % der maximal zulässigen Drehzahl gleichmäßig mit der Winkelbeschleunigung $\alpha = 31,4/s^2$ auf 15 % der max. Drehzahl. Das Schwungrad legt in der gesamten Zeit 5600 Umdrehungen zurück.

Wie groß ist die maximal zulässige Drehzahl?

**3.21** Ein Skispringer springt mit der Anfangsgeschwindigkeit $v_0 = 72$ km/h waagerecht am Beginn einer schiefen Ebene (Gefälle $\alpha = 45°$) ab.

Nach welcher Flugzeit landet er auf der schiefen Ebene?
Wie weit ist die Landestelle vom Absprungpunkt entfernt?
Die Luftreibung wird vernachlässigt.

**3.22** Ein Schwungrad beschleunigt innerhalb einer Zeit von 40 s auf das 4fache der ursprünglichen Drehzahl $n_0 = 1000$/min.

Wie groß ist die Winkelbeschleunigung, und wieviel Umdrehungen werden in dieser Zeit zurückgelegt?

**3.23** Mit welcher Geschwindigkeit muß ein Gummiball senkrecht nach unten geworfen werden, damit er nach dem Aufprall auf dem 2 m tiefer liegenden Boden wieder die Ausgangshöhe erreicht?
Mit dem Aufprall verbunden ist ein Verlust von 15 % des Betrages der Geschwindigkeit.

**3.24** Ein Motor führt innerhalb von 15 Sekunden nach dem Anlaufen 400 Umdrehungen aus. Während der ersten 10 Sekunden war die Bewegung gleichmäßig beschleunigt und danach gleichförmig.

Welche Drehzahl erreicht der Motor?

**3.25** Von einem 50 m hohen Turm wird ein Körper mit $v = 32$ m/s schräg nach oben geworfen. 6 Sekunden nach dem Abwurf schlägt er auf. Gesucht:

1. Abwurfwinkel,

2. kleinste Geschwindigkeit während des Fluges,

3. Ort, an dem diese Geschwindigkeit auftritt,

4. größte Geschwindigkeit während des Fluges,

5. größter Neigungswinkel während des Fluges.

**3.26** Die Drehzahl eines Schiffsdieselmotors soll ausgehend von der Drehzahl $n_0$ auf die Drehzahl $n = 360$/min erhöht werden. Erst 2 Sekunden nach Betätigung des Maschinentelegrafen setzt die Winkelbeschleunigung $\alpha = 0,1 \cdot \pi/s^2$ ein. In der gesamten Zeit bis zum Erreichen der Enddrehzahl (incl. der Totzeit $t = 2$ s) legt der Motor 120 Umdrehungen zurück.

Wie groß ist die Anfangdrehzahl $n_0$, und wie lange dauert der eigentliche Beschleunigungsvorgang?

**3.27** Eine Kugel fällt von einem 120 m hohen Turm.

Wann muß man eine andere vom Boden aus mit 40 m/s senkrecht nach oben werfen, damit sie 30 m oberhalb des Bodens zusammenstoßen?

# Kapitel 4

# Newtons Gesetze der Bewegung

In den beiden letzten Kapiteln wurde die Bewegung von Körpern beschrieben mit Begriffen wie Geschwindigkeit und Beschleunigung. Jetzt wollen wir die Frage nach dem Zusammenhang zwischen der Ursache der Bewegung und der Bewegung selbst stellen:

- **Was ist die Ursache der Beschleunigung?**
- **Wann ändert sich die Bewegung eines Körpers?**

Die Ursache einer Bewegungsänderung ist eine **Kraft**. Wir müssen uns also auseinandersetzen mit dem physikalischen Kraftbegriff und dessen Beziehung zur Beschleunigung. Einschränkend ist zu bemerken, daß wir uns mit Körpern befassen, deren Abmessungen groß sind im Vergleich zum Atomradius ($\approx 10^{-10}$ m) und die langsam sind, verglichen mit der Lichtgeschwindigkeit ($c \approx 3 \cdot 10^8$ m/s). Das ist der Gültigkeitsbereich der klassischen Mechanik, die auf Isaac Newton (1643–1727) zurückgeht.

## 4.1  Kräfte und Beschleunigung

Wie spüren wir „**Kraft**" in unserer täglichen Erfahrung?

Wir kennen verschiedene Arten von Kräften, am bekanntesten sind die **Muskelkraft** und die **Gewichtskraft**. Es gibt jedoch noch mehr Kräfte, wie der einfache Vorgang des Sitzens in einem weichen Sessel zeigt. Auf den Sitz wirkt die Gewichtskraft, und der verformte Sessel gleicht diese Kraft durch die **Verformungs-** bzw. **Deformationskraft** aus. Dies ist ein Beispiel für eine Kraft, die durch körperlichen Kontakt zustande kommt. Sie steht im Gegensatz zur Gewichts- oder **Schwerkraft**, die ohne körperlichen Kontakt auftritt. Die **Gewichtskraft** verursacht den freien Fall aller Körper zu Erdoberfläche. Genaue Beobachtungen in einer evakuierten Glasröhre zeigen sogar, daß verschieden schwere Körper mit der gleichen Beschleunigung zur Erde fallen. Die Gewichtskraft auf alle irdischen Körper ist nur ein Beispiel für die universell wirkende Gravitationskraft zwischen Körpern mit Masse. Andere Kräfte, die ohne Berührung wirken, sind elektrische und magnetische Kräfte: Eine Magnetnadel dreht sich in die Richtung eines äußeren Permanentmagneten. Allen Beispielen für Kräfte ist gemeinsam, daß sie Bewegungsänderungen hervorrufen können. Jedoch ist das Auftreten von Kräften nicht notwendigerweise mit Bewegung verbunden, wie das Beispiel des Sitzens zeigt. Wenn mehrere Kräfte wirken, wird ein Körper nur dann seine Bewegung ändern, wenn eine resultierende Kraft verbleibt. Ist die resultierende Kraft null, wird die Beschleunigung null und die Geschwindigkeit des Körpers bleibt konstant. Wenn die Geschwindigkeit eines Körpers konstant ist oder sich der Körper in Ruhe befindet, so sprechen wir von Gleichgewicht. Wir wissen dann, daß sich alle Kräfte gegenseitig aufheben.

Der letzte Satz ist eine andere Formulierung des **1. Newtonschen Gesetzes**, das besagt: „Ein Körper verharrt im Zustand der Ruhe oder der gleichförmigen Bewegung, solange keine äußere Kraft auf ihn einwirkt." In anderen Worten, wenn die resultierende Kraft $\sum \vec{F}$ verschwindet, ist die Beschleunigung $\vec{a}$ null.

$$\textbf{1. Newtonsches Gesetz} \qquad \boxed{\sum \vec{F} = 0 \quad \Longrightarrow \quad \vec{a} = 0} \qquad (4.1)$$

*Beispiel 4.1:* Konstante Geschwindigkeit

Auf einer waagerechten Luftkissenfahrbahn bewegt sich reibungsarm ein Gleiter. Wird der Gleiter angestoßen, so bewegt er sich mit nahezu konstanter Geschwindigkeit weiter. Der zurückgelegte Weg wächst linear mit der Zeit:

$$\Delta s \sim \Delta t \qquad \underline{1}$$

wie es charakteristisch für konstante Geschwindigkeiten ist.

Das erste Newtonsche Gesetz wird häufig auch das **Trägheitsprinzip** genannt. Damit kommt die jedem Körper innewohnende Eigenschaft der Trägheit zum Ausdruck.

Ein Koordinatensystem wird Inertialsystem genannt, wenn sich in diesem System ein Körper, auf den keine Kräfte wirken, geradlinig mit konstanter Geschwindigkeit gewegt. Kräftefrei in diesem Sinne ist ein Körper, der unendlich weit von anderen Körpern entfernt ist.
Beispiele für Inertialsysteme sind nach derzeitiger Erkenntnis Koordinatensysteme, die fest mit dem Fixsternhimmel verbunden sind. Koordinatensysteme, die fest auf der Erdoberfläche verankert sind, stellen wegen der Erdrotation keine Inertialsysteme dar. Sie können aber bei vielen Anwendungen in den Ingenieurwissenschaften als inertial betrachtet werden.

*Beispiel 4.2:* Aufprall gegen ein Hindernis

Fährt ein PKW gegen ein festes Hindernis, so wird der (evtl. nicht angeschnallte) Fahrer gemäß dem Trägheitsprinzip seine Geschwindigkeit beibehalten. Das Fahrzeug jedoch, in dem er sich befindet, bremst, so daß der Fahrer seinen Sitz unfreiwillig verläßt und ggf. gegen die Windschutzscheibe prallt.

Setzen wir verschiedene Körper der gleichen Kraft $\vec{F}$ aus, so werden unterschiedliche Beschleunigungen die Folge sein: Je nach Masse des Körpers werden die Körper unterschiedlich schnell beschleunigt.

*Beispiel 4.3:* Fahrbahnexperiment

Auf einer waagerechten Fahrbahn wird ein Wagen der Masse $m$ durch die Gewichtskraft auf eine zweite, viel kleinere Zugmasse in Bewegung versetzt.

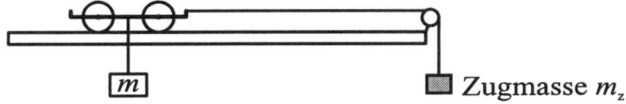

*Abb. 4.1: Fahrbahnexperiment*

Aus der benötigten Zeit $t$ für eine festgelegte Strecke $s$ wird die Beschleunigung $a$ mit der Beziehung $a = 2 \cdot s/t^2$ bestimmt. Die experimentellen Ergebnisse lauten als Proportionalitätsgleichungen:

$$a \sim F \qquad \text{bei konstanter Wagenmasse } m$$

$$a \sim \frac{1}{m} \qquad \text{bei konstanter Kraft } F \qquad \underline{1}$$

Wir können diese Ergebnisse interpretieren als Widerstand der Wagenmasse $m$ gegen eine Beschleunigung. Jede Masse besitzt die Eigenschaft Trägheit. In diesem Zusammenhang wird daher auch von „**träger Masse**" gesprochen, die sich der Änderung des Bewegungszustandes (d. h. der Geschwindigkeit) widersetzt.

**Beispiel 4.4:    Fallversuch in einer leeren Röhre**

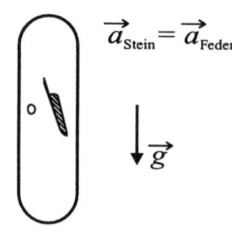

*Abb. 4.2: Fallversuch in einer evakuierten Röhre*

In einer evakuierten Fallröhre fallen alle Körper ungeachtet ihrer Masse mit der gleichen Beschleunigung nach unten. Für die Körper in der Fallröhre gilt daher, daß die Kraft, die sie erfahren, proportional ihrer Masse ist. Wegen des Ursprungs dieser Kraft sprechen wir daher auch von „schwerer Masse". Für die Gewichtskraft stellen wir fest:

$$F \sim m \qquad \underline{1}$$

Aus dem Versuch auf der Fahrbahn folgt

$$a \sim \frac{F}{m} \tag{4.2}$$

Damit gilt auch

$$F \sim m \cdot a \tag{4.3}$$

Der Proportionalitätsfaktor wird der Einfachheit wegen mit 1 festgelegt, so daß in vektorieller Schreibweise gilt:

**2. Newtonsches Gesetz**
$$\boxed{\vec{F} = m \cdot \vec{a}; \qquad [F] = \mathrm{N} = \mathrm{kg}\frac{\mathrm{m}}{\mathrm{s}^2}} \tag{4.4}$$

Diese Gleichung ist der mathematische Ausdruck des zweiten Newtonschen Axioms. Es verknüpft die auftretende Beschleunigung mit der resultierenden äußeren Kraft, die auf den Körper mit der Masse $m$ wirkt. In seiner allgemeinsten Form kann das zweite Newtonsche Axiom nach der Definition der Größe Impuls formuliert werden. Der **Impuls** $\vec{p}$ ist das Produkt der Masse $m$ und der Geschwindigkeit $\vec{v}$:

$$\boxed{\vec{p} = m \cdot \vec{v} \qquad [\vec{p}] = \mathrm{kg}\frac{\mathrm{m}}{\mathrm{s}}} \tag{4.5}$$

Dieses Gesetz verknüpft die Impulsänderung pro Zeit mit der resultierenden Gesamtkraft:

$$\boxed{\vec{F} = \frac{\mathrm{d}\vec{p}}{\mathrm{d}t} = \frac{\mathrm{d}}{\mathrm{d}t}(m\vec{v})} \tag{4.6}$$

Wenn die Masse des Körpers sich nicht ändert, geht diese Gleichung in die bereits angegebene Form $\vec{F} = m \cdot \vec{a}$ über:

$$\vec{F} = \frac{\mathrm{d}}{\mathrm{d}t}(m \cdot \vec{v}) = m\frac{\mathrm{d}\vec{v}}{\mathrm{d}t} = m \cdot \vec{a} \tag{4.7}$$

Diese Formulierung wird in den Kapiteln 4 und 5 verwendet. Erst in einem späteren Kapitel wird die allgemeinste Form des 2. Newtonschen Gesetzes bei der Untersuchung von Stößen angewendet werden.

Die Untersuchung des freien Falls mit Newtons zweitem Gesetz hat zum Ergebnis, daß schwere und träge Masse zueinander proportional sind. Weil alle Körper ohne Reibung gleich schnell zur Erde fallen, müssen wir im folgenden nicht zwischen „**träger**" und „**schwerer Masse**" unterscheiden.

*Beispiel 4.5:*    Gewichtheber

Ein Gewichtheber bringt die Masse $m = 100$ kg zur Hochstrecke und hält sie eine Zeitlang. Welche Kraft muß der Gewichtheber aufbringen?

**Lösung:**

Auf die Hantel wirkt außer der Schwerkraft $\vec{F}_s = -m \cdot \vec{g}$ nach unten noch die Muskelkraft des Gewichthebers $\vec{F}_h$ nach oben. Die resultierende Kraft $\vec{F}$ verschwindet:

$$\vec{F} = \vec{F}_h + \vec{F}_s = 0 \qquad \underline{1}$$

Also gilt

$$\vec{F}_h = -\vec{F}_s = +m\vec{g} \approx 981\,\text{N} \qquad \underline{2}$$

Die Hantel ist während der Hochstrecke in Ruhe, die Beschleunigung ist null. Während des Hebevorgangs ($\Delta h \approx 2$ m, $\Delta t \approx (1/2)$ s) ist jedoch die Kraft, die er aufbringen muß, **viel** größer.

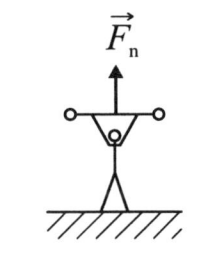

*Abb. 4.3: Gewichtheber*

*Beispiel 4.6:*    Masse an einer Feder

Die Masse $m$ wirkt mit der Gewichtskraft auf die Feder, die sich verformt, bis die Deformationskraft der Feder der Gewichtskraft die Waage hält:

$$0 = -m \cdot g + F_{\text{Feder}}$$

Die Masse befindet sich dann in Ruhe, die Feder wurde gedehnt.

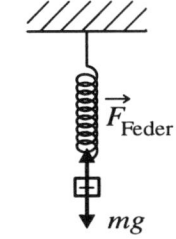

*Abb. 4.4: Masse an einer Feder*

*Beispiel 4.7:*    Körper auf einer schiefen Ebene

Ein Körper befindet sich auf einer schiefen Ebene. Außer der Schwerkraft und der durch die Ebene vermittelten Kontaktkräfte treten keine weiteren Kräfte auf. Hier müssen wir die Vektoreigenschaften der Kraft ausdrücklich berücksichtigen. $\vec{e}_T$ und $\vec{e}_N$ sind Einheitsvektoren senkrecht und parallel zur schiefen Ebene.

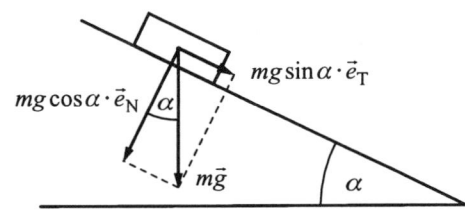

*Abb. 4.5: Kräfte auf einer schiefen Ebene*

**Lösung:**

Wir nehmen eine Zerlegung der Schwerkraft in eine zum Hang parallele und eine senkrecht zum Hang gerichtete Komponente vor:

$$F_{\text{HA}} = m \cdot g \sin \alpha$$

$$F_N = m \cdot g \cos \alpha \qquad \underline{1}$$

Die Kraft $F_U$, mit der die Ebene auf den Körper einwirkt, ist entgegengesetzt gleich der Normalkraft $F_N$, so daß der Körper in dieser Richtung keine resultierende Kraft erfährt:

$$\vec{F}_N + \vec{F}_U = 0 \qquad \underline{2}$$

In der Richtung parallel zum Hang ist die Komponente $m \cdot g \cdot \sin \alpha$ die einzige bei unserem Problem auftretende Kraft, so daß mit dem 2. Newtonschen Axiom gilt:

$$\vec{F} = m \cdot \vec{a} \qquad\qquad \underline{3}$$

bzw. für die Beträge

$$mg \sin \alpha = m \cdot a \implies a = g \cdot \sin \alpha \qquad\qquad \underline{4}$$

Der Körper gleitet also mit einer Beschleunigung nach unten, die von der Neigung des Hanges abhängt. Die Grenzfälle Ebene ($\alpha = 0$) und freier Fall ($\alpha = 90°$) sind in dieser Gleichung mit enthalten.

Im dritten Newtonschen Gesetz wird festgestellt, daß zu jeder Kraft, die an einem Körper angreift, eine zweite Kraft auftritt, die an einem anderen Körper angreift und genau gleich groß, aber entgegengesetzt gerichtet ist. Die Kräfte sind dem Betrage nach gleich, jedoch entgegengesetzt gerichtet:

**3. Newtonsches Gesetz**    $\boxed{\vec{F} = -\vec{F}'}$ (4.8)

Die beiden Kräfte greifen in verschiedenen Körpern an.

*Beispiel 4.8 :*    3. Newtonsches Gesetz

(a) Zwei Personen stehen auf zwei reibungsarmen Wagen und sind über eine Stange in Verbindung.

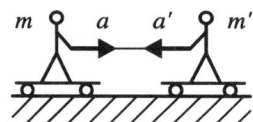

Abb. 4.6: Beispiel zum 3. Newtonschen Gesetz

Beginnt nun einer der beiden, sich an der Stange nach vorne zu ziehen, so setzt sich auch der zweite Wagen in Bewegung. Für die Kraftkomponente entlang der Verbindungslinie gilt:

$$F = -F'$$
$$ma = -m'a' \qquad\qquad \underline{1}$$

bzw.

$$\frac{a}{a'} = -\frac{m'}{m} \qquad\qquad \underline{2}$$

Die Beschleunigungen verhalten sich umgekehrt wie die entsprechenden Massen.

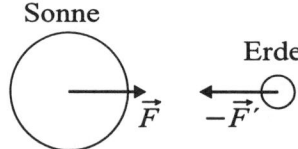

Abb. 4.7: Beispiel zum 3. Newtonschen Gesetz

(b) Zwei Himmelskörper ziehen sich gemäß dem 3. Newtonschen Gesetz mit entgegengesetzten Kräften an. Ist das Massenverhältnis wie bei der Sonne und den Planeten sehr einseitig, so wird der schwere Himmelskörper, die Sonne, nur eine sehr kleine Beschleunigung erfahren.

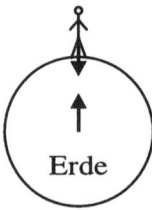

Abb. 4.8: Beispiel zum 3. Newtonschen Gesetz

(c) Ein ähnlicher Sachverhalt tritt auf bei den Kräften zwischen der Erde und den Erdenbewohnern. Alle Menschen (bis auf einige Astronauten) werden vom Mutterplaneten mit der Gewichtskraft $F_s = m \cdot g$ angezogen. Die Erde erfährt ihrerseits eine gleich große entgegengesetzt gerichtete Kraft $-F_s$. Aus dem gleichen Grunde wie beim Beispiel (b) wird die Erde nicht meßbar beschleunigt.

# Harmonische Kräfte, Hookesches Gesetz

Die Messung von Kräften über die resultierende Beschleunigung ist recht aufwendig und kann daher fast nur im Hörsaal bzw. Labor durchgeführt werden. Einfacher ist die Bestimmung von Kräften mit dem Kräftegleichgewicht an einem Federsystem. An eine Feder werden nacheinander gleich schwere Massestücke angehängt.

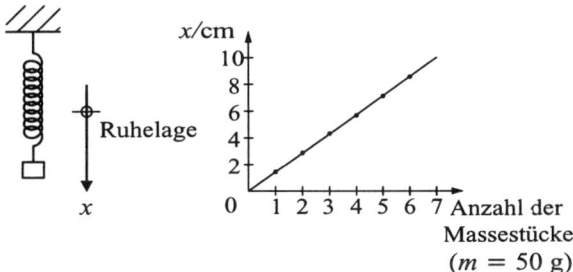

Abb. 4.9: *Messung von Kräften mit einer Feder*

Die gemessenen Auslenkungen in Abhängigkeit von der Anzahl $N$ der Massestücke ist in der Abbildung 4.9 wiedergegeben. Wegen der gleichen Masse der Gewichtsstücke gilt die Proportionalität

$$\boxed{F \sim y} \tag{4.9}$$

mit der **Federkonstanten** $D$ als Proportionalitätsfaktor:

$$\boxed{D = \frac{\Delta F}{\Delta y} \qquad [D] = \frac{\text{N}}{\text{m}}} \tag{4.10}$$

In einem weiten Bereich von Kräften ist die wirkende Kraft der Auslenkung der Feder proportional. Der lineare Zusammenhang zwischen Kraft und Auslenkung heißt das **Hookesche Gesetz**. Aus der Meßreihe der Abbildung ergibt sich für die verwendete Feder die Konstante

$$D = 34,3 \ \frac{\text{N}}{\text{m}} \tag{4.11}$$

Eine dermaßen geeichte Feder kann nun zur Bestimmung unbekannter Kräfte herangezogen werden.

*Beispiel 4.9*:     Verknüpfung von zwei Federn

Welche Auslenkungen treten auf, wenn zwei Federn mit den Federkonstanten $D_1$ und $D_2$ miteinander verbunden werden?

**Lösung:**

Im Fall (a) werden die beiden Federn aneinander gehängt. Dadurch wirkt auf jede der Federn die gleiche Kraft $F$. Die Auslenkung setzt sich aus den Einzelverformungen der Federn zusammen:

(a)    in Reihe       (b)      parallel

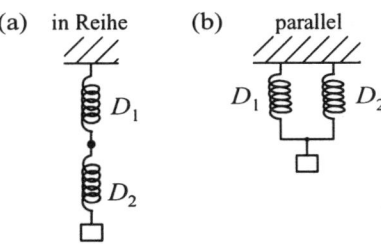

$$\Delta x = \Delta x_1 + \Delta x_2 = \frac{1}{D_1}F + \frac{1}{D_2}F$$

$$= \left( \frac{1}{D_1} + \frac{1}{D_2} \right) F \qquad \underline{1}$$

Abb. 4.10: *Verknüpfung von 2 Federn*

Wir können beiden Federn die Gesamtfederkonstante $D$ zuordnen:

$$\frac{1}{D} = \frac{1}{D_1} + \frac{1}{D_2} \qquad\qquad\qquad\qquad \underline{2}$$

Dies ist analog der Parallelschaltung von ohmschen Widerständen im Gleichstromkreis.
Sind die beiden Federn wie im Fall (b) nebeneinander angeordnet, so teilt sich die Kraft $F$ auf die Federn
auf. Nicht mehr die Kraft, sondern die Auslenkungen beider Federn sind gleich.

$$F = F_1 + F_2 = D_1 \cdot \Delta x + D_2 \cdot \Delta x = (D_1 + D_2) \cdot \Delta x \qquad \underline{3}$$

Die Gesamtfederkonstante $D$ lautet somit:

$$D = D_1 + D_2 \qquad \underline{4}$$

Die ist zur Serienschaltung von ohmschen Widerständen im Gleichstromkreis analog.

## 4.2    Anwendung: Reibungskräfte

Wenn wir einen Körper auf einer Oberfläche ziehen, so müssen wir Kraft aufwenden, selbst bei waagerechter Oberfläche. Wir nennen diese Kräfte Reibungskräfte. Sie sind allgegenwärtig und für viele
Vorgänge wie Gehen und Fahren sogar notwendig.

## Haftreibung

Wenn wir einen Klotz mit einem Kraftmesser ziehen, dann beobachten wir, daß er sich erst ab einem
gewissen Schwellenwert der Kraft in Bewegung setzt.

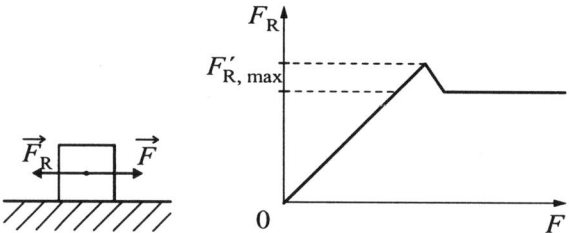

Abb. 4.11: Trockene Festkörperreibung

Solange die Kraft kleiner als dieser Schwellenwert bleibt, ist die Reibungskraft $F_R$ genauso groß wie die
äußere Kraft $F$. Der Körper bleibt
also in Ruhe. Diese Reibungskraft
nennen wir **Haftreibungskraft**. Sie
liegt im Bereich

$$0 \leq F_R' \leq F_{R,\max}' \qquad (4.12)$$

und hängt auf folgende Weise von der **Normalkraft** $F_N$, d. h. der Komponente der Kraft senkrecht zur
Oberfläche ab:

$$F_{R,\max}' = \mu' F_N \qquad (4.13)$$

Die Größe $\mu'$ ist der dimensionslose **Haftreibungskoeffizient**, der die Eigenschaften der beiden beteiligten Oberflächen widerspiegelt.
Bei gleichartigen Oberflächen des Gleitkörpers hängt die Reibungskraft nicht von der Größe der Auflagefläche ab!

## Gleitreibung

Wird die Kraft über den Schwellenwert $F_{R,\max}'$ hinaus erhöht, setzt sich der Gleitkörper in Bewegung.
Eine Messung der dann auftretenden **Gleitreibungskraft** $F_R$ ist besonders einfach möglich, wenn der
Körper mit konstanter Geschwindigkeit über die Unterlage gezogen wird. Wegen der konstanten Geschwindigkeit gilt wieder:

$$0 = \vec{F} + \vec{F}_R \qquad (4.14)$$

Die Reibungskraft $\vec{F}_R$ ist vom Betrage her genauso groß wie die äußere Kraft $\vec{F}$, jedoch entgegengesetzt gerichtet. Wie bei der Haftreibung kann ein **Gleitreibungskoeffizient** $\mu$ eingeführt werden:

$$|\vec{F}_R| = \mu\,|\vec{F}_N| \qquad (4.15)$$

Weil zwischen Gleit- und Haftreibung die Ungleichung

$$F_{R,\text{max}} \geqq F_R \qquad (4.16)$$

besteht, ist auch die Relation

$$\mu' \geqq \mu \qquad (4.17)$$

gültig.

Die Gleitreibung zwischen trockenen Oberflächen ist in erster Näherung von der Geschwindigkeit unabhängig.

Das unterscheidet sie von anderen Reibungskräften, wie z. B. in viskosen Flüssigkeiten und in der Luft. Dort sind die Reibungskräfte stark von der Geschwindigkeit abhängig.

## *Beispiel 4.10*: Reibung auf der schiefen Ebene

Ein Körper setzt sich auf einer schiefen Ebene erst in Bewegung, wenn die Hangabtriebskraft $F_{HA}$ größer ist als das Maximum der Haftreibungskraft $F_R'$:

$$F_{HA} \geqq F_{R,\text{max}}'$$

$$mg\sin\alpha \geqq \mu'mg\cos\alpha$$

$$\implies \tan\alpha \geqq \mu' \qquad \underline{1}$$

Mit dem Gleichheitszeichen in diesen Beziehungen kann der Haftreibungskoeffizient $\mu'$ durch Messung des Winkels $\alpha$, bei dem der Körper anfängt zu rutschen, bestimmt werden.

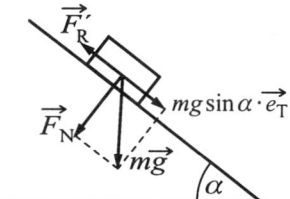

*Abb. 4.12: Reibungskräfte auf einer schiefen Ebene*

## *Beispiel 4.11*: Gehen

Ohne die Haftreibung ist es unmöglich, sich durch Gehen vom Fleck zu bewegen.

Mit Muskelkraft versucht der Fußgänger, Oberkörper und einen Fuß gegeneinander zu bewegen. Ohne Reibung würde der Fuß nach hinten wegrutschen. Die Haftreibungskraft $F_R'$ verhindert dies, und das Standbein bleibt in Ruhe. Die größte Beschleunigung beim Starten ist, abgesehen vom Leistungsvermögen des Läufers, durch die größte Haftreibungskraft bestimmt:

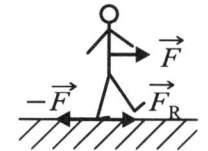

*Abb. 4.13: Reibungskräfte beim Gehen*

$$F \leqq F_{R,\text{max}}' \qquad \underline{1}$$

Der Fußgänger kann prinzipiell nicht schneller beschleunigen als $\mu' \cdot g$.

Auf Eis, bei kleinem Haftreibungskoeffizienten $\mu'$, kann deswegen nur sehr langsam beschleunigt werden.

*Beispiel 4.12:*    Rollendes Rad

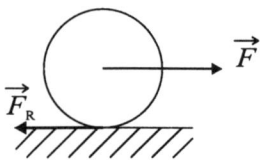

*Abb. 4.14: Reibungskräfte beim Rollen*

Ein Rad wird von der Kraft $F$ über die Unterlage gezogen. Ohne Reibung wird das Rad gleiten, jedoch nicht rollen.

Tritt eine Reibungskraft $F_R$ auf, die am Berührungspunkt angreift, so wird ein Gleiten des Rades verhindert, wenn die Antriebskraft $F$ kleiner oder gleich der größten Haftreibungskraft ist:

$$F \leq F'_{R,\text{max}} = \mu' \cdot mg \qquad \underline{1}$$

Wie im Falle des Gehens begrenzt der Haftreibungskoeffizient $\mu'$ die erreichbare Beschleunigung.

Getrennt davon ist die Frage zu sehen, ob ein Rad ohne Geschwindigkeitsverlust zu rollen vermag. Der Rollreibungskoeffizient $\mu_R$ beschreibt die Abhängigkeit der **Rollreibungskraft** $F_R$ von der Normalkraft:

$$\boxed{\mu_R = \frac{F_R}{F_N}} \qquad \underline{2}$$

*Tabelle 4.1    Reibungskoeffizienten*

| Stoffpaar | $\mu'$ | $\mu$ |
|---|---|---|
| Stahl-Stahl | 0,15 | 0,09–0,03 |
| Stahl-Holz | 0,6 | 0,5–0,2 |
| Stahl Eis | 0,027 | 0,014 (Schlitten) |
| Gummi-Asphalt | 0,9 | 0,85 |
|  |  | 0,45 (nass) |
| **Rollreibung** | $\mu_R$ |  |
| Eisenbahn | 0,003 |  |
| Auto auf Asphaltstraße | 0,025 |  |

# 4.3    Kräfte in bewegten Bezugssystemen

Die Bezugssysteme, in denen die Newtonschen Gesetze gelten, werden Inertialsysteme genannt. Sie sind dadurch ausgezeichnet, daß bei einem bewegten Beobachter keine Korrekturen notwendig sind. Die Oberfläche der Erde ist kein solches Inertialsystem, weil die Erde sich um ihre eigene Achse dreht. Nur wenn wir kurzzeitig den Fall eines Körpers beoachten, sind die Abweichungen von einem **Inertialsystem** gering. Der Begriff „Inertialsystem" stellt also eine Abstraktion vom täglichen Leben dar. Die Frage, ob ein gegebenes Koordinatensystem als Interialsystem angesehen werden kann, hängt auch mit der Genauigkeit der Beobachtung zusammen. Wird der freie Fall etwa in einem luftleeren Fallturm untersucht, ergeben sich durchaus Abweichungen, die von der Erdrotation herrühren.

## Galilei-Transformation

Betrachten wir zur Erörterung wieder eine reibungsfreie Fahrbahn, die an Bord eines Eisenbahnzuges in Fahrtrichtung installiert ist. Wir wollen diesen Vorgang in zwei Koordinatensystemen beschreiben, einem ruhenden, mit der Erdoberfläche verbundenen Koordinatensystem *KS* und einem bewegten Koordinatensystem *KS'*, dessen Ursprung sich am Beginn der Fahrbahn im Zug befindet.

Vom ruhenden Koordinatensystem aus beschreibt der stehende Beobachter am Bahnsteig den Fahrbahnversuch, vom bewegten Koordinatensystem aus der mitreisende Beobachter. Die *x*- und *x'*-Koordinaten hängen bei konstanter Zuggeschwindigkeit $v_{\text{Zug}}$ wie folgt zusammen:

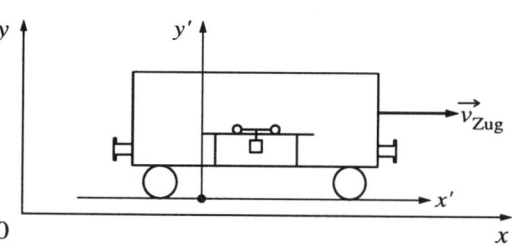

Abb. 4.15: Fahrbahn in einem Eisenbahnwaggon

$$x = x' + v_{\text{Zug}} \cdot \Delta t \qquad (4.18)$$

Die Geschwindigkeiten sind in beiden Bezugssystemen verknüpft durch

$$v = v' + v_{\text{Zug}} \qquad (4.19)$$

Sie unterscheiden sich nur um den konstanten Wert der Zuggeschwindigkeit. Die Beschleunigungen *a* und *a'*, die von beiden Standpunkten aus registriert werden, sind identisch:

$$a = a' \qquad (4.20)$$

Die Gleichungen (4.18) und (4.19) werden auch **Galilei-Transformation** genannt.

Die Schlußfolgerungen sind: Beide Beobachter, sowohl der ruhende als auch der stehende, messen die gleiche Beschleunigung des Fahrbahnwagens bei gegebener Antriebskraft $\vec{F}$.

Wie verläuft nun der gleiche Versuch in einem Zug, der mit der konstanten Beschleunigung $a_{\text{Zug}}$ anfährt? Die Ortskoordinaten hängen wie folgt zusammen:

$$x = x' + \frac{1}{2} a_{\text{Zug}} \cdot \Delta t^2 \qquad (4.21)$$

Der Unterschied der in beiden Koordinatensystemen gemessenen Geschwindigkeiten ist deshalb zeitabhängig:

$$v_x = v'_x + a_{\text{Zug}} \cdot \Delta t \qquad (4.22)$$

Die Beschleunigungen sind daher verschieden:

$$a_x = a'_x + a_{\text{Zug}} \qquad (4.23)$$

Der am Bahndamm stehende Beobachter und der mitbeschleunigte Experimentator messen unterschiedliche Beschleunigungen, obwohl unverändert am Fahrbahnwagen die gleiche Kraft angreift. Der stehende Beobachter führt seine Messung auf das Vorhandensein der Kraft $F_x$ zurück:

$$F_x = m a_x \qquad (4.24)$$

Der beschleunigte Beobachter mißt trotz gleicher Kraft $F_x$ eine andere Beschleunigung $a'_x$. Er führt sie auf das Auftreten einer zusätzlichen Kraft $m a_{\text{Zug}}$ zurück:

$$F_x = m a'_x + m a_{\text{Zug}} \qquad (4.25)$$

$$F_x - m a_{\text{Zug}} = m a'_x = F'_x \qquad (4.26)$$

Diese Kraft, im folgenden **Trägheitskraft** $\vec{F}_{\text{T}}$ genannt, ist die Folge der Beschleunigung für den beschleunigten Beobachter.

Sie ist der Beschleunigung des Zuges **entgegengesetzt** gerichtet.

**Spezialfall:**

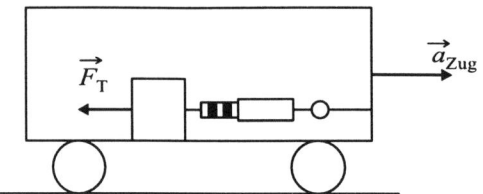

*Abb. 4.16: Kraftmessung in einem beschleunigten Zug*

Wir betrachten einen im beschleunigten Zug ruhenden Körper, der mit einem Federkraftmesser verbunden ist.

Wegen der ortsfesten Lage im Zug gilt $a'_x = 0$. Für den bewegten Beobachter stellt sich ein dynamisches Gleichgewicht zwischen der Kraft $\vec{F}$ und der Trägheitskraft $\vec{F}_T$ ein:

$$\vec{F} + \vec{F}_T = 0$$

$$\vec{F} - m\vec{a} = 0 \qquad (4.27)$$

Dies ist eine andere Formulierung des zweiten Newtonschen Gesetzes und als **d'Alembertsches Prinzip** bekannt.

## *Beispiel 4.13*:   Trägheitskräfte beim Anfahren

Ein Zug fährt an, während an einem reibungsfreien Wagen auf der Fahrbahn keine Kraft angreift. Infolge des Verschwindens der Kräfte $\vec{F} = 0$ bleibt der Wagen für den am Bahnsteig stehenden Beobachter ortsfest liegen. Der mitbeschleunigte Reisende stellt jedoch in seinem Koordinatensystem fest, daß der Fahrbahnwagen entgegengesetzt zum Zug beschleunigt wird: $a'_x = -a_{Zug}$. Er beschreibt diese Beschleunigung durch das Auftreten der Trägheitskraft $F_T = -ma_{Zug}$.

Diese Beispiele sollen verdeutlichen, daß das Auftreten von Trägheitskräften nicht losgelöst vom Koordinatensystem behandelt werden kann. Das zweite Beispiel zeigt deutlich, daß Trägheitskräfte durch den Wechsel des Koordinatensystems auftreten. Trägheitskräfte sind allgegenwärtig, und jeder hat schon mal am eigenen Leib ihre Wirkung erfahren:

Der Autofahrer, der gegen ein Hindernis prallt, erleidet aus der Sicht des verzögerten Koordinatensystems „Karosserie" eine Trägheitskraft.

Der am Straßenrand stehende Fußgänger beschreibt den gleichen Vorfall mit dem 1. Newtonschen Gesetz: Der Autofahrer ist träge, und sein Körper behält die Geschwindigkeit im Moment des Zusammenstoßes bei.

Der Benutzer eines Aufzugs spürt die Trägheitskräfte während des Anfahrens und Abbremsens des Aufzugkorbes. Steht er im Aufzug auf einer Personenwaage, so kann er die Wirkung der Trägheitskräfte an der Anzeige der Waage ablesen (siehe Übungsaufgaben).

## *Beispiel 4.14*:   Atwood-Maschine mit trägheitsloser Rolle

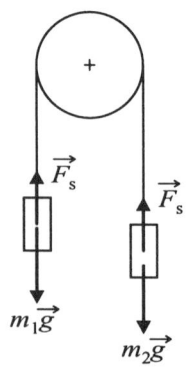

*Abb. 4.17: Atwood-Maschine*

Im Jahre 1784 baute George Atwood in Cambridge eine Maschine zur Untersuchung geradliniger Bewegungen. Sie besteht im wesentlichen aus einer Rolle und zwei Massen, die über einen Faden verbunden sind und trägt seither seinen Namen.

Das dynamische Gleichgewicht der Kräfte kann mit dem Prinzip von d'Alembert für jede der beiden Massen formuliert werden ($m_1$ und $m_2$ seien bekannt):

$$0 = m_1 g - F_s - m_1 a_1$$

$$0 = m_2 g - F_s - m_2 a_2 \qquad \underline{1}$$

Die Rolle verursache keine Reibung und sei masselos. Sie taucht daher in diesen Gleichungen nicht auf. Weil keine Reibungskräfte am Umfang der Rolle angreifen, sind auch die Seilkräfte an der linken und rechten Seite gleich. Die Beschleunigungen $a_1$ und $a_2$ sind bis auf das Vorzeichen identisch, weil der Faden zwar flexibel ist, sich in der Länge jedoch nicht verändert

$$0 = m_1 g - F_s - m_1 a_1$$

$$0 = m_2 g - F_s + m_2 a_1$$

Die Lösungen dieses Gleichungssystems für 2 Unbekannte lauten:

$$a_1 = \frac{m_1 - m_2}{m_1 + m_2} g$$

$$F_s = 2 \frac{m_1 m_2}{m_1 + m_2} g = 2 \frac{g}{\frac{1}{m_1} + \frac{1}{m_2}} \qquad \underline{3}$$

Die beiden Massen der **Atwood-Maschine** führen einen verzögerten freien Fall durch, der um so langsamer abläuft, je kleiner die Differenz der beiden Massen ist.

Dieses Beispiel macht deutlich, daß bei der Anwendung des Prinzips von d'Alembert außer den Fernwirkungskräften, z. B. der Schwerkraft, auch die durch körperlichen Kontakt vermittelten Kräfte, und daneben die Widerstands- und Zwangskräfte, z. B. Seilkraft, berücksichtigt werden müssen.

# 4.4 Zusammenfassung

In diesem Kapitel wurde die Kraft als wesentliche neue Größe präsentiert. Sie hängt nach dem 2. Newtonschen Gesetz mit der Beschleunigung für Inertialsysteme zusammen:

$$\boxed{\vec{F} = m\vec{a}} ; \qquad [F] = \text{N} = \text{kg}\frac{\text{m}}{\text{s}^2} \qquad (4.28)$$

Spezielle Kräfte sind die bei der Verformung einer Feder auftretende Federkraft:

$$\boxed{\Delta\vec{F} = -D\Delta\vec{x}} \qquad \text{**Hookesches Gesetz**} \qquad (4.29)$$

und die beim Rutschen eines Körpers auf einer Fläche vorkommende Reibungskraft. Für das Gleiten zweier Festkörperflächen gilt im Falle des Haftens für die Reibungskraft $F_R'$

$$\boxed{0 \leq |\vec{F}_R'| \leq \mu' |\vec{F}_N|} \qquad (4.30)$$

und für die **Gleitreibungskraft** $\vec{F}_R$:

$$\boxed{|\vec{F}_R| = \mu |\vec{F}_N|} \qquad (4.31)$$

$\mu'$ und $\mu$ sind die dimensionlosen Haft- und Gleitreibungskoeffizienten $\mu' < \mu$, $\vec{F}_N$ ist die Komponente der Kraft senkrecht (normal) zur Auflagefläche. In beschleunigten Koordinatensystemen treten Trägheitskräfte $\vec{F}_T$ auf, deren Richtung der Beschleunigung entgegengesetzt ist. Der Betrag der Trägheitskraft geht aus der Gleichung

$$\boxed{\vec{F}_T = -m\vec{a}} \qquad (4.32)$$

hervor.

# 4.5 Aufgaben

**4.1**

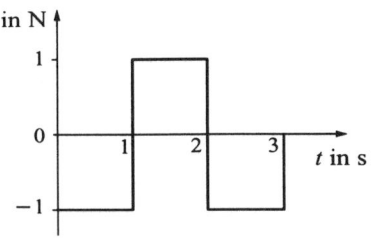

*Abb. 4.18:*

An einem Körper der Masse $m = 1$ kg greift eine zeitlich veränderliche Kraft gemäß der nebenstehenden Skizze an. Zeichnen Sie ein Diagramm für $v(t)$ und $x(t)$ unter den Voraussetzungen $v(t = 0) = 0,5$ m/s und $x(t = 0) = 0$. Geben Sie dabei die Extremwerte für die beiden Größen an.

**4.2** Wie stellt sich der Flüssigkeitsspiegel in einem mit Wasser gefüllten Tankwagen ein, wenn der Wagen erschütterungs- und reibungsfrei eine schiefe Ebene mit der Neigung $\alpha = 4°$ hinabrollt (Begründung)?

**4.3**

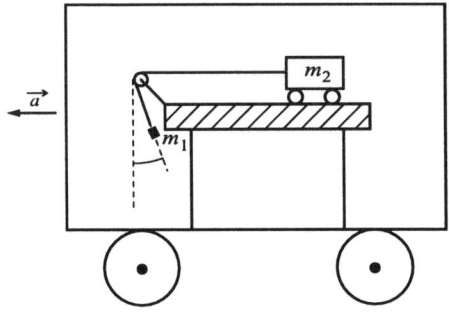

*Abb. 4.19:*

An Bord eines beschleunigenden Wagens wird ein Fahrbahnversuch durchgeführt. Die Masse $m_1 = 0,3$ kg ist über eine Umlenkrolle mit der Masse $m_2 = 1$ kg durch einen masselosen Faden verbunden und befindet sich von $m_2$ aus gesehen in Fahrtrichtung.
Wie schnell muß der Wagen beschleunigen, damit sich der Fahrbahnwagen im Innern nicht in Bewegung setzt?
Unter welchem Winkel zur Vertikalen hängt dann die Masse $m_1$?

**4.4** Ein Pkw ($m = 1000$kg) wird auf einer Steigung ($\alpha = 4°$) durch eine Kraft $F = 1800$ N bei einem Reibungskoeffizienten $\mu = 0,03$ beschleunigt.

Welchen Winkel zur Senkrechten nimmt ein im Wagen befindliches Lot ein?

**4.5** Der Benutzer eines Aufzugs steht auf einer Personenwaage und registriert während der Beschleunigungsphase, daß die Anzeige der Waage während 2 Sekunden von $m = 75$ kg auf 80 kg ansteigt.

Wie groß sind die Beschleunigung und die erreichte Endgeschwindigkeit?

**4.6** Ein Rammbär der Masse 400 kg fällt aus 4,0 m Höhe herab und trifft auf einen Pfahl, wobei er in der Zeit $\Delta t = 10$ ms abgebremst wird.

Wie groß ist die Kraft, mit der der Pfahl in den Boden gedrückt wird?

**4.7**

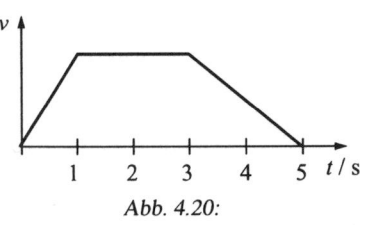

*Abb. 4.20:*

Ein Körper der Masse $m = 100$ kg hängt an einem Zugseil und soll in $t = 5$ s um 10 m angehoben werden. Der Vorgang läuft gemäß der nebenstehenden Skizze ab.

Welche Kräfte treten in den drei Teilabschnitten im Seil auf?

**4.8** Die Masse eines Aufzugs ist $m_1 = 950$ kg; das Gegengewicht hat die Masse $m_2 = 750$ kg. Die Trägheit der Rolle und des Seils werden vernachlässigt.

1. Wie groß ist die Beschleunigung, wenn an der Rolle eine Reibungskraft $F_R = 398$ N angreift?

2. Welche Antriebskraft ist erforderlich, um den Aufzug mit $|a| = 1,5$ m/s$^2$ nach oben bzw. nach unten zu beschleunigen?

**4.9** 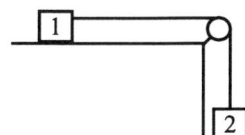 Berechnen Sie für das abgebildete System die Beschleunigung und die Seilkraft bei einem Reibungskoeffizienten $\mu = 0,25$. Die Massen betragen $m_1 = 2$ kg und $m_2 = 1$ kg.

*Abb. 4.21:*

**4.10** Gegeben ist die Anordnung nach der Skizze.

Berechnen Sie die Zeit für die Strecke $l = 3$ m und die maximal auftretende Geschwindigkeit, wenn die Körper mit einem Reibungskoeffizienten $\mu = 0,2$ gleiten, $m_1 = 10$ kg, $m_2 = 9$ kg.

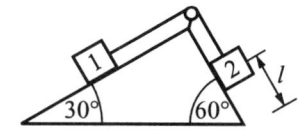

*Abb. 4.22:*

**4.11** Ein Raketenschlitten der Masse $m = 120$ kg wird durch eine Kraft $F = 850$ N auf einer ebenen Strecke ($l = 100$ m) und einer anschließenden schiefen Ebene (Neigung $\alpha = 7°$) während einer Zeit $T = 5$ s beschleunigt.

Berechnen Sie die auftretenden Beschleunigungen und die Fahrtdauer bis zum Stillstand, ferner die Maximalgeschwindigkeit ($\mu = 0,24$).

**4.12** Ein Eisenbahnwagen der Masse $m = 30$ t rollt eine 200 m lange Strecke mit 3° Gefälle hinab. Danach rollt er 150 m waagerecht und fährt dann eine Strecke mit 2° Steigung hinauf. Der Reibungskoeffizient für die gesamte Strecke ist $\mu = 0,03$. Die Anfangsgeschwindigkeit des Wagens ist $v_0 = 1,5$ m/s.

Wie weit fährt der Wagen?

**4.13** Auf einer schiefen Ebene mit der Neigung $\tan \alpha = 0,09$ wird ein Körper mit der Masse $m_1 = 2$ kg und der Reibungszahl $\mu_1 = 0,05$ losgelassen. Eine Sekunde später wird ein zweiter Körper mit der Masse $m_2 = 0,4$ kg und der Reibungszahl $\mu_2 = 0,0275$ losgelassen.

Wann und wo wird Körper 1 eingeholt?

**4.14** Eine Lokomotive schiebt einen Waggon mit der Masse $m = 20$ t an, so daß er nach 20 s eine Geschwindigkeit $v = 15$ m/s hat, ($\mu = 0,05$). Welche Kraft wirkt auf jeden der vier Puffer, die eine Federkonstante $D = 2,5 \cdot 10^5$ N/m haben?

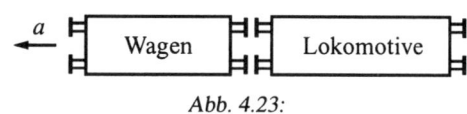

*Abb. 4.23:*

Wie ändert sich der Abstand Lokomotive–Waggon?

**4.15** Eine Lokomotive mit der Masse $m = 100$ t beschleunigt auf einer Strecke mit 4 % Steigung von 18 km/h auf 54 km/h im Verlauf einer Länge von $l = 1000$ m.

Welche Kraft muß der Motor der Lokomotive aufbringen, wenn der Reibungskoeffizient $\mu = 0,05$ beträgt?

# Kapitel 5

# Arbeit, Energie und Leistung

## 5.1 Arbeit

Der in diesem Kapitel vorgestellte Begriff der Energie ist einer der wichtigsten physikalischen Größen überhaupt. Im täglichen Leben stehen die Begriffe Arbeit und Energie im Zusammenhang mit der Verrichtung einer die Umwelt verändernden Tätigkeit. Der umgangssprachliche Gebrauch dieser Begriffe ist jedoch für die physikalische Naturbeschreibung zu unpräzise. Bei der Behandlung mechanischer Probleme sind die Ortsverschiebung $\Delta\vec{r}$ und die Kraft $\vec{F}$ die Größen, die sinnvoll mit dem Begriff Arbeit verbunden werden. Ohne eine äußere Kraft behält jeder Körper nach dem 1. Newtonschen Gesetz seine Geschwindigkeit bei und damit seine Energie. Die Wirkung einer Kraft kann in einer Ortsverschiebung $\Delta\vec{r}$ eines ruhenden Körpers resultieren. Nun spielt es sicherlich eine Rolle, welche Richtung die Vektoren Kraft und Ortsverschiebung zueinander einnehmen.

## Spezialfall: Konstante Kraft

Wir ziehen einen Körper mit konstanter Kraft über eine waagrechte Ebene.

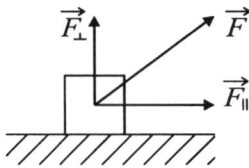

Abb. 5.1: Kraft an einem gezogenem Körper

Die Kraft $\vec{F}$ kann in die Komponenten $F_{\parallel}$ parallel und $F_{\perp}$ senkrecht zur Erdoberfläche zerlegt werden:

$$F_x = F_{\parallel} = |\vec{F}|\cos\alpha$$
$$F_y = F_{\perp} = |\vec{F}|\sin\alpha \tag{5.1}$$

Die Verschiebung des Körpers $\Delta\vec{r}$ besitzt, solange der Körper nicht von der Erdoberfläche abhebt, nur die Komponente $\Delta x$. $\alpha$ ist der Winkel zwischen der aufgewendeten Kraft $\vec{F}$ und der Verschiebung $\Delta\vec{r} = \vec{r}_2 - \vec{r}_1$. Wir definieren als Arbeit $W$ bei diesem Vorgang

$$W_{12} = |\vec{F}| \cdot |\Delta\vec{r}| \cdot \cos\alpha$$

$$= F_x \cdot \Delta x \qquad [W] = \mathrm{N}\cdot\mathrm{m} = \mathrm{J} = \mathrm{kg}\frac{\mathrm{m}^2}{\mathrm{s}^2} \tag{5.2}$$

Die Verallgemeinerung der zweiten Beziehung für Fälle, in denen weder die Kraft $\vec{F}$ noch der Verschiebungsvektor $\Delta\vec{r}$ parallel zu einer Koordinatenachse sind, kann mit Hilfe des Skalarproduktes vorgenommen werden. Betrachten wir das gleiche Problem nochmals in einem gedrehten Koordinatensystem. Die geleistete Arbeit muß von der Wahl des Koordinatensystems unabhängig sein.

In diesem gedrehten Bezugssystems besitzen Kraft und Verschiebung die Komponenten

$$\vec{F} = \begin{pmatrix} F_x \\ F_y \\ F_z \end{pmatrix} \qquad \Delta\vec{r} = \begin{pmatrix} \Delta x \\ \Delta y \\ \Delta z \end{pmatrix} \tag{5.3}$$

Die gesamte geleistete Arbeit $W_{12}$ ergibt sich als Summe der Arbeiten in den Richtungen der Koordinatenachsen $\vec{e}_x$, $\vec{e}_y$ und $\vec{e}_z$

$$W_{12} = F_x \Delta x + F_y \Delta y + F_z \Delta z$$ (5.4)

Diese Gleichung kann kurz als Skalarprodukt der Vektoren $\vec{F}$ und $\Delta \vec{r}$ geschrieben werden

$$W_{12} = \vec{F} \cdot \Delta \vec{r}$$ (5.5)

In der Bezeichnung **Skalarprodukt** kommt auch zum Ausdruck, daß es sich bei der Arbeit im Gegensatz zur Kraft und zur Verschiebung um eine **skalare Größe** handelt.

*Beispiel 5.1:*    Reibungsarbeit

Ein Schlittschuhläufer wird unter Einfluß der Reibungskraft $\vec{F}_R$ konstant verzögert.
Die Reibung verrichtet die Arbeit

$$W_R = F_R \cdot \Delta x \cos(180°) \qquad \underline{1}$$
$$= -F_R \cdot \Delta x$$

am Schlittschuhläufer.

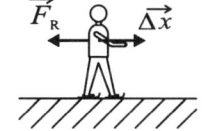

Abb. 5.2: Reibungsarbeit

Das Minuszeichen tritt auf, weil Reibungskraft und Verschiebung entgegengesetzt gerichtet sind.

*Beispiel 5.2:*    Hubarbeit

Ein Fahrstuhl fährt mit konstanter Geschwindigkeit von einem Stockwerk zum nächsten und überwindet dabei den Höhenunterschied $\Delta h$.
Der Motor muß die Kraft $|\vec{F}_{\text{Motor}}| = m \cdot g$ aufbringen und gegen die Erdanziehung die **Hubarbeit**

$$W_H = m \cdot g \Delta h \qquad \underline{1}$$

zwischen den beiden Stockwerken verrichten.

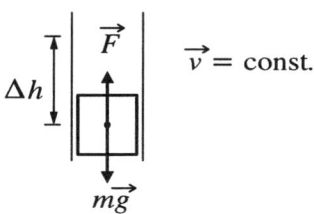

Abb. 5.3: Hubarbeit

# Spezialfall: Veränderliche Kraft längs eines geraden Weges

Kräfte müssen jedoch nicht wie bei den letzten Beispielen konstant sein. Sie können sich längs des Weges, den ein Körper zurücklegt, sowohl im Betrag als auch in der Richtung ändern.
Der Ansatz von Gleichung (5.5) muß daher verallgemeinert werden. Wir unterteilen die gesamte Wegstrecke in viele kleine Segmente der gleichen Länge $\Delta x$ und bestimmen die verrichtete Arbeit durch die Summe über viele Einzelsegmente $\Delta x$:

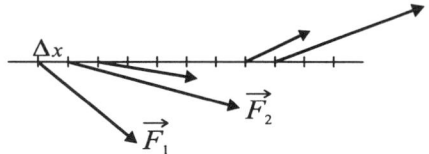

Abb. 5.4: Arbeit längs eines Weges bei veränderlicher Kraft

$$W_{12} \approx \sum_{i=1}^{N} F_x^i \cdot \Delta x$$ (5.6)

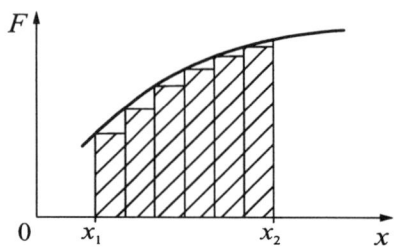

*Abb. 5.5: Berechnung der Arbeit bei veränderlicher Kraft*

Im Grenzfall sehr vieler Segmente $N \to \infty$ geht diese Gleichung über in das Integral

$$W_{12} = \int_{x_1}^{x_2} F_x \, dx \qquad (5.7)$$

Die Kraftkomponente $F_x$ kann sich längs des betrachteten Weges ändern.

Die Arbeit $\Delta W$ kann anschaulich gedeutet werden als die Fläche zwischen der $F(x)$-Kurve und der $x$-Achse. Sie kann sowohl positiv als auch negativ sein.

**Beispiel 5.3:    Verformungsarbeit**

Ein einfaches physikalisches System, bei dem die Kraft ortsabhängig ist, besteht aus einer Feder. Die Kraft, die die Feder hervorruft, ist immer rücktreibend und steigt linear mit der Auslenkung $x$ aus der Ruhelage (Hookesches Gesetz):

$$F = -Dx \qquad \underline{1}$$

Der Experimentator muß eine Kraft aufwenden, die bis auf das Vorzeichen mit der Kraftgleichung des Hookeschen Gesetzes übereinstimmt.

Die Arbeit, die geleistet werden muß, um die Feder von der Koordinate $x_1$ nach $x_2$ zu dehnen, entspricht der Trapezfläche unter der Kurve:

$$W_{12} = \frac{1}{2} (F_1 + F_2) \cdot (x_2 - x_1) \qquad \underline{2}$$

bzw.

$$W_{12} = \frac{1}{2} D (x_1 + x_2) \cdot (x_2 - x_1) \qquad \underline{3}$$

Mit dem 3. binomischen Satz ergibt sich

$$W_{12} = \frac{1}{2} D \left( x_2^2 - x_1^2 \right) \qquad \underline{4}$$

Bemerkenswert ist an dieser Gleichung die quadratische Abhängigkeit von $x$. Die Arbeit ist, gleichen Betrag der Längenänderung $|\Delta x|$ aus der Ruhelage vorausgesetzt, gleich für Dehnung und Streckung der Feder.

Die Arbeit, um eine Feder aus der Ruhelage $x_1 = 0$ heraus zu dehnen oder zu komprimieren, ist immer positiv. Die Feder wird daher ohne äußere Kräfte bestrebt sein, ihre Ruhelage einzunehmen.

## 5.2    Arbeit und kinetische Energie

Im Kapitel 4 haben wir das 2. Newtonsche Gesetz kennengelernt, das Kräfte und Beschleunigungen verknüpft.

Betrachten wir einen Körper, der auf einer horizontalen geraden Strecke durch eine konstante Kraft $F_x$ beschleunigt wird. Es stellt sich die Beschleunigung $a_x = F_x/m$ ein.

Die Arbeit, die auf der Beschleunigungsstrecke $\Delta x$ dabei verrichtet wird, lautet:

$$W_B = F_x \cdot \Delta x = m \cdot a_x \cdot \Delta x \qquad (5.8)$$

Unter Rückgriff auf die Beziehung

$$\Delta x = \frac{1}{2a_x} \left( v_2^2 - v_1^2 \right)$$

aus dem Kapitel 2.5 wird damit

$$W_{12} = \frac{1}{2}m \cdot \left(v_2^2 - v_1^2\right) \tag{5.9}$$

Wir definieren die Größe $\frac{1}{2}m \cdot v^2$ als **kinetische Energie** $W_{\text{kin}}$ des Körpers. Damit schreiben wir:

$$\boxed{W_{\text{B}} = F_x \Delta x = \frac{1}{2}m\left(v_2^2 - v_1^2\right) = \Delta W_{\text{kin}}} \qquad [W_{\text{kin}}] = \text{kg}\frac{\text{m}}{\text{s}^2} = \text{N} \cdot \text{m} = \text{J} \tag{5.10}$$

Diese Gleichung ist gültig, solange die Geschwindigkeit $v$ klein ist im Vergleich zur Lichtgeschwindigkeit $c$.

Die kinetische Energie ist wie die Arbeit eine skalare Größe und besitzt die gleiche Einheit wie sie. Ist die beim Beschleunigen aufgebrachte Arbeit $W_{\text{B}}$ positiv, wird die kinetische Energie erhöht:

$$W_{\text{B}} = W_{\text{kin},2} - W_{\text{kin},1} \tag{5.11}$$

Diese Arbeit muß eine äußere Kraft verrichten, damit sich die Geschwindigkeit des Körpers ändert.

Die Gleichung (5.10) enthält nicht mehr die Beschleunigung von $v_1$ nach $v_2$. Es spielt also für die aufgewendete Arbeit keine Rolle, ob der Körper langsam, schnell oder sogar zeitabhängig beschleunigt wurde. Die Beschleunigungsarbeit ist nur von der Anfangsgeschwindigkeit $v_1$ und der Endgeschwindigkeit $v_2$ abhängig. Diese Beziehung ist allgemeingültig. Im allgemeinen Falle, wenn sich die Kraft in Betrag und Richtung auf der Beschleunigungsstrecke ändert, muß die (5.7) um die Arbeiten entlang der anderen Koordinatenachsen erweitert werden:

$$W_{12} = \int_{x_1}^{x_2} F_x\, dx + \int_{y_1}^{y_2} F_y\, dy + \int_{z_1}^{z_2} F_z\, dz \tag{5.12}$$

Mit dieser Gleichung kann die **Arbeit** berechnet werden, die bei der Verschiebung eines Körpers von einem Startpunkt mit den Koordinaten $(x_1, y_1, z_1)$ zu einem Zielpunkt mit den Koordinaten $(x_2, y_2, z_2)$ verrichtet wird. In vektorieller Kurzschreibweise (Linienintegral) lautet diese Gleichung:

$$\boxed{W = \int_{\vec{r}_1}^{\vec{r}_2} \vec{F}(\vec{r}) \cdot d\vec{r}} \tag{5.13}$$

*Beispiel 5.4:*   Beschleunigungsarbeit

Ein PKW der Masse $m = 1000$ kg beschleunigt von 50 km/h auf 90 km/h in 15 Sekunden. Wie groß ist die Beschleunigungsarbeit ohne Berücksichtigung der Reibung?

**Lösung:**

Gleichung (5.10) kann angewendet werden. Die Zeitdauer der Beschleunigung ist unerheblich.

$$W_{\text{B}} = \frac{1}{2}1000\,\text{kg}\,(90^2 - 50^2)\left(\frac{\text{km}}{\text{h}}\right)^2$$

$$W_{\text{B}} = 500\,\text{kg} \cdot 5600\left(\frac{10^3\,\text{m}}{3,6 \cdot 10^3\,\text{s}}\right)^2$$

$$W_{\text{B}} = \frac{500 \cdot 5600}{3,6^2}\,\text{J} = 216,05\,\text{kJ} \qquad \underline{1}$$

# 5.3    Potentielle Energie und Energieerhaltung

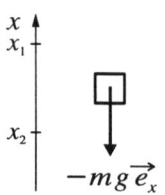

Abb. 5.6: *Fall eines Körpers im Schwerefeld*

Im letzten Kapitel haben wir die kinetische Energie kennengelernt, die mit der Bewegung von Körpern verknüpft ist. In Kapitel 5.1 lernten wir die Hubarbeit kennen, die mit dem Anheben eines Körpers im Schwerefeld verbunden ist.

Wir betrachten im folgendem den freien Fall eines Körpers im Schwerefeld der Erde.

Bei der gewählten Orientierung des Koordinatensystems wirkt die Kraft

$$F_x = m \cdot a_x = -m \cdot g \tag{5.14}$$

auf den Körper. Die Schwerkraft führt zur Beschleunigungsarbeit

$$W_{12} = -m \cdot g \cdot (x_2 - x_1) \tag{5.15}$$

die zur Beschleunigung führt:

$$\Delta W_{\text{kin}} = m \cdot a_x \Delta x = \frac{1}{2} m \cdot \left( v_2^2 - v_1^2 \right) \tag{5.16}$$

somit gilt

$$\boxed{\Delta W_{\text{kin}} = -m \cdot g \left( x_2 - x_1 \right)} \tag{5.17}$$

Die Größe $m \cdot g \cdot x$ bezeichnen wir als **potentielle Energie** $W_{\text{pot}}$ des Körpers der Masse $m$. Damit lautet die letzte Gleichung:

$$\boxed{\Delta W_{\text{kin}} = -\Delta W_{\text{pot}}} \tag{5.18}$$

bzw.

$$\boxed{\Delta W_{\text{kin}} + \Delta W_{\text{pot}} = 0} \tag{5.19}$$

Wir sortieren vorige Gleichung nach den Zeiten. Alle Größen zur Zeit $t_1$ kommen auf die linke Seite, die Größen zur Zeit $t_2$ auf die rechte Seite. Es ergibt sich folgende Beziehung:

$$\frac{1}{2} m v_1^2 + m g x_1 = \frac{1}{2} m v_2^2 + m g x_2$$

$$\boxed{W_{1,\text{kin}} + W_{1,\text{pot}} = W_{2,\text{kin}} + W_{2,\text{pot}} = \text{const.} = W_{\text{Gesamt}}} \tag{5.20}$$

Weil die Summe aus kinetischer und potentieller Energie für unterschiedliche Zeiten gleich ist, folgt die Erhaltung der mechanischen Gesamtenergie $W_{\text{kin}} + W_{\text{pot}} = \text{const.} = W_{\text{Gesamt}}$.

Das ist der **Energiesatz der Mechanik** für die reibungsfreie Bewegung eines Körpers nahe der Erdoberfläche, wo die Schwerebeschleunigung als konstant angesehen werden kann. Die potentielle Energie $W_{\text{pot}}$ und die von der Kraft geleistete Arbeit stehen in der allgemeingültigen Beziehung

$$\Delta W_{\text{pot}} = -W_{\text{H}} \tag{5.21}$$

Im Falle der konstanten Schwerkraft wird daraus:

$$\Delta W_{\text{pot}} = -F_x \cdot \Delta x = m \cdot g \cdot \Delta x \tag{5.22}$$

Die potentielle Energie $W_{\text{pot}} = mgx$ besitzt die Eigenschaft, von der Wahl des Koordinatenursprungs abhängig zu sein. Sie ist nicht eindeutig definiert. Die potentielle Energie ist nur bis auf eine additive Konstante bestimmt. Diese Eigenschaft hat aber bei praktischen Anwendungen keine Auswirkungen, weil in der Gleichung (5.17), bei der Berechnung der Hubarbeit, nur Differenzen von Ortskoordinaten, die Verschiebungen, auftreten. Es ist festzuhalten, daß die Hubarbeit $\Delta W$ durch die Differenz der potentiellen Energie zwischen End- und Anfangspunkt gegeben ist:

$$\begin{aligned} W_{\mathrm{H}} &= W_{\mathrm{pot}}(x_2) - W_{\mathrm{pot}}(x_1) \\ &= mg\,(x_2 - x_1) \end{aligned}$$

## *Beispiel 5.5*: Fall eines Balls mit Reflexion am Boden

Ein Ball fällt aus der Höhe $h_0$ auf die Erdoberfläche und wird dort ohne Energieverlust reflektiert. Die Energiebilanz lautet für zwei ausgewählte Zeiten beim Beginn des Falls und beim Aufprall:

$$\begin{array}{lll} t = 0 & W_{\mathrm{kin}} = 0 & W_{\mathrm{pot}} = mgh_0 \\ t:\ \text{Fallzeit} & W_{\mathrm{kin}} = \frac{1}{2}mv^2 & W_{\mathrm{pot}} = 0 \end{array}$$

Die Summe von potentieller und kinetischer Energie ist für beide Zeiten gleich:

$$\begin{aligned} 0 + mgh_0 &= \frac{1}{2}mv^2 + 0 \\ \Longrightarrow v &= \sqrt{2gh_0} \end{aligned}$$ 1

**Hinweis**: Hier ist wichtig zu beachten, daß die Endgeschwindigkeit $v$ die Geschwindigkeit zu einem Zeitpunkt ist, bei dem $h = 0$ ist! Man muß die Ausgangshöhe $h_0$ einsetzen, um die Endgeschwindigkeit über die Energieerhaltung ausrechnen zu können!

Das Ergebnis stimmt überein mit früheren Ergebnissen aus der Kinematik. Bei der Reflexion am Boden wechselt das Vorzeichen der Geschwindigkeit $-v$ nach $v$. Dieser Vorzeichenwechsel ist aber für die kinetische Energie wegen der quadratischen Abhängigkeit von $v$ ohne Belang. Der Ball steigt in die Höhe, bis die kinetische Energie wieder null wird. Bei Erreichen der Ausgangshöhe $h_0$ erreicht die potentielle Energie ihr Maximum, und der Ball fällt wieder.

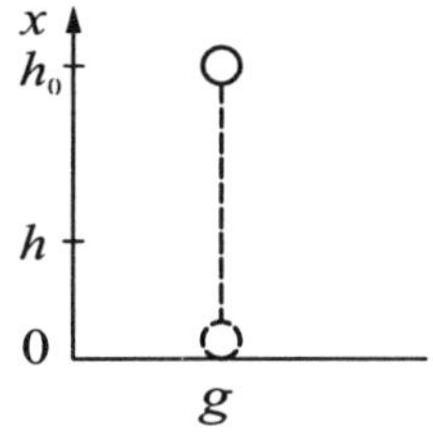


*Abb. 5.7: Fall eines Balles mit Reflexion am Boden*

Der Anwendungsbereich des Satzes der Energiehaltung ist aber noch nicht erschöpft. Mit ihm kann für jede Höhe $h \leqq h_0$ die zugehörige Geschwindigkeit $v$ berechnet werden:

$$\begin{aligned} mgh_0 &= \frac{1}{2}mv^2 + mgh \\ \Longrightarrow v &= \pm\sqrt{2g(h_0 - h)} \end{aligned}$$ 2

Die beiden Vorzeichen berücksichtigen die unterschiedlichen Richtungen der Geschwindigkeiten bei der Auf- und Abwärtsbewegung des Balls.
Charakteristisch für diesen Vorgang mit Energieerhaltung ist das Wechselspiel von kinetischer und potentieller Energie. Es findet eine periodische Umwandlung von potientieller in kinetische Energie und umgekehrt statt.

Kräfte, bei denen mechanische Energieerhaltung gilt, werden **konservative Kräfte** genannt (weil sie die Summe von potentieller und kinetischer Energie erhalten, d. h. „konservieren").

**Hinweis**: Reibungskräfte sind nicht konservativ!

Wir stellen nun die Frage, wie der Energiesatz anwendbar ist, wenn der Körper nicht frei fällt, sondern auf andere Art im Schwerefeld der Erde Höhe verliert.

*Beispiel 5.6:*    Rutschen eines Schlittens auf einer schiefen Bahn

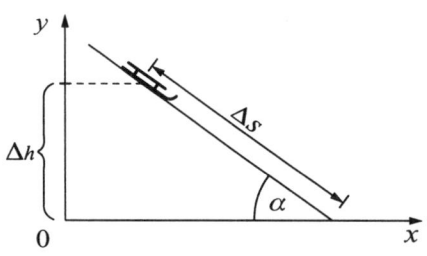

Abb. 5.8: Rutschen eines Schlittens
an einem Hang

Ein Schlitten gleitet reibungsfrei auf einem Hang mit dem Neigungswinkel $\alpha$ hangabwärts.
Die Newtonsche Bewegungsgleichung lautet hier:

$$F_{HA} = m \cdot a = -m \cdot g \cdot \sin \alpha \qquad \underline{1}$$

Die vom Schwerefeld am Schlitten verrichtete Arbeit kann angegeben werden:

$$W_{12} = m \cdot a \cdot \Delta s = -m \cdot g \cdot \sin \alpha \cdot \Delta s \qquad \underline{2}$$

bzw.

$$W_{12} = \frac{1}{2} m \cdot \left( v_2^2 - v_1^2 \right)$$
$$= -m \cdot g \cdot \sin \alpha \cdot \Delta s \qquad \underline{3}$$

Mit der Winkelbeziehung $\Delta h = \Delta s \cdot \sin \alpha$ erhalten wir

$$\frac{1}{2} m \left( v_2^2 - v_1^2 \right) = -m \cdot g \cdot \Delta h \qquad \underline{4}$$

Diese Beziehung ist identisch mit der für den freien Fall eines Balles. Es spielt also für die Energiebilanz keine Rolle, ob der Körper lotrecht oder in in einer schiefen Ebene die Höhendifferenz $\Delta h$ überwindet. In beiden Fällen wird die gleiche Endgeschwindigkeit erreicht. Über die Richtung der Endgeschwindigkeit macht der Energiesatz (5.20) keine Angaben.

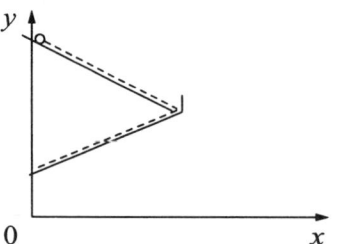

Abb. 5.9: Wegunabhängigkeit der potentiellen Energie

Lassen wir im Beispiel 5.6 die schiefe Ebene in der Mitte abknicken, so gelangt der gleitende Körper auf der schiefen Ebene zur gleichen Stelle wie der freifallende Körper. Für die Berechnung der Arbeit, die die Schwerkraft leistet, ist diese Umlenkung unerheblich. Der rutschende Körper überwindet die Höhendifferenz $\Delta h$ mit der gleichen Geschwindigkeit wie der fallende Ball. Die erreichte Geschwindigkeit ist wegunabhängig. Dieser Satz ist Folge der Eigenschaft der potentiellen Energie, nur von der Höhe des betrachteten Körpers abhängig zu sein und nicht von der Länge des wirklich zurückgelegten Weges. Wir haben bislang nur gerade oder stückweise gerade Wege untersucht. Es ist ohne Probleme möglich, das bisher gesagte auf beliebige Wege zu verallgemeinern.

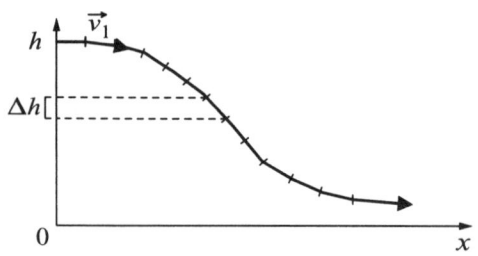

Abb. 5.10: Zerlegung einer gekrümmten Bahn in kurze Geraden

Eine beliebig gekrümmte Rutschbahn können wir schrittweise in kurze gerade Stücke unterteilen und für diese analog zur schiefen Ebene argumentieren. Der Geschwindigkeitszuwachs auf jedem geraden Teilabschnitt ist nur von der durchlaufenen Höhendifferenz $\Delta h$ abhängig, so daß letztendlich auch die Endgeschwindigkeit $|\vec{v}_2|$ nur von der Anfangsgeschwindigkeit $|\vec{v}_1|$ und der gesamten durchlaufenen Höhe $h_0$ abhängt. Es kommt nicht auf die genaue Form der durchfahrenen Bahn an. Der Energiesatz erlaubt daher Aussagen für beliebig gekrümmte Bahnen: Nur der Unterschied der potentiellen Energien zwischen Anfangs- und Endpunkt ist wesentlich. Es ist jedoch nicht ohne weiteres möglich, aus dem Energiesatz den zeitlichen Verlauf der Bahnbewegung herzuleiten. Für diese Fragestellung muß auf die Newtonschen Gesetze zurückgegriffen werden.

Das eben gesagte trifft nicht zu auf Systeme mit Reibungskräften!

Wir hatten es bisher mit Problemen zu tun, bei denen es zur Berechnung der verrichteten Arbeit $W_{12}$ nicht auf den zurückgelegten Weg ankam. Kräfte für die das der Fall ist, haben wir konservativ genannt. Die Arbeiten $W_{12}$ für alle Wege vom Punkt $\vec{r}_1$ nach $\vec{r}_2$ sind gleich. Die Arbeit $W$ für alle Wege $B$ zurück unterscheiden sich nur im Vorzeichen von der Arbeit $W_A$, so daß gilt

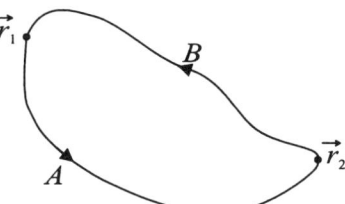

Abb. 5.11: Abhängigkeit der Arbeit von verschiedenen Wegen

$$W_A + W_B = 0 \qquad (5.23)$$

**Die Arbeit längs eines geschlossenen Weges verschwindet für konservative Kräfte.**

Haben wir uns bisher nur mit Kräften befaßt, die ortsunabhängig sind, so wollen wir jetzt zu dem allgemeinen Fall der ortsabhängigen Kräften übergehen, wie sie z. B. bei Federn auftreten. Die von dieser Kraft geleistete Arbeit $\Delta W$ und die Differenz der potentiellen Energie $\Delta W_{\mathrm{pot}}$ sind bis auf das Vorzeichen identisch:

$$\Delta W_{\mathrm{pot}} = -W_{12} \qquad (5.24)$$

Daher können wir die potentielle Energie bei eindimensionalen Bewegungen formulieren

$$\Delta W_{\mathrm{pot}} \approx -\sum_{i=1}^{N} F_x^i \cdot \Delta x \qquad (5.25)$$

Im Grenzfall sehr vieler kleiner Intervalle $N \to \infty$ wird daraus die **potentielle Energie** in Integralschreibweise:

$$\boxed{W_{\mathrm{pot}}(x) = -\int_{x_1}^{x} F_x \, \mathrm{d}x} \qquad (5.26)$$

Die Wahl der unteren Integrationsgrenze ist willkürlich.

## *Beispiel 5.7:* Potentielle Energie einer Feder

Das Kraftgesetz einer Feder ist durch das Hookesche Gesetz $F_x = -D \cdot x$ gegeben. Die potentielle Energie $\Delta W_{\mathrm{pot}}$ der Feder kann mit der Beziehung (5.26) für die Arbeit geschrieben werden.

$$\boxed{\Delta W_{\mathrm{pot}} = -W = \frac{1}{2}D \cdot \left(x^2 - x_0^2\right)} \qquad \underline{1}$$

Wir legen als potentielle Energie der Feder die Größe

$$\boxed{W_{\mathrm{pot}}(x) = \frac{1}{2}Dx^2} \qquad \underline{2}$$

fest.

Diese Festlegung ist nicht die einzig mögliche, jedoch die einfachste. Die potentielle Energie der Feder ist wie jede potentielle Energie nur bis auf eine additive Kontante bestimmt. Die potentielle Energie erreicht bei $x = 0$, wenn die Ruhelage angenommen wird, ihr Minimum. Die gesamte mechanische Energie eines Feder-Masse-Systems lautet somit:

$$W_{kin} + W_{pot} = \text{const.}$$
$$\frac{1}{2}m \cdot v^2 + \frac{1}{2}D \cdot x^2 = \text{const.}$$

Sie ist bei Abwesenheit von Reibung eine konstante Größe. Betrachten wir zur Anwendung eine Feder, die anfänglich um die Strecke $x_0$ ausgelenkt und dann losgelassen wird.

Die Energiebilanzen lauten für verschiedene ausgewählte Zeitpunkte:

$$t = 0: \qquad W_{Gesamt} = 0 + \frac{1}{2}D \cdot x_0^2$$

$$\text{Passieren der Ruhelage:} \qquad W_{Gesamt} = \frac{1}{2}m \cdot v_R^2 + 0$$

$$\text{Umkehrpunkt:} \qquad W_{gesamt} = 0 + \frac{1}{2}D \cdot x_0^2 \qquad \underline{3}$$

Da die Gesamtenergie erhalten bleibt, können wir daraus die Geschwindigkeit beim Passieren der Ruhelage ausrechnen:

$$\frac{1}{2}D \cdot x_0^2 = \frac{1}{2}m \cdot v_R^2$$

$$\Longrightarrow v_R = \sqrt{\frac{D}{m}}x_0 \qquad \underline{4}$$

Das ist die größte bei diesem Vorgang auftretende Geschwindigkeit. In diesem Zeitpunkt ist die kinetische Energie maximal, und die potentielle Energie erreicht ihren kleinsten Wert. Anschließend wird die potentielle Energie wieder größer. Die Masse wird langsamer, bis am Umkehrpunkt $x = -x_0$ die Geschwindigkeit null wird und die potentielle Energie ihren Anfangswert $W_{pot} = \frac{1}{2}D \cdot x_0^2$ wieder erreicht. Anschließend läuft der betrachtete Vorgang in entgegengesetzter Richtung nochmals ab. Für beliebige Orte mit $|x| \leq x_0$ können wir die Geschwindigkeit ermitteln aus:

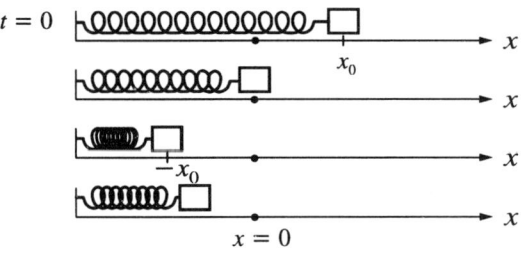

Abb. 5.12: *Momentaufnahme einer Federbewegung*

$$\frac{1}{2}D \cdot x_0^2 = \frac{1}{2}D \cdot x^2 + \frac{1}{2}m \cdot v^2$$

$$\Longrightarrow v = \sqrt{\frac{D}{m}(x_0^2 - x^2)} \qquad \underline{5}$$

# Labiles und stabiles Gleichgewicht

Besonders gut kann in der obigen Abbildung die hervorgehobene Bedeutung der Ruhelage erkannt werden. Bei ihr nimmt die potentielle Energie ihr Minimum an, die rücktreibende Kraft wird null. Wir sprechen in diesem Zusammenhang von einem **stabilen Gleichgewicht**. Befindet sich unser Wanderer auf einer Ebene, so wird seine potentielle Energie konstant sein und die zugehörige Kraft verschwindet. Ein **indifferentes Gleichgewicht** ist die Folge. Auf einem Berggipfel erreicht die potentielle Energie ihr Maximum. Die Kraft verschwindet auf dem Gipfel ebenfalls. Jedoch schon in der Nachbarschaft des Gipfels treten Kräfte auf, deren Richtungen vom Gipfel wegweisen. Das Gleichgewicht auf dem

Gipfel ist labil. Im Talboden ist das Minimum des Potentials, somit die Kraft $F = 0$. Man spricht dann von **stabilem Gleichgewicht**.

*Abb. 5.13: Indifferentes, stabiles und labiles Gleichgewicht*

Wichtig ist es zu betonen, daß ein konservatives System nicht vom Berg in die stabile Lage im Tal geraten kann: wegen der gesammelten kinetischen Energie überschießt der Körper immer wieder den stabilen Grundzustand. Nur durch Einführung der Reibung läßt sich das System vom Gipfel in das stabile Gleichgewicht bringen.

## 5.4 Energien bei nichtkonservativen Kräften

Kräfte, für die die Arbeit zur Verschiebung zwischen zwei Punkten wegabhängig ist, nennen wir **nichtkonservativ**. Für solche Kräfte gilt, daß die Arbeiten längs der Wege $A$ und $B$ verschieden sind:

$$W_A \neq W_B \qquad (5.27)$$

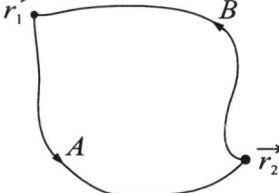

*Abb. 5.14: Wegabhängigkeit der Arbeit bei nichtkonservativen Kräften*

Wählen wir einen geschlossenen Weg von $\vec{r}_1$ nach $\vec{r}_2$ auf dem Hinweg über $A$, auf dem Rückweg über $B$, so gilt dann:

$$W_A + W_B \neq 0 \qquad (5.28)$$

Die im Kapitel vorgestellte Reibung zwischen Festkörpern ist ein gutes Beispiel für nichtkonservative Kräfte: Verschieben wir einen Körper auf einem waagerechten Tisch, so gilt für die Reibungskraft

$$W_R = -\mu \cdot m \cdot g \cdot \Delta s \leq 0 \qquad (5.29)$$

Die Reibungskraft hängt nur von der Länge des Weges $\Delta s$ ab, unabhängig davon, ob der Weg gerade, gebogen oder sogar kreisförmig ist. Sie ist immer negativ, so daß längs eines geschlossenen kreisförmigen Weges die Reibungsarbeit nie verschwinden kann, wie bei konservativen Kräften.

Im allgemeinen Fall der Bewegung eines Körpers liegen sowohl konservative als auch nichtkonservative Kräfte vor. Zweckmäßigerweise werden die Kräfte in diese beiden Kategorien aufgeteilt:

$$\vec{F}_{\text{Gesamt}} = \vec{F}_K + \vec{F}_R = m\vec{a} \qquad (5.30)$$

Für die Energieerhaltung bedeutet das:

$$-\Delta W_{\text{pot}} + \Delta W_R = \Delta W_{\text{kin}}$$

bzw. $\quad \Delta W_{\text{kin}} + \Delta W_{\text{pot}} = W_R \qquad (5.31)$

Ausführlich geschrieben heißt das:

$$\boxed{W_{\text{kin}}(t_1) + W_{\text{pot}}(t_1) = W_{\text{kin}}(t_2) + W_{\text{pot}}(t_2) - W_R} \qquad (5.32)$$

Die mechanische Energieerhaltung wie im Falle konservativer Kräfte gibt es nicht mehr, wenn das System einer Reibungskraft unterliegt: Mechanische Energie wird dann in chaotische mikroskopische Bewegung von Atomen und Molekülen umgewandelt, Wärme entsteht.

Die Summe aus kinetischer und potentieller Energie für einen Zeitpunkt $t_2 > t_1$ ist kleiner als zum Zeitpunkt $t_1$. Die Differenzenergie wird durch die Reibungsarbeit $W_R \leqq 0$ aufgezehrt.

*Beispiel 5.8:*    Rutschen eines Schlittens auf einer schiefen Ebene mit Reibung

Ein Schlitten passiert eine Meßstelle mit der Geschwindigkeit $v_0 = 6$ m/s. Nach welcher Strecke $\Delta s$ hält der Schlitten bei einem Reibungskoeffizienten $\mu = 0,1$?

**Lösung:**

Die Beiträge zur Gesamtenergie $\Delta W_{kin}$ und $\Delta W_{pot}$ sind gegeben durch:

$$\Delta W_{kin} = 0 - \frac{1}{2}m \cdot v_0^2 = -\frac{1}{2}m \cdot v_0^2$$

$$\Delta W_{pot} = -m \cdot g \cdot \Delta h \qquad\qquad \underline{1}$$

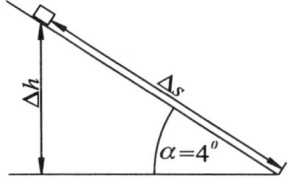

Die von der Reibungskraft geleistete Arbeit lautet:

$$W_R = -\mu \cdot F_N \cdot \Delta s$$
$$= -\mu \cdot m \cdot g \cdot \cos\alpha \Delta s \qquad \underline{2}$$

Die gesamte Energiebilanz lautet:

$$-\frac{1}{2}mv_0^2 - mg\Delta h = -\mu\, mg \cdot \cos\alpha \Delta s \qquad \underline{3}$$

*Abb. 5.15: Rutschen eines Schlittens auf einer schiefen Ebene*

Mit dem Zusammenhang $\Delta h = \Delta s \sin\alpha$ und nach Division durch $-m$ folgt:

$$\frac{1}{2}v_0^2 + g \cdot \Delta s \cdot \sin\alpha = \mu g \cdot \cos\alpha \cdot \Delta s$$

$$\Longrightarrow \Delta s = \frac{\frac{1}{2}v_0^2/g}{\mu \cdot \cos\alpha - \sin\alpha} = 61,16 \text{ m} \qquad \underline{4}$$

Das gleiche Ergebnis hätten wir auch durch Diskussion der Newtonschen Bewegungsgleichungen erreichen können.

Im Falle einer horizontalen Bremsstrecke muß der Winkel $\alpha = 0$ gesetzt werden. Bei der Anwendung von Gleichung $\underline{4}$, muß beachtet werden, daß für kleine Reibungskoeffizienten $\mu$ der Nenner $\mu \cdot \cos\alpha - \sin\alpha$ negativ werden kann.

In diesem Falle kommt der Schlitten nicht zum Stehen. Das Ergebnis der Rechnung gibt dann vielmehr die Entfernung des Startpunktes oberhalb der Meßstelle an.

# 5.5    Leistung und Wirkungsgrad

Aus praktischer Sicht ist es wichtig, nicht nur nach der Arbeit $W_{12}$ zu fragen, die an einem Körper verrichtet wird, sondern auch die dabei verstrichene Zeit $\Delta t$ zu berücksichtigen. Wenn wir eine äußere Kraft $\vec{F}$ auf einen Körper wirken lassen, die die Arbeit $W_{12}$ in der Zeit $\Delta t$ verrichtet, so definieren wir als **Durchschnittsleistung** $\bar{P}$ das Verhältnis:

$$\bar{P} = \frac{W_{12}}{\Delta t} \qquad [P] = W = \frac{J}{s} = \frac{N \cdot m}{s} \qquad\qquad (5.33)$$

Die **Momentanleistung** ist, analog zur Momentangeschwindigkeit, durch den Grenzübergang $\Delta t \to 0$ zu erhalten.

$$P = \lim_{\Delta t \to 0} \frac{W_{12}}{\Delta t} = \frac{dW}{dt} \qquad\qquad (5.34)$$

Einen Zusammenhang mit der äußeren Kraft $\vec{F}$ können wir für **eindimensionale** Bewegungen mit der Beziehung $\Delta W = F_x \cdot \Delta x$ herstellen:

$$P = \lim_{\Delta t \to 0} F_x \frac{\Delta x}{\Delta t} = F_x \cdot v_x \qquad (5.35)$$

Bei Bewegungen in einer beliebigen Richtung ist die Leistung durch das Skalarprodukt der Kraft $\vec{F}$ und der Geschwindigkeit $\vec{v}$ gegeben.

$$P = \vec{F} \cdot \vec{v} \qquad (5.36)$$

## Beispiel 5.9: Leistung eines PKW

Ein Auto der Masse $m = 1000$ kg wird 3 Sekunden lang von einer Kraft $F_1 = 4000$ N aus dem Stand beschleunigt, behält eine Sekunde lang die erreichte Geschwindigkeit bei und wird dann durch eine Kraft $F_2 = -3000$ N bis zum Stillstand abgebremst. Wie stellt sich der zeitliche Verlauf der Momentanleistung dar?

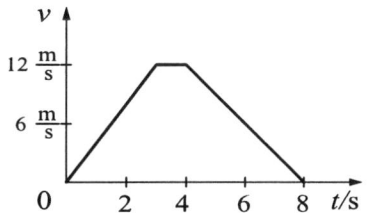

Abb. 5.16: Geschwindigkeits-Zeit-Diagramm

**Lösung:**

Zuerst zeichne man sich das $v$-$t$-Diagramm und berechne die fehlenden Achsenabschnitte aus den angegebenen Größen.

Mit den errechneten Geschwindigkeiten können wir jetzt den Zusammenhang zwischen Leistung und Zeit skizzieren.
Die Leistung im Zeitraum zwischen $t = 4$ s und 8 s ist negativ, weil dem Fahrzeug durch die Bremsen kinetische Energie entzogen wird.

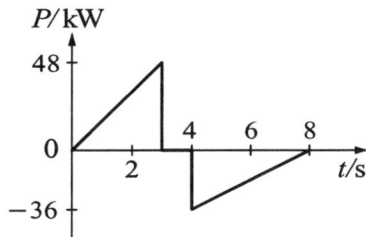

Abb. 5.17: Leistungs-Zeit-Diagramm

Bei der Beurteilung der Wirkungsweise von Maschinen, Fahrzeugen und anderen technischen Geräten ist es wichtig zu wissen, welcher Anteil der Energie nutzbringend Anwendung findet. Beim PKW z. B. stellt sich im Rahmen der Mechanik die Frage, wieviel Energie auf dem Weg von der Motorwelle zu den Antriebsrädern bei der Kraftübertragung verlorengeht. Die geeignete Größe, um diese Verluste zu beschreiben, ist der Wirkungsgrad.
Er wird definiert als das Verhältnis von Nutz- zur Gesamtenergie.

**Wirkungsgrad:** $\qquad \eta = \dfrac{W_{\text{Nutz}}}{W_{\text{Gesamt}}} = \dfrac{P_{\text{Nutz}}}{P_{\text{Gesamt}}} \leqq 1 \qquad [\eta] = 1 \qquad (5.37)$

Ebenso gut kann auch das Verhältnis von Nutz- zur Gesamtleistung herangezogen werden. Der Wirkungsgrad ist dimensionslos und kann höchstens der Wert 1 annehmen.

# 5.6    Zusammenfassung

Die **Arbeit**, die eine **konstante Kraft** längs eines geraden Weges $\Delta s$ verrichtet, ist durch die Beziehung

$$W_{12} = F \cdot \Delta s \cdot \cos \alpha \qquad (5.38)$$

gegeben. Zwischen der Kraft $\vec{F}$ und der Verschiebung $\Delta \vec{s}$ besteht der Winkel $\alpha$. In **Vektorschreibweise** lautet die Gleichung:

$$W_{12} = \vec{F} \cdot \Delta \vec{s} \qquad (5.39)$$

Für eine **variable Kraft** wird die Arbeit längs eines geraden Weges mit dem Integral

$$W_{12} = \int_{x_1}^{x_2} F_x \, dx \qquad (5.40)$$

berechnet.

Die **kinetische Energie** eines Körpers mit der Geschwindigkeit $v$ ist durch

$$W_{\text{kin}} = \frac{1}{2} m v^2 \qquad (5.41)$$

gegeben.

Die **Beschleunigungsarbeit** $W_B$ ist der Unterschied der kinetischen Energien zu den Zeiten $t_1$ und $t_2$:

$$\begin{aligned} W_B &= W_{\text{kin}}(t_2) - W_{\text{kin}}(t_1) \\ &= \frac{1}{2} m \cdot v_2^2 - \frac{1}{2} m \cdot v_1^2 \end{aligned}$$

Eine Kraft wird **konservativ** genannt, wenn die Arbeit, die diese Kraft auf dem Weg zwischen zwei Punkten leistet, wegunabhängig ist. In diesem Fall kann mit der konservativen Kraft $\vec{F}$ eine potentielle Energie verknüpft werden:

$$\Delta W_{\text{pot}} = -W_{12} = -\int_{x_1}^{x_2} F_x \, dx - \int_{y_1}^{y_2} F_y \, dy - \int_{z_1}^{z_2} F_z \, dz \qquad (5.42)$$

Wichtige Anwendungen sind:

$$\text{Schwerkraft} \quad W_{\text{pot}} = m \cdot g \cdot h$$

$$\text{Feder} \quad W_{\text{pot}} = \frac{1}{2} D \cdot x^2 \qquad (5.43)$$

Für **konservative Kräfte** gilt das **Gesetz der Erhaltung der mechanischen Gesamtenergie**:

$$W_{\text{kin}} + W_{\text{pot}} = \text{const.} \qquad (5.44)$$

Die Arbeit $W_R$, die **nichtkonservative Kräfte**, z. B. Reibung, verrichten, führt zur **Änderung der mechanischen Gesamtenergie**

$$\begin{aligned} W_{\text{kin}}(t_1) + W_{\text{pot}}(t_1) &= W_{\text{kin}}(t_2) + W_{\text{pot}}(t_2) - W_R \\ \Delta W_{\text{kin}} + \Delta W_{\text{pot}} &= W_R \end{aligned}$$

Die **Momentanleistung** ist durch das Verhältnis von aufgebrachter Arbeit und benötigter Zeit gegeben. Wirkt auf einen Körper bei der Geschwindigkeit $\vec{v}$ die Kraft $\vec{F}$, so ist die Leistung $P$ durch

$$P = \frac{dW}{dt} = \vec{F} \cdot \vec{v} \tag{5.45}$$

gegeben. Der **Wirkungsgrad** $\eta$ ergibt sich durch den Quotienten von Nutzleistung $P_{\text{Nutz}}$ und der gesamten aufgewendeten Leistung $P$:

$$\eta = \frac{P_{\text{Nutz}}}{P} \tag{5.46}$$

# 5.7 Aufgaben

**5.1**  Ein Wagen rollt eine 200 m lange Strecke mit 4 % Gefälle abwärts und eine gleich geneigte hinauf. Dann kehrt er um und rollt zurück.

Wie weit rollt er, wenn die Reibungszahl $\mu = 0,03$ ist?

**5.2**  Ein Förderkorb der Masse $m = 23000$ kg besitzt eine Fangvorrichtung, die beim Reißen des Seils eingreift und deren Bremskraft $F_B = 6,4 \cdot 10^5$ N beträgt. Bei einem Bremsversuch ergab sich ein Bremsweg von $s = 4$ m.

Bei welcher Geschwindigkeit greifen die Fänger ein?

**5.3**  Ein Eisenbahnzug beschleunigt gleichmäßig aus dem Stillstand. Wie groß muß die Mindestbeschleunigung sein, damit alle in Fahrtrichtung angeschlagenen Türen in das Schloß fallen? Zum Überwinden des Schnappschlosses ist eine Energie von 10 N · m erforderlich. Jede Tür hat eine gleichmäßig verteilte Masse von 100 kg, eine Breite von 0, 8 m und steht beim Stillstand im rechten Winkel zur Fahrtrichtung.

**5.4**  Eine Lore soll innerhalb von $t = 1,5$ min auf eine Höhe $H = 17$ m befördert werden.

Welche Masse kann die Lore haben, wenn der Antriebsmotor die Leistungsaufnahme $P = 5,5$ kW und einen Wirkungsgrad von 60 % hat?

**5.5**  Welche Maximalleistung und welche Arbeit verrichtet eine Lokomotive, die einen Zug der Masse $m = 1000$ t auf einer Strecke mit 1,3 % Steigung in 400 s von 72 km/h auf 0 km/h verzögert? Der Reibungskoeffizient beträgt $\mu = 0,03$.

**5.6**  Eine Wasserturbine gibt die Nutzleistung $P = 10$ MW ab. Wieviel m$^3$ Wasser pro Sekunde müssen bei einem Gefälle von $h = 8$ m und einem Wirkungsgrad von 92 % zugeführt werden?

**5.7**  Ein Fahrzeug mit der Masse $m = 13,33$ t verzögert auf einer ebenen Strecke gleichmäßig mit $|a| = 0,025$ m/s$^2$ von der Geschwindigkeit $v_0$ auf 0. Die mittlere Leistung des Motors beträgt dabei $\bar{P} = 7,5$ kW, der Reibungskoeffizient ist $\mu = 0,01$.

Wie groß ist die Anfangsgeschwindigkeit $v_0$, die zurückgelegte Strecke $s$, die benötigte Zeit $t$ und die vom Motor aufgebrachte Arbeit $W$?

# Kapitel 6

# Impuls und Mehrkörperprobleme

In den bisherigen Kapiteln wurden nur Bewegungsabläufe untersucht, an denen ein einziger Körper beteiligt war. Zur Untersuchung von Mehrkörperproblemen wird sich als besonders geeignet die bereits früher definierte Größe Impuls erweisen.

## 6.1 Impuls

In Kapitel 4.1 wurde der **Impuls** eines Körpers der Masse $m$ definiert:

$$\vec{p} = m\vec{v} \tag{6.1}$$

Der Impuls $\vec{p}$ ist wie die Geschwindigkeit $\vec{v}$ eine vektorielle Größe. Vorige Gleichung steht somit stellvertretend für die drei Gleichungen:

$$p_x = mv_x \qquad p_y = mv_y \qquad p_z = mv_z \tag{6.2}$$

Die zeitliche Änderung des Impulses ergibt nach dem zweiten Newtonschen Gesetz die resultierende Kraft auf einen Körper:

$$\vec{F} = \frac{\mathrm{d}\vec{p}}{\mathrm{d}t} \tag{6.3}$$

An dieser Gleichung sehen wir sofort, daß der Impuls unverändert bleibt, falls keine äußeren Kräfte wirken: $\vec{F} = 0 = \mathrm{d}\vec{p}/\mathrm{d}t \implies \vec{p} = \text{const.}$

Das ist eine neue Erkenntnis. Wie ändert sich nun der Impuls, wenn bei einem Stoß ein kurzzeitiger Kraftstoß auf den Körper einwirkt?

Unter der Annahme, daß während einer Zeit $\Delta t$ eine konstante Kraft $\vec{F}$ wirkt, erhält man die Impulsänderung $\Delta\vec{p}$:

$$\Delta\vec{p} = \vec{p}_2 - \vec{p}_1 = \vec{F} \cdot \Delta t \tag{6.4}$$

Diese Gleichung ist ähnlich zu der, die bereits früher bei konstanten Kräften auftrat.

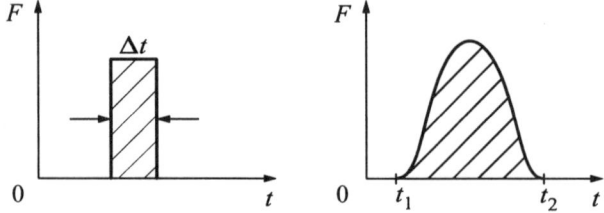

Abb. 6.1: Pulsförmiger Kraftverlauf bei Stößen

Die Impulsänderung ist durch die Fläche im Kraft-Zeit-Diagramm gegeben. Diese Deutung ist auch bei beliebigem Kraft-Zeit-Verlauf richtig. Mathematisch wird dann die **Impulsänderung** $\Delta \vec{p}$ durch das Integral

$$\Delta \vec{p} = \int_{t_1}^{t_2} \vec{F}\, \mathrm{d}t \tag{6.5}$$

beschrieben. Diese Größe wird als **Kraftstoß** bezeichnet.

## 6.2 Impulserhaltung bei Zweikörpersystemen

Wir gehen nun zu Systemen über, die im einfachsten Fall aus zwei Körpern $A$ und $B$ bestehen. Auf diese Körper sollen keine äußeren Kräfte wirken.

Nur die gegenseitigen Wechselwirkungskräfte $\vec{F}_A$ und $\vec{F}_B$ seien vorhanden. Diese sind aber nach dem 3. Newtonschen Axiom bis auf das Vorzeichen gleich:

$$\vec{F}_A + \vec{F}_B = 0 \tag{6.6}$$

Abb. 6.2: *Kräfte beim Zweikörperproblem*

Beide Kräfte führen zu Impulsänderungen der jeweiligen Körper:

$$\vec{F}_A = \frac{\mathrm{d}\vec{p}_A}{\mathrm{d}t}, \qquad \vec{F}_B = \frac{\mathrm{d}\vec{p}_B}{\mathrm{d}t} \tag{6.7}$$

Folglich gilt auch nach Einsetzen in (6.6):

$$\frac{\mathrm{d}\vec{p}_A}{\mathrm{d}t} + \frac{\mathrm{d}\vec{p}_B}{\mathrm{d}t} = \frac{\mathrm{d}\vec{p}}{\mathrm{d}t} = 0 \tag{6.8}$$

Da die zeitliche Ableitung des Gesamtimpulses $\vec{p} = \vec{p}_A + \vec{p}_B$ null ist, folgt daraus die **Erhaltung des Gesamtimpulses**:

$$\vec{p} = \vec{p}_A + \vec{p}_B = \text{const.} \tag{6.9}$$

Diese Vektorgleichung ist gleichbedeutend mit drei Gleichungen für die Komponenten. Die Erhaltung des Gesamtimpulses gilt immer (in Abwesenheit äußerer Kräfte), unabhängig von der Natur der Kräfte, die zwischen den Körpern wirken. Sie hat zur Folge, daß für zwei verschiedene Zeitpunkte der gleiche Gesamtimpuls auftritt:

$$\vec{p}_A(t_1) + \vec{p}_B(t_1) = \vec{p}_A(t_2) + \vec{p}_B(t_2) \tag{6.10}$$

Die Impulserhaltung gilt auch für Systeme, die aus mehr als zwei Körper bestehen, immer unter der Voraussetzung des Fehlens äußerer Kräfte.

Denken wir uns die beiden Massen in einem Punkt vereinigt, dem sogenannten **Schwerpunkt**, so bewegt sich dieser Punkt, wenn keine äußeren Kräfte auftreten, mit der konstanten Geschwindigkeit $\vec{v}$ fort:

$$(m_A + m_B)\vec{v} = m_A \vec{v}_A + m_B \vec{v}_B = \text{const.} \quad \text{für} \quad \vec{F}_a = 0 \quad \text{(2. Newtonsches Gesetz)} \tag{6.11}$$

Bei der Geschwindigkeit $\vec{v}$ handelt es sich um die **Schwerpunktsgeschwindigkeit**. Die Koordinaten des **Schwerpunktes** können mit der Beziehung

$$\vec{r} = \frac{m_A \vec{r}_A + m_B \vec{r}_B}{m_A + m_B} \tag{6.12}$$

ermittelt werden.

In Abwesenheit äußerer Kräfte bewegt sich der Schwerpunkt auf einer Geraden mit konstanter Geschwindigkeit. Diese Aussage ist gleichwertig zum vorher angegebenen Satz von der Impulserhaltung und läßt sich, genau wie der **Impulssatz**, verallgemeinern auf Systeme aus beliebig vielen Körpern. Das zweite Newtonsche Gesetz unter Einschluß von äußeren Kräften lautet für ein Mehrkörperproblem:

$$\sum \vec{F}_{ext} = \frac{d\vec{p}}{dt} = M\frac{d\vec{v}}{dt} \qquad (6.13)$$

Es verknüpft die zeitliche Änderung des Gesamtimpulses mit der Summe aller von außen einwirkenden Kräfte. Demzufolge bewegt sich der Schwerpunkt $\vec{r}$ unter dem Einfluß der äußeren Kräfte wie ein Körper der Gesamtmasse $M$.

### Beispiel 6.1:     Aufeinanderstoßen zweier Gleiter auf der Luftkissenfahrbahn

Auf einer waagrechten Luftkissenfahrbahn sind zwei Gleiter mit einer gespannten Feder verbunden.

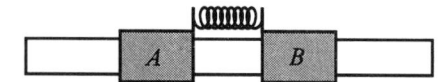

Die beiden Gleiter sind anfänglich in Ruhe. Ein zwischen den Gleitern eingehängter Faden wird durchgebrannt, damit keine äußeren Kräfte den Versuchsablauf beeinflussen. In der Folge setzen sich beide Gleiter in Bewegung.

*Abb. 6.3: Experiment zur Impulserhaltung auf der Luftkissenfahrbahn*

Welche Aussagen über den Versuchablauf sind mit dem Impulssatz möglich?

Als erstes müssen wir feststellen, daß das Gesetz der Impulshaltung nur für eine Komponente des Impulses gelten kann. Nur in der Richtung der Luftkissenfahrbahn wirken keine bzw. sehr kleine äußere Kräfte. Damit folgt für diese Impulskomponente:

$$p_A + p_B = m_A v_A + m_B v_B = 0 \qquad \underline{1}$$

Das Verhältnis der Massen der Gleiter bestimmt das Verhältnis der Geschwindigkeit:

$$\frac{m_A}{m_B} = -\frac{v_B}{v_A} \qquad \underline{2}$$

Gleich schwere Gleiter bewegen sich mit gleich großen, jedoch entgegengesetzten Geschwindigkeiten auseinander. Je ungleicher die beteiligten Massen sind, desto langsamer wird sich der schwerere Gleiter entfernen, um so schneller der leichtere Gleiter.

Bei diesem Problem ist es sehr einfach, auch die Abstände der Gleiter von ihrem Startpunkt auszurechnen, weil nach der kurzen Beschleunigungsphase konstante Geschwindigkeiten auftreten:

$$m_A(v_A\Delta t) + m_B(v_B\Delta t) = 0$$

$$m_A x_A + m_B x_B = 0 \qquad \underline{3}$$

Der Schwerpunkt der beiden Gleiter bleibt wegen des Fehlens äußerer Kräfte ortsfest am Startpunkt der Gleiter.

### Beispiel 6.2:     Der steinschleudernde Astronaut

Ein Raumfahrer bewegt sich mit seinem Raumschiff ($m_0 = 1030$ kg) nach dem Verbrauch des Treibstoffs mit der Geschwindigkeit $v_0 = 700$ m/s fern von seinem Heimatplaneten. Um diesem schneller näherzukommen, schießt er mit einer Schleuder eine Masse $\Delta m$ von 30 kg mit der Relativgeschwindigkeit $v_R = 30$ m/s ab.

Welche Geschwindigkeit $v_1$ hat das Raumschiff nach dem Abschuß?

**Lösung:**

Der Gesamtimpuls $\vec{p} = m_0\vec{v}_0$ ist konstant, weil fern vom Heimatplaneten keine (oder nur sehr kleine) äußere Kräfte auf das Raumschiff einwirken:

$$\vec{p} = m_0\vec{v}_0 = \text{const.} \qquad \underline{1}$$

Nach dem Abwurf fliegt das Raumschiff mit der Masse $m_0 - \Delta m$ und der Geschwindigkeit $v_1$ weiter. Der abgeworfene Körper mit der Masse $\Delta m$ besitzt die Geschwindigkeit $\vec{v}_0 - \vec{v}_R$.

$$m_0\vec{v}_0 = (m_0 - \Delta m)\vec{v}_1 + \Delta m(\vec{v}_0 - \vec{v}_R) \qquad \underline{2}$$

Die gesuchte Geschwindigkeit ergibt sich daraus:

$$\vec{v}_1 = \vec{v}_0 + \frac{\Delta m}{m_0 - \Delta m} \cdot \vec{v}_R \qquad \underline{3}$$

Mit den angegebenen Werten ergibt sich für die Geschwindigkeit $|\vec{v}_1|$.

$$|\vec{v}_1| = 700\,\frac{\mathrm{m}}{\mathrm{s}} + \frac{30}{1000} \cdot 30\,\frac{\mathrm{m}}{\mathrm{s}}$$
$$= 700\,\frac{\mathrm{m}}{\mathrm{s}} + 0,9\,\frac{\mathrm{m}}{\mathrm{s}} = 700,9\,\frac{\mathrm{m}}{\mathrm{s}} \qquad \underline{4}$$

Der Astronaut kommt nur geringfügig schneller voran. Er sollte seine Energien für nützliche Dinge aufsparen.

## Stöße

Ein wichtiges Anwendungsgebiet der Impulserhaltung bei Vielkörperproblemen bilden die **Stöße**. Wir werden uns im folgenden der Einfachheit halber auf Stöße beschränken, an denen zwei Körper beteiligt sind. Wir bezeichnen Vorgänge als Stöße, bei denen kurzzeitig sehr große Kraftspitzen auftreten. Dann nämlich können etwaige äußere Kräfte während der Zeitdauer des Stoßes kaum eine Wirkung auf die Stoßpartner ausüben. Diese Annahme ist gleichdeutend mit dem Verschwinden von äußeren Kräften. Über die Herkunft der Kräfte, die während des Stoßes auftreten, müssen wir keinerlei Aussagen machen. Es können somit Autounfälle, der Aufschlag eines Tennisballes, die Kollision von Himmelskörpern oder auch auf mikroskopischer Ebene die Stöße zwischen Atomen und Elementarteilchen untersucht werden. Bei all diesen Problemen ist das Gesetz von der Erhaltung des Gesamtimpulses anwendbar. Unterscheiden können wir die Stöße danach, ob die mechanische Energie $W_{\mathrm{kin}} + W_{\mathrm{pot}}$ erhalten bleibt.

## Elastische Stöße

Bei elastischen Stößen bleiben die mechanische Gesamtenergie und der Gesamtimpuls erhalten. Der Stoß zwischen Billardkugeln ist ein Beispiel, das sich diesem Idealbild weit nähert. Es muß jedoch festgehalten werden, daß es auf makroskopischer Ebene keinen vollständigen elastischen Stoß gibt. Jeder reale Stoß ist mit Energieverlusten verbunden. Auf mikroskopischer Ebene gibt es jedoch bei Stößen zwischen Atomen und anderen Teilchen durchaus elastische Stöße.

## Inelastische Stöße

Alle Stöße, bei denen die mechanische Gesamtenergie $W_{\mathrm{kin}} + W_{\mathrm{pot}}$ nicht erhalten bleibt, heißen inelastisch. Bei ihnen ist nur der Gesamtimpuls eine Erhaltungsgröße. Der Stoß eines Gummiballes gegen eine Wand ist ein Beispiel für einen inelastischen Stoß, bei dem der Ball mit kleinerer Geschwindigkeit von der Wand reflektiert wird. Wenn zwei Körper zusammenstoßen, nach dem Stoß zusammenkleben und sich mit gleicher Geschwindigkeit weiterbewegen, reden wir vom **total inelastischen Stoß**. Der Zusammenstoß eines Meteoriten mit der Erde fällt in diese Kategorie.

# 6.3    Elastische Stoßprozesse

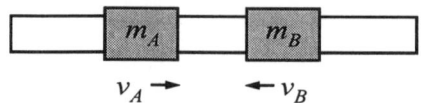

*Abb. 6.4: Stoß von zwei Gleitern auf einer waagrechten Luftkissenfahrbahn*

In diesem Abschnitt wollen wir elastische Stöße von zwei Körpern behandeln, bei denen die Bewegung in einer Koordinatenrichtung abläuft. Zwei Körper der Massen $m_A$ und $m_B$ stoßen auf einer geraden Bahn miteinander. Eine Realisierung dieses Stoßvorganges ist auf einer waagrechten Luftkissenfahrbahn mit zwei Gleitern möglich. Gesamtenergie und Gesamtimpuls in Bahnrichtung sind dabei Erhaltungsgrößen. Die Geschwindigkeiten vor bzw. nach dem Stoß werden mit $v$ bzw. $u$ bezeichnet.

$$\frac{1}{2}m_A v_A^2 + \frac{1}{2}m_B v_B^2 = \frac{1}{2}m_A u_A^2 + \frac{1}{2}m_B u_B^2$$

$$m_A v_A + m_B v_B = m_A u_A + m_B u_B \tag{6.14}$$

Zur Berechnung der Geschwindigkeiten nach dem Stoß wird folgendermaßen vorgegangen: In beiden Gleichungen werden die Größen nach ihrer Zugehörigkeit zu den Körpern $A$ und $B$ sortiert.

$$m_A(v_A^2 - u_A^2) = m_B(u_B^2 - v_B^2)$$

$$m_A(v_A + u_A)(v_A - u_A) = m_B(u_B + v_B)(u_B - v_B) \tag{6.15}$$

bzw.

$$m_A(v_A - u_A) = m_B(u_B - v_B) \tag{6.16}$$

Durch Division der letzten beiden Gleichungen ergibt sich:

$$v_A + u_A = u_B + v_B \tag{6.17}$$

Diese Gleichung kann nach $u_B$ aufgelöst und in den Impulssatz eingesetzt werden:

$$u_B = v_A + u_A - v_B \tag{6.18}$$

Damit gibt es nur noch eine Unbekannte in der Impulsgleichung, nämlich die Geschwindigkeit $u_A$:

$$\boxed{u_A = \frac{m_A - m_B}{m_A + m_B}v_A + \frac{2m_B}{m_A + m_B}v_B} \tag{6.19}$$

Auf ähnliche Weise finden wir für die Geschwindigkeit des Körpers $B$ nach dem Stoß:

$$\boxed{u_B = \frac{2m_A}{m_A + m_B}v_A + \frac{m_B - m_A}{m_A + m_B}v_B} \tag{6.20}$$

Betrachten wir als einfachste Anwendung den Spezialfall: $m_A = m_B$. Dieser Fall entspricht dem Stoß eines Gleiters auf der Luftkissenfahrbahn gegen einen zweiten Gleiter gleicher Masse. Die Geschwindigkeiten nach dem Stoß sind:

$$\boxed{u_A = v_B \qquad u_B = v_A} \tag{6.21}$$

Die beteiligten Stoßpartner haben ihre Geschwindigkeiten getauscht. Ist z. B. der Körper $B$ anfänglich in Ruhe, so ruht nach dem Stoß der Körper $A$.

Betrachten wir den Fall, daß ein sehr **schwerer** Körper $A$ mit einem **leichten** Körper $B$ zusammen trifft ($m_A \gg m_B$ ), so können wir folgende näherungsweise gültigen Beziehungen aufstellen:

$$\boxed{u_A \approx v_A \qquad u_B \approx 2v_A - v_B} \tag{6.22}$$

Der massive Körper *A* behält unbeeinflußt vom Stoß seine Geschwindigkeit bei. Der leichte Körper *B* verändert seine Geschwindigkeit in Abhängigkeit von den Geschwindigkeiten vor dem Stoß. Ruht der leichte Stoßpartner vor dem Stoß ($v_B = 0$), so bewegt er sich nachher mit der doppelten Geschwindigkeit $u_B = 2v_A$ der großen Masse.

Trifft ein leichter Körper auf einen sehr schweren ruhenden Körper (z. B. eine Wand, $v_A = 0$), so wird er von dieser reflektiert. Das Vorzeichen der Geschwindigkeit von Körper *B* kehrt sich um. Auf die Wand wird der Impuls $2m_A v_A$ übertragen, wegen ihrer großen Masse ist die übertragene Geschwindigkeit aber sehr klein!

## *Beispiel 6.3*:  Fall mit anschließendem Stoß von zwei Kugeln

Zwei Bälle mit stark unterschiedlichen Massen $m_A \gg m_B$ fallen aus vergleichbarer Höhe *h* zu Boden. Sie beginnen zeitgleich den freien Fall und erfahren Stöße mit dem Boden beziehungsweise untereinander. Bis in welche Höhe $h^*$ steigt der kleine Ball?
Alle Stöße verlaufen elastisch.

**Lösung:**

Der Bewegungsablauf ist gekennzeichnet durch das Auftreten von zwei Stößen in zeitlicher Folge. Zuerst stößt der schwere Ball *A* auf den Boden, um anschließend einen Stoß mit dem leichten Ball *B* zu erfahren. Beim ersten Stoß wird die Geschwindigkeit des Balles *A* umgekehrt:

$$u_A = -v_A \qquad \underline{1}$$

An dieser Geschwindigkeit ändert sich wegen des großen Massenunterschiedes auch nach dem zweiten Stoß nichts. Der kleine Ball *B* besitzt vor seinem ersten Stoß wegen der vergleichbaren Fallhöhe die gleiche Geschwindigkeit wie der große Ball:

$$v_B = v_A \qquad \underline{2}$$

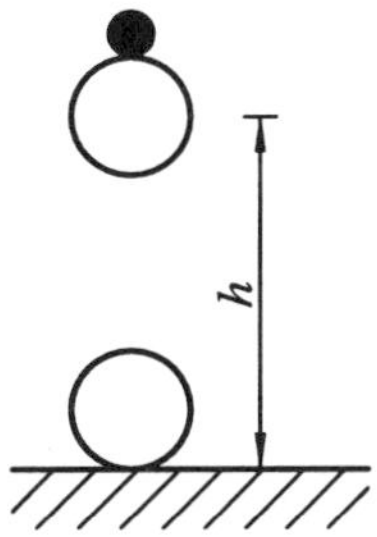

Im Moment dieses Stoßes ist der große Ball bereits im Steigen begriffen. Die Geschwindigkeit des kleinen Balles $u_B$ nach dem Stoß kann daher mit Gleichung (6.22) bestimmt werden:

*Abb. 6.5: Fall mit Stoß von zwei Bällen*

$$u_B \approx 2u_A - v_B$$

$$u_B \approx -2v_A - v_A = -3v_A \qquad \qquad \underline{3}$$

Der kleine Ball erhält im Vergleich mit dem üblichen freien Fall und anschließender Reflexion den dreifachen Betrag der Geschwindigkeit. Aus dem Energiesatz folgt, daß der Ball *B* bis auf das **neunfache** der Ausgangshöhe *h* steigt.

$$\frac{1}{2}m \cdot (3v)^2 = \frac{1}{2}m \cdot 9v^2 \qquad \qquad \underline{4}$$

## Zweidimensionaler Stoß

Mit unseren Kenntnissen ist es jetzt möglich, auch Stöße zu untersuchen, die in einer Fläche ablaufen. Wir untersuchen den schrägen Stoß eines leichten Körpers gegen eine schwere Wand.
Die Auswirkungen des Stoßes auf die Komponenten der Geschwindigkeit senkrecht und parallel zur Wand sind:

$$u_\perp = -v_\perp \qquad u_\parallel = v_\parallel \qquad \qquad (6.23)$$

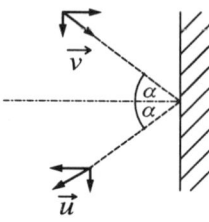

Abb. 6.6: Elastischer Stoß gegen eine Wand

Die Komponente senkrecht zur Wand kehrt das Vorzeichen um, während sich die parallele Geschwindigkeitskomponente nicht ändert. Ein Körper, der unter dem Winkel $\alpha$ auf eine Wand trifft, besitzt nach dem Stoß den gleichen Winkel $\alpha$ zur Senkrechten. Dieser Sachverhalt wird als **Reflexionsgesetz** bezeichnet. Für mechanische Vorgänge, z. B. Stöße von Billardkugeln an der Bande, ist dieser Satz jedoch häufig nicht erfüllt. Billardkugeln besitzen noch zusätzliche Freiheitsgrade der Bewegung, nämlich Drehungen, die in der vorangegangenen Rechnung vernachlässigt wurden. Die Kunst des Billardspielens besteht ja gerade darin, der Kugel so einen Effet zu versetzen, daß die einfachen Gesetze der Mechanik nicht gelten. Ferner sind reale Stoßvorgänge, wie bereits erwähnt wurde, nicht vollständig elastisch. Auch aus diesem Grunde sind daher Abweichungen vom Reflexionsgesetz zu erwarten.

# 6.4    Inelastische Stoßvorgänge

Nach der Behandlung der elastischen Stöße in einer Richtung gelangen wir zur Behandlung der inelastischen Stöße bei Bewegungen. Beim **total inelastischen** Stoß zweier Körper bewegen sich diese nach dem Stoß mit der gleichen Geschwindigkeit $\vec{u}$ weiter. Aus dem Gesetz der Impulserhaltung folgt somit:

$$m_A \cdot \vec{v}_A + m_B \cdot \vec{v}_B = (m_A + m_B) \cdot \vec{u}$$

und somit gilt:

$$\vec{u} = \frac{m_A \cdot \vec{v}_A + m_B \cdot \vec{v}_B}{m_A + m_B} \tag{6.24}$$

Die kinetischen Energien vor bzw. nach dem Stoß lauten bei diesem Stoßvorgang:

$$W_{\text{kin}}(t_0) = \frac{1}{2} m_A \cdot \vec{v}_A^2 + \frac{1}{2} m_B \cdot \vec{v}_B^2$$

$$W_{\text{kin}}(t_1) = \frac{1}{2}(m_A + m_B)\vec{u}^2 = \frac{1}{2}\frac{(m_A \cdot \vec{v}_A + m_B \cdot \vec{v}_B)^2}{m_A + m_B} \tag{6.25}$$

Der **Energieverlust** $\Delta W$ beim total inelastischen Stoß ist daher:

$$\Delta W = W_{\text{kin}}(t_0) - W_{\text{kin}}(t_1)$$

$$\Delta W = \frac{m_A \cdot m_B}{2(m_A + m_B)}(\vec{v}_A - \vec{v}_B)^2$$

Bei anderen als total inelastischen Stößen liegt der Energieverlust $\Delta W$ zwischen dem durch diese Gleichung gegebenen größten Wert und null:

$$0 \leqq \Delta W \leqq \frac{m_A m_B}{2(m_A + m_B)}(\vec{v}_A - \vec{v}_B)^2 \tag{6.26}$$

Stößt ein Körper gegen einen **ruhenden** Körper ($v_B = 0$), so ist das Verhältnis der kinetischen Energien nur noch massenabhängig:

$$\frac{W_{\text{kin}}(t_2)}{W_{\text{kin}}(t_1)} = \frac{m_A}{m_A + m_B} \leqq 1 \tag{6.27}$$

Das Verhältnis von Energieverlust zur anfänglich vorhandenen kinetischen Energie $W_{kin}(t_1)$ wird in diesem Fall:

$$\frac{\Delta W}{W_{kin}(t_1)} = \frac{m_B}{m_A + m_B} \leqq 1 \tag{6.28}$$

Bei **gleichen** Massen $m_A$ und $m_B$ geht die Hälfte der kinetischen Energie $W_{kin}(t_1)$ verloren. Dieser mechanische Energieverlust wird bei makroskopischen Stoßvorgängen in Verformungs- und Erwärmungsenergie der Stoßpartner umgewandelt.

## Beispiel 6.4: Ballistisches Pendel

Ein ballistisches Pendel wird zur Geschwindigkeitsmessung von Pistolenkugeln verwendet. An einer dünnen Stange der Länge $l$ befindet sich ein Auffänger der Masse $m$. Eine Pistolenkugel der Masse $m_K$ wird waagrecht in den Auffänger geschossen und bleibt dort stecken. Das Pendel wird ausgelenkt. Welcher Zusammenhang besteht zwischen dem größten Auslenkwinkel und der Geschwindigkeit?

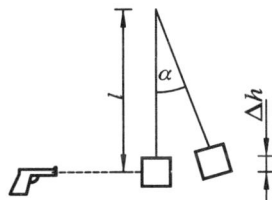

*Abb. 6.7: Ballistisches Pendel*

**Lösung:**

Das ballistische Pendel kann für die Zeitdauer des Abbremsens der Pistolenkugel als frei von äußeren Kräften in waagerechter Richtung angesehen werden. Aus diesem Grund bleibt der Impuls in waagerechter Richtung erhalten.

Für die Geschwindigkeit des Auffängers und der Kugel gilt daher nach dem Stoß:

$$u = \frac{m_K}{m + m_K} v_K \qquad \underline{1}$$

Mit dem Energiesatz kann ein Zusammenhang zwischen der Geschwindigkeit $u$ und der größten Anhebung $\Delta h$ hergestellt werden:

$$\frac{1}{2}(m + m_K) \cdot u^2 = (m + m_K) \cdot g \cdot \Delta h. \qquad \underline{2}$$

Geometrisch ist die Höhe $\Delta h$ mit dem Winkel durch folgende Beziehung verknüpft:

$$\Delta h = l - l\cos\alpha = l \cdot (1 - \cos\alpha) \qquad \underline{3}$$

Damit ergibt sich für die gesuchte Geschwindigkeit $v_K$:

$$v_K = \sqrt{2 \cdot g \cdot l(1 - \cos\alpha)} \frac{m + m_K}{m_K} \qquad \underline{4}$$

Prallen zwei Körper mit entgegengesetzten, jedoch betragsmäßig gleichen Geschwindigkeiten $\vec{v}_A = -\vec{v}_B$ **vollständig inelastisch** zusammen, so nehmen der Energieverlust und die verbleibende kinetische Energie folgende Werte an:

$$\frac{\Delta W}{W_{kin}(t_0)} = 4 \frac{m_A m_B}{(m_A + m_B)^2} \leqq 1$$

$$\frac{W_{kin}(t_1)}{W_{kin}(t_0)} = \left(\frac{m_A - m_B}{m_A + m_B}\right)^2 \leqq 1$$

Bemerkenswert ist an diesem Beziehungen, daß für gleiche Massen $m_A = m_B$ die gesamte kinetische Energie $W_{kin}(t_0)$ in Verlustenergie $\Delta W$ übergeführt wird. Autofahrer sehen deutlich die für sie in einem Frontalzusammenstoß schlimmen Folgen. Die Elementarteilchenphysiker hingegen nutzen diesen Effekt aus und lassen subatomare Teilchen frontal aufeinanderprallen, damit möglichst viel Energie $\Delta W$ zur Anregung der Stoßpartner und damit zur Produktion neuer Teilchen(-masse) zur Verfügung steht.

# 6.5    Zusammenfassung

Der **Impuls** $\vec{p}$ eines Körpers der Masse $m$ und der Geschwindigkeit $\vec{v}$ ist definiert als:

$$\vec{p} = m \cdot \vec{v} \tag{6.29}$$

Die Kraft $\vec{F}$ führt nach dem zweiten Newtonschen Gesetz zu einer Impulsänderung:

$$\vec{F} = \frac{\mathrm{d}\vec{p}}{\mathrm{d}t} \tag{6.30}$$

Eine starke, jedoch nur kurzzeitig wirkende Kraft $\vec{F}$ führt zu einer Impulsänderung $\Delta\vec{p}$, dem **Kraftstoß**:

$$\Delta\vec{p} = \int_{t_1}^{t_2} \vec{F}\,\mathrm{d}t \tag{6.31}$$

Der gesamte Impuls $\vec{p}$ von mehreren Körpern ist eine Erhaltungsgröße (d. h. er ist konstant), falls keine äußeren Kräfte einwirken. Für ein Zweikörperproblem lautet die Impulserhaltung für alle Zeiten $t_1$ und $t_2$:

$$\vec{p} = \vec{p}_A(t_1) + \vec{p}_B(t_1) = \vec{p}_A(t_2) + \vec{p}_B(t_2) = \text{const.} \tag{6.32}$$

Gleichwertig mit der Impulserhaltung ist die Aussage der unveränderten Schwerpunktgeschwindigkeit $\vec{v}$. Der **Schwerpunktsvektor** eines Systems aus zwei Körpern lautet:

$$\vec{r} = \frac{m_A \vec{r}_A + m_B \vec{r}_B}{m_A + m_B} \tag{6.33}$$

Der Schwerpunkt $\vec{r}$ eines Vielkörpersystems bewegt sich unter dem Einfluß äußerer Kraft wie ein Körper der Gesamtmasse $M$, die im Schwerpunkt konzentriert ist.

$$\sum \vec{F}_{\text{ext}} = \frac{\mathrm{d}\vec{p}}{\mathrm{d}t} = M\frac{\mathrm{d}\vec{v}}{\mathrm{d}t} \tag{6.34}$$

Bei **elastischen** Stößen gilt das Gesetz der mechanischen **Energieerhaltung**. Für zwei Körper $A$ und $B$, die einen Stoß in einer Koordinatenrichtung ausführen, sind die Geschwindigkeiten nach dem Stoß in folgender Weise von den Anfangsgeschwindigkeiten abhängig:

$$u_A = \frac{m_A - m_B}{m_A + m_B} v_A + \frac{2m_B}{m_A + m_B} v_B$$

$$u_B = \frac{2m_A}{m_A + m_B} v_A + \frac{m_B - m_A}{m_A + m_B} v_B$$

**Inelastische** Stöße sind durch das **Fehlen der mechanischen Energieerhaltung** charakterisiert. Bei **total inelastischen** Stößen haben beide Körper nach dem Stoß die **gleiche** Geschwindigkeit $\vec{u}$:

$$\vec{u} = \frac{m_A \vec{v}_A + m_B \vec{v}_B}{m_A + m_B} \tag{6.35}$$

# 6.6    Aufgaben

**6.1**  Ein Wagen der Masse $m_1 = 24$ kg rollt reibungslos eine schiefe Ebene der Höhe $h = 1,8$ m hinunter und stößt am Fußpunkt total inelastisch mit einem Körper der Masse $m_2 = 16$ kg zusammen.

Wie weit wird der Körper 2 infolge des Stoßes verschoben, wenn seine Reibungszahl $\mu_2 = 0,15$ beträgt?

**6.2**  Ein Klotz der Masse $m_1 = 2,4$ kg wird durch eine Feder ($D = 6000$ N/m), die anfänglich um $x = 25$ cm zusammengedrückt war, auf einer ebenen Fläche weggeschleudert. Nach einem Gleitweg $s = 5$m stößt der Körper 1 elastisch mit einem Klotz der Masse $m_2 = 3,8$ kg zusammen.

In welchem Abstand voneinander bleiben die beiden Klötze liegen?
Der Reibungskoeffizient ist für beide Körper $\mu = 0,6$.

**6.3**  Ein Pendel der Länge $l = 2$ m und der Masse $m_1 = 2$ kg wird um 70° nach links aus der Ruhelage ausgelenkt und losgelassen. Es stößt elastisch mit einem zweiten Pendel beim Durchgang der Ruhelage zusammen und erreicht nach dem Stoß links eine maximale Auslenkung von 45°.

Gesucht sind die Masse $m_2$ des Pendels 2 und seine maximale Auslenkung nach dem Stoß.

**6.4**  In einen Waggon der Masse $m = 10$ t, der mit $v = 1$ m/s fährt, fallen von oben 15 t Koks aus einer Höhe von 4 m.

Mit welcher Geschwindigkeit fährt der Waggon weiter?

**6.5**  Ein Güterwagen der Masse $m = 20$ t prallt auf einen stehenden Zug, der aus 10 gleichen Waggons besteht, mit 18 km/h auf. Was geschieht, wenn

1. die 10 Wagen nicht gekuppelt sind,

2. die 10 Wagen gekuppelt sind und die Stöße bei 1. und 2. elastisch erfolgen,

3. die 11 Wagen eine automatische Kupplung haben, die beim Stoß automatisch einrastet?

Wo ist die restliche kinetische Energie geblieben?

**6.6**  Drei Kugeln, deren Massen sich wie 1 : 1/2 : 1/4 verhalten, sind nebeneinander aufgehängt. Nach Auslenken der ersten Kugel fällt diese mit der Geschwindigkeit $v_1 = 2$ m/s gegen die nächste Kugel.

Mit welcher Geschwindigkeit $u_3$ fliegt die letzte Kugel zur Seite?
Die Stöße erfolgen elastisch.

**6.7**  Von einem anfänglich ruhenden Raumfahrzeug mit der Anfangsmasse $m_0 = 1000$ kg werden nacheinander Gegenstände mit der Relativgeschwindigkeit $u = 10$ m/s (zum Fahrzeug) in die gleiche Richtung weggeworfen. Nach dem ersten Wurf besitzt der Raumkörper die Masse $m_1 = 3/4 \cdot m_0$, nach dem zweiten Wurf die Restmasse $m_2 = 9/16 \cdot m_0$.

Wie groß ist die Geschwindigkeit des Raumkörpers nach dem zweiten Wurf?

**6.8**  Ein Fahrzeug $A$ fährt mit der Geschwindigkeit $v_A = 72$ km/h auf einen stehenden Wagen $B$ auf. Nach dem Zusammenstoß rutschen die beiden Fahrzeuge ineinander verkeilt noch die Strecke $x = 50$ m bei einem für beide Fahrzeuge gleichen Reibungskoeffizienten $\mu = 0,01$ weiter.

Wie groß ist das Verhältnis $m_B/m_A$ der Massen beider Fahrzeuge?

**6.9**  Ein Fahrzeug mit der Masse $m_1 = 900$ kg fährt mit der unbekannten Geschwindigkeit $v_x$ auf ein Hindernis der Masse $m_2 = 600$ kg auf. Nach dem Zusammenstoß rutschen beide Gegenstände ineinander verkeilt noch die Strecke $x = 5$ m weiter (Reibungskoeffizient $\mu_1 = 0$ für den nicht bremsenden PKW, $\mu_2 = 0,1$ für das Hindernis).

Wie groß war die Geschwindigkeit $v_x$?

# Kapitel 7

# Dynamik der Drehbewegung des starren Körpers

Wir haben uns im Abschnitt 3.3 mit der Kinematik der Drehbewegungen von Punktmassen befaßt. Diese ist für die Anwendung in der Praxis von großer Wichtigkeit:
Viele Maschinen enthalten drehende Teile (Wellen, Räder etc.). Das macht die wichtige Rolle der Kreisbewegung deutlich. Rotationen werden dann besonders wichtig, wenn wir das vereinfachende Konzept des Massenpunktes fallenlassen und ausgedehnte starre Körper behandeln wollen. Folgende Größen wurden bisher bei der Untersuchung der Kreisbewegung eingeführt und der Translation gegenübergestellt:

*Tabelle 7.1   Translation–Rotation*

|  | **Translation** | **Kreisbewegung mit fester Achse** |
|---|---|---|
| **Zeit** | $t$ | $t$ |
| **Weg** | $x$ | $\varphi$ |
| **Geschwindigkeit** | $v = \dfrac{dx}{dt}$ | $\omega = \dfrac{d\varphi}{dt}$ |
| **Beschleunigung** | $a = \dfrac{dv}{dt}$ | $\alpha = \dfrac{d\omega}{dt}$ |
| **Kraft** | $F = ma$ | ? |
| **Impuls** | $p = mv$ | ? |
| **Arbeit, Energie** | $\Delta W = F\Delta s$ | ? |

In dieser Tabelle fehlen noch einige Größen für die Kreisbewegung, für die bei der Translationsbewegung bereits Entsprechendes eingeführt wurde.

## 7.1   Winkelgrößen als Vektoren

Geschwindigkeit und Beschleunigung haben wir zur Beschreibung der Translation als Vektoren eingeführt. Die entsprechenden Größen bei Drehbewegungen können wir auch als Vektoren einführen, wenn wir ihnen außer ihren Beträgen noch eine Richtung zuordnen, der Einfachheit halber die Richtung der Drehachse. Weil wir bisher nur Drehbewegungen um feste Achsen untersuchten, konnten wir Winkelgeschwindigkeit $\omega$ und Winkelbeschleunigung $\alpha$ als skalare Größen ansehen. Wenn die Richtung der Drehachse sich jedoch ändert, müssen wir die Frage beantworten, ob diese Größen wirklich Vektoren sind.
Um die Problematik zu verdeutlichen, klären wir zuerst die Frage, ob Drehungen um endliche Winkel vektoriell behandelt werden können. Dazu wollen wir einen Bleistift nacheinander zwei Drehungen um 90° ausführen lassen:

**1.** eine Drehung $A$ um die $z$-Achse,
**2.** eine Drehung $B$ um die $x$-Achse.

Der Bleistift, der ursprünglich in die $x$-Richtung zeig-
te, weist nach den beiden Drehungen in die $z$-Richtung.
Vertauschen wir nun die Reihenfolge der Drehungen,
so ist das Ergebnis ein anderes:
Die Drehung $B$ um die $x$-Achse läßt die Orientierung des Bleistiftes ungeändert. Die anschließend ausgeführte Drehung $A$ bringt den Bleistift in $y$-Richtung.

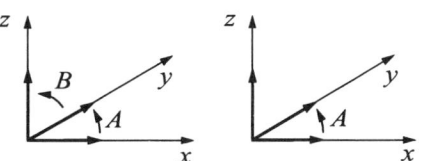

*Abb. 7.1: Zwei nacheinander ausgeführte
Drehungen*

Dieses Beispiel zeigt, daß die Reihenfolge von Drehungen im allgemeinen Fall nicht vertauscht werden
kann. Den Drehungen fehlt also eine wichtige Eigenschaft der Vektoren, die Vertauschbarkeit bzw.
Kommutativität:

$$\vec{a} + \vec{b} = \vec{b} + \vec{a} \tag{7.1}$$

Drehungen kann man daher nicht einfach durch Vektoren beschreiben.

Die Frage, ob die Winkelgeschwindigkeit ein Vektor ist, wurde damit noch nicht beantwortet. Zur Berechnung der Winkelgeschwindigkeit werden Drehungen um kleine bzw. infinitesimale Winkel herangezogen. Führen wir die Drehexperimente mit dem Bleistift nochmals mit kleineren Drehwinkeln
$\Delta\varphi$ durch, so stellen wir fest, daß die Unterschiede zwischen den Reihenfolgen der Drehungen immer
kleiner werden. Sie verschwinden im Grenzfall $\Delta\varphi \to 0$ völlig, so daß man kleine (infinitesimale) Drehungen mit Vektoren beschreiben kann.
Die Winkelgeschwindigkeit $\omega$, die durch den Differenzenquotienten $\Delta\varphi/\Delta t$ bzw. die Ableitung $d\varphi/dt$
aus der Drehung um den Winkel $\Delta\varphi$ hervorgeht, ist demzufolge ein Vektor.

Der Betrag der **Winkelgeschwindigkeit** $\vec{\omega}$ ist durch die bekannte Beziehung gegeben:

$$|\vec{\omega}| = \lim_{\Delta t \to 0} \frac{\Delta\varphi}{\Delta t} = \frac{d\varphi}{dt} \tag{7.2}$$

# Rechte-Hand-Regel

Die Richtung der Winkelgeschwindigkeit $\vec{\omega}$ stimmt mit der Drehachse überein, und zwar so, daß
gemäß Abb. 7.2 der Daumen der rechten Hand die Richtung von $\vec{\omega}$ bezeichnet, wenn die restlichen
Finger den Drehsinn der Bewegung beschreiben.

Die Festlegung der Richtung der Winkelgeschwindigkeit $\vec{\omega}$ ist
eine Konvention und nicht vergleichbar mit der Bewegungsrichtung eines Körpers mit der Geschwindigkeit $\vec{v}$.
Die **Winkelbeschleunigung** $\vec{\alpha}$ in vektorieller Form beschreibt
nicht nur die Veränderung des Betrages $|\vec{\omega}|$ der Winkelge-
schwindigkeit, sondern auch Richtungsänderungen. Die in Abschnitt 3.3 eingeführte Winkelbeschleunigung $\alpha$ beschreibt nur
die bei fester Drehachse mögliche Änderung der Drehzahl. Im
Sprachgebrauch der Vektoren ist dabei die Winkelbeschleuni-

*Abb. 7.2: Festlegung der Richtung des
Vektors $\vec{\omega}$*

gung $\vec{\alpha}$ parallel zur Winkelgeschwindigkeit $\vec{\omega}$. Nur die Komponente der Winkelbeschleunigung $\vec{\alpha}$
senkrecht zur Winkelbeschleunigung $\vec{\omega}$ führt zu Richtungsänderungen:

$$\vec{\alpha} = \frac{d\vec{\omega}}{dt} = \lim_{\Delta t \to 0} \frac{\Delta\vec{\omega}}{\Delta t} \tag{7.3}$$

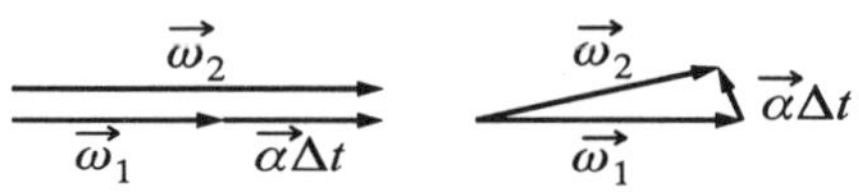

Im Falle einer konstanten Winkelbeschleunigung $\vec{\alpha}$ lauten die Veränderungen $\Delta\vec{\omega}$:

$$\Delta\vec{\omega} = \vec{\alpha} \cdot \Delta t$$

$$\implies \quad \vec{\omega}_2 = \vec{\omega}_1 + \vec{\alpha} \cdot \Delta t \qquad (7.4)$$

*Abb. 7.3: Veränderung der Winkelgeschwindigkeit für verschiedene Richtungen der Winkelbeschleunigung*

## Beispiel 7.1:    Rad auf Kreisbahn

Ein Rad mit dem Radius $r = 40$ cm rollt mit konstanter Geschwindigkeit ohne Schlupf auf einer Kreisbahn mit dem Radius $R = 80$ cm. Für einen Umlauf werden $T = 10$ Sekunden benötigt. Bestimmen Sie Betrag und Orientierung der Winkelgeschwindigkeit $\vec{\omega}$.

**Lösung:**

Die Bewegung setzt sich aus zwei Drehungen zusammen. Das Rad dreht sich in 10 Sekunden einmal um die vertikale Richtung. Um die eigene Achse dreht sich das Rad in der gleichen Zeit $R/r$-mal.

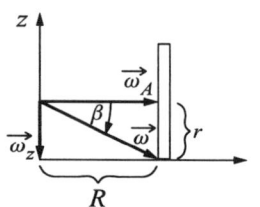

*Abb. 7.4: Bewegung des Rades auf einer Kreisbahn*

Die Winkelgeschwindigkeiten um diese beiden ausgewählten Richtungen lauten:

$$\omega_z = \frac{2\pi}{T}$$

$$\omega_A = \frac{R}{r}\frac{2\pi}{T} = 2\frac{2\pi}{T} \qquad \underline{1}$$

Richtung und Betrag der Winkelgeschwindigkeit $\vec{\omega}$ können mit den bekannten Vektorbeziehungen bestimmt werden:

$$|\vec{\omega}| = \sqrt{\omega_z^2 + \omega_A^2} = \frac{2\pi}{T}\sqrt{5}$$

$$= 1{,}40 \; 1/\text{s}$$

$$\tan\beta = \frac{\omega_z}{\omega_A} = \frac{1}{2}$$

$$\implies \beta = 26{,}6° \qquad \underline{2}$$

Die Winkelgeschwindigkeit $\vec{\omega}$ bewegt sich auf einem Kegelmantel, der gegen die Horizontale den Winkel $\beta$ aufweist. Die Vertikalkomponente $\omega_z$ ist konstant, in dieser Richtung tritt daher keine Winkelbeschleunigung auf.

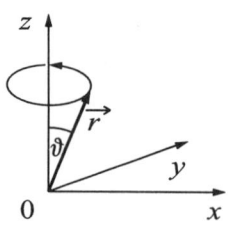

*Abb. 7.5: Kreisbewegung für ein Koordinatensystem mit Ursprung auf einer Drehachse*

Die Bahngeschwindigkeiten $v$ eines punktförmigen Körpers auf einer kreisförmigen Bahn haben wir bereits im Kapitel 3 hergeleitet:

$$v = r\omega = r\frac{d\varphi}{dt} \qquad (7.5)$$

Befindet sich der Ursprung des Koordinatensystems nicht auf dem Mittelpunkt der Kreisbahn, sondern anderswo auf der Drehachse, so müssen wir diese Gleichung modifizieren:

$$v = (r\sin\vartheta) \cdot \omega_z, \qquad (7.6)$$

wobei $\vartheta$ der Winkel zwischen dem Abstandsvektor $\vec{r}$ und dem Punkt auf der Kreisbahn ist.

Der Vektor der Bahngeschwindigkeit $\vec{v}$ ist in jedem Augenblick tangential zur Bahnkurve und senkrecht zur Winkelgeschwindigkeit $\vec{\omega}$ und dem Ortsvektor $\vec{r}$ orientiert. Betrag und Richtung von $\vec{v}$ können wir elegant mit dem Vektorprodukt von $\vec{\omega}$ und $\vec{r}$ angeben.

# Vektorprodukt: $\vec{c} = \vec{a} \times \vec{b}$

Das Vektorprodukt ordnet zwei gegebenen Vektoren $\vec{a}$ und $\vec{b}$ einen Vektor $\vec{c}$ zu, der senkrecht auf den gegebenen Vektoren steht und dessen Betrag durch

$$|\vec{c}| = |\vec{a}||\vec{b}|\sin\vartheta \tag{7.7}$$

gegeben ist. $\vartheta$ ist der von den Vektoren $\vec{a}$ und $\vec{b}$ eingeschlossene Winkel.

Wichtige Eigenschaften des Vektorproduktes sind:

**1.** $\vec{a} \times \vec{a} = 0$

Dieses Kreuzprodukt verschwindet, weil der eingeschlossene Winkel $\vartheta$ null ist.

**2.** $\vec{a} \times \vec{b} = -\vec{b} \times \vec{a}$

Durch die Vertauschung der Reihenfolge der Multiplikation ändert der eingeschlossene Winkel sein Vorzeichen.

**3.** Zwischen den Einheitsvektoren des kartesischen Koordinatensystems bestehen folgende Beziehungen:

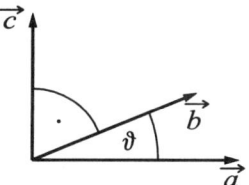

*Abb. 7.6: Vektorprodukt $\vec{c} = \vec{a} \times \vec{b}$*

$$\vec{e}_x \times \vec{e}_y = \vec{e}_z; \qquad \vec{e}_y \times \vec{e}_z = \vec{e}_x; \qquad \vec{e}_z \times \vec{e}_x = \vec{e}_y \tag{7.8}$$

Die Kreuzprodukte zwischen gleichen Einheitsvektoren sind null.

**4.** In Komponentenschreibweise lautet das Vektorprodukt $\vec{a} \times \vec{b}$

$$\begin{pmatrix} c_x \\ c_y \\ c_z \end{pmatrix} = \begin{pmatrix} a_y b_z - b_y a_z \\ a_z b_x - b_z a_x \\ a_x b_y - b_y a_x \end{pmatrix} \tag{7.9}$$

Mit dem Vektorprodukt können viele Größen bei den Drehbewegungen in knapper Form dargestellt werden.

**5.** Das doppelte **Kreuzprodukt** $\vec{a} \times (\vec{b} \times \vec{c})$ liegt in der Ebene, die von den Vektoren $\vec{b}$ und $\vec{c}$ aufgespannt wird:

$$\vec{a} \times (\vec{b} \times \vec{c}) = \vec{b}(\vec{a} \cdot \vec{c}) - \vec{c}(\vec{a} \cdot \vec{b}) \tag{7.10}$$

Die **Bahngeschwindigkeit** $\vec{v}$ eines Körpers mit kreisförmiger Bahn können wir daher mit dem folgenden Kreuzprodukt angeben:

$$\boxed{\vec{v} = \frac{d\vec{r}}{dt} = \vec{\omega} \times \vec{r}} \tag{7.11}$$

Diese Beziehung können wir verallgemeinern auf die Ableitung von beliebigen Vektoren $\vec{B}$, die eine Kreisbahn mit der Winkelgeschwindigkeit $\vec{\omega}$ durchlaufen:

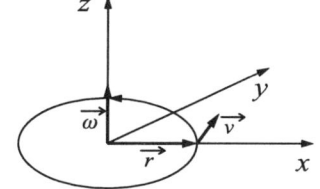

*Abb. 7.7: Bahngeschwindigkeit als Vektorprodukt*

$$\boxed{\frac{d\vec{B}}{dt} = \vec{\omega} \times \vec{B}} \tag{7.12}$$

*Beispiel 7.2:*    Fortsetzung – Rad auf Kreisbahn

Welche Winkelbeschleunigung tritt bei dem Rad auf, das eine Kreisbahn mit konstanter Geschwindigkeit durchläuft?

**Lösung:**

Die Winkelgeschwindigkeit $\vec{\omega}$ wird zerlegt in die Komponenten $\vec{\omega}_z$ und $\vec{\omega}_A$. Die Vertikalkomponente $\vec{\omega}_z$ ist konstant. In dieser Richtung tritt daher keine Beschleunigung auf. Die Achse des Rades und damit die Winkelgeschwindigkeit $\vec{\omega}_A$ beschreibt einen Kreis in der x-y-Ebene. Die Ableitung von $\vec{\omega}_A$ können wir mit der Gleichung (7.12) bestimmen:

$$\vec{\alpha} = \frac{d\vec{\omega}_A}{dt} = \vec{\omega}_z \times \vec{\omega}_A \qquad \underline{1}$$

Die Winkelbeschleunigung $\vec{\alpha}$ besitzt nur Komponenten in der x-y-Ebene. Ihr Betrag ist durch

$$|\vec{\alpha}| = \omega_z \cdot |\vec{\omega}_A| = \left(\frac{2\pi}{T}\right)^2 \cdot 2 = 0,79/s^2 \qquad \underline{2}$$

gegeben.

Ausgehend von der Beziehung $\vec{v} = \vec{\omega} \times \vec{r}$ bei einer Kreisbewegung wollen wir jetzt die Beschleunigung $\vec{a}$ einer punktförmigen Masse auf einer Kreisbahn berechnen:

$$\vec{a} = \frac{d\vec{v}}{dt} = \frac{d}{dt}(\vec{\omega} \times \vec{r}) \qquad (7.13)$$

Die Ableitung von Kreuzprodukten können wir formal genauso ausführen, wie die Ableitung von Produkten:

$$\vec{a} = \frac{d\vec{\omega}}{dt} \times \vec{r} + \vec{\omega} \times \frac{d\vec{r}}{dt} \qquad (7.14)$$

Substituieren wir die ursprüngliche Gleichung, so erhalten wir:

$$\vec{a} = \vec{\alpha} \times \vec{r} + \vec{\omega} \times (\vec{\omega} \times \vec{r}) \qquad (7.15)$$

Der erste Term beschreibt den Beitrag der Winkelbeschleunigung $\vec{\alpha}$ zur Beschleunigung, der zweite Term stellt die bekannte **Zentripetalbeschleunigung** $a_r$ dar:

$$a_r = |\vec{\omega} \times (\vec{\omega} \times \vec{r})| = \omega^2 \cdot r \cdot \sin\vartheta \qquad (7.16)$$

# 7.2    Drehmoment und Winkelbeschleunigung

Bei den Translationsbewegungen setzten wir Kräfte mit den Beschleunigungen in Beziehung. Nun erhebt sich die Frage, welche Größe wir der Winkelbeschleunigung eines Körpers zuordnen können. Die Kraft $\vec{F}$ kann es sicherlich nicht sein, wie ein einfacher Gedankenversuch mit einer Wippschaukel zeigt.

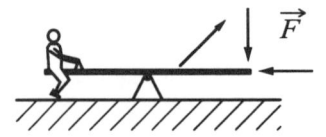

Abb. 7.8: Wirkung einer Kraft auf einer Wippschaukel

Wir können verschiedene Winkelbeschleunigungen hervorrufen, je nachdem, unter welchem Winkel die Kraft angreift. Eine Kraft, die in der Richtung der Schaukel wirkt, führt ebenso wie eine Kraft, die am Drehpunkt angreift, zu keiner Drehung. Greift hingegen eine Kraft am äußeren Ende der Schaukel unter einem rechten Winkel an, so ist die Winkelbeschleunigung am größten. Es ist daher plausibel, daß die Größe, die Drehungen verursacht, von den Größen Kraft und Abstand Angriffspunkt–Drehpunkt abhängt. Der Betrag dieser Größe, genannt **Drehmoment**, ist durch die nächste Beziehung gegeben:

$$\boxed{M = r \cdot F \sin \vartheta} \tag{7.17}$$

In vektorieller Schreibweise lautet das **Drehmoment**:

$$\boxed{\vec{M} = \vec{r} \times \vec{F} \qquad [M] = \mathrm{N} \cdot \mathrm{m}} \tag{7.18}$$

oder in Komponentenschreibweise:

$$\begin{pmatrix} M_x \\ M_y \\ M_z \end{pmatrix} = \begin{pmatrix} yF_z - zF_y \\ zF_x - xF_z \\ xF_y - yF_x \end{pmatrix} \tag{7.19}$$

Aus der Abbildung sehen wir, daß für den Betrag des Drehmomentes nur die Kraftmomente $\vec{F}_\perp$ senkrecht zur Verbindung $\vec{r}$ eine Rolle spielen. Die Kraftkomponente $\vec{F}_\parallel$ führt nicht zu einer Drehung, sondern höchstens zu einer linearen Beschleunigung. Ferner sehen wir, daß die Angabe des Aufpunktes (Koordinatenursprunges) zur vollständigen Charakterisierung des Drehmomentes gehört.

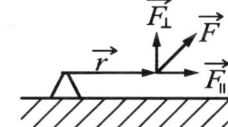

*Abb. 7.9: Drehmoment einer Kraft $\vec{F}$*

## *Beispiel 7.3*: Kräftepaar

Welche Bewegung ruft ein Paar von Kräften mit entgegengesetzten Richtungen, aber gleichen Beträgen hervor, das an einem Körper angreift?
Der Körper werde nicht an einer Achse gelagert. Ein Beispiel dafür ist ein Raumfahrzeug, bei dem zwei Steuertriebwerke in entgegegensetzte Richtung gezündet werden.
Welche Bewegung tritt auf, wenn infolge einer technischen Störung nur ein Steuertriebwerk gezündet werden kann?

**Lösung:**

Die gesamte Kraft, die an den Körper angreift, verschwindet.

$$\vec{F} = \vec{F}_1 + \vec{F}_2 = 0 \qquad \underline{1}$$

Der Schwerpunkt des Körpers bewegt sich daher kräftefrei, d. h. geradlinig mit konstanter Geschwindigkeit weiter. Das Drehmoment, das die Kräfte hervorrufen, lautet:

$$\vec{M} = \vec{r}_1 \times \vec{F}_1 + \vec{r}_2 \times \vec{F}_2$$

$$= (\vec{r}_1 - \vec{r}_2) \times \vec{F}_1 \qquad \underline{2}$$

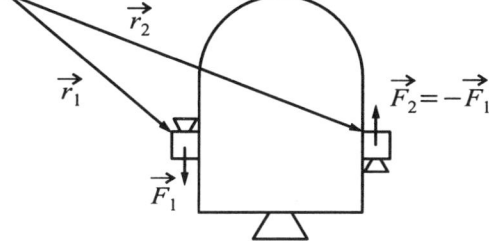

*Abb. 7.10: Kräftepaar 1*

Es hängt nur vom vektoriellen Abstand der beiden Angriffspunkte $\vec{r}_1 - \vec{r}_2$ und der Kraft $\vec{F}_1$ ab. Die Größe des Drehmomentes hängt nicht von der Wahl der Koordinatenursprungs der Ortsvektoren ab. Das Raumfahrzeug dreht sich infolge dieses Drehmoments um eine Achse durch den Schwerpunkt. Kann nur ein Steuertriebwerk gezündet werden, wirkt die Kraft $\vec{F} = \vec{F}_1$, die zu einer Beschleunigung des Schwerpunktes führt:

$$\vec{a} = \frac{\vec{F}_1}{m} \qquad \underline{3}$$

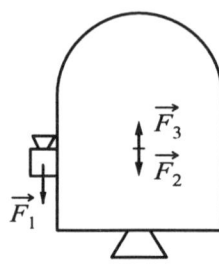

*Abb. 7.11: Kräftepaar 2*

Das Raumfahrzeug führt daher außer einer beschleunigten Schwerpunktsbewegung noch eine beschleunigte Drehung um den Schwerpunkt aus.

Der Einfluß auf die Drehbewegung wird deutlich, wenn wir ein zusätzliches Kräftepaar $\vec{F_2}, \vec{F_3}$ mit $\vec{F_2} = -\vec{F_3}$ am Schwerpunkt angreifen lassen. Dieses Kräftepaar hat wegen $\vec{F_2} + \vec{F_3} = 0$ keine zusätzliche Auswirkung.

Die Kräfte $\vec{F_1}$ und $\vec{F_3}$ führen zu einem Drehmoment $\vec{M} = (\vec{r_1} - \vec{r_3}) \times \vec{F_1}$ und damit zu einer Drehung des Raumschiffs. Der Differenzenvektor $\vec{r_1} - \vec{r_3}$ kennzeichnet den Abstand des Triebwerks zum Schwerpunkt.

Das Drehmoment $\vec{M}$ gibt zudem die zeitliche Ableitung der Größe

**Drehimpuls**    $$\boxed{\vec{L} = \vec{r} \times \vec{p}}$$    (7.20)

In Komponentenschreibweise lautet der Drehimpuls:

$$\begin{pmatrix} L_x \\ L_y \\ L_z \end{pmatrix} = \begin{pmatrix} yp_z - zp_y \\ zp_x - xp_z \\ xp_y - yp_x \end{pmatrix}$$    (7.21)

Wählen wir den Mittelpunkt einer Kreisbahn als Koordinatenursprung, so steht der Drehimpuls $\vec{L}$ senkrecht auf der Bahnebene.

$$\frac{d\vec{L}}{dt} = \frac{d}{dt}(\vec{r} \times \vec{p}) = \frac{d\vec{r}}{dt} \times m\vec{v} + \vec{r} \times \frac{d\vec{p}}{dt}$$    (7.22)

Das erste Kreuzprodukt verschwindet, weil das Produkt $\vec{v} \times \vec{v}$ zweier gleicher Vektoren null ist. Damit folgt:

$$\boxed{\frac{d\vec{L}}{dt} = \vec{r} \times \frac{d\vec{p}}{dt} = \vec{r} \times \vec{F} = \vec{M}}$$    (7.23)

Diese Gleichung ist analog zu Newtons 2. Gesetz, eine Änderung des Drehimpulses $d(\vec{r} \times \vec{p})/dt$ tritt nur auf bei Wirkung eines Drehmomentes $\vec{r} \times \vec{F}$.

Vorläufig befassen wir uns mit Drehbewegungen, bei denen die Drehachse ihre Richtung nicht ändert. Bewegungen mit veränderlichen Drehachsen werden im Unterkapitel „Kreiselbewegungen" untersucht.

Welche Winkelbeschleunigung ruft ein gegebenes Drehmoment bei einer Punktmasse hervor?

Wegen der Festlegung der Drehachse kann die Winkelbeschleunigung $\vec{\alpha}$ nur in der Richtung der Winkelgeschwindigkeit $\vec{\omega}$ liegen. Diese ausgezeichnete Richtung bezeichnen wir im folgenden als $z$-Richtung. Wir brauchen daher nur das Drehmoment in dieser ausgewählten Richtung zu berücksichtigen. Die Kraftkomponente $\vec{F}_\perp$ beschleunigt den Massenpunkt auf der Kreisbahn gemäß dem zweiten Newtonschen Gesetz

$$\boxed{F_\perp = F \cdot \sin \vartheta = m \cdot a_B}$$    (7.24)

Die Bahnbeschleunigung $a_B$ steht mit der auftretenden Winkelbeschleunigung $\alpha_z$ in Beziehung

$$\boxed{a_B = r\alpha_z}$$    (7.25)

so daß für einen Massenpunkt gilt:

$$M = r \cdot F \cdot \sin \vartheta = (m \cdot r^2)\, \alpha_z \qquad (7.26)$$

(*r* ist dabei der Radius der Kreisbahn).

Diese Gleichung ist für Drehungen eines Massenpunktes um eine feste Achse das Analogon zum zweiten Newtonschen Gesetz. Die Größe $m \cdot r^2$ übernimmt dabei die Bedeutung der Masse bei Translationsbewegungen und ist das **Massenträgheitsmoment** $J$ **einer Punktmasse**:

$$J = m \cdot r^2 \qquad [J] = \mathrm{kg} \cdot \mathrm{m}^2 \qquad (7.27)$$

Das **Grundgesetz der Dynamik** für eine Punktmasse auf einer Kreisbahn ist damit gegeben durch:

$$M_z = J \cdot \alpha_z \qquad (7.28)$$

Ausgehend von dieser Gleichung für Punktmassen können wir auch für starre Körper eine ähnliche Gleichung herleiten. Wir zerlegen dazu den Körper in eine Vielzahl $N$ kleiner Massenelemente, die wir im Grenzfall $N \to \infty$ als Punktmassen ansehen dürfen.

Das gesamte Drehmoment $M_z$ ergibt sich durch Summation über die auf alle Massenelemente $\Delta m$ einwirkenden Drehmomente $\Delta M_z^i$.

$$M_z = \sum_i \Delta M_z^i \qquad (7.29)$$

Der ganze Körper rotiert starr, d. h., alle Massenelemente besitzen die gleiche Winkelbeschleunigung $\alpha_z$, so daß gilt:

$$M_z = \left( \sum_{i=1}^{N} \Delta m \cdot r_i^2 \right) \alpha_z \qquad (7.30)$$

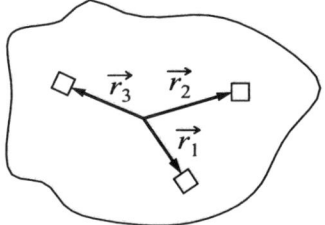

*Abb. 7.12: Zerlegung eines starren Körpers in Massenelemente $\Delta m$*

Das **Massenträgheitsmoment** $J$ muß durch die Summe $\sum \Delta m \cdot r_i^2$ bestimmt werden, die im Grenzfall $N \to \infty$ in ein Integral übergeht:

$$J = \lim_{N \to \infty} \sum_{i=1}^{N} \Delta m \cdot r_i^2 = \int r^2 \, dm \qquad (7.31)$$

Die Grundgleichung der Dynamik eines starren Körpers mit fester Drehachse lautet somit:

$$M_z = J \cdot \alpha_z \qquad (7.32)$$

Weil das Drehmoment die zeitliche Ableitung des Drehimpulses ist, folgt hieraus:

$$L_z = J \cdot \omega_z \qquad (7.33)$$

Bei praktischen Anwendungen besteht das Problem darin, das Trägheitsmoment $J$ zu ermitteln. Für einfach geformte Körper, die sich um eine feste Achse durch den Schwerpunkt drehen, sind die Massenträgheitsmomente als Ergebnis einer Integration in der nächsten Tabelle angegeben.

Einige Beispiele sind:

Tabelle 7.2   *Massenträgheitsmomente*

| Körper | Drehachse | Massenträgheitsmoment $J$ |
|---|---|---|
| Vollzylinder (Kreisscheibe) | Zylinderachse | $\frac{1}{2}MR^2$ |
| Hohlzylinder (Kreisring) | Zylinderachse | $\frac{1}{2}M(R_A^2 + R_B^2)$ |
| Dünnwandiger Hohlzylinder | Zylinderachse | $MR^2$ |
| Dünner Stab (Länge $L$) | Stabmitte (senkrecht zum Stab) | $\frac{1}{12}ML^2$ |
| Kugel | durch Mittelpunkt | $\frac{2}{5}MR^2$ |
| Dünne Kreisscheibe | Längsdurchmesser | $\frac{1}{4}MR^2$ |
| Rechteck (Seiten $A, B$) | Senkrecht durch Flächenmitte | $\frac{1}{12}M(A^2 + B^2)$ |
| Rechteck (Seiten $A, B$) | In der Flächenmitte parallel zu $A$ | $\frac{1}{12}MB^2$ |

Der Spezialfall des dünnwandigen Zylinders ist besonders einsichtig. Bei ihm besitzen alle Teile des Umfangs den gleichen Abstand zur Drehachse. Deswegen stimmt das Trägheitsmoment mit dem des Massenpunktes überein.

## Beispiel 7.4:   Massenträgheitsmoment einer halbkreisförmigen Scheibe

Das Massenträgheitsmoment einer halbkreisförmigen Scheibe soll für eine Drehachse, die senkrecht zur Scheibe steht und durch den Kreismittelpunkt geht, bestimmt werden.

**Lösung:**

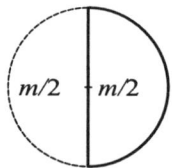

Abb. 7.13: Massenträgheitsmoment einer Halbkreisscheibe
$m = 1$ kg, $r = 10$ cm

Das Massenträgheitsmoment $J$ eines Körpers bezüglich einer festen Achse ändert sich nicht, wenn der Körper geteilt wird und die beiden Teile gegeneinander um die Drehachse verdreht werden. In dem vorliegenden Fall kann die Scheibe in der Mitte geteilt werden. Die beiden Halbscheiben mit der Masse $m/2$ können dann um 180° gegeneinander verdreht werden, so daß sie eine Vollkreisscheibe mit halber Dicke und der Gesamtmasse $m$ bilden. Das Gesamtträgheitsmoment ist daher

$$J = \frac{1}{2}mr^2 = 5 \cdot 10^{-3} \text{ kg} \cdot \text{m}^2 \qquad \underline{1}$$

# Satz von Steiner

Bei einer Vielzahl von Problemen geht die Drehachse nicht durch den Schwerpunkt des Körpers.

Die Schiffschaukel gehört zu dieser Klasse von Problemen, ein Riesenrad jedoch nicht, weil es kein starrer Körper ist:

Die Gondeln des Riesenrades hängen immer vertikal.

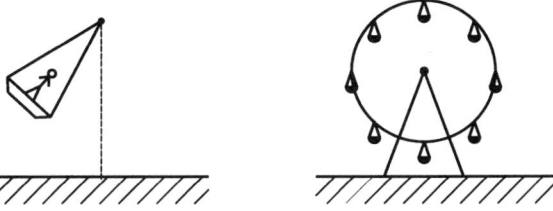

*Abb. 7.14: Drehung eines starren Körpers am Beispiel der Schiffschaukel und eines Riesenrades*

Zur Berechnung des Trägheitsmomentes $J$ wird der Ortsvektor $\vec{r}_i$ des Massenelements $\Delta m$ vektoriell zerlegt in den Vektor zum Schwerpunkt $\vec{r}_s$ und einen Differenzvektor $\Delta\vec{r}_i$:

$$\vec{r}_i = \vec{r}_s + \Delta\vec{r}_i \tag{7.34}$$

Den Koordinatenursprung legen wir auf der Drehachse so fest, daß der Betrag $|\vec{r}_i|$ am kleinsten ist, d. h., die Drehachse und $\vec{r}_i$ sind senkrecht zueinander.

Der Differenzvektor $\Delta\vec{r}_i$ beschreibt die Lage eines Massenelementes $\Delta m$ vom Schwerpunkt aus und hat deswegen die Eigenschaft:

$$\sum_{i=1}^{N} \Delta\vec{r}_i = 0 \tag{7.35}$$

Für das Abstandquadrat $r_i^2$ eines Massenelementes gilt daher:

$$r_i^2 = (\vec{r}_s + \Delta\vec{r}_i)^2$$
$$= \vec{r}_s^2 + 2\vec{r}_s \cdot \Delta\vec{r}_i + \Delta\vec{r}_i^2 \tag{7.36}$$

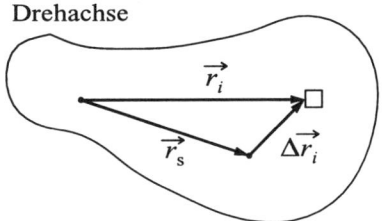

Drehachse

Schwerpunkt

*Abb. 7.15: Bestimmung des Trägheitsmomentes für beliebige Drehachsen*

Zur Berechnung des Trägheitsmomentes wird noch über alle Massenelemente summiert:

$$J = \sum_{i=1}^{N} \left(\vec{r}_s^2 + 2\vec{r}_s \cdot \Delta\vec{r}_i + \Delta\vec{r}_i^2\right) \Delta m$$

$$= m \cdot r_s^2 + \sum_{i=1}^{N} \Delta r_i^2 \cdot m \tag{7.37}$$

Das Trägheitsmoment $J$ setzt sich zusammen aus dem Ausdruck $mr_s^2$, der den kürzesten Abstand Drehachse–Schwerpunkt $r_s$ enthält, und einer Summe. Die Summe ist identisch mit dem Trägheitsmoment, das bereits früher berechnet wurde, wenn die Drehachse durch den Schwerpunkt geht.

$$\boxed{J = mr_s^2 + J_s} \tag{7.38}$$

Das Trägheitsmoment um eine beliebige Achse kann mit dieser Gleichung, dem **Satz von Steiner**, berechnet werden.

## Beispiel 7.5: Trägheitsmoment einer Hantel

Eine Hantel besteht aus zwei Kugeln mit dem Radius $r = 25$ cm und der Einzelmasse $m = 10$ kg. Der Abstand von Kugelmitte zu Kugelmitte beträgt $d = 1$ m. Die Drehachse steht senkrecht auf der (masselosen) Verbindungsstange und geht durch den Gesamtschwerpunkt.

**Lösung:**

Wir zerlegen die Hantel in zwei einarmige Hanteln und bestimmen das Trägheitsmoment der Einzelhanteln mit dem Steinerschen Satz.

$$J = 2 \cdot J_0 = 2 \cdot \left[ m\left(\frac{d}{2}\right)^2 + \frac{2}{5}mr^2 \right]$$

$$J = 5,50 \text{ kg} \cdot \text{m}^2 \qquad \underline{1}$$

Den größten Beitrag zum Massenträgheitsmoment liefert bei diesem Beispiel der Term $(d/2)^2$.

Wir müssen uns darüber im klaren sein, daß die Rotation eines starren Körpers um eine Achse, die nicht durch den Schwerpunkt geht, als Überlagerung von zwei Drehbewegungen beschrieben werden kann. Zum einen bewegt sich der Schwerpunkt auf einer Kreisbahn, und außerdem dreht sich der starre Körper während einer Umdrehung einmal um sich selbst, bezogen auf raumfeste Koordinatenachsen. Die Gondeln des Riesenrades hingegen führen nur eine Drehung aus, und zwar um eine gegenüber der Riesenradwelle um die Höhe der Gondel verschobene Achse.

## Beispiel 7.6:    Atwood-Maschine

Es ist die Beschleunigung der Massen an einer Atwood-Maschine unter Berücksichtigung des Trägheitsmomentes der Rolle zu bestimmen.

**Lösung:**

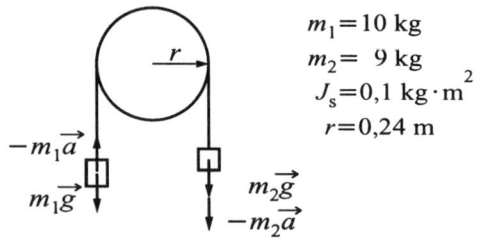

$$m_1 = 10 \text{ kg}$$
$$m_2 = 9 \text{ kg}$$
$$J_s = 0,1 \text{ kg} \cdot \text{m}^2$$
$$r = 0,24 \text{ m}$$

*Abb. 7.16: Atwood-Maschine*

Wir ermitteln im ersten Schritt die an der Rolle angreifenden Drehmomente, die die beiden Massen, wenn sie in Bewegung sind, hervorrufen:

$$M_1 = r \cdot F_1$$
$$M_2 = -r \cdot F_2 \qquad \underline{1}$$

Zur Berechnung der Kräfte $F_1$ und $F_2$ verwenden wir die Kräftebilanzen:

$$m_1 \cdot a_1 = m_1 \cdot g - F_1$$
$$m_2 \cdot a_2 = m_2 \cdot g - F_2 \qquad \underline{2}$$

Die Beschleunigungen der beiden Massen sind bis auf das Vorzeichen identisch:

$$a_1 = -a_2 = a \qquad \underline{3}$$

Für das gesamte Drehmoment gilt daher:

$$M = M_1 + M_2 = r(F_1 - F_2)$$
$$M = r \cdot [m_1 \cdot (g-a) - m_2 \cdot (g+a)] \qquad \underline{4}$$

Mit dem Grundgesetz der Dynamik für Drehbewegungen folgt:

$$J_s \alpha = J_s \frac{a}{r} = r[m_1 \cdot (g-a) - m_2 \cdot (g+a)] \qquad \underline{5}$$

Das Endergebnis lautet:

$$a = \frac{(m_1 - m_2) \cdot g}{m_1 + m_2 + J_s/r^2} = 0,46 \text{ m/s}^2 \qquad \underline{6}$$

Es unterscheidet sich von dem früheren Ergebnis durch den Term $J_s/r^2$ im Nenner, der die Trägheit der Rolle berücksichtigt.

# 7.3 Arbeit, Energie und Leistung

Zur Berechnung der Arbeit $\Delta W$ bei einer Drehung gehen wir auf die Beziehung $\Delta W = \vec{F} \cdot \Delta \vec{s}$ bei geradlinigen Bewegungen zurück. Eine konstante Kraft $\vec{F}$ greift am Umfang eines Körpers an, der sich um eine feste Achse dreht.
Nur die Tangentialkomponente $F_t$ der Kraft verrichtet Arbeit am System:

$$W_{\Delta s} = F_t \cdot \Delta s \qquad (7.39)$$

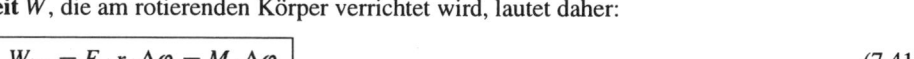

Abb. 7.17: Ermittlung der Leistung P an einem rotierenden Körper

Die Strecke $\Delta s$ am Umfang des Systems ist

$$\Delta s = r \cdot \Delta \varphi \qquad (7.40)$$

Die **Arbeit** $W$, die am rotierenden Körper verrichtet wird, lautet daher:

$$\boxed{W_{\Delta \varphi} = F_t \cdot r \cdot \Delta \varphi = M \cdot \Delta \varphi} \qquad (7.41)$$

Die **Durchschnittsleistung** $\bar{P}$ ergibt sich aus der Arbeit $W_{\Delta \varphi}$ durch Division mit der benötigten Zeit $\Delta t$:

$$\boxed{\bar{P} = M \frac{\Delta \varphi}{\Delta t} = M_z \bar{\omega}_z} \qquad (7.42)$$

Die **Momentanleistung** $P$ finden wir durch den Grenzübergang $\Delta t \to 0$:

$$\boxed{P = \lim_{\Delta t \to 0} M \frac{\Delta \varphi}{\Delta t} = M_z \omega_z} \qquad (7.43)$$

bzw. in Vektorschreibweise

$$\boxed{P = \vec{M} \cdot \vec{\omega}} \qquad (7.44)$$

Mit diesem Skalarprodukt wird deutlich, daß nur die Drehmomentkomponente parallel zur Winkelgeschwindigkeit zur Leistung (und damit auch zur Arbeit) beiträgt.

*Beispiel 7.7:* **Bestimmung von Drehmoment und Leistung mit dem Pronyschen Zaum**

Im Bereich der Antriebstechnik ist es erforderlich, die Zusammenhänge zwischen Drehmoment, Leistung und Drehzahl für einen Motor zu kennen. Das Drehmoment von Antriebsaggregaten kann z. B. mit einem Pronyschen Zaum gemessen werden.
An der Welle (Radius $r$) wird eine Backenbremse mit einem Hebel der Länge $R$ angebracht, an dem ein Kraftmesser befestigt ist. Im Gleichgewicht hält das Drehmoment $M_A$ des Antriebs dem Drehmoment $M = R \cdot F$ am Kraftmesser die Waage. Zur Leistungsbestimmung muß auf unabhängige Weise noch die Drehzahl $n$ gemessen werden. Die Leistung ergibt sich dann:

$$P = M\omega = M2\pi \cdot n \qquad \underline{1}$$

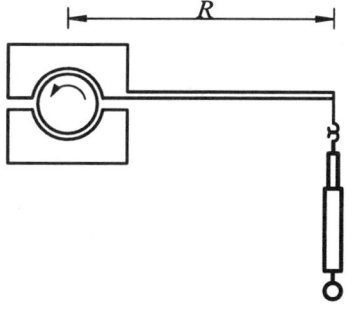

Abb. 7.18: Pronyscher Zaum

Die Berechnung der kinetischen Energie einer Punktmasse, die sich auf einer Kreisbahn um die Dehachse bewegt, können wir mit der bekannten Beziehung $\frac{1}{2}mv^2$ durchführen.

$$W_{\text{rot}} = \frac{1}{2}m \cdot v^2 = \frac{1}{2}(m \cdot r^2)\omega^2 = \frac{1}{2}J \cdot \omega_z^2 \tag{7.45}$$

Auch hier tritt wieder die Größe $mr^2$ auf, die wir im letzten Kapitel als Trägheitsmoment $J$ eines Massenpunktes kennengelernt haben. Zur Berechnung der Rotationsenergie eines ausgedehnten starren Körpers zerlegen wir diesen wieder in viele kleine Massenelemente, über die wir summieren:

$$W_{\text{rot}} = \frac{1}{2}\sum_i (\Delta m \cdot r_i^2)\omega^2 \tag{7.46}$$

Die Summe $\sum \Delta m \cdot r_i^2$ ist die gleiche wie bei der Herleitung des Grundgesetzes der Dynamik, so daß die letzte Gleichung lautet:

$$\boxed{W_{\text{rot}} = \frac{1}{2}J \cdot \omega^2} \tag{7.47}$$

Dreht sich der starre Körper um eine Achse, die nicht durch den Schwerpunkt geht, so kann das Trägheitsmoment $J$ mit dem Steinerschen Satz aufgeteilt werden:

$$J = m \cdot r_s^2 + J_s \tag{7.48}$$

Dabei ist $r_s$ der kürzeste Abstand Drehachse–Schwerpunkt und $J_s$ das Trägheitsmoment, bezogen auf Drehungen um Achsen durch den Schwerpunkt.

Den physikalischen Hintergrund des Steinerschen Satzes können wir gut erkennen, wenn wir in der gesamten Rotationsenergie eines starren Körpers die verschiedene Anteile untersuchen:

$$W_{\text{rot}} = \frac{1}{2}J \cdot \omega^2 = \frac{1}{2}J_s \cdot \omega^2 + \frac{1}{2}m \cdot r_s^2 \cdot \omega^2 \tag{7.49}$$

Der erste Term $1/2 \cdot J_s \cdot \omega^2$ beschreibt die kinetische Energie der Rotation um eine Achse durch den Schwerpunkt; der zweite Ausdruck $1/2 \cdot m \cdot r_s^2 \cdot \omega^2$ gibt die kinetische Energie der kreisförmigen Bewegung des Schwerpunkts um die Drehachse des gesamten Systems an.

Der Steinersche Satz enthält also nichts anderes als die Aufteilung der Bewegung in eine kreisförmige Schwerpunktsbewegung und eine Drehung um die Achse durch den Schwerpunkt.

Beide Drehbewegungen geschehen beim starren Körper mit der gleichen Winkelgeschwindigkeit $\omega$.

*Beispiel 7.8:*    Energie eines Schwungrades

Eine Schwungscheibe ( Radius $R = 0,5$ m, Höhe $H = 1$ cm, Dichte $\rho = 7,9$ g/cm$^3$) rotiert mit 6000 Umdrehungen in der Minute. Wie lange kann dem Schwungrad die Leistung $P = 1$ kW entnommen werden?

**Lösung:**

Zuerst berechnen wir die Rotationsenergie $W_{\text{rot}}$ der Scheibe.

$$W_{\text{rot}} = \frac{1}{2}J \cdot \omega^2 = \frac{1}{2}\left(\frac{1}{2}mR^2\right)(2\pi n)^2$$

$$W_{\text{rot}} = \frac{1}{4}\rho(R^2\pi H)R^2(2\pi n)^2 = 1,53 \cdot 10^6 \text{ J} \qquad \underline{1}$$

Die Leistung $P$ ergibt sich durch die Abnahme der Rotationsenergie mit der Zeit:

$$P = \frac{\Delta W}{\Delta t} \implies \Delta t = \frac{\Delta W}{P} = 1,53 \cdot 10^3 \text{ s} \qquad \underline{2}$$

Die allgemeine Bewegung eines starren Körpers ist eine Translation des Schwerpunktes mit einer überlagerten Drehung um eine Achse durch den Schwerpunkt. Die gesamte kinetische Energie kann daher aufgespalten werden in die kinetische Energie $1/2 \cdot mv_s^2$ des Schwerpunktes und die **Rotationsenergie** $1/2 \cdot J_s \cdot \omega^2$

$$W_{\text{Gesamt}} = W_{\text{kin}} + W_{\text{rot}} = \frac{1}{2}mv_s^2 + \frac{1}{2}J_s\omega^2 \qquad (7.50)$$

Der **Energiesatz der Mechanik** gilt bei Abwesenheit von Reibung auch unter Einschluß der Rotationsenergie: Die Summe von kinetischer Energie der Translation, der Rotation und der potentiellen Energie sind für konservative Kräfte (keine Reibung) konstant:

$$W_{\text{kin}} + W_{\text{rot}} + W_{\text{pot}} = \text{const.} \qquad (7.51)$$

## *Beispiel 7.9:* Rollende Körper auf einer schiefen Ebene

Vier verschiedene Körper rollen verlustfrei, ohne zu gleiten, eine schiefe Ebene der Höhe $\Delta h$ hinunter. Es sind dies:
a) ein Massivzylinder
b) ein Hohlzylinder und
c) eine Kugel mit gleichem Radius $r$
d) ein Fahrzeug mit kleinen Rädern
Welche (Winkel)-Geschwindigkeit besitzen die vier Körper am Fuß der schiefen Ebene, wenn sie zu Beginn in Ruhe waren?

**Lösung:**

Die Gesamtenergie ist eine Erhaltungsgröße, weil keine Verluste auftreten. Legen wir den Koordinatenursprung in den Fußpunkt der schiefen Ebene, so lautet der Energiesatz beim Passieren dieses Punktes:

$$mg\Delta h = \frac{1}{2}m \cdot v_s^2 + \frac{1}{2}J_s \cdot \omega^2 = \text{const.} \qquad \underline{1}$$

Die Bahngeschwindigkeit $v_s$ und die Winkelgeschwindigkeit $\omega$ sind, weil die Körper rollen, nicht unabhängig voneinander.

$$v_s = r \cdot \omega \qquad \underline{2}$$

Es gilt daher:

$$mg\Delta h = \frac{1}{2}\left(m + \frac{J_s}{r^2}\right)v_s^2$$

$$\Longrightarrow v_s = \sqrt{\frac{2g\Delta h}{1 + \dfrac{J_s}{mr^2}}} = r \cdot \omega \qquad \underline{3}$$

Nun bleibt nur noch die Aufgabe, die Trägheitsmomente der vier Körper einzusetzen:

| | | | |
|---|---|---|---|
| a) Zylinder : | $J_s$ | $=$ | $\dfrac{1}{2}mr^2$ |
| b) Hohlzylinder: | $J_s$ | $=$ | $mr^2$ |
| c) Kugel : | $J_s$ | $=$ | $\dfrac{2}{5}mr^2$ |
| d) Fahrzeug : | $J_s$ | $\approx$ | $0$ |

Das Trägheitsmoment des Fahrzeuges setzen wir null, weil sich das Fahrzeug selbst nicht dreht und die kleinen Räder ein zu vernachlässigendes Trägheitsmoment haben sollen. Bei einem Wettrollen auf der schiefen Ebene werden bei zeitgleichem Start die Körper in der Reihenfolge ihrer Trägheitsmomente das Ziel passieren:
1. Fahrzeug
2. Kugel
3. Zylinder
4. Hohlzylinder

In dieser Reihenfolge kommt der unterschiedliche Anteil der Rotation an der gesamten Energie zum Ausdruck. Je größer die Rotationsenergie ist, desto geringer kann wegen der Energieerhaltung die kinetische Energie der Translation sein und um so langsamer beschleunigt der Körper auf der schiefen Ebene.

## Potentielle Energie bei Drehungen

Die Analogie der Rotationsbewegungen mit Drehachsen fester Richtung zu geradlinigen Bewegungen ist sehr weitgehend. Auch bei Rotationsbewegungen können potentielle Energien auftreten. Wir betrachten dazu eine Spiralfeder, die auf einen Drehkörper ein rücktreibendes Drehmoment $M$ ausübt. Auch hier gilt im weiteren das Hookesche Gesetz:

$$\boxed{M = -D_\mathrm{m}\varphi}, \qquad [D_\mathrm{m}] = \mathrm{N} \cdot \mathrm{m} \tag{7.52}$$

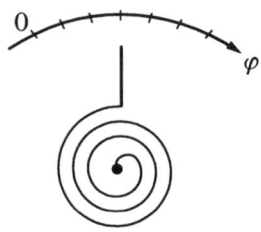

Der Winkel $\varphi$ wird der Einfachheit halber relativ zur Ruhelage gemessen. Die Größe $D_\mathrm{m}$ heißt das **Direktionsmoment** und ist der Federkonstante $D$ bei geraden Federn vergleichbar. Die potentielle Energie dieser Drehfeder lautet somit:

$$W_\mathrm{pot} = \frac{1}{2}D_\mathrm{m} \cdot \varphi^2 \tag{7.53}$$

Der Energiesatz (ohne Reibungsverluste) besteht in der Erhaltung von Rotationsenergie und potentieller Energie:

*Abb. 7.19: Rücktreibendes Drehmoment an einer Spiralfeder*

$$W_\mathrm{rot} + W_\mathrm{pot} = \frac{1}{2}J\omega^2 + \frac{1}{2}D_\mathrm{m}\varphi^2 = \mathrm{const.} \tag{7.54}$$

für ein System, das sich in der horizontalen Ebene dreht. Dieses Federsystem führt **Drehschwingungen** aus. Wie beim linearen Feder-Masse-System tritt nach Auslenkung ein stetiger Wechsel zwischen Rotationsenergie und potentieller Energie auf.

Jetzt ist es möglich, die Gegenüberstellung der Größen für geradlinige Bewegung und der Drehung bei fester Achse zu vervollständigen.

*Tabelle 7.3    Gegenüberstellung der Größen für Translation und Rotation*

| Geradlinige Bewegung | | Drehung um die $z$-Achse | |
|---|---|---|---|
| Ort | $x$ | Winkel | $\varphi$ |
| Geschwindigkeit | $v_x = \dfrac{\mathrm{d}x}{\mathrm{d}t}$ | Winkelgeschwindigkeit | $\omega_z = \dfrac{\mathrm{d}\varphi}{\mathrm{d}t}$ |
| Beschleunigung | $a_x = \dfrac{\mathrm{d}v_x}{\mathrm{d}t}$ | Winkelbeschleunigung | $\alpha_z = \dfrac{\mathrm{d}\omega_z}{\mathrm{d}t}$ |
| Masse | $m$ | Trägheitsmoment | $J$ |
| Kraft | $F_x = a_x m$ | Drehmoment | $M_z = J\alpha_z$ |
| Arbeit | $W_{12} = F_x\Delta x$ | Arbeit | $W_{12} = M_z\Delta\varphi$ |
| Kinetische Energie | $\dfrac{1}{2}mv^2$ | Rotationsenergie | $\dfrac{1}{2}J\omega_z^2$ |
| Leistung | $P = F_x \cdot v_x = \dfrac{\mathrm{d}W}{\mathrm{d}t}$ | Leistung | $P = M_z\omega_z = \dfrac{\mathrm{d}W}{\mathrm{d}t}$ |
| Impuls | $p_x = mv_x$ | Drehimpuls | $L_z = J\omega_z$ |

# 7.4 Trägheitskräfte in rotierenden Bezugssystemen – Zentripetalkraft

Wie wir bereits in einem früheren Kapitel gesehen haben, ist jede, auch eine gleichförmige Kreisbewegung mit einer **Zentralbeschleunigung** $\vec{a}_r$ verknüpft. Diese Beschleunigung ist auf den Kreismittelpunkt gerichtet.
Ihr Betrag ist durch die folgenden Beziehungen gegeben:

$$a_r = \omega^2 \cdot r = \frac{v^2}{r} \tag{7.55}$$

Da eine Kreisbewegung gemäß den Newtonschen Gesetzen nicht ohne äußere Einwirkung zustande kommt, muß eine entsprechende Kraft auftreten. Wir nennen sie **Zentripetalkraft** und berechnen den Betrag mit:

$$F_r = m \cdot a_r = m \cdot \omega^2 \cdot r = m \cdot \frac{v^2}{r} \tag{7.56}$$

Die Zentripetalkraft ist auf den Mittelpunkt der Kreisbahn gerichtet. Ein Hammerwerfer jedoch, der eine Kugel auf einer Kreisbahn um sich herumschleudert, spürt in seinen Armen eine nach außen gerichtete Kraft. Sie ist bis auf die Richtung mit der Zentripetalkraft identisch. Die nach außen gerichtete Zentrifugalkraft bemerkt nur der rotierende Beobachter. Sie ist daher ihrem Wesen nach eine Trägheitskraft. Wir erinnern uns an ein früheres Kapitel, daß Trägheitskräfte in beschleunigten Bezugssystemen auftreten. Da in einem rotierenden Bezugssystem immer Beschleunigungen auftreten, sind für den mitdrehenden Beobachter **Zentrifugalkräfte** unausweichlich.

*Beispiel 7.10*:   Ultrazentrifuge

Eine Ultrazentrifuge mit dem Radius $r = 5$ cm hat eine Drehzahl $n = 1000/s$. Wie groß ist die Zentrifugalkraft auf ein Partikel der Masse $m = 10\,\mu g$, und wie groß ist sie, verglichen mit der Schwerkraft $mg$?

**Lösung:**

Wir berechnen den Betrag der Zentrifugalkraft mit der Beziehung

$$F_r = mr \cdot \omega^2 = mr(2\pi n)^2 = 19,74\,\text{N}$$

$$\frac{F_r}{mg} = 201215 \qquad\qquad \underline{1}$$

Die Zentrifugalkraft ist ca. 200000 mal stärker als die Schwerkraft. Die Partikel werden zum Rand beschleunigt und können leicht von der Flüssigkeit getrennt werden.

Am Beispiel eines Karussells soll die unterschiedliche Beobachtungsweise für stehende und mitdrehende Beobachter diskutiert werden. Der stehende Zuschauer betrachtet die Drehung aus einem Inertialsystem heraus, der rotierender Beobachter beurteilt den Vorgang vom Nichtinertialsystem aus. Der ruhende Beobachter bemerkt das Auftreten der Schwerkraft über die Kettenkraft $\vec{F}_s$.

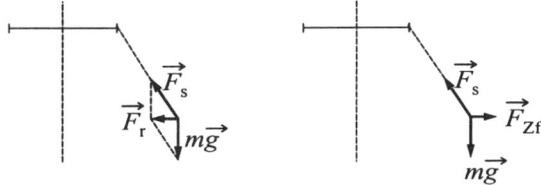

*Abb. 7.20: Kräfte am Karussell vom ruhenden und mitrotierenden Beobachter gesehen*

Beide Kräfte zusammen ergeben die für die Kreisbewegung erforderliche Zentripetalkraft.

$$\vec{F}_r = m\vec{g} + \vec{F}_s \tag{7.57}$$

Der rotierende Beobachter bemerkt in seinem Koordinatensystem den Karussellfahrer immer am gleichen Ort. Für ihn muß daher die Summe aus Schwerkraft, Zentrifugalkraft und Seilkraft verschwinden:

$$0 = m\vec{g} + \vec{F}_{Zf} + \vec{F}_{Seil} \tag{7.58}$$

### *Beispiel 7.11:*    Überhöhte Eisenbahnkurve

Eine Eisenbahnkurve mit dem Radius $r = 700$ m ist um $\varphi = 10°$ überhöht. Bei welcher Fahrgeschwindigkeit steht für den Reisenden die Resultierende aus Schwer- und Zentrifugalkraft senkrecht zur Kurve?

**Lösung:**

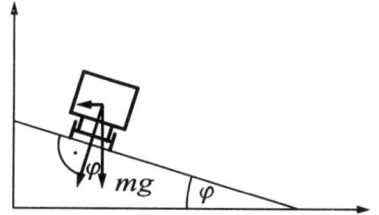

*Abb. 7.21: Zug in einer überhöhten Kurve*

Im beschleunigten Koordinatensystem des Zugreisenden muß zwischen Schwerkraft und Zentrifugalkraft folgende Beziehung gelten:

$$m \cdot g \cdot \tan \varphi = m \frac{v^2}{r} \qquad \underline{1}$$

Damit gilt für die gesuchte Geschwindigkeit:

$$v = \sqrt{r \cdot g \cdot \tan \varphi}$$

$$= 34,8 \,\frac{m}{s} \approx 125,3 \,\frac{km}{h} \qquad \underline{2}$$

## Rotierende Flüssigkeitsoberflächen

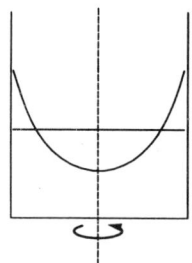

*Abb. 7.22: Rotierende Flüssigkeitsoberfläche*

Ein instruktiver Versuch zu den Radialkräften besteht darin, eine transparente flache Küvette um die Symmetrieachse in Drehung zu versetzen. Die Wirkung der Zentrifugalkräfte kann gut bei stroboskopischer Beleuchtung beobachtet werden. Je höher die Drehzahl des Antriebsmotors ist, desto mehr weicht die Form der Flüssigkeitsoberfläche von der Horizontalen ab.

Die Flüssigkeitsoberfläche stellt sich in jedem Abstand von der Drehachse senkrecht zur Resultierenden aus Schwerkraft und Zentrifugalkraft ein. Wie im Beispiel 7.11 gilt daher für den Steigungswinkel $\varphi$

$$\tan \varphi = \frac{v^2}{r \cdot g} = \omega^2 \frac{r}{g} \tag{7.59}$$

Je größer der Abstand $r$ zur Drehachse, desto größer wird die Steigung $\tan \varphi$ der Flüssigkeitsoberfläche. Die Steigung $\tan \varphi$ ist aber die Ableitung der Funktion $y(r)$, die die Form der Oberfläche beschreibt:

$$\frac{dy}{dr} = \frac{\omega^2}{g} r \tag{7.60}$$

Daraus folgt, daß der Oberflächenpegel der Flüssigkeit quadratisch mit dem Abstand vom Ursprung (parabolisch) ansteigt:

$$y(r) \sim r^2 \tag{7.61}$$

### *Beispiel 7.12:*    Kugel in einer rotierenden Kreisrinne

Eine Rinne, mit einem halbkugelförmigem Hohlraum, in der sich eine kleine Kugel reibungsarm bewegen kann, wird in Drehung versetzt. Wie hängt die Gleichgewichtslage von der Drehzahl der Versuchsanordnung ab?

**Lösung:**

Wie bei der rotierenden Flüssigkeitsoberfläche muß die Resultierende aus Schwerkraft und Zentrifugalkraft senkrecht zur Rinne orientiert sein.

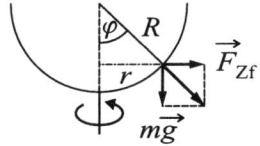

$$m \cdot g \cdot \tan \varphi = m \cdot \omega^2 \cdot r = m \cdot \omega^2 \cdot R \cdot \sin \varphi \qquad \underline{1}$$

Dieser Gleichung entnehmen wir, daß die Gleichgewichtslage unabhängig von der Masse der Kugel ist. Wir müssen die Lösung(en) der folgenden Gleichung suchen:

*Abb. 7.23: Rotierende Kreisrinne*

$$g \cdot \tan \varphi = \omega^2 \cdot R \cdot \sin \varphi \qquad \underline{2}$$

Der Winkel $\varphi = 0$ ist immer Lösung dieser Gleichung. Die zweite Lösung ist durch

$$\frac{g}{\cos \varphi} = \omega^2 \cdot R \Longrightarrow \cos \varphi = \frac{g}{\omega^2 \cdot R} \qquad \underline{3}$$

gegeben.

Da die Cosinus-Funktion höchstens den Wert 1 hat, kann die zweite Lösung nur für Winkelgeschwindigkeiten $\omega$, die einen bestimmten Wert übersteigen, auftreten.

$$\omega^2 > \frac{g}{R} \qquad \underline{4}$$

Die physikalische Interpretation ist nun folgendermaßen: Für Kreisfrequenzen $\omega \leqq \sqrt{g/R}$ gibt es eine stabile Lage $\varphi = 0$ für die Kugel. Bei größeren Kreisfrequenzen wird die Lage $\varphi = 0$ instabil gegen kleine Störungen und die Kugel kann eine stabile Lage bei dem Winkel $\varphi = \arccos \left[ g/(\omega^2 R) \right]$ einnehmen. Dieses Beispiel zeigt, daß auch bei so einfachen Vorgängen wie Drehbewegungen überraschende Ergebnisse zutage treten können.

## Corioliskraft

Eine weitere Trägheitskraft tritt in rotierenden Koordinatensystemen in Erscheinung. Sie wurde von G. Coriolis 1835 entdeckt und trägt seinen Namen. Die Corioliskraft hängt sowohl von der Winkelgeschwindigkeit als auch von der Relativgeschwindigkeit des betrachteten Körpers ab. Zur Verdeutlichung stellen wir uns eine Schreibfeder vor, die, vom raumfesten Koordinatensystem aus gesehen, mit konstanter Geschwindigkeit $\vec{v}$ über eine rotierende Scheibe fährt. Beginnt die Feder ihre Bewegung bei der Drehachse und bewegt sich dann radial nach außen, so schreibt sie auf einem drehenden Blatt Papier eine Spirale.

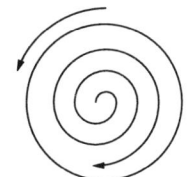

*Abb. 7.24: Bahnkurve eines Körpers auf einer rotierenden Scheibe*

Das Auftreten der spiralförmigen Bahn ist der Beweis für das Vorhandensein der Corioliskraft.

Zur quantitativen Herleitung der Corioliskraft betrachten wir eine mit konstanter Winkelgeschwindigkeit $\omega$ rotierende Stange, auf der sich eine Punktmasse $m$ radial mit der Relativgeschwindigkeit $v_r = \text{const.}$ bewegt.

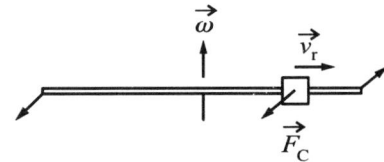

*Abb. 7.25: Corioliskraft*

Je weiter außen die Masse sich befindet, desto größer ist das Trägheitsmoment $J = mr^2$ der Masse. Das größer werdende Trägheitsmoment verursacht ein Drehmoment trotz konstanter Winkelgeschwindigkeit $\omega$:

$$M = \frac{\mathrm{d}L}{\mathrm{d}t} = \frac{\mathrm{d}J}{\mathrm{d}t} \omega$$

$$= \omega \cdot m \frac{\mathrm{d}r^2}{\mathrm{d}t}$$

$$= 2m \cdot \omega \cdot r \cdot v_r \qquad (7.62)$$

Dieses Drehmoment muß vom Antrieb aufgebracht werden, damit die Drehzahl sich nicht ändert. Ein Drehmoment vom gleichen Betrag, jedoch entgegengesetzter Richtung greift an der Masse an und ist Ursache für die Corioliskraft:

$$F_C = -2m \cdot \omega \cdot v_r \tag{7.63}$$

Das Minuszeichen soll andeuten, daß die Corioliskraft der Drehung entgegengerichtet ist.

In Vektorschreibweise lautet die **Corioliskraft**:

$$\boxed{\vec{F}_C = -2m\vec{\omega} \times \vec{v}_r} \tag{7.64}$$

Abb. 7.26: *Wirbel um Hoch- und Tiefdruckgebiete auf der Nordhalbkugel*

Auf der Nordhalbkugel der Erde führt die Corioliskraft zu einer Ablenkung der Bewegungen nach rechts, da sich die Erde immer (nach Westen, d. h. auf eingenordeten Karten nach links) unter dem untersuchten System wegdreht. Am Nordpol dreht sich die Erde sogar so unter einem Punkt weg, daß die Pendelebene sich scheinbar pro Tag einmal um 360° dreht! Aus diesem Grunde sind die Wirbel um Hochdruckgebiete auf Wetterkarten der Nordhalbkugel immer im Uhrzeigersinn orientiert, Tiefdruckgebiete hingegen gegen den Uhrzeigersinn.

# 7.5    Statisches Gleichgewicht

Wir haben bereits im Kapitel 6 gesehen, daß die Gleichgewichtsbedingungen für die Translationsbewegungen des Schwerpunktes eines starren Körpers lauten:

$$\boxed{\sum_i \vec{F}_i = 0} \tag{7.65}$$

Die **Gleichgewichtsbedingung für gleichförmige Drehung** ist:

$$\boxed{\sum_i \vec{M}_i = \sum_i \vec{r}_i \times \vec{F}_i = 0} \tag{7.66}$$

Drehmomente und Kräfte müssen im Falle gleichförmiger Dreh- und Translationsbewegungen verschwinden. Das sind für drei Dimensionen insgesamt 6 unabhängige Gleichungen. Bei ebenen Problemen reduziert sich die Zahl der unabhängigen Gleichungen auf 3: zwei Bedingungen für die Kräfte und eine Bedingung für das Drehmoment. Bei statischen Problemen können wir für das Drehmoment einen beliebigen Punkt als Ursprung wählen. Sinnvoll ist es aber, das Drehmoment für eine Achse zu berechnen, entlang derer eine der Kräfte angreift. Diese Kraft ruft dann kein Drehmoment hervor. Die Drehmomentenbilanz $\vec{M} = 0$ ist selbst dann noch gültig, wenn sich der Schwerpunkt eines Körpers mit konstanter Geschwindigkeit $\vec{v} = \Delta\vec{R}/\Delta t$ bewegt. Die Abstandsvektoren $\vec{r}_i'$ der Angriffspunkte der Kräfte lauten, bezogen auf den Schwerpunkt:

$$\vec{r}_i' = \vec{r}_i - \vec{R} \tag{7.67}$$

Das Gesamtdrehmoment kann mit diesen Relativabständen geschrieben werden:

$$\sum_i (\vec{r}_i' + \vec{R}) \times \vec{F}_i = 0$$

$$\sum_i \vec{r}_i' \times \vec{F}_i + \vec{R} \times \sum_i \vec{F}_i = 0 \tag{7.68}$$

Wenn die Summe der Kräfte verschwindet, gilt die Gleichgewichtsbedingung auch, wenn die Drehmomente auf den Schwerpunkt $\vec{R}$ bezogen werden.

$$\sum_i \vec{r}_i' \times \vec{F}_i = 0 \tag{7.69}$$

Für praktische Anwendungen werden jetzt einige Regeln zur Anwendung der Gleichgewichtsbedingungen angegeben :

1. Lege das System so fest, daß die äußeren Kräfte bekannt sind.

2. Mache den Körper frei, d. h., gib alle Kräfte an, die auf den Körper wirken.

3. Schreibe die Gleichgewichtsbedingungen für diese Kräfte und die gewählte Drehachse auf.

4. Das resultierende Gleichungssystem ist lösbar, wenn die Zahl der unbekannten Größen und die Zahl der Gleichungen übereinstimmt.

*Beispiel 7.13*: Gleichgewicht einer Hantel

In welchem Punkt muß eine Hantel aus zwei unterschiedlichen Massen und einer masselosen Stange unterstützt werden, damit sie horizontal im Gleichgewicht ist?

**Lösung:**

Die Forderung des Kräftegleichgewichts hat zur Folge, daß auf das Lager die Kraft

$$\vec{F}_L = -\vec{F}_1 - \vec{F}_2 \qquad\qquad \underline{1}$$

wirkt.

Es wirken also ingesamt drei Kräfte:

$$\vec{F}_1, \qquad \vec{F}_2, \qquad \vec{F}_L \qquad\qquad \underline{2}$$

Die Drehmomentenbilanz lautet:

$$\vec{r}_1 \times \vec{F}_1 + \vec{r}_L \times \vec{F}_L + \vec{r}_2 \times \vec{F}_2 = 0 \qquad \underline{3}$$

Mit dem Kräftegleichgewicht wird daraus:

$$\vec{r}_1 \times \vec{F}_1 - \vec{r}_L \times (\vec{F}_1 + \vec{F}_2) + \vec{r}_2 \times \vec{F}_2 = 0 \quad \underline{4}$$

Die letzte Gleichung ist Ausdruck der Tatsache, daß wir das Drehmoment auch in bezug auf das Lager angeben dürfen. Sie stellt einen Satz von drei Gleichungen für die gesuchte Lagerposition dar. Wird die Richtung der Schwerkraft als $z$-Achse und die Richtung der Hantel als $x$-Achse bezeichnet, so ergibt sich:

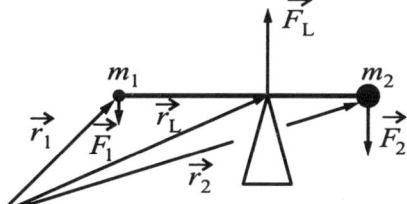

Abb. 7.27: Gleichgewicht an der Hantel

$$\vec{r}_1 = \begin{pmatrix} x_1 \\ 0 \\ 0 \end{pmatrix} \qquad \vec{r}_2 = \begin{pmatrix} x_2 \\ 0 \\ 0 \end{pmatrix} \qquad \vec{r}_L = \begin{pmatrix} x_L \\ 0 \\ 0 \end{pmatrix} \qquad\qquad \underline{5}$$

$$M_y = -m_1 g (x_1 - x_L) + m_2 g (x_2 - x_L) = 0$$

$$\implies x_L = \frac{m_1 x_1 + m_2 x_2}{m_1 + m_2} \qquad\qquad \underline{6}$$

Die auf diese Weise gefundene Koordinate $x_L$ des Lagers stimmt überein mit der Schwerpunktkoordinate, die bereits in einem früheren Kapitel auf andere Weise eingeführt wurde.

# 7.6    Drehimpuls und Drehmoment

Bisher haben wir nur die Dynamik von Drehungen untersucht, bei denen die Richtung der Drehachse festgelegt ist. Dadurch ist die Winkelbeschleunigung $\vec{\alpha}$ parallel zur Winkelgeschwindigkeit $\vec{\omega}$ gerichtet. Wie in dem Beispiel 7.1 gezeigt, treten jedoch auch in einfachen Systemen zeitlich veränderliche Drehachsen auf. Bei jedem PKW, der eine Kurve durchfährt, ändert sich die Richtung der Achse und die Richtung der Winkelgeschwindigkeit $\vec{\omega}$.

Im Abschnitt 7.2 wurde für einen einzelnen Massenpunkt angegeben, daß das Drehmoment $\vec{M}$ durch das Kreuzprodukt $\vec{r} \times \vec{F}$ gegeben ist. Diese Aussage läßt sich verallgemeinern auf ausgedehnte (nicht notwendigerweise starre) Körper und Systeme von Körpern. Sie werden, wie gewohnt, in eine Vielzahl von Massenelementen $\Delta m$ zerlegt. Das gesamte Drehmoment $\vec{M}_i$ setzt sich aus der Summe der Einzeldrehmomente $\vec{M}_i$ zusammen:

$$\vec{M} = \sum_{i=1}^{N} \vec{M}_i = \sum_{i=1}^{N} (\vec{r}_i \times \vec{F}_i) \tag{7.70}$$

Die Kräfte $\vec{F}_i$, die auf jedes Massenelement wirken können, zerlegen wir in eine äußere Kraft $\vec{F}_{i,\text{ext}}$ und in eine innere Kraft $\vec{F}_{ij}$, die vom Massenelement mit dem Index $j$ herrührt.

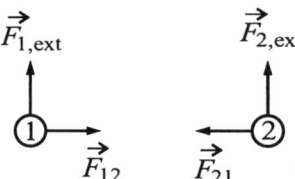

Abb. 7.28: Kräfte am Zweikörperproblem

Zu jeder Kraft $\vec{F}_{ij}$ gibt es nach dem 3. Newtonschen Axiom eine Kraft $\vec{F}_{ji}$, die bei gleichem Betrag entgegengesetzt gerichtet ist. Wenn beide Kräfte $\vec{F}_{12}$, $\vec{F}_{21}$ entlang der Verbindungslinie wirken, liefern sie keinen Beitrag zum Drehmoment $\vec{M}$.

Das Drehmoment $\vec{M}$ ist daher durch die Drehmomente bestimmt, die die äußeren Kräfte hervorrufen.

$$\vec{M} = \sum_{i=1}^{N} \vec{r}_i \times \vec{F}_{i,\text{ext}} \tag{7.71}$$

Dieses Drehmoment bestimmt die zeitliche Änderung des Gesamtdrehimpulses $\vec{L}$:

$$\vec{M} = \frac{\mathrm{d}\vec{L}}{\mathrm{d}t} = \frac{\mathrm{d}}{\mathrm{d}t} \sum_{i=1}^{N} \vec{L}_i \tag{7.72}$$

# Drehimpulserhaltungssatz

Rufen die äußeren Kräfte kein Drehmoment hervor, so ist der Gesamtdrehimpuls $\vec{L}$ in Betrag und Richtung konstant.

$$\vec{M} = 0 \implies \vec{L} = \text{const.} \tag{7.73}$$

Die bisher diskutierten Probleme der Drehungen um vorgeschriebene Achsen gehören nicht zu der Kategorie $\vec{M} = 0$, so daß bei ihnen der Drehimpuls $\vec{L}$ nicht konstant ist. Das Gesetz von der Drehimpulserhaltung gilt bei Abwesenheit äußerer Drehmomente für die verschiedenartigsten Systeme. Es findet seine Anwendung bei der Bewegung der Himmelskörper, bei kardanisch aufgehängten Kreiseln bei der Drehung nichtstarrer Körper.

## *Beispiel 7.14*: Drehstuhlexperiment 1

Ein schwindelfreier Student sitzt mit zwei Massestücken an den ausgestreckten Armen auf einem Drehstuhl und läßt sich in Rotation versetzen. Anschließend zieht er die Massestücke an den Oberkörper und dreht sich dadurch erheblich schneller. Warum ändert sich die Winkelgeschwindigkeit?

**Lösung:**

Auf den Studenten wirken keine äußeren Drehmomente, so daß der Drehimpuls um die Vertikalachse konstant ist. Er ändert hingegen sein Trägheitsmoment ausgehend vom Anfangswert $J_0$ zu einem kleineren Wert $J_1$

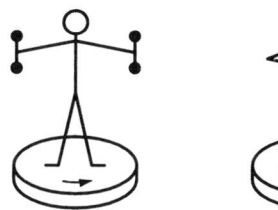

$$L_z = \text{const.} = J_0\omega_0 = J_1\omega_1 \qquad \underline{1}$$

Die Winkelgeschwindigkeit muß wegen der Drehimpulserhaltung daher anwachsen:

$$\omega_1 = \frac{J_0}{J_1}\omega_1 \qquad \underline{2}$$

*Abb. 7.29: Drehimpulserhaltung auf einem Drehstuhl*

## *Beispiel 7.15*: Drehstuhlexperiment 2

Bei einem weiteren Drehstuhlexperiment sitzt ein Student auf dem gleichen Drehstuhl und hält ein drehendes Rad eines Fahrrades zwischen den Händen, so daß die Drehachse waagerecht (das Rad steht senkrecht) orientiert ist.
Sobald der Student die Drehachse des Rades senkrecht stellt (das Rad ist jetzt waagerecht), setzt er sich in Drehung.
Der Drehsinn des Stuhles ist dem des Rades entgegengesetzt. Kippt er die Drehachse des Rades aber in die umgekehrte Richtung, so dreht er sich mit dem Stuhl entgegengesetzt herum!
Wie lautet die Erklärung?

**Lösung:**

Die Vertikalkomponente des Drehimpulses ist eine Erhaltungsgröße. Sie behält den Anfangswert 0 bei, auch nachdem die Radien in die Vertikale gedreht wurde.
Das Rad und der Student mit dem Stuhl müssen sich entgegengesetzt drehen, damit der Gesamtdrehimpuls gleich null bleibt.
Wir zerlegen den Drehimpuls um diese Richtung in den Beitrag $L_1$ des Stuhles mit dem Experimentator und dem Beitrag $L_2$ des Rades.

$$\boxed{0 = L_z = L_1 + L_2 = J_1\omega_1 + J_2\omega_2} \qquad \underline{1}$$

*Abb. 7.30: Drehimpulserhaltung auf einem Drehstuhl*

Damit der Gesamtdrehimpuls $L_z$ verschwindet, müssen die Winkelgeschwindigkeiten entgegengesetzes Vorzeichen haben und im umgekehrten Verhältnis der Trägheitsmomente stehen:

$$\boxed{\frac{\omega_1}{\omega_2} = \frac{J_2}{J_1}} \qquad \underline{2}$$

Wir können die Gleichung $\vec{M} = \mathrm{d}\vec{L}/\mathrm{d}t$ bei Bewegungen um feste Achsen auch dahingehend deuten, daß Drehmomente am Lager angreifen, sobald der Drehimpuls $\vec{L}$ zeitlich veränderlich ist. Bei Drehungen von Körpern, für die die Drehachse nicht durch den Schwerpunkt geht, treten außerdem noch Radialkräfte auf.

Betrachten wir zur Illustration eine Hantel, deren Drehachse gegen die Hantel um den Winkel $\vartheta$ geneigt ist und die durch den Schwerpunkt geht.
Der Drehimpuls dieses System, bezogen auf den Schwerpunkt lautet:

$$\vec{L} = \vec{r}_A \times m\vec{v}_A + \vec{r}_B \times m\vec{v}_B \tag{7.74}$$

Orts- und Geschwindigkeitsvektoren der beiden Punktmassen an den Enden sind bis auf das Vorzeichen identisch, also ist der Gesamtdrehimpuls das doppelte der Einzeldrehimpulse:

$$\vec{L} = 2m\vec{r}_A \times \vec{v}_A \tag{7.75}$$

Dieser Drehimpuls steht senkrecht auf der Verbindungsgeraden bei beiden Massen und beschreibt einen Kegel mit dem Öffnungswinkel $\vartheta$. Der Betrag von $\vec{L}$ ist gegeben durch:

$$|\vec{L}| = 2mr_A \cdot v_A = 2mr_A^2 \cos\vartheta\, \omega_z \tag{7.76}$$

Das resultierende Drehmoment $\vec{M}$ können wir mit der folgenden Beziehung berechnen:

$$\vec{M} = \frac{d\vec{L}}{dt} = \vec{\omega} \times \vec{L} \tag{7.77}$$

(siehe Abschnitt 7.1)

Der interessierende Betrag des Drehmomentes ist:

$$|\vec{M}| = \omega_z \cdot L \sin\vartheta = 2mr_A^2 \cos\vartheta \sin\vartheta\, \omega_z^2 \tag{7.78}$$

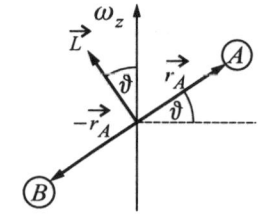

*Abb. 7.31: Drehimpuls bei einer Hantel*

Dieses Drehmoment steht senkrecht auf der Drehachse und der Hantel und versucht, die Hantel aufzurichten. Als mitrotierender Beobachter können wir dieses Drehmoment auch verstehen als Drehmoment, das die nach außen wirkenden Zentrifugalkräfte hervorrufen. Sobald der Neigungswinkel $\vartheta$ der Hantel null ist, verschwindet dieses Drehmoment.

Drehachsen, bei denen keine Lagermomente auftreten, heißen **freie Achsen** oder **Hauptachsen**. Sie sind oft die Symmetrieachsen des Körpers, z. B. bei einem Würfel die *x*-, *y*- und *z*-Achse oder bei einer Kugel jede Achse, die durch den Schwerpunkt geht.

Jeder Körper hat prinzipiell drei freie Achsen, die paarweise senkrecht aufeinander stehen. Bei Drehungen um freie Achsen ist der Drehimpuls $\vec{L}$ parallel zur Winkelgeschwindigkeit $\vec{\omega}$. Für beliebige Drehungen zerlegt man die Winkelgeschwindigkeit in die 3 Komponenten $\omega_i$ parallel zu den freien Achsen und erhält dann den Drehimpuls in diesen Richtungen mit

$$L_i = J_i \omega_i \qquad (i = 1, 2, 3) \tag{7.79}$$

Der Index $i$ kennzeichnet die Nummer der Hauptträgheitsachse; $J_i$ und $\omega_i$ sind Trägheitsmomente und Winkelgeschwindigkeiten, bezogen auf die Hauptachsen.
In unserem Beispiel der Hantel liegt eine Hauptachse auf der Verbindungslinie der Massen. Für sie ist das Trägheitsmoment null, da wir Punktmassen angenommen hatten.
In der Praxis sind die Trägheitsmomente wegen der endlichen Ausdehnung der Körper immer endlich. Die beiden anderen Hauptachsen stehen senkrecht dazu. Die Zerlegung von $\vec{\omega}$ in die drei Hauptachsenrichtungen liefert:

$$\omega_1 = \omega_z \cdot \cos\vartheta$$

$$\omega_2 = \omega_z \cdot \sin\vartheta$$

$$\omega_3 = 0 \tag{7.80}$$

Die zugehörigen Trägheitsmomente sind:

$$J_1 = 2mr_1^2$$
$$J_2 = 0$$
$$J_3 = 2mr_1^2 \qquad (7.81)$$

Der Drehimpuls besitzt nur eine Komponente in die Richtung der Hauptachse 1:

$$L_1 = 2mr_1^2\omega_z \cdot \cos\vartheta \qquad (7.82)$$

Die Rotation um freie Achsen ist bei Maschinen von großer Bedeutung: Wenn Maschinenteile um freie Achsen rotieren, treten keine Drehmomente an den Lagern auf. Man versucht daher, durch **Auswuchten** die Rotation um freie Achsen möglichst gut anzunähern.

Die Existenz von freien Achsen kann an Körpern, die an dünnen Fäden hängen und rotieren, demonstriert werden.
Bei genügend hoher Drehzahl orientieren sich auf diese Weise die so aufgehängten Körper, daß sie sich um die Achse mit dem größten Trägheitsmoment drehen.
Die Kunst des Lassowerfens beruht u. a. auf diesem Sachverhalt.

Abb. 7.32: *Existenz von freien Achsen bei rotierenden Körpern*

# 7.7 Kreisel

Ein Kreisel ist ein starrer Körper, der eine Drehung ausführt. Wir beschränken uns auf sogenannte **symmetrische Kreisel** . Das sind rotationssymmetrische Kreisel, bei denen zwei der drei Hauptträgheitsmomente gleich sind. Alle auf einer Drehbank hergestellten Kreisel aus Material konstanter Dichte erfüllen diese Voraussetzung.
Die Symmetrieachse des rotationssymmetrischen Kreisels wird auch **Figurenachse** genannt. Ist ein derartiger Kreisel kräftefrei gelagert, treten keine Drehmomente auf, und es gilt:

$$\vec{M} = \frac{\mathrm{d}\vec{L}}{\mathrm{d}t} = 0 \qquad (7.83)$$

Der Drehimpuls $\vec{L}$ dieses Kreisels ist daher in Betrag und Richtung konstant.

Zur Demonstration geeignet sind kardanisch aufgehängte und im Schwerpunkt unterstützte Kreisel. Bei einem kardanisch gelagerten Kreisel kann sich die Drehachse in jede beliebige Richtung einstellen.

Versetzen wir einen derart gelagerten Kreisel in Drehung, so behält er seine Drehrichtung im Raum bei, auch wenn wir die Kreiselaufhängung drehen. Dieser Effekt kann z. B. zur Navigation ausgenutzt werden.
Wird einem kräftefreien Kreisel ein kurzer Schlag senkrecht gegen die Drehachse versetzt, so beginnt er Taumelbewegungen auszuführen, die als **Nutationen** bezeichnet werden. Wirkt infolge des Stoßes senkrecht gegen die Kreiselachse kurzzeitig ein konstantes Drehmoment $\vec{M}$, so führt das zu einer

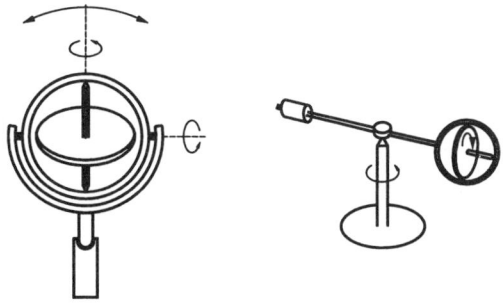

Abb. 7.33: *Kräftefreie kardanisch gelagerte Kreisel*

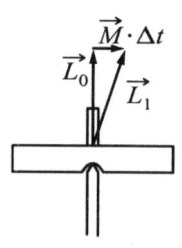

Abb. 7.34: Wirkung eines Drehmomentes auf einen Kreisel

Drehimpulsänderung $\Delta\vec{L}$ senkrecht zum Anfangsdrehimpuls $\vec{L}_0$:

$$\Delta\vec{L} = \vec{M} \cdot \Delta t \tag{7.84}$$

Anschließend führt der Kreisel eine Drehung mit dem konstanten Drehimpuls $\vec{L}_1$ aus:

$$\vec{L}_1 = \vec{L}_0 + \vec{M} \cdot \Delta t \tag{7.85}$$

Das Drehmoment $\vec{M}$ steht senkrecht zur Kraft $\vec{F}$ und zur Drehachse. Wenn dieses Drehmoment nur kurzzeitig einwirkt, gilt näherungsweise:

$$|\vec{L}_1| \approx |\vec{L}_0| \tag{7.86}$$

Der Betrag des Drehimpuls ist zwar fast unverändert, jedoch ist die Richtung eine andere. Der Beobachter sieht, daß die Figurenachse des Kreisels nicht mehr raumfest ist.

Sie bewegt sich auf einem Nutationskegel um die Richtung des Drehimpulses $\vec{L}_1$. Die Winkelgeschwindigkeit $\vec{\omega}$ für die Nutationsbewegung finden wir, indem wir den Drehimpuls $\vec{L}_1$ in die Komponenten entlang der

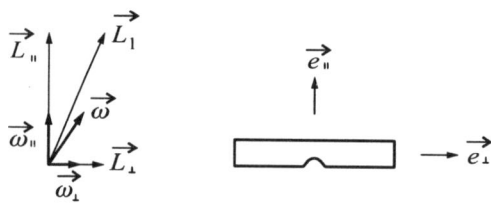

Abb. 7.35: Zerlegung des Drehimpulses nach den Hauptträgheitsachsen

Hauptträgheitsachsen zerlegen und die Winkelgeschwindigkeiten mit den folgenden Beziehungen berechnen:

$$\omega_{\parallel} = \frac{L_{\parallel}}{J_{\parallel}} \approx \frac{|\vec{L}_1|}{J_{\parallel}}$$

$$\omega_{\perp} = \frac{L_{\perp}}{J_{\perp}} \approx \frac{M_{\perp}\Delta t}{J_{\perp}} \ll \frac{L_{\parallel}}{J_{\perp}}$$

Auch die Winkelgeschwindigkeit $\vec{\omega}$ beschreibt demzufolge einen Kegel, dessen Öffnungswinkel von dem Verhältnis der Trägheitsmomente $J_{\parallel}$ und $J_{\perp}$ abhängt.

Ein einseitig gelagerter Kreisel erfährt ständig infolge der Schwerkraft ein Drehmoment $\vec{M}$.

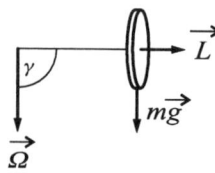

Abb. 7.36: Präzession eines einseitig gelagerten Kreisels

Er führt daraufhin eine zusätzliche Drehbewegung um die Vertikale aus, die als **Präzession** bezeichnet wird. Das Drehmoment $\vec{M} = \vec{r} \times \vec{F}$ führt zu einer dauernden Drehimpulsveränderung:

$$|\vec{M}| = r \cdot m \cdot g \sin\gamma = \left|\frac{\mathrm{d}\vec{L}}{\mathrm{d}t}\right| \tag{7.87}$$

Die **Präzessionsfrequenz** $\Omega$ können wir mit der Beziehung

$$\left|\frac{\mathrm{d}\vec{L}}{\mathrm{d}t}\right| = |\vec{\Omega} \times \vec{L}| \tag{7.88}$$

bestimmen:

$$r \cdot m \cdot g \sin\gamma = \Omega \cdot L \cdot \sin\gamma$$

$$\Omega = \frac{rmg}{L} \tag{7.89}$$

Der Drehimpuls $\vec{L}$ bezieht sich dabei auf die Drehung um die Achse des Kreisels. Der einseitig gelagerte Kreisel führt eine Präzessionsbewegung um die Vertikale bei unverändertem Winkel $\gamma$ aus.

Eine weitere Anwendung der Beziehung $\vec{M} = \mathrm{d}\vec{L}/\mathrm{d}t$ besteht in der Untersuchung der erzwungenen Präzession. Bei jedem Zug, der eine Kurve durchfährt, ändert sich der Drehimpuls $\vec{L}$ der Achsen. Das ist die Ursache für das Auftreten von zusätzlichen Drehmomenten und Kräften.

### *Beispiel 7.16:* Scheibe auf einer Kreisbahn

Eine Scheibe mit dem Radius $r$ wird durch eine Achse geführt und rollt auf einem Kreis mit dem Radius $R$. Sie besitzt die Masse $m$, das Trägheitsmoment $J$ und die Bahngeschwindigkeit $v$. Mit welcher Kraft wirkt die Scheibe auf die Lauffläche?

**Lösung:**

Die Scheibe führt eine erzwungene Präzession mit der Kreisfrequenz $\Omega = v/R$ durch. Dies gibt Anlaß zu einem Drehmoment

$$M = \Omega \cdot L = \left(\frac{v}{R}\right) \cdot J \left(\frac{v}{r}\right) \qquad \underline{1}$$

Dieses Drehmoment $\vec{M}$ ist in jedem Augenblick senkrecht zu $\vec{L}$ orientiert und liegt in der Bahnebene. Es wird durch eine Kraft $\Delta F$ verursacht, die an der Scheibe angreift und nach oben gerichtet ist:

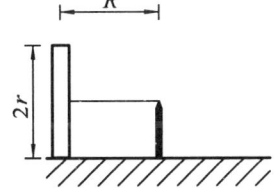

Abb. 7.37: *Scheibe auf einer Kreisbahn*

$$\Delta F = \frac{M}{R} = \frac{v^2}{R^2} \frac{J}{r} = \frac{v^2}{R^2} \frac{1}{2} m r \qquad \underline{2}$$

Als Reaktionskraft wirkt auf die Lauffläche zusätzlich eine Kraft vom Betrag $\Delta F$ nach unten, die zur Schwerkraft addiert wird.

$$F = m \left(g + \frac{1}{2} \frac{v^2 r}{R^2}\right) \qquad \underline{3}$$

Unabhängig von der Umlaufrichtung der Scheibe wird daher die Lauffläche stärker belastet.

# 7.8 Zusammenfassung

Das **Drehmoment** $\vec{M}$, das eine Kraft $\vec{F}$ hervorruft, ist durch das Vektorprodukt des Abstandsvektors $\vec{r}$ und der Kraft $\vec{F}$ gegeben:

$$\boxed{\vec{M} = \vec{r} \times \vec{F}} \qquad (7.90)$$

Der Betrag des Drehmomentes $\vec{M}$ lautet mit den Beträgen der Vektoren $\vec{r}$ und $\vec{F}$ und dem eingeschlossenen Winkel $\Theta$:

$$\boxed{M = r \cdot F \sin \Theta} \qquad (7.91)$$

Das Drehmoment ist abhängig vom gewählten Koordinatenursprung.

Der **Drehimpuls** einer Punktmasse $m$ ist definiert durch das Vektorprodukt des Orts $\vec{r}$ und Impulsvektors $\vec{p}$:

$$\boxed{\vec{L} = \vec{r} \times \vec{p}} \qquad (7.92)$$

Das gesamte äußere Drehmoment $\vec{M}$, das auf eine Punktmasse oder auf einen starren Körper wirkt, führt zu einer zeitlichen Änderung des Drehimpulses:

$$\boxed{\vec{M} = \frac{\mathrm{d}\vec{L}}{\mathrm{d}t}} \qquad (7.93)$$

Wirkt kein äußeres Drehmoment, so ist der gesamte Drehimpuls konstant:

$$\vec{M} = 0 \Longleftrightarrow \vec{L} = \text{const.}$$

(7.94)

Das Verschwinden der Summe der angreifenden Drehmomente und Kräfte ist die Bedingung für das Vorliegen des statischen Gleichgewichtes:

$$\sum_i \vec{M}_i = 0 \qquad \sum_i \vec{F}_i = 0$$

(7.95)

Im rotierenden Bezugsystem treten Trägheitskräfte auf. Es sind dies die **Zentrifugalkraft** und die **Coriolis-Kraft**:

$$\vec{F}_{\text{Zf}} = m\omega^2 \vec{r} = m\frac{v^2}{r}\vec{e}_{\text{r}}$$

$$\vec{F}_{\text{C}} = -2m(\vec{v}_{\text{r}} \times \vec{\omega})$$

Das **Trägheitsmoment** $J$ einer Punktmasse $m$ auf einer Kreisbahn mit dem Radius $R$ ist definiert durch:

$$J = mr^2$$

(7.96)

Das Trägheitsmoment von ausgedehnten Körpern kann durch eine Summe über Punktmassen ermittelt werden:

$$J = \sum_{i=1}^{N} m_i r_i^2$$

(7.97)

Im Grenzfall $N \to \infty$ geht die Summe in ein Integral über:

$$J = \int r^2 \, dm$$

(7.98)

Bei einer festen Drehachse in $z$-Richtung gilt für den Drehimpuls bezüglich dieser Achse:

$$L_z = J \cdot \omega_z$$

(7.99)

Ein Drehmoment $M_z$ führt bei fester Drehachse zu einer Winkelbeschleunigung $\alpha$:

$$M_z = J \cdot \alpha$$

(7.100)

Die Rotationsenergie ist das Produkt von:

$$W_{\text{rot}} = \frac{1}{2}J\omega_z^2$$

(7.101)

**Steinerscher Satz:** Das Trägheitsmoment $J$ um eine beliebige Achse kann zurückgeführt werden auf das Trägheitsmoment $J_s$ um eine parallele Achse durch den Schwerpunkt und das Trägheitsmoment der Punktmasse um die im Abstand $r_s$ liegende Achse vom Schwerpunkt

$$\textbf{Steinerscher Satz} \qquad J = J_s + mr_s^2$$

(7.102)

Der kürzeste Abstand zwischen dem Schwerpunkt und der Drehachse wurde mit $r_s$ bezeichnet.

Arbeit bei fester Drehachse:

$$W = \int M \, d\varphi$$

(7.103)

Leistung bei fester Drehachse

$$P = \frac{dW}{dt} = M \cdot \omega$$

(7.104)

Die **Präzession** eines symmetrischen Kreisels wird durch die Bewegungsgleichung

$$\vec{M} = \frac{\mathrm{d}\vec{L}}{\mathrm{d}t} = \vec{\Omega} \times \vec{L} \qquad (7.105)$$

beschrieben mit der Präzessionsfrequenz:

$$\Omega = \frac{|\vec{L}|}{|\vec{M}|} \qquad (7.106)$$

**Tabelle 7.4** *Gegenüberstellung der Größen für Translation und Rotation*

| **Geradlinige Bewegung** | | **Drehung um die z-Achse** | |
|---|---|---|---|
| Ort | $x$ | Winkel | $\varphi$ |
| Geschwindigkeit | $v_x = \dfrac{\mathrm{d}x}{\mathrm{d}t}$ | Winkelgeschwindigkeit | $\omega_z = \dfrac{\mathrm{d}\varphi}{\mathrm{d}t}$ |
| Beschleunigung | $a_x = \dfrac{\mathrm{d}v_x}{\mathrm{d}t}$ | Winkelbeschleunigung | $\alpha_z = \dfrac{\mathrm{d}\omega_z}{\mathrm{d}t}$ |
| Masse | $m$ | Trägheitsmoment | $J$ |
| Kraft | $F_x = a_x m$ | Drehmoment | $M_z = J\alpha_z$ |
| Arbeit | $W_{12} = F_x \Delta x$ | Arbeit | $W_{12} = M_z \Delta\varphi$ |
| Kinetische Energie | $\dfrac{1}{2}mv^2$ | Rotationsenergie | $\dfrac{1}{2}J\omega_z^2$ |
| Leistung | $P = F_x \cdot v_x = \dfrac{\mathrm{d}W}{\mathrm{d}t}$ | Leistung | $P = M_z \omega_z = \dfrac{\mathrm{d}W}{\mathrm{d}t}$ |
| Impuls | $p_x = mv_x$ | Drehimpuls | $L_z = J\omega_z$ |

# 7.9 Aufgaben

**7.1** Ein PKW durchfährt eine Kurve vom Krümmungsradius $r = 50$ m. Bei welcher Geschwindigkeit kommt er ins Schleudern, wenn der Reibungskoeffizient $\mu = 0,2$ beträgt?

**7.2** Vom obersten Punkt einer Kugel mit dem Radius $r = 12$ m gleitet reibungsfrei ein kleiner Würfel nach unten. In welcher Höhe unterhalb des Ausgangspunktes löst sich der Würfel von der Kugeloberfläche?

**7.3** Aus welcher Höhe $h$ über dem Boden muß ein Artist mindestens starten, damit er die skizzierte „Todesschleife" ($d = 6$ m) durchfahren kann, ohne abzustürzen?
Der Artist soll die Spirale reibungsfrei mit seinem Fahrzeug befahren.

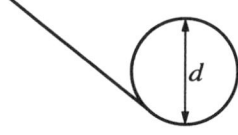

*Abb. 7.38: Todesschleife*

**7.4** Ein Omnibus der Gesamtmasse $m = 5000$ kg soll durch eine als Energiespeicher dienende Schwungscheibe in die Lage versetzt werden, auf ebener Strecke 2 km weit bei einer Rollreibungszahl $\mu = 0,05$ zu fahren.

Welche Masse $m_s$ muß die Scheibe bei einem Durchmesser von $D = 1,2$ m haben, wenn die Anfangsdrehzahl $n = 3000/\mathrm{min}$ beträgt?

**7.5**

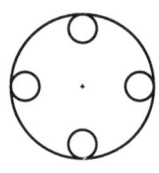

*Abb. 7.39:*

Bei einer Aluminiumscheibe (Durchmesser 12 cm, Dicke 5 mm) befinden sich an den in der Skizze angegebenen Stellen
1. vier Bohrungen mit dem Radius $r = 1,5$ cm,
2. vier aufgesetzte Scheiben ($r = 1,5$ cm) der Dicke 5 mm,
3. je zwei Scheiben und Bohrungen, die abwechselnd angeordnet sind.

Berechnen Sie die Trägheitsmomente für die drei Fälle!
(Dichte von Al: $\rho = 2,8$ g/cm³)

**7.6**

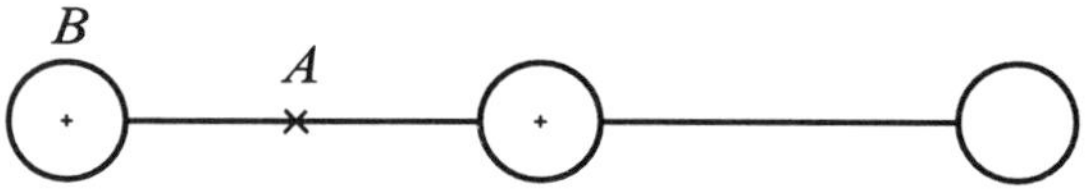

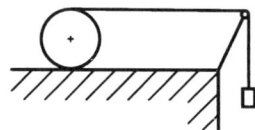

*Abb. 7.40: Kugeln $r = 5$ cm, Stäbe $l = 15$ cm, Dicke 3 mm*

Berechnen Sie die Trägheitsmoment $J_A$ und $J_B$ der skizzierten Anordnung aus Aluminium! Die Drehachsen sind senkrecht zur Zeichenebene und gehen durch die Punkte $A$ und $B$.

**7.7**    Ein Schwungrad der Masse $m = 5000$ kg besitzt das Trägheitsmoment $J = 7200$ kg·m². Es läuft in einem Lager mit dem Durchmesser $d = 160$ mm und dem Reibungskoeffizienten $\mu = 0,01$. Das Antriebsmoment ist $M_a = 3000$ N·m.

Wie lange dauert es, bis es auf die Drehzahl $n = 240$/min beschleunigt ist?
Welche Leistung ist zum Aufrechterhalten dieser Drehzahl erforderlich?
Wie lange dauert der Auslauf nach Abschalten des Antriebs? Zeichnen Sie Diagramme für $n(t)$, $\alpha(t)$ und $P(t)$.

**7.8**    Ein Ventilator erreicht 5 Sekunden nach dem Einschalten der Energiezufuhr bei einer mittleren Leistungsaufnahme von 30 W eine Betriebsdrehzahl von $n = 3000$/min. Nach dem Abschalten läuft der Ventilator in 45 Sekunden bis zum Stillstand aus.

Wie groß ist das Drehmoment und welches Trägheitsmoment besitzt das System während des Abbremsens?

**7.9**

*Abb. 7.41:*

Eine zylindrische Walze mit der Masse $m = 10$ kg und dem Radius $r = 0,1$ m wird durch ein Gewichtsstück der Masse $m_2 = 2$ kg über eine Umlenkrolle in Bewegung gesetzt.

Wie groß ist die Beschleunigung des Schwerpunktes der Walze und welche Geschwindigkeit erreicht die Walze, wenn das Gewichtsstück um $l = 2$ m herabgesunken ist?

**7.10**

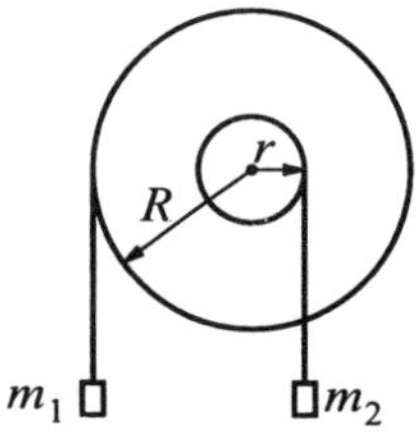

*Abb. 7.42:*

Ein Drehkörper aus Eisen kann um seine Achse reibungsfrei rotieren. Um zwei Umfänge mit den Radien $r = 0,2$ m und $R = 0,4$ m sind Fäden gewickelt, an denen die Massen $m_1 = m_2 = 1$ kg hängen.

Berechnen Sie die Winkelbeschleunigung des Drehkörpers, die Beschleunigungen der beiden Massen, sowie die Seilkräfte!
(Dichte von Eisen: $\rho = 7,8 \cdot 10^3$ kg/m³)

**7.11**    Wie schnell muß ein Auto beschleunigen, damit die vorher offenen Türen ins Schloß fallen?

Beim Anfahren bilden die Türen, die 1 m breit und 10 kg schwer sind, den Winkel $\alpha = 60°$ zur Karosserie. Zum Überwinden des Schlosses muß eine Energie von $W = 7,5$ J aufgebracht werden. Die Masse der Tür ist gleichmäßig über die Breite verteilt.

Welche Winkelgeschwindigkeit besitzen die Türen kurz vor dem Aufschlagen?

**7.12**    Eine punktförmige Masse $m = 750$ g rotiert reibungslos an einem masselosen Faden der Länge $l = 40$ cm auf einer vertikalen Kreisbahn. Im höchsten Punkt der Bahn beträgt die Seilkraft $F = 10$ N.

Wie groß sind die Seilkräfte
a) auf halber Höhe,
b) im tiefsten Punkt der Bahn?

**7.13**  Ein Speichenrad rollt eine schiefe Ebene der Länge $l = 10$ m und der Neigung $\alpha = 6°$ hinunter.

Welche Geschwindigkeit besitzt das Rad am Fuß der schiefen Ebene, wenn der Rollreibungskoeffizient $\mu = 0,05$ beträgt?

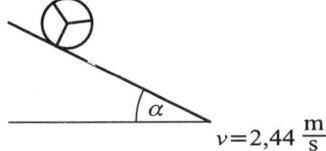

$v = 2,44 \dfrac{\text{m}}{\text{s}}$

*Abb. 7.43: Raddurchmesser $D = 70$ cm, Masse einer Speiche $m = 1$ kg, Gesamtmasse $M = 10$ kg*

**7.14**  An einem Lüfter mit dem Trägheitsmoment $J = 0,003$ kg $\cdot$ m$^2$ greift ein Bremsmoment $M_\text{b} = 0,02$ N $\cdot$ m an.

Welche Drehmomente und welche mittleren Leistungen sind erforderlich, um in 10 s aus dem Stillstand heraus auf die Enddrehzahl $n = 50/$s zu beschleunigen und um diese Drehzahl aufrechtzuerhalten? Wie lange dauert der Auslauf nach Abschalten des Motors?

**7.15**  Die skizzierte Kabeltrommel liegt auf einer ebenen waagerechten Fläche ($\mu = 0,2$).

Welche Beschleunigung erfährt die 200 kg schwere Rolle, Außendurchmesser $D = 2,0$ m wenn eine Kraft $F = 100$ N am Innendurchmesser $d = 1,6$ m angreift?
Bei welcher Kraft fängt die Trommel an zu gleiten?
Für die Berechnung des Trägheitsmomentes der Trommel können die Seitenteile vernachlässigt werden, d. h.

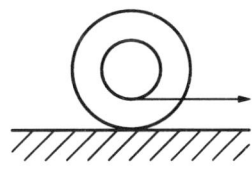

*Abb. 7.44: Kabeltrommel*

$$J_\text{s} = \frac{1}{2}m\left(\frac{d}{2}\right)^2$$

**7.16**  Ein Pkw mit der Masse $m = 800$ kg fährt mit 108 km/h über eine Brücke.

Berechnen Sie die auf die Brücke übertragene Kraft, wenn diese
a) waagerecht,
b) nach oben,
c) nach unten kreisförmig gewölbt ist.
(Krümmungsdurchmesser $D = 200$ m)

**7.17**  An einer dünnen masselosen Stange der Länge $l = 0,4$ m ist eine Kugel (Durchmesser $D = 0,3$ m) befestigt. Diese Anordnung ist drehbar um das der Kugel entgegengesetzte Ende aufgehängt; sie wird anfänglich um 90° zur Vertikalen ausgelenkt und anschließend losgelassen.

Welche Bahngeschwindigkeit besitzt der Mittelpunkt der Kugel beim Durchgang durch die Ruhelage?

**7.18**  Wie groß ist das Trägheitsmoment eines quadratischen Rahmens, der aus vier dünnen Stäben der Länge $l = 0,8$ m und der Masse $m_\text{St} = 2$ kg besteht?
Die Drehachse geht durch einen Eckpunkt des Rahmens und steht senkrecht auf der Ebene des Rahmens.

**7.19**  Berechnen Sie das Trägheitsmoment einer Flügelscheibe gemäß Abbildung für die Drehung um eine Achse durch den Schwerpunkt. Die Drehachse steht senkrecht zur Zeichenebene.

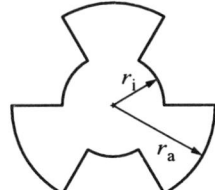

*Abb. 7.45: Trägheitsmoment einer Flügelscheibe Außenradius $r_\text{a} = 10$ cm, Innenradius $r_\text{i} = 5$ cm, Höhe $h = 1$ cm, Masse $m = 1$ kg*

**7.20**  Welcher Bruchteil der gesamten kinetischen Energie steckt bei einer rollenden Walze in der Eigenrotation? Der Innenradius $r_\text{i}$ ist halb so groß wie der Außenradius $r_\text{a}$.

# Kapitel 8

# Gravitation

Alle Körper, die mit Masse behaftet sind, ziehen sich gegenseitig an. Diese Kräfte nennen wir **Massenanziehung**, **Schwerkraft** oder **Gravitation**. Die Gravitation beherrscht die Bewegung der Planeten, Sterne und Milchstraßen genauso wie den freien Fall und das Stehen von Körpern auf der Erdoberfläche. Die Schwerkraft ist deswegen seit altersher Gegenstand des menschlichen Interesses. Seit Jahrtausenden beobachten Menschen die Bewegung der Gestirne am Firmament und versuchen, diese Geschehnisse zu erfassen und systematisch zu verstehen. Die Kalender einiger alter Völker zeugen von einer jahrhundertelangen kontinuierlichen Himmelsbeobachtung. Sonnen- und Mondfinsternisse konnten aufgrund dieser Beobachtungen vorhergesagt werden. Von einem physikalischen Verständnis der Bewegung der Himmelskörper war man aber trotzdem noch weit entfernt. Den Schlüssel zu diesem Verständnis fand zu Beginn des 17. Jahrhunderts **Johannes Kepler** durch die Beobachtung der Planetenbahnen. Seine Entdeckungen wirkten befruchtend auf den kurze Zeit später lebenden Isaac Newton. Seine theoretische Mechanik konnte Keplers Beobachtungen erklären und war dadurch auf das Beste bestätigt. In späteren Jahrhunderten wurden die mathematischen Methoden so verfeinert, daß aus Abweichungen der Planetenbahnen von der berechneten Bahn auf die Existenz unbekannter Planenten geschlossen werden konnte.

## 8.1 Keplersche Gesetze

Die Ergebnisse von Keplers Planetenbeobachtungen lassen sich in drei Gesetzen zusammenfassen:

**1. Keplersches Gesetz**

**Die Planeten bewegen sich auf elliptischen Bahnen um die Sonne. Die Sonne befindet sich in einem der beiden Brennpunkte der Ellipse.**

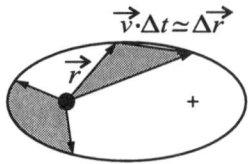

$$\vec{v} \cdot \Delta t \simeq \Delta \vec{r}$$

*Abb. 8.1: Flächensatz der Planetenbewegung*

Ferner entdeckte Kepler, daß sich die Planeten auf ihrer Bahn langsamer bewegen, wenn der Abstand zur Sonne größer wird. Die Planeten werden schneller bei kleiner werdender Entfernung zur Sonne. Kepler formulierte diesen Zusammenhang zwischen Geschwindigkeit und Abstand in dem sogenannten Flächensatz:

**2. Keplersches Gesetz (Flächensatz)**

**Die Verbindungslinie (Radiusvektor) zwischen Sonne und Planet überstreicht in gleichen Zeiten gleiche Flächen.**

Kurze Zeit später fand Kepler nach intensiven vergleichenden Studien der Planetenbewegung einen Zusammenhang zwischen den Umlaufzeiten $T$ und der großen Halbachse $a$ der Planetenbahnen:

**3. Keplersches Gesetz**

**Das Verhältnis aus dem Quadrat der Umlaufzeit $T$ und der 3. Potenz der großen Halbachse $a$**

$$\frac{T^2}{a^3} = \text{const.} \tag{8.1}$$

**ist für alle Planeten der Sonne gleich.**

Die nächste Tabelle zeigt die für unser Planetensystem beobachteten Verhältnisse $T^2/a^3$.

*Tabelle 8.1    Daten von Himmelskörpern*

| Name | Masse /kg | Mittlerer Radius /m | Umlauf-dauer $T$/s | Große Bahn-halbachse $a$/m | $T^2/a^3$ $(10^{-19}$ s$^2$/m$^3)$ |
|---|---|---|---|---|---|
| Merkur | $3{,}18 \cdot 10^{23}$ | $2{,}43 \cdot 10^6$ | $7{,}60 \cdot 10^6$ | $5{,}79 \cdot 10^{10}$ | 2,97 |
| Venus | $4{,}88 \cdot 10^{24}$ | $6{,}06 \cdot 10^6$ | $1{,}94 \cdot 10^7$ | $1{,}08 \cdot 10^{11}$ | 2,99 |
| Erde | $5{,}98 \cdot 10^{24}$ | $6{,}37 \cdot 10^6$ | $3{,}156 \cdot 10^7$ | $1{,}496 \cdot 10^{11}$ | 2,97 |
| Mars | $6{,}42 \cdot 10^{23}$ | $3{,}37 \cdot 10^6$ | $5{,}94 \cdot 10^7$ | $2{,}28 \cdot 10^{11}$ | 2,98 |
| Jupiter | $1{,}90 \cdot 10^{27}$ | $6{,}99 \cdot 10^7$ | $3{,}74 \cdot 10^8$ | $7{,}78 \cdot 10^{11}$ | 2,97 |
| Saturn | $5{,}68 \cdot 10^{26}$ | $5{,}85 \cdot 10^7$ | $9{,}35 \cdot 10^8$ | $1{,}43 \cdot 10^{12}$ | 2,99 |
| Uranus | $8{,}68 \cdot 10^{25}$ | $2{,}33 \cdot 10^7$ | $2{,}64 \cdot 10^9$ | $2{,}87 \cdot 10^{12}$ | 2,95 |
| Neptun | $1{,}03 \cdot 10^{26}$ | $2{,}21 \cdot 10^7$ | $5{,}22 \cdot 10^9$ | $4{,}50 \cdot 10^{12}$ | 2,99 |
| Pluto | $\approx 1 \cdot 10^{23}$ | $\approx 3 \cdot 10^6$ | $7{,}82 \cdot 10^9$ | $5{,}91 \cdot 10^{12}$ | 2,96 |
| Mond | $7{,}36 \cdot 10^{22}$ | $1{,}74 \cdot 10^6$ | – | – | – |
| Sonne | $1{,}991 \cdot 10^{30}$ | $6{,}96 \cdot 10^8$ | – | – | – |

# Newtons Gravitationsgesetz

Die Beobachtungen von Kepler waren ein erster Prüfstein für die Newtonsche Mechanik. Ursache der Bewegung der Himmelkörper sind die zwischen ihnen wirkenden Kräfte. Nach dem 3. Newtonschen Gesetz gibt es zu jeder Kraft, mit der die Sonne auf einen Planeten wirkt, eine gleich große, entgegengesetzt gerichtete Kraft, die an der Sonne angreift. Die Gravitation hängt demzufolge von den Massen beider beteiligter Himmelskörper $m_1$ und $m_2$ in gleicher Weise ab:

$$F \sim m_1 m_2 \tag{8.2}$$

Da die meisten Planetenbahnen in guter Näherung kreisförmig sind (Ausnahmen: Pluto und Merkur), setzen wir die Gravitationskraft $F(r)$ und die Zentripetalkraft $m_2 \omega^2 \cdot r$ auf den Planeten gleich:

$$F(r) = m_2 \omega^2 \cdot r = m_2 \left( \frac{2\pi}{T} \right)^2 r \tag{8.3}$$

Aus dieser Gleichung erhalten wir unter Zuhilfenahme des 3. Keplerschen Gesetzes $T^2/r^3 = \text{const.}$ die gesuchte Abstandabhängigkeit der Gravitation:

$$F(r) = \frac{m_2 (2\pi)^2}{\text{const.} \cdot r^2} \tag{8.4}$$

Berücksichtigen wir noch, daß wegen des 3. Newtonschen Gesetztes der Planet die gleiche Kraft auf die Sonne ausübt und daher die beiden Massen symmetrisch eingehen müssen, so ergibt sich eine lineare Abhängigkeit von der Sonnenmasse $m_1$.

Damit ist die Form des Gravitationsgesetzes klar:

$$F \sim \frac{m_1 m_2}{r^2} \tag{8.5}$$

Der Wert der Proportionalitätskonstanten (**Gravitationskonstante**) beträgt

$$\gamma = (6{,}673 \pm 0{,}003) \cdot 10^{-11} \, \frac{\mathrm{N}}{\mathrm{kg}^2} \mathrm{m}^2 \qquad (8.6)$$

Damit lautet das Kraftgesetz der Gravitation:

$$F = \gamma \frac{m_1 m_2}{r^2} \qquad (8.7)$$

Die Gravitationskräfte sind so schwach, daß sie zwischen Körpern von atomaren Dimensionen keine Rolle spielt. Erst in astronomischen Maßstäben wird die Gravitation zur alles beherrschenden Kraft. Zwischen der Gravitationskonstanten $\gamma$ und dem 3. Keplerschen Gesetz können wir noch eine Beziehung herleiten:
Für kreisförmige Bahnen sind Gravitationskraft und Zentripetalkraft identisch:

$$\gamma \frac{m_1 m_2}{r^2} = m_2 \omega^2 \cdot r \qquad (8.8)$$

Ersetzen wir die Winkelgeschwindigkeit durch $\omega = 2\pi/T$, so ergibt sich:

$$\gamma \frac{m_1}{r^2} = \left(\frac{2\pi}{T}\right)^2 r$$

bzw. $\quad T^2/r^3 = \text{const.} = \dfrac{(2\pi)^2}{\gamma m_1} \qquad (8.9)$

## Beispiel 8.1:    Masse der Sonne

Wie groß ist die Masse der Sonne, wenn man die Bahndaten der Erde zugrunde legt?

**Lösung:**

Wir bestimmen die Sonnenmasse mit der Gleichung:

$$m_1 = \left(\frac{2\pi}{T}\right)^2 \frac{r^3}{\gamma} = 1{,}99 \cdot 10^{30} \, \mathrm{kg} \qquad \underline{1}$$

Eine alternative Möglichkeit, die Abstandsabhängigkeit der Gravitationskraft zu bestimmen, besteht darin, die Beschleunigung $a$, die der Mond infolge der Anziehung durch die Erde erfährt, mit der Erdbeschleunigung $g$ zu vergleichen. Für die Beschleunigung $a$ des Mondes setzen wir die Zentripetalbeschleunigung $\omega^2 \cdot r$ an:

$$\frac{a}{g} = \frac{\omega^2 \cdot r}{g} = \frac{(2\pi)^2}{g} \frac{r}{T^2} \qquad (8.10)$$

Mit den Bahndaten des Mondes ($r = 384\,400$ km $\hat{=} 60{,}3$ Erdradien; $T = 27{,}32$ Tage) ergibt sich:

$$\frac{a}{g} = \frac{1}{3602} \approx \frac{1}{60{,}3^2} \qquad (8.11)$$

Dieser Wert legt zusammen mit der Angabe des Verhältnisses des Mondbahnradius zum Erdradius die Vermutung nahe, daß die Gravitationskraft proportional zu $1/r^2$ ist:

$$F \sim \frac{1}{r^2} \qquad (8.12)$$

## Drehimpulserhaltung bei der Gravitation

Wir haben im letzten Abschnitt gesehen, daß das 3. Keplersche Gesetz eine Folge der Abstandabhängigkeit $F \sim 1/r^2$ der Gravitationskraft darstellt. Die Voraussetzungen für das 2. Keplersche Gesetz, den Flächensatz, sind weit weniger streng. Es gilt immer dann, wenn Kräfte zwischen zwei Körpern nur entlang der direkten Verbindung wirken. Der Ortsvektor $\vec{r}$ zwischen den beiden Körpern und die Kräfte sind parallel, so daß kein resultierendes Drehmoment auftritt:

$$\vec{M} = \vec{r} \times \vec{F} = 0 \tag{8.13}$$

Der Drehimpuls ist daher konstant:

$$\vec{L} = \vec{r} \times \vec{p} = \text{const.} \tag{8.14}$$

Betrachten wir einen Planeten im Schwerefeld der Sonne, so folgt aus der Drehimpulserhaltung, daß die Bahn in einer Ebene verlaufen muß. Wenn wir den Koordinatenursprung in das Zentrum der Sonne legen, so können wir uns die Drehimpulserhaltung auch grafisch mit dem Flächensatz veranschaulichen. Der Abstandsvektor $\vec{r}$ zum Planeten überstreicht in der Zeit $\Delta t$ die Fläche $\Delta A$, die wir durch den Betrag eines Kreuzproduktes ausdrücken:

$$\Delta A \approx \frac{1}{2}|\vec{r} \times \vec{\Delta r}| = \frac{1}{2}|\vec{r} \times \vec{v}\Delta t|$$

$$\Delta A \approx \frac{1}{2}|\vec{r} \times \vec{v}|\Delta t \tag{8.15}$$

Da der Drehimpuls konstant ist, bleibt auch das Vektorprodukt $\vec{r} \times \vec{v}$ unverändert. Wir schließen daraus, daß die pro Zeiteinheit vom Vektor $\vec{r}$ überstrichene Fläche $\Delta A/\Delta t$ konstant bleibt. Das ist der physikalische Inhalt von „Keplers zweitem Gesetz".

# 8.2 Gravitationsfeld

Die Gravitationskraft zwischen zwei Massen ist ein typisches Beispiel für eine **Fernwirkungskraft**, d. h., die beiden Körper wechselwirken miteinander, obwohl sie nicht in Berührung stehen. Ein alternativer Ansatz besteht darin, das Konzept des Feldes einzuführen. Wir ordnen jedem Punkt des Raumes einen Vektor $\vec{G}$, die Gravitationsfeldstärke zu, so daß die Kraft $\vec{F}$ auf eine Masse $m$ durch die Gleichung

$$\vec{F} = m\vec{G} \tag{8.16}$$

gegeben ist.

Die **Gravitationsfeldstärke** in der Umgebung der Erde lautet daher:

$$\vec{G} = -\gamma \frac{m_e}{r^2} \vec{e}_r \tag{8.17}$$

Das negative Vorzeichen berücksichtigt die anziehende Wirkung der Gravitation. Die Gravitationsfeldstärke besitzt zwar die Dimension einer Beschleunigung, ist jedoch eine andersgeartete Größe. Sie beschreibt den veränderten Zustand des Raumes in der Umgebung eines Körpers. Eine Kraft tritt erst auf, wenn ein zweiter Körper in diese Umgebung eintritt. Die potentielle Energie im Schwerefeld eines Himmelskörper können wir mit dem bereits bekannten Linienintegral

$$\Delta W_{\text{pot}} = -\int \vec{F} \, d\vec{s} \tag{8.18}$$

ermitteln.

Im Falle der Gravitation ergibt dies für einen radialen Integrationsweg, d. h., parallel zur Kraft, die potentielle Energie:

$$\Delta W_{\text{pot}} = +\int_{r_1}^{r_2} \gamma \frac{m m_{\text{e}}}{r^2}\, dr$$

$$\Delta W_{\text{pot}} = -\gamma\, m \cdot m_{\text{e}} \left[\frac{1}{r_2} - \frac{1}{r_1}\right] \tag{8.19}$$

Die Wahl des Nullpunktes ist bei der potentiellen Energie, wie wir bereits wissen, völlig willkürlich. Wir legen für $r \to \infty$ die potentielle Energie auf null fest und erhalten damit:

$$W_{\text{pot}} = -\gamma \frac{m \cdot m_{\text{e}}}{r} \tag{8.20}$$

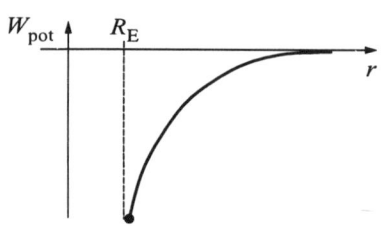

*Abb. 8.2: Potentielle Energie des Gravitationsfeldes*

Die potentielle Energie wird mit steigendem Abstand größer, d. h., es muß Arbeit geleistet werden, um z. B. einen Satelliten aus dem Einflußbereich der irdischen Gravitation zu entfernen. Die potentielle Energie gibt an, welche Energie erforderlich ist, um einen Körper aus dem Abstand $r$ in sehr große Entfernung ($r \to \infty$) zu bringen.

Der Energiesatz für einen Körper der Masse $m$ im Gravitationsfeld der Erde lautet somit:

$$W_{\text{kin}} + W_{\text{pot}} = \frac{1}{2} m \cdot v^2 - \gamma \frac{m \cdot m_{\text{e}}}{r} = \text{const.} \tag{8.21}$$

**Die Gravitationskraft ist eine konservative Kraft, die mechanische Energie ist erhalten.**

*Beispiel 8.2:*    Fluchtgeschwindigkeit

Welche Mindestgeschwindigkeit ist erforderlich, um einen Satelliten von der Erdoberfläche bis zum Verlassen des irdischen Gravitationsfeldes zu bringen?
Die Masse der Erde ist $m_{\text{e}} = 5,98 \cdot 10^{24}$ kg, der Erdradius $r_{\text{e}} = 6370$ km.

**Lösung:**

Wir wenden den Energiesatz an und setzen für den Punkt $r \to \infty$ die kinetische und potentielle Energie gleich null. Damit folgt, daß für jeden anderen Ort die Summe aus kinetischer und potentieller Energie null ist.

$$\frac{1}{2} m \cdot v^2 - \gamma \frac{m \cdot m_{\text{e}}}{r_{\text{e}}} = 0$$

$$\Longrightarrow v = \sqrt{2\gamma \frac{m_{\text{e}}}{r_{\text{e}}}} = 11,2\ \frac{\text{km}}{\text{s}}$$

# 8.3    Zusammenfassung

Keplersche Gesetze der Planetenbewegung:

1. Alle Planeten bewegen sich auf **elliptischen Bahnen,** wobei sich die Sonne in einem Brennpunkt befindet.

2. Der Radiusvektor von der Sonne zu den Planeten überstreicht in gleichen Zeitintervallen gleiche Flächen. Dieser **Flächensatz** ist die Konsequenz der **Drehimpulserhaltung.**

3. Das Verhältnis aus dem Quadrat der Umlaufzeit und der 3. Potenz der großen Halbachse $a$ ist für alle Planeten gleich konstant:

$$\frac{T^2}{a^3} = \frac{(2\pi)^2}{\gamma m_1} = \text{const.} \qquad m_1: \text{ Sonnenmasse} \tag{8.22}$$

Die Gravitationskraft zwischen zwei Körpern ist proportional zu ihren Massen $m_1$ und $m_2$ und gehorcht einer inversquadratischen Abhängigkeit vom Abstand $r$. **Sie ist immer anziehend:**

$$\vec{F} = -\gamma \frac{m_1 m_2}{r^2} \vec{e}_r \tag{8.23}$$

Die Gravitationskraft ist konservativ, und es gibt deswegen eine Potentialfunktion.

Die potentielle Energie zweier Massen $m_1$ und $m_2$ im Abstand $r$ lautet:

$$W_{\text{pot}} = -\gamma \frac{m_1 \cdot m_2}{r}, \tag{8.24}$$

wenn das Potential für $r \to \infty$ gleich 0 gesetzt wird.

Ein Körper der Masse $m$, der sich im Gravitationsfeld eines sehr viel schwereren Körpers bewegt, besitzt die Gesamtenergie:

$$W = \frac{1}{2} m \cdot v^2 - \gamma \frac{m \cdot M}{r} = \text{const.} \tag{8.25}$$

Die Gesamtenergie ist eine Konstante der Bewegung, d. h., die mechanische Energie ist erhalten.

# 8.4 Aufgaben

**8.1** Ein Satellit mit der Masse $m = 900$ kg umrundet einen Planeten auf einer kreisförmigen Bahn mit dem Radius $r = 36\,000$ km in 24 Stunden. Mit welcher Kraft wird dieser Satellit von dem Planeten angezogen?

**8.2** Welche Fluchtgeschwindigkeiten sind erforderlich, um von den Oberflächen aller Planeten (außer der Erde) abzuheben und zu großen Abständen zu gelangen?

**8.3** Welche Fluchtgeschwindigkeit ist erforderlich, um das Sonnensystem, ausgehend von der Erdbahn, zu verlassen?

**8.4** Welche Geschwindigkeit besitzt die Erde auf dem Weg um die Sonne bzw. der Mond auf dem Weg um die Erde?

**8.5** Welche Umlaufzeit und welche Geschwindigkeit hat ein Satellit, der die Erde auf einer oberflächennahen Bahn umkreist? (Bahnradius $\approx$ Erdradius)

# Teil II
# Elastomechanik und Hydrodynamik

# Kapitel 9

# Mechanik der Kontinua

## 9.1  Elastizität fester Körper

### Deformation fester Körper

Alle festen Körper sind mehr oder minder deformierbar. Während einer Deformation ändern sich die Relativabstände der Massenpunkte untereinander. Bleiben jedoch die Relativpositionen benachbarter Punkte erhalten, so spricht man vom **Festkörper**. Die Festkörperphysik baut auf dem Vielteilchenbild auf. Für sie bestehen reale makroskopische Gegenstände aus elementaren Teilchen (etwa $10^{26}$ Atomen oder Molekülen pro Kilogramm), die aufgrund elektrischer Kräfte bestimmte Vorzugspositionen untereinander einnehmen.

Es kostet sowohl Energie, den Abstand zweier Atome (Moleküle) über diesen Vorzugsabstand hinaus zu vergrößern (Zug), als auch, ihn zu verkleinern (Druck). Offensichtlich befindet sich ein Festkörper im undeformierten Zustand in einem Minimum der gespeicherten Energie. Wird er durch Deformation aus diesem Minimum herausgebracht, so üben die Moleküle Kräfte aus, die bestrebt sind, den Körper wieder in die ursprüngliche Form zurück zu versetzen.

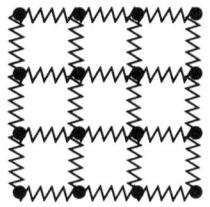

*Abb. 9.1: Modell für Energieelastizität*

Sind diese Kräfte ausschließlich durch die gegenwärtige Verformung bestimmt und wirken in der Vergangenheit vorgenommene Verformungen nicht in der Gegenwart nach, so bezeichnet man die beschriebene Eigenschaft des Festkörpers als **Elastizität**.

Da das Bestreben zur Einnahme des unverformten Zustands aus der Energie des Körpers folgt, bezeichnet man die Eigenschaft genauer auch als **Energieelastizität**. Anschaulich wird das Verhalten **energieelastischer Werkstoffe** darstellbar in dem einfachen Bild einer Vielzahl von Massen, die mit Stahlfedern untereinander verknüpft sind.

Eine ganz andere Werkstoffklasse bilden die **Elastomere** (Gummi), die aufgrund ihrer fast perfekten Elastizität eine breite technische Anwendung finden.

Elastomere bestehen aus langen, organischen, verknäulten **Kettenmolekülen**, die untereinander an einigen Stellen durch chemische Bindung verknüpft sind. Diese **Vernetzungsstellen** sind bei Naturkautschuk

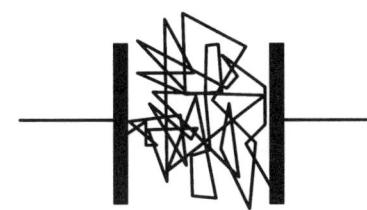

"unordentlich": hohe Entropie

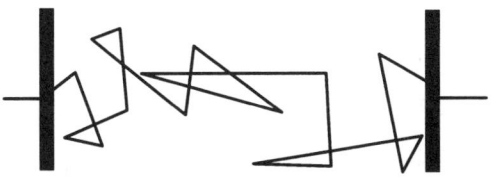

"ordentlicher": niedrigere Entropie

*Abb. 9.2: Modell für Entropieelastizität*

üblicherweise Schwefelbrücken. Die Vernetzung verhindert das Abgleiten der Ketten und damit das Auseinanderfließen des Körpers.

Für das Verständnis der elastischen Eigenschaften von Elastomeren genügt die Betrachtung eines einzigen Kettenknäuls.

Jedes Segment eines solchen Kettenknäuels unterliegt erratischen, thermischen Bewegungen; jede Raumrichtung ist dabei gleich wahrscheinlich. Jedes Segment zerrt in eine andere Richtung. In der Summe wirkt keine Kraft auf die Kettenenden.

Wird das Knäuel dagegen gestreckt, so können Segmentbewegungen im wesentlichen nur noch quer zur Kette erfolgen. Über die nun gespannte Kette führen dies zu Zugkräften auf die Kettenenden. Es bleibt eine mittlere Zugkraft, die um so größer ist, je stärker die Kette gestreckt ist.

Die Energie dagegen, die in einem Kettenmolekül steckt, hängt nur unwesentlich davon ab, ob die Kette gestreckt ist oder nicht. Die Abstände zwischen den Atomen des Moleküls bleiben beim Strecken im wesentlichen unverändert, es ändert sich nur die Form der Kette.

Die als Folge der **Verformung** auftretenden Kräfte können folglich nicht wesentlich von der Energie herrühren. Der Zustand des Kettenmoleküls wird durch eine andere Größe, die stark deformationsabhängig ist, die **Entropie**, charakterisiert.

In der statistischen Mechanik, der mikroskopischen Begründung der Thermodynamik, ist diese Größe ein Maß für **Unordnung**. Der Zweite Hauptsatz der Thermodynamik lehrt, daß jedes sich selbst überlassene System einen Zustand maximaler Entropie und damit maximale Unordnung anstrebt. Nun hat eine gestreckte Molekülkette aber eine deutlich niedrigere Entropie als eine ungestreckt verknäulte, „sie ist viel ordentlicher". Die Moleküle entwickeln elastische Kräfte, um wieder in den Zustand größter Entropie zu gelangen, die **Entropieelastizität**.

Die mikroskopischen Ursachen für Elastizität sind also vielfältig und in der Struktur der betrachteten Materialien begründet. Eine detaillierte Darstellung sprengt den Rahmen dieses Buches. Wir wollen zunächst die Frage klären:

Wie beschreibt man Deformationen von Festkörpern und deren Reaktion darauf?

Was sind die charakterisierenden physikalischen Größen?

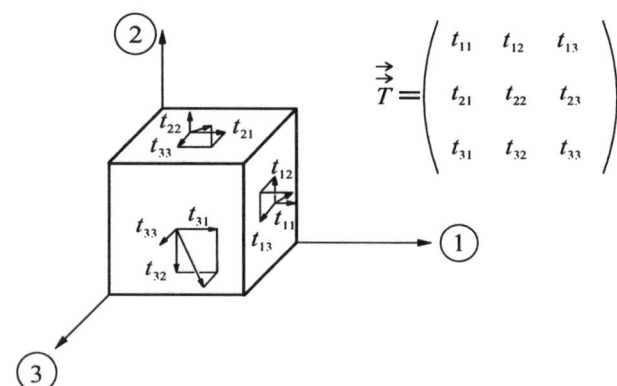

$$\overrightarrow{\overrightarrow{T}} = \begin{pmatrix} t_{11} & t_{12} & t_{13} \\ t_{21} & t_{22} & t_{23} \\ t_{31} & t_{32} & t_{33} \end{pmatrix}$$

*Abb. 9.3: Graphische Veranschaulichung des Spannungstensors*

Eine allgemeine Deformation ist eigentlich nur beschreibbar, indem man die Änderungen bzw. zeitliche Entwicklung der Ortsvektoren aller den Körper aufbauenden Massenelemente angibt. Will man diese Beschreibung unabhängig von der Form des Körpers machen, muß man diese zeitliche Entwicklung als Veränderung relativ zu einer undeformierten **Referenzkonfiguration** angeben. Solche Veränderungen und Transformationen werden mathematisch durch Transformationsmatrizen beschrieben. In der Physik sind diese Matrizen **Tensoren** (zweiter Stufe).

Ähnliches gilt für die Kräfte, die in einem deformierbaren Körper wirken. Die an einem (infinitesimalen) Massenelement angreifenden Kräfte können in jeder der drei Raumrichtungen verschieden sein. Jede dieser Kräfte hat drei Komponenten, macht in der Summe neun Komponenten. Diese Zahlen, die man auch in Form einer Matrix aufschreibt, bilden den **Spannungstensor.**

Definitionsgemäß sind die Kräfte an den gegenüberliegenden, nicht dargestellten Flächen jeweils umgekehrt gleich, denn im Sinne der exakten Theorie sollte man eigentlich nicht Kräfte an Volumenelementen bilanzieren, sondern an hypothetischen Schnitten orthogonaler Ausrichtung im Material. Wegen größerer Anschaulichkeit wird hier das Volumenelement bevorzugt, unter bewußtem Verzicht auf theoretische Strenge.

Verformungen wie auch Kräfte sind im allgemeinen also als Tensoren anzugeben; Tensoren, die von Punkt zu Punkt im Inneren des betrachteten Körpers verschieden sein können. Im Extrem hat man je einen Spannungs- und Verformungstensor in der Umgebung jedes der etwa $10^{23}$ Atome/Moleküle des Festkörpers anzugeben. Das ist schwerlich ausführbar, und zudem ist fraglich, ob z. B. ein Begriff wie die an einer Fläche angreifende Kraft im atomaren Maßstab noch sinnvoll wird.

In der **Kontinuumsmechanik** versucht man darum einen anderen Ansatz, der auf der Annahme beruht, daß sich die beschreibenden Tensoren über kleine Abstände nicht sprunghaft, sondern kontinuierlich ändern. Die Materie ist durch ihre atomistische Struktur zwar körnig, aber nur auf so kleiner Distanz, daß diese Körnigkeit im Makroskopischen nicht in Erscheinung tritt. Jeder Körper erscheint wie ein Kontinuum (mehr oder weniger homogener) Materie.

In dieser willentlich etwas „unscharfen" Sicht enthält ein Körper nicht $10^{23}$ materielle (massebehafteter) Punkte, sondern unendlich viele, die (mathematisch) dicht beieinander liegen. Für jeden Punkt kann die Spannung und die Verformung angegeben werden.

Eine physikalische Größe, die für jeden Punkt des Raumes definiert ist und eine ortsabhängig bestimmte Größe annimmt, wird üblicherweise als Feld bezeichnet.

**Die Kontinuumsmechanik beschreibt Kräfte und Verformungen in Körpern mit Hilfe von Tensorfeldern.**

Die Kontinuumstheorie versucht, für verschiedene Werkstoffklassen Beziehungen zwischen Verformung (-stensoren) und Kraft (Spannungstensoren) aufzustellen.

Diese komplizierte Aufgabe ist Gegenstand der aktuellen Forschung.

Um nicht die Darstellung des **Verformungsverhaltens** von Festkörpern alleine durch die anspruchsvolle Mathematik undurchschaubar werden zu lassen, werden hier nur einfache Deformationsarten besprochen. Darüber hinaus wird angesetzt, daß das **Werkstoffverhalten**, die Beziehung zwischen Kraft und **Verformung**, linear ist.

## Kompression

Wird ein Körper isotrop, also von allen Seiten in gleichem Maße, unter Druck gesetzt, so ändern sich die Abstände zwischen den Molekülen und damit auch das Gesamtvolumen des Körpers.

Die **Kompressibilität** $\kappa$ ist die relative Änderung des Volumens $\Delta V / V$ pro Druckänderung $\Delta p$:

$$\kappa = -\frac{1}{V}\frac{\Delta V}{\Delta p}; \qquad [\kappa] = \frac{\mathrm{m}^2}{\mathrm{MN}} \quad (1\ \mathrm{MN} = 1\ \mathrm{Meganewton} = 10^6\ \mathrm{N}) \qquad (9.1)$$

Oft wird auch der **Kompressionsmodul** $K$, der ein Maß für die **Inkompressibilität** ist, angegeben:

$$K = \kappa^{-1} = -V\frac{\Delta p}{\Delta V}; \qquad [K] = \frac{\mathrm{MN}}{\mathrm{m}^2} \quad \mathrm{oder} \quad \mathrm{MPa} \qquad (9.2)$$

# Zugdeformation

Die bekannteste Deformationsart ist die **Zugdeformation**:

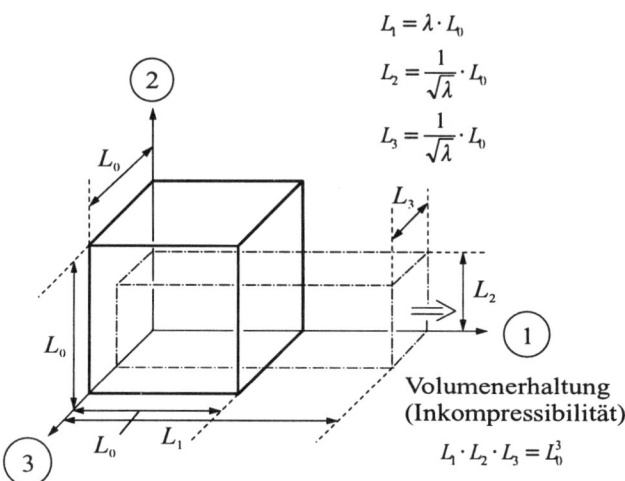

$$L_1 = \lambda \cdot L_0$$

$$L_2 = \frac{1}{\sqrt{\lambda}} \cdot L_0$$

$$L_3 = \frac{1}{\sqrt{\lambda}} \cdot L_0$$

Volumenerhaltung
(Inkompressibilität)

$$L_1 \cdot L_2 \cdot L_3 = L_0^3$$

*Abb. 9.4: Einfache Zugdeformation*

In Richtung „1" eines willkürlich eingeführten Koordinatensystems werde an einem Würfel gezogen. Dieser Würfel mag z. B. ein infinitesimales Massenelement in einem größeren Werkstoffteil sein oder auch ein endliches Materialstück. Die ziehende Kraft ist angedeutet durch einen Doppelpfeil; sie verursacht an dem Würfel eine Deformation: der Würfel wird in „1"-Richtung langgezogen.

Wegen der einfachen Geometrie genügt zur mathematisch-quantitativen Beschreibung dieser Deformation die Angabe einer einzigen Zahl statt eines Tensors, des Verhältnisses von deformierter zu undeformierter Länge

$$\lambda = \frac{L_1}{L_0} \tag{9.3}$$

Diese Zahl ist dimensionslos und für **Zugdeformation** immer größer als eins, $\lambda \geqq 1$.
Der Wertebereich $0 < \lambda < 1$ beschreibt **Druckdeformation**; bei $\lambda = 1$ liegt gar keine Deformation vor.
In der Hydrodynamik bezieht man wirkende Kräfte stets auf die Größe der Fläche, an der diese angreifen, und kommt so zum Begriff des Druckes. Auch in einem Festkörper kann es durchaus allseitigen, in jede Raumrichtung mit dem gleichen Betrag wirkenden Druck geben. Zusätzlich aber ist das Auftreten gerichteter Kräfte möglich, wie z. B. die Zugkraft oben. Um eine einheitliche Beschreibung zu ermöglichen, bezieht man auch diese Kräfte auf die Größe der Angriffsflächen und spricht von **Spannungen**.

Im Falle der Zugdeformation führt dies zum Begriff der **Zugspannung**.

$$\sigma = \frac{F}{A_1}, \qquad [\sigma] = \frac{\text{N}}{\text{m}^2} = \text{Pa} \quad \text{(Pascal)} \tag{9.4}$$

Dabei bezeichnet $F$ die wirkende Kraft, $A_1$ die Größe der „1"-Fläche.

Ist das deformierte Material **inkompressibel**, läßt also keine Volumenänderung zu (Gummi ist in guter Näherung ein solches Material), so bewirkt die Zugdeformation eine Kontraktion des Würfels in „2"- und „3"-Richtung (vgl. Abbildung). Die Querschnittsfläche wird kleiner. Je nachdem, ob man zur Berechnung von $A_1$ die Fläche des undeformierten Zustands heranzieht oder die wahre Fläche nach Aufbringen der Deformation, spricht man von **Ingenieurspannung** oder von **wahrer Spannung**. Wie der Name andeutet, ist erstere in der Technik gebräuchlicher; darum sei auch im folgenden unter Spannung stets die Ingenieurspannung verstanden.

Ein Werkstoff ist dadurch charakterisiert, wie groß die Deformation ist, die er bei Anwenden einer bestimmten Spannung einnimmt, bzw. welche Spannung benötigt wird, um eine bestimmte Deformation zu erreichen. Diese Beziehung zwischen Spannung und Deformation kann, wie oben vorausgesetzt, zumindest für kleine Deformationen ($\lambda \approx 1$) als linear angenommen werden:

$$\boxed{\sigma = E \cdot (\lambda - 1) \qquad [E] = \frac{\text{N}}{\text{m}^2} = \text{Pa} \quad (\text{Pascal})} \tag{9.5}$$

Die Proportionalitätskonstante $E$ ist bekannt unter dem Namen **Elastizitätsmodul** oder **Youngscher Modul**, oft auch einfach nur $E$-Modul genannt. Folgende Tabelle verdeutlicht, welche Größenordnung dieser Modul für gängige Werkstoffe annimmt (1 MPa = $10^6$ Pa):

*Tabelle 9.1   Einige Werte für den Elastizitätsmodul*

| Material | $E$-**Modul**/MPa |
|----------|-------------------|
| Stahl | $\approx 200\,000$ |
| Kupfer | $\approx 100\,000$ |
| Aluminium | $\approx 65\,000$ |
| Blei | $\approx 16\,000$ |
| Gummi | $\approx 1$ |

Deutlich wird die außergewöhnliche Eigenschaft des Werkstoffes Gummi sichtbar. Dabei ist dessen Kompressibilität durchaus mit der von Stahl vergleichbar. Elastomere sind prädestiniert für Anwendungen, in denen große Deformationen auftreten: Große Verformbarkeit bei guter Volumenerhaltung.

## Beispiel 9.1:   Dehnung eines Drahtes

Ein zylindrischer Stahldraht ($E = 2 \cdot 10^{11}$ Pa) mit 1 mm Durchmesser erfährt durch eine anhängende Masse von 2,5 kg eine Verlängerung von

$$\frac{F}{A_1} = E \cdot (\lambda - 1) \quad \longrightarrow \quad \lambda = \frac{m \cdot g}{E \cdot A_1} + 1$$

$$= \frac{2,5 \text{ kg} \cdot 9,81 \text{ m/s}^2}{2 \cdot 10^{11} \text{ Pa} \cdot \pi \cdot (0,5 \cdot 10^{-3} \text{ m})^2} + 1 = 1,56 \cdot 10^{-4} + 1$$

mit den Gleichungen (9.4), (9.5) und der Gewichtskraft $F = m \cdot g$.
Bei einer Ursprungslänge $L_0$ von 30 cm ergibt dies eine deformierte Länge

$$L_1 = \lambda \cdot L_0 = (1,56 \cdot 10^{-4} + 1) \cdot 0,3 \text{ m} \approx 30,005 \text{ cm}$$

Ein Gummifaden ($E = 10^6$ Pa) erführe bei gleichen Abmessungen die Verlängerung

$$\lambda = \frac{2,5 \text{ kg} \cdot 9,81 \text{ m/ s}^2}{10^6 \text{ Pa} \cdot \pi \cdot (0,5 \cdot 10^{-3} \text{ m})^2} + 1 = 32,2$$

und würde langgezogen auf $L_1 = 32,2 \cdot 0,3 \text{ m} \approx 9,7 \text{ m}$ – aber sicher reißt er zuvor!

Natürlich ist es fraglich, ob der lineare Ansatz für die Spannungs-Deformations-Beziehung bis zu derart extremen Verformungen überhaupt noch gültig ist. In der Tat stellt sich heraus, daß allein aufgrund geometrischer Gegebenheiten und damit unabhängig vom Werkstoff die Linearitätsannahme mit größer werdender Verformung zunehmend unzutreffend wird:

**Der lineare Zusammenhang zwischen Spannung und Deformation und damit die Definition der Werkstoff-Kenngröße Modul gilt nur für kleine Deformationen.**

Aus Gründen mathematischer Einfachheit soll für die weitere Erörterung der lineare Bereich aber nicht mehr verlassen werden. Um die Schreibweise weiter zu vereinfachen, führt man den Begriff der

**Dehnung**

$$\boxed{\varepsilon = \lambda - 1 \Longrightarrow \varepsilon = \frac{L_1 - L_0}{L_0}} \tag{9.6}$$

ein.

$\varepsilon$ wird meist in Prozent angegeben. Hiermit schreibt sich der angenommene lineare Spannungs-Dehnungs-Zusammenhang für die Zugdeformation in einer besonders übersichtlichen Form: **Hookesches Gesetz**

$$\boxed{\sigma = E \cdot \varepsilon} \tag{9.7}$$

Körper sind leichter zu scheren als zu ziehen, eine Tatsache, die bei der Konstruktion von Federn zu beachten ist.

## Beispiel 9.2:    Deformation eines Gummiwürfels

Ein Würfel der Kantenlänge 20 cm aus Gummi mit (Youngschem) Modul $E = 1$ MPa werde mit einem Gewicht der Masse 75 kg einem Druck ausgesetzt. Dabei erfährt er folgende Deformation:

$$\sigma = \frac{F_1}{A} = \frac{-75 \text{ kg} \cdot 9,81 \frac{m}{s^2}}{(0,2 \text{ m})^2} = -18394 \text{ Pa} \quad \text{(negatives Vorzeichen bedeutet Kompression)}$$

$$\Longrightarrow \quad \varepsilon = \frac{\sigma}{E} = \frac{-18394 \text{ Pa}}{10^6 \text{ Pa}} = -0,0184 \hspace{4cm} \underline{1}$$

Das bedeutet eine Verkürzung der Kantenlänge: $\Delta L = L_1 - L_0 = \varepsilon \cdot L_0 = -0,0184 \cdot 0,2 \text{ m} = -3,7 \text{ mm}$

In einem zweiten Versuch wirke dasselbe Gewicht auf eine Seitenfläche des Würfels, so daß dieser auf Schub deformiert wird. Der sich einstellende Schubwinkel berechnet sich wie folgt:

$$G = \frac{1}{3} E = 3,33 \cdot 10^5 \text{ Pa}$$

$$\tau = \frac{75 \text{ kg} \cdot 9,81 \frac{m}{s^2}}{(0,2 \text{ m})^2} = 18394 \text{ Pa}$$

$$\Longrightarrow \quad \tan \alpha = \frac{\tau}{G} = \frac{18394 \text{ Pa}}{3,33 \cdot 10^5 \text{ Pa}} = 0,055 \hspace{3cm} \underline{2}$$

Das entspricht einer Auslenkung der Seitenflächen um:

$$\tan \alpha = \frac{\Delta x}{L_0} \quad \Longrightarrow \quad \Delta x = 0,2 \text{ m} \cdot 0,055 = 11 \text{ mm} \hspace{2.5cm} \underline{3}$$

## Schubdeformation

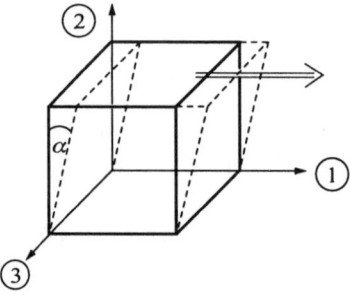

Abb. 9.5: Einfache Scherung

Eine weitere einfache Deformationsart ist die **Schubdeformation**.

Der Würfel im nebenstehenden Bild wird durch eine in „1"-Richtung wirkende, aber an der „2"-Fläche angreifende Kraft um einen Winkel $\alpha$ gekippt. Definitionsgemäß soll dabei der Abstand der oberen zur unteren Fläche und der Abstand der hinteren zur vorderen Fläche nicht verändert werden. Dies wird in der Praxis nicht zu erreichen sein, ohne die Flächen zwangsweise zu führen. Es sind neben der eingezeichneten Kraft noch weitere Kräfte erforderlich, um diesen Deformationszustand der **einfachen Scherung**, wie er auch genannt wird, überhaupt zu erreichen. Diese Zusatzkräfte werden i. allg. senkrecht auf den Flächen stehen; bezogen auf deren Größe nennt man sie auch **Normalspannungen**.

**Bei der Schubdeformation treten immer auch Normalspannungen auf.**

Für kleine Deformationen wird der Zusammenhang zwischen der auf die Größe der Angriffsfläche „2" bezogenen Kraft, der **Schubspannung**

$$\tau = \frac{F}{A_2} \qquad (9.8)$$

und dem Tangens des Verformungswinkels $\alpha$ ($\alpha$ in rad!) wieder als linear angenommen:

$$\tau = G \cdot \tan \alpha \qquad [G] = \frac{N}{m^2} = 1 \text{ Pa} \quad \text{(Pascal)} \qquad (9.9)$$

Die Proportionalitätskonstante $G$ heißt **Schubmodul** und hat die gleiche Einheit wie der Elastizitätsmodul.

Wie das nebenstehende Bild zeigt, kann man eine Schubdeformation auch erzeugen, indem man an dem Würfel wie gehabt in „1"-Richtung zieht, aber den Abstand zwischen vorderer und hinterer Fläche zwangsweise konstant hält:

Das Element im Würfel, dessen Stirnfläche als auf der Spitze stehendes Quadrat zu sehen ist (undeformierter Zustand), wird offensichtlich schubdeformiert, obwohl ja eigentlich gezogen wird. Diese Deformationsart nennt man **reine Scherung**.
Wenn auf diese Weise Schub durch Zug erzeugt werden kann, was unterscheidet dann noch Zug und Scherung? Die gleiche Verformung, wie bei der Zugdeformation in der Abbildung 9.4 dargestellt, könnte man durch gleichzeitigen Druck auf die Seitenflächen „2" und „3" erreichen, statt an

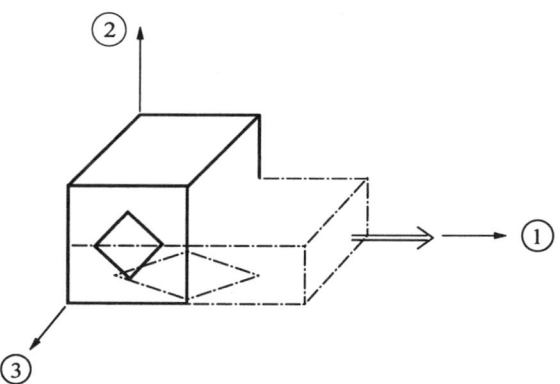

*Abb. 9.6: Reine Scherung – anschaulich*

der Fläche „1" zu ziehen. Es gibt keine Unterschiede zwischen Zug und Druck in der Kontinuumstheorie.

**Die Unterscheidung verschiedener Deformationsarten ist abhängig vom Standpunkt des beschreibenden Beobachters.**

Eine Zugdeformation kann immer auch als Druckdeformation beschrieben werden, eine Schubdeformation erscheint nach Wechsel des Koordinatensystems als Kombination aus Zug und Druck mit anschließender Drehung.
Schubdeformationen (Scherung) treten besonders beim Biegen von Werkstücken auf.
Deshalb kann eine allgemein gültige Beschreibung von Deformationen nur unabhängig sein von den Begriffen Druck, Zug, Scherung. Hierzu bedarf es aber der Einführung von Verformungstensoren.
Da jede Deformationsart mit einer anderen zusammenhängt, überrascht es nicht, daß Elastizitäts- und Schubmodul im Grunde physikalisch äquivalent sind. Für **isotrope Werkstoffe** gilt die Ungleichung

$$\frac{E}{3} < G < \frac{E}{2} \qquad (9.10)$$

und für den Fall inkompressibler Materialien die einfache Beziehung:

$$E = 3 \cdot G$$

(9.11)

## Torsion

Zum Schluß des Kapitels über die Elastizität fester Körper soll auf eine weitere Deformationsart eingegangen werden, die in der Technik eine große Bedeutung hat: die **Verdrillung, Torsion**. Jede drehende Welle, die Drehmomente zu übertragen hat, wird, da sie nicht unendlich steif ist, tordiert. Will man wissen, wie man das Material auszuwählen hat, um diese Torsion unter einer vorgegebenen Schranke zu halten, muß man den Zusammenhang zwischen Modul und Torsionssteifigkeit wissen.

*Beispiel 9.3:*    Torsion eines zylindrischen Rundstabes

Der Rundstab sei aus dünnwandigen Hohlzylindern zusammengesetzt gedacht, von denen hier einer repräsentativ herausgezeichnet ist:

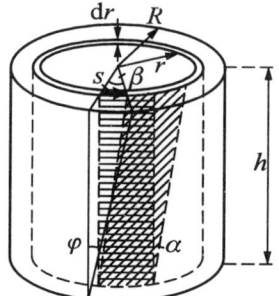

Abb. 9.7: Torsion eines zylindrischen Rundstabes

Wird der zylindrische Rundstab um einen Winkel $\beta$ tordiert (verdrillt), bedeutet dies für ein (schraffiert dargestelltes) Mantelflächenelement des herausgegriffenen Hohlzylinders eine Schubdeformation um einen Winkel $\alpha$. Dieser Winkel $\alpha$ steht mit dem Torsionswinkel $\beta$ in folgendem Zusammenhang:

$$\alpha = \frac{s}{h} \quad ; \quad \beta = \frac{s}{r}$$

$$\Rightarrow \alpha = \frac{r}{h} \cdot \beta \qquad \underline{1}$$

Für kleine Deformationen kann man $\alpha \approx \tan \alpha$ annehmen und sich damit bei bekanntem Schubmodul $G$ die Schubspannung $\tau$ errechnen, die erforderlich ist, um diese Deformation zu erzeugen:

$$\tau(r) = G \cdot \tan \alpha \approx G \cdot \frac{r}{h} \cdot \beta \qquad \underline{2}$$

Diese Schubspannung entspricht folgender, an der oberen Hohlzylinder-Stirnfläche angreifender Kraft:

$$dF(r) = \tau(r) \cdot 2\pi r\, dr = 2\pi G \frac{r^2}{h} \beta\, dr \qquad \underline{3}$$

Da diese Kraft tangential angreift, entspricht dies einem Drehmoment auf den Hohlzylinder von

$$dM(r) = dF(r) \cdot r = 2\pi G \beta \frac{r^3}{h}\, dr \qquad \underline{4}$$

Will man das gesamte Drehmoment wissen, das erforderlich ist, den Rundstab um einen Winkel $\beta$ zu tordieren, muß man die Beiträge aller Hohlzylinder aufsummieren:

$$M = \int_0^R F(r)\, dr = \int_0^R \frac{2\pi \beta\, G}{h} \cdot r^3\, dr = \frac{2\pi \beta\, G}{h} \left[ \frac{1}{4} r^4 \right]_0^R$$

$$\Rightarrow \boxed{M = \underbrace{\frac{\pi}{2} \cdot G \cdot \frac{R^4}{h}}_{\text{Torsionssteifigkeit}} \cdot \beta} \qquad \underline{5}$$

Für Stäbe aus inkompressiblen Materialien mit $E = 3G$ gilt

$$M = \frac{\pi}{6} \cdot E \cdot \frac{R^4}{h} \cdot \beta \qquad\qquad (9.12)$$

**Der Zusammenhang zwischen Drehmoment und Torsionswinkel ist linear.**

**Die Torsionssteifigkeit ist proportional zum Modul und proportional zur vierten Potenz des Radius des Rundstabes.**

### *Beispiel 9.4:* Torsion eines Drahtes

Dieses Beispiel soll zeigen, wie empfindlich die Torsion auf eine Änderung des Rundstabradius reagiert. Ein zylindrischer inkompressibler Draht des Durchmessers 1mm und der Länge 30cm mit Youngschem Modul $E = 2 \cdot 10^{11}$ Pa wird durch ein Drehmoment von $0,4$ N $\cdot$ m um den folgenden Winkel (in©rad!) tordiert:

$$\beta = \frac{6hM}{\pi E R^4} = \frac{6 \cdot 0,3\,\text{m} \cdot 0,4\,\text{N} \cdot \text{m}}{\pi \cdot 2 \cdot 10^{11}\,\dfrac{\text{N}}{\text{m}^2} \cdot \left(0,5 \cdot 10^{-3}\,\text{m}\right)^4} = 18,3$$

wobei (9.12) benutzt wurde.

Das sind, wie Division durch $2\pi$ zeigt, fast drei volle Umdrehungen. Wird der Durchmesser nur auf 1,5 mm erhöht, beträgt der Torsionswinkel bei gleichem Drehmoment gerade noch:

$$\beta = \frac{6 \cdot 0,3\,\text{m} \cdot 0,4\,\text{N} \cdot \text{m}}{\pi \cdot 2 \cdot 10^{11}\,\dfrac{\text{N}}{\text{m}^2} \cdot \left(0,75 \cdot 10^{-3}\,\text{m}\right)^4} = 3,62$$

Das ist wenig mehr als eine halbe Umdrehung.

Da Torsion als Schubdeformation aufgefaßt werden kann, ist einsichtig, daß auch die Normalspannungen in Erscheinung treten werden. In der Tat beobachtet man bei der Torsion eines zylindrischen Rundstabes aus inkompressiblem Material eine in Richtung der Drehachse wirkende **Normalkraft**, die den Stab zu verlängern sucht. Anschaulich kann man sich deren Zustandekommen so erklären: Beim Verdrillen versucht der Stab, sich einzuschnüren. Die angenommene Inkompressibilität erlaubt aber keine Einschnürung; also baut der Stab einen „inneren Druck" auf, der sich in Richtung der Drehachse als Normalkraft äußert.

# 9.2 Druck in Flüssigkeiten und Gasen

## Fluide

Beim deformierten Festkörper sind zwar die Relativabstände benachbarter Massenpunkte nicht unveränderlich fest, aber immerhin blieben **Relativpositionen** auch bei Deformation erhalten. Anders bei Flüssigkeiten und Gasen: Dort ist es möglich, daß Massenpunkte, die zu einem Zeitpunkt Nachbarn waren, später durch einen großen Abstand getrennt sind.

Auch für solche Materialien hat die Kontinuumsmechanik Beschreibungsmethoden entwickelt; diese Methoden greifen wieder auf den Feldbegriff zurück. Sie werden vorgestellt, wenn von **Strömungen** die Rede ist, von bewegten Flüssigkeiten und Gasen.

Die bekannteste Flüssigkeit ist das Wasser; daher bezeichnet man die Bewegungslehre von Flüssigkeiten oft als **Hydrodynamik**. Ein Spezialgebiet hieraus ist die Lehre von den zähen Strömungen, die **Rheologie**. Die **Aerodynamik** ist die Lehre der Bewegung von Luft, auch Gasen allgemein. Flüssigkeiten wie Gase, zusammengefaßt **Fluide** genannt, haben keine feste Form; die sie aufbauenden Massenelemente sind gegeneinander frei verschieblich, **Fluide können strömen**.

Bevor wir auf diese Strömungseigenschaften eingehen, wird zunächst geschildert, wie ruhende, statische Fluide Kräfte übertragen. Hieraus ergibt sich eine phänomenologische Unterscheidung zwischen Flüssigkeiten und Gasen.

## Dichte

Das unterschiedliche Verhalten von Flüssigkeiten und Gasen läßt sich am folgenden, einfachen Experiment demonstrieren:

**Versuch:**

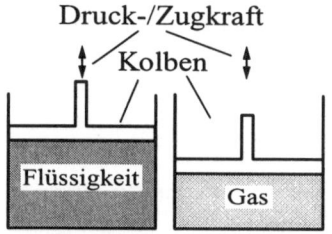

Abb. 9.8: *Phänomenologische Unterscheidung von Flüssigkeiten und Gasen*

Ein Gefäß sei mit einem reibungsfrei beweglichen Kolben verschlossen. Ist das Gefäß mit Flüssigkeit gefüllt, wird man feststellen, daß der Kolben wie festgeklemmt sitzt. Weder bei Aufbringen einer Druck- noch bei Anbringen einer Zugkraft bewegt er sich nennenswert. Die Flüssigkeit läßt sich mit der Hand weder nennenswert verdichten noch verdünnen. Ganz anders das Gas. Hier bleibt der Kolben beweglich; das Gas läßt eine Änderung seiner Dichte relativ leicht zu.

Wie bei den Festkörpern läßt sich auch für Flüssigkeiten und Gase sagen:

**Druckvergrößerungen bewirken Volumenverkleinerungen.**

$$\frac{\Delta V}{V} = -\kappa \Delta p \qquad (9.13)$$

wobei die Kompressibilität $\kappa$ mit der SI-Einheit $[\kappa] = \text{Pa}^{-1}$ für Flüssigkeiten in der Größenordnung $10^{-9}\,\text{Pa}^{-1}$ liegt und damit, wie auch die Kompressibilität der Festkörper, für die meisten technischen Anwendungen vernachlässigt werden kann.

In Gasen dagegen ist die Kompressibilität typisch um 4 Größenordnungen größer, also bei Normaldruck $\kappa \approx 10^{-5}\,\text{Pa}^{-1}$.

Die **Dichte** ist wie in der Mechanik definiert als Masse pro Volumeneinheit:

$$\rho = \frac{m}{V}; \qquad [\rho] = \frac{\text{kg}}{\text{m}^3} \qquad (9.14)$$

**Flüssigkeiten haben eine materialspezifische Dichte, die nur wenig von Druck und Temperatur abhängt. Gase dagegen füllen jedes ihnen zur Verfügung gestellte Volumen vollständig, ihre Dichte hängt linear vom Druck ab.**

Salopp gesagt hat ein flüssiger Körper keine feste Form, aber ein festes Volumen, während ein gasförmiger Körper weder feste Form noch festes Volumen hat.

## Druck

Flüssigkeiten wie Gase können im allgemeinen Kräfte übertragen, wie man im obigen beschriebenen Experiment mit Gefäß und Kolben sieht. Man verspürt bei Kolbenbewegung durchaus eine Kraft. Allerdings benützt man bei Kontinua wie Flüssigkeiten und Gasen meist nicht die Kraft, sondern den

**Druck**, der als die auf den Kolben aufgebrachte Kraft, geteilt durch die Kolbenfläche definiert ist:

$$p = \frac{F}{A}; \qquad [p] = \frac{N}{m^2} = Pa \quad (Pascal) \tag{9.15}$$

Bekannter und oft bequemer für die Praxis ist als Einheit für den Druck das **bar**, es entspricht demjenigen Druck, den die Luft der Atmosphäre auf die Erdoberfläche ausübt:

$$1 \, bar = 10^5 \, Pa = 10^5 \, N \cdot m^{-2} \tag{9.16}$$

Manchmal wird auch das Hektopascal angegeben:

$$100 \, Pa = 1 \, hPa \quad (hekto\text{-}Pascal) \tag{9.17}$$

**Der Druck im Inneren eines Fluids ist überall gleich groß.**

**Der Druck ist isotrop.**

Diese wichtigen Aussagen gelten im Zusammenhang mit Fluiden für Systeme im Gleichgewicht. Bei sehr schnellen Prozessen in der Technik kann es durchaus erhebliche Druckunterschiede in Systemen geben (z. B. in Motoren).

Als wichtige technische Anwendung folgt, daß eine **Hydraulik**-Anlage ähnlich wie ein Hebel zur Transformation von Kräften dienen kann.

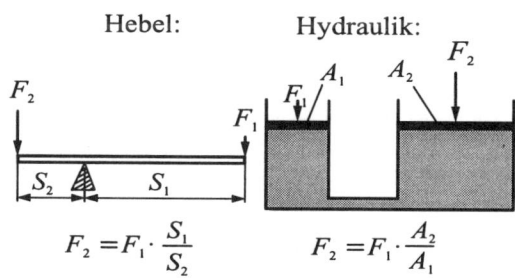

*Abb. 9.9: Kräftetransformation durch Hebel und Hydraulik*

# Schweredruck

Auch im Schwerefeld der Erde findet man sehr schnell Abweichungen von dem eben aufgestellten allgemeinen Satz, daß der Druck im Inneren eines Kontinuums überall gleich ist.

Betrachtet man ein homogenes Flüssigkeitsvolumen konstanter Dichte (die kleine Kompressibilität von Flüssigkeiten wird hierbei vernachlässigt) in einem Gefäß von überall gleichem Querschnitt, so gilt, auf der Schicht in der Tiefe $h$ unter der Flüssigkeitsoberfläche lastet das Gewicht der darüber liegenden Flüssigkeitsschichten:

$$\underbrace{G}_{Gewicht} = \underbrace{A \cdot h}_{Volumen} \cdot \underbrace{\rho}_{Dichte} \cdot g \tag{9.18}$$

Also herrscht in der Tiefe $h$ der sogenannte **hydrostatische** oder **Schweredruck**

$$\boxed{p = \frac{G}{A} = \rho \cdot g \cdot h} \tag{9.19}$$

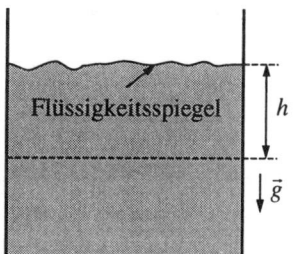

Gefäß mit konstantem Querschnitt $A$

*Abb. 9.10: Fluid im Schwerefeld der Erdoberfläche*

der Druck nimmt mit wachsender Tiefe linear zu. Für Gase mit ihrer großen Kompressibilität gilt diese Beziehung nicht: Der Luftdruck nimmt **exponentiell** mit der Höhe ab (siehe „Barometrische Höhenformel" im Kapitel Thermodynamik).

*Beispiel 9.5:*    Wasser im Schwerefeld der Erdoberfläche

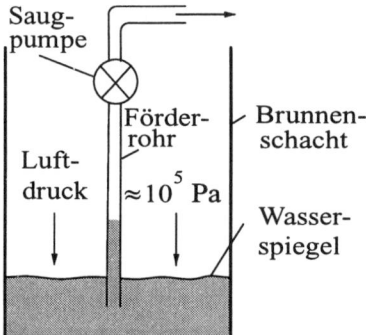

Abb. 9.11: Saugpumpe

Nimmt man die Dichte von Wasser mit $\rho = 1000\,\text{kg/m}^3$ an, so erzeugt eine Wassersäule von $h = 10$ m gerade einen Druck von etwa 1 bar, also ungefähr Atmosphären-Normdruck.

$$1000\,\frac{\text{kg}}{\text{m}^3} \cdot 9{,}81\,\frac{\text{m}}{\text{s}^2} \cdot 10\,\text{m} \approx 10^5\,\frac{\text{N}}{\text{m}^2} \qquad \underline{1}$$

Darum war „Millimeter Wassersäule" oder „mm WS" früher eine für kleine Drücke übliche Einheit; 1 mm WS. ist der Druck, den eine Wassersäule von 1 mm Höhe erzeugt:

$$1\,\text{mm WS} = 10^{-4} \cdot 10\,\text{m WS}$$
$$\approx 10^{-4} \cdot 10^5\,\text{Pa}$$
$$= 10\,\text{Pa} \qquad \underline{2}$$

Technisch bedeutend ist, daß eine Saugpumpe Wasser nur aus maximal 10 m Tiefe fördern kann. Erzeugt die Saugpumpe im Förderrohr Unterdruck, so drückt der Luftdruck das Brunnenwasser in das Förderrohr hinein. Im Idealfall, wenn nämlich die Saugpumpe Druck 0, also Vakuum, schaffte, würde dennoch der äußere Luftdruck die Wassersäule im Förderrohr nur maximal 10 m hoch steigen lassen. Ab da kompensiert der Schweredruck der Wassersäule den Luftdruck vollständig.

# Hydrostatische Paradoxon

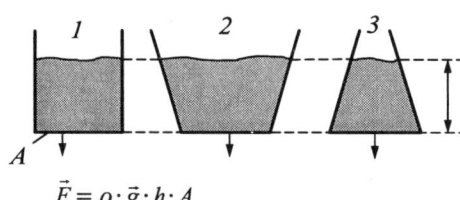

$$\vec{F} = \rho \cdot \vec{g} \cdot h \cdot A$$

Abb. 9.12: Hydrostatisches Paradoxon

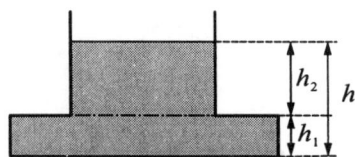

Abb. 9.13: Hydrostatisches Paradoxon

Überraschenderweise zeigt sich experimentell bei einer Flüssigkeit im Schwerefeld, daß der Druck auf den Boden eines flüssigkeitsgefüllten Gefäßes nur von der Füllhöhe abhängt und nicht von der geometrischen Form des Gefäßes. Dies ist das sogenannte **hydrostatische Paradoxon**. So ist beispielsweise der Druck auf die Böden der drei gezeigten Gefäße, deren Bodenflächen gleich sind, immer gleich.

Obwohl die Bodenfläche im Gefäß 2 scheinbar von sehr viel mehr Flüssigkeit überschichtet ist als die in Gefäß 3, registriert man den gleichen Bodendruck. Die Kraft auf die Böden ist auch im Fall gleicher Bodenflächen gleich groß. Dieses Phänomen läßt sich an einem Gefäß etwas anderer Form erläutern.

Am Boden des oberen Gefäßteils (an der strichpunktiert gezeichneten Linie) herrscht ein Schweredruck $p_1 = \rho g h_1$.

Dieser Druck teilt sich dem unteren Fluidvolumen mit und wirkt dort isotrop. Ihm wird der im unteren Gefäßteil wirkende Schweredruck überlagert, der am Gefäßboden die Größe $p_2 = \rho g h_2$ erreicht. Beide Druckwerte addieren sich dort zum Gesamtdruck

$$p = p_1 + p_2 = \rho g h_1 + \rho g h_2 = \rho g (h_1 + h_2) = \rho g h \qquad (9.20)$$

Das Gefäß mit dem sich kontinuierlich nach oben verjüngenden Querschnitt kann man sich aus sehr vielen und sehr niedrigen Stufen der eben beschriebenen Art zusammengesetzt vorstellen und erhält so eine quantitative Erklärung für das Paradoxon.

Ist der Bodendruck in einem Gefäß allein eine Funktion der Füllhöhe, so muß in **verbundenen**, sogenannten **kommunizierenden Gefäßen** der Flüssigkeitsspiegel überall gleich hoch stehen, unabhängig von der geometrischen Gestalt der Gefäße.

Vorausgesetzt ist hierbei, daß auf allen Flüssigkeitsspiegeln der gleiche Außendruck $p_a$ lastet.

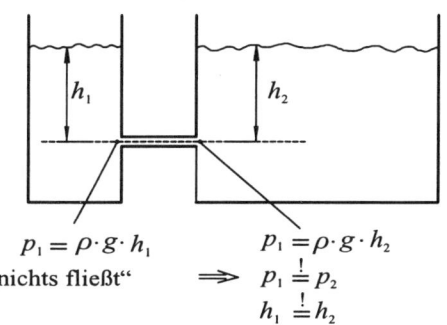

$$p_1 = \rho \cdot g \cdot h_1 \qquad p_1 = \rho \cdot g \cdot h_2$$
„nichts fließt" $\qquad \Longrightarrow \quad p_1 \stackrel{!}{=} p_2$
$$h_1 \stackrel{!}{=} h_2$$

*Abb. 9.14: Kommunizierende Gefäße*

*Beispiel 9.6:* Füllstandsanzeiger und U-Rohr-Manometer

Der Flüssigkeitspegel in verbundenen Gefäßen ist überall gleich hoch. Beispiele aus der technischen Anwendung dieses Prinzips sind der **Füllstandsanzeiger** und das **U-Rohr-Manometer** zur Druckmessung. Auf dem durch die gestrichelte Linie gekennzeichneten Querschnitt lastet die Summe aus Druck $p_2$ und dem Schweredruck $\rho\,gh$. Da sich dieser Querschnitt in der gleichen Höhe be-

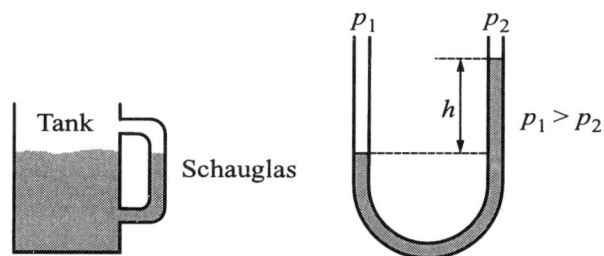

*Abb. 9.15: Füllstandsanzeiger und U-Rohr-Manometer*

findet wie der Flüssigkeitsspiegel links, muß da wie dort der gleiche Druck herschen:

$$p_1 = p_2 + \rho\,gh \quad \Longrightarrow \quad h = \frac{p_1 - p_2}{\rho \cdot g}$$

Die Ablesehöhe ist ein direktes Maß für die Druckdifferenz an den Manometerenden.

# Auftrieb

Eine weitere Konsequenz der Tiefe-Abhängigkeit des Schweredrucks in Flüssigkeiten ist das Phänomen des **Auftriebs**, den ein schwimmender oder getauchter Körper erfährt. Am einfachsten macht man sich dies klar an einem vollständig getauchten Zylinder der Querschnittsfläche $A$.

Die Auftriebskraft $F_a$ ist durch die Differenz der Kräfte auf untere und obere Fläche $A$ gegeben:

$$F_a = F_2 - F_1$$
$$= \rho_F \cdot g \cdot A \cdot (h_2 - h_1)$$
$$= \rho_F \cdot g \cdot \underbrace{A \cdot l}_{V}$$
$$\Longrightarrow F_a = \rho_F \cdot V \cdot g \tag{9.21}$$

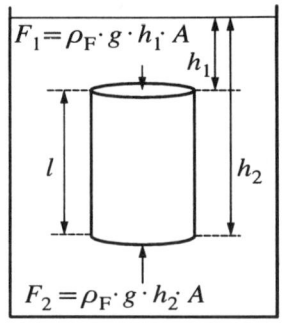

$F_1 = \rho_\mathrm{F} \cdot g \cdot h_1 \cdot A$

$h_1$

$l$

$h_2$

$F_2 = \rho_\mathrm{F} \cdot g \cdot h_2 \cdot A$

*Abb. 9.16: Auftrieb an einem Zylinder*

Da $\rho_\mathrm{F}$ die Fluiddichte ist, ist die Auftriebskraft genau so groß, aber entgegengesetzt gerichtet wie die Gewichtskraft der verdrängten Flüssigkeit. Dieser Zusammenhang wurde bereits von dem griechischen Ingenieur und Naturforschers Archimedes (287–212 v. Chr.) erkannt und wird darum als **Archimedisches Prinzip** bezeichnet.

Dieses Prinzip gilt nicht nur für den Sonderfall des Zylinders, sondern für beliebig geformte Körper: Ein beliebig geformtes Volumenelement der Flüssigkeit schwebt im statischen Gleichgewicht in der Flüssigkeit, folglich muß die Auftriebskraft gerade gleich der Gewichtskraft $F_\mathrm{G} = \rho_\mathrm{F} \cdot V \cdot g$ sein.

Dies führt zur **Bedingung für das Schwimmen** eines Körpers: Ist der Körper total untergetaucht und soll von selbst auftauchen, so muß die Auftriebskraft

$$\boxed{F_\mathrm{a} = \rho_\mathrm{F} \cdot V \cdot g} \tag{9.22}$$

mit der Dichte $\rho_\mathrm{F}$ der Flüssigkeit und dem Volumen $V$ des Körpers größer sein als die Gewichtskraft

$$F_\mathrm{G} = \rho_\mathrm{K} \cdot V \cdot g \tag{9.23}$$

mit der mittleren Dichte $\rho_\mathrm{K}$ des Körpers, also

$$\rho_\mathrm{F} \cdot V \cdot g > \rho_\mathrm{K} \cdot V \cdot g$$

$$\text{oder} \quad \rho_\mathrm{F} > \rho_\mathrm{K} \tag{9.24}$$

*Beispiel 9.7:*   Senkwaage

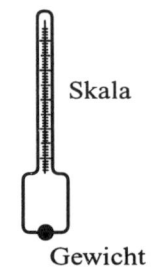

Skala

Gewicht

*Abb. 9.17: Das Aräometer (Senkwaage)*

Ein Beispiel für die technische Anwendung des Archimedischen Prinzipes ist das **Aräometer** (die **Senkwaage**), ein Gerät zur Messung von Flüssigkeitsdichten.

Es handelt sich um einen luftgefüllten, stabförmigen Tauchkörper aus Glas, dessen unteres Ende mit einem Gewicht beschwert ist. Dieser Körper taucht nun in eine Flüssigkeit unbekannter Dichte gerade so weit ein, bis das Gewicht der von ihm verdrängten Flüssigkeit gleich seinem eigenen Gewicht ist.

Der Flüssigkeitsspiegel steht dann in bestimmter Höhe an der meist schon für Dichten geeichten Skala.

Da der Zuckergehalt die Dichte von Traubenmost bestimmt, mißt der Winzer jenen mit einem ähnlichen Gerät, der **Mostwaage**.

Als Ergebnis wird die mit dem Faktor eintausend multiplizierte Abweichung vom Dichtewert $1$ g/cm$^3$ als **Öchsle-Grade** angegeben ($80°$ Öchsle entspricht einer Dichte von $1{,}080$ g/cm$^3$).

## Kompressibilität von Gasen

In der Einleitung zu diesem Kapitel wurden Flüssigkeiten und Gase daran unterschieden, daß erstere nicht zusammendrückbar, **inkompressibel**, letztere aber zusammendrückbar, **kompressibel** sind. Genauere Messung zeigt, daß auch Flüssigkeiten, sogar Festkörper kompressibel sind, nur liegt ihre **Kompressibilität** um Größenordnungen unter der von Gasen.

Die Kompressibilität von Gasen ist wie in der Elastomechanik definiert:

Man nimmt an, daß die relative Änderung $\Delta V/V$ des Volumens $V$ eines allseitig mit einer Druckänderung $\Delta p$ beaufschlagten Körpers proportional ist zu dieser Druckänderung:

$$\frac{\Delta V}{V} = -\kappa \cdot \Delta p \qquad (9.25)$$

Die **Kompressibilität** $\kappa$ bezeichnet die Proportionalitätskonstante. Das Minuszeichen trägt der Beobachtung Rechnung, daß i. allg. bei Druckerhöhung ($\Delta p$ positiv) das Volumen abnimmt ($\Delta V$ negativ). Korrekt ist die Definition eigentlich erst, wenn man sie infinitesmal formuliert:

$$\boxed{\kappa = -\frac{1}{V} \cdot \mathrm{d}tVp; \qquad [\kappa] = \frac{1}{\mathrm{Pa}}} \qquad (9.26)$$

Ein Vergleich der Kompressibilitäten eines Gases, einer Flüssigkeit und eines Festkörpers zeigt folgende Tabelle:

*Tabelle 9.2   Vergleich von Kompressibilitäten*

| Stoff | Kompressibilität $\kappa/\mathrm{Pa}^{-1}$ |
|---|---|
| Luft | $\kappa \approx 10^{-5}\,\mathrm{Pa}^{-1}$ (bei 1 bar) |
| Wasser | $\kappa \approx 5 \cdot 10^{-10}\,\mathrm{Pa}^{-1}$ |
| Eisen | $\kappa \approx 6 \cdot 10^{-12}\,\mathrm{Pa}^{-1}$ |

Die Kompressibilität eines Festkörpers und einer Flüssigkeit liegen also nur um zwei Größenordnungen, die einer Flüssigkeit und eines Gases aber um fünf Größenordnungen auseinander. Dies rechtfertigt die phänomenologische Unterscheidung in der Einführung.

# 9.3   Stationäre ideale Strömungen

## Einführende Betrachtungen zum Strömungsfeld

Der vorige, einführende Abschnitt zur Hydrodynamik ist mit dem Begriff **Hydrostatik** zutreffend überschrieben, denn er behandelte statische, ruhende Fluide.

Nun ist die besondere Eigenschaft dieser flüssigen Körper aber ihre Fähigkeit, strömen zu können. Benachbarte Massenpunkte werden nicht, wie beim Festkörper, für alle Zeiten benachbart bleiben: Die Verformung eines Volumenelementes des Fluids kann unendlich groß werden.

Das aber schließt aus, eine Strömung mit Hilfe eines Tensorfeldes wie eine Festkörperdeformation zu beschreiben.

Dennoch hält man auch für strömende Fluide am Konzept der Kontinuumsmechanik fest, einen realen Körper ungeachtet seiner atomaren, körnigen Struktur als Kontinuum dicht liegender, infinitesimal kleiner Massenpunkte zu betrachten. Deren Zustand gibt man als Wert einer physikalischen Größe Punkt für Punkt an. Auch strömende Fluide beschreibt man also mit Hilfe von Feldern.

Die Druckverteilung in einem Fluid ist ein Beispiel für ein solches beschreibendes Feld. Man gibt an, welchen

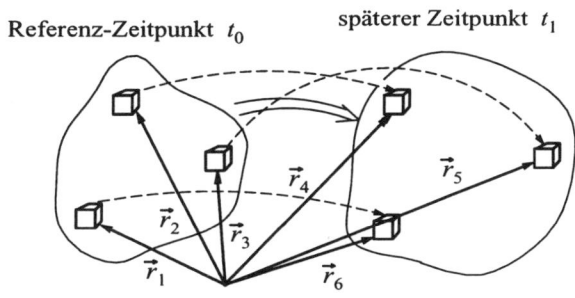

*Abb. 9.18: Wolke als Beispiel zur zeitlichen Entwicklung eines Druckfeldes*

Wert der Druck in jedem Punkt eines fluiderfüllten Volumens hat, ungeachtet dessen, welcher Massenpunkt sich gerade an diesem Ort befindet.

Der Druckwert kann sich im Laufe der Zeit ändern, das Feld ist zeitlich veränderlich. Im Gegensatz zur Punktmechanik verfolgt man nun also nicht mehr die Bewegungsgeschichte einzelner Massenpunkte, sondern die zeitliche Entwicklung eines Feldes.

Zur Illustration ist in Abbildung 9.18 die Darstellung einer Wolke, in deren Inneren ein gewisser Wasserdampfdruck $p$ herrscht, und die von trockener Luft umgeben sei, zu zwei verschiedenen Zeitpunkten gegeben.

In diesem Beispiel gilt also:

$$p(\vec{r}_1,t_0) \neq 0; \qquad p(\vec{r}_1,t_1) = 0; \qquad p(\vec{r}_4,t_0) = 0; \qquad p(\vec{r}_4,t_1) \neq 0$$
$$p(\vec{r}_2,t_0) \neq 0; \qquad p(\vec{r}_2,t_1) = 0; \qquad p(\vec{r}_5,t_0) = 0; \qquad p(\vec{r}_5,t_1) \neq 0$$
$$p(\vec{r}_3,t_0) \neq 0; \qquad p(\vec{r}_3,t_1) = 0; \qquad p(\vec{r}_6,t_0) = 0; \qquad p(\vec{r}_6,t_1) \neq 0$$

**Die zeitliche Entwicklung des Zustands eines Kontinuums wird im allgemeinen durch Angabe der zeitlichen Entwicklung eines Feldes beschrieben.**

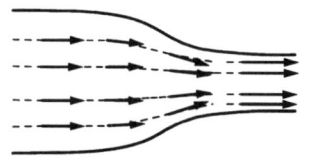

*Abb. 9.19: Strömung im sich verengenden Rohr*

Weitere Beispiele für solche **Feldgrößen** sind Temperatur, Dichte, elektrische Ladung usw.

Das Druckfeld ist ein **skalares Feld**: Jeder Punkt im Fluidvolumen ist charakterisiert durch einen skalaren Wert. Ein sehr geeignetes Feld, um Strömungen zu beschreiben, ist dagegen das **Geschwindigkeitsfeld**, ein **Vektorfeld**. Man gibt bei jeder Momentaufnahme zum Zeitpunkt $t$ an, welche Geschwindigkeit $\vec{v}(\vec{r},t)$ das am Ort $\vec{x}$ gerade vorüber fließende Massenelement hat.

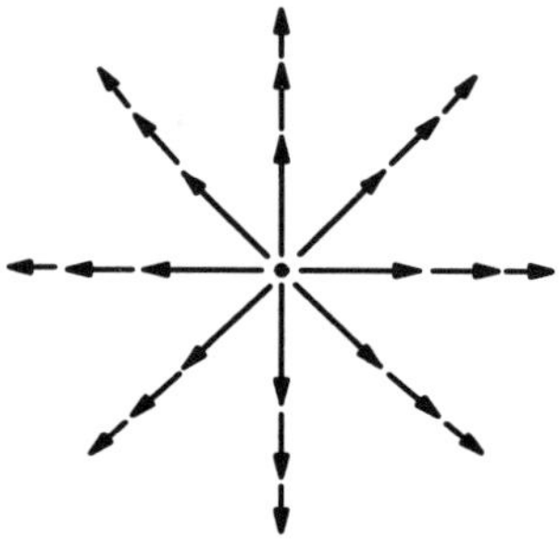

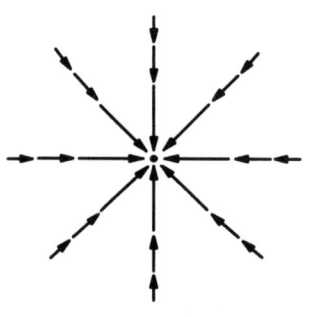

*Abb. 9.20: Quelle*

*Abb. 9.21: Senke*

Als Beispiel für **Strömungsfelder** ist hier die Strömung in einem sich verengenden Rohr dargestellt. Jeder Pfeil repräsentiert einen Geschwindigkeitsvektor. Um die Anschauung zu verbessern, verbindet man die Pfeile mit Linien, an denen die Geschwindigkeitsvektoren Tangenten sind. Diese Linien nennt man **Stromlinien** (in obigem Bild gestrichelt).

**Stromlinien können sich nie kreuzen,** da in einem Punkt nie zwei Geschwindigkeitsvektoren gleichzeitig gelten können.

Gäbe es in einem Strömungsfeld eine punktförmige (Flüssigkeits-) **Quelle**, so würden alle Geschwindigkeitsvektoren von ihr weg weisen. Gäbe es einen punktförmigen Abfluß, eine **Senke**, würden alle Geschwindigkeitsvektoren zu ihr hin weisen. Die hier zu betrachtenden Strömungsfelder sind im allgemeinen frei von Quellen und Senken.

In einem Strömungsfeld kann es aber vorkommen, daß sich Teilchen (Massenelemente) im Kreise drehen, allgemeiner: auf geschlossenen Bahnen bewegen.

Man spricht in diesem Falle von **Wirbeln**.
Ein realistisches Strömungsfeld enthält meist Wirbel, seltener Quellen und Senken: Seine Struktur ist darum sehr ähnlich der eines Magnetfeldes.
Man spricht von **laminarer Strömung**, wenn das Strömungsfeld keine Wirbel enthält. Oft wird das Strömungsfeld dann auch als **turbulenzfrei** bezeichnet. Ist das Geschwindigkeitsfeld nicht zeitabhängig, sieht also jede Momentaufnahme zu jedem beliebigem Zeitpunkt gleich aus, so spricht man von **stationärer Strömung**. Üben die einzel-

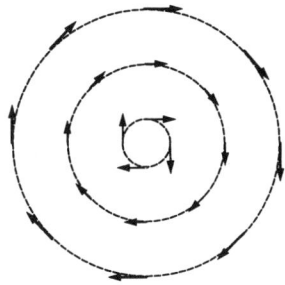

*Abb. 9.22: Wirbel*

nen Massenelemente des Kontinuums keine (Schub-) Kräfte aufeinander aus, geschieht insbesondere das Verschieben der Elemente gegeneinander reibungsfrei, spricht man von **idealer Flüssigkeit** bzw. **idealem Gas**.

## Ideale Strömung, Kontinuitätsgleichung

Nach diesen Begriffserklärungen sollen nun **einfache Strömungen** beschrieben werden. Inkompressibilität sei vorausgesetzt; sonst wäre auch noch die Dichte von Ort zu Ort verschieden, man hätte neben dem Geschwindigkeitsfeld auch noch ein Dichtefeld zu berücksichtigen. Temperaturfelder, Inhomogenitäten im Medium etc. sollen hier ebenfalls außer acht gelassen werden.
Eine ideale, inkompressible Flüssigkeit ströme laminar und stationär durch folgende, bereits bekannte Anordnung eines sich verengenden Rohres.

In der Natur darf keine Materie verschwinden oder entstehen, es herrscht **Erhaltung der Masse** oder **Kontinuität**. Angewandt auf obigen Fall heißt das, daß alles, was durch den weiten Querschnitt fließt, auch durch den engen Querschnitt muß.

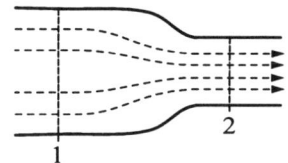

*Abb. 9.23: Strömung in sich verengendem Rohr*

Daraus folgt sofort, daß das Fluid im engen Querschnitt schneller fließen muß als im weiten.
Wie viel schneller, kann quantitativ angegeben werden. Unter den gegebenen Voraussetzungen, insbesondere Reibungsfreiheit, ist anzunehmen, daß die Teilchengeschwindigkeit überall auf dem Querschnitt an Stelle 1 gleich ist.
Durch den Querschnitt $A_1$ an der Stelle 1 fließt in der Zeit $\Delta t$ das Volumen $\Delta V_1$ mit der Geschwindigkeit $v_1$ der Flüssigkeit an der Stelle 1.

$$\Delta V_1 = A_1 \cdot v_1 \cdot \Delta t \tag{9.27}$$

Im gleichen Zeitabschnitt fließt durch den Querschnitt $A_2$ an der Stelle 2 das Volumen $\Delta V_2$ mit der Geschwindigkeit $v_2$ der Flüssigkeit an der Stelle 2.

$$\Delta V_2 = A_2 \cdot v_2 \cdot \Delta t \tag{9.28}$$

Die Kontinuität fordert nun für inkompressible Flüssigkeiten:

$$\boxed{\Delta V_1 = \Delta V_2} \tag{9.29}$$

woraus sofort folgt

$$A_1 \cdot v_1 \cdot \Delta t = A_2 \cdot v_2 \cdot \Delta t \tag{9.30}$$

Nach Kürzung durch $\Delta t$ erhält man die **Kontinuitätsgleichung**

$$\boxed{A_1 \cdot v_1 = A_2 \cdot v_2} \qquad (9.31)$$

für inkompressible Flüssigkeiten.

Für **kompressible Fluide** (Gase) gibt es eine analoge **Kontinuitätsgleichung**, die für stationäre Strömungen die Änderung der Dichte $\rho$ berücksichtigt:

$$\boxed{\rho_1 v_1 A_1 = \rho_2 v_2 A_2 = \text{const.}} \qquad (9.32)$$

Beide Gleichungen sind spezielle Formen des **Prinzips der Erhaltung der Gesamtmasse.**

# Bernoulli-Gleichung

Die **Kontinuitätsgleichung** zeigt, daß die Flüssigkeit im engen Querschnitt $A_2$ schneller fließt als im weiten $A_1$:

$$v_2 = \frac{A_1}{A_2} \cdot v_1, \qquad (9.33)$$

mit $A_2 < A_1$ gilt also $v_2 > v_1$.

Folglich muß die Flüssigkeit beim Passieren der Verengung beschleunigt werden. An dieser Stelle muß eine beschleunigende Kraft auf die Flüssigkeit einwirken. Da keine Vorrichtungen irgendwelcher Art vorhanden sind, die dies besorgen könnten, muß die beschleunigende Kraft von einem **Druckunterschied** an der Verengung herrühren:

**Im weiten Querschnitt muß ein höherer Druck herrschen als im engen.**

Diesen Druckunterschied kann man berechnen aus dem **Prinzip der Energieerhaltung.** Um die Strömung aufrecht zu erhalten, muß nämlich Arbeit geleistet werden; z. B. durch einen Kolben, der in der Zeit $\Delta t$ gegen die Druckkraft $p_1 \cdot A_1$ um die Strecke $v_1 \cdot \Delta t$ im weiten Querschnitt verschoben wird:

$$W_1 = p_1 \cdot A_1 \cdot v_1 \cdot \Delta t \qquad (9.34)$$

Ein Kolben, der rechts von der Verengung das Rohr abschließt, gibt in der selben Zeit Arbeit nach außen ab, denn er wirkt mit der Kraft $p_2 \cdot A_2$ längs des Weges $v_2 \cdot \Delta t$:

$$W_2 = p_2 \cdot A_2 \cdot v_2 \cdot \Delta t \qquad (9.35)$$

Da $p_2 < p_1$ ist, wird vom linken Kolben mehr Arbeit geleistet, als vom rechten wieder abgegeben wird:

$$W = W_1 - W_2 = (p_1 A_1 v_1 - p_2 A_2 v_2) \cdot \Delta t$$

Da $A_2 v_2 = A_1 v_1$ (Kontinuitätsgleichung), folgt für $\Delta W$

$$W = (p_1 - p_2) \cdot A_1 \cdot v_1 \cdot \Delta t > 0 \qquad (9.36)$$

Diese Arbeit kann nur dazu verwendet worden sein, die Flüssigkeit an der Verengung zu beschleunigen. Das die Stelle 1 im Zeitraum $\Delta t$ passierende Volumen $\Delta V_1$ hat die kinetische Energie

$$\Delta W_{\text{kin}_1} = \frac{1}{2} \cdot \rho \cdot \Delta V_1 \cdot v_1^2$$

$$= \frac{1}{2} \cdot \rho \cdot A_1 \cdot v_1 \cdot \Delta t \cdot v_1^2 \qquad (9.37)$$

Ganz analog ist die kinetische Energie des in der Zeit $\Delta t$ bei Stelle 2 vorüberfließenden Volumens $\Delta V_2$:

$$\Delta W_{\text{kin}_2} = \frac{1}{2} \cdot \rho \cdot A_2 \cdot v_2 \cdot \Delta t \cdot v_2^2 \qquad (9.38)$$

Diese ist größer als die kinetische Energie des Volumens $\Delta V_1$:

$$\Delta W_{\text{kin}} = \Delta W_{\text{kin}_2} - \Delta W_{\text{kin}_1}$$

$$\cdot \; = \frac{1}{2}\rho \cdot \underbrace{A_2 v_2}_{=A_1 v_1} \cdot \Delta t \cdot v_2^2 - \frac{1}{2}\rho \cdot A_1 \cdot v_1 \cdot \Delta t v_1^2$$

$$= \frac{1}{2}\rho A_1 v_1 \Delta t (v_2^2 - v_1^2) > 0, \quad \text{da } v_2 > v_1 \tag{9.39}$$

Wie erwähnt, muß diese Erhöhung der kinetischen Energie von außen kommen:

$$\Delta W_{\text{kin}} = W$$

Daraus folgt: $\quad \dfrac{1}{2}\rho A_1 v_1 \cdot \Delta t \cdot (v_2^2 - v_1^2) = A_1 \cdot v_1 \Delta t \cdot (p_1 - p_2)$

Hieraus folgt nach Umformung die **Bernoulli-Gleichung**:

$$\boxed{p_2 + \frac{1}{2}\rho v_2^2 = p_1 + \frac{1}{2}\rho v_1^2} \tag{9.40}$$

**Im Strömungsfeld stationär und laminar strömender, idealer, inkompressibler Fluide ist die Summe aus statischem Druck $p$ und Staudruck $\frac{1}{2}\rho v^2$ überall gleich.**

Die Bernoulli-Gleichung ist eine spezielle Form des **Prinzips der Erhaltung der Gesamtenergie**. Die Summe

$$\boxed{p_{\text{g}} = p + \frac{1}{2}\rho v^2} \tag{9.41}$$

wird als **Gesamtdruck $p_{\text{g}}$** bezeichnet. An Stellen höherer Strömungsgeschwindigkeit ist der statische Druck klein. Umgekehrt ist der statische Druck maximal, $p = p_{\text{g}}$, wenn die Strömungsgeschwindigkeit Null ist, $v = 0$.

# Anwendungen der Bernoulli-Gleichung

Dieses Prinzip hat eine Unzahl von technischen Anwendungen, zunächst in Form von Meßgeräten für die Strömungsgeschwindigkeit. In der folgenden experimentellen Anordnung mißt man nur den statischen Druck $p$, da an der Stelle der Meßöffnung das Strömungsfeld durch die Sonde nahezu ungestört ist.

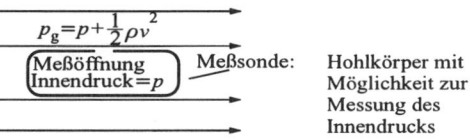

Meßsonde: Hohlkörper mit Möglichkeit zur Messung des Innendrucks

Abb. 9.24: Messung des statischen Drucks

Ist dagegen die Meßöffnung an der Stirnseite der Meßsonde, so mißt man das aufgestaute Strömungsfeld, dessen Strömungsgeschwindigkeit Null ist. Damit ist der statische Druck gleich dem Gesamtdruck $p_{\text{g}}$.

Mißt man gleichzeitig den Gesamtdruck und den statischen Druck und nimmt die Differenz von beiden, hat man ein Maß für die Strömungsgeschwindigkeit $v$.

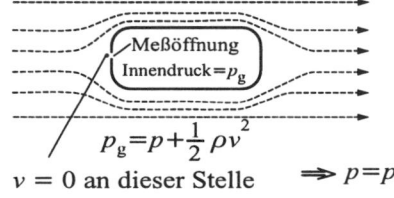

Abb. 9.25: Messung des Gesamtdrucks

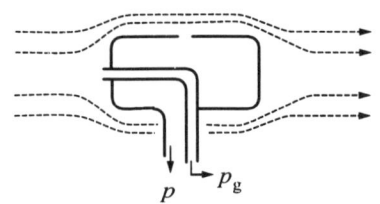

$$p_g - p = \frac{1}{2}\rho v^2 \qquad (9.42)$$

und damit

$$\boxed{v = \sqrt{\frac{2(p_g - p)}{\rho}}} \qquad (9.43)$$

*Abb. 9.26: Meßanordnung für Staudruck: Prandtlsches Staurohr*

Eine hierfür geeignete Anordnung ist das **Prandtlsche Staurohr**.

*Beispiel 9.8*:    Geschwindigkeitsbestimmung mit dem Prandtlschen Staurohr

Bringt man ein Prandtlsches Staurohr am Rumpf eines Flugzeuges an, kann dieses dazu dienen, die Fluggeschwindigkeit zu bestimmen. Neben der Messung der Druckdifferenz muß man bei der Auswertung obiger Formel allerdings berücksichtigen, daß in großer Höhe die Dichte der Luft gegenüber dem Wert an der Erdoberfläche erniedrigt ist.

Den Dichtewert kann man aus der Gleichung des idealen Gases (siehe Kapitel Thermodynamik)

$$pV \sim \rho T \qquad\qquad \underline{1}$$

aus dem Gesamtdruck $p_g$ und der Temperatur $T$

$$\rho = 3{,}487 \cdot 10^{-3}\,\frac{\text{kg}\cdot\text{K}}{\text{N}\cdot\text{m}} \cdot \frac{p_g}{T} \qquad\qquad \underline{2}$$

ermitteln.

Während eines Fluges messe der zuständige Bordingenieur nun folgende Werte:

$$p_g = 23800\,\text{Pa} \qquad p = 13900\,\text{Pa} \qquad T = -40\,°\text{C} = 233{,}15\,\text{K} \qquad \underline{3}$$

Daraus ermittelt er die Luftdichte:

$$\rho = 0{,}356\,\frac{\text{kg}}{\text{m}^3} \qquad\qquad \underline{4}$$

die eng mit der Flughöhe verknüpft ist (siehe „Barometrische Höhenformel") und die Fluggeschwindigkeit mit Gl. (9.43)

$$v = \sqrt{\frac{2 \cdot (23800\,\text{Pa} - 13900\,\text{Pa})}{0{,}356\,\frac{\text{kg}}{\text{m}^3}}} = 236\,\frac{\text{m}}{\text{s}} = 850\,\frac{\text{km}}{\text{h}}$$

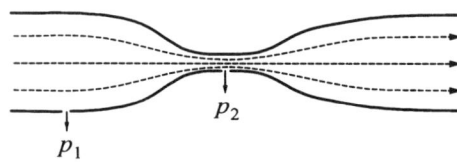

*Abb. 9.27: Venturi-Düse*

In Rohrleitungen kann man die Strömungsgeschwindigkeit ohne Einbringen einer Sonde, nur durch Messen der statischen Druckerniedrigung durch eine Verengung, bestimmen. Solch eine Anordnung nennt man eine **Venturi-Düse**.

$$p_{g_1} = p_1 + \frac{1}{2}\rho v_1^2, \qquad p_{g_2} = p_2 + \frac{1}{2}\rho v_2^2$$

Mit der Bernoulli-Gleichung erhalten wir:

$$p_{g_1} = p_{g_2} \implies \frac{1}{2}\rho\left(v_2^2 - v_1^2\right) = p_1 - p_2$$

Die Kontinuitätsgleichung

$$A_1 v_1 = A_2 v_2$$

liefert

$$v_2 = \frac{A_1}{A_2}v_1$$

eine Beziehung für die Geschwindigkeit $v_2$. Eingesetzt in die Bernoulli-Gleichung folgt die Geschwindigkeit $v_1$:

$$\frac{1}{2}\rho v_1^2 \left[ \left(\frac{A_1}{A_2}\right)^2 - 1 \right] = p_1 - p_2$$

$$v_1 = \sqrt{\frac{2(p_1 - p_2)}{\rho \cdot \left[ \left(\frac{A_1}{A_2}\right)^2 - 1 \right]}} \qquad (9.44)$$

Weitere Anwendungen der Bernoulli-Gleichung beruhen im Grunde alle auf der Tatsache, daß in bewegten Teilen eines Strömungsfeldes der statische Druck niedriger ist als in unbewegten Teilen. Beispielsweise wirkt auf eine einseitig angeströmte Platte eine **Querkraft**.

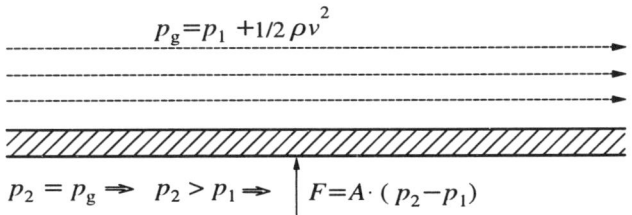

Abb. 9.28: *Kraft auf eine einseitig angeströmte Platte*

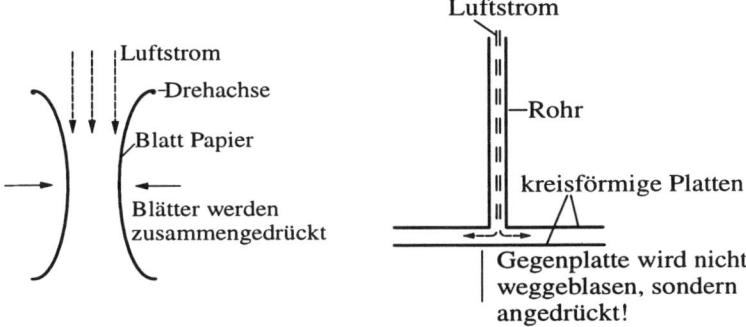

Abb. 9.29: *Hydrodynamisches Paradoxon*

Blätter, zwischen denen eine Luftströmung herrscht, werden zusammengedrückt statt auseinandergeblasen. Einen ähnlichen Effekt erleben die Führer zweier einander sehr eng passierender Schiffe: Sie müssen Strömungskräften entgegensteuern, die die Schiffsrümpfe aufeinander zubewegen.

Die Gegenplatte wird nicht weggeblasen, sondern angedrückt: **hydrodynamisches Paradoxon**.

Der in einem Luftstrom oder Wasserstrahl tanzende Ball wird gegen die Schwerkraft in den Strom hineingezogen.

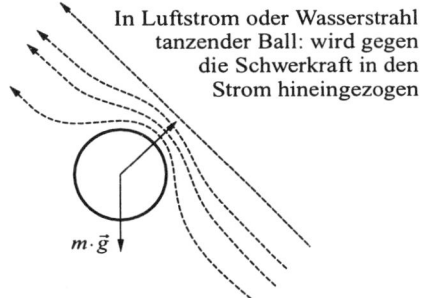

In Luftstrom oder Wasserstrahl tanzender Ball: wird gegen die Schwerkraft in den Strom hineingezogen

Abb. 9.30: *Schwebender Ball*

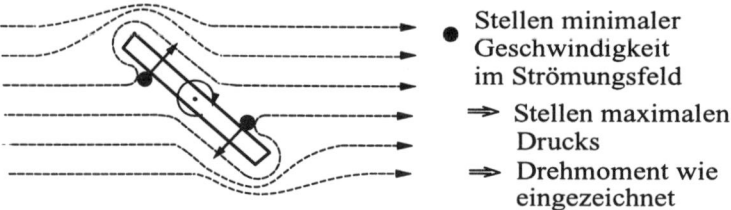

*Abb. 9.31: Drehmoment auf eine Platte in einem Strömungsfeld*

Eine schräg in einen Strom gestellte Platte wird quer gestellt. Stellen minimaler Geschwindigkeit im Strömungsfeld, also Stellen maximalen statischen Drucks, sind mit ● eingezeichnet. Daraus resultiert das angegebene Drehmoment. Hiermit erklärt sich auch, warum ein vom Baum fallendes Blatt mit der Breitseite voran zur Erde taumelt.

Mit diesen Beispielen im Zusammenhang stehen als technische Anwendungen der Bernoullischen Gleichung: die Wasserstrahlpumpe, der Zerstäuber, der Bunsenbrenner.

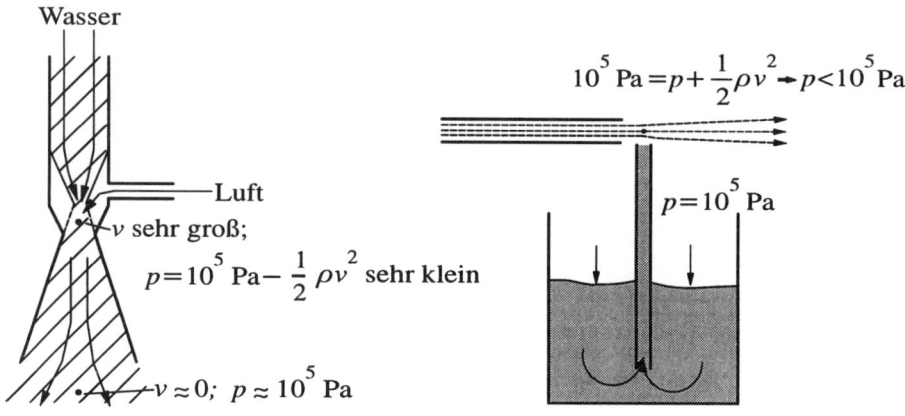

*Abb. 9.32: Wasserstrahlpumpe, Zerstäuber*

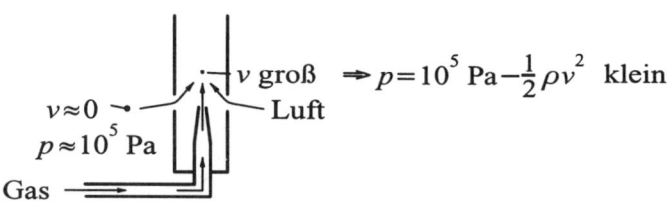

*Abb. 9.33: Bunsenbrenner*

# 9.4    Stationäre Strömungen mit Reibung

Es gibt wie gezeigt eine Fülle von Anwendungen, die auf der Bernoullischen Gleichung beruhen. Ein Gerät aber scheint dieser Gleichung geradezu zu widersprechen: das **Luftkissenfahrzeug (Hovercraft)**.

Dieses Fahrzeug ähnelt sehr der Anordnung zum hydrodynamischen Paradoxon, und dennoch wird es durch die Luftströmung nicht auf den Boden gepreßt, sondern schwebt im Gegenteil auf einem Luftkissen. Das kann nur bedeuten, daß der statische Druck entgegen der Erwartung unter dem Hovercraft größer ist als in der Umgebung. Wie kommt das?

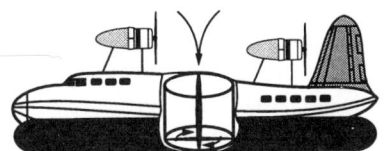

*Abb. 9.34: Luftkissenfahrzeug*

Luft ist in Wirklichkeit kein ideales Fluid, wie bisher angenommen wurde. Das Verschieben von Massenelementen gegeneinander ist bei **realen Flüssigkeiten und Gasen** nicht reibungsfrei möglich. Die Konsequenz ist, daß es einer Druckdifferenz bedarf, um eine Strömung aufrecht zu erhalten: Darum herrscht unter dem Hovercraft Überdruck.

## Zähigkeit

Es bedarf sogar einer Druckdifferenz, um ein Fluid durch ein Rohr zu treiben, dessen Querschnitt überall gleich ist:

Nach der Bernoulli-Gleichung erwartet man, weil die Strömungsgeschwindigkeit überall gleich ist, daß der Druck ebenfalls überall gleich ist: $p_1 = p_2$.

Anders bei einem realen Fluid: Dieses muß in das Rohr hineingedrückt werden, es ist „zäh". Dementsprechend bezeichnet man die Eigenschaft, daß das Verschieben von Massenelementen nur mit **Reibung** möglich ist, als **Zähigkeit** oder **Viskosität**.

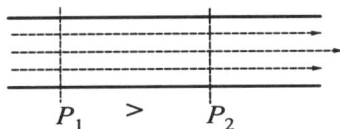

*Abb. 9.35: Strömung eines realen Fluids durch ein Rohr*

Wie kann man „Zähigkeit" messen?

Man definiert anhand eines speziellen, einfachen, stationären Strömungsfeldes die **reine Scherströmung**. Die Deformationsart **Scherung** wurde für Festkörper bereits eingeführt.

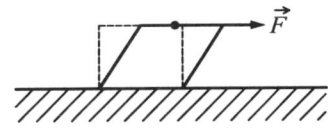

*Abb. 9.36: Einfache Scherung*

Die Kraft, geteilt durch die Größe der Fläche, an der sie angreift, wird als **Schubspannung** bezeichnet, die Scherung auch als **Schubdeformation**:

$$\tau = \frac{F}{A} \tag{9.45}$$

Diese Deformationsart ist auch bei fließfähigen, zähen Medien möglich. Es ist nämlich mit aller Erfahrung vereinbar, anzunehmen, daß **die an einen Festkörper angrenzende Fluidschicht an diesem unlösbar haftet**. Ein Beweis ist, daß selbst schnell bewegte Ventilatorflügel immer staubig sind: Der Staub wird nicht weggepustet!

Eine Flüssigkeitsschicht zwischen zwei relativ zueinander bewegten Platten bildet immer ein sogenanntes **Geschwindigkeitsprofil** aus:

In dieser Anordnung wird das Fluid selbst schubdeformiert, aber zwischen Festkörper und Fluid findet keine Relativbewegung statt.

Treten nun Reibungskräfte auf, so sind diese allein auf die Reibung zwischen den unterschiedlich schnellen Flüssigkeitsschichten zurückzuführen. Zwischen Fluid und Festkörper kann es ja keine Reibung geben. Ist eine Kraft $\vec{F}$ erforderlich,

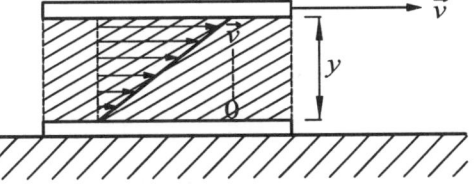

*Abb. 9.37: Geschwindigkeitsprofil einer Scherströmung*

um die Bewegung der oberen Platte mit Geschwindigkeit $\vec{v}$ aufrecht zu erhalten, so resultiert diese Kraft allein aus der **inneren Reibung** des Mediums zwischen den Platten. Sie ist also charakteristisch für dieses Medium und kann zur Messung seiner Zähigkeit oder **Viskosität** dienen.

Ist $A$ die Fläche der oberen Platte, so ist zur Aufrechterhaltung der Bewegung mit konstanter Geschwindigkeit $\vec{v}$ die Schubspannung $\tau = F/A$ erforderlich. Bei hinreichend dünner Fluidschicht stellt man für eine spezielle Materialklasse, die sogenannten **Newtonschen Fluide**, fest:

$$\tau = \eta \cdot \frac{v}{y} \tag{9.46}$$

$y$ bezeichnet die Dicke der Fluidschicht und $\eta$ ist die **dynamische Viskosität (dynamische Zähigkeit)**: $[\eta] = \text{Pa} \cdot \text{s}$ (Pascalsekunde).

Die Voraussetzung „hinreichend dünne Fluidschicht" ist dann exakt erfüllt, wenn die Schicht infinitesimal dünn ist; darum lautet die exakte Formulierung obiger, Newtonsche Fluide definierenden Gleichung: **Schubspannung in Newtonschen Fluiden**

$$\boxed{\tau = \eta \cdot \frac{\mathrm{d}v}{\mathrm{d}y} \qquad [\eta] = \frac{\text{N}}{\text{m}^2} \cdot \text{s} = \text{Pa} \cdot \text{s}} \tag{9.47}$$

In Worten:

**Die Schubspannung, die man braucht, um in einem fließfähigen Kontinuum ein Geschwindigkeitsgefälle zu erzeugen, ist der Größe des Gefälles proportional.**

Wie gesagt, gilt dies nur für Newtonsche Fluide. Viele in der (industriellen) Praxis vorkommenden Fluide (z. B. Schmelzen, insbesondere polymere Schmelzen) sind nicht von diesem Typ. Deshalb ist gerade für die kunststoffverarbeitende Industrie das Fachgebiet der Lehre des Strömens allgemeiner Fluide, die **Rheologie**, von großer Bedeutung.

Die Proportionalitätskonstante $\eta$ ist materialspezifisch, aber im allgemeinen von Temperatur und Druck abhängig:

Die Zähigkeit von Flüssigkeiten nimmt mit wachsender Temperatur meist stark ab.

Die Zähigkeit von Gasen nimmt mit steigender Temperatur zu, ist aber unabhängig vom Druck. Auf die Erklärung dieses Phänomens wird im Rahmen der kinetischen Gastheorie zurückzukommen sein. Einige typische Zähigkeitswerte:

*Tabelle 9.3   Zähigkeitswerte bei 20 °C*

| Stoff | Zähigkeit $\eta / (\text{Pa} \cdot \text{s})$ |
|---|---|
| Wasser | $\approx 10^{-3}$ |
| Luft | $\approx 2 \cdot 10^{-5}$ |
| Schmieröl | $\approx 0,1 \dots 1$ |
| Glycerin | $\approx 1,5$ |

*Beispiel 9.9:*    Schmierung

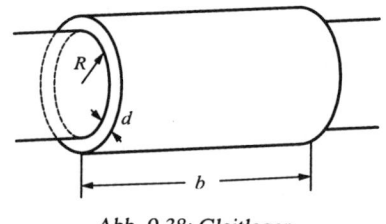

*Abb. 9.38: Gleitlager*

Ein Beispiel für die technische Bedeutung der Zähigkeit von Fluiden ist deren Anwendung zur **Schmierung**. Dies ist besonders wichtig in Gleitlagern. Zur Verdeutlichung sei angenommen, eine zylindrische Welle des Radius $R$ drehe sich in einer zylindrischen Bohrung mit nur unwesentlich größerem Radius. Ist die Welle zentriert, so bleibt ein Spalt der Breite $d$, der mit schmierendem Fluid der Zähigkeit $\eta$ gefüllt ist. Das Gleitlager habe eine Tiefe $b$.

Für $d \ll R$ ist die Gleitfläche $A$ in guter Näherung gegeben mit $A = 2\pi R \cdot b$. Dreht sich die Welle mit einer Drehzahl $n$, so bewegt sich die Wellenoberfläche relativ zur Oberfläche der Bohrung mit einer Geschwindigkeit $v = 2\pi R \cdot n$. Folglich bildet sich im Fluid des Spaltes ein Geschwindigkeitsgefälle der Größe $v/d = 2\pi n \cdot R/d$ aus.

Um dieses Geschwindigkeitsgefälle aufrecht zu erhalten, bedarf es einer Schubspannung $\tau = \eta \cdot v/d = \eta \cdot 2\pi n \cdot R/d$ bzw. einer zur Wellenoberfläche tangentialen Kraft

$$F = \tau \cdot A = \tau \cdot 2\pi R \cdot b$$

$$= \eta \cdot 4\pi^2 \cdot n \cdot b \cdot \frac{R^2}{d} \qquad\qquad \underline{1}$$

Das bedeutet, daß an der Welle ein Drehmoment $M = F \cdot R$ angreifen muß, um die Drehung aufrecht zu erhalten:

$$M = \eta \cdot 4\pi^2 \cdot n \cdot b \cdot \frac{R^3}{d} \qquad\qquad \underline{2}$$

Ein Zahlenbeispiel:

$$n = 60 \, \frac{1}{s}; \quad b = 7 \, \text{mm}; \quad R = 4 \, \text{mm}; \quad d = 0,1 \, \text{mm}; \quad \eta = 0,5 \, \text{Pa} \cdot \text{s}$$

$$\implies \qquad M = 5,3 \cdot 10^{-3} \, \text{N} \cdot \text{m} \qquad\qquad \underline{3}$$

entsprechend einem Gewicht von $5,3$ g an einem Hebelarm von 10 cm Länge.
Sonst gleiche Zahlen, aber $\eta = 2 \cdot 10^{-5} \, \text{Pa} \cdot \text{s}$

$$\implies \qquad M = 2,1 \cdot 10^{-7} \, \text{N} \cdot \text{m} \qquad\qquad \underline{4}$$

entsprechend einem Gewicht von $0,2$ μg (!) an einem Hebelarm von 10 cm Länge.
Die niedrigere der beiden Zähigkeiten ist die von Luft unter Normalbedingungen. Das Zahlenbeispiel verdeutlicht, warum extrem leichtgängige Lager (z. B. in einem Kreiselkompaß) als Luftlager ausgeführt werden.

Neben der „dynamischen Zähigkeit" wird auch oft die **kinematische Viskosität (Zähigkeit)**, des Quotienten aus dynamischer Viskosität und Dichte, eingeführt:

$$\boxed{\nu = \frac{\eta}{\rho} \qquad [\nu] = \frac{\text{N} \cdot \text{s}}{\text{m}^2} \cdot \frac{\text{m}^3}{\text{kg}} = \frac{\text{m}^2}{\text{s}}} \qquad\qquad (9.48)$$

Welche Konsequenzen hat Zähigkeit nun für Strömungsfelder?
Zunächst ist festzustellen, daß sich die Strömungsfelder idealer und realer Fluide an Grenzflächen zu Festkörpern ganz grundlegend unterscheiden.
Bei idealen Fluiden sind Reibungsphänomene definitionsgemäß ausgeschlossen. Folglich bewegt sich auch die an einer Festkörper-Oberfläche unmittelbar angrenzende Fluidschicht mit endlicher Geschwindigkeit relativ zu ihr.
Reale Fluide dagegen haften an Oberflächen. Ihre Relativgeschwindigkeit ist dort exakt 0.

# 9.5 Zusammenfassung

Die **Kontinuumsmechanik** beschreibt ausgedehnte Körper als **kontinuierliche Verteilung** unendlich vieler Massenpunkte. Dadurch wird eine mathematische Beschreibung mit Hilfe von **Feldern** möglich.

## Elastomechanik

In **Festkörpern** ändern sich bei Deformation die **Relativabstände** benachbarter Massenpunkte, aber nicht deren **Relativpositionen**.

**Deformationen** sind beschreibbar mit Hilfe von **Tensorfeldern**, die die Verrückung in jedem Punkt angeben.

Kräfte werden bezogen auf die Flächen, an denen sie angreifen, und als Spannungen bezeichnet. Die Kraftkomponenten an einem Volumenelement im Körperinneren werden zusammengefaßt zu **Spannungstensoren.**

Einfache Deformationsarten sind die **Zugdeformation** und die **Schubdeformation** oder **Scherung**. Bei ihnen ist eine skalare Beschreibung von Verformungen und Spannungen möglich:

$F$ ist die **angreifende Kraft**,

$A_1$ und $A_2$ sind die **Angriffsflächen**,

$L_1$ ist die ursprüngliche **Länge** und $L_2$ die Länge nach Aufbringen der Zugverformung,

$E$ ist der **Youngsche Elastizitätsmodul** und $G$ der **Schubmodul**.

Für **inkompressible** Materialien ist

$$E = 3 \cdot G \tag{9.49}$$

Materialien, bei denen der Wert der Spannung wie oben nur vom gegenwärtigen Wert der Verformung abhängt, nennt man **elastisch**.

**Zugdeformation:**

$$\text{Zugspannung } \sigma = \frac{F}{A_1}$$

$$\text{Verlängerung } \lambda = \frac{L_1}{L_0} \tag{9.50}$$

$$\text{Dehnung } \varepsilon = \frac{\Delta L}{L_0} = \frac{L_1 - L_0}{L_0} = \lambda - 1$$

und der Spannungs-Verformungs-Zusammenhang

$$\sigma = E \cdot \varepsilon \tag{9.51}$$

**Schubdeformation:**

$$\text{Schubspannung } \tau = \frac{F}{A_2}$$

$$\text{Schubwinkel } \alpha$$

und der Spannungs-Verformungs-Zusammenhang

$$\tau = G \cdot \tan \alpha \tag{9.52}$$

**SI-Einheiten:**

$$[\sigma] = [\tau] = [E] = [G] = \frac{\text{N}}{\text{m}^2} = \text{Pa} \quad (\text{Pascal}) \tag{9.53}$$

Bei der **Torsion** eines zylindrischen Rundstabes der Länge $h$ und des Radius $R$ aus linear-elastischem Material mit Young-Modul $E$ ist der Zusammenhang zwischen Drehmoment $M$ und Torsionswinkel $\beta$ linear:

$$\boxed{M = \frac{\pi}{6} \cdot E \cdot \frac{R^4}{h} \cdot \beta} \tag{9.54}$$

# Hydrostatik

In **Flüssigkeiten und Gasen** ändern sich bei Deformation auch die Relativpositionen benachbarter Massenpunkte: Strömungsvorgänge sind möglich.

Flüssigkeiten sind in guter Näherung **inkompressibel**, Gase sind kompressibel.

Die **Kompressibilität** ist definiert als

$$\boxed{\kappa = -\frac{1}{V}\frac{\mathrm{d}V}{\mathrm{d}p}} \qquad [\kappa] = \frac{1}{\mathrm{Pa}} \tag{9.55}$$

Hierbei ist $\mathrm{d}V$ die Änderung des Körpervolumens $V$ bei Änderung des Druckes um $\mathrm{d}p$.
In Flüssigkeiten und Gasen (Fluiden) wirken am Volumenelement nur auf den Angriffsflächen senkrechte Kräfte, die zudem in jede Richtung gleich sind.

Der skalare, isotrope **Druck**

$$\boxed{p = \frac{F}{A}} \qquad [p] = \mathrm{Pa} \tag{9.56}$$

charakterisiert vollständig den Spannungszustand.
In inkompressiblen Fluiden im Schwerefeld der Erdoberfläche nimmt der **hydrostatische Druck** mit der Tiefe $h$ linear zu:

$$\boxed{p = \rho g h} \tag{9.57}$$

Hier steht $\rho$ für die Massendichte des Fluids und $g$ für die Fallbeschleunigung. Als Konsequenz erfährt ein vollständig eingetauchter Körper eine **Auftriebskraft**, die gleich dem Gewicht des verdrängten Fluidvolumens ist (**Archimedisches Prinzip**). Daraus leitet sich als Bedingung für das **Schwimmen** des Körpers ab, daß seine Dichte kleiner sein muß als die Fluiddichte.

# Hydro- und Aerodynamik

Strömungen werden mathematisch beschrieben durch die Angabe eines zeitabhängigen Geschwindigkeitsfeldes $\vec{v}(\vec{x},t)$. Strömungen führen zum Abgleiten von Fluidschichten aufeinander. Im **idealen Fluid** geschieht dies reibungsfrei. Aus Kontinuität und Energieerhaltung folgt für inkompressible Fluide die

**Bernoulli-Gleichung**

$$\boxed{p_2 + \frac{1}{2}\rho v_2^2 = p_1 + \frac{1}{2}\rho v_1^2} \tag{9.58}$$

die besagt, daß die Summe aus statischem Druck $p$ und Staudruck $1/2 \cdot \rho v^2$ überall in einem zusammenhängenden Strömungsfeld denselben Wert hat. Im Staupunkt ist $v = 0$ und der Druck ist maximal: Je größer die Fluidgeschwindigkeit ist, um so kleiner ist der Druck. In der Vielzahl möglicher technischer Anwendungen hat insbesondere die Strömungsgeschwindigkeitsbestimmung durch Druckmessung Bedeutung.
**Reale Fluide** sind zäh, Fluidschichten tauschen Impuls aus, dies äußert sich als **Reibung**.

Die **Zähigkeit** oder **Viskosität** $\eta$ ist definiert als Proportionalitätskonstante zwischen einem Geschwindigkeitsgefälle $\mathrm{d}v/\mathrm{d}y$ und der zur Aufrechterhaltung des Gefälles notwendigen Schubspannung $\tau$:

$$\tau = \eta \cdot \frac{\mathrm{d}v}{\mathrm{d}y}; \qquad [\eta] = \mathrm{Pa} \cdot \mathrm{s} \tag{9.59}$$

# 9.6   Aufgaben

**9.1**   Die Elastitätsgrenze für Stahl liegt bei $0,572$ GPa. Ist die Verformung elastisch oder plastisch, wenn sich ein Stahldraht der Länge $3,00$ m mit dem Querschnitt $1,20$ mm$^2$ unter der Wirkung einer Zugkraft um $8,00$ mm verlängert?
Unter der Wirkung welcher Kraft erfolgt eine solche Deformation?
Der Elastitätsmodul von Stahl ist $E = 196$ GPa.

**9.2**   Zwei Stäbe aus dem gleichen Material und mit gleichem Querschnitt haben unterschiedliche Längen ($l_1 > l_2$). Zu bestimmen ist
1. ob ihre Dehnung unter der Wirkung gleicher Kräfte gleich ist,
2. an welchen der Stäbe die größere Kraft angelegt werden muß, um bei beiden Stäben die gleiche Längenänderung $\Delta l$ zu erhalten.
Das Gewicht der Stäbe wird vernachlässigt.

**9.3**   Wie unterscheiden sich die Dehnungen zweier Drähte aus einem und demselben Material bei gleicher Belastung, wenn Länge und Durchmesser des ersten Drahtes doppelt so groß sind wie die des zweiten?
Wie unterscheiden sich ihre Längenänderungen?
Das Gewicht der Drähte wird vernachlässigt.

**9.4**   Welchen Querschnitt muß eine Kupferstange von $5,0$ m Länge haben, damit sie sich bei der Belastung mit $480$ N um nicht mehr als $1,0$ mm ausdehnt?
Hält die Stange eine solche Spannung aus, wenn die Zugfestigkeit von Kupfer $220$ MPa beträgt?
Die Masse der Stange wird nicht berücksichtigt. Youngscher Modul von Kupfer: $E = 120$ GPa.

**9.5**   Bei welcher Längenänderung verfügt ein Stahlstab mit der Länge $2,0$ m und dem Querschnitt $10,00$ mm$^2$ über die potentielle Energie $44$ MJ?
Der Elastitätsmodul von Stahl beträgt $E = 220$ GPa.

**9.6**   Welche Feder – aus Stahl oder aus Kupfer – gewinnt bei elastischer Deformation unter der Wirkung der gleichen deformierenden Kraft die größere potentielle Energie bei sonst gleichen Bedingungen?
Die Masse der Feder ist zu vernachlässigen. Der Elastitätsmodul von Stahl ist $E_{Fe} = 220$ GPa, der von Kupfer ist $E_{Cu} = 120$ GPa.

**9.7**   Gesucht ist die Länge eines vertikal aufgehängten Kupferdrahtes, der durch sein Eigengewicht zu reißen beginnt.
Die Dichte von Kupfer ist $\rho = 8,6$ g/cm$^3$, die Festigkeitsgrenze $\sigma_B = 245$ MPa.

**9.8**   Zur Messung der Meerestiefe wird von einem Schiff ein Massestück an einem Seil herabgelassen. Bei Vernachlässigung dieses Gewichtes im Vergleich zum Gewicht des Seiles ist gesucht, welche größte Tiefe man nach dieser Methode messen kann.
Die Dichte von Meerwasser ist mit $1$ g/cm$^3$, die Dichte von Stahl mit $7,7$ g/cm$^3$ anzunehmen. Die Festigkeitsgrenze lautet $\sigma_B = 785$ MPa.

**9.9**   Gesucht ist die potentielle Energie eines Drahtes mit einer Länge von $5$ cm und einem Durchmesser von $4 \cdot 10^{-3}$ cm, der um einen Winkel von $10°$ verdreht wird.
Das Schubmodul des Drahtmaterials beträgt $5,9 \cdot 10^4$ N/mm$^2$.

**9.10**   In kommunizierenden Gefäßen steht der Flüssigkeitsspiegel überall gleich hoch, solange die Flüssigkeit homogen ist. Anders in folgender Aufgabe: In einem U-Rohr befindet sich Quecksilber (Hg); darüber auf einer Seite eine Wassersäule der Höhe $a$.

Welche Höhendifferenz besteht zwischen Quecksilber- und Wasseroberfläche?

Zahlenwerte: $a = 0,2$ m; $\rho_{Hg} = 13,5$ g/cm$^3$; $\rho_{H_2O} = 1$ g/cm$^3$.

**9.11**   Ein Gefäß enthält Quecksilber und darüber geschichtet Wasser. Wie tief sinkt ein Eisenzylinder der Höhe $h = 3$ cm in das Quecksilber ein, wenn die Wassertiefe einmal $d_1 = 5$ cm und in einem zweiten Falle $d_2 = 1$ cm beträgt?

Dichtewerte: Eisen: $\rho_{Fe} = 7,86$ g/cm$^3$, Quecksilber: $\rho_{Hg} = 13,5$ g/cm$^3$, Wasser: $\rho_{H_2O} = 1$ g/cm$^3$.

**9.12** In einer Rohrleitung (Durchmesser $d_1 = 16$ cm) mit einer Flüssigkeit der Dichte $\rho = 0,9$ kg/dm$^3$ wird ein Venturirohr eingebaut, dessen engster Querschnitt den Durchmesser $d_2 = 10$ cm besitzt. Das eingebaute Manometer zeigt den Druckunterschied $\Delta p = 160$ mbar an.

Berechnen Sie die Strömungsgeschwindigkeit $v_1$ in der Rohrleitung und den Volumenstrom $\Delta V/\Delta t$.

**9.13** In welche Höhe $h$ steigt Quecksilber in der Verengung des skizzierten Rohres, wenn das Wasser mit der Geschwindigkeit $v_1 = 4$ m/s ausströmt?

Zahlenwerte: Durchmesser $d_1 = 10$ cm, $d_2 = 7$ cm; Dichte $\rho_{Hg} = 13,55$ g/cm$^3$.

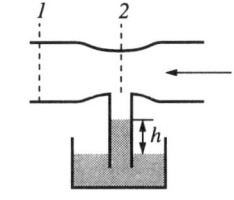

*Abb. 9.39:*

**9.14** Ein Speerwerfer stabilisiert den Flug seines Speeres, indem er ihm einen Drall, eine schnelle Rotation um die Stab-Längsachse, mitgibt. Wenn die Luft nicht wäre, würde der Drehimpuls $\vec{L}$ und damit der Speer als Ganzes seine Ausrichtung während des gesamten Fluges nicht ändern. Bei gekrümmter Flugbahn im Schwerefeld der Erde wird folglich der Speer samt Drehimpuls sehr bald nicht mehr parallel zur Bahn stehen, sondern in einem Winkel $\varphi$ dazu, wie auf beigefügter Skizze zu sehen. Dann aber wird der Speer von der Luft mit einer Geschwindigkeit $\vec{v}$ schräg angeströmt: die Strömung versucht ihn zu drehen.

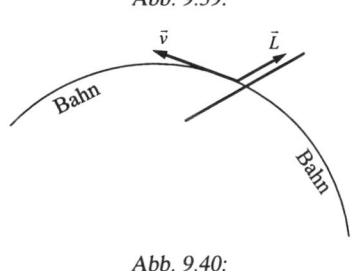

*Abb. 9.40:*

a) Wenn Sie die Reibung vernachlässigen: In welche Richtung versucht die Strömung den Speer zu drehen? Versucht sie ihn längs zur Strömung auszurichten oder quer zu stellen?

b) In welcher Richtung wird sich der Speer wirklich drehen? Folgt er der von der Strömung vorgegebenen Drehrichtung?

**9.15** Bei einem sich verengenden Wasserrohr liegt die Mitte des Eintrittes (Querschnitt $A_1 = 10$ cm$^2$) um die Höhe $h = 2,4$ cm höher als die Mitte der Austrittsöffnung (Querschnittsfläche $A_2 = 4$ cm$^2$).

Wie groß ist die Druckdifferenz $\Delta p$ zwischen Ein- und Austritt bei einem Volumenstrom $\Delta V/\Delta t = 0,12$ m$^3$/min?

**9.16** Ein stark vereinfachtes Modell für die Funktionsweise einer Tragfläche ist, daß durch das besondere Profil die Luft um die Oberseite herum schneller fließt als unten und folglich nach der Bernoulli-Gleichung ein Druckunterschied entsteht, der als dynamischer Auftrieb wirkt.

a) Leiten Sie (ähnlich wie bei der Diskussion der Wirbelentstehung vorgeführt) eine Formel für den Druckunterschied $\Delta p$ ab, aus der Sie dessen Abhängigkeit von der mittleren Strömungsgeschwindigkeit $\bar{v}$ und dem Unterschied der Strömungsgeschwindigkeiten $\Delta v$ ablesen können.

b) Die mittlere Strömungsgeschwindigkeit können Sie näherungsweise gleichsetzen mit der Anströmgeschwindigkeit der Luft und damit der Fluggeschwindigkeit. Unabhängig von letzterer ist für ein festes Tragflächenprofil das Verhältnis $\Delta v/\bar{v}$ näherungsweise eine Konstante. Das Flugzeug kann eine einmal erreichte Flughöhe nur dann konstant halten, wenn auch der Druckunterschied $\Delta p$ konstant ist. Das bedeutet, daß bei stationärem Flug das Verhältnis $(\Delta p \cdot \bar{v})/\Delta v$ eine Konstante ist, unabhängig von Flughöhe und Fluggeschwindigkeit.

Bitte geben Sie dieses Verhältnis als Funktion von Luftdichte und Fluggeschwindigkeit an, indem Sie das Ergebnis von Teil a) benutzen.

c) Anders als beim inkompressiblen Fluid nimmt die Dichte der Luft mit wachsender Höhe ab nach der sogenannten barometrischen Höhenformel (vgl. Abschnitt Thermodynamik):

$$\rho(h) = 1,293\,\frac{\text{kg}}{\text{m}^3} \cdot e^{-h/7,96\ \text{km}}$$

Wie hoch kann ein Flugzeug fliegen, das in Bodennähe mit 400 km/h stabil fliegt, wenn es seine Geschwindigkeit auf 800 km/h verdoppelt?

**9.17**  Warum sind Hubschrauber so kompliziert und damit teuer? Nicht zuletzt, weil das Rotor-Getriebe sehr aufwendig konstruiert ist: Der Anstellwinkel jedes einzelnen Rotorblatts muß während der Rotorumdrehung laufend verstellt werden. Warum?

*Anleitung*: Ein Rotorblatt hat das gleiche Profil wie die Tragfläche eines Flugzeugs, und der Auftrieb ergibt sich durch den Druckunterschied zwischen Ober- und Unterseite, der durch die im Teil a) voriger Aufgabe abgeleitete Formel bestimmt ist. Den Unterschied in den Strömungsgeschwindigkeiten $\Delta v$ kann man vergrößern, indem man den Anstellwinkel des Tragflügels vergrößert. Die Anströmgeschwindigkeit $\bar{v}$ ist hier nicht mehr identisch mit der Fluggeschwindigkeit und schon gar nicht mehr konstant: warum? Warum muß man die Rotorblätter folglich ständig um ihre Längsachse verdrehen? Was würde passieren, wenn man dies nicht täte?

**9.18**  Sie kennen aus der Diskussion der Reibungsphänomene, daß bei der üblichen Gleitreibung die Reibungskraft ausschließlich von der Normalkraft abhängt, mit der die Reibpartner zusammengedrückt werden. Insbesondere ist die Reibkraft unabhängig von der Geschwindigkeit, mit der die Reibpartner aufeinander abgleiten.

Auch in Flüssigkeiten gibt es Reibung; diese führt z. B. dazu, daß sogar zum Durchströmen eines Rohres mit konstantem Querschnitt ein Druckunterschied notwendig ist. Stellen Sie sich nun vor, Sie drücken mit konstanter Geschwindigkeit einen Kolben mit Querschnittsfläche $A$ in ein zylindrisches Rohr gleichen Querschnitts hinein. Das Rohr sei vollständig gefüllt mit einer inkompressiblen Flüssigkeit der Zähigkeit $\eta$. Das Rohr habe eine endliche Länge $l$, d. h., durch das Hineindrücken des Kolbens verdrängen Sie Flüssigkeit aus dem Rohr. Hierfür brauchen Sie eine Kraft, denn Sie müssen am Kolben einen Überdruck relativ zum freien Rohrende aufbauen.

Stellen Sie die Formel auf, die Ihnen sagt, wie groß diese Kraft für bekannte Rohrgeometrie (d. h. $A$ und $l$ gegeben) und bekannte Zähigkeit (d. h. $\eta$ gegeben) ist.

Ist auch diese Kraft unabhängig von der Geschwindigkeit, mit der Sie den Kolben in das Rohr hineinschieben?

Und wenn nein: Wie hängt diese Kraft von der Geschwindigkeit ab? Linear? Quadratisch?

# Teil III
# Schwingungen und Wellen

# Kapitel 10

# Schwingungen

Dieses Kapitel beschäftigt sich mit Schwingungen, physikalischen Erscheinungen, die von herausragender technischer Bedeutung sind. Schwingungen können den ordnungsgemäßen Betrieb von Maschinen stören und müssen dann unterdrückt werden, Schwingungen sind die Ursache für Lärm und müssen durch geeignete Maßnahmen reduziert werden. Andererseits bilden Schwingungen die Basis für jede Zeitmessung. Schwingungen sind in elektrischen Schaltkreisen erwünscht, um Nachrichten über große Entfernungen zu transportieren. Dort können Schwingungen aber auch störend wirken, sie können zur Zerstörung der Schaltung führen!

## 10.1 Periodische Zustandsänderungen, insbesondere harmonische Schwingungen

Charakteristisch für Schwingungen ist, daß ein bestimmter Zustand, irgendeine Momentaufnahme des Bewegungsablaufs, in bestimmten Zeitabständen, der **Periode** $T$, immer wiederkehrt. Insbesondere bezeichnet man solche Bewegungen als Schwingungen, bei denen diese Zeitabstände immer gleich groß sind.

**Falls $f(t)$ irgendeine Funktion der Zeit ist, aber $f(t+T) = f(t)$ mit $T = $ const. gilt, so beschreibt $f$ eine periodische Schwingung.**

Dabei kann $f$ irgendeine Größe sein, die den Zustand eines schwingungsfähigen Systems charakterisiert: Etwa der Winkel, um den ein Pendel ausgelenkt ist, der Weg, um den eine Feder mit daran hängender Masse langgezogen wird, oder die Strecke, um die die Flüssigkeit in einem U-Rohr auf der einen Seite höher steht als auf der anderen.

Der momentane Zustand eines schwingenden Systems ändert sich also ständig, aber nach Ablauf der **Periodendauer** $T$, nach Durchlaufen einer **Schwingungsperiode**, ist wieder der Ausgangszustand erreicht. Dies ist gemeint, wenn von **periodischer Zustandsänderung** die Rede ist.

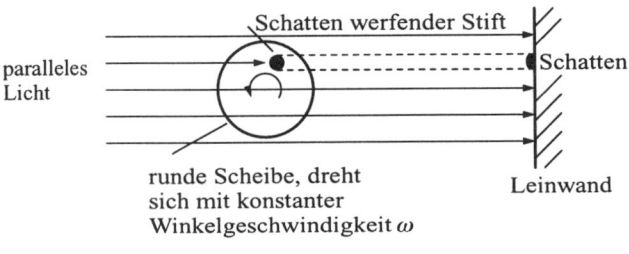

Abb. 10.1: Projektion einer Kreisbewegung

Die Definition des Schwingungsbegriffs ist hier sehr allgemein gehalten, um der Vielfalt der beobachteten Schwingungsformen gerecht werden zu können.

Unter den Schwingungsformen hat die **harmonische Schwingung** eine herausragende Bedeutung. Sie hat viel mit der Kreisbewegung zu tun, wie an folgendem Versuchsaufbau zu demonstrieren ist:

Ein Stift ist auf einer Scheibe montiert und wird von der Seite mit parallelem Licht beleuchtet, so daß er auf der in einiger Entfernung aufgestellten Leinwand einen wohldefinierten Schatten wirft. Die Scheibe

dreht sich gleichförmig, also mit konstanter Winkelgeschwindigkeit $\omega$, wie angedeutet. Dann vollführt der Schatten auf der Leinwand eine Schwingung: Man bezeichnet diese als **harmonisch**.
Wie ist der zeitliche Verlauf dieser Bewegung des Schattens mathematisch zu beschreiben?

Der Stift bewegt sich auf einer Kreisbahn; deren Radius sei $R$. Der Radiusvektor vom Scheibenmittelpunkt zum Stift schließt mit der Horizontalen einen Winkel $\varphi(t)$ ein, der zeitlich veränderlich ist. Die Position des Schattens auf der Leinwand werde beschrieben durch seinen Abstand von der Projektion des Scheibenmittelpunkts. Dieser Abstand $x(t)$ ist ebenfalls zeitlich veränderlich. Aus der Geometrie erkennt man:

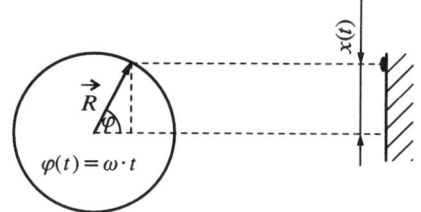

$$\boxed{x(t) = R \cdot \sin(\varphi(t))} \qquad (10.1)$$

*Abb. 10.2: Zur mathematischen Beschreibung der harmonischen Schwingung*

Da die Scheibe sich gleichförmig bewegt, gilt:

$$\boxed{\varphi(t) = \omega \cdot t} \qquad (10.2)$$

Dies eingesetzt, ergibt:

$$x(t) = R \cdot \sin(\omega \cdot t) \qquad (10.3)$$

Die Zeitfunktion ist also eine **Sinusfunktion**. Die Bedingung für die Wiederholung der Schwingung nach der **Periode** $T$ ist erfüllt:

$$\sin\left[\omega \cdot \left(t + \frac{2\pi}{\omega}\right)\right] = \sin(\omega \cdot t + 2\pi) = \sin(\omega \cdot t)$$

$$\text{also} \quad x\left(t + \frac{2\pi}{\omega}\right) = x(t) \qquad (10.4)$$

Die Periode $T$ ist:

$$\boxed{T = \frac{2\pi}{\omega}} \qquad (10.5)$$

**Jede durch eine Sinus- oder Cosinusfunktion beschriebene Schwingung heißt harmonisch.**

Aus dem engen Zusammenhang mit der Kreisbewegung wird klar, warum $\omega$ auch oft als **Kreisfrequenz** $\omega$ mit

$$\boxed{\omega = \frac{2\pi}{T}} \qquad [\omega] = \frac{1}{s} \qquad (10.6)$$

bezeichnet wird.

Hiervon klar unterschieden ist die **Frequenz**; der Kehrwert der Periodendauer.

$$\boxed{f = \frac{1}{T} \qquad [f] = \frac{1}{s} = Hz \ (Hertz)} \qquad (10.7)$$

$$\boxed{\omega = 2\pi f} \qquad (10.8)$$

Die Einheit **Hertz** wird ausschließlich für die Frequenz verwendet, **nicht** für die Kreisfrequenz!
Das Argument $\omega t$ der Sinusfunktion heißt **Phase** oder **Phasenwinkel**.

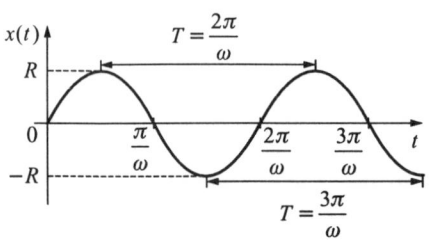

*Abb. 10.3: Kenngrößen einer harmonischen Schwingung*

Die Auslenkung $x(t)$ zum Zeitpunkt $t$ wird **Elongation** genannt. Da die Sinusfunktion Werte zwischen $-1$ und $+1$ annimmt, schwankt die Auslenkung zwischen $-R$ und $+R$.
Der Vorfaktor $R$ der Sinusfunktion heißt **Amplitude**.
Diese Begriffe sind in der nebenstehenden Darstellung noch einmal verdeutlicht.

Wessen bedarf es denn nun, um irgendein System zum Schwingen zu bringen? Was ist charakteristisch für ein System, das schwingungsfähig ist? Welche Voraussetzungen müssen erfüllt sein? Dies sei diskutiert am einfachsten mechanischen Beispiel, dem **Federpendel**.

# 10.2   Harmonischer Oszillator, Federpendel

## Differentialgleichung

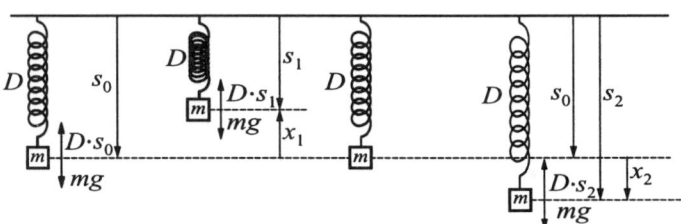

*Abb. 10.4: Verschiedene Bewegungszustände eines schwingenden Federpendels*

Eine Masse $m$ sei aufgehängt an einer idealen Feder der Steife $D$ im Schwerefeld an der Erdoberfläche. Die Feder ihrerseits hängt an einer Zimmerdecke und übt ausschließlich Zugkräfte aus, die proportional sind zu ihrer von der Decke aus gemessenen Auslenkung $s$. Da das Problem eindimensional ist, genügt es hier, statt vektorieller Größen skalare Größen einzuführen. Die Ausrichtung der skalaren Größen ist durch das Vorzeichen charakterisiert. Im folgenden seien nach unten weisende Größen mit positivem Vorzeichen, nach oben weisende mit negativem Vorzeichen versehen. Nach dieser Konvention ist die **Federauslenkung** $s$ also immer positiv, die **Federkraft** $F_F$ immer negativ:

$$F_F = -D \cdot s \tag{10.9}$$

Das Gewicht der Masse ist ausschließlich positiv:

$$G = m \cdot g \tag{10.10}$$

Auf die Masse wirkt also eine Summe zweier Kräfte:

$$F = m \cdot g - D \cdot s \tag{10.11}$$

Im Gleichgewicht ist das Pendel in Ruhe, die Masse wird nicht beschleunigt, die wirkende Kraft ist Null:

$$0 = m \cdot g - D \cdot s_0$$

$$m \cdot g = D \cdot s_0$$

und somit ist   $$s_0 = \frac{m \cdot g}{D} \tag{10.12}$$

Die Formel für die Federauslenkung in der Ruhelage $s_0$ wird weiter unten benötigt.

Nun werde durch einen äußeren Eingriff die Masse nach oben ausgelenkt, $s$ und damit auch die Federkraft wird kleiner:

$$\text{Für } s_1 < s_0 \Longrightarrow D \cdot s_1 < D \cdot s_0 \Longrightarrow D \cdot s_1 < m \cdot g \Longrightarrow F > 0 \tag{10.13}$$

Auf die Masse wirkt also eine zusätzliche nach unten beschleunigende Kraft. Wird diese Masse sich selbst überlassen, so wird die Masse sich in Richtung Ruhelage in Bewegung setzen und ihre Geschwindigkeit immer weiter steigern. Hat sie die Ruhelage erreicht, so ist die auf die Masse wirkende Kraft wieder Null. Nach dem dynamischen Grundgesetz wird sie damit auch nicht weiter beschleunigt, sie beharrt auf ihrer inzwischen erreichten Geschwindigkeit und schwingt über die Ruhelage hinaus nach unten durch. Für Federauslenkungen größer als $s_0$ ist die wirkende Kraft aber negativ, also nach oben gerichtet:

$$\text{Für } s_2 > s_0 \Longrightarrow D \cdot s_2 > D \cdot s_0 \Longrightarrow D \cdot s_2 > m \cdot g \Longrightarrow F < 0 \tag{10.14}$$

Folglich wird die Masse nach oben beschleunigt; das bedeutet zunächst ein Abbremsen, bis die Masse bei einer Maximalauslenkung zur Ruhe kommt, und anschließend eine erneute Geschwindigkeitszunahme auf die Ruhelage hin. Bei Erreichen der Ruhelage ist die Masse für einen Augenblick wieder kräftefrei, behält aber ihre nun nach oben gerichtete Geschwindigkeit bei: Sie schwingt nach oben durch. Ab da wirkt eine nach unten gerichtete Kraft, die die Masse bremst, bis sie die obere Maximalauslenkung erreicht hat, und danach wieder auf die Ruhelage hin zu beschleunigen: Die Schwingung beginnt von neuem.

An diesem System ist sehr schön zu sehen, wessen es bedarf, um ein System schwingungsfähig zu machen:

- einer **Rückstellkraft**, die das System bei Auslenkung aus der Gleichgewichtslage immer wieder in diese zurücktreibt,
- einer **Trägheit**, die dafür sorgt, daß das System bei Erreichen der Gleichgewichtslage über diese hinausschwingt.

Sind diese beiden Elemente in einem System vorhanden, so ist es in der Lage, Schwingungen auszuführen.

Diese Schwingung zeigt auch das ständige Umwandeln zwischen verschiedenen mechanischen Energieformen.

Je nach Auslenkung

- hat die Masse höhere oder niedrigere potentielle Energie im Schwerefeld der Erde,
- ist höhere oder niedrigere elastische Energie in der Feder gespeichert,
- steckt höhere oder niedrigere kinetische Energie in der Masse.

Da keine Reibung betrachtet wird, geschieht dieses Umwandeln verlustfrei: Die Gesamtenergie ist zu jedem Zeitpunkt dieselbe.

Ist die Bewegung symmetrisch zur Ruhelage? Wie sieht diese Bewegung im Detail aus, zu jedem beliebigen Zeitpunkt?

Um diese Frage zu beantworten, muß man eine Gleichung aufstellen, die in der Lage ist, die Bewegung des Federpendels zu beschreiben. Diese sogenannte **Bewegungsgleichung** erhält man im allgemeinen aus einer Kräftebilanz.

Im Beispiel Federpendel erzielt man eine erhebliche Vereinfachung der Mathematik, wenn man den Abstand der Masse zur Ruhelage als neue Ortskoordinate einführt:

$$x(t) = s(t) - s_0 \tag{10.15}$$

Die Federauslenkung $s$ wie auch die neue Auslenkung $x$ ändern sich im Laufe der Schwingung ständig und sind Funktionen der Zeit. Die auf die Masse wirkende Kraft ist

$$F(t) = m \cdot g - D \cdot s(t) = m \cdot g - D \cdot (x(t) + s_0)$$

$$= m \cdot g - D \cdot s_0 - D \cdot x(t) \tag{10.16}$$

Da $m \cdot g - D \cdot s_0 = 0$ ist, ergibt sich folgende einfache lineare Form für das **Kraftgesetz**:

$$F(t) = -D \cdot x(t) \tag{10.17}$$

Diese Kraft verursacht eine Beschleunigung $a$, wobei nach dem dynamischen Grundgesetz $F = m \cdot a$ gilt. Die Beschleunigung $a$ ist die zweite Zeitableitung der Federauslenkung:

$$a = \ddot{s}(t); \quad s(t) = x(t) + s_0$$

und somit $\quad \ddot{s}(t) = \ddot{x}(t) \quad$ oder $\quad a = \ddot{x}(t) \tag{10.18}$

Das **dynamische Grundgesetz** für das vorgestellte System **Federpendel** lautet also

$$\boxed{m \cdot \ddot{x}(t) = -D \cdot x(t)} \tag{10.19}$$

Es sind nur solche Bewegungen des Federpendels möglich, die diese Gleichung erfüllen. Man nennt das dynamische Grundgesetz deshalb auch **Bewegungsgleichung**.

Mathematisch verknüpft diese Gleichung eine Funktion $x(t)$ mit ihrer zweiten Ableitung $\ddot{x}(t)$, also eine Funktion mit einem Differentialausdruck. Solche Gleichungen heißen **Differentialgleichungen**.

## Lösung der Differentialgleichung

Die Differentialgleichung für das Federpendel

$$\boxed{\ddot{x}(t) + \frac{D}{m} \cdot x(t) = 0} \tag{10.20}$$

hat als allgemeine Lösung eine Sinusfunktion

$$\boxed{x(t) = \hat{x} \cdot \sin\left(\omega_0 t + \phi\right)} \quad \text{mit} \quad \omega_0 = \sqrt{\frac{D}{m}} \tag{10.21}$$

Hierbei sind $\hat{x}$ die Amplitude und $\phi$ die Phase zum Zeitpunkt Null („Nullphase") zunächst unbestimmte Konstanten. Gleichgültig wie groß diese beiden Zahlen sind, der angegebene Ansatz ist die Lösung der Differentialgleichung. Dies kann man durch Einsetzen leicht beweisen:

$$\dot{x}(t) = \hat{x}\omega_0 \cdot \cos\left(\omega_0 t + \phi\right)$$

$$\ddot{x}(t) = -\hat{x}\omega_0^2 \cdot \sin\left(\omega_0 t + \phi\right)$$

also ist

$$-\hat{x}\omega_0^2 \cdot \sin\left(\omega_0 t + \phi\right) + \hat{x}\omega_0^2 \cdot \sin\left(\omega_0 t + \phi\right) = 0 \quad \text{für alle } t$$

Das Federpendel schwingt harmonisch, aber immer noch sind eine unendliche Vielzahl von Bewegungsformen mit unterschiedlichen Amplituden und Nullphasenwinkeln möglich. Welche Bewegung das Federpendel nun genau ausführt, wird erst eindeutig bestimmt durch die **Anfangsbedingungen**, denen man das System unterwirft, hier durch die Auslenkung und Geschwindigkeit des Systems zum Zeitpunkt Null. So z. B. entspricht das Loslassen des Federpendels bei einer Federauslenkung $x_0$ der Forderungen:

$$x(0) = x_0$$

$$\dot{x}(0) = 0$$

bzw. $\quad \hat{x} \cdot \sin\left(\phi\right) = x_0 \tag{10.22}$

$$\hat{x}\omega_0 \cdot \cos\left(\phi\right) = 0 \tag{10.23}$$

Diese beiden Bedingungen sind nur dann gleichzeitig zu erfüllen, wenn $\phi = \pi/2$ und $\hat{x} = x_0$ ist.
Für diese spezielle Wahl der Anfangsbedingungen lautet folglich die Formel zur Beschreibung der Bewegung des Federpendels:

$$x(t) = x_0 \cdot \sin\left(\omega_0 \cdot t + \frac{\pi}{2}\right) \tag{10.24}$$

**Amplitude** und **Nullphase** werden dem System durch die Anfangsbedingungen von außen aufgeprägt. Die Kreisfrequenz, mit der das System schwingt, ist aber unabhängig von den Anfangsbedingungen, sie wird allein von den Parametern des Systems bestimmt:
**Eigenkreisfrequenz**

$$\omega_0 = \sqrt{\frac{D}{m}} \tag{10.25}$$

oder **Eigenfrequenz**

$$f_0 = \frac{1}{2\pi} \cdot \sqrt{\frac{D}{m}} \tag{10.26}$$

Die vom System bestimmte, ihm ganz eigene (Kreis)frequenz ist um so höher, je größer die Federsteife des Elements ist, das für die Rückstellkraft sorgt. Sie ist um so niedriger, je größer die Masse ist, die für die Trägheit im System sorgt.
Für technische Anwendungen ist wichtig, daß die Amplitude der Geschwindigkeit proportional zur (Kreis)frequenz wächst.
Die Amplitude der Beschleunigung wächst sogar proportional zu deren Quadrat, wie an den obigen Ausdrücken für $\dot{x}(t)$ und $\ddot{x}(t)$ zu sehen ist. Bei Schwingungsvorgängen wird die Geschwindigkeit der Teilchen selbst als **Schnelle** bezeichnet.

**Bei Gültigkeit eines linearen Kraftgesetzes für die Rückstellkraft ist die sich ergebende Schwingung harmonisch.**

Das Federpendel aber ist nicht das einzige Beispiel für harmonisch schwingende Systeme. Hier einige weitere:

## *Beispiel 10.1:* Die Dreh- oder Torsionsschwingung (Unruh einer Uhr)

Ein Schwungrad mit Trägheitsmoment $J$ ist drehbar auf einer Achse gelagert. An der Achse greift eine **Spiralfeder (Unruh)** an, die bei Auslenkung aus der Ruhelage für ein Rückstell-Drehmoment sorgt. Es sei angenommen, daß dieses Drehmoment proportional zum Auslenkwinkel $\varphi$ ist:

$$M = -D^* \cdot \varphi \qquad\qquad \underline{1}$$

$D^*$ ist die Steife der Spiralfeder und hat die Einheit $N \cdot m$, denn Winkel sind grundsätzlich im Bogenmaß zu messen und darum dimensionslos. (Im Gegensatz dazu hat die Steife der linearen Feder wie beim besprochenen Federpendel die Einheit N/m!)
Die Bewegungsgleichung folgt aus dem dynamischen Grundgesetz der Drehbewegung:

$$M = J \cdot \ddot{\varphi}(t) \implies -D^* \cdot \varphi(t) = J \cdot \ddot{\varphi}(t)$$

*Abb. 10.5:*
*Torsionschwingung*
*(Unruh)*

$$\implies \ddot{\varphi}(t) + \frac{D^*}{J} \cdot \varphi(t) = 0 \qquad\qquad \underline{2}$$

Diese Differentialgleichung hat als allgemeine Lösung

$$\varphi(t) = \hat{\varphi} \cdot \sin(\omega_0 t + \phi) \qquad\qquad \underline{3}$$

mit der Eigenkreisfrequenz $\omega_0 = \sqrt{D^*/J}$, die von den Systemparametern $D^*$ und $J$ vorgegeben ist. $\hat{\varphi}$ und $\varphi$ sind von den Anfangsbedingungen abhängigen Konstanten.

## Beispiel 10.2 :   Das (mathematische) Schwerependel

An einem masselosen, starren Stab der Länge $l$ sei eine punktförmige Masse $m$ aufgehängt. Im Aufhängepunkt sei das Pendel reibungsfrei gelagert, so daß die Masse eine Kreisbahn beschreiben kann. Auf die Masse wirkt vertikal nach unten die Schwerkraft $m \cdot g$. Die Tangentialkomponente längs der Kreisbahn ist die bei einer Auslenkung um den Winkel $\varphi$ spürbare Rückstellkraft:

$$F = -m \cdot g \cdot \sin\varphi \qquad \underline{1}$$

Da es sich um eine Kreisbewegung handelt, führt man das Rückstell-Drehmoment ein:

$$M = -m \cdot g \cdot l \cdot \sin\varphi \qquad \underline{2}$$

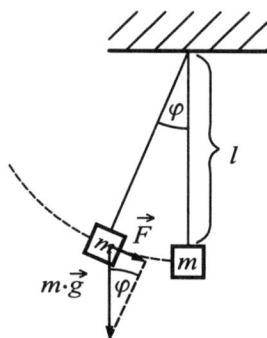

Im Gegensatz zum Torsionspendel ist hier das „Kraftgesetz" keinesfalls linear: Das Drehmoment ist proportional zum Sinus des Auslenkwinkels, nicht aber zum Auslenkwinkel selbst. Deswegen ist die Lösung für die Bewegungsgleichung des Schwerependels nicht in Form einer Funktion geschlossen angebbar, allenfalls sind numerische Lösungen denkbar. Für sehr kleine Auslenkungen kann man allerdings eine lineare Näherung verwenden, denn dann gilt:

$$\sin\varphi \approx \varphi \text{ für } \varphi \ll 1$$

$$\text{Also ist } M \approx -m \cdot g \cdot l \cdot \varphi \qquad \underline{3}$$

und in Analogie zur „Torsionsfedersteife" wird $D^* \approx m \cdot g \cdot l$. Das Trägheitsmoment eines sich auf einer Kreisbahn des Radius $l$ bewegenden Massepunktes der Masse $m$ ist $m \cdot l^2$, so daß für kleine Auslenkungen das mathematische Schwerependel ebenfalls harmonisch mit einer Eigenkreisfrequenz

*Abb. 10.6: Mathematisches Schwerependel*

$$\omega_0 = \sqrt{\frac{m \cdot g \cdot l}{m \cdot l^2}} \Longrightarrow \omega_0 = \sqrt{\frac{g}{l}} \qquad \underline{4}$$

schwingt.

Überraschend ist auch hier, daß die Schwingungsfrequenz nicht mehr von der **Pendelmasse**, sondern nur noch von der **Pendellänge** abhängt!

## Beispiel 10.3 :   Das physikalische Pendel

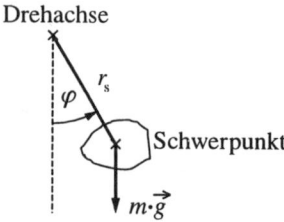

Drehachse

*Abb. 10.7: Physikalisches Pendel*

Wie groß ist die Periodendauer $T$ für Pendelschwingungen, die ein ausgedehnter Körper durchführt?

Der Körper besitzt das Massenträgheitsmoment $J_s$ (bezogen auf Drehungen um den Schwerpunkt). Die Drehachse liegt im Abstand $r_s$ vom Schwerpunkt.

**Lösung:**

Zuerst wird das Drehmoment $M$ berechnet, das die Schwerkraft hervorruft:

$$|\vec{M}| = |\vec{r} \times \vec{F}| = r_s \cdot mg \cdot \sin\varphi \qquad \underline{1}$$

Dieses Drehmoment führt gemäß dem Grundgesetz der Drehbewegung zu einer Winkelbeschleunigung $\ddot{\varphi}$:

$$M = J\ddot{\varphi} = -r_s \cdot mg \cdot \sin\varphi \qquad \underline{2}$$

Weil das Drehmoment immer rücktreibend ist, d. h., immer eine Winkelbeschleunigung auf die Ruhelage hin bewirkt, muß hier ein Minuszeichen eingefügt werden. Zur Berechnung des Trägheitsmoments für die Schwingung um die Drehachse ist der **Steinersche Satz** zu verwenden:

$$J = J_s + mr_s^2 \qquad\qquad \underline{3}$$

Das Drehmoment lautet somit:

$$(J_s + mr_s^2)\ddot{\varphi} = -r_s \cdot mg \cdot \sin\varphi \qquad\qquad \underline{4}$$

Diese Bewegungsgleichung ist sehr ähnlich der des mathematischen Pendels. Sie ist exakt nur für den Fall kleiner Auslenkungen ($|\varphi| \ll 1$) lösbar (sin $\varphi \approx \varphi$):

$$(J_s + mr_s^2)\ddot{\varphi} \approx -r_s \cdot mg \cdot \varphi \qquad\qquad \underline{5}$$

Durch Vergleich dieser Gleichung mit der entsprechenden Gleichung für das mathematische Pendel erhalten wir für die Kreisfrequenz:

$$\omega = \sqrt{\frac{r_s \cdot mg}{J_s + mr_s^2}} \qquad\qquad \underline{6}$$

bzw. für die Periodendauer:

$$T = 2\pi\frac{1}{\omega} = 2\pi\sqrt{\frac{J_s + mr_s^2}{r_s \cdot mg}} \qquad\qquad \underline{7}$$

Im Falle verschwindenden Trägheitsmomentes $J_s = 0$ gehen diese Gleichungen in diejenigen des mathematischen Pendels über.

Eine häufig verwendete Größe, um physikalische Pendel zu charakterisieren, ist die **reduzierte Pendellänge** $l_{red}$. Das ist die Länge eines mathematischen Pendels mit der gleichen Periodendauer wie des zu untersuchenden physikalischen Pendels.

$$\boxed{l_{red} = \frac{J_s}{mr_s} + r_s = \frac{J}{mr_s}} \qquad\qquad \underline{8}$$

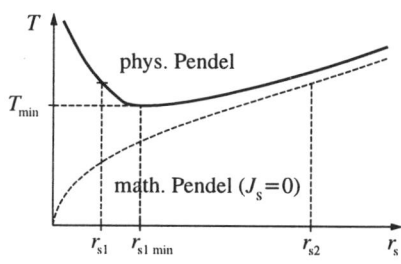

Abb. 10.8: *Periodendauer beim physikalischen und mathematischen Pendel*

Die Abbildung 10.8 zeigt die Abhängigkeit der Periodendauer $T$ vom Abstand $r_s$ zwischen Drehachse und Schwerpunkt bei unverändertem Pendelkörper. Zum Vergleich ist in der Abbildung auch die entsprechende des mathematischen Pendels eingezeichnet. Das physikalische Pendel unterscheidet sich im Bereich großer Abstände $r_s$ nicht vom mathematischen Pendel. Je näher der Schwerpunkt an die Drehachse herankommt, desto größer werden die Unterschiede. Das physikalische Pendel besitzt eine kleinste Periodendauer $T_{min}$:

$$T_{min} = 2\pi\sqrt{\frac{r_{s,min}}{g}} \quad \text{mit} \quad r_{s,min} = \sqrt{\frac{J_s}{m}} \qquad \underline{9}$$

Außerdem gibt es zu jeder Periodendauer $T > T_{min}$ zwei verschiedene Abstände $r_s$, zwischen denen die Beziehung:

$$r_{s1} + r_{s2} = \left(\frac{T}{2\pi}\right)^2 g = l_{red} \qquad\qquad \underline{10}$$

besteht.

Diese Eigenschaft wird beim **Reversionspendel** ausgenutzt, um die Fallbeschleunigung $g$ zu bestimmen. Beim Reversionspendel handelt es sich im Prinzip um ein Stangenpendel, das mit zwei Schneiden zur Lagerung ausgestattet ist. Es kann daher um zwei verschiedene Punkte Pendelschwingungen ausführen.

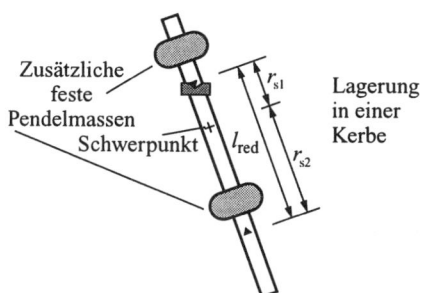

Abb. 10.9: *Reversionspendel*

Eine der beiden Schneiden ist verschiebbar; sie wird so eingestellt, daß bei Schwingungen um beide Lager die gleiche Periodendauer auftritt. Gemäß Gleichung <u>10</u> ist dann der Abstand der beiden Schneiden genau die reduzierte Pendellänge $l_{red}$.

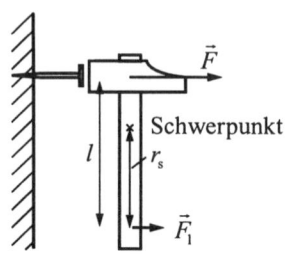

*Abb. 10.10: Lagerkräfte beim Schlag eines Hammers*

Die reduzierte Pendellänge $l_{red}$ besitzt eine weitere herausgehobene Bedeutung in der Diskussion von Lagerkräften bei Pendelschlagwerken, Hämmer, Klöppeln und ähnlichen Geräten. Es ist sicher jedem Heimwerker schon aufgefallen, daß ein Hammer mit verkürztem (abgebrochenem) Stiel eine sehr große Rückwirkung auf das Handgelenk des Benutzers hervorruft. Wir wollen nun hier darlegen, unter welchen Bedingungen für die Stiellänge diese Rückwirkung (Lagerkraft) nicht auftritt. Wir stellen die Kraft- und Drehmomentbilanz für den Augenblick des Schlages auf. Die resultierende Kraft auf den Hammer setzt sich zusammen aus der beim Schlag auftretenden Kraft $F$ und einer etwaigen Lagerkraft $F_L$:

$$F_{ges} = F + F_L = ma \qquad \underline{11}$$

Das Drehmoment berechnen wir in bezug auf den Griff:

$$M = l \cdot F = J \cdot \ddot{\varphi} \qquad \underline{12}$$

Zwischen der Beschleunigung $a$ des Schwerpunktes und der Winkelbeschleunigung $\ddot{\varphi}$ gilt der Zusammenhang:

$$a = r_s \cdot \ddot{\varphi} \qquad \underline{13}$$

Damit folgt für die Lagerkraft:

$$F_L = F \left( \frac{m r_s l}{J} - 1 \right) \qquad \underline{14}$$

Die Lagerkraft $F_L$ verschwindet, wenn für die Länge $l$ gilt:

$$l = \frac{J}{m r_s} \qquad \underline{15}$$

Dies ist genau Gleichung <u>8</u> für die reduzierte Pendellänge.

# 10.3   Viskosgedämpfte Schwingungen

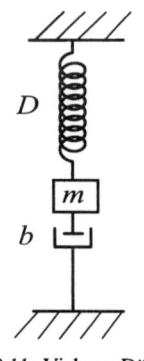

*Abb. 10.11: Viskose Dämpfung eines Federpendels*

Ein in der Praxis bedeutender Dämpfungsmechanismus für Schwingungen ist die sogenannte **viskose Dämpfung**. Viskose Reibungskräfte sind **geschwindigkeitsabhängig**. Je größer die Geschwindigkeit ist, desto größer ist die Reibungskraft (siehe „Mechanik der Kontinua").

Um das Federpendel mit einer solchen Kraft zu dämpfen, befestigt man beispielsweise an der Masse einen Stempel, der in ein Gefäß mit einem ideal zähen Newtonschen Fluid eintaucht.

(In der Schaltzeichen-Darstellung des Dämpfungselementes wird das Fluid weggelassen.) Das Dämpfungselement greift definitionsgemäß mit einer Kraft an der Masse an, die proportional der Geschwindigkeit ist:

$$F_R = -b \cdot v \qquad \text{oder}$$

$$\boxed{F_R = -b \cdot \dot{x}} \qquad (10.27)$$

Das Minuszeichen deutet wieder an, daß die Richtungen von Kraft und Geschwindigkeit entgegengesetzt sind. Das Maß für die Dämpfung ist durch die Proportionalitätskonstante $b$ gegeben.
Die an der Masse angreifenden Kräfte werden gleichgesetzt. Das dynamischen Grundgesetz liefert dann die Bewegungsgleichung:

$$m \cdot \ddot{x}(t) = -D \cdot x(t) - b \cdot \dot{x}t \quad \text{oder}$$

$$\boxed{m \cdot \ddot{x}(t) + b \cdot \dot{x}(t) + D \cdot x(t) = 0} \tag{10.28}$$

Die allgemeine Lösung dieser Differentialgleichung ist:

$$\boxed{x(t) = \hat{x} \cdot e^{-\delta \cdot t} \cdot \sin(\omega_d t + \phi)} \tag{10.29}$$

mit $\delta = \dfrac{b}{2m}$, $\omega_d = \sqrt{\omega_0^2 - \delta^2}$, $\omega_0 = \sqrt{\dfrac{D}{m}}$, wie man sich durch Einsetzen überzeugen kann.
Offensichtlich sind die drei Größen $\delta$, $\omega_d$, $\omega_0$ Systemparameter, dagegen sind $\hat{x}$ und $\phi$ von den Anfangsbedingungen abhängige Konstanten.
Eine Lösungsfunktion für $\phi = 0$ ist im folgenden Bild dargestellt:

Auch dieses System schwingt harmonisch, allerdings **nicht** mit der gleichen (Kreis)frequenz wie das ungedämpfte System, sondern mit **erniedrigter Kreisfrequenz** $\omega_d$. Dabei ist die Eigenfrequenz um so stärker abgesenkt, je stärker die Dämpfung ist, je größer also der Einfluß der Reibung ist. Außerdem nimmt die Amplitude der Schwingung mit wachsender Zeit exponentiell ab, wobei die Steilheit des Abfalls vom Verhältnis der Dämpferkraft (die die Bewegung verhindern will) zur Masse (die wegen ihrer Trägheit die Bewegung aufrechterhalten will) bestimmt ist. Bemerkenswert ist aber, daß der Schwin-

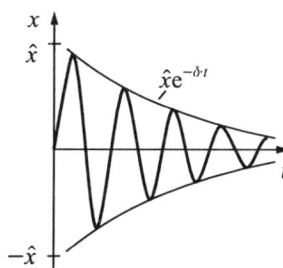

*Abb. 10.12: Durch viskose Reibung gedämpfte Schwingung*

gungsvorgang im Prinzip **nie aufhört**. Zwar wird die Exponentialfunktion und damit die Amplitude mit wachsender Zeit immer kleiner, sie wird aber nie exakt Null.
Die Einhüllende der Schwingung ist eine Exponentialfunktion. Das hat zur Folge, daß in der gleichen Richtung aufeinander folgende Schwingungsmaxima stets um den gleichen Prozentsatz kleiner werden. Dies ist unschwer zu beweisen, indem man sich z. B. die Maxima in positiver Richtung (Index M) herausgreift: sie treten zu Zeiten auf, für die die Phase $\dfrac{\pi}{2}, \dfrac{5\pi}{2}, \dfrac{9\pi}{2}, \ldots$, ist:

$$\omega_d \cdot t_{+M} + \phi = \frac{\pi}{2}, \frac{5\pi}{2}, \frac{9\pi}{2}, \ldots$$

damit gilt:

$$t_{+M} = \frac{\pi - 2\phi}{2\omega_d}, \frac{5\pi - 2\phi}{2\omega_d}, \frac{9\pi - 2\phi}{2\omega_d}, \ldots \tag{10.30}$$

Die Auslenkung an den ersten beiden aufeinanderfolgenden Maxima steht im Verhältnis

$$\frac{x\left(\dfrac{5\pi - 2\phi}{2\omega_d}\right)}{x\left(\dfrac{\pi - 2\phi}{2\omega_d}\right)} = \frac{\hat{x} \cdot e^{-\frac{\delta \cdot (5\pi - 2\phi)}{2\omega_d}} \cdot \sin(5\pi/2)}{\hat{x} \cdot e^{-\frac{\delta \cdot (\pi - 2\phi)}{2\omega_d}} \cdot \sin(\pi/2)}$$

$$= e^{-\frac{\delta \cdot 2\pi}{\omega_d}} = e^{-\delta T_d} \quad \text{mit} \quad T_d = \frac{2\pi}{\omega_d} \tag{10.31}$$

Das gleiche Verhältnis kommt heraus, wenn man die Auslenkung am dritten Maximum zur Auslenkung am zweiten Maximum ins Verhältnis setzt. Ganz allgemein gilt, daß aufeinanderfolgende Maximalausschläge in die gleiche Richtung stets im gleichen Verhältnis stehen. Da dieses Verhältnis kleiner als eins ist (der Exponent der Exponentialfunktion ist negativ), gilt die eingangs aufgestellte Behauptung: Aufeinanderfolgende Maximalausschläge nehmen immer um den gleichen Prozentsatz ab. Sie nehmen sichtlich um so stärker ab, je stärker die Reibung ist; um so größer ist dann $\delta$ und um so kleiner $e^{-\delta T_d}$. Der Exponent $\delta \cdot T_d$ heißt auch **logarithmisches Dekrement**. Trägt man den natürlichen Logarithmus des Maximalausschlags als Funktion der Anzahl der Schwingungen auf, so ergibt sich eine Gerade, deren Steigung dem Betrage nach gerade das logarithmische Dekrement ist. Dies ist, zusammen mit der Messung der Schwingungsdauer, eine einfache und sehr präzise Methode, die Dämpfungskonstanten $\delta$ oder $b$ im System zu bestimmen. Tatsächlich benutzt man genau dieses Verfahren der Auswertung einer gedämpften, freien Schwingung, um die dämpfenden Eigenschaften von Werkstoffen präzise zu messen.

Noch eine Ergänzung zur Frequenz der Schwingung des viskos gedämpften Systems: Diese ist wie oben mit $\omega_d = \sqrt{\omega_0^2 - \delta^2}$ gegeben, wobei $\omega_0 = \sqrt{D/m}$ die Eigen(kreis)frequenz des ungedämpften Federpendels ist und $\delta = b/(2m)$ die Stärke der Reibungseinflüsse beschreibt.

Wird der Dämpfer sehr stark ausgelegt ($b$ sehr groß), so kann es durchaus vorkommen, daß $\delta > \omega_0$ ist und damit der Wurzelausdruck negativ wird ($\omega_d$ imaginär). Auch in diesem Falle existieren Lösungen der Differentialgleichung. Diese Lösungen haben die Form von Exponentialfunktionen. Physikalisch sinnvoll sind für nichtgetriebene Systeme Exponentialfunktionen mit negativem Exponenten. Diese beschreiben, wie ein einmalig ausgelenktes und bei $t = 0$ losgelassenes, viskos gedämpftes Federpendel auf seine Ruhelage hin „kriecht", statt um die Ruhelage herum zu schwingen. Man bezeichnet diesen Fall ($\delta > \omega_0$) daher auch als **Kriechfall**. Das Federpendel kriecht um so langsamer, je größer $\delta$ ist. Will man erreichen, daß das System nach einer Auslenkung wieder möglichst schnell seinem Gleichgewichtszustand nahekommt, muß man $\delta$ klein machen. Andererseits darf $\delta$ aber auch nicht zu klein werden, sonst schwingt das Pendel über seine Ruhelage hinaus und immer weiter um diese herum. Im Grenzfall verschwindender Reibung nimmt dabei noch nicht einmal die Amplitude ab.

Der optimale Wert, für den das System sich möglichst schnell seiner Ruhelage wieder nähert, ohne über sie hinauszuschwingen, ist $\delta = \omega_0$. Das System gerät nach Auslenkung gerade noch nicht ins Schwingen, die Bewegung ist gerade noch nicht periodisch. Darum hat der Fall $\delta = \omega_0$ auch den Namen **aperiodischer Grenzfall**.

*Beispiel 10.4:*    Zeigerinstrument

Die technische Bedeutung des aperiodischen Grenzfalles läßt sich am besten am Zeigerinstrument demonstrieren. Dieses soll einen sich neu einstellenden Meßwert möglichst rasch und präzise anzeigen. Viskose Dämpfung muß im System sein, sonst würde der Zeiger um den Meßwert eine nicht endenwollende Schwingung ausführen. Diese Dämpfung darf aber auch nicht zu stark sein, sonst dauert es zu lange, bis der Zeiger auf die Anzeige des Meßwerts gekrochen ist. Man legt die Dämpfung am besten so aus, daß sie dem aperiodischen Grenzfall entspricht. Technisch kann man solche Dämpfungselemente ausführen in Form von Wirbelstrombremsen oder von in zähen Fluiden (z. B. Luft!) sich bewegenden „Stoßdämpfern". Schließlich aber ist das Zeigerinstrument auch nicht das einzige hier anzuführende Beispiel. Elektrische Meßschaltungen sind meist ebenfalls schwingungsfähig und müssen entsprechend bedämpft werden.

# 10.4  Erzwungene Schwingungen, Resonanz

Die bisher beschriebenen Schwingungsformen stellen sich ein, wenn man ein schwingungsfähiges System einmalig auslenkt, bei $t = 0$ losläßt und danach sich selbst überläßt. Das System vollführt dann ungedämpfte oder gedämpfte Schwingungen, frei von weiteren äußeren Einflüssen. Darum nennt man diese Art von Schwingungen auch **freie Schwingungen**.

In der Praxis kommt es aber häufig vor, daß ein schwingungsfähiges System nicht sich selbst überlassen wird, sondern ständig Einflüssen von außen unterliegt. Besonders wichtig ist eine periodisch wechselnde äußere Kraft, die zusätzlich an der Federpendelmasse angreift. Man wird beobachten, daß das System auch dann Schwingungen ausführt, die ihm nun von außen aufgezwungen sind: Man spricht von **erzwungenen Schwingungen**.

*Beispiel 10.5:* Erzwungene Schwingungen in der Technik

Dieser Fall hat große Bedeutung für die Praxis; so stellen Maschinen und insbesondere Verbrennungsmotoren **Schwingungserreger** dar, weil Unwuchten oder hin- und herbewegte Massen periodisch wechselnde Kräfte auf die Umgebung ausüben; und wenn letztere schwingungsfähig ist (Boden der Maschinenhalle, Blech der Motorhaube), können sich unangenehme und sogar zerstörerische Effekte bemerkbar machen. Mehr von der technischen Bedeutung später, nachdem die grundlegenden Vorgänge aufgezeigt sind.

Es sei hier bemerkt, daß es kein universelles Verhalten schwingungsfähiger Systeme bei äußerer Anregung gibt. Vielmehr ist dieses Verhalten verschieden, je nachdem, wie das System aus den Einzelelementen Feder, Masse, Dämpfer zusammengeschaltet ist (ob in Serie, oder parallel, ...), wo die Anregung eingeleitet wird, an welchem Einzelelement sie angreift, und welcher Art die Anregung ist: ob eine periodisch wechselnde Kraft vorgegeben oder eine periodisch wechselnde Auslenkung. Alles im folgenden Gesagte kann somit nur exemplarisch sein für die Behandlung schwingungsfähiger Systeme. Die grundlegenden Phänomene sind aber analog und ermöglichen ein qualitatives Verständnis auch komplexer Systeme.

Exemplarisch sei hier **das kraftangeregte oder auch krafterregte, viskos bedämpfte Federpendel** studiert (siehe nebenstehende Abbildung), das gegenüber dem frei schwingenden, viskos bedämpften Federpendel wenig verändert erscheint. Es ist

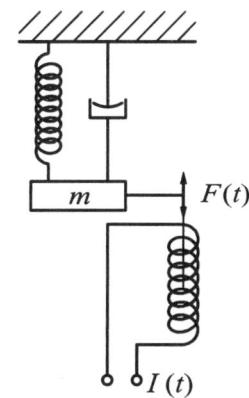

*Abb. 10.13: Krafterregtes, viskos bedämpftes Federpendel*

lediglich noch eine äußere Kraft $F(t)$ hinzugekommen, die mit fester Amplitude $\hat{F}$ und Kreisfrequenz $\omega$ harmonisch schwingend an der Masse angreift:

$$F(t) = \hat{F} \cdot \sin(\omega t) \tag{10.32}$$

## Lösung der Differentialgleichung

Die Bewegungsgleichung des freischwingenden Pendels ist nun auf der rechten Seite durch die von außen angreifende Kraft, die **Anregung** bzw. die **Erregung** zu ergänzen:

$$m \cdot \ddot{x}(t) + b \cdot \dot{x}(t) + D \cdot x(t) = \hat{F} \cdot \sin(\omega t) \tag{10.33}$$

Setzt man als Lösung an

$$x(t) = \hat{x} \cdot \sin(\omega t + \phi) \tag{10.34}$$

und setzt dies in die Differentialgleichung ein, so folgt, daß $x(t)$ nur eine Lösung sein kann, wenn

- die Frequenz die gleiche ist wie die der Anregung (darum steht im Lösungsansatz auch bereits die Frequenz $\omega$ der Anregung) und

- $\hat{x}$ und $\phi$ nicht länger Konstanten sind, die durch die Anfangsbedingungen festgelegt werden, sondern:

$\hat{x}$ **und** $\phi$ **sind jetzt Funktionen von** $\omega$**. Diese Funktionen ergeben sich aus der Bedingung, daß der Lösungsansatz zu jedem Zeitpunkt die Bewegungsgleichung erfüllen soll.**
Sie lauten:

$$\hat{x}(\omega) = \frac{\hat{F}}{m\sqrt{(\omega_0^2 - \omega^2)^2 + (2\delta\omega)^2}}$$

$$\tan[\phi(\omega)] = -\frac{2\delta\omega}{\omega_0^2 - \omega^2} \qquad (10.35)$$

wobei wie oben die Notation gilt:

$$\omega_0 = \sqrt{\frac{D}{m}}, \qquad \delta = \frac{b}{2m} \qquad (10.36)$$

Prägt man also dem skizzierten System eine äußere harmonische Schwingung in der Kraft auf, so antwortet das System mit einer ebenfalls harmonischen Schwingung in der Auslenkung. Die Frequenz dieser Auslenkung ist gleich der Anregungsfrequenz, die Phasedifferenz zur Anregung und die Amplitude sind aber von der Frequenz abhängig. Der Verlauf dieser Funktionen wird im folgenden diskutiert. Die Phasendifferenz $\phi(\omega)$ beginnt bei $\omega = 0$ mit dem Wert Null. Wächst $\omega$ an, so bleibt der Nenner zunächst positiv, $\tan(\phi(\omega))$ ist also negativ und mithin ist auch $\phi(\omega)$ negativ. Kommt die treibende (Kreis-)Frequenz $\omega$ sehr nahe an $\omega_0$, die Eigen(kreis)frequenz des unbedämpften Federpendels mit sonst gleichem Aufbau, so wird der Nenner sehr klein und damit der Betrag von $\tan(\phi(\omega))$ sehr groß. Ist noch $\omega < \omega_0$, so ist der $\tan(\phi(\omega))$ negativ; wird aber $\omega > \omega_0$, so wird der Nenner negativ und damit der $\tan(\phi(\omega))$ positiv. Bei $\omega = \omega_0$ selbst hat demnach $\tan(\phi(\omega))$ einen Pol mit Vorzeichenwechsel. Folglich nimmt $\phi(\omega)$ bei $\omega = \omega_0$ den Wert $-\pi/2$ an. Wächst $\omega$ weiter, so bleibt $\tan(\phi(\omega))$ positiv und wird aber vom Betrage her immer kleiner. Folglich strebt $\phi(\omega)$ asymptotisch dem Wert $-\pi$ zu.

Dies bedeutet, daß bei kleiner Anregungsfrequenz die Auslenkung des Federpendels der Anregung mit nur kleiner Phasendifferenz folgt (nahezu im **Takt**). Das System hat keine Probleme, der Anregung zu folgen. Bedingt durch die Trägheit der Masse wird dies mit wachsender Frequenz immer schwieriger. Bei $\omega_0$ ist die Phasendifferenz schon auf $\pi/2$ gewachsen, und bei sehr hoher **Anregungsfrequenz** schließlich kann das Federpendel gar nicht mehr folgen: Es schwingt nahezu im **Gegentakt**.

Den Verlauf der Funktion für die Amplitude diskutiert man leichter bei fehlender Dämpfung, mit $b = 0$ folgt $\delta = 0$ und somit

$$\hat{x}(\omega) = \frac{\hat{F}}{m|\omega_0^2 - \omega^2|} \qquad (10.37)$$

Für Frequenzen nahe Null beginnt die Amplitude bei einem endlichen Wert, mit

$$\hat{x}(0) = \frac{\hat{F}}{m \cdot \omega_0^2} \quad \text{und} \quad \omega_0 = \sqrt{\frac{D}{m}} \quad \text{gilt} \quad \boxed{\hat{x}(0) = \frac{\hat{F}}{D}} \qquad (10.38)$$

Dieser Wert ist nichts anderes als diejenige Auslenkung aus der Ruhelage, die das Federpendel erfahren würde, wenn eine statische Kraft von der Größe der Amplitude der **Wechselkraft** einwirkte. Im folgenden sei diese Auslenkung mit einem eigenen Symbol belegt:

$$x_S = \frac{\hat{F}}{D} \qquad (10.39)$$

## Resonanz

Bei wachsender Frequenz wird der Nenner in dem Ausdruck für die Amplitude immer kleiner, die Amplitude wird immer größer; bei $\omega = \omega_0$ schließlich hat $\hat{x}(\omega)$ einen Pol: Die Amplitude wächst über alle Maßen und das Federpendel wird mit Sicherheit zerstört. Dieses Phänomen wird als **Resonanz** bezeichnet; ohne Dämpfung führt sie zur **Resonanzkatastrophe**.

Wächst die Anregungsfrequenz schließlich über die Eigenfrequenz des ungedämpften Systems hinaus, wird der Nenner immer größer. Die Amplitude wird folglich immer kleiner. Für sehr hohe Frequenzen geht sie asymptotisch gegen Null.

Die Dämpfung ändert am quantitativen Verlauf der Amplitudenfunktion nichts. Allerdings dämpft sie die Resonanzkatastrophale: In der Nähe der Eigenfrequenz des ungedämpften Systems hat die Funktion nunmehr keinen **Pol** mehr, sondern nur noch ein Maximum, dessen Höhe (**Resonanzüberhöhung**) allerdings stark von der Größe der Dämpfung abhängt.

Die genaue Lage dieses Maximums erhält man, wenn man die Amplitudenfunktion nach $\omega$ differenziert und die erste Ableitung Null setzt. Die (Kreis)frequenz, bei der die Amplitude maximal wird, heißt **Resonanz(kreis)frequenz** und ergibt sich wie beschrieben zu:

$$\omega_R = \sqrt{\omega_0^2 - 2\delta^2} \tag{10.40}$$

Die Resonanzfrequenz liegt also niedriger als die Eigenfrequenz des ungedämpften (und auch des gedämpften!) Federpendels. Der Abstand zur Eigenfrequenz ist um so größer je stärker die Dämpfung ist.

Für die graphische Darstellung empfiehlt es sich, die Amplituden- und Phasendifferenzfunktionen auf dimensionslose Größen umzuschreiben, um sie universell, für jegliche Parameter des Federpendels, gültig darzustellen. Es empfehlen sich die drei folgenden Größen:

$$\frac{\omega}{\omega_0}, \quad \frac{2\delta}{\omega_0}, \quad \frac{\hat{x}(\omega)}{x_S}, \tag{10.41}$$

wobei $x_S = \hat{F}/D$ ist.

Die Größe $\delta/\omega_0$ ist dimensionslos und wird als **Dämpfungsgrad (Lehrsches Dämpfungsmaß)**

$$\boxed{D = \frac{\delta}{\omega_0}} \tag{10.42}$$

bezeichnet, nicht zu verwechseln mit der Federkonstante $D$! Der doppelte Wert heißt **Verlustfaktor**

$$\boxed{d = 2D = \frac{2\delta}{\omega_0}} \tag{10.43}$$

und der Kehrwert wird als **Güte**

$$\boxed{Q = \frac{1}{d}} \tag{10.44}$$

bezeichnet. In diesen Größen lauten die Amplituden- und die Phasendifferenzfunktion:

$$\boxed{\frac{\hat{x}(\omega)}{x_S} = \frac{1}{\sqrt{\left[1 - (\omega/\omega_0)^2\right]^2 + (2\delta/\omega_0)^2 \cdot (\omega/\omega_0)^2}}} \tag{10.45}$$

$$\tan\left(\phi\left(\omega\right)\right) = -\frac{\left(\dfrac{2\delta}{\omega_0}\right)\cdot\left(\dfrac{\omega}{\omega_0}\right)}{1-\left(\dfrac{\omega}{\omega_0}\right)^2}$$

(10.46)

In folgendem Bild sind exemplarisch einige Amplituden- und **Phasendifferenzverläufe** für verschiedene Dämpferstärken aufgetragen:

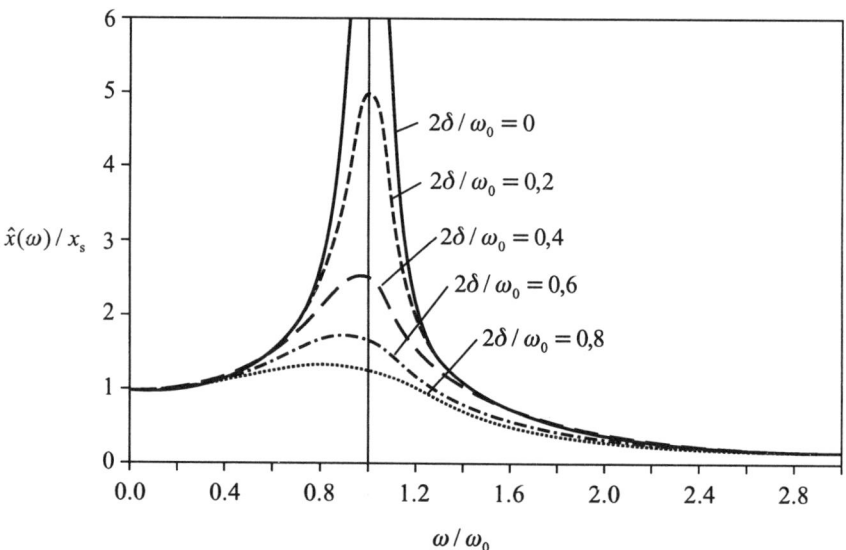

*Abb. 10.14: Amplitude der Wegantwort eines krafterregten Federpendels*

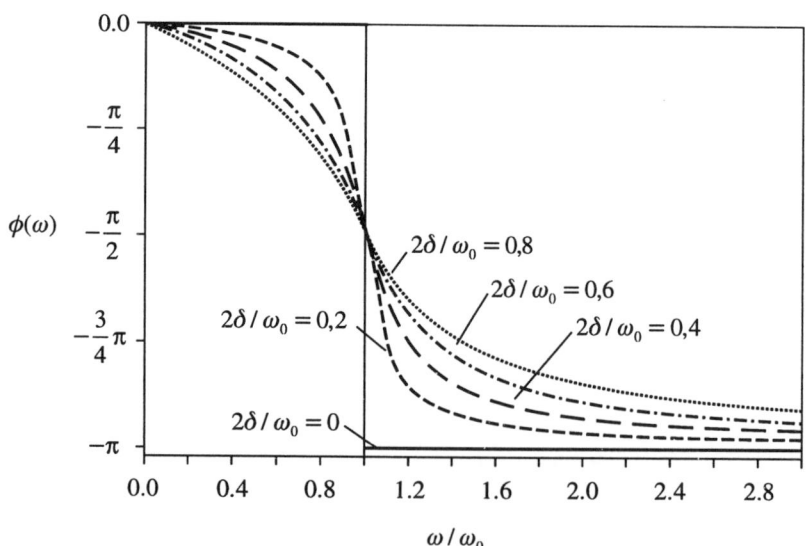

*Abb. 10.15: Phasendifferenz der Wegantwort eines krafterregten Federpendels*

Deutlich ist bei den **Amplitudenfunktionen** die Abhängigkeit der **Überhöhung** und der Lage des Resonanzmaximums von der **Dämpferstärke** zu beobachten. Das Resonanzmaximum wird bei höherer Dämpfung breiter: Es ist in der Praxis durchaus üblich, **Dämpfungsstärken** aus **Resonanzkurvenbreiten** zu bestimmen.

Bei den Phasendifferenzverläufen bedeutet Erhöhung der Dämpfung kein Verschieben der Kurve, sondern nur ein Verbreitern des (ohne Dämpfung sprunghaften) Übergangs zwischen „Gleichtakt" ($\phi \approx 0$) und „Gegentakt" ($\phi \approx -\pi$). Unabhängig von der Dämpfung ist die Phasendifferenz bei der Eigenfrequenz des ungedämpften Systems aber immer exakt gleich $-\pi/2$: Die Phasendifferenzmessung erlaubt die Bestimmung der Eigenfrequenz, ohne den störenden Einfluß der Dämpfung korrigieren zu müssen.

# 10.5 Überlagerung von Schwingungen und gekoppelte Schwingungen

Von der **Überlagerung** von Schwingungen spricht man, wenn zwei oder mehrere Schwingungen in einem System **addiert** werden. Ein Beispiel ist das gleichzeitige Einwirken von Motor- und Fahrbahnvibrationen auf eine Fahrzeugkarosserie oder eine Maschine, in der sich Unwuchten mit verschiedener Drehzahl drehen. Auch beim Hören eines Orchesters überlagern sich auf dem Trommelfell die von den verschiedensten Instrumenten verursachten Schwingungen.

In der Praxis ist die „reine" (Sinus-) Schwingung einer festen Frequenz die Ausnahme. Reale Schwingungen sind immer Überlagerungen vieler **reiner Schwingungen**. Das erste Beispiel betrifft das Phänomen der sogenannten **Schwebung**. Stellt man etwa zwei Stimmgabeln nebeneinander, deren Eigenfrequenzen ganz leicht unterschiedlich sind, und schlägt beide an, so vermeint man nicht zwei Töne zu hören, sondern einen, der aber periodisch an- und abschwillt.

Man kann dies mathematisch nachvollziehen: Angenommen, beide Stimmgabeln schwingen mit gleicher Amplitude, gleicher Nullphase (Phase zum Zeitpunkt Null), aber ganz leicht verschiedener Frequenz

$$x_1(t) = \hat{x} \cdot \sin(\omega_1 t); \qquad x_2(t) = \hat{x} \cdot \sin(\omega_2 t); \qquad \omega_1 \lessgtr \omega_2 \tag{10.47}$$

Überlagern (addieren) der zwei Schwingungen ergibt die resultierende Schwingung

$$\boxed{x(t) = \hat{x} \cdot (\sin(\omega_1 t) + \sin(\omega_2 t))} \tag{10.48}$$

Um die Form der Schwingung herauszuarbeiten, werden nun **Mittenkreisfrequenz**:

$$\bar{\omega} = \frac{1}{2}(\omega_1 + \omega_2) \tag{10.49}$$

und die **Differenzkreisfrequenz**

$$\Delta\omega = \omega_2 - \omega_1 \tag{10.50}$$

eingeführt, so daß gilt:

$$\boxed{\begin{aligned} \omega_1 &= \bar{\omega} - \frac{1}{2}\Delta\omega \\ \omega_2 &= \bar{\omega} + \frac{1}{2}\Delta\omega \end{aligned}}$$

Nach Ersetzen von $\omega_1$ und $\omega_2$ durch $\bar{\omega}$ und $\Delta\omega$ in der Formel für $x(t)$ und Anwenden der Identität $\sin(\alpha \pm \beta) = \sin\alpha \cdot \cos\beta \pm \cos\alpha \cdot \sin\beta$ ergibt sich nach einigen Umformungen

$$x(t) = 2\hat{x} \cdot \cos\left(\frac{1}{2} \cdot \Delta\omega \cdot t\right) \cdot \sin(\bar{\omega} \cdot t) \qquad (10.51)$$

Die resultierende Schwingung stellt sich also wie eine Sinusschwingung der festen Mittenkreisfrequenz $\bar{\omega}$ dar. Die ursprünglich zwei Frequenzen treten nicht mehr auf. Allerdings ist die Amplitude nicht länger konstant, sondern schwankt, einer Cosinusfunktion folgend, mit der halben Differenzkreisfrequenz (**Schwebungskreisfrequenz**) $\frac{1}{2}\Delta\omega$ zwischen den (Betrags-) Extremwerten 0 und $2\hat{x}$: das eingangs erwähnte An- und Abschwellen der Schwingung erfolgt also mit der halben Differenzfrequenz. Die Amplitudenvariation ist um so langsamer, je näher die beiden ursprünglichen Frequenzen beieinander liegen.

Im folgenden Bild ist diese Schwebung dargestellt:

Zeitdarstellung

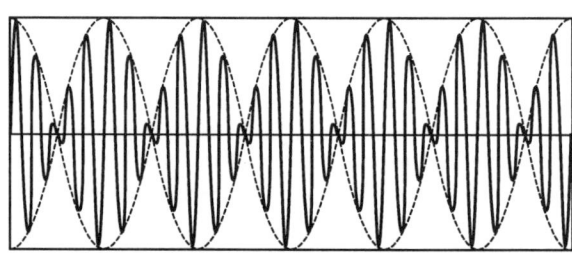

*Abb. 10.16: Schwebung*

Man beachte den „Knick" (nicht differenzierbare Stelle) in der Schwingung an der Stelle, wo die Amplitude Null wird. Der Cosinus hat dort einen Vorzeichenwechsel.

## Gekoppelte Schwingungen

Bereits bei der Besprechung der erzwungenen Schwingung wurde erwähnt, daß reale, schwingungsfähige Systeme meist aus vielen gekoppelten Elementen wie Federn, Massen und Dämpfern, also im Grunde aus gekoppelten schwingungsfähigen (Elementar-) Systemen bestehen. Solche Systeme zeigen außerordentlich vielfältige Möglichkeiten. Am einfachsten Beispiel zweier schwingungsfähiger Systeme, die schwach gekoppelt sind, lassen sich viele Phänomene beobachten:

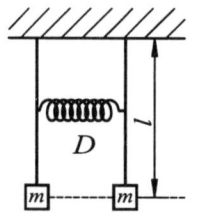

*Abb. 10.17: Gekoppelte mathematische Pendel*

Zwei Schwerependel gleicher Masse $m$ und Länge $l$ (folglich auch gleicher Eigenkreisfrequenz $\omega_0 \approx \sqrt{g/l}$) seien durch eine Feder schwach gekoppelt, die Rückstellkraft durch die Koppelfeder ist viel schwächer als die Rückstellkraft durch die Schwerkraft ist.

Zum Zeitpunkt $t = 0$ werde das eine Pendel ausgelenkt und zum Schwingen angeregt. Über die Feder übt das schwingende Pendel eine Wechselkraft auf das zweite Pendel aus, auch dieses beginnt zu schwingen. Das zweite Pendel gewinnt also an Energie. Diese Energie kann nur vom ersten Pendel stammen, also wird dessen Schwingungsamplitude abnehmen. Diese Energieübertragung geht so weit, daß das erste Pendel vollständig zur Ruhe kommt. Das zweite Pendel schwingt dann genauso weit, wie es das erste ursprünglich tat. Die beiden Pendel haben ihre Rollen vertauscht, und der Energieaustausch beginnt von neuem, diesmal mit **Energieübertragung** von Pendel 2 nach Pendel 1.

Graphisch sieht dies so aus:
Betrachtet man sich die Schwingung nur eines Pendels, sieht diese sehr nach Schwebung aus. Und es ist dies tatsächlich eine Schwebung, eine Überlagerung zweier Schwingungen nur wenig verschiedener Frequenz. Für das System gekoppelter Pendel gibt es nämlich zwei Schwingungsformen, bei denen keine Energieübertragung vom einen zum anderen Pendel stattfindet. Diese Schwingungsformen heißen **Fundamentalschwingungen**:

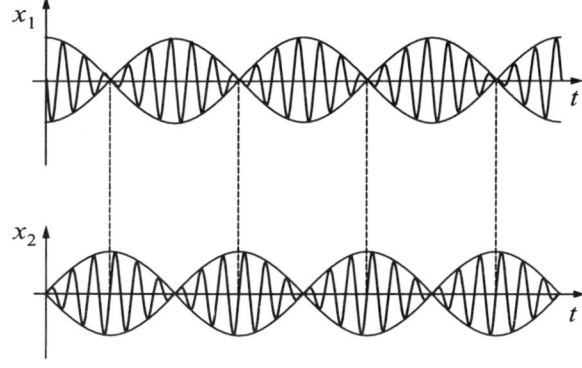

*Abb. 10.18: Schwingungen schwach gekoppelter Pendel*

**Erste Fundamentalschwingung**

Die Pendel schwingen **gleichphasig**. Diese Schwingung hat eine etwas niedrigere Eigenfrequenz als die freie Schwingung nur eines Pendels, weil die Federmasse mitschwingt.

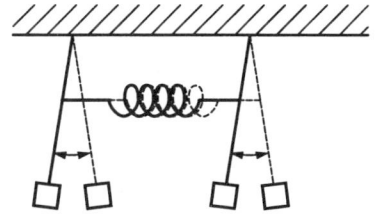

*Abb. 10.19: Erste Fundamentalschwingung*

**Zweite Fundamentalschwingung**

Die Pendel schwingen exakt gegenphasig. Diese Schwingung hat eine etwas höhere Eigenfrequenz als die freie Schwingung nur eines Pendels, weil die Koppelfeder für eine zusätzliche Rückstellkraft sorgt.
Diese beiden Fundamentalschwingungen überlagern sich am Einzelpendel zur Schwebung. Darum tritt deren charakteristische Schwingungsform mit dem ständigen Austausch von Energie zwischen den schwingungsfähigen Systemen auf.

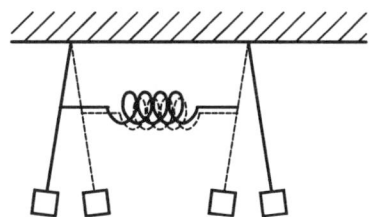

*Abb. 10.20: Zweite Fundamentalschwingung*

Man kann sich gut vorstellen, daß die Weitergabe von Schwingungsenergie nicht nur zwischen zwei Pendeln funktionieren wird. Stellt man sich eine ganze Kette solchermaßen gekoppelter Schwerependel vor und bringt man das Pendel am einen Ende zum Schwingen, so wird es seine Schwingungsenergie an den Nachbarn übertragen, dieses an den nächsten Nachbarn und so weiter, bis das andere Ende der Kette erreicht ist. Die Schwingungsenergie ist die ganze Kette entlanggelaufen, ohne daß Materie transportiert worden wäre: Eine **Welle** hat sich ausgebreitet.

# 10.6  Zusammenfassung

**Schwingungen** sind sich periodisch wiederholende Vorgänge:

**Falls** $f(t)$ **irgendeine Funktion der Zeit ist, aber** $f(t + T) = f(t)$ **mit Periodendauer** $T = $ const. **gilt, so beschreibt** $f$ **eine Schwingung.**

Als **harmonische Schwingungen** bezeichnet man solche, deren Zeitabhängigkeit durch eine Sinus- oder Cosinusfunktion beschrieben wird:

$$x(t) = R \cdot \sin(\omega t) \tag{10.52}$$

Hier bedeutet $\omega$ die **Kreisfrequenz**

$$\boxed{\omega = \frac{2\pi}{T}; \quad [\omega] = \frac{1}{\text{s}}} \tag{10.53}$$

und die **Frequenz** ist

$$\boxed{f = \frac{1}{T}; \quad [f] = \frac{1}{\text{s}} = \text{Hz} \quad (\text{Hertz})} \tag{10.54}$$

mit

$$\boxed{\omega = 2\pi f} \tag{10.55}$$

Die Auslenkung zum Zeitpunkt $t$, $x(t)$, heißt **Elongation**, das Argument der Sinusfunktion $\omega t$ heißt **Phase**, der Vorfaktor $R$ heißt **Amplitude**.

Jedes System, das durch eine Rückstellkraft zu einer Gleichgewichtslage hin und durch Trägheit über diese hinausgetrieben wird, ist schwingungsfähig.

**Ist die Rückstellkraft linear abhängig von der Auslenkung, so ist die Schwingung harmonisch.**

Die möglichen Schwingungen müssen einer Differentialgleichung genügen, der sogenannten **Bewegungsgleichung**.

Die Bewegungsgleichung der **freien, ungedämpften Schwingung** eines linearen Systems lautet:

$$\ddot{x}(t) + \frac{D}{m} \cdot x(t) = 0 \tag{10.56}$$

$D$ bezeichnet die **Federkonstante**, $m$ die **Masse**.

Die Lösungen der Bewegungsgleichung sind harmonische Schwingungen der festen **Eigen(kreis)frequenz**

$$\boxed{\omega_0 = \sqrt{\frac{D}{m}}} \quad \text{bzw.} \quad \boxed{f_0 = \frac{1}{2\pi}\sqrt{\frac{D}{m}}} \tag{10.57}$$

Amplitude und Nullphase werden festgelegt durch die **Anfangsbedingungen**.

## Dämpfung

Ist im schwingungsfähigen System ein dämpfendes Element vorhanden, ändert sich die Bewegungsform.

Bei **viskoser Dämpfung** ist folgende Bewegungsgleichung zu erfüllen:

$$m \cdot \ddot{x}(t) + b \cdot \dot{x}(t) + D \cdot x(t) = 0 \tag{10.58}$$

Die Stärke des viskosen Dämpfers ist gegeben durch den Parameter $b$.

Als Lösungen dieser Differentialgleichung ergeben sich **exponentiell abklingende**, harmonische Schwingungen mit **erniedrigter Frequenz**:

$$\boxed{x(t) = \hat{x} \cdot e^{-\delta t} \cdot \sin(\omega_d t + \phi)} \tag{10.59}$$

mit

$$\delta = \frac{b}{2m} \quad \text{und} \quad \omega_d = \sqrt{\omega_0^2 - \delta^2} \tag{10.60}$$

**Anfangsamplitude** $\hat{x}$ und **Nullphase** $\phi$ werden festgelegt durch die Anfangsbedingungen.

Die **Einhüllende** der Schwingung ist eine **Exponentialfunktion**, aufeinanderfolgende Maximalausschläge nehmen in immer gleichem Verhältnis ab, der Schwingungsvorgang hört nie auf.

Bei **sehr starker** Dämpfung ($\delta \geq \omega_0$) sind die Lösungen der Bewegungsgleichung keine Schwingungen mehr: Exponentiell abfallend nähert sich die Auslenkung der Gleichgewichtslage. Die Annäherung an das Gleichgewicht geschieht um so langsamer, je stärker die Dämpfung ist (**Kriechfall**); am schnellsten wird die Nähe des Gleichgewichts erreicht für $\delta = \omega_0$ (**aperiodischer Grenzfall**).

## Erzwungene Schwingung

Bei periodischer Anregung eines schwingungsfähigen Systems vollführt dieses ebenfalls periodische Bewegungen. Ein harmonisch kraftangeregtes, lineares, viskos bedämpftes System wird beschrieben durch die Bewegungsgleichung

$$m \cdot \ddot{x}(t) + b \cdot \dot{x}(t) + D \cdot x(t) = \hat{F} \cdot \sin(\omega t) \tag{10.61}$$

Das System **antwortet** mit einer harmonischen Schwingung mit der Frequenz der Anregung. Amplitude und Phasendifferenz zur Anregung sind abhängig von dieser Frequenz:

$$x(t) = \hat{x}(\omega) \cdot \sin(\omega t + \phi(\omega)) \tag{10.62}$$

$$\hat{x}(\omega) = \frac{\hat{F}/m}{\sqrt{(\omega_0^2 - \omega^2)^2 + (2\delta\omega)^2}} \tag{10.63}$$

$$\tan(\phi(\omega)) = -\frac{2\delta\omega}{\omega_0^2 - \omega^2} \tag{10.64}$$

$\hat{F}$ bezeichnet die **Amplitude der Anregung**. Die **Amplitude der Antwort** nähert sich für kleine Frequenz dem Wert $\hat{F}/D$ und wird für große Frequenz verschwindend klein. Dazwischen erreicht sie ein Maximum bei der **Resonanzfrequenz** $\omega_R = \sqrt{\omega_0^2 - 2\delta^2}$; bei fehlender Dämpfung hat die Antwortamplitude einen **Pol** bei $\omega_0$, der **Eigenfrequenz** des ungedämpften Systems.

Der Phasenunterschied zur Anregung ist **nahezu Null** bei kleiner Frequenz und bei großer Frequenz **nahezu** $-\pi$.

Er nimmt bei der Eigenfrequenz des ungedämpften Systems $\omega_0$ exakt den Wert $-\pi/2$ ein.

Die **Schwebung** ist das Ergebnis der linearen **Überlagerung (Superposition)**, Addition der Auslenkungen) zweier harmonischer Schwingungen gleicher Amplitude und leicht unterschiedlicher Frequenz $\omega_1$ und $\omega_2$. Die **Schwebung** erscheint als Schwingung der mittleren Frequenz $\bar{\omega}$, deren Amplitude mit einer harmonischen Schwingung der halben Differenzfrequenz $\frac{1}{2}\Delta\omega_0$ variiert:

$$x(t) = 2\hat{x}\cos\left(\frac{1}{2} \cdot \Delta\omega \cdot t\right) \cdot \sin(\bar{\omega}t) \tag{10.65}$$

$$\bar{\omega} = \frac{1}{2}(\omega_1 + \omega_2); \quad \Delta\omega = \omega_2 - \omega_1 \tag{10.66}$$

Gekoppelte schwingungsfähige Systeme tauschen Schwingungsenergie ohne den Transport von Materie aus. Bei zwei gekoppelten Systemen erscheint die Schwingung des einen Systems wie eine Schwebung und kann verstanden werden als Überlagerung zweier Fundamentalschwingungen leicht unterschiedlicher Frequenz.

# 10.7  Aufgaben

**10.1**   Bei einer harmonischen Schwingung bewegt sich ein Körper durch einen Punkt mit der Auslenkung 15 cm. Nach $0,9$ s passiert er den gleichen Punkt auf dem Rückweg und nach weiteren $3,6$ s wieder in der Richtung wie beim ersten Durchgang. Berechnen Sie Amplitude und Frequenz der Schwingung.

**10.2**   Zwei Schwingungen gleicher Amplitude mit den Frequenzen $f_1 = 50$ Hz und $f_2 = 60$ Hz beginnen gleichzeitig aus der Nullage. Nach welcher Zeit sind die Auslenkungen das erste Mal wieder gleich groß?

**10.3**   Zwei harmonische Schwingungen mit $f_1 = 50$ Hz und $f_2 = 60$ Hz nehmen zeitgleich ihre größten Auslenkungen ein. Nach Ablauf welcher Zeitdifferenz tritt zum ersten Mal wieder dieser Fall auf?

**10.4**   Ein Federpendel besitzt zur Zeit $t_0 = 0$ die Auslenkung $x(t_0) = 5$ cm, die Geschwindigkeit $v(t_0) = 10$ cm/s und die Beschleunigung $a(t_0) = -20$ cm/s$^2$.

Wie groß sind die Amplitude und die Kreisfrequenz dieser Schwingung?

**10.5**   Der Kolben eines Viertaktmotors besitzt zur Zeit $t_0 = 0$ die Auslenkung $x(t_0) = 5$ cm, die Geschwindigkeit $v(t_0) = 20$ m/s und die Beschleunigung $a(t_0) = -2000$ m/s$^2$. Wie groß sind die Drehzahl und der Hub des Motors, wenn die Bewegung des Kolbens durch eine harmonische Schwingung beschrieben werden kann?

**10.6**   An einer Schraubenfeder hängt eine (massenlose) Waagschale, auf die plötzlich ein Massestück von 300 g gelegt wird. Die Feder führt daraufhin Schwingungen im Bereich zwischen 0 und 24 cm aus. (Koordinatenursprung: Ruhelage ohne Masse). Berechnen Sie die Federkonstante $D$ und Periodendauer $T$.

**10.7**   Eine Feder hat die Federkonstante $D = 30$ N/m. Wie groß ist die Masse eines daranhängenden Gewichtsstückes, das Schwingungen der Amplitude $A = 5$ cm ausführt und mit der Geschwindigkeit $v = 80$ cm/s durch die Ruhelage geht?

**10.8**   Die Karosserie der Masse $m = 800$ kg eines Lastkraftwagen senkt sich bei einer Zuladung von $m' = 1800$ kg um $x = 6$ cm ab.

a) Welche Periodendauer ergibt sich daraus, für die während des Fahrbetriebs gefährlichen Aufschaukelschwingungen?
b) Welche Periodendauer hat die leere Karosserie?
c) Bei welcher Zuladung ergibt sich die doppelte Periodendauer im Vergleich zum leeren LKW?

**10.9**   Eine Schraubenfeder, auf der eine Kugel liegt, steht senkrecht auf der Erdoberfläche. Dieses Pendel führt Schwingungen mit der Frequenz $f = 1,2$ Hz aus. Welche Amplitude muß die Schwingung mindestens haben, damit die Kugel von der Feder abheben kann?

**10.10**   Ein zweiatomiges Molekül wird durch folgendes Feder-Masse-Modell beschrieben: Zwei harte Kugeln mit der Einzelmasse $m = 1,67 \cdot 10^{-27}$ kg sind mit einer Feder der Federkonstanten $D_{12} = 510$ N/m verbunden. Mit welcher Frequenz kann dieses Molekül schwingen?

**10.11**   Ein Federpendel, bestehend aus einer Feder (Konstante $D$) und der Masse $m$, schwingt mit der Frequenz $f = 2,2$ Hz. Mit welcher Frequenz schwingt das unten abgebildete Pendel, das aus vier Federn mit der gleichen Federkonstanten $D$ und der gleichen Masse $m$ besteht?

**10.12**   Ein mathematisches Pendel wird um $1/10$ seiner Länge $l_0$ gekürzt. Dabei vergrößert sich seine Frequenz um $0,1$ Hz. Wie groß ist die ursprüngliche Länge $l_0$ und die Frequenz $f_0$ dieses Pendels?

**10.13**   Ein mathematisches Pendel der Länge $l = 2,5$ m und der Masse $m = 1,0$ kg erfährt zusätzlich eine rücktreibende Kraft durch eine Feder mit der Konstanten $D = 4$ N/m. Mit welcher Frequenz schwingt dieses Pendel?

**10.14**   Unter dem Aufhängepunkt eines Fadenpendels der Länge $l = 60$ cm befindet sich im Abstand von 30 cm ein fester Stift, an den sich der Faden während des Schwingens vorübergehend anlegt. Wieviel Schwingungen pro Minute führt das Pendel im Grenzfall kleiner Amplituden aus?

**10.15** Ein starrer Körper hängt an einem vertikalen Draht, der durch seinen Schwerpunkt geht. Ein Drehmoment von 18 N·m verdreht den Körper um einen Winkel von 10° um die vertikale Achse aus der Ruhelage. Wenn der Körper losgelassen wird, oszilliert er als Torsionspendel mit 90 Schwingungen pro Minute. Berechnen Sie sein Trägheitsmoment um die Rotationsachse.

**10.16** Ein starrer Körper hängt an einem vertikalen Draht, der durch seinen Schwerpunkt geht, und besitzt das Trägheitsmoment $J_s = 1,2$ kg m$^2$. Wenn er losgelassen wird, oszilliert er als Torsionspendel mit 70 Schwingungen pro Minute. Berechnen Sie, welches Drehmoment $M$ nötig ist, um eine statische Verdrehung von 15° hervorzurufen.

**10.17** Sie nehmen Platz in einem der Sitze eines Kettenkarussells, das Karussell beginnt zu drehen, sanft schwingen Sie nach außen, schwingen, drehen, schwingen, ...

Plötzlich fällt Ihnen etwas Eigenartiges auf: Die Frequenz, mit der Sie schwingen, steht in einem ganz bestimmten Verhältnis zur Drehzahl. Wie kann das sein? Bitte untersuchen Sie diese Feststellung nach folgender Anleitung: a) Gegeben sei eine bestimmte Winkelgeschwindigkeit $\omega$ des Kettenkarussells und eine bestimmte Länge $l$ der Kette, an der Ihr Sitz hängt: Was ist der Auslenkwinkel $\vartheta$ Ihres Sitzes? (vgl. beigefügte Skizze, Teil a).)

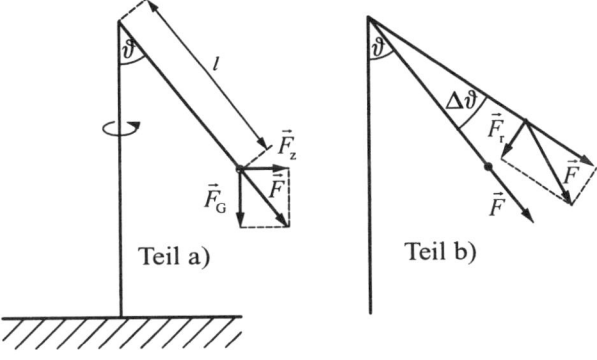

Teil a)       Teil b)

*Abb. 10.21:*

Wundern Sie sich nicht, daß die Formel erst ab einer gewissen, endlichen Winkelgeschwindigkeit sinnvoll ist; das stimmt so.
b) Mit welcher Kraft $F$ werden Sie in den Sitz gedrückt? Wie lautet die Formel?
c) Nun nehmen Sie an, daß Sie um eine kleine Zusatzauslenkung $\Delta\vartheta$ um die durch den Winkel $\vartheta$ charakterisierte Gleichgewichtslage herum schwingen (vgl. Skizze, Teil b)). Nehmen Sie vereinfachend an, die im Teil b) berechnete Kraft $F$ bleibe nach Betrag und Richtung konstant. Leiten Sie hieraus das Rückstellmoment, die „Torsionsfedersteife" und zusammen mit dem Trägheitsmoment die Eigenkreisfrequenz $\omega_0$ ab. Überrascht?

**10.18** Die Zeit der mechanischen Uhren ist zwar vorüber, doch waren z. B. mechanische Stopuhren Meisterwerke der Feinmechanik. Um auf eine Zehntelsekunde genau messen zu können, durfte die Schwingungsdauer der Unruh nicht größer als eine Zehntelsekunde sein. Nehmen Sie an, Sie untersuchen eine Unruh, ein Torsionsschwingungspendel, dessen Schwingungsdauer genau $T = 0,1$ s ist. Sie stellen fest, die Schwungmasse ist im wesentlichen ein kleines Rad aus Stahl (Dichte $\rho = 7,9$ g/cm$^3$) mit Innendurchmesser 8 mm, Außendurchmesser 10 mm und Dicke 1 mm. Sie wissen, das Trägheitsmoment einer zylindrischen Scheibe ist $J = \frac{1}{2}mr^2$ mit dem Scheibenradius $r$: damit können Sie das Trägheitsmoment des Rades bestimmen. Wie groß ist das Rückstell-Drehmoment, das die Spiralfeder der Unruh ausübt, wenn Sie sie um eine volle Umdrehung aus der Ruhelage auslenken?

**10.19** Auf dem Rummelplatz entdecken Sie ein riesiges Piratenschiff, das an einem gewaltigen Tragbalken schwingend aufgehängt ist – wie ein Pendel. Nun haben Sie gehört, daß die Pendel-Schwingungsdauer allein von der Pendellänge abhängt, und irgendwie erscheint Ihnen die Schwingungsfrequenz des Gerätes bei der gegebenen Länge des Tragbalkens sehr niedrig. Sie schauen genauer hin und entdecken, daß der Tragbalken über den Drehpunkt hinaus nach oben verlängert ist und an seinem oberen Ende so etwas wie ein Gegengewicht zum Schiff befestigt ist. Diese Anordnung scheint die Schwingungsfrequenz zu erniedrigen: Überprüfen Sie, ob diese Annahme zutrifft.

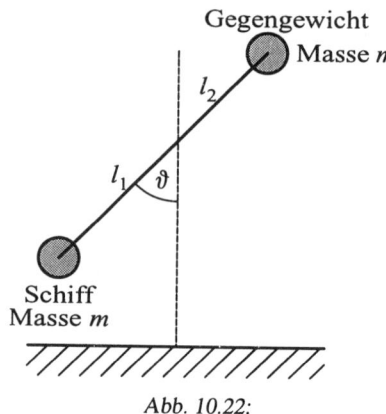

Gegengewicht
Masse *m*

$l_2$

$l_1$  $\vartheta$

Schiff
Masse *m*

*Abb. 10.22:*

Gehen Sie von einer Anordnung aus wie nebenstehend skizziert: zwei gleiche Massen *m*, die an den Enden eines masselosen Tragebalkens befestigt sind.
Der Drehpunkt ist nicht in der Mitte, so daß die eine Masse den Abstand $l_1$, die andere den Abstand $l_2$ vom Drehpunkt hat (mit $l_1$ größer als $l_2$). Machen Sie sich klar, welches resultierende Drehmoment durch die Schwerkraft auf die Anordnung wirkt bei einer Auslenkung um einen Winkel $\vartheta$ und ermitteln Sie mit der für kleine Winkel gültigen Näherung $\sin \vartheta \approx \vartheta$, daraus die „Torsionsfedersteife" $D^*$. Zusammen mit dem Trägheitsmoment liefert Ihnen diese die Eigenfrequenz $f_0$.

Wie lautet die Formel für $f_0$?
Vergleichen Sie mit der Formel für die Eigenfrequenz eines mathematischen Pendels der Länge $l_1$.

**10.20** Eine $1,5$ m lange Stange ist an einem Ende drehbar um eine horizontale Achse gelagert und schwingt frei als physikalisches Pendel. Bestimmen Sie a) die Schwingungsdauer und b) die reduzierte Pendellänge.

**10.21** Ein physikalisches Pendel besteht aus einer dünnen Stange der Länge $l = 1$ m, die drehbar gelagert ist. In welchem Abstand $x$ von einem Ende muß sich dieses Lager befinden, damit bei Schwingungen die kürzestmögliche Periodendauer $T$ auftritt?

**10.22** Das Pendel einer Uhr schwingt mit einer Periodendauer $T = 1,59$ s. Es besteht aus einem $0,80$ m langen masselosen Stab, an dem ein Pendelkörper angebracht ist. Der Pendelkörper hat die Masse $m_K = 0,5$ kg und ist im Abstand von $0,6$ m zum Drehpunkt angebracht. Berechnen Sie das Trägheitsmoment $J_s$ dieses Körpers.

**10.23** Das Pendel einer Uhr besteht aus einem $0,8$ m langen dünnen Stab der Masse $m_{St} = 0,2$ kg und einem daran befestigten zylindrischen Pendelkörper ($m_K = 0,5$ kg, Radius $r = 5$ cm). Der Abstand des Mittelpunktes des Pendelkörpers von der Drehachse beträgt $0,65$ m. Berechnen Sie die Periodendauer $T$ dieses Pendels und die reduzierte Pendellänge $l_{red}$.

**10.24** Ein PKW-Ersatzrad mit der Masse $m = 20$ kg wird an einer Schnur aufgehängt und führt in einer Minute 32 Schwingungen durch.

Wie groß ist das Trägheitsmoment $J_s$ bezüglich des Schwerpunktes, wenn der Abstand vom Aufhängepunkt bis zum Schwerpunkt $r_s = 80$ cm beträgt? Wie groß ist die reduzierte Pendellänge $l_{red}$? Bei welcher Entfernung $r_s$ vom Aufhängepunkt zum Schwerpunkt wird die Periodendauer $T$ minimal? Berechnen Sie diese kleinste Periodendauer $T_{min}$.

**10.25** Ein mathematisches Pendel hat ungedämpft eine Periode $T_0 = 0,8$ s und mit Dämpfung eine Periode $T = 0,9$ s. Auf welchen Prozentsatz geht die Amplitude infolge der Dämpfung nach 2 Perioden zurück?

**10.26** Ein mathematisches Pendel hat eine Periode von $1,8$ s und eine Anfangsamplitude von $2,4°$. Nach 20 vollständigen Schwingungen ist seine Amplitude auf $1,5°$ abgefallen. Berechnen Sie das Lehrsche Dämpfungsmaß $\delta / \omega_0$.

**10.27** Ein Pendel (an einem dünnen Stab mit $l = 20$ cm befestigte Kugel der Masse $m = 50$ g, als mathematisches Pendel zu behandeln) schwingt in Öl mit einem Dämpfungskoeffizienten $b = 35$ g/s. Der Stab wird um $6,8°$ ausgelenkt und losgelassen.

a) Berechnen Sie die Abklingkonstante $\delta$ und die Kreisfrequenz $\omega$ für diese Schwingung.
b) Auf welchen Wert ist die Amplitude nach 10 Perioden zurückgegangen?
c) Berechnen Sie das Lehrsche Dämpfungsmaß $\delta / \omega$ für den Fall, daß bei gleichbleibender Dämpfung die Stablänge um 10 cm verlängert wird.

**10.28** Die Räder eines Kraftfahrzeuges müssen elastisch gefedert aufgehängt sein, damit nicht jede Fahrbahnunebenheit als harter Schlag die Karosserie und die Insassen belastet. Allerdings stellt die Masse eines Rades zusammen mit der Elastizität der Aufhängung ein schwingungsfähiges Gebilde dar: Ohne weitere Maßnahmen wäre jedes Rad nur noch mit Schwingen beschäftigt und nicht mehr mit seiner eigentlichen Aufgabe, Bodenkontakt herzustellen. Zur Unterdrückung der Schwingneigung schaltet man der Federung einen sogenannten Stoßdämpfer parallel, einen hydraulischen (viskosen) Dämpfer, der eine Reibungskraft ausübt, die proportional ist der Auslenkungsgeschwindigkeit (mit Proportionalitätskonstante $b$). Dieser Dämpfer muß auf die Federung abgestimmt sein, dämpft er zu schwach, wird die Schwingneigung nicht hinreichend unterdrückt; dämpft er zu stark, kann das Rad nicht mehr rasch genug den Fahrbahnunebenheiten folgen.

Nehmen Sie an, die Radmasse sei 20 kg, und die Radaufhängung federe bei einer Belastung mit einer Masse von 300 kg (entsprechend etwa einem Viertel der Gesamt-Fahrzeugmasse) 10 cm weit ein.

Mit welcher Frequenz würde ohne Stoßdämpfer das Rad frei schwingen?
Wie groß muß die Dämpfungskonstante $b_{min}$ des Stoßdämpfers sein, damit die Schwingneigung gerade unterdrückt wird?

**10.29** Ein Federpendel ($m = 150$ g) wird um 5 cm ausgelenkt und losgelassen. Im zeitlichen Abstand von $2,32$ s werden in aufeinanderfolgenden Perioden diese Maximalausschläge gemessen: 4,00 cm; 3,20 cm; 2,56 cm; 2,05 cm.
a) Berechnen Sie die Abklingkonstante $\delta$, das Lehrsche Dämpfungsmaß $\delta / \omega_0$ und die Federkonstante $D$.
b) Um wieviel Prozent unterscheiden sich die Periodendauern der angegebenen Schwingung und der ungedämpften Schwingung des gleichen Systems?

**10.30** Die Masse des Federpendels der vorigen Aufgabe wird harmonisch mit einer Kraftamplitude $F = 5,5$ mN angeregt.
a) Berechnen Sie die Resonanzfrequenz $f_r$ und die Resonanzamplitude $A_r$.
b) Berechnen Sie die Phasenverschiebung $\phi$ zwischen Erregerschwingung und Pendelschwingung für die Resonanzfrequenz $f_r$.

**10.31** Ein Federschwinger ($D = 10$ N/cm, $m = 1$ kg) wird zu erzwungenen Schwingungen angeregt. Die auftretende Resonanzamplitude beträgt $A_r = 2,310$ cm, die Amplitude der Kraft $F = 20$ N. Wie groß ist die Resonanzfrequenz $f_r$, die Abklingkonstante $\delta$ und die Dämpfungskonstante $b$?

**10.32** Ein über Reklamationsfall: Ein namhafter PKW-Hersteller hat ein besonders sportliches Modell auf den Markt gebracht, das allenthalben Lob findet und reißenden Absatz, bis sich herausstellt, daß notorisch nach spätestens 30 000 km die Kurbelwelle bricht.

Der finanzielle und ideelle Schaden ist erheblich, und die Frage nach dem Schuldigen dringlich wegen der zur Diskussion stehenden Erstattungssummen. Der PKW-Hersteller lädt die Verantwortung voll auf die Schultern des Kurbelwellen-Zulieferers: Offensichtlich sei fehlerhafter, billiger Stahl verwendet worden von völlig unzureichender Qualität.

Der Zulieferer wehrt sich und wartet mit einem schwerwiegenden Argument auf: Konstruktionsfehler des PKW-Herstellers! Der nämlich hat den Motor konzipiert für einen Drehzahlbereich bis $6000 \cdot 1/\mathrm{min}$, und der Zulieferer sagt, das sei jenseits der Eigenfrequenz des „Torsionspendels", das die Elastizität der Kurbelwelle zusammen mit dem Trägheitsmoment des auf dieser montierten Schwungrades bildet: Dadurch gerät im normalen Fahrbetrieb dieses Torsionspendel immer wieder in Resonanz, und die dabei auftretenden großen Amplituden führen zu vorzeitiger Materialermüdung.

Sie arbeiten im Entwicklungsbereich des PKW-Herstellers und werden beauftragt, die Stichhaltigkeit des Zulieferer-Arguments zu überprüfen. Die Stöße der Kolben wirken wie eine periodische Erregung. Da die Zündfolge-Frequenz doppelt so hoch liegt wie die Drehzahl, wissen Sie zumindest den fraglichen Erreger-Frequenz-Bereich.

Die Messung an einer Kurbelwelle liefert Ihnen deren Torsionssteifigkeit, an einem Hebelarm von $0,3$ m Länge müssen Sie eine Kraft von 10 000 N aufbringen, um eine Verwindung um $2°$ zu erreichen.

Das Schwungrad ist im wesentlichen eine flache, zylindrische Scheibe mit Durchmesser 28 cm und Dicke 1 cm, darum ein Schwungring mit Innendurchmesser 28 cm, Außendurchmesser 32 cm und Dicke 3 cm. Das Ganze ist gefertigt aus Stahl mit einer Dichte von ziemlich genau 8 g/cm$^3$. Aus diesen Angaben errechnen Sie das Trägheitsmoment.

Wo liegt die Eigenfrequenz des „Torsionspendels" Kurbelwelle + Schwungrad? Hat der Zulieferer recht?

**10.33**

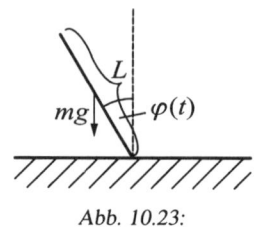

*Abb. 10.23:*

Ihnen fällt während der Klausurvorbereitung vor Erschöpfung der Bleistift aus der Hand. Sofort sind Sie wieder hellwach, plagt Sie doch spontan die Frage: Ist die Bewegung eines kippenden Schornsteins (vor dem Zerbrechen!) die gleiche wie die Bewegung eines kippenden Bleistifts? Bitte beantworten Sie diese Frage, indem Sie die Bewegungsgleichung für das Kippen aufstellen und aufzeigen, welche Größen in diese Gleichung eingehen und welche nicht. Hinweise: Betrachten Sie Schornstein bzw. Bleistift einfach als dünnen Stab der Länge $L$; der Durchmesser soll viel kleiner als die Länge sein. Solch ein Stab hat bezüglich einer Drehachse, die durch ein Stabende geht und senkrecht auf der Längsachse des Stabes steht, das Trägheitsmoment $J = \frac{1}{3}mL^2$ mit der Stab-Masse $m$. Betrachten Sie einen Zeitpunkt $t$, zu dem der Stab mit der Vertikalen gerade einen Winkel $\varphi(t)$ einschließt, wie auf beigefügter Skizze verdeutlicht. Berechnen Sie das wirkende Drehmoment, indem Sie die Schwerkraft am Schwerpunkt angreifen lassen.

Die Bewegungsgleichung erhalten Sie durch Anwenden des dynamischen Grundgesetzes der Drehbewegung, ganz ähnlich, wie man die Schwingungsgleichung für das mathematische Schwerependel ableitet. Diskutieren Sie, welche Größen die Bewegung beeinflussen und welche nicht.

**10.34** Zwei Schwingungen gleicher Frequenz haben die Amplituden $A_1 = 4$ cm und $A_2 = 8$ cm und den Phasenunterschied $\phi = 60°$. Welche Amplitude und welche Phasendifferenz hat die überlagerte Schwingung? Skizzieren Sie das Zeigerdiagramm.

**10.35** Bei der Überlagerung der Schwingungen zweier Stimmgabeln tritt eine Schwebung mit der Periode $T_s = 0,5$ s auf, die Frequenz der entstandenen Schwingung beträgt $f = 441$ Hz. Welche Einzelfrequenzen haben die Stimmgabeln?

**10.36** Zwei harmonische Schwingungen I und II mit gleicher Frequenz $f$ und gleicher Amplitude $A$ überlagern sich zu einer Schwingung III, die ebenfalls die Amplitude $A$ aufweist.

Bei welchem Phasenunterschied zwischen den Schwingungen I und II kann dieser Sachverhalt auftreten? Wie groß ist dann der Phasenunterschied zwischen den Schwingungen I und III? Skizzieren Sie das Zeigerdiagramm.

# Kapitel 11

# Mechanische Wellen und Akustik

## 11.1  Wellenbegriff; Ausbreitung von Störungen

In diesem Abschnitten über Schwingungen wird die Bewegung eines Systems an einem Ort oder um eine Ruhelage untersucht. Systeme sind aber nie vollständig isolierbar, bei den gedämpften Schwingungen wird daher die Übertragung der Schwingungsenergie auf die Umgebung behandelt. Ist der Schwinger an andere Schwinger gekoppelt, so resultiert die **Fortpflanzung** von **Schwingungsenergie** (Schall, Licht). In ausgedehnten Materialien (Luft, Festkörper) beschreibt man diese Energieübertragung als **Wellenbewegung**.

Um Wellen mathematisch beschreiben und physikalisch verstehen zu können, wollen wir wie in der Schwingungslehre vorgehen und stellen die Bewegungsgleichung eines Beispiel-Systems auf und interpretieren die Lösungen.

Als Beispiel-System für Wellenausbreitung dient eine (im Prinzip unendlich) große Anzahl gleicher, durch Federn stets gleicher Federkonstante $D$ gekoppelter, mathematischer Schwerependel:

Dann haben alle Pendel die gleiche Länge $l$ und die gleiche Masse $\Delta m$, wobei die gesamte Masse in einem Punkt am Ende der als masselos gedachten Pendelstange vereinigt ist. Je zwei Nachbarn seien im stets gleichen Abstand $\Delta x$ angebracht, die die Pendel-Aufhängepunkte verbindende Linie sei als Ortskoordinatenachse ($x$-Achse) eingeführt.

Mit Hilfe welcher physikalischer Größe wird die Bewegung dieser Kette beschreibbar? Die Erfah-

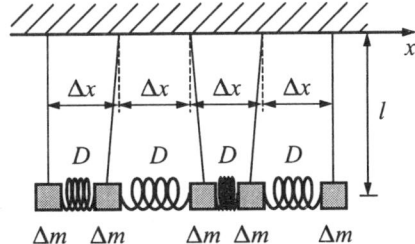

Abb. 11.1: Kette gekoppelter mathematischer Pendel

rung aus der Schwingungslehre lehrt, daß man die Bewegung jedes einzelnen Pendels am besten durch seinen Auslenkwinkel $\varphi$ beschreibt. Auslenkungen nach rechts werden als positiv, Auslenkungen nach links werden als negativ angenommen, um mit der Ausrichtung der $x$-Achse übereinzustimmen. Dieser Auslenkwinkel $\varphi(t)$ ändert sich wegen der Bewegung der Kette im Laufe der Zeit. $\varphi(t)$ ist also eine Funktion der Zeit.

Will man die gesamte Kette beschreiben, so hat man die Schwierigkeit, daß es im Prinzip unendlich viele solcher zeitabhängiger Auslenkwinkel gibt, nämlich für jedes Pendel einen. Man hilft sich, indem man einfach jeden Auslenkwinkel mit dem Ort indiziert, an dem das Pendel, zu dem der Winkel gehört, aufgehängt ist. Dann beschreibt $\varphi_x(t)$ die Bewegung des Pendels am Ort $x$.

Wellen breiten sich in der Natur und Technik auf kontinuierlichen Materialien aus. Man denke an Wellen aus der Wasseroberfläche oder auf dem Gummiseil. Die Materialien bestehen aber keineswegs aus makroskopisch wohlunterscheidbaren, diskreten Pendeln. Um die Wellenausbreitung dennoch beschreiben zu können, macht man sich von den Materialien die Modellvorstellung sehr vieler und sehr kleiner, gekoppelter schwingungsfähiger Systeme, in denen man die Einzelelemente normalerweise gar nicht mehr zu unterscheiden braucht.

Diese Beschreibung trifft durchaus den Kern der Ausbreitung von Schallwellen im Festkörper, allerdings sind die Quanteneffekte vernachlässigt. Beispiele hierzu werden folgen.

## Auslenkungsfunktion des Kontinuums

Man kann sich das Beispiel der Pendelkette so vorstellen, daß an jedem möglichen Ort $x$ ein Pendel hängt. Mathematisch ist der Ort $x$ eine kontinuierliche Variable. Es gibt keinen Grund mehr, diesen Ort anders zu behandeln als die kontinuierliche Variable Zeit. Es besteht also kein Grund, warum die eine Variable einen Index, die andere aber ein Funktionsargument sein soll. Sowohl Ort als auch Zeit sind nun Funktionsargumente, die den Wert des Auslenkwinkels bestimmen. Offensichtlich wird die Kettenbewegung mathematisch mit Hilfe einer Funktion zweier Variabler zu beschreiben sein, nämlich dem Auslenkwinkel $\varphi(x,t)$ als Funktion von Ort und Zeit. Es ist zu klären, welche Funktionen für die Pendelkette erlaubt sind, d. h. Lösungen der Bewegungsgleichung sind.

Die **Bewegungsgleichung für die Pendelkette die Wellengleichung** lautet:

$$\boxed{\ddot{\varphi}(x,t) = c^2 \cdot \varphi''(x,t)} \quad \text{mit} \quad c = \sqrt{\frac{D \cdot \Delta x}{\Delta m / \Delta x}} \tag{11.1}$$

Diese Bewegungsgleichung verknüpft die zweite Ableitung der Auslenkung nach der Zeit mit der zweiten Ableitung nach dem Ort: Die beiden zweiten Ableitungen sind einander streng proportional. Die Proportionalitätskonstante $c^2$ ist das Quadrat der Wellenausbreitungsgeschwindigkeit $c$ (Schallgeschwindigkeit) wie später ersichtlich wird. $c^2$ ist der Quotient aus $D \cdot \Delta x$ und $\Delta m / \Delta x$.
Für beide Größen gibt es eine anschauliche physikalische Interpretation. Ist die gesamte Pendelkette in Ruhe, so ist jede Koppelfeder gerade um die Länge $\Delta x$ gedehnt und übt eine Kraft $D \cdot \Delta x$ aus: $D \cdot \Delta x$ ist also die **Vorspannkraft** auf der ruhenden Pendelkette, die **Steifigkeit**.
Die **Linien-Massendichte** $\Delta m / \Delta x$ gibt an, wie massiv das System ist, wieviel Masse auf jedem Meter Pendelkette anzutreffen ist. $c$ ist als Wurzel aus Steifigkeit durch Trägheit, also durchaus ähnlich der Eigenkreisfrequenz eines ungedämpften schwingungsfähigen Systems, definiert. Es wird sich aber gleich zeigen, daß $c$ physikalisch die ganz andere Bedeutung der **Wellenausbreitungsgeschwindigkeit** hat.
Einen ersten Hinweis darauf ergibt die Einheit für $c$: $\ddot{\varphi}$ hat die Einheit $1/\text{s}^2$, $\varphi''$ hat die Einheit $1/\text{m}^2$, woraus für $c$ die Einheit m/s folgt, also die Einheit einer Geschwindigkeit.

## Allgemeine Lösung der Wellengleichung

Es zeigt sich, daß jede beliebige Funktion von $x$ und $t$ eine allgemeine Lösung der Bewegungsgleichung ist, solange sie $x$ und $t$ ausschließlich in der Kombination $(t \pm x/c)$ enthält,

$$\varphi(x,t) = f\left(t \pm \frac{x}{c}\right) \tag{11.2}$$

$\varphi(x,t) = x^2 + c^2 t^2$ wäre also keine Lösung; dagegen wäre $\varphi(x,t) = x^2 - 2cxt + c^2 t^2$ eine Lösung, weil dies sich auch schreiben läßt als $\varphi(x,t) = c \cdot (t - x/c)^2$.

Der Nachweis, daß die allgemeine Lösung der Bewegungsgleichung die Gestalt $\varphi(t \pm x/c)$ hat, ist recht leicht zu führen. Mit der Substitution $y = t \pm \dfrac{x}{c}$ sind die partiellen Ableitungen $\dot{y} = 1$ und $y' = \pm \dfrac{1}{c}$.
Es folgt bei korrekter Anwendung der Kettenregel für $\varphi(y(x,t))$ und mit der Bezeichnung $\dfrac{\text{d}}{\text{d}y}$ für die

Ableitung nach der neuen Variablen $y$:

$$\dot{\varphi}\left(t \pm \frac{x}{c}\right) = \frac{d\varphi}{dy} \cdot \dot{y} = \frac{d\varphi}{dy} \cdot 1 = \frac{d\varphi}{dy}$$

$$\ddot{\varphi}\left(t \pm \frac{x}{c}\right) = \frac{d}{dy}\left(\frac{d\varphi}{dy}\right) \cdot \dot{y} = \frac{d^2\varphi}{dy^2} \cdot 1 = \frac{d^2\varphi}{dy^2}$$

$$\varphi'\left(t \pm \frac{x}{c}\right) = \frac{d\varphi}{dy} \cdot y' = \frac{d\varphi}{dy} \cdot \left(\pm\frac{1}{c}\right) = \pm\frac{1}{c} \cdot \frac{d\varphi}{dy}$$

$$\varphi''\left(t \pm \frac{x}{c}\right) = \frac{d}{dy}\left(\pm\frac{1}{c} \cdot \frac{d\varphi}{dy}\right) \cdot y' = \pm\frac{1}{c} \cdot \frac{d^2\varphi}{dy^2} \cdot \left(\pm\frac{1}{c}\right) = \frac{1}{c^2} \cdot \frac{d^2\varphi}{dy^2} \qquad (11.3)$$

Aus dieser Zusammenstellung erkennt man unmittelbar, daß jede Funktion $\varphi\,(t \pm x/c)$ der Wellengleichung genügt:

$$\boxed{\ddot{\varphi}\left(t \pm \frac{x}{c}\right) = c^2 \cdot \varphi''\left(t \pm \frac{x}{c}\right)} \qquad (11.4)$$

**Die Auslenkung darf nicht eine beliebige Funktion von Ort und Zeit sein, sondern darf nur von der Orts-Zeit-Kombination $(t \pm x/c)$ abhängen.**

## Störungsausbreitung

Wie breitet sich die Auslenkung durch das Medium (Material) aus, wie pflanzt sich die Welle fort?

Ein Beispiel soll das verdeutlichen.

Es wird angenommen, die gesamte Pendelkette sei in Ruhe, jedes einzelne Pendel ist im statischen Gleichgewicht. Nun werde zum Zeitpunkt $t = 0$ an der Stelle $x = 0$ das dort hängende Pen

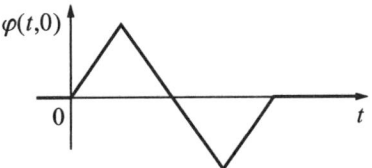

*Abb. 11.2: Störung am Nullpunkt der Pendelkette*

del um $\varphi_0$ ausgelenkt: $\varphi\,(0,0) = \varphi_0$. Der Gleichgewichtszustand ist dort dann „gestört", während er an allen anderen Orten noch ungestört ist. In der folgenden Zeit wird sich diese Störung über die Koppelfedern den anderen Pendeln aber mitteilen.

Wo findet man nach Ablauf der Zeit $t_1$ nun die Auslenkung $\varphi_0$ wieder?

Für $t = 0$ und $x = 0$ ist $(t \pm x/c) = 0$. Da $\varphi\,(x,t)$ nur von $(t \pm x/c)$ abhängt, wird der Auslenkungswinkel für jede Orts-Zeit-Kombination, für die ebenfalls $(t \pm x/c) = 0$ ist, gleich $\varphi_0$ sein. Speziell für den Zeitpunkt $t_1$ heißt das, daß man den Auslenkwinkel $\varphi_0$ an den Stellen $x_{11} = c \cdot t_1$ und $x_{12} = -c \cdot t_1$ wiederfinden wird.

Die Störung $\varphi_0$ zum Zeitpunkt $t = 0$ bei $x = 0$ hat sich also **gleichermaßen** sowohl nach links als auch nach rechts ausgebreitet. Dabei ist Energie (ein Signal) transportiert worden, ohne daß Materie transportiert worden wäre. Diesen Vorgang bezeichnet man als **Welle**. In der Zeit $t_1$ ist die Störung $c \cdot t_1$ weit nach links und rechts gelaufen: $c$ ist also offensichtlich die **Ausbreitungsgeschwindigkeit der Welle**. Aus Gründen, die später offensichtlich werden, bezeichnet man $c$ als **Phasengeschwindigkeit**.

Wie aus der Formel für die Phasengeschwindigkeit ersichtlich, ist diese um so höher, je größer die Vorspannkraft auf die Pendelkette ist, und um so niedriger, je höher die Massenbelegung der Kette, die Linien-Massendichte ist.

Der Vorgang der Ausbreitung einer Störung sei nochmal graphisch an einem Beispiel demonstriert. Die Störung sei bei $x = 0$ eine Zeitfunktion der folgenden Art:

Diese Störung breitet sich symmetrisch nach beiden Seiten aus, und zu irgend einer Zeit $t = t_1$ sieht die Auslenkung als Funktion des Ortes wie folgt aus:

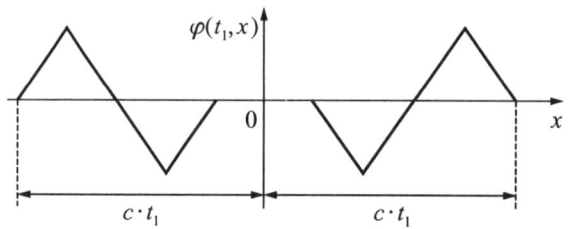

Abb. 11.3: Ausbreitung der Störung auf der Pendelkette

Die zum Zeitpunkt $t = 0$ bei $x = 0$ beginnende Auslenkung nach oben ist nach Ablauf der Zeit $t_1$ gerade $c \cdot t_1$ weit gekommen; eine etwas später bei $x = 0$ erfolgte Auslenkung ist noch nicht ganz so weit gekommen. Je später eine Auslenkung bei $x = 0$ geschah, um so weniger weit entfernt vom Ursprung ist sie zum Zeitpunkt $t_1$.

Dem Pendel bei $x = 0$ eine Auslenkung aufzuprägen bedeutet, gegen die Federkräfte Arbeit zu verrichten; dem Pendel bei $x = 0$ wird Energie zugeführt. Nach der Zeit $t_1$ hat dieses Pendel keine Energie mehr, es ruht; aber die Energie wurde auf die Pendel in der Nähe von $c \cdot t_1$ bzw. $-c \cdot t_1$ übertragen.

**Wellenausbreitung bedeutet also Energietransport.**

Dies findet meist ohne den Transport von Materie statt, die Materieelemente schwingen nur um ihre Gleichgewichtslage, die individuellen Pendel bleiben an ihrem Ort.

Die Lösungen der Bewegungsgleichung der Pendelkette sind sämtlich Wellen, darum trägt diese Gleichung auch den Namen Wellengleichung.

Es gibt allerdings auch nichtlineare Wellen großer Amplitude, sogenannte **Stoßwellen**, die durchaus mit erheblichem **Materietransport** verbunden sind. Bei diesen Stoßwellen ist die Ausbreitungsgeschwindigkeit nicht konstant, sondern hängt stark von der Amplitude der Welle ab. Stoßwellen treten etwa beim Überschallflug sowie in Detonationen und Explosionen auf.

# 11.2   Longitudinale und transversale Wellen; Polarisation

Abb. 11.4: Transversale Auslenkung einer Pendelkette

Im bisher besprochenen Modellsystem „Pendelkette" erfolgt die Ausbreitung einer Welle längs der Kette. Auch die Auslenkung jeder einzelnen Pendelmasse ist längs der Kette. Wellenausbreitungsrichtung und Schwingungsrichtung stimmen also überein. Solche Wellen nennt man **longitudinale Wellen**.

Läßt man im Modellsystem aber die Pendelstangen weg, so erhält man eine Kette von Federn und Massen, einem Gummiseil nicht unähnlich. In dieser Anordnung sind den Massen nun aber ohne weiteres auch Auslenkungen quer (transversal) zur Kette möglich, obwohl sich eine Welle nach wie vor nur längs der Kette ausbreiten kann.

Erfolgen die Auslenkungen exakt senkrecht zur Kette und damit senkrecht zur Wellenausbreitungsrichtung, spricht man von **transversalen Wellen**.

Die einzelnen Auslenkungen können aber immer noch relativ beliebige Richtungen einnehmen: nach oben, nach unten, nach vorn, nach hinten... Liegen sie alle in nur einer Ebene (z. B. im Bild oben: in der Zeichenebene), so bezeichnet man die Welle als **polarisiert**. Die Ebene, in der die Auslenkungen liegen, heißt **Polarisationsebene**.

Diese Begriffe haben eine besondere Bedeutung in der Optik: Licht ist ebenfalls eine Wellenerscheinung, nämlich eine elektromagnetische Welle eines bestimmten Frequenzbereichs. Licht ist eine transversale Welle, denn die elektrischen und magnetischen Feldvektoren stehen exakt senkrecht auf der Ausbreitungsrichtung.

Auch die Grenzflächen Wasser und Luft können Wellen tragen. Die Pendelkette kann Wellen tragen. Läßt man die Pendelstangen weg, erhält man das System „Gummiseil", das ebenfalls Wellen tragen kann. Es gibt eine ungeheure Vielfalt von Systemen, die Wellenausbreitung erlauben. Allen gemeinsam ist die Existenz eines ruhenden Gleichgewichtszustands und die Tatsache, daß bei Störung dieses Ruhezustands Rückstellkräfte auftauchen, gleichgültig, an welcher Stelle die Störung auftritt. Ebenso charakteristisch ist das Vorhandensein von Trägheit (Masse), die über das gesamte System verteilt ist. Während also ein schwingungsfähiges System dadurch charakterisiert ist, daß es ein elastisches Element und ein träges Element enthält, ist für ein wellentragendes Medium ein **elastisches, träges Kontinuum** charakteristisch, das man als eine unendliche Anzahl infinitesimaler, gekoppelter, schwingungsfähiger Systeme verstehen kann.

Um die Vielfalt wellentragender Medien und der Erscheinungsformen von Wellen zu demonstrieren, sollen einige Beispiele herausgegriffen werden. Der Ausdruck für die Ausbreitungsgeschwindigkeit der Welle wird abgeleitet.

*Beispiel 11.1:* **Transversale Welle auf einem elastischen Seil**

Es ergibt sich für die Phasengeschwindigkeit $c$ einer transversalen Welle längs eines elastischen Seiles:

$$c = \sqrt{\frac{F_0}{\rho \cdot A}} = \sqrt{\frac{\sigma}{\varsigma}} \qquad mit \; \sigma = \frac{F}{A} \qquad \underline{1}$$

*Beispiel 11.2:* **Longitudinale Welle längs eines elastischen Stabes**

Damit folgt die Formel für die Wellenausbreitungsgeschwindigkeit längs eines elastischen Stabes:

$$c = \sqrt{\frac{E}{\rho}} \qquad transversale \; Wellen: \; c = \sqrt{\frac{G}{\varsigma}} \qquad \underline{1}$$

*Beispiel 11.3:* Schallwelle, longitudinale Welle in kompressiblem Medium

Die Atome oder Moleküle eines kompressiblen Mediums scheinen wie mit elastischen Federn miteinander verbunden. Diese Federn vermitteln zwar nur Druck- und keine Zugkräfte, aber zusammen mit der Trägheit der Molekülmassen wird das Medium in die Lage versetzt, Wellen zu übertragen. Das bekannteste Beispiel für solch ein kompressibles Medium ist Luft.

Es kostet Kraft, den Abstand zwischen zwei benachbarten Schichten im Medium zu verringern, d. h. durch Druck das Medium zu komprimieren. In Fluiden wie Wasser oder Luft kostet es aber nahezu keine Kraft, zwei benachbarte Schichten aufeinander abgleiten zu lassen, da diese Medien nicht merklich zäh sind. Bezüglich solcher sogenannter „Scherbewegungen" gibt es also praktisch keine Rückstellkräfte, und darum ist die Ausbreitung transversaler Wellen nicht möglich:

**Wellen in kompressiblen, nicht-zähen Fluiden sind rein longitudinal.**

Wellen dieser Art in Luft heißen **Schallwellen.**
Selbstverständlich treten Schallwellen in allen kompressiblen Medien (Festkörper) auf; wegen ihrer Bedeutung in der Praxis werden hier Schallwellen in Luft behandelt.
Ist ein Rohr mit einem kompressiblen Medium (Luftsäule) gefüllt und wird der Druck an einem Rohrende plötzlich verändert, so wird das dort vorhandene Druckgleichgewicht gestört. Diese Störung wird durch das ganze Rohr hindurchlaufen.

Damit wird die Schallgeschwindigkeit in einem idealen Gas:

$$c = \sqrt{\frac{c_p}{c_v} \frac{p}{\rho}}$$

1

Mit den für Luft bei Normalbedingungen gültigen Werten ($p = 10^5$ Pa, $\rho = 1,293$ kg/m³, $c_p/c_v = 1,4$) ergibt sich so eine Kompressibilität von $\kappa \approx 1,4 \cdot 10^{-5} \cdot 1/$Pa und ein Wert für die Schallgeschwindigkeit von etwa 330 m/s.

$\kappa \approx 5 \cdot 10^{-10} \cdot 1/$Pa und $\rho \approx 10^3$ kg/m³, d. h., Wasser ist ungleich weniger kompressibel als Luft, wenn auch erheblich dichter.

Darum ist die Schallgeschwindigkeit in Wasser insgesamt erheblich höher: $c \approx 1400$ m/s.

Man sieht also, daß die eindimensionalen Wellenformen alle durch gleichwertige Ausdrücke beschrieben werden können, insbesondere ist die Phasengeschwindigkeit immer durch die Wurzel von Rückstellkraft zur Massendichte gegeben.

# 11.3  Harmonische Wellen

Wellen werden durch eine beliebige Funktion des Arguments $(t \pm x/c)$ beschrieben. Diese Allgemeinheit wird sicher der Vielfalt möglicher Wellenerscheinungen gerecht, dennoch soll aber im folgenden auf eine besondere Art von Wellen eingegangen werden, die für die Wellenlehre die gleiche grundlegende Bedeutung hat wie die Sinusschwingung für die Schwingungslehre, nämlich die **harmonischen Wellen**. Es gilt für Wellen:

**Jede Welle kann verstanden werden als Überlagerung einfacher, harmonischer Wellen.**

Will man die Phänomene im Zusammenhang mit Wellenausbreitung studieren, genügt es darum im Grunde, sich auf die leichter überschaubaren harmonischen Wellen zu beschränken. Dies soll im folgenden geschehen.

Wegen der Anschaulichkeit wird am Beispiel der Kette aus Federn und Massen festgehalten, die transversal in einer Ebene ausgelenkt wird:

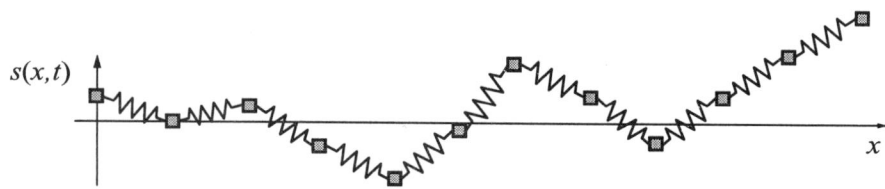

*Abb. 11.5: Transversal ausgelenkte Feder-Masse-Kette*

Dies ist ein Momentanbild zu einem bestimmten, festen Zeitpunkt $t$. Jede einzelne Masse hat eine eigene Auslenkung $s$, die eine Funktion des Ortes $x$ ist. Dieses Bild wird sich mit der Zeit natürlich ändern, die Auslenkung ist also auch eine Funktion der Zeit $t$. Soll $s(x,t)$ eine Lösung der Wellengleichung

$$\ddot{s}(x,t) = c^2 \cdot s''(x,t) \tag{11.5}$$

sein, dann kann $s(x,t)$ nicht irgendeine beliebige Funktion von Ort und Zeit sein, sondern nur eine Funktion der Orts-Zeit-Kombination $(t \pm x/c)$.

In den folgenden Abbildungen wird die Kette nur noch als durchgezogene Linie dargestellt. Am besten stellt man sich diese Linie als elastisches Gummiseil vor.

Wie sieht die Kette aus, wenn am Ursprung ein harmonisch schwingender **Wellenerreger** sitzt, der mit der Kreisfrequenz $\omega$ das eine Kettenende wie eine Sinusfunktion bewegt?

$$s(0,t) = \hat{s} \cdot \sin(\omega t) \tag{11.6}$$

Wie sieht diese Auslenkung an einem anderen Ort $x$ aus? Wie erwähnt, kann $s$ nur eine Funktion von $(t \pm x/c)$ sein. Wenn dies erfüllt sein soll und außerdem $s(0,t)$ die oben angegebene Form haben soll, liegt es nahe, in dem Ausdruck für $s(0,t)$ die Zeit $t$ zu ersetzen durch den Ausdruck $(t \pm x/c)$:

$$s(x,t) = \hat{s} \cdot \sin\left[\omega\left(t \pm \frac{x}{c}\right)\right] \tag{11.7}$$

Dies ist eine **Lösung der Wellengleichung**, die Gleichung beschreibt eine **harmonische Welle**. Zwei alternative Schreibweisen sind:

$$s(x,t) = \hat{s} \cdot \sin(\omega t \pm kx) \tag{11.8}$$

mit der **Wellenzahl**

$$k = \frac{\omega}{c} \qquad [k] = \frac{1}{m} \tag{11.9}$$

Mit $\omega = 2\pi/T$ und der **Periodendauer** $T$ ergibt sich die Schreibweise

$$s(x,t) = \hat{s} \cdot \sin\left[2\pi\left(\frac{t}{T} \pm \frac{x}{\lambda}\right)\right] \tag{11.10}$$

mit der **Wellenlänge**

$$\lambda = cT \qquad [l] = m \tag{11.11}$$

Zwei weitere nützliche Formeln sind

$$T = \frac{1}{f} \quad \text{und damit ist} \quad c = f \cdot \lambda \tag{11.12}$$

sowie

$$\omega = \frac{2\pi}{T}, \quad \text{also folgt} \quad k = \frac{2\pi}{\lambda} \quad \text{und} \quad c = k\omega \tag{11.13}$$

mit der **Frequenz**

$$f = \frac{1}{T} \tag{11.14}$$

---

# Ausbreitung harmonischer Wellen

Um etwas mehr Anschauung von dieser harmonischen Welle zu gewinnen, wird nun von den beiden möglichen Lösungen der Wellengleichung zunächst die mit dem „$-$"-Zeichen herausgegriffen. Wie bewegt sich ein Punkt auf dem Gummiseil an einem ganz bestimmten, festen Ort $x_1$? Es sei angenommen, dieser Punkt befinde sich rechts vom Ursprung, d. h. $x_1 > 0$. Aus der Lösung der Wellengleichung läßt sich diese Bewegung sofort ablesen:

$$s(x_1,t) = \hat{s} \cdot \sin(\omega t - kx_1) \tag{11.15}$$

Diese Bewegung erkennt man gleich wieder, insbesondere wenn man der Konstanten $kx_1$ einen eigenen Namen $\phi_1 = -kx_1$ gibt:

$$s(x_1,t) = \hat{s} \cdot \sin(\omega t + \phi_1) \tag{11.16}$$

Diese Gleichung beschreibt eine ganz normale harmonische Schwingung mit der gleichen Frequenz und Amplitude wie am Ursprung. Der Punkt bei $x_1$ führt also bis auf die Phasendifferenz exakt die gleiche Schwingung aus wie der Erreger.

Die Phase seiner Schwingung ist gegenüber der des Ursprungs um die feste Differenz $\phi_1$ verschoben.

- **Bei einer harmonischen Welle schwingen alle Punkte gleichermaßen harmonisch, nur gegeneinander phasenverschoben.**
- **Die Phasenverschiebung ist proportional dem Abstand zwischen zwei Punkten.**
- **Der Proportionalitätsfaktor ist die Wellenzahl.**

*Beispiel 11.4*:    Phasendifferenz bei einer harmonischen Welle

Eine Welle mit der Frequenz $f = 10\,\text{Hz}$ breite sich auf einem Medium mit der Geschwindigkeit $c = 14\,\text{cm/s}$ aus. Die Wellenlänge ergibt sich daraus zu $\lambda = c/f = 1,4\,\text{cm}$, die Wellenzahl zu $k = 2\pi/\lambda = 4,488 \cdot 1/\text{cm}$, die Kreisfrequenz zu $\omega = 2\pi f = 62,83 \cdot 1/\text{s}$.

Der Punkt an der Stelle $x_1 = 3\,\text{mm}$ erfährt eine Maximalauslenkung in positiver Richtung zu einer Zeit $t_1$, für die an dieser Stelle die Phase gleich $\pi/2$ ist $(\sin(\pi/2) = 1)$:

$$62,83\,\frac{1}{\text{s}} \cdot t_1 - 4,488\,\frac{1}{\text{cm}} \cdot 0,3\,\text{cm} = \frac{\pi}{2} \quad \Longrightarrow \quad t_1 = 0,046\,\text{s}$$

Der Punkt an der Stelle $x_2 = 5\,\text{mm}$ erfährt dieselbe Maximalauslenkung erst später:

$$62,83\,\frac{1}{\text{s}} \cdot t_2 - 4,488\,\frac{1}{\text{cm}} \cdot 0,5\,\text{cm} = \frac{\pi}{2} \quad \Longrightarrow \quad t_2 = 0,061\,\text{s}$$

Noch später erreicht der Punkt bei $x_3 = 7\,\text{mm}$ seinen Maximalausschlag:

$$62,83\,\frac{1}{\text{s}} \cdot t_3 - 4,488\,\frac{1}{\text{cm}} \cdot 0,7\,\text{cm} = \frac{\pi}{2} \quad \Longrightarrow \quad t_3 = 0,075\,\text{s}$$

Zurück zum Punkt bei $x_1$. Hat etwa zu einer Zeit $t_0$ die Phase am Ursprung den Wert $\alpha = \omega t_0$, so erreicht die Phase bei $x_1$ diesen Wert erst zu einer späteren Zeit $t_1$:

$$\alpha = \omega t_1 - kx_1, \quad \text{daraus folgt}$$

$$t_1 = \frac{\alpha}{\omega} + \frac{k}{\omega} \cdot x_1 = t_0 + \frac{x_1}{c} \tag{11.17}$$

Wegen $\phi_1 = -k \cdot x_1$ wächst die Phasendifferenz (betragsmäßig) linear mit wachsendem Abstand vom Ursprung; die Proportionalitätskonstante ist gerade die Wellenzahl $k$. Da der Ursprung kein ausgezeichneter Punkt auf dem wellentragenden Medium ist, kann man verallgemeinern: Die Phase und damit die Auslenkung am Ort $x_1$ ist also gegenüber der am Ursprung um eine Zeitdifferenz $\Delta t = x_1/c$ verspätet, wobei die Zeitdifferenz $\Delta t$ linear mit dem Abstand $x_1$ wächst: Je weiter ein Punkt vom Ursprung entfernt ist, desto später trifft eine vom Ursprung ausgegangene Phase dort ein. Um die Strecke $x_1$ zurückzulegen, braucht die Phase die Zeit $\Delta t = x_1/c$: Offensichtlich ist $c$ die Geschwindigkeit der Phase und heißt darum **Phasengeschwindigkeit**.

Eine vom Ursprung ausgehende Phase findet sich nach Ablauf der Zeit $\Delta t$ am Ort $x_1 > 0$ ein, also rechts des Ursprungs: Die Phase ist nach rechts gelaufen. Hätte man statt der Lösung der Wellengleichung mit dem „$-$"-Zeichen die mit dem „$+$"-Zeichen diskutiert, hätte man gefunden, daß die Phase nach links läuft. Folglich gilt:

$$\boxed{s(x,t) = \hat{s} \cdot \sin(\omega t - kx)} \tag{11.18}$$

beschreibt eine **nach rechts laufende harmonische Welle.**

Andererseits beschreibt

$$\boxed{s(x,t) = \hat{s} \cdot \sin(\omega t + kx)} \tag{11.19}$$

eine **nach links laufende harmonische Welle.**

Eine weitere Möglichkeit, sich die harmonische Welle anschaulich zu machen, ist das Betrachten von Momentaufnahmen zu festen Zeiten. Im nebenstehenden Bild ist die Funktion $s(x,t) = \hat{s}\sin(\omega t - kx)$ dargestellt für die Zeiten $t = 0, t = \pi/(2\omega), t = \pi/\omega$: In jedem Falle ergibt sich jetzt eine **räumliche Schwingung**, also ist

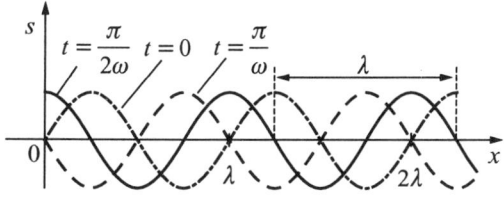

Abb. 11.6: Momentaufnahme einer harmonischen Welle

$$s(x,0) = -\hat{s}\sin(kx) \quad \text{oder} \quad s(x,0) = -\hat{s}\sin\left(\frac{2\pi}{\lambda} \cdot x\right) \tag{11.20}$$

Jetzt wird auch die Bedeutung der Wellenlänge $\lambda$ klar: $\lambda$ ist die Periodendauer der räumlichen Schwingung, Punkte gleicher Auslenkung haben gerade den Abstand $\lambda$.

Sehr deutlich ist der Abbildung zu entnehmen, wie für aufeinanderfolgende Zeitpunkte das gesamte Wellenbild einfach nach rechts rutscht. Damit wird die Wellenausbreitung besonders anschaulich. Wellenausbreitung bedeutet also die Ausbreitung von Auslenkung, die Ausbreitung von Phase. Wellenausbreitung bedeutet aber auch, wie schon öfter angesprochen, Ausbreitung von Energie, und diesem Aspekt ist der nächste Abschnitt für den Sonderfall harmonischer Wellen gewidmet.

# 11.4 Energietransport in Schallwellen

Wellentragende Medien wurden bisher stets modelliert als Systeme von sehr vielen und sehr kleinen Federpendeln. Ein schwingendes Federpendel hat mehr Energie als ein ruhendes; diese Zusatzenergie oder Schwingungsenergie ist gleich der kinetischen Energie, die das Federpendel beim Durchqueren der Ruhelage hat. Wurde das Pendel durch äußere, harmonische Anregung der Kreisfrequenz $\omega$ zum Schwingen gebracht, so schwingt es mit der gleichen Kreisfrequenz, d. h., die Auslenkung aus der Ruhelage ist $s(t) = \hat{s} \cdot \sin(\omega t + \phi)$ mit der Amplitude $\hat{s}$ und der Phasendifferenz $\phi$ zur Erregung, wie in der folgenden Abbildung zu sehen ist.

## Eindimensionaler Energietransport

Die **Schnelle** (Geschwindigkeit der Teilchen) ist die erste Zeitableitung der Auslenkung: $\dot{s}(t) = \omega \cdot \hat{s} \cdot \cos(\omega t + \phi)$. Die Schnelle der Teilchen ist nicht mit der Phasengeschwindigkeit der Welle zu verwechseln. Das Federpendel durchquert die Ruhelage also zu einem Zeitpunkt $t_0$, für den $\omega t_0 + \phi = 0$ ist; zu diesem Zeitpunkt ist

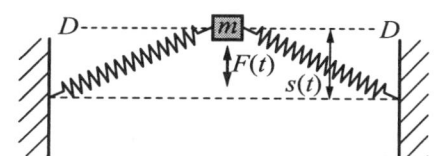

Abb. 11.7: Transversal ausgelenktes Federpendel

die Schnelle $\dot{s}(t_0) = \omega\hat{s}$ und die kinetische Energie ist $W = \frac{1}{2}m\left[(\dot{s}(t_0))\right]^2$ oder

$$W = \frac{1}{2} \cdot m \cdot \omega^2 \cdot \hat{s}^2 \tag{11.21}$$

Die im Federpendel steckende Energie ist also dem Quadrat der Frequenz und dem Quadrat der Amplitude proportional. Sei nun wieder das Feder-Masse-Kette-Modell betrachtet mit rein transversalen Auslenkungen in einer Ebene.

Ist die Kette in Ruhe, so steckt definitionsgemäß keine Schwingungsenergie im System. Wird das Federpendel bei $x = 0$ mit der Kreisfrequenz $\omega$ und der Amplitude $\hat{s}$ harmonisch ausgelenkt, dann steckt in ihm die **Schwingungsenergie**

$$\Delta W = \frac{1}{2}\Delta m \cdot \omega^2 \cdot \hat{s}^2 \tag{11.22}$$

Diese Schwingung breitet sich als Welle wie jede Störung mit der Geschwindigkeit $c$ längs der Kette aus. Nach Ablauf der Zeit $\Delta t = x_1/c$ wird die Schwingung auch das Federpendel am Ort $x_1$ erreichen. Dann wird auch dieses mit gleicher Frequenz und Amplitude schwingen und damit die gleiche Schwingungsenergie enthalten wie das Pendel am Ursprung. Die Energie $\Delta W$ ist mit der Geschwindigkeit $c$ die Kette entlanggewandert.

Wird die Schwingung des Pendels am Ursprung zwangsweise aufrecht erhalten, so schickt dieses immer neue Energie auf die Kette; es unterhält einen **Energiestrom** längs der Kette.

Im Modell ist jedes einzelne Pendel gerade $\Delta x$ lang; damit kann man berechnen, wieviel Energie im Falle eines kontinuierlichen Stroms auf jeder Längeneinheit der Kette sitzt. Dies ist die sogenannte lineare **Energiedichte** $w$:

$$\boxed{w = \frac{\Delta W}{\Delta x}} \qquad [w] = \frac{\text{J}}{\text{m}} \tag{11.23}$$

$$w = \frac{1}{2} \cdot \frac{\Delta m}{\Delta x} \cdot \omega^2 \cdot \hat{s}^2$$

Der Strom ist definiert als die Menge, die pro Zeiteinheit an einer bestimmten Stelle vorüberströmt. Der Energiestrom auf der Feder-Masse-Kette ist also diejenige Energiemenge, die pro Zeiteinheit an einer bestimmten Stelle der Kette vorbeifließt.

Im Falle kontinuierlichen Strömens kann man sich jede beliebige Stelle herausgreifen. Da die Energie mit der Geschwindigkeit $c$ strömt, wird diese Stelle in einer Zeit $\Delta t$ gerade von derjenigen Energiemenge passiert, die auf einem Kettenstück der Länge $c \cdot \Delta t$ vor der Stelle sitzt, also von der Energie $w \cdot c \cdot \Delta t$. Die pro Zeiteinheit vorüberströmende Energiemenge ist dann

$$\boxed{I = \frac{w \cdot c \cdot \Delta t}{\Delta t} = w \cdot c} \qquad [I] = \frac{\text{J}}{\text{s}} \tag{11.24}$$

$$I = \frac{1}{2} \cdot \frac{\Delta m}{\Delta x} \cdot \omega^2 \cdot \hat{s}^2 \cdot c$$

## Dreidimensionaler Energietransport

Das besprochene Beispiel der Feder-Masse-Kette ist nur eindimensional, die Wellenausbreitung erfolgt längs einer Linie. Interessant für die Praxis sind aber auch Wellen im dreidimensionalen Raum; das sicherlich anschaulichste Beispiel wieder die Schallwellen. Im folgenden soll gezeigt werden, welche Wellenformen im Dreidimensionalen auftreten können und welche Energie diese Wellen transportieren.

## Ebene Schallwellen

Um Klarheit zu erlangen, welche Arten von Wellen im dreidimensionalen Raum möglich sind, sei das Beispiel einer unendlich ausgedehnten Wand, die harmonisch schwingt, betrachtet.
Dieses Beispiel ist für Luftmoleküle (Größe etwa $10^{-10}$ m) etwa durch ein Stück einer schwingenden Lautsprechermembran (Größe etwa $10^{-2}$ m) realisiert.

Bewegt sich die Wand gerade nach rechts, drückt
sie die dort ruhende Luftschicht zusammen: Vor
der Wand ist der Druck höher als in der übrigen
Umgebung. Bewegt sich nun die Wand wieder
nach links, gibt sie dem angestauten Druckberg
Gelegenheit, sich auszubreiten.

Wie der Auslenkungsberg am Ende eines einmalig ausgelenkten Gummiseils wird der Druckberg nun nicht einfach verschwinden, sondern
Druck wird in den angrenzenden Luftschichten
aufgebaut. Der Druckberg wandert weg von der
Erregungsstelle (der Wand), analog wie der Auslenkungsberg des Gummiseils vom erregten Ende wegwandert.

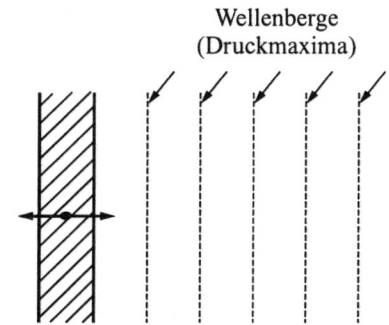

Abb. 11.8: Erregung einer ebenen Schallwelle

Schwingt die Wand sinusförmig weiter, so wird sie einen Druckberg nach dem anderen dem ersten folgen lassen, das Wellenfeld wird nach einer Weile so aussehen, wie durch die gestrichelten Linien in
obigem Bild angedeutet: Ein Druckmaximum folgt in immer gleichem Abstand dem anderen auf seinem Weg weg von der erregenden Wand.

Die Luftmoleküle bewegen sich in der gleichen Richtung wie die erregende Wand.

**Schallwellen sind Longitudinalwellen.**

Im vorgestellten Beispiel liegen Stellen gleichen Drucks (etwa Druckmaxima) auf ebenen Flächen parallel zur erregenden Wand. Man spricht darum bei diesem Wellenfeld von **ebenen Wellen**.

## Kugelwellen

Andere Wellenformen sind denkbar, so z. B. diejenige, die sich ergibt, wenn Erreger nicht eine schwingende Wand, sondern ein pulsierender Ballon ist, der
periodisch seinen Durchmesser ändert.

Dieser Ballon erzeugt Druckmaxima in Form konzentrischer Kugelschalen. Solche Wellen nennt man
**Kugelwellen**.

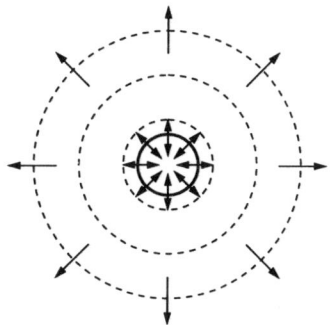

Abb. 11.9: Erregung einer Kugelwelle

## Zylinderwellen

Eine dritte Form wird erzeugt von einem pulsierenden Rohr, also ein unendlich langes, linear ausge-
strecktes, elastisches Rohr, das seinen Durchmesser periodisch ändert:

Dieses Rohr sendet zylinderförmige Druckmaxima aus. Allgemein gilt: Stellen gleichen Drucks liegen
auf um die Rohrmittellinie konzentrischen Zylindern. Solche Wellen nennt man **Zylinderwellen**.

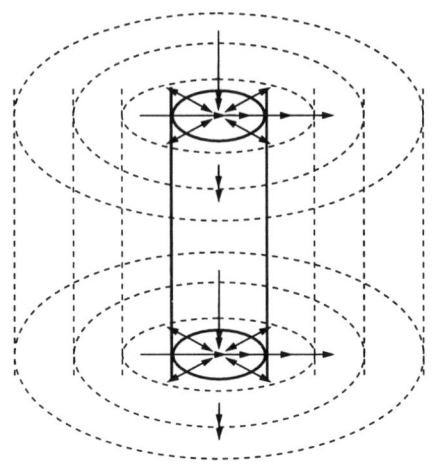

*Abb. 11.10: Erregung einer Zylinderwelle*

Bei der ebenen Welle hängt der Wert, den der Druck an irgend einer Stelle im Raum annimmt, außer von dem Zeitpunkt $t$, zu dem man ihn mißt, nur noch vom skalaren Abstand $x$ von der schwingenden Erregerwand ab. Punkte mit gleichem Abstand haben alle den gleichen Druck. Bei der Kugelwelle ist der Druck für alle Punkte mit gleichem Abstand $r$ zum Ballonmittelpunkt gleich; also entscheidet nur $r$ und die Zeit $t$ über die Größe des Drucks. Und bei der Zylinderwelle schließlich ist es neben der Zeit $t$ nur noch der Abstand $\rho$ von der Rohrachse, der den Druckwert bestimmt.

## Amplitude und Druck in einer Schallwelle

Hier ist von Druckwellen die Rede; bisher wurden aber nur Auslenkungswellen mathematisch beschrieben.
Es gilt der folgende Zusammenhang zwischen **Druckamplitude** und **Auslenkungsamplitude**:

$$\Delta \hat{p} = \rho \cdot c \cdot \omega \cdot \hat{s} \tag{11.25}$$

Dieser Zusammenhang erlaubt, aus den einer Messung leicht zugänglichen Größen Dichte, Schallgeschwindigkeit, Frequenz und Druckamplitude die Auslenkungsamplitude der Luftmoleküle zu bestimmen.

*Beispiel 11.5*:    Auslenkungsamplitude von Luftmolekülen in einer Schallwelle

In einer Schallwelle der Frequenz $f = 225$ Hz wird eine Druckamplitude von $\Delta \hat{p} = 0,03$ Pa gemessen. Daraus ergibt sich folgende Auslenkungsamplitude der Luftmoleküle ($\rho = 1,293$ kg/m³; $c = 330$ m/s):

$$\hat{s} = \frac{\hat{p}}{\rho \cdot c \cdot \omega} = \frac{0,03 \text{ Pa}}{1,293 \, \dfrac{\text{kg}}{\text{m}^3} \cdot 330 \, \dfrac{\text{m}}{\text{s}} \cdot 2\pi \cdot 225 \, \dfrac{1}{\text{s}}}$$

$$= 5 \cdot 10^{-8} \text{ m} = 0,05 \, \mu\text{m} = 50 \text{ nm}$$

## Energietransport in einer ebenen Schallwelle

Welche Energie transportiert eine ebene Schallwelle? Was ist der Energiestrom?
Bei der eindimensionalen Feder-Masse-Kette ist der Energiestrom

$$I = \frac{1}{2} \frac{\Delta m}{\Delta x} \cdot \omega^2 \hat{s}^2 c \tag{11.26}$$

Die ebene Welle ist mathematisch ebenfalls eindimensional beschreibbar, wie oben ausgeführt und demonstriert. Will man den Energiestrom durch den Zylinder, wie bei der Berechnung des Zusammenhangs zwischen Druck- und Auslenkungswelle, berechnen, kann man sicherlich dieselbe Formel wie bei der Feder-Masse-Kette benutzen. Wie bei der Diskussion der Schallgeschwindigkeit ist für die Gassäule im Zylinder $\Delta m/\Delta x = \rho \cdot A$. Die Auslenkungsamplitude möchte man lieber durch die der Messung leichter zugängliche Druckänderungsamplitude ersetzen, womit der **Energiestrom** wird:

$$I = \frac{1}{2}\frac{(\Delta p)^2}{\rho c} \cdot A \qquad (11.27)$$

Wie zu sehen, wächst dieser Energiestrom linear mit dem Querschnitt der recht willkürlich aus dem Wellenfeld herausgegriffenen Röhre. Das Wellenfeld erzeugt also einen Energiestrom pro Flächeneinheit, die **Energiestromdichte** oder **Intensität**:

$$\boxed{i = \frac{I}{A}}; \qquad [i] = \frac{J}{m^2 \cdot s}$$

$$\boxed{i = \frac{1}{2}\frac{(\Delta p)^2}{\rho c}} \qquad (11.28)$$

Für die Herleitung dieser Formel ist es unwesentlich, ob die betrachtete Röhre unmittelbar an die Erregerwand anschließt oder sich irgendwo sonst im Wellenfeld befindet. Die Druckamplitude ist überall im Wellenfeld gleich, also ist auch die Intensität gleich. Daher folgt die zusammenfassende Aussage:

**Die Energiestromdichte (Intensität) wächst mit dem Quadrat der Druckamplitude und ist in einem ebenen Schallwellenfeld überall gleich.**

## Energietransport in einer kugelförmigen Schallwelle

Auch Kugelwellen sind mathematisch eindimensional beschreibbar: Die Auslenkung oder der Druck im Wellenfeld hängen (außer von der Zeit) nur noch von dem skalaren Abstand $r$ vom Erregermittelpunkt ab.

$$\Delta p(r,t) = \kappa \cdot p \cdot \hat{s}(r) \cdot k \cdot \cos(\omega t - kr) \qquad (11.29)$$

In der Gleichung ist durch $\hat{s}(r)$ bereits angedeutet, daß die Auslenkungs- und damit die Druckamplitude bei der Kugelwelle nicht konstant ist.
Als Folge der Energieerhaltung gilt für die Intensität

$$\boxed{i(r) \sim \frac{1}{r^2}} \qquad (11.30)$$

**Die Energiestromdichte (Intensität) einer Kugelwelle ist umgekehrt proportional zum Quadrat des Abstandes $r$ vom Erregerzentrum.**

Da die Intensität proportional dem **Quadrat** der Druck- wie auch der Auslenkungsamplitude ist, bedeutet dies:

**Druck- und Auslenkungsamplitude einer Kugelwelle sind umgekehrt proportional zum Abstand vom Erregerzentrum.**

## Energietransport in der zylinderförmigen Schallwelle

Ähnliche Argumente kann man für die Zylinderwelle führen und findet:

$$\boxed{i \sim \frac{1}{r}} \qquad (11.31)$$

Die Energiestromdichte (Intensität) einer Zylinderwelle ist umgekehrt proportional zum Abstand von der Erregerachse, Druck- und Auslenkungsamplitude sind umgekehrt proportional zur Wurzel des Abstandes von der Erregerachse.

# 11.5   Reflexion von Wellen

Was passiert mit einer Welle, die ein Gummiseil entlangläuft und auf dessen Ende trifft?

Was geschieht, kann man sich wiederum recht gut klar machen am Beispiel der Kette aus Federn und Massen bei rein transversaler Auslenkung in einer Ebene. Allerdings sind die präsentierten Modelle qualitativ und hier nur als Verständnishilfen gedacht.

Grundsätzlich sind zwei Fälle zu unterscheiden: ob die Kette an ihrem Ende lose oder an einer starren Halterung befestigt ist („freies Ende" oder „festes Ende").

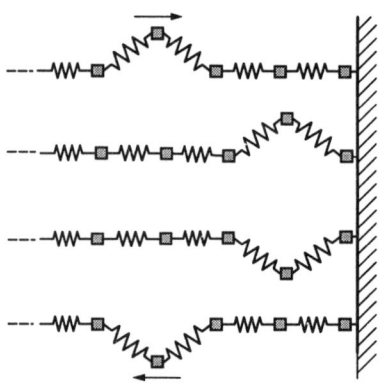

Abb. 11.11: Reflexion am festen Ende

Zunächst seien die Vorgänge am **festen Ende** behandelt:
Ein einzelner Wellenberg laufe auf das feste Ende zu. Hat der Berg die letzte Masse vor dem festen Ende erreicht, wird diese sehr stark ausgelenkt. Zwei gespannte Koppelfedern beschleunigen sie nun so stark auf die Ruhelage zu, daß sie über diese hinausschwingt: aus dem Wellenberg wird ein Wellental. Ist die Masse maximal nach unten ausgelenkt, hat man den gleichen Zustand vorliegen, als wäre die Masse zwangsweise von außen nach unten gezogen und gerade losgelassen worden; im folgenden wird die Störung als Wellental vom festen Ende weglaufen.

Am festen Ende hat die Welle ihre Laufrichtung also umgedreht, sie ist **reflektiert** worden. Dabei ist aus einem Wellenberg aber ein Wellental geworden. Bei einer Sinuswelle kann man diesen Vorzeichenwechsel in der Auslenkung auch erreichen, indem man zur Phase den Wert $\pi$ hinzuaddiert:

**Eine harmonische Welle erleidet bei der Reflexion am festen Ende einen Phasensprung $\pi$.**

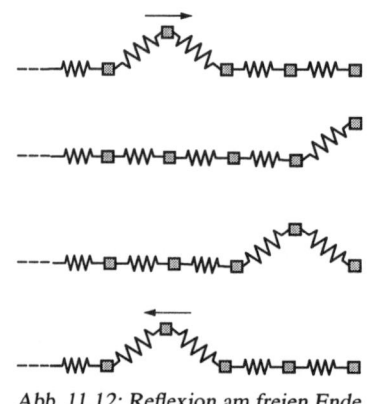

Abb. 11.12: Reflexion am freien Ende

Anders sind die Vorgänge am **freien Ende**:
Wie im vorigen Bild läuft ein einzelner Wellenberg auf das nunmehr freie Ende zu. Die die Kette abschließende Masse wird stark ausgelenkt, wenn der Berg das Ende erreicht hat. Nur eine Koppelfeder aber zieht nun an der Masse und beschleunigt sie wieder auf die Ruhelage zu. Dies reicht nicht, um die Masse über die Ruhelage hinaus zu schleudern, vielmehr bleibt sie in der Ruhelage liegen. Für die Kette ist die einmalige Auslenkung der letzten Masse nach oben wie eine zwangsweise von außen eingebrachte Störung. Diese Störung wird im folgenden von der „Erregerstelle", dem freien Ende, als Auslenkung nach oben, als Wellenberg weglaufen.

Auch das freie Ende reflektiert also eine Welle. Hierbei bleibt Wellenberg aber Wellenberg; auf harmonische Wellen bezogen, heißt das:

**Eine harmonische Welle wird am freien Ende ohne Phasensprung reflektiert.**

# 11.6 Stehende Wellen in einseitig begrenzten Medien

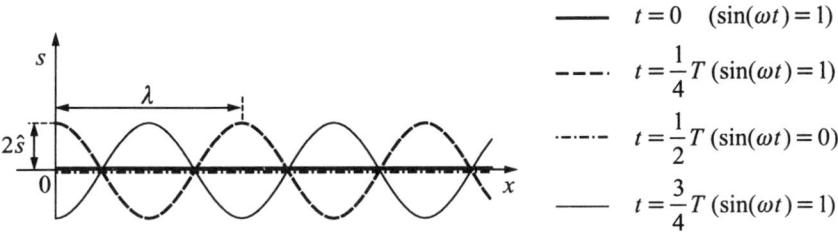

Abb. 11.13: Momentanaufnahmen einer stehenden Welle

Die Reflexion einer einmaligen Auslenkung am Ende der Kette führt zum Rücklaufen der Welle. Ganz besonders interessante Phänomene sind zu beobachten, wenn man eine kontinuierliche Sinuswelle an einem festen oder freien Ende reflektieren läßt. Man erhält dann zwei **gegenläufige Sinuswellen** gleicher Amplitude und Frequenz, die sich überlagern. Das Resultat ist verblüffend.

Bei $x = 0$ ist das freie Ende eines nach rechts beliebig ausgedehnten Gummiseils. Von rechts laufe eine Sinuswelle auf das freie Ende zu:

$$s_-(x,t) = \hat{s} \cdot \sin\left(2\pi \cdot \left(\frac{t}{T} + \frac{x}{\lambda}\right)\right) \tag{11.32}$$

Dort wird sie ohne Phasensprung als Sinuswelle gleicher Amplitude und Frequenz nach rechts reflektiert:

$$s_+(x,t) = \hat{s} \cdot \sin\left(2\pi \cdot \left(\frac{t}{T} - \frac{x}{\lambda}\right)\right) \tag{11.33}$$

Der Index „–" und „+" gibt die Laufrichtung an.

Beide Wellen überlagern sich linear zu einer resultierenden Welle. Dies ist das Superpositionsprinzip für lineare Medien:

**Im linearen Medium addieren sich die Auslenkungen der überlagerten Wellen.**

$$\boxed{s(x,t) = s_-(x,t) + s_+(x,t)} \tag{11.34}$$

Unter der Annahme der Linearität und mit Hilfe des Additionstheorems

$$\sin(\alpha \pm \beta) = \sin\alpha\cos\beta \pm \cos\alpha\sin\beta$$

ist das Ergebnis der Überlagerung:

$$\boxed{s(x,t) = 2\hat{s} \cdot \cos\left(\frac{2\pi}{\lambda}x\right) \cdot \sin(\omega t)} \tag{11.35}$$

Dies ist keine laufende Welle mehr. Jeder Punkt schwingt (phasengleich) mit der gleichen Zeitfunktion $\sin(\omega t)$, nur ist die Amplitude von Ort zu Ort verschieden, die Amplitude ist eine (Cosinus-) Funktion des Ortes. In Abbildung 11.13 ist diese Wellenerscheinung als Momentaufnahme zu verschiedenen Zeitpunkten dargestellt.

Deutlich ist zu sehen, daß hier die Auslenkung nicht mehr am Seil entlang wandelt; vielmehr bleibt jeder Schwingungsvorgang stationär an seinem Ort „stehen": Darum nennt man diese Erscheinung auch **stehende Welle**:

**Eine stehende Welle entsteht durch die Überlagerung zweier gegenläufiger harmonischer Wellen gleicher Frequenz und Amplitude.**

Dabei ist es im Grunde gleichgültig, ob die zweite Welle, die mit der ersten zur Überlagerung kommt, durch Reflexion entstand oder durch irgend einen externen Wellenerreger.

An den Stellen, an denen die Amplituden-Cosinusfunktion den Wert Null annimmt, findet überhaupt keine Schwingung statt. Diese Stellen nennt man **Schwingungsknoten**. An Stellen, an denen die Cosinusfunktion den Wert $\pm 1$ annimmt, erfolgt die Schwingung mit maximaler Amplitude, nämlich mit dem doppelten Wert der Amplitude der beiden gegenläufigen Wellen. Diese Stellen nennt man **Schwingungsbäuche**. In benachbarten Bäuchen hat die Cosinusfunktion entgegengesetztes Vorzeichen: Darum schwingen die Punkte in benachbarten Bäuchen im **Gegentakt**. Da $\lambda$, wie am Überlagerungsergebnis zu sehen, die Periode der räumlichen Cosinusschwingung ist, ist der Abstand zwischen je zwei Knoten (Nullstellen des Cosinus) gerade $\lambda/2$. Also haben auch je zwei Bäuche den Abstand der halben Wellenlänge.

# Eigenschwingungen von Kontinua

Ausgangspunkt dieser Betrachtung ist ein halb-unendliches Gummiseil, das bei $x = 0$ ein freies Ende hat und nach rechts beliebig lang ist. Für die einmal entstandene stehende Welle macht es aber überhaupt nichts aus, wenn man das Gummiseil in irgendeinem der Knoten wirklich festknotet, also dort ein festes Ende hinsetzt: Das Seil muß auch nach rechts gar nicht beliebig lang sein, um eine stehende Welle tragen zu können. Allerdings muß die Länge des Seils gerade so auf die Wellenlänge abgestimmt sein, daß an seinem freien Ende ein Schwingungsbauch, an seinem festen Ende ein Schwingungsknoten zu liegen kommt. Hat das Seil zwei feste Enden, muß die Seillänge so gewählt sein, daß an beiden Enden Schwingungsknoten liegen, und hat das Seil zwei freie Enden, so kann es stehende Wellen von nur der Wellenlänge tragen, die an beide Enden Schwingungsbäuche plaziert.

**Ein nur endlich ausgedehntes, kontinuierliches Medium (d. h. mit kontinuierlicher Verteilung von Elastizität und Masse) ist in der Lage, bestimmte stehende Wellen zu tragen, wenn die Länge des Mediums und die Wellenlänge in ganz bestimmten (Zahlen-) Verhältnissen stehen.**

Man kann die Problemstellung etwas ändern und nicht länger danach fragen, wie die Seillänge anzupassen wäre, um eine stehende Welle einer bestimmten Wellenlänge tragen zu können, sondern man kann nach der Wellenlänge stehender Wellen bei vorgegebener Seillänge fragen.
Natürlich hängt die Antwort davon ab, wie die Seilaufhängung aussieht: ob feste oder lose Enden vorgesehen sind.

# Zwei feste Enden der Seilaufhängung

Hier müssen an beiden Enden Knoten zu liegen kommen. Da je zwei benachbarte Knoten immer den Abstand $\lambda/2$ haben, passen nur solche stehende Wellen auf das Seilstück, für die die Seillänge $l$ ein ganzzahliges Vielfaches der halben Wellenlänge ist:

$$l = n \cdot \frac{\lambda_n}{2}; \quad n = 1, 2, 3, \ldots$$

also gilt

$$\lambda_n = \frac{2l}{n} \tag{11.36}$$

Räumliche und zeitliche Periodendauer einer Welle sind eng verknüpft:

$$c = f \cdot \lambda \tag{11.37}$$

Welche Schwingungsfrequenzen haben demnach die auf dem Seilstück der Länge $l$ möglichen stehenden Wellen?

$$f_n = \frac{c}{\lambda_n}$$

also gilt

$$f_n = n \cdot \frac{c}{2l}$$                    (11.38)

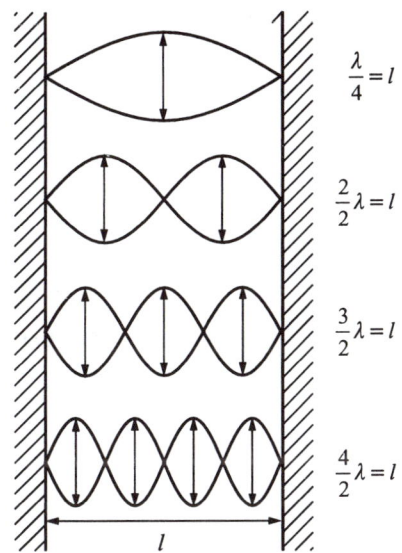

Das Seil, als kontinuierliches Medium, kann also mit ganz bestimmten, wohl voneinander unterschiedenen (diskreten) Frequenzen schwingen, die von seiner Länge bestimmt sind und seiner Geometrie zu **eigen** sind (**Eigenschwingungen von Kontinua**). Die Schwingung mit der niedrigst möglichen Frequenz ist die für $n = 1$, die **Grundschwingung**. Schwingungen mit höherer Frequenz heißen **Oberschwingungen**.

**Bei einem Medium mit zwei festen Enden sind die Oberschwingungen immer ganzzahlige Vielfache der Grundschwingung.**

Beispiele sind die Saiten auf Instrumenten.

Abb. 11.14: Eigenschwingungsformen bei zwei festen Enden

## Zwei freie Enden der Seilaufhängung

An beiden Enden können nur Schwingungsbäuche liegen. Je zwei benachbarte Schwingungsbäuche haben untereinander den Abstand $\lambda / 2$, so daß für diese Anordnung die selben Aussagen gelten wie für zwei feste Enden:
Die Grundschwingung hat die Frequenz $f_1 = c/(2l)$, Oberschwingungen sind ganzzahlige Vielfache dieser Frequenz.

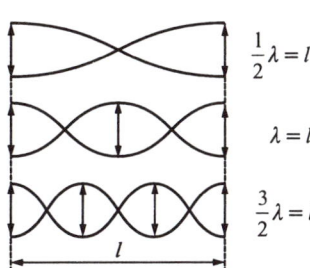

Abb. 11.15: Eigenschwingungsformen bei zwei freien Enden

## Freies und festes Ende der Seilaufhängung

Hier muß an einem Ende ein Schwingungsbauch, am anderen Ende ein Knoten zu liegen kommen. Ein Bauch hat vom nächst benachbarten Knoten den Abstand $\lambda /4$; folglich ist die Grundschwingung die, bei der gerade ein Viertel der Wellenlänge auf das Seil paßt:

$$\lambda_1/4 = l$$

also

$$f_1 = c/(4l)$$                    (11.39)

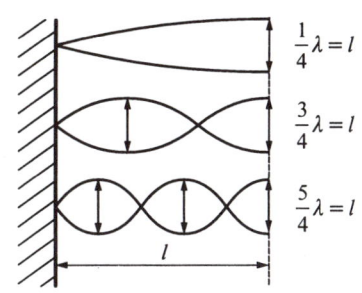

Abb. 11.16: Eigenschwingungsformen bei einem freien und einem festen Ende

Die erste Oberschwingung bildet einen weiteren Knoten auf dem Seil aus, es muß zusätzlich eine halbe Wellenlänge auf dem Seil Platz finden; und bei jeder weiteren Oberschwingung kommt eine entsprechende Anzahl von Knoten und damit von halben Wellenlängen auf dem Seil hinzu:

$$l = \frac{\lambda_n}{4} + (n-1)\frac{\lambda_n}{2}; \quad n = 1, 2, 3, \ldots$$

also folgt

$$\lambda_n = \frac{4l}{2n-1} \tag{11.40}$$

$$f_n = (2n-1) \cdot \frac{c}{4l} \quad \text{oder} \quad f_n = (2n+1)\frac{c}{4\ell} \quad \text{mit } n = 0, 1, \cdots \tag{11.41}$$

**Bei einem freien und einem festen Ende sind als Oberschwingungen nur ungeradzahlige Vielfache der Grundschwingung möglich.**

# 11.7    Tonhöhe und Lautstärke

Eigenschwingungen von Kontinua werden vor allem genutzt beim Bau von Musikinstrumenten. Das elastische Seil mit zwei festen Enden ist nichts anderes als eine **Saite**. Schwingt diese in der Luft, so schiebt sie periodisch Luftmoleküle hin und her und sendet damit Schallwellen aus. Treffen diese Schallwellen auf das Trommelfell im Ohr, regen sie dieses zu Schwingungen der gleichen Frequenz an, mit der die Saite schwingt: Man hört einen Ton.

Man hört den Ton allerdings nur, solange die Frequenz in einem Bereich von ca. 20 Hz bis 20 kHz liegt. Je höher die Frequenz, desto höher wird der Ton empfunden:

**Die Frequenz bestimmt die Tonhöhe.**

In dem zitierten weiten Frequenzband hören allerdings nur Kinder; mit zunehmendem Alter schrumpft dieser **Hörbereich** auf eher 50 Hz bis 10 kHz.

Töne sind verschieden laut: Über die **Lautstärke** entscheidet die **Intensität** der auf dem Ohr eintreffenden Schallwelle. Da punktförmige Schallquellen Kugelwellen aussenden – und in genügendem Abstand ist jeder Lärmerzeuger in guter Näherung als ein Punkt –, nimmt die Intensität etwa von Hubschrauberlärm mit dem Quadrat des Abstandes ab. In geschlossenen Räumen ist die Lärmintensitätsabnahme mit dem Abstand allerdings wegen Reflexionen wesentlich geringer. Allerdings empfindet der Mensch keine quadratische Abnahme des Lärms mit dem Abstand, sondern eine sehr viel schwächere Abnahme, da das Intensitätsempfinden des Ohres nahezu logarithmisch ist. Eine Abnahme der Intensität um konstante Faktoren, etwa 2, wird als Abnahme der Lautstärke um konstante Beträge, etwa 3 dB, empfunden.

Darum definiert man in der Akustik als **Lautstärkemaß** den dekadisch logarithmischen **Schallpegel** bzw. **Schallintensitätspegel**

$$L_{\mathrm{I}} = 10 \cdot \lg\left(\frac{i}{i_0}\right) \, \mathrm{dB} \qquad [L] = \mathrm{dB} \quad \text{(Dezibel)} \tag{11.42}$$

mit der **Referenzintensität**

$$i_0 = 10^{-12} \, \frac{\mathrm{W}}{\mathrm{m}^2}$$

*Beispiel 11.6:*   Schallpegel einer Schallwelle

Eine Schallwelle mit der Intensität $i = 10^{-6}$ W/m$^2$ erzeugt einen Schallintensitätspegel von

$$L = 10 \cdot \lg \frac{10^{-6} \text{ W/m}^2}{10^{-12} \text{ W/m}^2} = 10 \cdot \lg 10^6 = 60 \text{ dB}$$

Die Intensität $i_0$ entspricht etwa der **menschlichenHörschwelle** bei einer Frequenz von 1000 Hz. Niedrigere Intensitäten werden nicht mehr wahrgenommen. Intensitäten jenseits von etwa 1 J/(m$^2 \cdot$ s) entsprechen einem Schallpegel von 120 dB und werden als schmerzhaft empfunden: Dies ist die **Schmerzgrenze**.

Das menschliche Hörvermögen überstreicht also 12 Größenordnungen der Intensität, das Ohr hat einen extrem großen **dynamischen Bereich**. Mit den für Schallwellen abgeleiteten Zusammenhängen zwischen Intensität, Druck- und Auslenkungsamplitude kann man rechnen, daß bei 1000 Hz Auslenkungsamplituden zwischen $10^{-11}$ m (das sind atomare Dimensionen) und $10^{-5}$ m (das sind immerhin zehn Mikrometer) vom Ohr wahrgenommen werden. Wäre das Ohr nur ein wenig empfindlicher, könnte man das durch die thermische Bewegung der Luftmoleküle verursachte **Rauschen** vernehmen.

Die Angaben zum Hörempfinden variieren stark mit der Frequenz und hängen auch davon ab, ob man einen reinen Sinuston oder ein Frequenzgemisch hört. In der Akustik hat man, um diesen Effekten gerecht zu werden, die aus dem Schallpegel abgeleiteten Größen **Lautstärkepegel** und **bewerteter Schallpegel** eingeführt.

# 11.8  Doppler-Effekt, Mach-Welle

In allen bisher besprochenen Beispielen bewegt sich nur die Welle selbst. Das wellentragende Medium selbst ruht eben, wie auch der Wellenerreger, der als auf irgendeinem Punkt des Mediums fest sitzend angenommen war.

Fährt aber ein Auto an einem Hörer vorbei, so scheint das Fahrgeräusch im Augenblick des Passierens „tiefer" zu werden. Solange das Auto auf den Hörer zufährt, klingt sein Geräusch „höher" als wenn es sich entfernt.

Solche Effekte heißen nach ihrem Entdecker **Doppler-Effekt**, sie treten auf, wenn Quellen von Wellen, das wellentragende Medium (im obigen Beispiel die Luft) und Empfänger von Wellen (im obigen Beispiel der „Hörer") sich gegeneinander bewegen. Es gibt viele Möglichkeiten, wie Sender, Empfänger und Medium relativ zueinander bewegt sein können. Hier sollen nur zwei einfache Sonderfälle am Beispiel der Schallwellen beschrieben werden.

Zunächst sei der Hörvorgang bei ruhender Luft, ruhendem Sender und ruhendem Empfänger betrachtet:

Eine punktförmige Schallquelle sende Schall gleichermaßen in alle Raumrichtungen aus; sie ist also von dreidimensionalen Kugelwellen umgeben. Im nebenstehenden Bild ist die Schnittzeichnung einer Momentaufnahme der Druckmaxima, d. h. zu einem festen Zeitpunkt gezeigt. Die Wellenberge

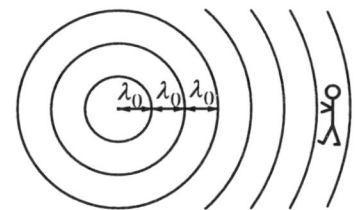

*Abb. 11.17: Momentaufnahme einer Kugelwelle*

sind in der Projektion auf zwei Dimensionen Kreislinien, sie haben untereinander den Abstand einer Wellenlänge $\lambda_0$, wobei sich die Wellenlänge aus der Schwingungsfrequenz des Senders $f_S$ und der Schallgeschwindigkeit $c$ ergibt nach

$$\lambda_0 = c/f_S \tag{11.43}$$

In einiger Entfernung vom Sender steht ein Empfänger (der Hörer). Er empfindet Töne, weil die Schallwellen sein Trommelfell in Schwingungen versetzen. Eine Schwingungsperiode entspricht dabei gerade der Zeit, die zwischen dem Eintreffen zweier hintereinander laufender Druckmaxima verstreicht. Die Wellenberge fliegen mit einer Geschwindigkeit $c$ am Hörer vorbei. Zwischen dem Eintreffen zweier Wellenberge verstreicht die Zeit

$$T_E = \frac{\lambda_0}{c} \tag{11.44}$$

Damit hört der Empfänger die Frequenz

$$f_E = \frac{1}{T_E} = \frac{c}{\lambda_0} = f_S \tag{11.45}$$

Der Empfänger hört wie erwartet exakt die Frequenz, die der Sender sendet.

## Doppler-Effekt bei bewegtem Empfänger

Der erste Sonderfall ergibt sich, wenn Sender und Luft weiterhin ruhen, aber der Empfänger sich mit einer Geschwindigkeit $v_E$ auf den Sender zu oder von ihm weg bewegt. Dadurch streichen die Wellenberge nicht mehr mit der Schallgeschwindigkeit $c$, sondern mit der Geschwindigkeit $c \pm v_E$ über den Empfänger hinweg, d. h., der Hörer empfindet Druckmaxima im Zeitabstand

$$T_E = \frac{\lambda_0}{c \pm v_E} \tag{11.46}$$

also hört er eine Frequenz

$$f_E = \frac{c \pm v_E}{\lambda_0}, \tag{11.47}$$

die gegen die Frequenz des Senders verschoben ist:

$$f_E = f_S \left(1 \pm \frac{v_E}{c}\right) \tag{11.48}$$

*+ bei H auf Q zu*
*- bei H von Q weg*

Das ist der **Doppler-Effekt bei bewegtem Empfänger**.

**Bewegt sich der Empfänger auf den Sender zu, hört er eine um den Faktor $(1 + v_E/c)$ erhöhte Frequenz, bewegt er sich vom Sender weg, hört er eine um den Faktor $(1 - v_E/c)$ erniedrigte Frequenz.**

## Doppler-Effekt bei bewegtem Sender

Im zweiten Sonderfall vertauschen Sender und Empfänger die Rollen: Die Schallquelle bewegt sich mit Geschwindigkeit $v_S$, Luft und Empfänger ruhen. Der Sender sendet nun zwar weiterhin Kugelwellen aus, bewegt sich aber zwischen dem Aussenden zweier Wellenberge um ein Stück: Dadurch sind die Kugelschalen nicht mehr konzentrisch.

Die Wellenlänge ist also je nach Beobachtungsrichtung verschieden. Am extremsten ist die **Wellenlängenverkürzung** in Bewegungsrichtung des Senders bzw. die **Wellenlängenverlängerung** hinter der Quelle; diese beiden Extreme werden nun berechnet.

Die Quelle sendet in Zeitabständen $T_S = 1/f_S$ Druckmaxima aus; in dieser Zeit hat sie sich selbst um die Strecke $v_S \cdot T_S$ weiterbewegt, also um $v_S/f_S$. Um diese Strecke rutschen die Wellenberge rechts von der Quelle näher zusammen, werden die Abstände zwischen den Druckmaxima links von der Quelle größer.

Rechts von der Quelle gilt

$$\lambda_0 - \frac{v_S}{f_S} = \frac{c - v_S}{f_S} \qquad (11.49)$$

und links von der Quelle:

$$\lambda_0 + \frac{v_S}{f_S} = \frac{c + v_S}{f_S} \qquad (11.50)$$

Ein Hörer, auf den sich die Quelle zubewegt, der also rechts von der Quelle steht, wird im Zeitabstand

$$\boxed{T_E = \frac{\lambda_0 - \dfrac{v_S}{f_S}}{c} = \frac{1}{f_S} \cdot \left(1 - \frac{v_S}{c}\right)} \quad (11.51)$$

von Wellenbergen getroffen, einer, der links von der Quelle steht, dagegen im Zeitabstand

$$\boxed{T_E = \frac{\lambda_0 + \dfrac{v_S}{f_S}}{c} = \frac{1}{f_S} \cdot \left(1 + \frac{v_S}{c}\right)} \quad (11.52)$$

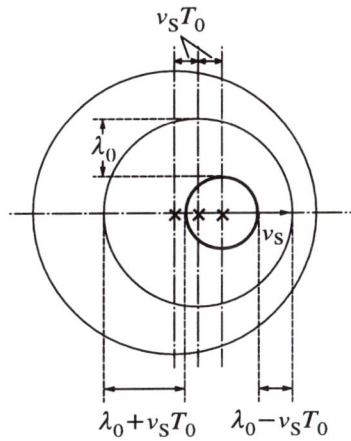

*Abb. 11.18: Von gleichförmig bewegten Sendern ausgesandte Schallwelle*

Beide hören also jeweils eine andere Tonhöhe, nämlich statt der Quellenfrequenz $f_S$ die verschobenen Frequenzen

$$\boxed{f_E = f_S \cdot \frac{1}{1 \mp \dfrac{v_S}{c}}} \qquad (11.53)$$

Dies ist der **Doppler-Effekt für den bewegten Sender**. Dabei steht

- das „−"-Zeichen im Nenner für den auf den Empfänger zu bewegten Sender (die Bewegung bewirkt eine Frequenzerhöhung)
- das „+"-Zeichen für den vom Empfänger weg bewegten Sender (die Bewegung bewirkt eine Frequenzerniedrigung, ganz im Einklang mit der Erfahrung).

Die **Frequenzänderungen** durch bewegten Sender und bewegten Empfänger sind also **nicht** gleich. Nur für kleine Geschwindigkeiten werden sie ähnlich, da

$$\frac{1}{1 \mp \dfrac{v}{c}} \approx 1 \pm \frac{v}{c} \quad \text{für} \quad \frac{v}{c} \ll 1 \qquad (11.54)$$

gilt.

## Beispiel 11.7:   Dopplereffekt eines hupenden, fahrenden Fahrzeuges

Das Signalhorn eines mit $v_S = 108$ km/h $= 30$ m/s auf einen Hörer zufahrenden Kraftfahrzeuges tutet mit einer Frequenz $f_S = 400$ Hz. Der Hörer vernimmt die um 10 % erhöhte Frequenz ($c = 330$ m/s):

$$f_{E1} = \frac{400 \text{ Hz}}{1 - \dfrac{30 \text{ m/s}}{330 \text{ m/s}}} = 440 \text{ Hz}$$

Bewegt sich der Hörer mit der gleichen Geschwindigkeit auf das ruhende Kraftfahrzeug zu, so hörte er die Frequenz

$$f_{E2} = 400\ \text{Hz} \cdot \left(1 + \frac{30\ \frac{\text{m}}{\text{s}}}{330\ \frac{\text{m}}{\text{s}}}\right) = 436,4\ \text{Hz}$$

Bei nur 10 m/s Relativgeschwindigkeit wäre der Unterschied in den empfangenen Frequenzen niedriger:

$$f_{E1} = 412,5\ \text{Hz}$$

$$f_{E2} = 412,1\ \text{Hz}$$

Durch sehr genaue Frequenzmessung kann man also unterscheiden, ob Quelle oder Hörer sich bewegen; eine Tatsache, die letzten Endes darauf zurückzuführen ist, daß es für beide ein absolutes Bezugssystem gibt, nämlich das des wellentragenden Mediums, der Luft.

Im Falle des Lichts gibt es kein absolut ruhendes Bezugssystem (obgleich man im neunzehnten Jahrhundert sehr viel Mühe darauf verwandt hat, diesen **Äther** zu finden). Folglich gibt es für Licht keine Möglichkeit zu unterscheiden, welcher der beiden Partner nun ruht und welcher sich bewegt.

## Überschallbewegung

Zurück zum akustischen Doppler-Effekt. Die angegebenen Formeln enthalten immer das Verhältnis der Bewegungsgeschwindigkeit $v$ zur Wellenausbreitungsgeschwindigkeit $c$, ein Verhältnis, das typisch kleiner als 1 ist. Die Schallgeschwindigkeit in Luft ist etwa $c = 330$ m/s, entsprechend etwa 1200 km/h. Flugzeuge, Raketen und insbesondere Geschosse aber sind durchaus in der Lage, schneller zu fliegen. Wenn das Verhältnis Fluggeschwindigkeit zu Schallgeschwindigkeit, die **Machzahl** $v/c$, größer als 1 wird, spricht man vom **Überschallbereich**.

Ein bewegter Empfänger verspürt eine große **Frequenzerhöhung**, wenn er auf die Quelle zufliegt. Fliegt er von der Quelle weg, so resultiert eine negative Frequenz: Der Empfänger enteilt dem Schallfeld, er fliegt über die Wellenberge hinweg (und nicht mehr diese über ihn).

Auch bei bewegtem Sender wird die Frequenz stark erniedrigt, solange sich der Sender vom Empfänger weg bewegt. Wenn aber sich der Sender auf den Empfänger zubewegt, wird $f_E$ mit wachsendem $v_S/c$ immer größer und strebt mit $v_S/c \to 1$ gegen Unendlich. Die Funktion hat einen Pol, jenseits $v_S/c = 1$ kann die Formel keine Gültigkeit mehr haben.

Dies macht man sich am einfachsten klar am (Schnitt-) Bild eines mit **Überschallgeschwindigkeit** fliegenden Objekts, das in regelmäßigen Zeitabständen Kugelwellenberge aussendet:

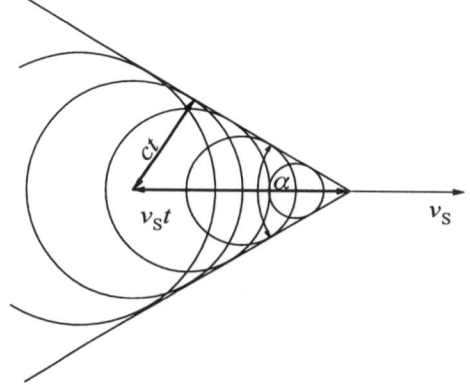

Die Kugelschalen liegen nun nicht mehr ineinander geschachtelt, sondern überschneiden sich, weil die Quelle zwischen dem Aussenden zweier Wellenberge eine Strecke $v_S \cdot T_S = v_S/f_S$ zurücklegt, die größer als die Wellenlänge $\lambda_0 = c/f_S$ ist. Als Einhüllende der Kugelschalen baut sich eine besonders stark überhöhte kegelförmige Druckfront auf, im Schnittbild hat sie die Form zweier wie eine Schleppe an den Sender gehefteter Geraden. Theoretisch stellt diese Druckfront eine Singularität mit unendlich hohem Druck dar. Der Physiker und Philosoph Ernst Mach (1838–1916) hat sich sehr eingehend mit diesen Phänomenen beschäftigt; nach ihm heißt diese Singularität **Mach-Stoßfront** oder einfach **Mach-Welle.**

*Abb. 11.19: Mach-Kegel des Schallwellenfeldes eines Senders mit Überschallgeschwindigkeit*

Vom bewegten Bezugssystem des Senders in der Kegelspitze aus gesehen ist dieses Bild stationär: Die Mach-Welle bewegt sich mit gleicher Geschwindigkeit wie das Objekt. Auch der Öffnungswinkel $\alpha$ des **Mach-Kegels** (im Bild die beiden Geraden) ist konstant und, wie man obigem Bild entnimmt, gerade, gegeben durch das Verhältnis der Schall- zur Sendergeschwindigkeit:

$$\sin\left(\frac{\alpha}{2}\right) = \frac{c}{v_\mathrm{S}} \tag{11.55}$$

Hieraus ergibt sich der **Öffnungswinkel der Mach-Welle** zu

$$\alpha = 2\arcsin\left(\frac{c}{v_\mathrm{S}}\right) \tag{11.56}$$

Im dreidimensionalen Falle hat diese Machwelle die Form eines Kreiskegels, besser: eines Kreiskegelmantels. Die Geraden in obigem Bild sind Schnitte davon. Ein Mensch, über den ein überschallschnelles Flugzeug hinwegfliegt, wird früher oder später von dieser Schockfront-Schleppe getroffen. Sein Trommelfell verspürt einen schnelle, sehr hohen Druckanstieg, der Mensch hört einen Knall, den **Überschallknall**.

# 11.9 Interferenz von Wellen

Sind Sender und Empfänger relativ zum wellentragenden Medium in Ruhe, aber ist mehr als ein Sender vorhanden, so werden mehr als nur eine Welle auf dasselbe wellentragende Medium übertragen. Diese Wellen werden sich überlagern. Ist das Medium linear, so addieren sich die Auslenkungen der Wellen, diese **Überlagerung** heißt **Interferenz von Wellen**. Es gibt viele verschiedenartige Interferenzerscheinungen, hier werden die Sonderfälle zur Sprache kommen, die beispielhaft für die übrigen sind.

## Interferenz von eindimensionalen Wellen

Stehende Wellen entstehen durch Interferenz zweier gegenläufiger harmonischer Wellen gleicher Frequenz und Amplitude. Wenn zwei harmonische Wellen gleicher Frequenz und gleicher Amplitude in die gleiche Richtung laufen, dann interferieren sie.
Am einfachsten ist das experimentell mit Hilfe transversal ausgelenkter Gummiseile zu realisieren; auf zwei parallel verlaufenden Gummiseilen werden harmonische Wellen durch harmonische Auslenkung ihrer linken Enden **mit gleicher Frequenz und Amplitude und im Gleichtakt** erzeugt. Dann gilt:

$$s_1(t) = \hat{s}\sin(\omega t) = s_2(t) \tag{11.57}$$

Nun seien beide Seile nicht unendlich lang, sondern an ihren rechten Enden miteinander und mit einem dritten Seil verknotet, welches aber nach rechts unendlich lang ausgedehnt ist.
Auf dem dritten Seil wird sich die resultierende Welle ausbreiten, die vollständig durch die Bewegung des Knotenpunktes als Erregerpunkt bestimmt ist. Die Bewegung des Knotens ist bestimmt durch die Überlagerung der Auslenkungen, die durch die beiden ankommenden Wellen verursacht werden.

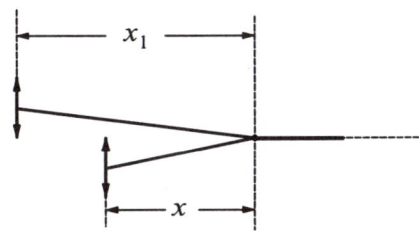

*Abb. 11.20: Überlagerung (Interferenz) zweier eindimensionaler Wellen*

Ist das erste Seil $x_1$ lang, so ist die von ihm am Knotenpunkt verursachte Auslenkung gegenüber der Erregung um $-k \cdot x_1$ phasenverschoben, wie bei der Beschreibung harmonischer Wellen weiter oben gezeigt. Ist das zweite Seil $x_2$ lang, so ist die von ihm am Knotenpunkt verursachte Auslenkung gegenüber der Erregung um $-k \cdot x_2$ phasenverschoben. Die gesamte Knotenpunktsauslenkung ergibt sich für lineares wellentragendes Medium durch Addition der Einzelauslenkungen:

$$s(t) = \hat{s} \cdot (\sin(\omega t - kx_1) + \sin(\omega t - kx_2)) \tag{11.58}$$

Diese Darstellung der Knotenpunktsauslenkung ist nicht besonders überschaubar. Man überführt sie in eine wesentlich anschaulichere Form, indem man die **mittlere Seillänge** einführt

$$\bar{x} = \frac{1}{2}(x_1 + x_2) \tag{11.59}$$

und die Erregerseillängendifferenz

$$\Delta x = x_1 - x_2 \tag{11.60}$$

In diesen neuen Größen ausgedrückt, lauten $x_1$ und $x_2$:

$$\boxed{x_1 = \bar{x} + \frac{1}{2}\Delta x} \; ; \qquad \boxed{x_2 = \bar{x} - \frac{1}{2}\Delta x} \tag{11.61}$$

Dies in obigen Ausdruck für die Knotenpunktsauslenkung eingesetzt, ergibt unter Verwendung der Identität $\sin(\alpha \pm \beta) = \sin \alpha \cos \beta \pm \cos \alpha \sin \beta$ mit $\alpha = \omega t - k\bar{x}$ und $\beta = \frac{1}{2}k \cdot \Delta x$:

$$\boxed{s(t) = 2\hat{s} \cdot \cos\left(\frac{1}{2}k \cdot \Delta x\right) \cdot \sin(\omega t - k\bar{x})} \tag{11.62}$$

Der Knotenpunkt schwingt also mit der gleichen Frequenz $\omega$ wie die Erreger an den beiden Seilenden, allerdings mit einer Phasendifferenz, die von der mittleren Seillänge $\bar{x}$ oder auch vom **mittleren Abstand des Knotenpunkts zu den Erregern** bestimmt ist. Die Amplitude der Knotenpunktsschwingung kann jeden Wert zwischen Null und der doppelten Erregeramplitude annehmen. Dies hängt ab von der Seillängendifferenz, also vom Unterschied im Abstand zwischen dem Knotenpunkt und dem jeweiligen Erreger. Da dieser Unterschied ausdrückt, wie groß der Unterschied ist im Weg, den die beiden Wellen „gehen" müssen, um zum Knotenpunkt zu gelangen und sich dort zu überlagern, spricht man hier vom **Gangunterschied**.

Die Amplitude der auf dem angekoteten Seil nach rechts fortschreitenden Welle ist gleich der Schwingungsamplitude des Knotenpunkts, denn dieser stellt für das rechte Seil einen Erregerpunkt dar. Damit gilt:

**Die Amplitude der überlagerten Welle ist vollständig bestimmt durch den Gangunterschied.**

Ist das Argument des Cosinus im Ausdruck für die Knotenpunktsschwingung ein ganzzahliges Vielfaches von $\pi$, so ist die Amplitude maximal, und zwar gleich der doppelten Erregeramplitude; man spricht von **konstruktiver Interferenz** oder **Verstärkung**, angedeutet durch den Index V:

$$\frac{1}{2}k \cdot \Delta x_{n\mathrm{V}} = n \cdot \pi$$

$$\frac{\pi}{\lambda} \cdot \Delta x_{n\mathrm{V}} = n \cdot \pi$$

daraus folgt:

$$\boxed{\Delta x_{n\mathrm{V}} = n \cdot \lambda} \; ; \qquad n = 0, 1, 2, \ldots \tag{11.63}$$

**Ist der Gangunterschied ein ganzzahliges Vielfaches der Wellenlänge, ergibt sich Verstärkung.**

Ist das Argument des Cosinus in obigem Ausdruck für die Knotenpunktsschwingung ein ungeradzahliges Vielfaches von $\pi/2$, so ist die Amplitude Null, und es gibt keine überlagerte Welle. Man bezeichnet diesen Fall als **destruktive Interferenz** oder **Auslöschung**, angedeutet durch den Index A:

$$\frac{1}{2}k \cdot x_{n\mathrm{A}} = (2n+1) \cdot \frac{\pi}{2}$$

$$\frac{\pi}{\lambda} \cdot \Delta x_{n\mathrm{A}} = (2n+1) \cdot \frac{\pi}{2}$$

daraus folgt:

$$x_{n\mathrm{A}} = (2n+1) \cdot \frac{\lambda}{2} \; ; \qquad n = 0, 1, 2, \ldots \qquad (11.64)$$

**Ist der Gangunterschied ein ungeradzahliges Vielfaches der halben Wellenlänge, ergibt sich Auslöschung.**

In nebenstehendem Bild sind diese beiden Extreme für den Fall $n = 1$ in Momentaufnahmen verdeutlicht.

Man sieht, daß im Falle der Verstärkung von jedem der beiden Seile ein Wellenberg gleichzeitig am Knotenpunkt eintrifft. Beide Seile reißen, gleichgesinnt, den Knotenpunkt nach oben, was diesen zu besonders weitem Ausschwingen veranlaßt.

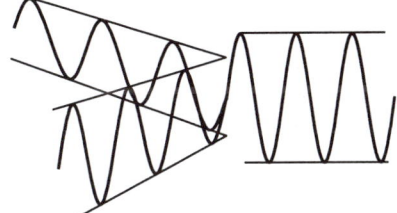

*Abb. 11.21: Verstärkung bei Interferenz zweier eindimensionaler Wellen*

Im Falle der Auslöschung aber trifft vom einen Seil ein Wellental zeitgleich mit einem Wellenberg vom anderen Seil am Knotenpunkt ein. Das eine Seil versucht den Knotenpunkt nach unten, das andere, ihn nach oben zu reißen: Wegen des Kraftgleichgewichts bleibt der Knotenpunkt einfach still liegen, und folglich breitet sich rechts von ihm auch keine Welle aus.

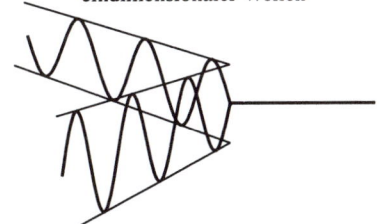

*Abb. 11.22: Auslöschung bei Interferenz zweier eindimensionaler Wellen*

## Zweidimensionale Interferenz von zwei Wellen

Dieses überraschende Ergebnis der Überlagerung zweier Wellen gleicher Frequenz und Amplitude wird noch spektakulärer, wenn man eindimensionale Wellen verläßt und zweidimensionale Wellen betrachtet, wie etwa darstellbar durch Wasser- (Oberflächen-) Wellen oder Wellen auf einer Metallplatte oder Membran (Trommel). Hier sei die Wasseroberfläche mit der $x$-$y$-Ebene eines dreidimensionalen Koordinatensystems mit den Achsen $x$, $y$, $z$ identifiziert, die Auslenkung der Wasserteilchen der Oberfläche geschieht bei transversalen Wellen streng in $z$-Richtung. Dies entspricht nicht der Realität von Wasserwellen; die Wasserteilchen beschreiben in Wirklichkeit wesentlich kompliziertere, nahezu kreisförmige Bahnen. Für die Beschreibung der Interferenzphänomene bringt dies aber keine Unterschiede im Vergleich zum vereinfachten Bild rein transversaler Auslenkung.

Ein punktförmiger Erreger kann näherungsweise durch ein knapp über der Wasseroberfläche endendes, dünnes Rohr, aus dem rhythmisch Luft geblasen wird, dargestellt werden. Von diesem Erregerpunkt, der **Quelle**, werden Kreiswellen radialsymmetrisch nach außen laufen. Diese Kreiswellen seien harmonisch angenommen.

Interferenzerscheinungen wird man nun beobachten, wenn zwei Erregerrohre, die in einigem Abstand voneinander angebracht sind, auf die Wasseroberfläche blasen. Es werden von der Vielfalt der möglichen Erscheinungen im folgenden diejenigen diskutiert, die sich ergeben, wenn beide Erreger **mit gleicher Frequenz und gleicher Amplitude und im Gleichtakt** blasen.

Die Schwingung, die ein Wasserteilchen an einer beliebigen, aber festen Stelle im Wellenfeld ausführt, wird mit $s(t)$ bezeichnet.

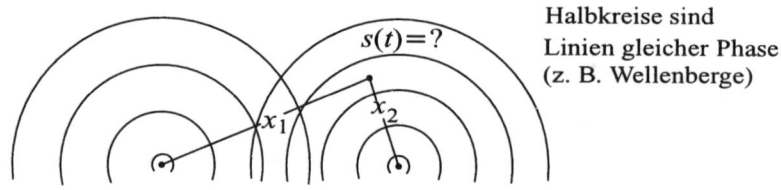

Halbkreise sind
Linien gleicher Phase
(z. B. Wellenberge)

*Abb. 11.23: Interferenz zweier Schallwellen*

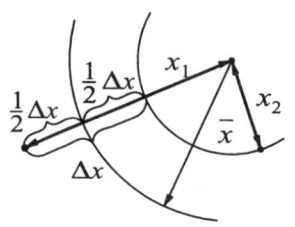

*Abb. 11.24: Mittlerer Abstand und Gangunterschied in zwei Dimensionen*

Die Stelle im Wellenfeld habe einen Abstand $x_1$ zur ersten und einen Abstand $x_2$ zur zweiten Quelle. Die erste Quelle bringt das Wasserteilchen an der fraglichen Stelle zu einer harmonischen Schwingung gleicher Frequenz und Amplitude wie die der Erregung, aber phasenverschoben um $-k \cdot x_1$. (Daß die Amplitude die gleiche sei, ist eine unwahre Behauptung; bei einer Kreiswelle nimmt die Amplitude mit wachsendem Radius ab. Zur Darlegung der grundlegenden Geschehnisse ist diese Vereinfachung aber zulässig.) Die zweite Quelle veranlaßt das Wasserteilchen an der untersuchten Stelle ebenfalls zu einer harmonischen Schwingung mit der gleichen Erregerfrequenz und -Amplitude, aber phasenverschoben um $-k \cdot x_2$. Ist das wellentragende Medium linear, addieren sich diese beiden Auslenkungen zur Gesamtamplitude:

$$s(t) = \hat{s} \cdot (\sin(\omega t - kx_1) + \sin(\omega t - kx_2)) \tag{11.65}$$

Diese Formel sieht nicht anders aus als die Formel des eindimensionalen Gummiseils. Wie dort führt man zur besseren Überschaubarkeit den **mittleren Abstand zu den Erregern** ein,

$$\bar{x} = \frac{1}{2}(x_1 + x_2) \tag{11.66}$$

und die Abstandsdifferenz zu den Erregern, **den Gangunterschied**

$$\Delta x = x_1 - x_2 \tag{11.67}$$

Die Auslenkung im fraglichen Punkt ist damit:

$$\boxed{s(t) = 2\hat{s} \cdot \cos\left(\frac{1}{2}k \cdot \Delta x\right) \cdot \sin(\omega t - k\bar{x})} \tag{11.68}$$

Diese Auslenkung ist offensichtlich harmonisch, wieder mit der gleichen Frequenz wie die der Erreger, wieder ist die Phasendifferenz zu den Erregern bestimmt durch den mittleren Abstand zu den Quellen und die Amplitude durch den Abstandsunterschied, den Gangunterschied.

Alle Punkte im Wellenfeld mit gleichem mittlerem Abstand $\bar{x}$ zu den Quellen schwingen offensichtlich mit gleicher Phasendifferenz zu den Erregern, untereinander also im Gleichtakt. Alle Punkte, die die gleiche Abstandssumme und damit auch den gleichen mittleren Abstand zu zwei festen Punkten haben, liegen auf einer Ellipse, mit den festen Punkten, den Erregern, als Brennpunkte:

**Alle Punkte im Wellenfeld, die auf Ellipsen mit den Quellen als Brennpunkte liegen, schwingen gleichphasig.**

Alle Punkte im Wellenfeld, die den gleichen Abstandsunterschied $\Delta x$ zu den Quellen haben, schwingen offensichtlich mit gleicher **Amplitude**. Alle Punkte, die gleiche Abstandsdifferenz zu zwei festen Punkten haben, liegen auf einer Hyperbel, mit den festen Punkten, den Erregern, als Brennpunkte:

**Alle Punkte im Wellenfeld, die auf Hyperbeln mit den Quellen als Brennpunkte liegen, schwingen mit gleicher Amplitude.**

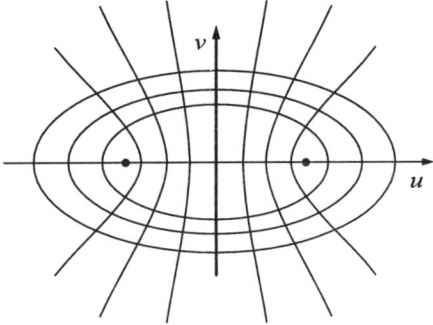

Das nebenstehende Bild soll das sich ergebende stationäre (d. h. zeitlich nicht veränderliche, weil nur durch die geometrischen Abstände zu den Quellen bestimmte) **Interferenzmuster** verdeutlichen: Auf einer realen, an zwei Stellen rhythmisch angeblasenen Wasseroberfläche kann man allerdings die Orte gleicher Phase, die Ellipsen, nicht erkennen. Linien gleicher Amplitude treten dagegen deutlich in Erscheinung, insbesondere diejenigen Linien, längs derer die Amplitude exakt Null, und damit die Auslöschung total ist; ihre Hyperbelform ist im Versuch deutlich auszumachen.

• Brennpunkte (Quellen)

*Abb. 11.25: Linien gleicher Phase (Ellipsen) und Linien gleicher Amplitude (Hyperbeln) bei Interferenz zweier Kreiswellen*

# Fernfeldnäherung

Hyperbeln gehen in großer Entfernung vom Koordinatenursprung praktisch in Geraden über, die sogenannten **Asymptoten**. Nun ist in vielen praktischen Fällen (insbesondere bei Lichtwellen, die später im einzelnen besprochen werden) der Abstand der Quellen untereinander sehr viel kleiner als der **Beobachtungsabstand**, das ist der Abstand zwischen einem Beobachter irgendwo weit draußen im Wellenfeld und den Quellen. In obiger Notation heißt dies: $\Delta x \ll \bar{x}$.

Im so definierten **Fernfeld** sind die Hyperbeln gut durch ihre Asymptoten angenähert. Es interessiert dann nicht mehr die detaillierte Form der Linien der Auslöschung, sondern nur noch, in welcher Richtung sie zu beobachten sind, also welchen Winkel sie zu den Quellen einschließen. Dieser Winkel wird üblicherweise definiert als Winkel zwischen der Asymptoten und der Normalen auf der Verbindungslinie zwischen den Quellen. Bezeichnet man den Abstand der beiden Brennpunkte (der Quellen) untereinander mit $d$, so erhält man folgende einfache Beziehung für den Winkel, den die Hyperbelasymptote mit der Normalen auf der Verbindungslinie zwischen den Brennpunkten einschließt:

$$\boxed{\sin \alpha = \frac{\Delta x}{d}} \tag{11.69}$$

**Blickt man aus dem Fernfeld unter einem Winkel $\alpha$ auf die Normale auf der Verbindungslinie zwischen den Quellen, so befindet man sich auf der Asymptoten zur Hyperbel mit dem Gangunterschied $\Delta x = d \cdot \sin \alpha$.**

Diese Gleichung hat eine sehr einfache geometrische Interpretation. Befindet sich der Beobachter im Fernfeld, also sehr weit weg von den Quellen, so sind die Verbindungslinien zwischen Beobachter und Quellen, die **Beobachtungs-Strahlen**, nahezu parallel. Den Gangunterschied, den Abstandsunterschied, erhält man, wenn man von einem Strahl das Lot auf den zweiten fällt.

In dieser **Fernfeldnäherung** erhält man nun sehr einfache Ausdrücke für die Richtungen, unter denen Auslöschung bzw. Verstärkung zu beobachten ist:

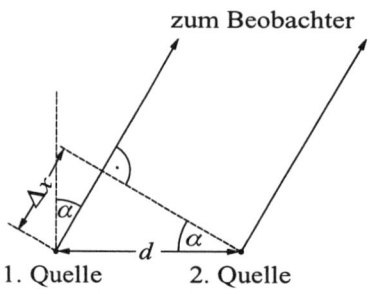

zum Beobachter

1. Quelle    2. Quelle

*Abb. 11.26: Ganguterschied für fernen Beobachter*

**Verstärkung:**

$$\Delta x_{nV} = n \cdot \lambda$$

daraus folgt

$$\boxed{\sin \alpha_{nV} = n \cdot \frac{\lambda}{d}}$$    (11.70)

**Auslöschung:**

$$\Delta x_{nA} = (2n+1) \cdot \frac{\lambda}{2}$$

und damit

$$\boxed{\sin \alpha_{nA} = (2n+1) \cdot \frac{\lambda}{2d}}$$    (11.71)

$n = 0, 1, 2, \ldots$ heißt die **Ordnung** der Verstärkung oder Auslöschung.

Den Formeln sieht man folgende generell gültigen Eigenschaften an:

- **Die Formeln beschreiben nur Beobachtungswinkel zwischen 0 und $\pi/2$.**
  Wegen der Symmetrie der Anordnung ergeben sich die Interferenzerscheinungen im zweiten bis vierten Quadranten durch Spiegelung an den Koordinatenachsen.

- $n$ darf nicht so groß gewählt werden, daß die rechte Seite $> 1$ wird, denn es gibt keinen Winkel, dessen Sinus größer als Eins wäre:
  **Es gibt nur eine endliche Anzahl von Richtungen der Auslöschung bzw. Verstärkung zwischen 0 und $\pi/2$.**

- $n$ kann aber, ohne diese Grenze zu überschreiten, um so größer gewählt werden, je kleiner das Verhältnis $\lambda/d$ ist:
  **Es gibt um so mehr Linien der Auslöschung bzw. Verstärkung, und diese liegen folglich um so dichter, je kleiner das Verhältnis der Wellenlänge zum Quellenabstand ist.**

*Beispiel 11.8:*    Richtung der Auslöschung, Verstärkung

Bei einer Wellenlänge von $\lambda = 1,4$ cm und einem Quellenabstand von $d = 5$ cm sind folgende Richtungen der Auslöschung und Verstärkung zu beobachten:

|  | **Auslöschung** | **Verstärkung** |
|---|---|---|

$$\sin \alpha_{0A} = \frac{1,4 \text{ cm}}{10 \text{ cm}} \Longrightarrow \alpha_{0A} = 8° \qquad \sin \alpha_{0V} = 0 \longrightarrow \alpha_{0V} = 0°$$

(Minimum nullter Ordnung)    (Maximum nullter Ordnung)

$$\sin \alpha_{1A} = 3 \cdot \frac{1,4 \text{ cm}}{10 \text{ cm}} \Longrightarrow \alpha_{1A} = 24,8° \qquad \sin \alpha_{1V} = \frac{1,4 \text{ cm}}{5 \text{ cm}} \longrightarrow \alpha_{1V} = 16,3°$$

(Minimum erster Ordnung)    (Maximum erster Ordnung)

$$\sin \alpha_{2A} = 5 \cdot \frac{1,4 \text{ cm}}{10 \text{ cm}} \Longrightarrow \alpha_{2A} = 44,4° \qquad \sin \alpha_{2V} = 2 \cdot \frac{1,4 \text{ cm}}{5 \text{ cm}} \longrightarrow \alpha_{2V} = 34,1°$$

$$\sin \alpha_{3A} = 7 \cdot \frac{1,4 \text{ cm}}{10 \text{ cm}} \Longrightarrow \alpha_{3A} = 78,5° \qquad \sin \alpha_{3V} = 3 \cdot \frac{1,4 \text{ cm}}{5 \text{ cm}} \longrightarrow \alpha_{3V} = 57,1°$$

# 11.10 Beugung und Huygenssches Prinzip

## Huygenssches Prinzip

Eine Welle auf einem wellentragenden Medium wird meist angeregt, indem man einen Punkt des Mediums in Schwingung versetzt (zum Beispiel die Wasseroberfläche, bei der ein Punkt durch rhythmisches Anblasen zum Schwingen gebracht wird). Die Erregung führt dazu, daß nacheinander auch alle anderen Punkte des Mediums in Schwingung geraten; sie schwingen mit gleicher Frequenz und Amplitude (letzteres stimmt in der Praxis nicht, wie eingangs erwähnt), nur phasenverschoben. Irgendein beliebiger Punkt des Mediums schwingt also genau so wie der Erregerpunkt, nur eben zeitversetzt. Wieso sollte dann aber der Erregerpunkt, der auch nichts anderes ist als ein schwingender Punkt im Wellenfeld, vor allen anderen schwingenden Punkten ausgezeichnet sein? Offensichtlich kann doch jeder schwingende Punkt als Ausgangspunkt einer Welle verstanden werden. Dies ist der Inhalt des von Christian Huygens (1629-1695) formulierten und nach ihm benannten **Huygensschen Prinzips**:

**Jeder Punkt eines Wellenfeldes ist Erregerpunkt, Ausgangspunkt einer sogenannten Elementarwelle; das Wellenfeld insgesamt ergibt sich als Überlagerung aller Elementarwellen.**

Eine Elementarwelle ist also definiert als die Welle, die ein punktförmiger Erreger aussendet. Im Beispiel der Wasseroberfläche, des zweidimensionalen wellentragenden Mediums, sind Kreiswellen elementar: Punkte gleicher Phase bzw. gleicher Auslenkung, z. B. Wellenberge, liegen auf konzentrischen Kreisen um den Erreger. Im Dreidimensionalen ist die Kugelwelle elementar, man denke an einen infinitesimal kleinen, pulsierenden Ballon als Erreger einer elementaren Schallwelle. Die dreidimensionale ebene Welle (etwa die ebene Schallwelle) ist dagegen nicht elementar.

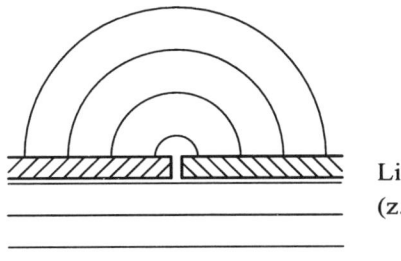

Linien gleicher Phase
(z. B. Wellenberge)

*Abb. 11.27: Demonstration der Gültigkeit des Huygensschen Prinzips*

Im Zweidimensionalen entspricht der ebenen Welle ein Satz paralleler Geraden mit konstantem Abstand, die die Linien gleicher Phase oder Auslenkung, etwa die Wellenberge, repräsentieren. Die Kreiswelle entspricht dem Schnitt durch eine Kugelwelle. Wegen dieser engen Verwandtschaft werden im folgenden Bezeichnungen aus dem Zwei- und dem Dreidimensionalen öfters synonym verwendet.

Daß jeder Punkt beispielsweise einer ebenen Welle seinerseits Ausgangspunkt einer Elementarwelle ist, kann man demonstrieren, indem man ein Hindernis (**Blende**) mit einer (**im Vergleich zur Wellenlänge kleinen**) Öffnung in das Wellenfeld hineinstellt.

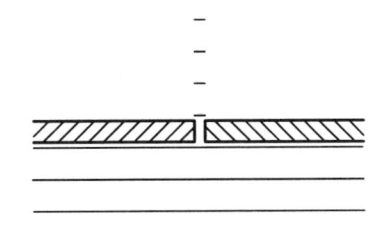

*Abb. 11.28: Nicht zutreffende Vorstellung von der Wirkung einer Öffnung im ebenen Wellenfeld*

Es wird keineswegs ein „gerades Stück Welle" herausgeschnitten, wie man vielleicht intuitiv erwarten würde.

Vielmehr wird hinter der Öffnung die Welle in alle Richtungen abgelenkt, man sagt auch: „gebeugt", die nicht mit der ursprünglichen Ausbreitungsrichtung übereinstimmen: daher der Name **Beugungser-scheinung**.

## Beugung und Interferenz am Doppelspalt

Mithin wird auch klar, wie man am einfachsten zwei mit gleicher Amplitude, Frequenz und Phase schwingende Quellen realisieren kann: indem man eine Blende mit zwei Öffnungen, von denen jede sehr viel kleiner ist als die Wellenlänge, in das Feld einer ebenen Welle hineinstellt.

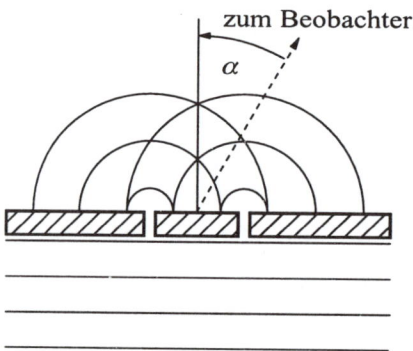

*Abb. 11.29: Beugung am Doppelspalt*

Die ebene Welle wird an jeder Öffnung gebeugt, die beiden entstehenden Elementarwellen interferieren wie zwei synchrone Quellen. Im Dreidimensionalen stellt man die erforderlichen Öffnungen in den Blenden oft durch schmale Spalte dar, die eindimensionalen Öffnungen in obiger Darstellung können als Schnitte durch solche Spalte verstanden werden: **Dies ist die Beugung und Interferenz am Doppelspalt.**

Da die Interferenzerscheinungen am Doppelspalt denen zweier Quellen vollkommen analog sind, sind auch die Formeln für die Beobachtungsrichtungen von Maxima und Minima die gleichen, wobei der Beobachtungswinkel wiederum definiert ist als Winkel zur Normalen auf der Verbindungslinie zwischen den Spalten:

**Verstärkung beim Doppelspalt:**

$$\sin \alpha_{nV} = n \cdot \frac{\lambda}{d}$$

(11.72)

**Auslöschung beim Doppelspalt:**

$$\sin \alpha_{nA} = (2n+1) \cdot \frac{\lambda}{2d}$$

$n = 0, 1, 2, \ldots$    Ordnung

Beim Doppelspalt gelten die gleichen Bemerkungen zur Anzahl der Richtungen totaler Auslöschung und maximaler Verstärkung wie bei zwei Quellen.

## Beugungsgitter

Mehr als zwei gleichartige Quellen realisiert man mit Blenden, die mehrere äquidistante (mit konstantem Abstand) Spalte haben. Diese Anordnung ähnelt im Dreidimensionalen einem Gitter. Sie trägt darum den Namen **Beugungsgitter**.

Den Spaltabstand $d$ nennt man **Gitterkonstante**. Ein Beugungsgitter liefert, wie eine lineare Anordnung vieler synchroner Quellen, besonders scharfe Maxima hoher Intensität unter den Beobachtungsrichtungen.

**Verstärkung beim Beugungsgitter:**

$$\sin \alpha_{nV} = n \cdot \lambda / d \qquad (11.73)$$

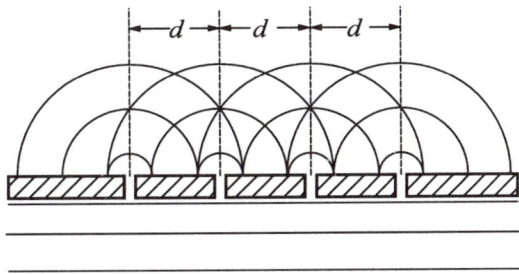

*Abb. 11.30: Beugungsgitter*

## Beugung und Interferenz am einfachen Spalt

Bisher wurde stets vorausgesetzt, daß die Blendenöffnungen, die Spaltbreiten, kleiner waren als die Wellenlänge. Nach Maßgabe des Huygensschen Prinzips sollen sie sogar infinitesimal klein sein. In der Praxis kann man diese Idealisierung nur nähern.

**Interferenzerscheinungen beobachtet man aber auch, wenn man die Breite eines einzelnen Spaltes bewußt größer als die Wellenlänge wählt.**

Dann ist der Raum in der Spaltöffnung sicher nicht mehr als einzelner Punkt anzusprechen, von dem eine Elementarwelle ausgeht. Jedoch gilt nach wie vor das Huygenssche Prinzip: Die Spaltöffnung kann als lineare Kette unendlich vieler, beliebig dicht liegender punktförmiger Erreger verstanden werden, die jeder eine Elementarwelle aussenden. Das Wellenfeld hinter dem Spalt ergibt sich dann aus der Interferenz all dieser Elementarwellen.

Wie die Interferenzerscheinungen aussehen, kann man für den **Einzelspalt, der von einer ebenen Welle getroffen wird**, zumindest qualitativ anhand einfacher Vorstellungen ableiten, die sich auf die Fernfeldnäherung begründen.

In dieser Näherung sind die von jedem Quellenpunkt im Spalt zum fernen Beobachter weisenden Strahlen praktisch parallel. Die von den Punkten am Spaltrand ausgehenden Strahlen, die **Randstrahlen**, sind herauszuheben; auf diese soll im folgenden Bezug genommen werden, wenn von Gangunterschieden die Rede ist.

Als Beobachtungswinkel wird wieder der Winkel $\alpha$ eingeführt, den ein Strahl zum Beobachter mit der Normalen auf der Spaltfläche einschließt.

Steht der Beobachter exakt in Vorwärtsrichtung, also auf der Normalen auf der Spaltfläche und damit unter Beobachtungswinkel Null, ist der Weg aller von den Spaltpunkten ausgesandten Elementarwellen zu ihm praktisch gleich lang, es treten keine Gangunterschiede auf, die Elementarwellen interferieren konstruktiv, sie verstärken sich: **Dies ist das Maximum nullter Ordnung.**

Sei nun eine davon abweichende Beobachtungsrichtung herausgegriffen, für die der Gangunterschied der Randstrahlen (im Sinne von: „Gangunterschied der Wellen, die sich längs der Randstrahlen ausbreiten") gerade gleich einer Wellenlänge ist.

Dann kann man das zum Beobachter weisende Strahlenbündel in zwei Hälften unterteilen. Zu einem beliebigen Strahl aus der einen Hälfte läßt sich nun immer ein Strahl aus der zweiten Hälfte fin-

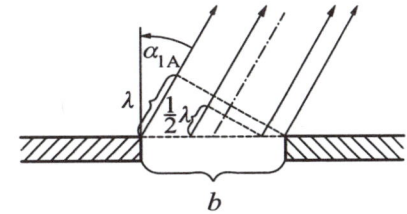

*Abb. 11.31: Randstrahlen-Gangunterschied und Beobachtungswinkel. Teilung des Strahlenbündels*

den, der die halbe Wellenlänge als Gangunterschied aufweist und sich folglich mit dem ersten Strahl auslöscht. Da dies für jeden Strahl aus der ersten Hälfte gilt, löscht sich das gesamte Strahlenbündel vollständig weg. Wie am eingezeichneten Dreieck zu sehen, besteht ein einfacher Zusammenhang zwischen Randstrahlen-Gangunterschied $\Delta x$ und Beobachtungswinkel $\alpha$:

$$\sin \alpha = \frac{\Delta x}{b} \quad \text{mit der Spaltbreite } b; \quad b > l. \tag{11.74}$$

Folglich ist die Richtung, für das **Minimum erster Ordnung**:

$$\sin \alpha_{1A} = \frac{\lambda}{b} \tag{11.75}$$

Nun sei der Beobachtungswinkel etwas vergrößert, und zwar so weit, daß der Gangunterschied der Randstrahlen $3\lambda/2$ wird. Dann läßt sich das Strahlenbündel in drei Teile unterteilen.

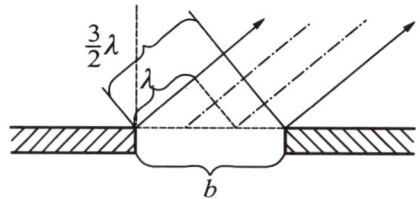

Abb. 11.32: Teilung des Strahlenbündels bei Randstrahlen-Gangunterschied $3/2\lambda$

Faßt man die oberen beiden Drittel zu einem Bündel zusammen, so haben dessen Randstrahlen gerade den Gangunterschied $\lambda$, und es gilt wie oben: Diese oberen beiden Drittel interferieren destruktiv. Es bleibt nur das untere Drittel des Strahlenbündels übrig. Die Intensität – sofern man den Querschnitt des Strahlenbündels mit der Intensität gleichsetzt – wird auf ein Drittel reduziert.

Natürlich ist zu fragen, mit welchem Recht behauptet wird, die oberen Drittel löschten sich aus, und das untere bliebe übrig. Könnten nicht auch die unteren sich weglöschen, und das obere bliebe übrig?

Die Frage ist berechtigt; korrekt sind die Vorgänge am Einzelspalt nur mit dem mathematischen Hilfsmittel der Fourier-Transformation zu beschreiben, und die hier vorgestellten Bilder dienen lediglich als Verständnishilfen.

Bei weiterer Vergrößerung des Beobachtungswinkels wird der Gangunterschied der Randstrahlen schließlich so groß wie zwei Wellenlängen. Unterteilt man das Strahlenbündel in zwei Hälften, haben deren Randstrahlen gerade wieder je den Gangunterschied einer Wellenlänge. Beide Hälften löschen sich jeweils für sich vollständig aus. Der Beobachtungswinkel für dieses **Minimum zweiter Ordnung** ergibt sich aus

$$\sin \alpha_{2A} = 2\frac{\lambda}{b} \tag{11.76}$$

Schließlich sei noch der Fall besprochen, daß unter einem weiter vergrößerten Beobachtungswinkel der Gangunterschied der Randstrahlen gleich $5\lambda/2$ sei.

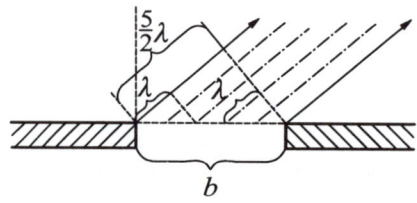

Abb. 11.33: Teilung des Strahlenbündels bei Randstrahlen-Gangunterschied $5/2\lambda$

Zweckmäßigerweise wird das Strahlenbündel in fünf Teilbündel unterteilt und die oberen beiden und die unteren beiden werden zu jeweils einem Bündel zusammengefaßt, dessen Randstrahlen-Gangunterschied $\lambda$ ist. Folglich löschen sie sich aus, nur das mittlere Bündel bleibt übrig. Die Intensität wurde auf ein Fünftel reduziert.

Mit wachsendem Beobachtungswinkel erfahren die vom Spalt ausgesandten Wellen also immer wieder vollständige Auslöschung in folgende Richtungen:

**Auslöschung beim Einzelspalt:**

$$\sin \alpha_{nA} = n \cdot \frac{\lambda}{b} , \qquad n = 1, 2, 3, \ldots \tag{11.77}$$

Wichtig ist zu beachten, daß die Ordnung hier bei Eins beginnt; für $n = 0$ ergibt sich nämlich die Richtung des nullten Maximums.

Zwischen den Richtungen der Auslöschung liegen Richtungen, in denen relative Intesitätsmaxima zu beobachten sind. Nach der exakten Theorie stellt die folgende Formel eine annehmbare Näherung für diese Richtung dar:

**Maxima beim Einzelspalt:**

$$\sin \alpha_{nV} = (2n+1) \cdot \frac{\lambda}{2b} , \qquad n = 1, 2, 3, \ldots \tag{11.78}$$

Hier ist $b$ wieder die Spaltbreite.

Charakteristisch für den Einzelspalt ist, daß die Intensität der Maxima mit wachsender Ordnung rasch abnimmt. Qualitativ ergibt sich das folgende Bild für den Verlauf der Intensität als Funktion des Randstrahlen-Gangunterschiedes $\Delta x$ und damit des Beobachtungswinkels $\alpha = \arcsin \Delta x / b$:

Beim Doppelspalt haben alle Maxima die gleiche Höhe, beim Einzelspalt nimmt die Höhe der Maxima mit wachsender Ordnung stark ab. Neben dem Unterschied in den Richtungen von Verstärkung und Auslöschung ist dies ein weiterer wichtiger Unterschied zwischen Doppelspalt und Einzelspalt.

Die Formel für die Richtungen der Auslöschung beim Einzelspalt läßt sich wie die entsprechenden Formeln bei der Zwei-Wellen-Interferenz interpretieren:

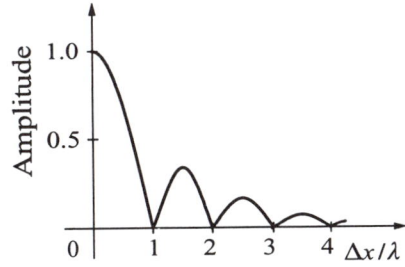

Abb. 11.34: Amplitudendiagramm für den Einfachspalt (nur qualitativ)

$$\sin \alpha_{2A} = 2 \frac{\lambda}{b}$$

- **Diese Formel beschreibt nur Beobachtungswinkel zwischen** $0$ **und** $\pi/2$. Wegen der Symmetrie der Anordnung ergeben sich die Interferenzerscheinungen für negative Beobachtungswinkel durch Spiegelung an der Normalen auf der Spaltfläche.

- $n$ darf nicht so groß gewählt werden, daß die rechte Seite $> 1$ wird, denn es gibt keinen Winkel, dessen Sinus größer als Eins wäre: **Es gibt nur eine endliche Anzahl von Richtungen der Auslöschung zwischen** $0$ **und** $\pi$.

- $n$ kann aber, ohne diese Grenze zu überschreiten, um so größer gewählt werden, je kleiner das Verhältnis $\lambda / b$ ist. **Es gibt um so mehr Linien der Auslöschung, und diese liegen folglich um so dichter, je kleiner das Verhältnis der Wellenlänge zur Spaltbreite ist.**

## Strahlen bei Wellenfeldern

Die letzte Aussage erhält eine besondere Bedeutung, wenn die Wellenlänge sehr viel kleiner als die Spaltbreite ist. Dann gibt es nämlich zwischen den Winkeln $0$ und $\pi/2$ ungeheuer viele Richtungen, in denen Auslöschung stattfindet, nur getrennt durch schmale Maxima mit (bei wachsendem Winkel) rasch abnehmender Intensität: Nennenswerte Intensität ist nur noch unter dem Vorwärtswinkel Null festzustellen, es wird praktisch nichts mehr zu größeren Winkeln gebeugt. In folgendem Bild ist das drastisch verschiedene Verhalten für $\lambda \gg b$ und für $\lambda \ll b$ gegenübergestellt:

Linien gleicher Phase
(z. B. Wellenberge)

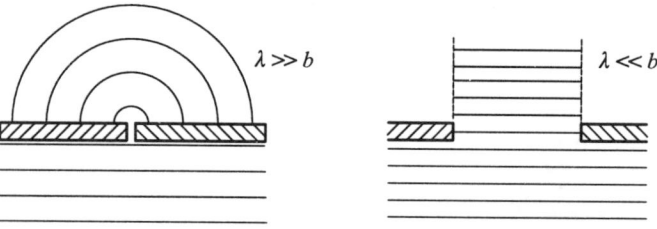

*Abb. 11.35: Einfachspalt im ebenen Wellenfeld bei $\lambda \gg b$ und $\lambda \ll b$*

Im Fall $\lambda \ll b$ wird durch den Spalt aus dem zweidimensionalen ebenen Wellenfeld ein nahezu geradlinig verlaufender **Strahl** herausgeschnitten. Die Bezeichnung „Strahl" ist dabei zunächst unbefriedigend, weil ein Strahl, eine Gerade mit Anfangs- und ohne Endpunkt wie z. B. der schon häufiger gebrauchte „Beobachtungsstrahl", ein unendlich dünnes Objekt ist: Das ist dieser „Wellenstrahl" ganz und gar nicht. Aus sehr großer Entfernung betrachtet erscheint aber auch der Wellenstrahl im Vergleich zu seiner Länge als sehr dünn und die Bezeichnung „Strahl" ist eher angebracht. Da ein solcher Strahl an jeder Stelle aus dem Wellenfeld herausgeschnitten werden kann, drängt sich die Vorstellung auf, das Wellenfeld sei ein Bündel von Strahlen: Eine Vorstellung, die sicherlich anschaulicher ist als die von Wellenfronten (Linien gleicher Phase). Nach Konstruktion stehen Strahlen stets exakt senkrecht auf den Wellenfronten; dies führt zu der allgemeineren Definition:

**Strahlen sind gerichtete Linien zur Beschreibung von Wellenfeldern, die in Ausbreitungsrichtung der Welle zeigen und an jeder Stelle senkrecht auf den Wellenfronten stehen.**

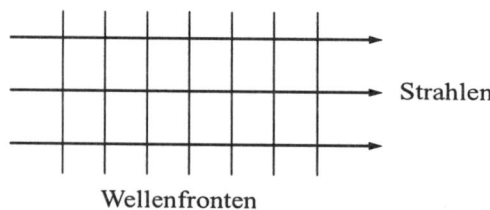

Wellenfronten
*Abb. 11.36: Strahlen im ebenen Wellenfeld*

Für einfache Wellenfelder sind die so definierten Strahlen gerade und damit auch im mathematischen Sinne Strahlen. So sind etwa im ebenen Wellenfeld alle auf den Wellenfronten senkrechten Linien gerade und parallel.

Stellt man in ein solches Wellenfeld ein Hindernis mit einer Öffnung, die sehr viel kleiner ist als die Wellenlänge, so findet man hinter der Öffnung eine elementare Kreis- oder Kugelwelle: Die ursprünglich parallelen Strahlen laufen radial von der Öffnung weg. Sie werden gebeugt (geknickt), sind aber ebenfalls gerade.

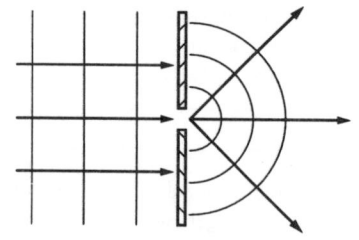

*Abb. 11.37: Beugung von Strahlen für $\lambda \gg b$*

Wenn die Öffnung dagegen sehr viel größer als die Wellenlänge ist, werden die auf das Hindernis (die Blende) treffenden Strahlen offensichtlich vollständig „abgeschattet", während die übrigen Strahlen die Öffnung ungehindert und **geradlinig** passieren:

Bei einer Kreis- oder Kugelwelle zeigen, wie beschrieben, die Strahlen wie die Speichen eines Rades radial nach außen. Eine punktförmige Quelle wird aus Symmetriegründen stets Kreis- bzw. Kugelwellen aussenden, also radiale, geradlinige Strahlen. Aber auch eine ausgedehnte Quelle kann man sich als aus unendlich vielen, unabhängigen Punktquellen zusammengesetzt vorstellen, die jede für sich geradlinige Strahlen radial aussenden.

Treffen diese Strahlen auf Hindernisse und Öffnungen, die groß sind im Vergleich zur Wellenlänge, so werden sie, wie gezeigt, entweder vollständig verschluckt oder passieren praktisch geradlinig:

**Man kann die Wirkung von Objekten, die groß sind gegen die Wellenlänge, auf der Basis der Annahme geradliniger Ausbreitung von Strahlen konstruieren.**

Diese Feststellung hat besondere Bedeutung für die Abbildungseigenschaften optischer Instrumente.

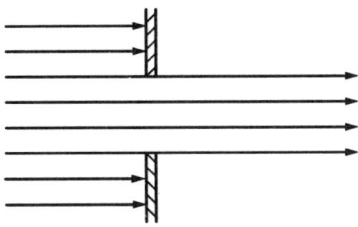

Abb. 11.38: Geradlinige Ausbreitung von Strahlen für $\lambda \ll b$

# 11.11 Reflexion und Brechung von Wellen

Andere, für die technische Anwendung wichtige Phänomene beobachtet man, wenn eine Welle eine Grenzfläche zwischen zwei Medien überschreitet, in denen die Wellenausbreitungsgeschwindigkeit verschieden ist. Solch ein Fall ist im nächsten Bild dargestellt:

Ein von links oben auf eine solche Grenzfläche einfallender Wellenstrahl ist durch Wellenfronten (Linien gleicher Phase, man nehme der Anschaulichkeit halber an: Wellenberge) und eine die Einfallsrichtung charakterisierende Mittellinie repräsentiert. Die Wellenausbreitungsgeschwindigkeit $c_1$ im Medium oberhalb der Grenzfläche sei größer als die Wellenausbreitungsgeschwindigkeit $c_2$ im Medium unterhalb der Grenzfläche.

Drei Elementarwellen sind willkürlich herausgegriffen, die nacheinander von eingezeichneten Punkten der Grenzfläche ausgesandt wurden, als diese von der vordersten Wellenfront des einfallenden Strahls getroffen wurden. Wäre die Phasengeschwindigkeit im Medium unter

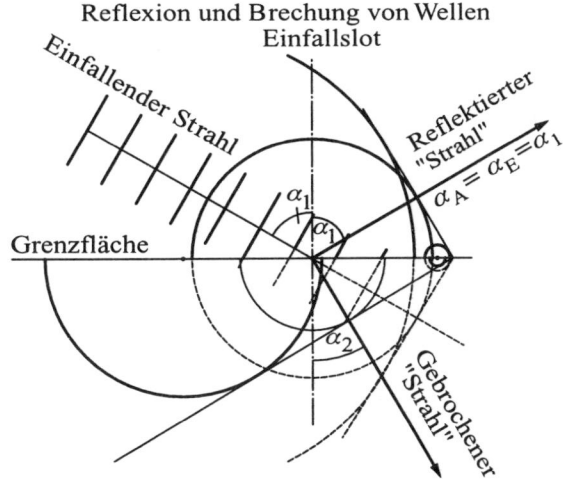

Abb. 11.39: Reflexion und Brechung von Wellen

der Grenzfläche gleich der im Medium oberhalb, wären diese Elementarwellen im unteren Teil so weit gelaufen, wie durch die gestrichelten Kreisbögen angedeutet, und würden mit den Kreisbögen aus dem oberen Teil zusammen Kreiswellen bilden. Nun ist die Phasengeschwindigkeit im unteren Teil aber reduziert; also sind die Elementarwellen noch nicht so weit gelaufen, sondern bilden erst die durchgezogen gezeichneten Kreisbögen.

Nach dem Huygensschen Prinzip interferieren die Elementarwellen nun und bilden neue Wellenfronten; sie interferieren auf jeden Fall konstruktiv an den Einhüllenden, denn dort trifft Wellenberg auf Wellenberg, die sich verstärken. Wie man sieht, formiert die Einhüllende an den Kreisbögen im oberen Medium eine Wellenfront, die zu einem reflektierten Strahl gehört; die Einhüllende an den Kreisbögen im unteren Medium formiert eine zu einem gebrochenen Strahl („abgeknickten" Strahl) gehörende Wellenfront.

Repräsentiert man die Strahlen durch ihre Mittellinien, so läßt sich zusammenfassen:

**Der einfallende Strahl teilt sich an der Grenzfläche zwischen zwei Medien in einen reflektierten und einen gebrochenen Strahl auf.**

Weiterhin sind die die Einfalls- und Ausfallsrichtungen charakterisierende Winkel eingezeichnet; diese werden definitionsgemäß stets in bezug auf das Einfallslot gemessen, die Normale auf der Grenzfläche. Bezüglich der Reflexion ist festzustellen, daß das (Elementar-) Wellenfeld oberhalb der Grenzfläche das exakte Spiegelbild des Wellenfeldes unterhalb der Grenzfläche ist, das sich ergäbe, wenn die Grenzfläche nicht vorhanden wäre (gestrichelt gezeichnet). Daraus folgt sofort das **Reflexionsgesetz**:

**Einfallswinkel gleich Ausfallswinkel.**

Zur Berechnung des Ausfallswinkels bei der Brechung wird die mittlere der drei Elementarwellen betrachtet, die vor einer Zeit $t$ vom Schnittpunkt des Einfallslots mit der Grenzfläche ausgesandt wurde. Die vorderste Wellenfront des reflektierten Strahls ist in der Zwischenzeit $c_1 \cdot t$ weit gekommen, die vorderste Wellenfront des gebrochenen Strahls aber $c_2 \cdot t$. Die vordersten Wellenfronten von reflektiertem und gebrochenem Strahl schneiden sich auf der Grenzfläche in einem Abstand $d$ vom Schnittpunkt des Einfallslots (nicht eingezeichnet). Betrachtet man sich das von Grenzfläche, Mittellinie und vorderster Wellenfront des reflektierten Strahls gebildete Dreieck, so erkennt man den Zusammenhang

$$\sin \alpha_1 = \frac{c_1 \cdot t}{d} \tag{11.79}$$

Analog gilt für das gebrochene Bündel:

$$\sin \alpha_2 = \frac{c_2 \cdot t}{d} \tag{11.80}$$

Das Verhältnis beider Sinus ist überraschenderweise eine Konstante, die auch unabhängig von der Wahl des Einfallswinkels ist:

$$\frac{\sin \alpha_1}{\sin \alpha_2} = \frac{c_1}{c_2} \tag{11.81}$$

Das Verhältnis der Wellenausbreitungsgeschwindigkeiten ist eine Konstante, die von der Kombination der beiden Medien bestimmt ist und heißt **Brechungsindex**:

$$n = \frac{c_1}{c_2} \tag{11.82}$$

Dieses Gesetz wurde für Licht von Snellius van Royen (1591–1626) empirisch gefunden und ist als **Snelliussches Brechungsgesetz** bekannt:

$$\frac{\sin \alpha_1}{\sin \alpha_2} = n \tag{11.83}$$

Für Licht bedeutet es, daß sich dieses in Wasser oder Glas langsamer ausbreitet als in Luft, denn an Grenzflächen dieser Medien wird Brechung der oben beschriebenen Art beobachtet.
Jedoch sind Reflexions- und Brechungsphänomene nicht auf Licht beschränkt. Die Geschwindigkeit einer Wasseroberflächenwelle z. B. hängt von der Tiefe der Wasserschicht darunter ab, in seichtem Wasser laufen die Wellen langsamer. Gibt es an einem Seeufer etwa einen abrupten Sprung in der Wassertiefe, wirkt dieser wie eine Grenzfläche, und man kann an ihr Reflexion und Brechung beobachten.

## Ultraschall

Schallwellen höchster Frequenz ($f > 20000$ Hz) oberhalb der Hörbereiches lassen sich durch **mechanische Schwingungsgeber** wie **Sirenen** und **(Galton-) Pfeifen** (bis 200 kHz), mit Hilfe der Längenschwingungen ferromagnetischer Materialien in einer Hochfrequenzspule (**elektroakustische Schall-**

**geber**) oder mit Hilfe des **piezoelektrischen Effekts** (bis 10 GHz, mit Intensitäten von $100\ \mathrm{W \cdot cm^{-2}}$) darstellen.

Die **Wellenlänge des Ultraschalls** $\lambda$ ist für Ultraschallwellen in Luft ($c \approx 330\ \mathrm{m/s}$) 15 mm bei 20 kHz, $1,5$ mm bei 200 kHz, $0,15$ mm bei 2 MHz.

Zur **Werkstoffprüfung** in Beton und Stahl werden zur **Erkennung von Rissen** Ultraschallecho-Aufnahmen vorgenommen, die Laufzeiten der Schallreflexionen zum Riß und daraus den Abstand zwischen Riß und Oberfläche bestimmen.

Wegen der höheren Schallgeschwindigkeiten in **Beton** ($c \approx 4000\ \mathrm{m/s}$) und **Stahl** ($c \approx 5000\ \mathrm{m/s}$) werden für die Werkstoffprüfung für gleiche Auflösung wie in Luft etwa 15 mal höhere Frequenzen benötigt.

**Ultraschalldiagnostik** (Früherkennungsuntersuchung ungeborener Kinder, Lebervergrößerung aufgrund übermäßigen Alkoholgenusses) und **Ultraschalltherapie** (Zerstörung von Nieren-, Gallen- oder Blasensteinen, **Mikrochirurgie**) wird zunehmend in der Medizin eingesetzt, $f \approx 10$ MHz.

Die **Ultraschallreinigung** wird angewendet, indem durch hohe Intensität im Frequenzbereich $20 \ldots 50$ kHz Schmutzteilchen von Werkstoffoberflächen gelöst werden.

Weitere Anwendungen sind Emulgieren, Dispersionsbildung, Entgasung von Flüssigkeiten und Metallschmelzen, Ultraschallbohrung, Schneiden von Werkstoffen, **Echolot-Ortung** (SONAR = Sound Navigation And Ranging) zur **Wassertiefenbestimmung** unter Schiffen, zum Aufspüren oder Kommunizieren mit U-Booten, zum Auffinden von Fischschwärmen in der kommerziellen Fischerei.

**Hyperschall** (10 GHz ... 10 THz) wird zur Untersuchung von molekularen Reaktionsabläufen in der Festkörperspektroskopie eingesetzt. Hyperschall kann mittels gekoppelter Mikrowellen-Resonatoren erzeugt werden.

# 11.12 Zusammenfassung

**Wellentragende Medien** sind darstellbar als **Kontinua** aus unendlich vielen, infinitesimalen, **schwingungsfähigen Systemen**.

Die Auslenkung wird zur Funktion zweier Variabler, des Ortes und der Zeit: $\varphi(x,t)$.

## Wellengleichung

Die möglichen Bewegungsformen eindimensionaler, linearer Systeme (solcher, bei denen die Rückstellkraft linear mit der Auslenkung zusammenhängt) müssen folgender Bewegungsgleichung genügen:

$$\ddot{\varphi}(x,t) = c^2 \cdot \varphi''(x,t)$$ mit der Phasengeschwindigkeit

$$c = \sqrt{\frac{D \cdot \Delta x}{\Delta m / \Delta x}} \tag{11.84}$$

Dabei bezeichnet $D \cdot \Delta x$ die Vorspannkraft auf dem Medium und $\Delta m / \Delta x$ die Massendichte.

Die Bewegungsgleichung ist eine partielle Differentialgleichung zweiter Ordnung. Als Lösungen sind alle Funktionen möglich, die Ort $x$ und Zeit $t$ in der Kombination $(t \pm x/c)$ enthalten; diese Lösungen $\varphi(t \pm x/c)$ beschreiben **Störungen** (Auslenkungen), die sich mit Geschwindigkeit $c$ auf dem Medium ausbreiten. Solche Bewegungsformen nennt man **Wellen** und die obige Bewegungsgleichung **Wellengleichung**.

Sind Auslenkung und **Wellenausbreitungsrichtung parallel**, spricht man von **longitudinalen Wellen**.

Steht die Auslenkung **senkrecht** auf der Wellenausbreitungsrichtung, nennt man die Welle **transversal**. Liegen die Auslenkungen einer transversalen Welle alle in derselben Ebene, ist die Welle **polarisiert**.

## Wellenausbreitungsgeschwindigkeit $c$

Transversale Welle auf einem **elastischen Seil**: $c = \sqrt{\dfrac{F_0}{\rho \cdot A}}$

*transversale Welle auf elastischem Stab:*
$c = \sqrt{\dfrac{\sigma}{\rho}}$

Longitudinale Welle auf einem elastischen Stab: $c = \sqrt{\dfrac{E}{\rho}}$

Longitudinale Welle in einem kompressiblen Medium: $c = \sqrt{\dfrac{1}{\rho \cdot \kappa}}$

Die Symbole bedeuten:

$F_0$:    **Vorspannkraft,**

$\rho$:    **(Volumen-) Massendichte,**

$A$:    **Querschnitt,**

$E$:    **(Youngscher) Elastizitätsmodul,**

$\kappa$:    **Kompressibilität.**

Folgt die Auslenkung einer Sinus- oder Cosinusfunktion, spricht man von einer **harmonischen Welle**. Es gibt mehrere Möglichkeiten zu deren Darstellung:

$$s(x,t) = \hat{s} \cdot \sin\left(\omega\left(t \pm \frac{x}{c}\right)\right)$$

$$s(x,t) = \hat{s} \cdot \sin(\omega t \pm kx) \quad \text{mit} \quad k = \frac{\omega}{c}; \quad [k] = \frac{1}{\text{m}}$$

$$s(x,t) = \hat{s} \cdot \sin\left[2\pi\left(\frac{t}{T} \pm \frac{x}{\lambda}\right)\right] \quad \text{mit} \quad \lambda = cT; \quad [\lambda] = \text{m} \tag{11.85}$$

Die **Wellenzahl** $k$ bestimmt den Phasenunterschied zwischen zwei Punkten des Mediums, die **Wellenlänge** $\lambda$ ist die räumliche Periode einer Momentaufnahme.

**Wellenlänge**, **Frequenz** und **Wellenzahl** hängen wie folgt zusammen:

$$c = f \cdot \lambda \tag{11.86}$$

$$k = \frac{2\pi}{\lambda} \tag{11.87}$$

Die Phase breitet sich mit der Geschwindigkeit $c$ auf dem Medium aus. Letztere heißt darum auch **Phasengeschwindigkeit**.

Sonderfälle dreidimensionaler Wellen, die eindimensional beschreibbar sind, sind **ebene Wellen**, **Zylinderwellen** und **Kugelwellen**.

## Schallwellen

**Schallwellen** sind dreidimensionale, longitudinale Wellen; die Auslenkung der Luftmoleküle $\varphi(x,t)$ führt zu Abweichungen $\Delta p(x,t)$ vom Normaldruck $p$. Der Zusammenhang zwischen diesen beiden

Größen ist für kleine Amplituden

$$\Delta p(x,t) \approx -\kappa \cdot p \cdot s'(x,t), \tag{11.88}$$

wobei $\kappa = c_p/c_v$ der Quotient aus den Wärmekapazitäten von Luft bei konstantem Druck bzw. Volumen ist. Für harmonische Schallwellen ist dies gleichbedeutend mit folgendem Zusammenhang zwischen den Amplituden:

$$\boxed{\Delta \hat{p} = \rho \cdot c \cdot \omega \cdot \hat{s}} \tag{11.89}$$

Hier bezeichnet $\rho$ die **Massendichte** der Luft, $\omega$ die **Kreisfrequenz** der Welle und $c$ die **Schallgeschwindigkeit**:

$$\boxed{c = \sqrt{\kappa \frac{p}{\rho}}} \tag{11.90}$$

Eine harmonische Schallwelle transportiert Energie mit einer **Energiestromdichte (Intensität)**

$$i = \frac{I}{A} \tag{11.91}$$

Die Intensität einer ebenen Welle ist überall gleich, die einer Zylinderwelle ist umgekehrt proportional dem Abstand von der Erregerachse, die einer Kugelwelle ist umgekehrt proportional dem Quadrat des Abstands vom Erregerpunkt.

## Reflexion

Wellen werden an Medien-Grenzflächen (eindimensional: Enden) **reflektiert**. Dabei ist zu unterscheiden zwischen festem Ende und freiem Ende. Eine harmonische Welle erleidet bei der Reflexion am festen Ende einen **Phasensprung** $\pi$. Am freien Ende wird sie ohne Phasensprung reflektiert.

Die Reflexion einer harmonischen Welle führt zur Überlagerung zweier gegenläufiger Wellen gleicher Frequenz und Amplitude. Das Erscheinungsbild dieser Überlagerung ist das einer stationären Schwingung, genannt **stehende Welle**:

$$s(x,t) = 2\hat{s} \cdot \cos\left(\frac{2\pi}{\lambda}x\right) \cdot \sin(\omega t) \tag{11.92}$$

In den sogenannten **Schwingungsknoten** findet keine Bewegung mehr statt, in den **Schwingungsbäuchen** dagegen eine Schwingung mit maximaler Amplitude $2\hat{s}$. Benachbarte Schwingungsknoten/-bäuche haben den Abstand einer halben Wellenlänge.

## Eigenschwingungen von Kontinua

Ein nur endlich ausgedehntes, kontinuierliches Medium ist in der Lage, stehende Wellen zu tragen, wenn geometrische Abmessungen (eindimensional: die Länge) des Mediums und Wellenlänge in ganz bestimmten (mathematischen) Verhältnissen stehen.

Beispiele sind die Eigenschwingungen einer Saite, deren Frequenzen gegeben sind durch die Formel

$$\boxed{f_n = n \cdot \frac{c}{2l}} \qquad (l \text{ ist die Saitenlänge}) \quad 2 \text{ feste Enden} \tag{11.93}$$

und die Eigenschwingungen der Luftsäule in einer **einseitig geschlossenen Pfeife**, deren Frequenzen sich errechnen nach

$$\boxed{f_n = (2n-1) \cdot \frac{c}{4l}} \qquad (l \text{ ist die Länge der Säule}). \quad \text{ein freies, ein festes Ende} \tag{11.94}$$

Die Schwingung zu $n = 1$ heißt **Grundschwingung**.
Die Schwingungen zu $n > 1$ heißen **Oberschwingungen**.

## Ton, Lautstärke , *Dopplereffekt*

Beim Hören von Schallwellen bestimmt die **Frequenz** die **Tonhöhe**, der **Klang** ist gegeben durch das **Spektrum von Grund- und Oberschwingungen**.
Über die **Lautstärke** entscheidet die **Intensität**, für die der **Schallpegel** ein quantitatives Maß darstellt:

$$L = 10 \cdot \lg \left( \frac{i}{i_0} \right) \text{ dB} \qquad [L] = \text{dB} \quad \text{(Dezibel)}$$

$$\text{mit} \quad i_0 = 10^{-12} \, \frac{\text{W}}{\text{m}^2} \tag{11.95}$$

Bei in Luft **bewegtem Sender** hört der Empfänger Frequenzverschiebungen:

$$f_\text{E} = f_\text{S} \left( 1 \pm \frac{v_\text{E}}{c} \right) \tag{11.96}$$

„+" bei Annäherung; „−" bei Entfernung.

**Bewegter Empfänger**

$$f_\text{E} = f_\text{S} \cdot \frac{1}{1 \mp \dfrac{v_\text{S}}{c}} \tag{11.97}$$

„−" bei Annäherung; „+" bei Entfernung.
Bewegt sich der Sender im Überschallbereich, entsteht eine **Mach-Stoßfront**, dreidimensional ein **Mach-Kegel**.

## Interferenz

Die **Interferenz (Überlagerung**, Addition der Auslenkungen) zweier in die gleiche Richtung laufender Wellen auf einem eindimensionalen Medium führt zu den Erscheinungen der **Auslöschung (destruktive Interferenz)** bzw. **Verstärkung (konstruktive Interferenz)**. Welche der Erscheinungen auftritt, bestimmt der **Gangunterschied**, der Unterschied der Abstände zwischen dem Beobachter und dem jeweiligen Wellenerreger.
Ist der Gangunterschied ein ganzzahliges Vielfaches der Wellenlänge, ergibt sich Verstärkung. Ist der Gangunterschied ein ungeradzahliges Vielfaches der halben Wellenlänge, ergibt sich Auslöschung.
Die Interferenz zweier Wellen auf einem **zweidimensionalen Medium**, die von gleichphasig mit gleicher Frequenz und Amplitude schwingenden Quellen erregt werden, führt zu einem stationären Interferenzmuster:
Alle Punkte im Wellenfeld auf Ellipsen mit den Quellen als Brennpunkten schwingen gleichphasig.
Alle Punkte im Wellenfeld auf Hyperbeln mit den Quellen als Brennpunkten schwingen mit gleicher Amplitude.
Bei Beobachtung im Fernfeld bestimmt der **Beobachtungswinkel** $\alpha$, bezogen auf die Normale auf der Verbindungslinie der Quellen, den Gangunterschied:

$$\sin \alpha = \frac{\Delta x}{d} \tag{11.98}$$

wobei der Quellenabstand bezeichnet ist mit $d$. Folglich sind die Richtungen, in denen **Verstärkung** beobachtet wird, gegeben durch

$$\sin \alpha_{nV} = n \cdot \frac{\lambda}{d} \qquad (11.99)$$

Die Richtungen der **Auslöschung** sind

$$\sin \alpha_{nA} = (2n + 1) \cdot \frac{\lambda}{2d} \qquad (11.100)$$

Das Symbol $n$ steht für die **Ordnung** der Verstärkung oder Auslöschung. Wegen $\sin \alpha \leqq 1$ gibt es eine **obere Grenze** für die Ordnung $n$. Diese Grenze ist um so größer, d. h., es gibt um so mehr Richtungen der Auslöschung oder Verstärkung, und diese liegen um so dichter, je kleiner das Verhältnis der Wellenlänge zum Quellenabstand ist.

Bei Erhöhung der Quellenzahl wird die Auslöschung zwischen den in obigen Richtungen der Verstärkung beobachtbaren Hauptmaxima vollständiger, die Hauptmaxima werden **schärfer** und intensitätsreicher.

**Synchron schwingende Quellen** kann man darstellen durch Ausblenden von Wellenfeldern bis auf endlich viele Punkte gemäß dem **Huygensschen Prinzip**: Jeder Punkt eines Wellenfeldes ist **Erregerpunkt**, Ausgangspunkt einer **Elementarwelle**;
das Wellenfeld insgesamt ergibt sich als Überlagerung aller Elementarwellen.

## Beugung

Hinter einer in ein zweidimensionales, ebenes Wellenfeld hineingestellten Blende mit einem Spalt, dessen Breite kleiner als die Wellenlänge ist, beobachtet man eine Elementarwelle. Wegen der Änderung der Ausbreitungsrichtung spricht man von **Beugung**.

Bei zwei Spalten beobachtet man die Interferenz der beiden Elementarwellen, die **Beugung am Doppelspalt**.

Ein **Beugungsgitter** ist eine lineare Anordnung aus vielen Spalten mit untereinander jeweils gleichem Abstand, der **Gitterkonstante**. Man beobachtet die Interferenz der Elementarwellen, die Richtungen von Auslöschung und Verstärkung ergeben sich wie oben.

Ist die Breite eines einzelnen Spaltes größer als die Wellenlänge, führt die Überlagerung der von den Punkten im Spalt ausgehenden Elementarwellen ebenfalls zu Interferenzerscheinungen. Die Richtungen der Auslöschung sind dabei gegeben durch:

$$\sin \alpha_{nA} = n \cdot \frac{\lambda}{b} \qquad (11.101)$$

mit der Spaltbreite $b$ und der Ordnung $n \geqq 1$.

Die Intensität der Maxima in den Richtungen dazwischen nimmt mit steigender Ordnung stark ab. Ist die Spaltbreite sehr viel größer als die Wellenlänge, wird nennenswerte Intensität praktisch nur noch in **Vorwärtsrichtung** ($\alpha = 0$) zu finden sein, dies ist der Übergang zur **Strahlenoptik**.

## Reflexion und Brechung

An einer Grenzfläche mit sprunghafter Änderung der Phasengeschwindigkeit werden Reflexion und Brechung beobachtet. Bei Beschreibung der als eben angenommenen Wellenfelder durch Strahlen und Angabe der Strahlrichtungen durch auf die Grenzflächennormale im Auftreffpunkt bezogene Winkel lauten die dabei geltenden Gesetze:

**Reflexionsgesetz**:

> **Einfallswinkel gleich Ausfallswinkel.**

**Snelliussches Brechungsgesetz**:

$$\frac{\sin \alpha_1}{\sin \alpha_2} = n \tag{11.102}$$

Das Verhältnis der Phasenausbreitungsgeschwindigkeiten in den zwei Medien

$$n = \frac{c_1}{c_2} \tag{11.103}$$

heißt **Brechungsindex**.

# 11.13 Aufgaben

**11.1**  Berechnen Sie die Längenänderung eines zylindrischen Kupferstabes (Dichte $8,92$ g/cm$^3$) für den Fall, daß er in Achsrichtung durch eine Masse von 40 kg belastet wird. Ein Schallimpuls benötigt $t = 0,78$ ms, um den $3,0$ m langen Stab mit $5,0$ mm Durchmesser entlang der Achse zu durchlaufen.

**11.2**  Zwischen zwei im Abstand von 50 m angebrachten Blechdosen ist mit einer Zugspannung von $2 \cdot 10^8$ N/m$^2$ ein Draht von $0,7$ mm Durchmesser gespannt (Dichte $7,8$ g/cm$^3$; $E = 2 \cdot 10^{11}$ N/m$^2$). In der Nähe einer der Blechdosen ertönt ein Knall. Welche Laufzeit benötigt dieser Schallimpuls auf dem Draht? Vergleichen Sie das Ergebnis mit der Laufzeit des Luftschalls.

**11.3**  Die Schallgeschwindigkeit in Wasser beträgt bei 20 °C 1485 m/s. Wie stark wird Wasser durch einen Druck von 100 bar komprimiert?

**11.4**  Sie wollen Wäsche aufhängen; am anderen Ende der Leine sitzt ein Vogel. Der könnte Ihre frisch duftende Pracht bekleckern, Sie wollen ihn verjagen. Raffinierterweise tun Sie dies, indem Sie an der Leine zupfen und ihm eine Welle zuschicken; bei ihm angekommen, erlebt der Vogel solche Querbeschleunigung, daß er sich nicht mehr festhalten kann und lieber davonfliegt. Wie stark müssen Sie zupfen? Und wie lange dauert's, bis die Welle beim Vogel angekommen ist?

Anleitung: Sie benötigen folgende Daten:
Vorspannkraft auf der Wäscheleine: $F = 250$ N, Dichte der Leine (Stahldraht): $\rho = 7,9$ g/cm$^3$, Querschnittsfläche der Wäscheleine: $A = 7$ mm$^2$ .
Die Welle, die Sie losschicken, sei beschrieben als eine transversale Sinuswelle der Wellenlänge $\lambda = 5$ m. Der Abstand zwischen Ihnen und Ihrem Vogel sei $l = 10$ m. Die Frage nach der Stärke des Zupfens bedeutet: Mit welcher Amplitude müssen Sie zupfen, damit der Vogel eine Transversalbeschleunigungsamplitude von zehnfacher Größe der Fallbeschleunigung ($9,81$ m/s$^2$) erlebt? Vergessen Sie nicht, die Frage nach der Laufzeit der Welle zu beantworten.

**11.5**  Ein langes Gummiseil stehe unter überall gleicher Vorspannkraft, aber seine lineare Massendichte $\rho = \Delta m / \Delta x$ nehme längs des Seiles um einen Faktor zwei ab. Eine transversale Welle laufe vom dichten Teil des Seiles zum dünnen; der Übergang in der Massendichte sei so allmählich, daß keine Reflexion stattfindet. Sie werden feststellen, daß die Amplitude der im dünnen Teil des Seiles angekommenen Welle höher ist als die Amplitude im dichten Teil: Warum und um welchen Faktor wird die Amplitude erhöht? Hinweis: Denken Sie, bitte, daran, daß Wellen Energie transportieren, und daß Energie eine Erhaltungsgröße ist.

**11.6**  Ein Faden mit der Masse $m = 2$ g und der Länge $l = 50$ cm ist an beiden Enden eingespannt. Wie muß die Zugkraft gewählt werden, damit die erste Oberschwingung bei $f_1 = 220$ Hz auftritt?

**11.7**  Eine Gitarrensaite soll auf den Kammerton $a$ ($f = 440$ Hz) abstimmbar sein. Falls aus Stahl (Dichte etwa 8 g/cm$^3$) gefertigt: Wie dick darf die Saite höchstens sein, damit beim Stimmen eine Zugkraft von 100 N nicht überschritten werden muß? (Gefragt ist der Durchmesser der Saite.)
Der Abstand zwischen den beiden Stegen einer Gitarre ist typisch etwa 60 cm.

**11.8** Ein Metallstab mit der Dichte $7,83$ g/cm$^3$ und der Länge $l = 1$ m ist in der Mitte fest eingespannt. Durch Reiben erzeugt man eine Longitudinalschwingung mit der Grundfrequenz $f_0 = 2527$ Hz.
a) Wie groß ist die Schallgeschwindigkeit?
b) Wie groß ist der Elastizitätsmodul?
c) Welche Frequenzen haben die möglichen Obertöne?

**11.9** Das menschliche Ohr vermag Schallwellen in einer ungeheuren Spannweite der Intensität wahrzunehmen: von ca. $10^{-12}$ J/(m$^2 \cdot$ s) (Hörschwelle) bis ca. $1$ J/(m$^2 \cdot$ s) (Schmerzgrenze) bei einer Frequenz von $1000$ Hz. Wie groß sind die Auslenkungs-Amplituden der Luftmoleküle für diese beiden Intensitätswerte? Vergleichen Sie mit dem Durchmesser des Bohrschen Atoms.
Zahlen, die Sie brauchen:
Luftdichte: $1,293$ kg/m$^3$, Schallgeschwindigkeit: $330$ m/s

**11.10** Eine Lärmquelle (Motor) verursacht einen Schallpegel $L = 90$ dB am Standort eines geplagten Anwohners. Wieviel Motoren müssen gleichzeitig am selben Standort laufen, damit seine Schmerzgrenze bei $120$ dB erreicht wird?

**11.11** Die drei gleichen Düsentriebwerke am Heck eines Jets erzeugen am Standort eines Flughafenbediensteten einen Schallpegel von $140$ dB. Wie hoch ist der Schallpegel, wenn nur ein Triebwerk läuft? Welchen Wert hat dann die Schallintensität?

**11.12** Im Abstand von $30$ m zu einem startenden Düsenflugzeug herrscht ein Schallpegel von $135$ dB. Wie hoch ist der Schallpegel im Abstand von $50$ m? Welchen Wert hat dort die Schallintensität?

**11.13** Ein HiFi-Verstärker liefert $20$ W $= 20$ J/s elektrische Leistung an einen Lautsprecher; dieser benutzt $90$ % davon zur Raumheizung und strahlt den Rest als Schalleistung isotrop (d. h. in alle Raumrichtungen gleich) ab. Welche Schallintensität empfindet eine in $4$ m Entfernung vom Lautsprecher stehende Person?
Bitte geben Sie zusätzlich den auf den Hörer einwirkenden Schallpegel an und beurteilen Sie, ob dieser näher an der Hörschwelle oder an der Schmerzgrenze liegt.

**11.14** Auf dem Umfang einer mit $n = 4$/s rotierenden Scheibe mit $60$ cm Radius ist eine schwingende Stimmgabel mit der Frequenz $f = 440$ Hz befestigt. Zwischen welchen Frequenen schwankt der Ton für einen Beobachter, der sich in Höhe der Scheibenebene aufhält? (Schallgeschwindigkeit $c = 330$ m/s)

**11.15** Radarkontrolle: Die Polizei „blitzt" hinter Ihnen her, sie sendet Ihrem Wagen eine elektromagnetische Radar-Welle hinterher (Frequenz $9,4 \cdot 10^9$ Hz). Aufgrund des Dopplereffekts empfängt das Blech Ihres Wagens diese Welle mit leicht erniedrigter Frequenz und reflektiert sie umgehend zurück zur Polizei. Die empfängt die Welle mit nochmals leicht erniedrigter Frequenz, da für die Polizei Ihr Fahrzeug einen davoneilenden Sender darstellt. Um die gesamte Frequenzerniedrigung zu berechnen, müssen Sie also die Frequenzerniedrigungsfaktoren durch bewegten Empfänger und durch bewegten Sender multiplizieren.
a) Angenommen, Sie fahren Ihren Wagen voll aus und erreichen in der Autobahn-Baustelle $216$ km/h. Mit welcher Frequenz kommt die Welle bei der Polizei an?
b) Auf wieviel Hertz genau muß die Polizei die Frequenz der reflektierten Welle messen, um Ihre Geschwindigkeit auf $3$ km/h genau zu bestimmen?
P.S.: Keine Sorge, daß die Radarwelle mit Lichtgeschwindigkeit reist und Sie eigentlich relativistisch rechnen müßten. Die Ergebnisformel ist zufällig relativistisch korrekt, auch wenn Sie klassisch rechnen!

**11.16** Sie navigieren mit Ihrer Yacht im Nebel auf dem Meer und haben zu Ihrem eigenen Schutz vor Kollisionen das Nebelhorn eingeschaltet, das mit ziemlich genau $250$ Hz tutet. Plötzlich hören Sie ein Echo, allerdings bei leicht erhöhter Frequenz: $260$ Hz. Offensichtlich bewegen Sie sich geradewegs auf eine den Schall reflektierende Felswand zu: mit welcher Geschwindigkeit?

**11.17** Zwischen einer ruhenden Schallquelle ($f = 1000$ Hz) und einer reflektierenden Wand, die sich mit $v = 5$ m/s auf die Quelle zu bewegt, befindet sich ein gleichfalls ruhender Beobachter. Infolge der Überlagerung des direkten Schalls mit dem reflektierten Schall treten Schwebungen auf. Welche Schwebungsfrequenz bemerkt der Beobachter?

**11.18** Sie stehen am Straßenrand und warten auf das Grün der Fußgängerampel. Ein Motorrad braust unter erheblicher Lärmentwicklung dicht an Ihnen vorbei, und Sie hätten gerne gewußt, wie schnell das Gerät war. Zufällig haben Sie das „absolute Gehör" und können feststellen, daß sich die Frequenz des zu vernehmenden Lärms während der Vorbeifahrt um $18$ % erniedrigte.
Windstille und Schallgeschwindigkeit in Luft von $330$ m/s vorausgesetzt: Wie schnell war die Maschine?

**11.19** Zwei Lautsprecher im Abstand von 4 m strahlen gleichphasig Schallwellen in einen Raum ab. Ein Hörer sitzt in einer Entfernung von 2 m zum Lautsprecher A und von 3 m zum Lautsprecher B. Für welche Frequenzen bemerkt dieser Hörer eine teilweise Auslöschung des Schalls?

**11.20** Das Licht einer Natriumlampe (Wellenlänge 589 nm) wird durch ein Gitter mit 560 Spalten pro mm gebeugt. In welchem Abstand von der optischen Achse treten auf einem 500 mm entfernten Schirm die Beugungsbilder erster bis dritter Ordnung auf?

**11.21** Ihr Problem ist die Bestimmung der Wellenlänge blau-grünen Lichts. An Handwerkszeug haben Sie ein Beugungsgitter, dessen Gitterkonstante Sie nicht kennen, und einen Helium-Neon-Laser. In der Literatur finden Sie, daß die Wellenlänge des von diesem ausgestrahlten roten Lichts sehr genau bekannt ist mit 0,6328 µm. Lassen Sie das zu vermessende und das Referenz-Laser-Licht gleichzeitig das Beugungsgitter passieren und beobachten die Beugungsstreifen (Stellen maximaler Intensität) auf einem Schirm, so stellen Sie fest, daß der vierte blau-grüne Beugungsstreifen genau mit dem dritten roten zusammenfällt. (Als nullter Beugungsstreifen gilt der mittlere des ungebeugten, geradeaus laufenden Strahls.)
Nun ist es einfach, die Wellenlänge des blau-grünen Lichts zu bestimmen.
Wie groß ist sie?

**11.22**

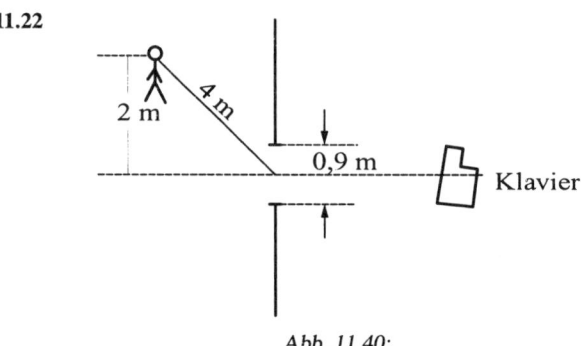

*Abb. 11.40:*

Sie stehen im Rittersaal eines alten Schlosses. Plötzlich erklingt aus dem Nachbarraum, zu dem die Tür offen steht, zauberhaftes Klavierspiel. Ganz ohne Spuk: Warum hören Sie das Piano, sehen es aber nicht?
Anleitung: Nehmen Sie an, Sie und das Piano befinden sich an Orten wie unten eingezeichnet.
Nehmen Sie außerdem an, Ihr Raum sei „schalltot", d. h. reflexionsfrei, so daß Sie nur den direkt von der Tür zu Ihnen gelangenden Schall hören. Nehmen Sie schließlich zur Vereinfachung an, das

Klavier sende ebene Wellen in Richtung der Tür: eine Schallwelle der Frequenz 1100 Hz und eine (grüne) Lichtwelle der (zur Vereinfachung der Rechnung auf sieben Nachkommastellen gegebenen) Wellenlänge 0,4999997 µm. Die Schallgeschwindigkeit in Luft ist 330 m/s.
Schätzen Sie den Winkel, unter dem ein Beugungsmaximum $n$-ter Ordnung zu beobachten ist, ab durch die Annahme, sein Sinus sei der arithmetische Mittelwert der Sinus der Winkel zu den Beugungsminima $n$-ter und $(n+1)$-ter Ordnung. Stehen Sie in Richtung von Beugungsmaxima? Und wenn ja: welcher Ordnung? Was ist die Konsequenz?

**11.23** Ein Lärmschutzwall, gebaut, um Anwohner von unzumutbarem Verkehrsgeräusch abzuschirmen, funktioniert nur unvollkommen: auch in seinem Schutz ist das Vorüberrauschen des Verkehrs deutlich vernehmbar, wenn auch stark abgeschwächt und klanglich „dumpfer".
Diese Unvollkommenheit rührt nun keinesfalls von schlampiger Ingenieurleistung her, sondern basiert auf elementarer Physik. Können Sie sie erklären?

Anleitung: In folgender Abbildung wird ein physikalisches Modell für die Funktionsweise des Lärmschutzwalls skizziert. Eine 10 m breite Straße wird auf beiden Seiten von 5 m hohen Lärmschutzzäunen begleitet. In 30 m Abstand von der Straßenmitte, auf einer Böschung und um 9,3 m höher als die Straßenebene, steht ein Haus. Der Verkehr auf der Straße erzeugt weißes Rauschen, d. h. Schall jeglicher Frequenz, von dem anzunehmen ist, er werde in Form ebener Wellen nach oben abgestrahlt. Diese Schallwellen werden an den Oberkanten der Lärmschutzzäune gebeugt, so daß einige durchaus auch das Haus am Hang erreichen, obwohl von dort keine direkte Sichtverbindung zur Straße besteht. Greifen Sie sich aus dem Lärm nun zwei Frequenzen heraus: 50 Hz und 550 Hz. Prüfen Sie jeweils nach, ob Töne dieser Frequenz das Haus erreichen, d. h., ob das Haus in Richtung eines Beugungsminimums oder -maximums liegt. Schätzen Sie dazu den Winkel, unter dem ein Beugungsmaximum $n$-ter Ordnung erscheint, ab durch die Annahme, sein Sinus sei der arithmetische Mittelwert der Sinus der Winkel zu den Beugungsminima

$n$-ter und $(n+1)$-ter Ordnung. Falls das Haus in Richtung von Maxima liegt: Von welcher Ordnung ist das Maximum für die niedrige, von welcher für die hohe Frequenz? Was bedeutet dies für die Intensität, mit der Lärm hoher Frequenz im Vergleich zum Lärm niederer Frequenz beim Haus ankommt? Warum also dieser Eindruck von „dumpfem" Rauschen? Zur Bearbeitung benötigen Sie eine Angabe zur Schallgeschwindigkeit in Luft: $c = 330$ m/s.

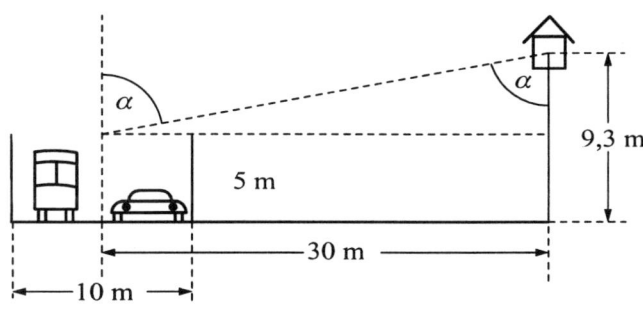

Abb. 11.41:

# Kapitel 12

# Lichtwellen und Optik

## 12.1 Elektromagnetische Wellen und Licht

Licht ist sichtbare elektromagnetische Strahlung im Wellenlängenbereich 0,5 µm. Die Ausbreitung des Lichts, seine Wechselwirkung mit Materie sowie die Anwendung in lichttechnischen Geräten ist Gegenstand der Optik, die in diesem Kapitel behandelt wird.

## Schwingender Dipol

Die Ursache für die Ausstrahlung von Licht, oder von elektromagnetischer Strahlung allgemein, sind Bewegungen von elektrischen Ladungsträgern. Dies läßt sich im Rahmen der Quantenmechanik genau verstehen.

## Schwingender elektrischer Dipol

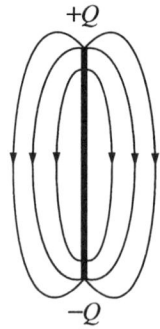

+Q

−Q

Abb. 12.1: Momentaufnahme eines schwingenden Dipols: $\vec{E}$: maximal, $\vec{B} = 0$

Ein einfaches Modell für die Quelle von elektromagnetischen Wellen ist der schwingende elektrische Dipol, den man sich als zwei gegeneinander schwingende elektrische Ladungen (Ladungsverteilungen) vorstellen kann. Ein einfaches Beispiel aus der Technik ist die Sende- oder auch die Empfangsantenne. Dies ist ein gerades Stück Draht, auf dem zunächst durch äußere Kräfte Ladungstrennung herbeigeführt wurde: Elektronen werden etwa an das untere Ende verschoben, nun fehlen diese am oberen Ende; folglich gibt es am unteren Ende einen Überschuß negativer Ladungen −Q, am oberen Ende einen betragsmäßig gleich großen Überschuß positiver Ladungen +Q. Das elektrische Feld, das von dieser Ladungsverteilung erzeugt wird, ähnelt dem elektrostatischen Dipol.

In der Abbildung sind die Feldlinien des elektrostatischen Feldes dargestellt. Dies sind diejenigen Linien, an denen die Feldvektoren Tangenten sind. Die Pfeile an den Linien bezeichnen die Richtung, in die die tangentialen Feldvektoren deuten.

Überläßt man diese Anordnung sich selbst, so werden die im Draht frei beweglichen Elektronen nach einem Ladungsausgleich suchen. Sie werden sich von unten nach oben in Bewegung setzen, ein Strom wird durch den Draht fließen, wobei in der Technik die Stromrichtung entgegengesetzt der Elektronenbewegungsrichtung definiert ist, also von + nach −. Nach kurzer Zeit wird dieser Strom für einen Ladungsausgleich gesorgt haben, das elektrische Feld wird verschwunden sein. Geradlinig fließende Ströme sind aber von konzentrischen Magnetfeldlinien umgeben.

Im schwingenden elektrischen Dipol sind die schwingenden Ladungen beim Ladungsausgleich nicht in Ruhe, sondern sie bewegen sich weiter. Folglich wird sich bald ein negativer Ladungsüberschuß −Q auf der entgegengesetzten Seite des Dipols (in der Antenne das obere Drahtende) bilden, am unteren

Ende werden Elektronen fehlen; dort herrscht positiver Ladungsüberschuß $+Q$. Diese Ladungsverteilung erzeugt wieder ein elektrisches Feld, das ähnlich aussieht wie das oben gezeigte, allerdings mit umgekehrter Richtung. Folglich werden die Elektronen abgebremst, bis sie zur Ruhe gekommen sind. Dann ist der Ladungsunterschied und damit das elektrische Feld maximal, aber das magnetische Feld ist verschwunden.

Nun wird das elektrische Feld die Elektronen wieder beschleunigen und sie von oben nach unten in Bewegung setzen. Ein elektrischer Strom beginnt von unten nach oben zu fließen, der erneut für Ladungsausgleich sorgt und ein magnetisches Feld um den Draht aufbaut, nur in umgekehrter Richtung wie vorher. Bei vollständigem Ladungsausgleich ist wiederum das elektrische Feld Null, aber das magnetische Feld ist maximal.

Jetzt strömen die Elektronen so lange, bis sie wiederum unten einen negativen Ladungsüberschuß angesammelt haben. Damit ist die Ausgangssituation erreicht, der Vorgang wird sich wiederholen: Die Ladungen im Dipol schwingen. Ein Beobachter, der seitlich neben dem Draht steht, wird so einem ständigen Wechsel zwischen elektrischen und magnetischen Feldern ausgesetzt, die zudem immer wieder ihre Richtung umkehren; dies ist eine **elektromagnetische Schwingung**. Im Antennendraht ist die elektromagnetische Schwingung wegen der ohmschen Reibung stark gedämpft und muß durch ständige Energiezufuhr aufrecht erhalten werden.

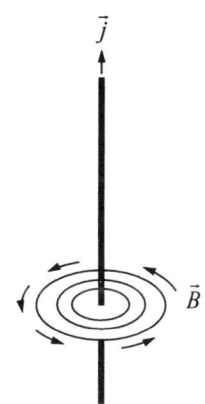

Abb. 12.2: Momentaufnahme eines schwingenden Dipols: $\vec{B}$: maximal, $\vec{E} = 0$

# Elektromagnetische Welle

Baut der schwingende Dipol gerade ein elektrisches Feld auf, so kann dieses Feld nicht sofort das gesamte Universum ausfüllen. Dies widerspräche Einsteins Postulat, daß es keine höhere Signalgeschwindigkeit gibt als die Vakuum-Lichtgeschwindigkeit $c \approx 30000$ km/s.

Das elektrische Feld kann sich höchstens mit dieser Maximalgeschwindigkeit ausbreiten; das aber heißt, daß in einer Entfernung $x$ vom Dipol ein elektromagnetisches Feld der Art und Richtung (nicht notwendig Stärke) herrschen muß, wie es vor einer Zeit $t = x/c$ am Dipol selbst herrschte. Da das Feld am Dipol schwingt und sich also ständig nach Art, Stärke und Richtung ändert, wird diese zeitliche Änderung in einer Momentaufnahme des Feldes als räumliche Periodizität dargestellt. Dies ist das Kennzeichen einer elektromagnetischen Welle. Auch die Ausbreitung einer einmaligen Feldänderung bezeichnet man als eine Welle.

Die **Elektrodynamik** zeigt aber, im Gegensatz zum eben besprochenen qualitativen Modell, daß in größerer Entfernung vom schwingenden Dipol, im **Fernfeld**, das elektrische und das magnetische Feld nicht mehr zu verschiedenen Zeiten, sondern gleichzeitig ihren jeweiligen Maximalwert erreichen.

**Elektrisches und magnetisches Feld sind im Licht in Phase.**

Die grundlegenden Eigenschaften elektromagnetischer Wellen sind für die technische Anwendung von großer Bedeutung:

- Die Ausbreitungsgeschwindigkeit ist gleich der Lichtgeschwindigkeit.
- Die elektrischen und magnetischen Feldvektoren stehen immer senkrecht auf der Ausbreitungsrichtung. Elektromagnetische Wellen sind streng transversal.
- Elektromagnetische (transversale) Wellen können polarisiert werden.

Die Ebene, in der der elektrische Feldvektor schwingt, wird in der Optik als **Polarisationsebene** bezeichnet. Aus den obigen Bildern wird klar, daß die Felder immer nur radial vom Dipol nach außen nennenswerte Stärken erreichen. In der Verlängerung der Dipol-Längsachse sind die Feldstärken so gut wie Null. Tatsächlich ergibt eine detaillierte Behandlung des schwingenden Dipols im Rahmen der Elektrodynamik, daß **in Dipol-Längsrichtung keinerlei Intensität abgestrahlt wird**: Die Intensität einer elektromagnetischen Welle wird quer zur Dipollängsrichtung in den Raum abgestrahlt.

Licht ist keineswegs die einzige Form elektromagnetischer Wellen. Elektromagnetische Wellen sind unter den verschiedensten Namen bekannt, je nach Frequenz bzw. Vakuum-Wellenlänge:

*Tabelle 12.1    Frequenzspektrum*

| Frequenz in Hz | Elektromagnetische Strahlung | Größe von Vergleichsobjekten | Vakuum-wellenlänge in m |
|---|---|---|---|
| $3 \cdot 10^{24}$ | | | $10^{-16}$ |
| $3 \cdot 10^{23}$ | | Atomkern | $10^{-15}$ |
| $3 \cdot 10^{22}$ | $\gamma$-Strahlung | | $10^{-14}$ |
| $3 \cdot 10^{21}$ | | | $10^{-13}$ |
| $3 \cdot 10^{20}$ | | | $10^{-12}$ |
| $3 \cdot 10^{19}$ | Röntgenstrahlung | | $10^{-11}$ |
| $3 \cdot 10^{18}$ | | Elektronenbahn im Atom | $10^{-10}$ |
| $3 \cdot 10^{17}$ | | | $10^{-9}$ |
| $3 \cdot 10^{16}$ | Ultraviolett | | $10^{-8}$ |
| $3 \cdot 10^{15}$ | | Viren | $10^{-7}$ |
| $3 \cdot 10^{14}$ | Licht | Bakterien | $10^{-6}$ |
| $3 \cdot 10^{13}$ | Infrarot (Wärme) | | $10^{-5}$ |
| $3 \cdot 10^{12}$ | | | $10^{-4}$ |
| $3 \cdot 10^{11}$ | Millimeterwellen | | $10^{-3}$ |
| $3 \cdot 10^{10}$ | Zentimeterwellen (Satelliten) | Chip | $10^{-2}$ |
| $3 \cdot 10^{9}$ | Dezimeterwellen (UHF) | Fernsehwellen | $10^{-1}$ |
| $3 \cdot 10^{8}$ | Ultrakurzwellen (UKW) | | $10^{0}$ |
| $3 \cdot 10^{7}$ | Kurzwellen | Haus | $10^{1}$ |
| $3 \cdot 10^{6}$ | Mittelwellen | Wolkenkratzer | $10^{2}$ |
| $3 \cdot 10^{5}$ | Langwellen | | $10^{3}$ |
| $3 \cdot 10^{4}$ | | Mount Everest | $10^{4}$ |
| $3 \cdot 10^{3}$ | Tonfrequenzen | | $10^{5}$ |
| $3 \cdot 10^{2}$ | Wechselstrom | | $10^{6}$ |
| $3 \cdot 10^{1}$ | | Erddurchmesser | $10^{7}$ |
| $3 \cdot 10^{0}$ | | | $10^{8}$ |

Nur ein kleiner Ausschnitt aus diesem Spektrum wird als Licht vom Auge wahrgenommen.

*Tabelle 12.2    Wellenlängen der einzelnen Farbbereiche*

| UV | | Violett | | Blau | | Grün | | Gelb | | Orange | | Rot | | Infrarot |
|---|---|---|---|---|---|---|---|---|---|---|---|---|---|---|
| | 390 | | 430 | | 490 | | 570 | | 600 | | 630 | | 770 | nm |

Licht verschiedener Frequenz erscheint uns in verschiedenen **Farben:** Die Farbigkeit ist durch die Frequenz bestimmt. Weiß und Schwarz sind keine Farben: Weiß erweist sich als Gemisch, in dem alle Farben gleichmäßig vertreten sind. Schwarz ist einfach die Abwesenheit von Licht.

Bemerkenswert ist, daß das menschliche Auge am empfindlichsten für Licht der Farbe grün und die Sonne Licht dieser Farbe – verglichen mit den anderen Farben – mit der höchsten Intensität ausstrahlt: Dies zeigt die erstaunliche Anpassungsfähigkeit der Evolution.

## 12.2 Reflexion und Transmission elektromagnetischer Wellen

Wellen werden beim Auftreffen auf eine **Grenzfläche** zwischen Medien, in denen die Phasengeschwindigkeit $c$ unterschiedlich ist, in zwei Anteile aufgespalten:

- eine **reflektierte Welle**, die in das „Herkunftsmedium" zurückläuft,
- und eine **transmittierte Welle**, die in das zweite Medium eindringt.

An einer Grenzfläche findet also grundsätzlich Reflexion und Transmission zugleich statt.

Die Ausbreitung einer Welle kann man durch einen **Strahl** charakterisieren. Der Strahl ist eine gedachte Linie, die stets senkrecht auf den **Wellenfronten** steht, den Flächen gleicher **Auslenkung** oder **Phase**. Für ebene Wellen sind die Strahlen gerade Linien; und dafür lautet das **Reflexionsgesetz**:

**Einfallswinkel ist gleich Ausfallswinkel:**

$$\alpha_E = \alpha_A \tag{12.1}$$

und das **Snelliussche Brechungsgesetz:**

$$\frac{\sin \alpha_1}{\sin \alpha_2} = \frac{c_2}{c_1} = n \tag{12.2}$$

wobei die Winkel $\alpha_1$ und $\alpha_2$ zwischen den jeweiligen Strahlen und der Normalen der Grenzfläche definiert sind.

$c_1$ und $c_2$ bezeichnen die Phasengeschwindigkeiten in den jeweiligen Medien. Grenzt ein Medium „2" an Vakuum, so bezeichnet man den die Transmission von Licht durch diese Grenzfläche beschreibenden Brechungsindex als **absoluten Brechungsindex**

$$n_2 = \frac{c}{c_2} \tag{12.3}$$

mit der **Vakuum-Lichtgeschwindigkeit**

$$c \equiv 299\,792\,458\,\frac{\text{m}}{\text{s}} \approx 300\,000\,\frac{\text{km}}{\text{s}} \tag{12.4}$$

Grenzt ein Medium „1" mit absolutem Brechungsindex $n_1$ an ein Medium „2" mit absolutem Brechungsindex $n_2$, so lautet das Snelliussche Brechungsgesetz für diese Grenzfläche

$$\frac{\sin \alpha_1}{\sin \alpha_2} = \frac{n_2}{n_1} \tag{12.5}$$

Man bezeichnet Medien mit geringerer Lichtgeschwindigkeit als **optisch dicht**, Medien, in denen die Lichtgeschwindigkeit nahezu den Vakuumwert erreicht, als **optisch dünn**. Gemäß dem Snelliusschen Brechungsgesetz verkleinert sich der Winkel zwischen Strahl und Grenzflächennormale beim Übergang von einem optisch dünnen zu einem optisch dichten Medium. Da Lichtwege grundsätzlich umkehrbar sind, gilt der Merksatz:

**Beim Übergang vom optisch dünnen zum optisch dichten Medium wird zum Einfallslot *hin*, beim Übergang vom dichten zum dünnen Medium wird vom Einfallslot *weg* gebrochen.**

Reflexions- und Brechungsgesetz geben die Richtungen von reflektiertem und gebrochenem Strahl an, sagen aber nichts über deren **Intensität**, also deren Energiestromdichte (Energie pro Flächen- und Zeiteinheit) aus. Ist $I_0$ die Intensität des einfallenden, $I_R$ die Intensität des reflektierten und $I_B$ die Intensität des gebrochenen Strahls, muß wegen der Energieerhaltung gelten:

$$I_0 = I_R + I_B \tag{12.6}$$

also

$$\Longrightarrow \qquad \underbrace{\left(\frac{I_R}{I_0}\right)}_{\text{Reflexionskoeffizient}} + \underbrace{\left(\frac{I_B}{I_0}\right)}_{\text{Transmissionskoeffizient}} = 1 \qquad (12.7)$$

Der französische Physiker **Fresnel** (1788–1827) leitete ab, wie diese Koeffizienten sich als Funktion von Einfalls- und Ausfallswinkel verhalten. Er fand, daß die Koeffizienten neben der Strahlengeometrie auch von der Polarisation der einfallenden Welle abhängen. Aufgrund der Energieerhaltung und des Verhaltens elektrischer und magnetischer Felder beim Überqueren einer Grenzfläche zwischen zwei Medien gelten die **Fresnelschen Formeln:**

$$\boxed{\left(\frac{I_R}{I_0}\right)_{\perp} = \frac{\sin^2(\alpha_1 - \alpha_2)}{\sin^2(\alpha_1 + \alpha_2)}}$$

$$\boxed{\left(\frac{I_R}{I_0}\right)_{\parallel} = \frac{\tan^2(\alpha_1 - \alpha_2)}{\tan^2(\alpha_1 + \alpha_2)}} \qquad (12.8)$$

Senkrecht „$\perp$" und parallel „$\parallel$" bezieht sich hierbei auf die Polarisationsrichtung relativ zur **Einfalls-ebene**, die von einfallendem Strahl und Grenzflächennormale aufgespannte Ebene. Der Winkel $\alpha$ ist immer relativ zu dieser **Normalen** zu nehmen, nie relativ zur Grenzfläche (Tangente)!

Bei **senkrechtem Lichteinfall** vereinfacht sich der Reflexionskoeffizient zu

$$\boxed{\frac{I_R}{I_0} = \left(\frac{n_1 - n_2}{n_1 + n_2}\right)^2} \qquad (12.9)$$

mit den Brechungsindices $n_1$ und $n_2$ der Medien.

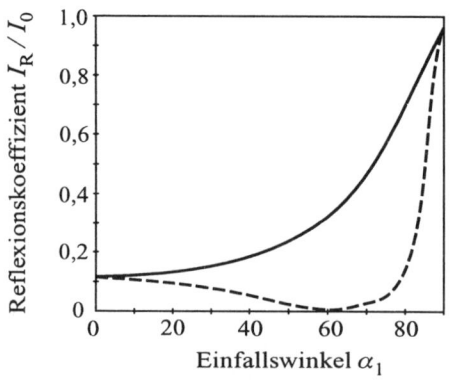

Reflexionskoeffizient nach Frensel

Polarisation bez. Einfallsebene / $n = 2$

Abb. 12.3: *Reflektierte Intensität nach Fresnel*

— Polarisation senkrecht

‑‑‑ Polarisation parallel

Das Verhältnis von der reflektierten zur einfallenden Intensität ist in folgendem Bild als Funktion des Einfallswinkels $\alpha_1$ dargestellt; das Verhältnis der Phasengeschwindigkeiten in den beiden Medien ist $c_1/c_2 = 2$.

Bei kleinem Einfallswinkel $\alpha_1$, also nahezu senkrechtem Einfall, werden nur knapp über 10 % der einfallenden Intensität reflektiert, und das (ziemlich) unabhängig von der Polarisationsrichtung. Wird der Einfallswinkel größer, der Einfall also flacher, so nimmt bei senkrechter Polarisation die reflektierte Intensität stetig zu, um bei „streifendem" Einfall schließlich bei $\alpha_1 = 90°$ den Wert der einfallenden Intensität zu erreichen: das Licht wird vollständig ins Medium *1* zurückreflektiert, nichts wird mehr in das Medium *2* hineingebrochen.

Bei paralleler Polarisation dagegen nimmt die reflektierte Intensität mit wachsendem Einfallswinkel ab, um bei einem bestimmten Winkel sogar exakt Null zu werden. Dieser Winkel heißt **Brewster-Winkel** $\alpha_{1B}$ (auch **Polarisationswinkel** $\alpha_{1P}$), weil nur eine Polarisationsrichtung reflektiert wird. Im gewählten Beispiel ist er $\alpha_{1P} = 63,43°$. Der Ausfallswinkel ist dann

$$\alpha_2 = \arcsin\left(\frac{\sin(63,43°)}{2}\right) = 26,57° \qquad (12.10)$$

Am Brewster-Winkel gilt

$$\alpha_{1B} + \alpha_2 = 90°$$ (12.11)

Das bedeutet, daß reflektierter Strahl – wenn es einen geben würde – und gebrochener Strahl aufeinander senkrecht stehen würden.

Damit wird eine anschauliche Erklärung für die Unterdrückung des reflektierten Strahls zugänglich. Der Auftreffpunkt des einfallenden Strahls kann gemäß Huygensschem Prinzip als Erregerpunkt für einfallendes, reflektiertes und transmittiertes Wellenfeld verstanden werden. Dicht hinter dem Auftreffpunkt ist die Schwingungsrichtung im Medium mit niedrigerer Phasengeschwindigkeit $c_2$ exakt senkrecht zum gebrochenen Strahl, aber parallel zur Einfallsebene – und damit parallel zur Ausbreitungsrichtung des reflektierten Strahls. (In der Skizze ist dies angedeutet durch einen Doppelpfeil.)

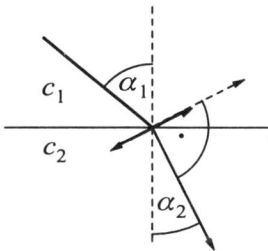

Abb. 12.4: Reflexion und Brechung für Brewster-Winkel als Einfallswinkel

In diese Richtung kann aber ein Schwingerreger des Mediums mit Phasengeschwindigkeit $c_2$ niemals eine transversale Welle aussenden, man denke an den schwingenden Dipol. Ist dies nicht möglich – wie es bei Licht der Fall ist –, so sendet das „dichtere" Medium eben einfach keine reflektierte Welle aus.

Der Brewster-Winkel errechnet sich sehr einfach aus der Bedingung, daß reflektierter und gebrochener Strahl aufeinander senkrecht stehen sollen:

$$\frac{\sin(\alpha_{1B})}{\sin(90° - \alpha_{1B})} = \frac{c_1}{c_2} = n, \qquad \sin(90° - \alpha_{1B}) = \cos(\alpha_{1B})$$ (12.12)

also gilt

$$\tan \alpha_{1B} = n$$ (12.13)

oder

$$\alpha_{1B} = \arctan \frac{c_1}{c_2} = \arctan n$$ (12.14)

Jenseits des Brewster-Winkels nimmt auch die Intensität des parallel zur Einfallsebene polarisierten, reflektierten Strahls zu und erreicht schließlich ebenfalls bei „streifendem" Einfall die Intensität des einfallenden Strahls.

Für jeden Einfallswinkel aber ist die Intensität des reflektierten Strahls bei Polarisation parallel zur Einfallsebene niedriger als bei Polarisation senkrecht zur Einfallsebene. Strahlt man eine unpolarisierte Welle ein, die beide Polarisationsrichtungen in gleichem Maße enthält, so heißt das, daß die reflektierte Welle teilweise und – bei Einfall mit Brewster-Winkel sogar **vollständig** – **polarisiert** ist.

**Eine reflektierende Fläche dient als Polarisator.**

Eine Anwendung dieser Tatsache ist die Verwendung von Polarisationsfiltern in der Photographie oder auf Sonnenbrillen. Reflexe (etwa von Wasseroberflächen) lassen sich abschwächen, indem man mit Hilfe dieser Filter das polarisierte, reflektierte Licht ausblendet. Allerdings nimmt dabei auch die transmittierte Intensität ab.

# 12.3 Dispersion und Absorption elektromagnetischer Wellen

Im Zusammenhang mit Brechung beobachtet man, daß die Stärke der Brechung, also der Unterschied zwischen Einfalls- und Ausfallswinkel, von der **Farbe des Lichts** abhängt.

**Im allgemeinen wird blaues Licht stärker gebrochen als rotes Licht.**

Dieses Phänomen wird als **Dispersion** bezeichnet.

Die Stärke der Brechung ist nach dem Snelliusschem Brechungsgesetz abhängig vom Verhältnis der Phasengeschwindigkeiten $c_1$ und $c_2$ in den beiden aneinander grenzenden Medien.

Wird blaues Licht an einer Grenzfläche vom Vakuum zum Medium stärker gebrochen als rotes Licht, so heißt dies, daß im Medium die Phasengeschwindigkeit $c_2$ von blauem Licht kleiner ist als die des roten Lichtes.

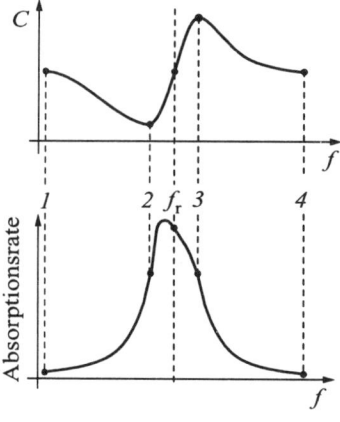

Abb. 12.5: Typische Dispersionskurve (schematisch)

Wellen erfahren beim Durchgang durch ein Medium Energieverlust; man nennt dieses Phänomen **Absorption**. Absorption führt dazu, daß die Energie einer transmittierten Welle u. U. vollständig dissipiert wird und nicht mehr beobachtet werden kann.

Man nennt in der Abbildung die Bereiche zwischen *1* und *2* und zwischen *3* und *4*, in denen die Phasengeschwindigkeit mit der Frequenz abnimmt, Gebiete **normaler Dispersion**, den Bereich zwischen *2* und *3*, wo die Phasengeschwindigkeit mit der Frequenz zunimmt, das Gebiet **anomaler Dispersion**. Im letzten Gebiet ist, wie im Bild zu sehen, auch die **Absorption** am stärksten.

**Licht einer Frequenz nahe der Resonanzfrequenz schwingungsfähiger Systeme im Medium (beispielsweise der Molekül-Elektronenhüllen) wird so stark absorbiert, daß transmittierte Strahlen gar nicht mehr beobachtbar sind.**

Dieses Absorptionsverhalten elektromagnetischer Wellen in der Nähe von Resonanzen findet vielfältige technische Anwendungen, nicht nur für Lichtwellen: Beispiele sind die Absorption von Mikrowellen, die zur Aufheizung der in Mikrowellenherde eingebrachten Speisen führt; die Kernspinresonanz (nuclear magnetic resonance, NMR) hat vielfältige Anwendungen in der chemischen Industrie (Analyse von organischen Substanzen, Biotechnologie) sowie in der Medizintechnik (NMR-Tomographie zur Diagnose).

Ist das Material „normal" durchsichtig, also die Absorption nur schwach, so herrscht normale Dispersion.

**Dispersion entsteht durch Ankopplung einer Welle an schwingungsfähige Systeme. Da diese praktisch immer auch bedämpft sind, besteht ein ursächlicher Zusammenhang zur Absorption: In Gebieten normaler Dispersion ist die Absorption niedrig, in Gebieten anomaler Dispersion ist die Absorption hoch.**

Die Phasengeschwindigkeit sinkt bei normaler Dispersion mit wachsender Frequenz. Das bedeutet, wie beschrieben, daß der Brechungsindex mit wachsender Frequenz steigt (die Lichtgeschwindigkeit fällt): blaues Licht wird stärker gebrochen als rotes.

# 12.4 Spektralzerlegung durch Prisma und Beugungsgitter

Tritt ein Lichtstrahl, der ein Gemisch verschiedener Frequenzen (Farben) enthält, in Materie ein, so wird er wegen der Dispersion aufgespalten in Strahlen mit jeweils verschiedenen Frequenzen (Farbe).

Verlassen die aufgespalteten Strahlen diese Materie an einer zur Eintrittsfläche parallelen Fläche wieder, so folgt (in der Skizze sind gleiche Winkel gleich markiert), daß die Strahlen in der ursprünglichen Richtung, allerdings parallel versetzt, weiterlaufen; der blaue Strahl wird stärker versetzt als der rote. Die beiden Strahlen erscheinen wieder parallel und sind daher fast nicht als getrennt wahrzunehmen.

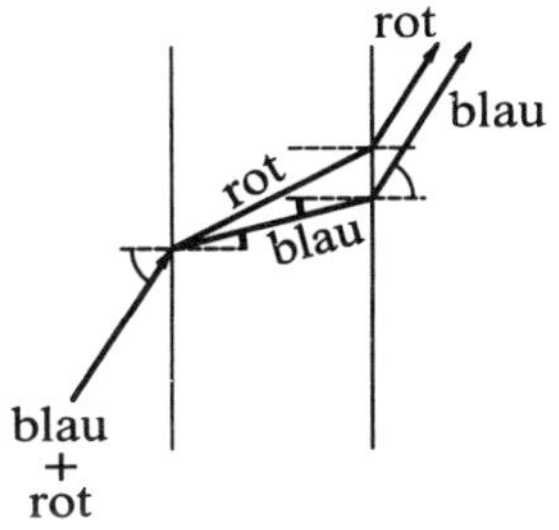

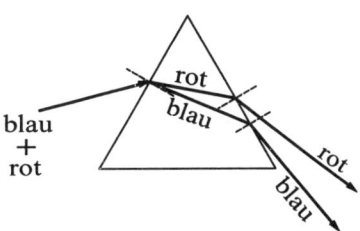

*Abb. 12.6: Farbtrennung beim Durchgang von Licht durch eine planparallele Platte*

Für das Zerlegen von Farbgemischen in seine Einzelteile verwendet man das **Prisma**, dessen Ein- und Austrittsflächen <u>nicht</u> parallel sind. Dadurch trennen sich auch die Richtungen von Lichtstrahlen verschiedener Wellenlängen.

Haben blauer und roter Strahl verschiedene Richtung, so können sie in einiger Entfernung vom Prisma – etwa auf einer Leinwand oder einer Photoplatte – getrennt nachgewiesen werden.

Eine Photoplatte wird je nach Intensität des einfallenden Lichts mehr oder weniger stark geschwärzt. Der Schwärzungsgrad ist damit ein Maß für die Intensität, mit der Licht einer bestimmten Farbe im ursprünglichen Gemisch vorhanden war. Da die Intensität dem Amplitudenquadrat proportional ist, ist der Schwärzungsgrad ein Maß für die Amplitude, mit der im ursprünglichen Frequenzgemisch eine bestimmte Frequenz vertreten war. Eine Auswertung der Photoplatte könnte also zu einem Diagramm der folgenden Art führen:

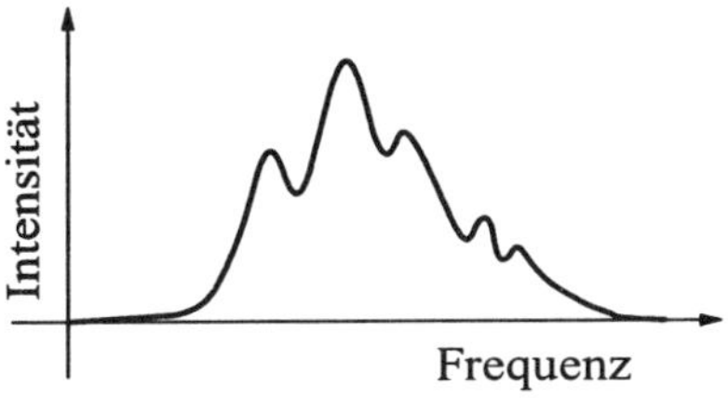

*Abb. 12.7: Farbtrennung von Licht beim Durchgang durch ein Prisma*

Eine solche Darstellung wird als **Spektrum** bezeichnet. Das Prisma ist ein **Spektralanalysator**.

Es besteht ein grundsätzlicher Unterschied der spektralen Zerlegung durch Brechung und durch Beugung: Auch ein **Beugungsgitter** lenkt einen einfallenden Strahl je nach Frequenz verschieden stark ab. So ist die Richtung, in der das erste Maximum zu beobachten ist, gegeben durch die Formel:

*Abb. 12.8: Spektrum eines Prismas*

$$\sin \alpha = \frac{\lambda}{d} = \frac{c}{f \cdot d}$$ (12.15)

mit der Gitterkonstanten $d$.

An dieser Formel sieht man, daß im Beugungsgitter der Ablenkungswinkel um so kleiner ist, je höher die Frequenz ist:

**Beim Beugungsgitter wird rot stärker abgelenkt als blau, ein Prisma bricht bei normaler Dispersion blau stärker als rot.**

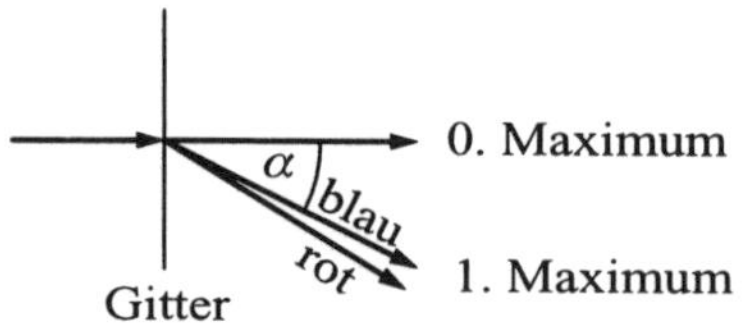

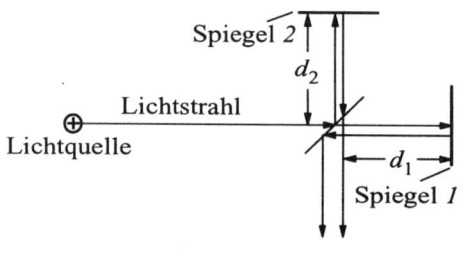

0. Maximum      $\sin\alpha = \dfrac{\lambda}{d} = \dfrac{C}{f \cdot d}$

1. Maximum      $d$: Gitterkonstante

*Abb. 12.9: Farbtrennung von Licht beim Durchgang durch ein Beugungsgitter*

# 12.5  Interferometrie

Mit geeigneten Anordnungen ist es auch möglich, große Längen mit der Präzision einer halben Lichtwellenlänge zu messen. Die hierfür gebräuchlichen Instrumente heißen **Interferometer**. In ihnen werden zwei Lichtstrahlen, die verschiedene Wege nehmen, zur Interferenz gebracht, und der Unterschied der beiden Weglängen bestimmt die Interferenzerscheinung. Dadurch kann man eine Länge im Vergleich zu einer Referenzlänge sehr genau bestimmen.

*Abb. 12.10: Michelson-Interferometer*

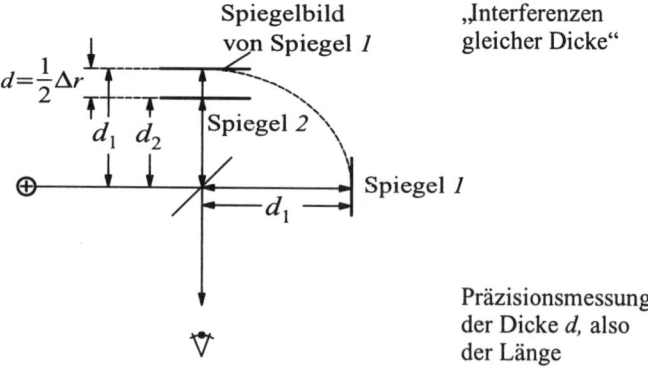

*Abb. 12.11: Wegdifferenzmessung aus Interferenzen gleicher Neigung*

Es gibt eine Unzahl von konstruktiven Abwandlungen von Interferometern. Stellvertretend sei das **Michelsonsche Interferometer** in vereinfachter Form vorgestellt, da es historisch bei der Diskussion um die Existenz des Äthers und daraus folgend in der Entwicklung der speziellen Relativitätstheorie um die Jahrhundertwende eine große Rolle spielt.

Der am Strahlteiler reflektierte Strahl durchläuft zweimal die Strecke $d_2$, bevor er sich am Strahlteiler mit dem dort transmittierten und am Spiegel *1* reflektierten Strahl trifft und mit diesem (auf dem weiteren Weg zum Auge des Beobachters) interferiert. Der am Strahlteiler transmittierte Strahl hat bis zum

Treffpunkt zweimal die Strecke $d_1$ durchlaufen. Der Gangunterschied bestimmt sich darum einfach zu

$$\Delta x = 2d_2 - 2d_1 = 2(d_2 - d_1) \qquad (12.16)$$

Den Phasensprung bei der Reflexion an den Spiegeln braucht man hier nicht zu berücksichtigen, da beide Strahlen diesen Phasensprung gleichermaßen erfahren.

Man kann die Interferenz im Michelson-Interferometer auch als Interferenz an einer dünnen (Luft-)Schicht verstehen, denn dem beobachtenden Auge erscheint Spiegel *1* auf der gleichen Strahlachse wie Spiegel *2*.

Der die Interferenzerscheinung bestimmende Gangunterschied ist gleich dem Doppelten der Luftschichtdicke $d$ des Unterschieds in den beiden Längen $d_1$ und $d_2$.

Kippt man Spiegel *1* leicht gegen Spiegel *2*, wird man Interferenz gleicher Dicke beobachten: Stellen gleicher Dicke erscheinen nun (beispiels-

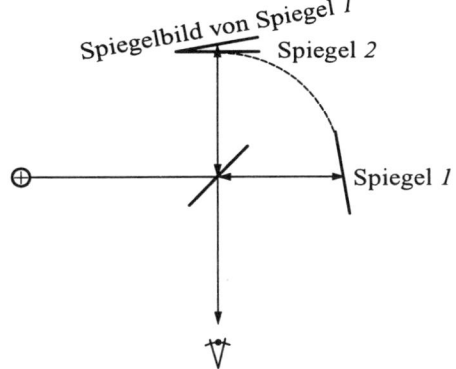

*Abb. 12.12: Winkelmessung aus Interferenzen gleicher Dicke*

weise als dunkle Auslöschungs-) Streifen, deren Abstand vom Neigungswinkel der Spiegel gegeneinander abhängt. Einem kleinen Streifenabstand entspricht ein großer Winkel und umgekehrt. Damit erlaubt das Michelson-Interferometer auch eine **Präzisionsmessung von Winkeln**.

# 12.6  Lichtleiter

In der Informationsübertragungstechnik hat ein optisches Gerät an Bedeutung gewonnen, die **Lichtleiter**, dünne zylindrische Glasfasern, dessen Funktion ebenfalls auf der Brechung beruht. Die Funktionsweise von Lichtleitern (**optische Fiber**) kann im Rahmen der Strahlenoptik verständlich gemacht werden.

## Lichtleiter

Um zu verstehen, warum eine zylindrische Glasfaser Licht leitet, sei noch einmal auf das Snelliussche Brechungsgesetz eingegangen: Aus

$$\frac{\sin \alpha_1}{\sin \alpha_2} = \frac{c_1}{c_2} = n > 1 \qquad (12.17)$$

folgt

$$\sin \alpha_2 = \frac{1}{n} \cdot \sin \alpha_1 \qquad (12.18)$$

also

$$\sin \alpha_2 < \sin \alpha_1 \qquad (12.19)$$

$\alpha_1$ kann nun aber nicht größer werden als 90 Grad („streifender" Lichteinfall), in diesem Extremfall ist $\sin \alpha_1 = 1$.

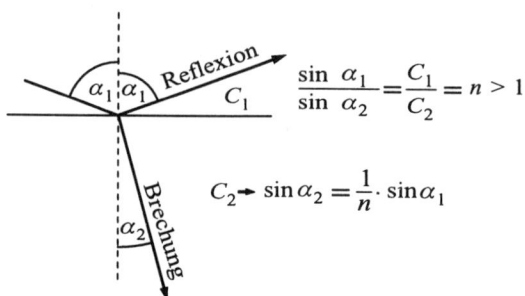

$$\frac{\sin \alpha_1}{\sin \alpha_2} = \frac{c_1}{c_2} = n > 1$$

$$c_2 \rightarrow \sin \alpha_2 = \frac{1}{n} \cdot \sin \alpha_1$$

*Abb. 12.13: Reflexion und Brechung*

Wegen $n > 1$ ist aber immer noch $\sin \alpha_2 < 1$ und damit $\alpha_2 < 90$ Grad. Für den Winkel $\alpha_2$, unter dem der gebrochene Strahl im Medium mit $c_2$ verläuft, gibt es also eine obere Grenze, einen **Grenzwinkel** $\alpha_g$, jenseits dessen kein gebrochener Strahl mehr existiert:

$$\sin \alpha_g = \frac{1}{n}$$

$$\implies \boxed{\alpha_g = \arcsin\left(\frac{1}{n}\right)} \qquad (12.20)$$

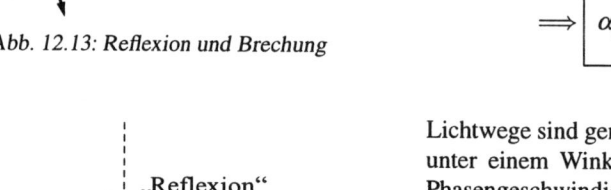

*Abb. 12.14: Reflexion und Brechung bei streifendem Lichteinfall*

Lichtwege sind generell umkehrbar: Strahlt man unter einem Winkel $\alpha_2$ aus dem Medium mit Phasengeschwindigkeit $c_2$ auf die Grenzfläche zum Medium mit der Phasengeschwindigkeit $c_1$, so wird der Strahl nach der Grenzfläche unter einem Winkel $\alpha_1$ erscheinen bzw. weiterlaufen. Zusätzlich wird, wie im Falle des umgekehrten Lichtweges auch, ein reflektierter Strahl mit dem Ausfallswinkel gleich Einfallswinkel in das Medium mit $c_2$ zurücklaufen.

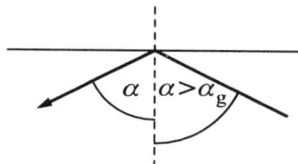

*Abb. 12.15: Totalreflexion*

Strahlt man aus dem Medium mit $c_2$ heraus gerade unter dem Grenzwinkel $\alpha_g$ auf die Grenzfläche, so wird der gebrochene Strahl streifend entlang der Grenzfläche verlaufen.
Strahlt man unter einem Winkel größer als $\alpha_g$ heraus aus dem Medium mit $c_2$, so ist kein gebrochener Strahl mehr möglich! Alle Intensität geht in den reflektierten Strahl, der in das Medium zurückläuft. Das Licht überschreitet nicht die Grenzfläche, der Strahl wird vollständig reflektiert. Darum bezeichnet man dieses Phänomen als **Totalreflexion**.

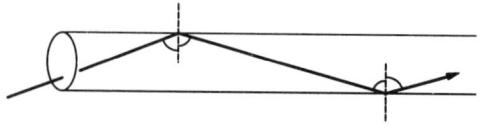

*Abb. 12.16: Der Lichtleiter*

Bei Totalreflexion wird 100 % der einfallenden Intensität reflektiert, bei normaler Reflexion immer nur ein Bruchteil (vgl. Fresnelsche Formeln).
Bringt man einen Lichtstrahl nahezu parallel zur Faserachse in eine zylindrische Glasfaser, so wird dieser bei Auftreffen auf die Faseroberfläche immer wieder total in die Faser hinein reflektiert, das Licht wird die Faser entlang geführt. Lichtverluste treten allenfalls durch Absorption im Glas auf. Auch Verunreinigungen können Licht aus der Faser herausstreuen.

# 12.7 Linsen

Weite Verbreitung in der technischen Anwendung haben elementare optische Geräte, die **Linsen**, gefunden.

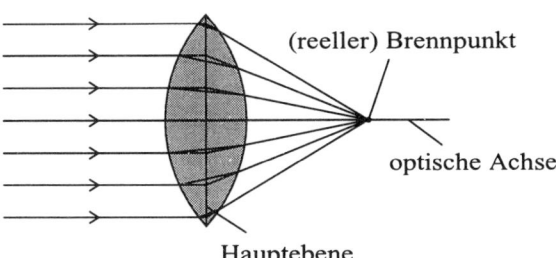

Im einfachsten Falle ist eine Linse ein Objekt aus durchsichtigem Material, das von zwei Kugelflächen begrenzt wird, die **sphärische Linse**. Tritt ein paralleles Lichtstrahlenbündel zur **optischen Achse** (die zur Mittelebene der Linse senkrechte Achse, die Symmetrieachse) durch die Linse, wird jeder Lichtstrahl

*Abb. 12.17: Eigenschaften der Konvexlinse*

zweimal zur optischen Achse hin gebrochen; einmal beim Eintritt in die Linse, einmal beim Austritt aus dem Material.

Ist die Linse dünn, so kann man mit dem Brechungsgesetz zeigen, daß alle Strahlen praktisch zum gleichen Punkt auf der optischen Achse hin gebrochen werden: sie werden im **Brennpunkt fokussiert**. Aus dem Brechungsgesetz folgt auch:

$$\frac{1}{f} \approx (n-1)\left(\frac{1}{r_1} + \frac{1}{r_2}\right) \tag{12.21}$$

mit dem Brechungsindex $n$ des Linsenmaterials, den Krümmungsradien $r_1$ und $r_2$ der Kugelflächen und der **Brennweite** $f$, das ist der Abstand des Brennpunktes von der sogenannten **Hauptebene** der Linse. Die Hauptebene konstruiert man, indem man die in die Linse eintretenden und die aus der Linse austretenden Strahlen bis zu ihren Schnittpunkten verlängert. Bei dünnen sphärischen Linsen liegen alle diese Schnittpunkte in einer Ebene, eben der Hauptebene. Diese Hauptebene liegt im allgemeinen nicht auf der Mittelebene der Linse, für dünne Linsen kommt sie ihr aber sehr nahe.

Haben beide Kugelflächen den gleichen Krümmungsradius, so vereinfacht sich die obige Formel zu:

$$\frac{1}{f} = \frac{2 \cdot (n-1)}{r} \tag{12.22}$$

Für $n = 1,5$ (ein für Glas typischer Wert) gilt dann

$$f \approx r \tag{12.23}$$

Den Kehrwert der Brennweite bezeichnet man als **Brechkraft**; deren Einheit ist die **Dioptrie**:

$$D = \frac{1}{f}; \qquad [D] = \text{m}^{-1} = \text{dpt} = \text{Dioptrie} \tag{12.24}$$

In der Nähe der optischen Achse sind die beiden Linsenflächen praktisch parallel. Ein zur optischen Achse geneigter und hindurchtretender Strahl wird folglich lediglich parallel versetzt.

Ist die Linse dünn, kann man die Parallelversetzung vernachlässigen und annehmen, daß Strahlen an der optischen Achse die Linse geradlinig durchsetzen.

Die Abbildungseigenschaften dünner Linsen können also nach folgender Vorschrift konstruiert werden:

• Ersetze die Linse durch ihre Hauptebene.

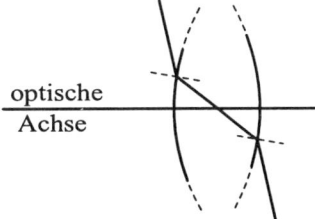

*Abb. 12.18: Durchgang eines Lichtstrahls durch eine Konvexlinse nahe der optischen Achse*

- Betrachte, von einem repräsentativen Punkt des Objekts ausgehend, je einen achsparallelen Strahl, der zum Brennstrahl wird, einen Brennstrahl, der zum achsparallelen Strahl wird, und einen Strahl, der die optische Achse an der Hauptebene schneidet.

## Abbildungseigenschaften konvexer Linsen

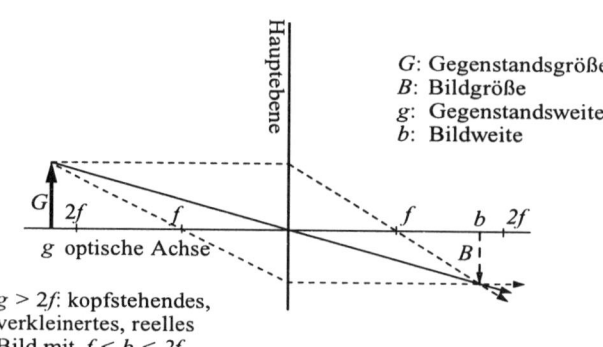

G: Gegenstandsgröße
B: Bildgröße
g: Gegenstandsweite
b: Bildweite

$g > 2f$: kopfstehendes, verkleinertes, reelles Bild mit $f < b < 2f$

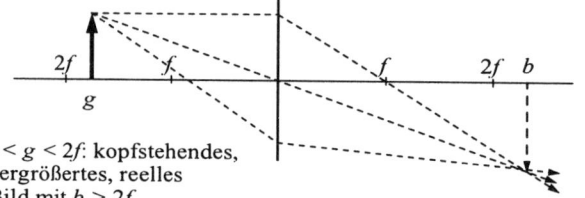

$f < g < 2f$: kopfstehendes, vergrößertes, reelles Bild mit $b > 2f$

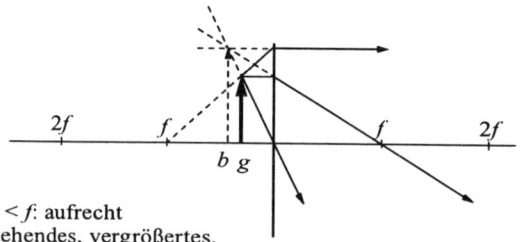

$g < f$: aufrecht stehendes, vergrößertes, virtuelles Bild

*Abb. 12.19: Abbildung durch Konvexlinse*

$$\frac{1}{f} = \frac{1}{g} + \frac{1}{b}$$

Zur Darstellung der Abbildungseigenschaften dünner, konvexer Linsen wird folgende Notation gewählt: die Gegenstandsgröße $G$, die Bildgröße $B$, die Gegenstandsweite $g$, der Abstand des Gegenstandes von der Linsen-Hauptebene, die Bildweite $b$, der Abstand des Bildes von der Linsen-Hauptebene.

Aus den Diagrammen ist unmittelbar ersichtlich:

$$\boxed{\frac{B}{G} = \frac{b}{g}} \qquad (12.25)$$

mit

$$\frac{B}{b-f} = \frac{G}{f} \qquad (12.26)$$

folgt

$$\frac{B}{G} = \frac{b-f}{f} \qquad (12.27)$$

und

$$\frac{b}{g} = \frac{b-f}{f} \qquad (12.28)$$

also

$$\frac{1}{g} = \frac{1}{f} - \frac{1}{b} \qquad (12.29)$$

und somit ergibt sich

$$(12.30)$$

## Konkave Linsen

Konvexe Linse und konkaver Spiegel haben beide reelle Brennpunkte und sind in ihren Abbildungseigenschaften vollkommen analog. Genauso hat der konvexe Spiegel mit seinem virtuellen Brennpunkt **die konkave Linse** als Analogon:

Die Konstruktion von (virtuellem) Brennpunkt und Hauptebene verläuft völlig analog zur konvexen Linse, ebenso die Konstruktion der Abbildungseigenschaften:

Wie der konvexe Spiegel entwirft die konkave Linse ausschließlich verkleinerte virtuelle Bilder, und wie dort sind die Abbildungsgleichungen die gleichen:

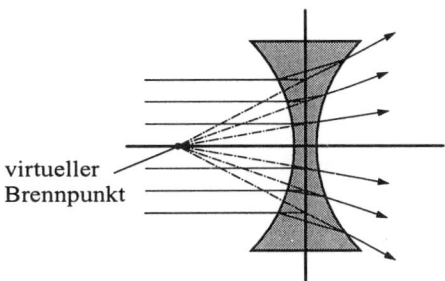

virtueller Brennpunkt

$$\frac{B}{G} = \frac{b}{g} \qquad (12.31)$$

$$\frac{1}{f} = \frac{1}{b} + \frac{1}{g} \qquad (12.32)$$

*Abb. 12.20: Eigenschaften der Konkavlinse*

Wieder ist in der letzteren Gleichung $f$ und $b$ negativ zu nehmen.

aufrecht stehendes, verkleinertes, virtuelles Bild mit $b < f$

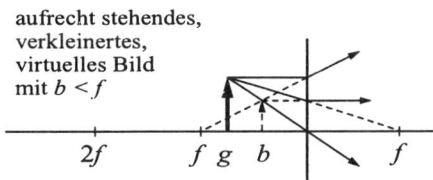

*Abb. 12.21: Abbildung durch Konkavlinse*

# 12.8 Zusammenfassung

**Lichtwellen** sind **elektromagnetische Wellen** aus einem engen Wellenlängenbereich:

$$0,4\,\mu\text{m} \lessgtr \lambda \lessgtr 0,8\,\mu\text{m} \qquad (12.33)$$

($\lambda$ bezeichnet die Vakuum-Wellenlänge).
Die **Frequenz** bestimmt die **Farbe**!

Elektromagnetische Wellen bestehen aus rein **transversal** schwingenden elektrischen und magnetischen Feldvektoren.

## Reflexion und Transmission

Die Aufteilung der auf eine **Grenzfläche** einfallenden **Intensität** einer ebenen Welle in reflektierte Welle und transmittierte Welle wird durch die **Fresnelschen Formeln** beschrieben.

$$\left(\frac{I_R}{I_0}\right)_\perp = \frac{\sin^2(\alpha_1 - \alpha_2)}{\sin^2(\alpha_1 + \alpha_2)} \qquad (12.34)$$

**Transmissionskoeffizient**:

$$\left(\frac{I_R}{I_0}\right)_\parallel = \frac{\tan^2(\alpha_1 - \alpha_2)}{\tan^2(\alpha_1 + \alpha_2)} \qquad (12.35)$$

Hier bedeutet $\alpha_1$ **Einfallswinkel** der einfallenden, $\alpha_2$ **Ausfallswinkel** der gebrochenen Welle. Die Winkel sind definiert zwischen **Ausbreitungsrichtung** und **Grenzflächennormalen** (Einfallslot).

## Polarisation

Der Index ⊥ bezeichnet zur Einfallsebene senkrechte, der Index ‖ **parallele Polarisationsrichtung**. Da der Reflexionskoeffizient polarisationsabhängig ist, ist das reflektierte und das transmittierte Licht **teilweise polarisiert**, wenn unpolarisiertes Licht eingestrahlt wird.

Beim **Brewster-Winkel** arctan($n$) ($n$ ist der Brechungsindex) wird die zur Einfallsebene parallel polarisierte Komponente gar nicht mehr reflektiert; **vollständige Polarisation** ist die Folge.

## Dispersion

Durch Wechselwirkung der ein Medium durchlaufenden elektromagnetischen Lichtwelle mit den Elektronen der Atome bzw. Moleküle ist die Phasengeschwindigkeit frequenzabhängig. Im allgemeinen sinkt die Phasengeschwindigkeit mit wachsender Frequenz: Normale Dispersion, blaues Licht wird stärker gebrochen als rotes. Gebiete **anomaler Dispersion** (Phasengeschwindigkeit wächst mit der Frequenz) sind wegen der dort sehr starken Absorption der Beobachtung meist entzogen.

## Brechung

**Lichtwege sind umkehrbar.** Strahlt man Licht von einem **optisch dichten Medium** (mit Brechungsindex $n$ und niedriger Phasengeschwindigkeit $c$) in ein optisch dünnes Medium (mit Brechungsindex $n'$ und hoher Phasengeschwindigkeit $c'$), wird die ausfallende Welle vom Einfallslot weg gebrochen. Für Einfallswinkel jenseits der Grenze arcsin($n/n'$) wäre der Ausfallswinkel größer als 90°, folglich ist keine Transmission mehr möglich: **Totalreflexion** der gesamten Intensität wird beobachtet.

## Interferenz

In der modernen Meßtechnik wird die Wellennatur des Lichtes genutzt, um Längen hochpräzise zu messen. In **Interferometer**anordnungen bringt man Lichtstrahlen zur Interferenz, die geometrisch verschiedene Wege zurückgelegt haben, und mißt anhand der Interferenzerscheinungen den Unterschied der Weglängen auf Bruchteile der Lichtwellenlänge genau.

## Elemente der Optik

Im **Lichtleiter**, einer zylindrischen Faser aus hoch transparentem, brechendem Material, kann Licht durch fortgesetzte Totalreflexion kilometerweit geführt werden.

Beim Durchgang durch eine **Linse** aus transparentem, brechendem Material wird ein Strahl zweimal gebrochen, an jeder Grenzfläche einmal. Zur geometrischen Konstruktion der Abbildungseigenschaften kann man bei **dünnen Linsen** den zweimaligen Brechvorgang durch einen einzigen an der Hauptebene ersetzen.

Eine **sphärische Konvexlinse** fokussiert achsparallele, achsnahe Strahlen im Brennpunkt. Die **Brennweite** $f$ ist gegeben durch den Brechungsindex $n$ des Materials und die beiden Krümmungsradien $r_1$ und $r_2$ der begrenzenden Oberflächen:

$$\frac{1}{f} = (n-1)\left(\frac{1}{r_1} + \frac{1}{r_2}\right)$$

(12.36)

(Näherung für dünne Linsen).
Die Abbildungseigenschaften sind dieselben wie die des Hohlspiegels.

Bei der **sphärischen Konkavlinse** scheinen einfallende achsparallele, achsnahe Strahlen nach der Brechung von einem virtuellen Brennpunkt vor der Linse zu kommen. Diese Linse liefert ausschließlich verkleinerte, virtuelle Bilder.

Die Abbildungseigenschaften sphärischer Spiegel und Linsen können zusammengefaßt werden in zwei Gleichungen (*B* bezeichnet die Größe des Bildes, *G* die des Gegenstandes):

$$\boxed{\frac{B}{G} = \frac{b}{g}}$$

$$\boxed{\frac{1}{f} = \frac{1}{g} + \frac{1}{b}} \tag{12.37}$$

Für Konkavspiegel und Konvexlinse ist bei virtuellem Bild *b* negativ einzusetzen. Für Konvexspiegel und Konkavlinse sind *b* und *f* negativ einzusetzen.

# 12.9 Aufgaben

**12.1** Ein Lichtstrahl fällt unter 45° auf eine Seite eines gleichseitigen Prismas aus durchsichtigem Material mit Brechungsindex $n = 1,5$. Unter welchem Winkel zur ursprünglichen Richtung verläßt der Lichtstrahl das Prisma?

**12.2** Die die Straßenbegrenzung markierenden „Katzenaugen" oder auch die Reflektoren an Fahrzeug-Rücklichtern scheinen Licht immer in genau die Richtung wieder zurückzuwerfen, aus der es herkommt. Bei näherem Betrachten sehen Sie, daß solche Reflektoren aus Elementen bestehen, in denen spiegelnde Flächen aufeinander genau senkrecht stehen. In der Skizze unten ist der Strahlengang an zwei aufeinander senkrecht stehenden Spiegeln verdeutlicht: Leiten Sie den Zusammenhang her zwischen dem Winkel $\phi$ und dem Winkel der ersten Reflexion $\theta$, und begründen Sie daraus, warum einfallender Strahl $s_\mathrm{e}$ und ausfallender Strahl $s_\mathrm{a}$ parallel sind.

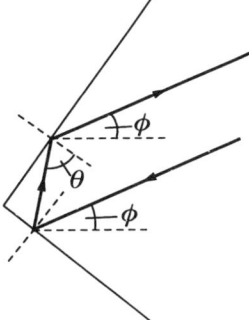

Abb. 12.22:

**12.3** Einer der sicher einfachsten, aber dennoch wirkungsvollen Zaubertricks ist das Sichtbarmachen einer versteckten Münze: Am Boden eines Bechers liegend, ist die Münze aus schrägem Blickwinkel zunächst unsichtbar, da von der Becherwand verdeckt. Nun füllt der Zauberkünstler Wasser in den Becher, und plötzlich – bei unverändertem Blickwinkel – wird die Münze sichtbar! Ist das Zauberei oder ist es physikalisch erklärbar? Zur Erklärung führen Sie bitte folgende Rechnung durch: Ein Betrachter schaue in einen zunächst leeren, zylindrischen Becher, dessen Durchmesser 8 cm und dessen Höhe ebenfalls 8 cm ist. Die schräge Blickrichtung sei dargestellt durch einen „Sehstrahl", der den oberen Becherrand gerade streift und diagonal durch das Becher-Innere

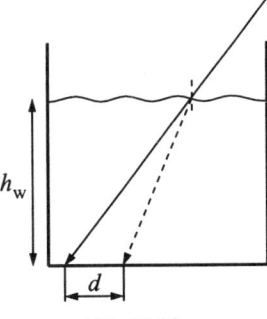

Abb. 12.23:

verläuft: siehe Skizze. (Der „Sehstrahl" ist nichts anderes als der umgekehrte Weg des Lichts vom Aufpunkt im Becher-Inneren zum Auge des Beobachters.) Der Becher-Boden ist also nicht einsehbar.

Nun werde Wasser (Brechzahl $n = 1,33$) in den Becher eingefüllt. Stellen Sie die Formel auf, die Ihnen zeigt, wie der nun gebrochene Sehstrahl mit wachsender Einfüllhöhe $h_w$ über den Becherboden streift: gesucht ist also die Funktion $d(h_w)$.

Zusatzfrage: Wie weit kommt der Sehstrahl bei maximaler Einfüllhöhe ins Becherinnere, oder anders formuliert: was ist $d$ (8 cm)?

**12.4**  Bei malerischer Aussicht stehen Sie im Urlaub exakt 100 m über der in der Sonne funkelnden Oberfläche eines oberitalienischen Sees. Um Ihre Augen vor dem gleißenden Licht der Reflexe zu schützen, tragen Sie eine Sonnenbrille mit Polarisationsfiltern. Amüsiert stellen Sie fest, daß exakt an der Stelle der Wasseroberfläche, wo für Sie die Reflexe am besten unterdrückt werden, ein Segelboot vorüberzieht. Schlagartig wird Ihnen klar, daß Sie daraus die Entfernung zum Segelboot ausrechnen können, denn Sie kennen den Brechungsindex von Wasser: $n = 1,33$.

Wie weit ist das Segelboot von Ihnen entfernt?

**12.5**  Ein weißer Lichtstrahl passiert ein dünnes Prisma; auf einem fünf Meter entfernt stehenden Schirm entsteht in $0,5$ m Abstand von der optischen Achse ein Spektrum, das 10 cm breit ist. Bitte errechnen Sie aus diesen Angaben die Phasengeschwindigkeiten roten und violetten Lichts im Prisma unter der Annahme, die Phasengeschwindigkeit in der umgebenden Luft sei $300\,000$ km/s.
Anleitung: Rotes Licht habe an der Luft die Wellenlänge $\lambda_{rot} = 0,8$ μm, violettes Licht die Wellenlänge $\lambda_{violett} = 0,4$ μm. Der Zusammenhang zwischen Ablenkwinkel $\alpha$ und Brechzahl $n$ sei für das verwendete Prisma gegeben durch $\alpha = (n - 1) \cdot 0,2$.

**12.6**

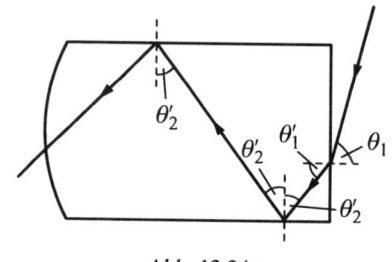

*Abb. 12.24:*

Hat man für einen zylindrischen Lichtleiter ein Material genügend hoher Brechzahl zur Verfügung, wird jegliches an der Stirnfläche eingetretene Licht an den Seiten im Inneren total reflektiert. Bitte berechnen Sie den Brechungsindex, der für diesen anwendungstechnisch wichtigen Fall mindestens erforderlich ist.
Hinweise: „Jegliches eingetretene Licht" heißt: aus beliebiger Richtung eingetreten: $\theta_1$ in der Skizze unten kann jeden Wert zwischen 0 und $\frac{\pi}{2}$ annehmen. Nehmen Sie den ungünstigsten Fall $\theta_1 = \frac{\pi}{2}$, und berechnen Sie $n$ für den Fall, daß $\theta_2'$ gerade der Totalreflexionsbedingung genügt.

**12.7**  Trotz all der kunstvollen optischen Instrumente, die Menschen je erdacht und gebaut haben, ist für den Menschen das wichtigste Instrument doch sicherlich das Auge. Es besteht aus lediglich einer Konvexlinse, die die Aufgabe hat, auf der Netzhaut im Augenhintergrund ein scharfes, reelles Bild zu entwerfen. Das Besondere an dieser Linse ist, daß sie durch Verformung durch winzige Muskeln in der Lage ist, ihre Brennweite zu verändern.
Sei der Abstand der Linsen-Hauptebene zur Netzhaut gegeben mit $2,5$ cm. Welche Brennweite muß die Linse haben, um ein scharfes Bild von einem sehr weit entfernten Gegenstand zu entwerfen?
Welche Brennweite muß die Linse annehmen, um ein scharfes Bild von einem Gegenstand in minimaler deutlicher Sehweite (25 cm) zu entwerfen?

**12.8**  Warum scheint ein Fernrohr Gegenstände nicht nur zu vergrößern, sondern auch die Abstände zwischen Gegenständen zu verkürzen?
Anleitung: Nehmen Sie an, Sie betrachten mit einem Fernrohr dreißigfacher Vergrößerung zwei Gegenstände von jeweils 2 m Höhe; einer ist 100 m von Ihnen entfernt, einer 200 m. Unter welchen Sehwinkeln erscheinen die Gegenstände? In welchen Entfernungen müßten die Gegenstände stehen, damit sie Ihnen ohne Fernrohr gleich groß erschienen? Welchen Abstand hätten die Gegenstände dann voneinander?

**12.9**  Ein Konvexspiegel hat einen Krümmungsradius von 60 cm. Im Abstand 10 cm vom Spiegel ist ein Gegenstand mit einer Höhe von 20 cm aufgestellt. Gesucht ist die Lage und Höhe des Bildes.

**12.10**  Ein Lichtstrahl fällt unter einem Winkel von 30° auf eine planparallele Glasplatte und tritt aus ihr parallel zum einfallenden Strahl wieder aus. Die Brechzahl des Glases ist $1,5$. Wie groß ist die Dicke $d$ der Platte, wenn der Abstand der beiden Platten $1,94$ cm beträgt?

**12.11** Die Brechzahlen einer bestimmten Glassorte für rotes und violettes Licht sind $n_r = 1,51$ und $n_v = 1,53$. Gesucht sind die Grenzwinkel der Totalreflexion bei Einfall dieser Strahlen am Übergang Glas–Luft.

**12.12** Was geschieht beim Einfall von weißem Licht unter einem Winkel von 41° am Übergang Glas–Luft, wenn man das Glas aus der vorhergehenden Aufgabe nimmt?
(Es sind die Resultate der vorhergehenden Aufgabe zu verwenden.)

**12.13** Aus zwei Gläsern mit den Brechzahlen 1,5 und 1,7 sind zwei gleiche, bikonvexe Linsen gefertigt.
a) Gesucht ist das Verhältnis ihrer Brennweiten.
b) In welcher Weise wirkt jede dieser Linsen auf einen parallel zur optischen Achse verlaufenden Strahl, wenn man die Linsen in eine klare Flüssigkeit mit einer Brechzahl von 1,6 taucht?

**12.14** Gesucht ist die Brennweite einer Linse in Wasser, wenn ihre Brennweite in Luft 20 cm ist. Die Brechzahl des Glases, aus dem die Linse besteht, ist 1,6.

**12.15** Wie groß müssen die Krümmungsradien der Lupenoberflächen ($|r_1| = |r_2|$) sein, damit die Lupe die Vergrößerung $V = 10$ für ein normales Auge ergibt?
Die Brechzahl des Glases, aus dem die Lupe besteht, ist $n = 1,5$.

**12.16** Ein Fernrohr mit einer Objektivbrennweite von 50 cm ist auf Unendlich eingestellt. Nachdem das Okular verstellt worden ist, kann man Gegenstände klar sehen, die 50 m vom Objektiv entfernt sind.

Um welchen Abstand wurde das Okular verstellt?

**12.17** Ein Fernrohr hat ein Objektiv mit einer Brennweite von 1,5 m und ein Okular mit der Brennweite 10 cm.

Unter welchem Sehwinkel kann man den ganzen Mond in diesem Fernrohr sehen, wenn man ihn mit unbewaffneten Auge unter einem Winkel von 30′ sieht?

**12.18** Zum Schutz einer hochpolierten, reflektierenden Aluminium-Oberfläche wird eine durchsichtige Aluminiumoxid-Schicht der Dicke $0,25\,\mu m$ aufgebracht.

In welcher Farbe erscheint die Oberfläche nach Aufbringen der Schicht? Welche Frequenzen sichtbaren Lichts werden bei senkrechter Aufsicht ausgelöscht, welche verstärkt reflektiert?
Hinweis: Aluminiumoxid hat einen Brechungsindex von 1,8.

**12.19** Schallwellen treffen lotrecht auf eine bodennahe, homogene, scharf von der Luft abgegrenzte Schicht eines schwereren Gases ($c = 266$ m/s). Die tiefste Frequenz, bei der Auslöschung der reflektierten Welle beobachtet wird, ist $f = 1200$ Hz.

Wie groß ist die Schichtdicke $d$? Welches ist die nächsthöhere Frequenz, bei der Auslöschung auftritt?

**12.20** Warum kann man das Auflösungsvermögen eines Mikroskops etwas verbessern, indem man den Zwischenraum zwischen Objekt und Objektiv mit sogenanntem „Immersionsöl" füllt, das ist eine glasklare Flüssigkeit mit hohem Brechungsindex? Bitte liefern Sie keine Theorie des Auflösungsvermögens von Mikroskopen; erläutern Sie nur, welche für die Auflösung entscheidende Größe wie von dem Öl der Brechzahl $n$ verändert wird.

**12.21** Im Dunkeln mag die Pupille des menschlichen Auges einen Durchmesser von 3 mm annehmen. Wie nahe zusammen dürfen zwei Kerzen stehen, die sich im Abstand von 100 m vom Auge befinden, damit ihre gelb ($\lambda = 0,59\,\mu m$) leuchtenden Flammen gerade noch als getrennt wahrgenommen werden?

**12.22** Der nächste Fixstern ist vom Sonnensystem etwa $a = 4,3$ Lichtjahre entfernt. Dabei ist ein Lichtjahr diejenige Distanz, die das Licht in einem Jahr zurücklegt; Lichtgeschwindigkeit ist etwa 300 000 km/s. Nehmen Sie an, Sie brächten das große Spiegelteleskop vom Mount Palomar (USA), dessen „Objektivdurchmesser" 5 m ist, dorthin. Reicht die Auflösung dieses Teleskops, um von dort aus Erde und Sonne getrennt wahrzunehmen?
a) Berechnen Sie aus den angegebenen Daten für eine Lichtwellenlänge $\lambda = 5 \cdot 10^{-7}$ m den minimalen Winkel $\alpha_{min}$ im Bogenmaß, unter dem zwei Objekte erscheinen dürfen, um getrennt wahrgenommen zu werden.
b) Unter welchem Winkel im Bogenmaß erscheint die Erdbahn, vom nächsten Fixstern aus gesehen, wenn der Erdbahnradius $R = 150 \cdot 10^6$ km beträgt? (Benutzen Sie in jedem Fall die Näherung $\tan \alpha = \alpha$.)
Sind vom nächsten Fixstern aus Sonne und Erde also getrennt wahrnehmbar?

# Teil IV
# Elektrodynamik

Wie bereits in den vorherigen Kapiteln gezeigt wurde, ist eine vernünftige physikalische Beschreibung unserer Umwelt nur mit Hilfe geeigneter physikalischer Größen möglich. Als eine sehr wichtige Größe war die aus den Basisgrößen Weg, Zeit und Masse abgeleitete Größe Kraft erkannt worden. Außer den mechanischen Kräften und der Gravitationskraft kennen wir im Alltagsgebrauch die **elektrischen** und **magnetischen** Kräfte.

Reibt man z. B. bestimmte Körper (Glas, Bernstein ), so üben die so bearbeiteten Materialien Kräfte auf andere Körper (Papierschnitzel, Schaumstoffkügelchen) aus. Zurückgeführt wird diese, als **elektrostatische Kraft** bezeichnete Kraftwirkung auf die Trennung von **elektrischen Ladungen**.

Neben diesen elektrostatischen Kräften beobachtet man in der Natur eine weitere Kategorie von Kräften: Bestimmte Materialien (Magnete), z. B. Magnetit ($Fe_3O_4$), üben auf Eisenteile oder andere Magnete Kräfte aus. Die gleiche Wirkung kann man auch durch die Bewegung von Ladungen (Strom in einem Leiter) erreichen. In Anlehnung an die bereits im Altertum bekannte Erscheinung der Magnetkraft werden diese Kräfte **magnetische Kräfte** genannt.

Physikalische Gesetzmäßigkeiten zwischen ruhenden Ladungen werden durch die **Elektrostatik** beschrieben. In der **Magnetostatik** werden physikalische Erscheinungen und Gesetzmäßigkeiten behandelt, welche bei stationärer Ladungsbewegung (konstante lokale mittlere Geschwindigkeit der Ladungsträger) vorherrschen. Bei **nichtstationärer Ladungsbewegung** (beschleunigte Ladungsbewegung) treten sowohl elektrische als auch magnetische Erscheinungen auf. Die vorkommenden physikalischen Gesetzmäßigkeiten bei Verkopplung dieser beiden Gebiete werden durch die **Elektrodynamik** beschrieben.

# Kapitel 13

# Elektrostatik

In der Elektrostatik behandeln wir Erscheinungen, Zustände und physikalische Gesetze, welche bei getrennten und ruhenden Ladungen auftreten. Wir werden sowohl das Verhalten im Vakuum als auch bei Anwesenheit von Materie untersuchen.

## 13.1 Elektrische Ladung

Bereits im Altertum war bekannt, daß durch das Reiben eines Bernsteinstabes (griechisch: Elektron) Kräfte auf leichte und isolierte Teilchen ausgeübt werden. Wir wollen dies im folgenden Versuch in aktualisierter Form nachvollziehen.

### Kraftwirkung zwischen Ladungen

Ein Hartgummistab wird gerieben und mit zwei nebeneinander aufgehängten sehr leichten Schaumstoffkugeln in Berührung gebracht. Nach der Berührung stoßen sich die Kugeln untereinander ab, sie werden aber auch vom Hartgummistab abgestoßen. Wird als nächstes ein Glasstab gerieben und in die Nähe der Kugeln gebracht, so werden die Kugeln zuerst vom Glasstab angezogen. Nach der Berührung beobachtet man analog zum Hartgummistab eine Abstoßung zwischen dem Glasstab und den Kugeln. Bringt man nun wiederum den geriebenen Hartgummistab in die Nähe der Kugeln, so tritt erneut eine Anziehung, nach dem Berühren wieder Abstoßung auf.

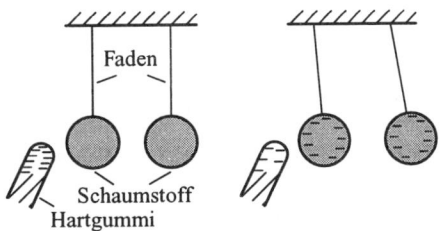

Vor der Berührung      Nach der Berührung

*Abb. 13.1: Ladungsübertragung mit einem Hartgummistab*

Durch die Berührung mit den geriebenen Stäben sind die Kugeln in einen Zustand versetzt worden, in welchem sie auf andere Körper Kräfte ausüben. Wir bezeichnen die Körper in diesem Zustand als „**elektrisch geladen**". Dabei unterscheidet sich der Ladungszustand von Glas und Hartgummi: Willkürlich hat man den Zustand, in dem sich der Glasstab nach dem Reiben befindet **positiv (+)**, denjenigen, der sich nach dem Reiben des Hartgummistabes einstellt, **negativ (−)** elektrisch geladen genannt. Es gibt also **positive** und **negative Ladungen**.

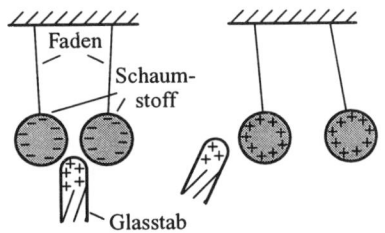

Vor der Berührung      Nach der Berührung

*Abb. 13.2: Ladungsübertragung mit einem Glasstab*

**Aus dem Versuch folgt, daß gleichnamige (++ oder −−) Ladungen sich gegenseitig abstoßen und ungleichnamige (+−) Ladungen sich gegenseitig anziehen.**

# Einfaches Atommodell

Die elektrische Ladung ist an Materie gebunden. Man kann sich die Materie aus kleinsten Einheiten, den sogenannten **Atomen** aufgebaut denken. Die Vorstellung über das Aussehen und die Struktur des Atoms hat sich im Laufe der Zeit erheblich verfeinert. Die einfachste Vorstellung ist das simple Bild des Planetensystems: Ein Atom ist einfach ein „Planetensystem im Kleinen". Die Rolle der Sonne übernimmt der positiv geladene **Atomkern** und die Planetenrolle die negativ geladenen **Elektronen**.

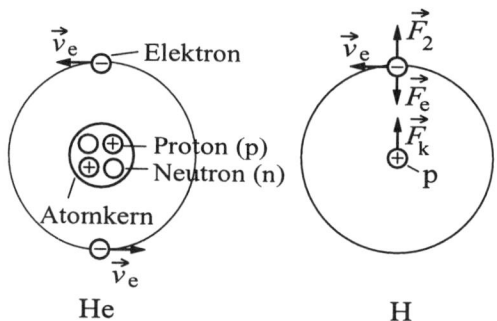

Abb. 13.3: *Bohrsches Atommodell von Helium (He) und Wasserstoff (H)*

Der Atomkern sieht je nach Stoffart (Element) verschieden aus und besteht aus noch kleineren Teilchen, den **Protonen** (p) und den **Neutronen** (n). Diese beiden Teilchen sind ca. zweitausend mal schwerer als das Elektron, sind nicht punktförmig, d. h., sie weisen ebenfalls eine Struktur auf. In erster Näherung kann man die Protonen und Neutronen als Kugeln mit endlichem Radius betrachten. Die Protonen sind positiv geladen und haben damit die entgegengesetzte Ladung eines Elektrons. Die Neutronen weisen keine Ladung auf. Zusammengehalten wird der Atomkern durch die Kernkräfte, welche zwar kurzreichweitig, aber im Nahbereich weitaus stärker als die elektrostatischen Abstoßungskräfte zwischen den Protonen sind. Die Elektronen als Träger der negativen Ladung können als punktförmig betrachtet werden. Das einfachste Atom ist das Wasserstoffatom. Es besteht aus dem Proton als Atomkern und einem Elektron.

Die Rolle der Schwerkraft übernimmt in diesem „Miniaturplanetensystem" die elektrostatische Kraft zwischen dem Elektron und dem Kern. Analog zu unserem Sonnensystem müssen die Elektronen eine bestimmte Umlaufgeschwindigkeit um den Atomkern aufweisen, damit über die Zentrifugalkraft die elektrostatische Anziehung kompensiert wird.

# Neutrale Atome

Wir versuchen nun mit diesem simplen Atommodell die Beobachtung zu erklären, daß Materie sich vorwiegend **neutral** gegenüber der Einwirkung äußerer Ladungen verhält, d. h. keine meßbaren Anziehungs- bzw. Abstoßungskräfte auftreten.

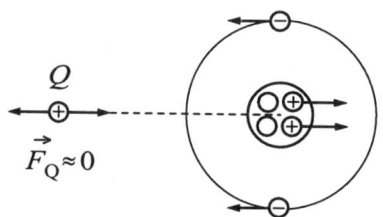

Abb. 13.4: *Kraftwirkung auf ein neutrales Atom*

Jedes neutrale Atom besteht aus einer gleichen Anzahl von Elektronen und Protonen. Wirkt nun auf so ein Atom eine äußere Ladung ein, so werden die Elektronen und Protonen in entgegengesetzten Richtungen auseinandergezogen. Bei Gleichheit der Elektronen- und Protonenanzahl („neutrales" Atom ) heben sich die einwirkenden Kräfte gegenseitig nahezu auf, so daß resultierend kaum eine Einwirkung auf das Atom festzustellen ist. Das Atom verhält sich nach außen hin „neutral". Durch die Verschiebung der Elektronen und Protonen gegeneinander treten allerdings sogenannte **Dipolkräfte** auf. Sie sind jedoch viel schwächer als die eben besprochene elektrische Anziehung bzw. Abstoßung.

# Ionen

Anders sieht die Situation bei positiven oder negativen **Ionen** (Atome mit Elektronenmangel bzw. Elektronenüberschuß) aus. In diesem Fall ist die auf das Ion einwirkende resultierende Kraft proportional zur Differenz zwischen Elektronen- und Protonenanzahl.

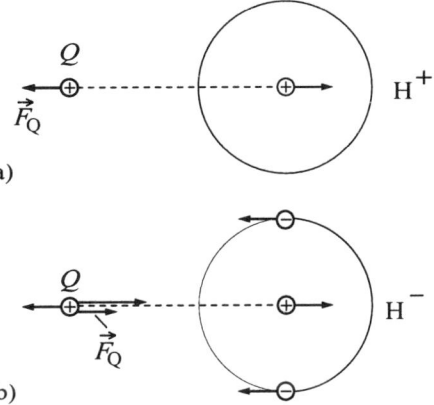

a)

b)

*Abb. 13.5: Kraftwirkung auf Wasserstoffionen*
*a) Abstoßungskraft zwischen Q und $H^+$*
*b) Anziehungskraft zwischen Q und $H^-$*

# Ladung als physikalische Größe

Zur quantitativen Erfassung der Ladung ist es notwendig, ein Symbol und eine Einheit einzuführen. Als Symbol für die **Ladung** wird der Buchstabe $Q$ gewählt. Basierend auf der elektrischen Basisgröße Strom (Einheit: 1A (Ampere )) des Internationalen Einheitensystems (SI) ergibt sich die **Einheit der Ladung** $Q$ zu

$$1 \text{ Coulomb} = 1 \text{ C} = 1 \text{ A} \cdot \text{s} \tag{13.1}$$

Aus dem Atommodell folgt, daß die kleinste Ladungsmenge die Ladung eines Protons ist. Mißt man die Ladung kleinster Körper, so erhält man stets ein ganzzahliges Vielfaches desselben Wertes. Das bedeutet, daß jede Ladung aus kleinsten, nicht mehr unterteilbaren Einheiten besteht. Die Ladung dieser kleinsten Einheit ist die sogenannte **Elementarladung**

$$e_0 = 1,602 \cdot 10^{-19} \text{ C} \tag{13.2}$$

Die Protonen tragen die Ladung $e_0$ und die Elektronen $-e_0$.

# 13.2 Elektrische Feldstärke und Coulombsches Gesetz

## Coulombsches Gesetz

Wie wir im vorigen Abschnitt festgestellt hatten, üben Ladungen aufeinander Kräfte aus, welche je nach Ladungsart abstoßend oder auch anziehend sein können. Wir wollen uns nun etwas eingehender mit der Kraftwirkung zwischen Ladungen beschäftigen.

**Kraft zwischen zwei Punktladungen**

Eine positive Ladungsmenge $Q$ befindet sich im Ursprung eines Koordinatensystems. In die Nähe dieser Ladung wird im Abstand $r$ eine weitere positive Ladung $q$ positioniert. Beide Ladungen werden als punktförmig angenommen.

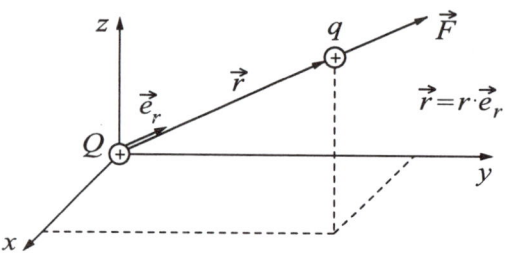

*Abb. 13.6: Kraftwirkung zwischen zwei Punktladungen*

Die Ladung $q$ dient zur Kraftmessung und wird im folgenden als „Probeladung" bezeichnet. Zwischen beiden Ladungen wird eine Kraft gemessen, welche auf der Verbindungsachse der beiden Ladungen liegt und in Richtung des Abstandsvektors $\vec{r}$ zeigt.

Um das Kraftgesetz herauszufinden, wird bei festem Abstand $\vec{r}$ die Ladung $Q$ und auch die Probeladung $q$ variiert. Untersuchungen ergeben, daß die Kraft $F$ proportional zu den Ladungen $Q$ und $q$ ist, d. h.

$$F \sim Q \cdot q \tag{13.3}$$

ganz analog zur Gravitationskraft zwischen zwei Massen $M_1$ und $M_2$: $F_G \sim M_1 \cdot M_2$.

Durch Variation des Abstandes $r$ zwischen den Ladungen folgt weiterhin, daß die Kraft invers zum Quadrat des Abstands $r$ ist, wieder genau wie beim Gravitationsgesetz

$$F \sim \frac{1}{r^2} \tag{13.4}$$

Zusammengefaßt lautet nun die Kraftbeziehung zwischen zwei Ladungen

$$\vec{F} = a \frac{Q \cdot q}{r^2} \vec{e}_r \tag{13.5}$$

wobei $a$ eine Konstante ist.

Diese Gleichung sieht genauso aus wie die aus der Mechanik bekannte Gravitationskraft.

Im Unterschied zur Gravitationskraft, die immer anziehend wirkt, wird jedoch die Kraftrichtung der elektrostatischen Kraft durch das Vorzeichen der Ladungen bestimmt.

**Ladungen gleichen Vorzeichens führen zu Abstoßungs- und Ladungen ungleichen Vorzeichens zu Anziehungskräften.**

Die Proportionalitätskonstante $a$ schreibt man zweckmäßigerweise in der Form

$$a = \frac{1}{4\pi\varepsilon_0} \tag{13.6}$$

Durch das Zerlegen der Konstante $a$ in die Zahl $1/4\pi$ und eine Konstante $1/\varepsilon$ wird zum einen der Kugelsymmetrie des Feldes einer Punktladung und zum anderen den Eigenschaften des Mediums, in dem die Ladungen enthalten sind, Rechnung getragen. (s. Abschnitte „Verschiebungsdichte und Verschiebungsfluß" und „Dielektrikum im elektrischen Feld").

Im Vakuum ergibt sich für $\varepsilon$ die **Influenzkonstante** oder **elektrische Feldkonstante** mit dem Wert

$$\varepsilon_0 = 8{,}854 \cdot 10^{-12} \frac{C^2}{(N \cdot m)^2} \tag{13.7}$$

Für die Kraft zwischen zwei Ladungen $Q$ und $q$ im Vakuum gilt das

**Coulombsche Gesetz**   $$\vec{F} = \frac{1}{4\pi\varepsilon_0} \frac{Q \cdot q}{r^2} \vec{e}_r \tag{13.8}$$

## Elektrische Feldstärke

Das Coulombsche Gesetz zeigt, daß die Wechselwirkungskraft zwischen Ladungen von den Ladungspositionen und den Ladungsstärken abhängig ist. Betrachtet man nun die Probeladung $q$ als ein „Meßinstrument" zur Untersuchung der Kraftwirkung der Ladung $Q$ im Raum, so erkennen wir, daß die Kraft von der Größe der Ladungsstärke des „Meßinstrumentes" abhängt. Durch die Einführung einer „auf die Probeladung normierten Kraft"

**Elektrische Feldstärke**   $\vec{E} = \dfrac{\vec{F}}{q}$   (13.9)

ergibt sich das **Vektorfeld** der elektrischen Feldstärke, welches bei einer Punktladung im Vakuum die Form

$$\vec{E}(\vec{r}) = \frac{Q}{4\pi\varepsilon_0} \cdot \frac{1}{r^2}\vec{e}_r \qquad (13.10)$$

aufweist.

Diese elektrische Feldstärke ist wieder analog zur Gravitationsfeldstärke, die wir in der Mechanik kennengelernt haben. Das Feld $\vec{E}(\vec{r})$ fällt **radial** mit dem Quadrat der Entfernung zur Quelle ab.

Das Feld der Ladung $Q$ ($Q$ nennt man auch die Quelle des elektrischen Feldes) durchsetzt den gesamten Raum, ist von der Probeladung unabhängig und übt auf eine Probeladung die Kraft

$$\vec{F} = q \cdot \vec{E} \qquad (13.11)$$

aus.

## Feldlinien

Die Bewegungsbahn einer positiven Probeladung mit vernachlässigbarer Masse ist durch die Kraftrichtung und somit auch durch die Richtung der elektrischen Feldstärke bei der jeweiligen Position gegeben. Diese Bahnkurve wird als die **Feldlinie der elektrischen Feldstärke** bezeichnet. Bei einer einzelnen Punktladung sind die Feldlinien Strahlen, die von oder zur Punktladung $Q$ gerichtet sind; bei zwei

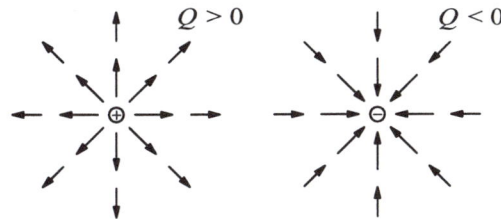

*Abb. 13.7: Elektrische Feldstärke einer positiven und einer negativen Punktladung Q*

Punktladungen entgegengesetzten Vorzeichens verlaufen die Feldlinien in gekrümmter Form von der positiven zur negativen Ladung, und nur auf der Verbindungsachse der Ladungen ist die Feldlinie eine Gerade. Die Richtung der Feldlinien ist mit der jeweiligen Richtung der elektrischen Feldstärke identisch und wird durch einen entsprechenden Pfeil gekennzeichnet.

Jede beliebige Ladungsverteilung kann man sich aus Punktladungen zusammengesetzt vorstellen. Die Überlagerung der elektrischen Feldstärken dieser Punktladungen führt zu unterschiedlichen Verläufen der Feldstärke. Elementare Feldverläufe sind diejenigen der Punktladung, der Linienladung und des Plattenkondensators (siehe auch nachfolgende Abschnitte).

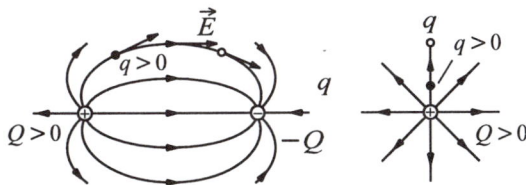

*Abb. 13.8: Feldlinienbild zweier entgegengesetzter Punktladungen und einer positiven Ladung Q*

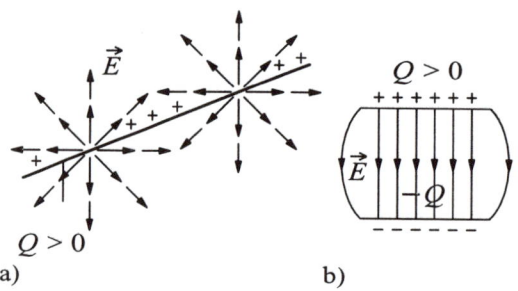

Bei der Punktladung haben wir einen kugelsymmetrischen und bei der Linienladung einer Geraden einen zylindersymmetrischen Feldverlauf. Im Plattenkondensator ist das elektrische Feld **homogen**, d. h. „gleich" in Betrag und Richtung in jedem Raumpunkt des Kondensatorbereiches.

*Abb. 13.9: Feldlinienverlauf einer Linienladung (a) und innerhalb eines Plattenkondensators (b)*

## 13.3   Elektrische Spannung und elektrisches Potential

## Elektrische Spannung

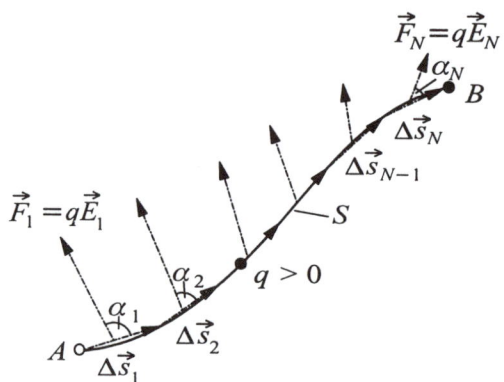

*Abb. 13.10: Verschiebung einer Probeladung q längs des Weges S*

In einem beliebigen inhomogenen elektrischen Feld soll eine Probeladung $q$ längs des Weges $S$ vom Punkt $A$ nach Punkt $B$ verschoben werden. Längs des Weges wirkt auf die Probeladung die Kraft $\vec{F} = q \cdot \vec{E}$.

Unterteilt man nun die Wegstrecke $S$ in kleine Wegstücke $\Delta\vec{s}_i$, so wird, wie aus der Mechanik schon bekannt, auf diesem Wegstück an der Probeladung die Arbeit $\Delta W_i \approx \vec{F}_i \cdot \Delta\vec{s}_i = q \cdot \vec{E}_i \cdot \Delta\vec{s}_i$ verrichtet. Die gesamte Arbeit längs der Strecke $S$ ergibt sich zu

$$W_{AB} \approx \sum_{i=1}^{N} \Delta W_i$$

$$= q \sum_{i=1}^{N} \vec{E}_i \cdot \Delta\vec{s}_i \qquad (13.12)$$

Werden die Wegstücke $\Delta\vec{s}$ immer kleiner gewählt, so geht die obige Gleichung über in

$$W_{AB} = q \int_{A}^{B} \vec{E} \cdot \mathrm{d}\vec{s} \qquad (13.13)$$

In dieser Gleichung ist das Integral ein sogenanntes Linienintegral längs des Weges $S$. Zu integrieren ist das skalare Produkt aus Feldstärkevektor $\vec{E}$ und Wegstück $\Delta\vec{s}$:

$$\vec{E} \cdot \mathrm{d}\vec{s} = E \cdot \cos\alpha \cdot \mathrm{d}s \qquad (13.14)$$

Die zu verrichtende Arbeit $W_{AB}$ längs des Weges $S$ ist von der Probeladung $q$ abhängig. Man erhält nun eine, von der Probeladung unabhängige charakteristische Größe durch die Division der Arbeit $W_{AB}$ durch die Probeladung $q$. Diese Größe wird als **elektrische Spannung** bezeichnet:

$$U_{AB} = \frac{W_{AB}}{q} = \int_{A}^{B} \vec{E} \cdot \mathrm{d}\vec{s} \quad ; \qquad [U] = \frac{\mathrm{N} \cdot \mathrm{m}}{\mathrm{C}} = \mathrm{V} \text{ (Volt)} \qquad (13.15)$$

Für die Einheit $1 \, \text{N} \cdot \text{m/C}$ hat man die Bezeichnung $1 \, \text{Volt} = 1 \, \text{V}$ eingeführt. Für die elektrische Feldstärke folgt mit dieser Einheitenfestlegung

$$[E] = \frac{\text{V}}{\text{m}} \tag{13.16}$$

und für die Arbeit bzw. Energie

$$[W] = \text{N} \cdot \text{m} = \text{V} \cdot \text{A} \cdot \text{s} \tag{13.17}$$

Es liegt nun nahe, die Spannung für die Bewegung im Feld einer Punktladung zu ermitteln. Wird eine Probeladung $q$ längs der Feldlinie einer Punktladung $Q$ vom Abstand $r_A$ bis zum Abstand $r_B$ transportiert (Weg $S_1$), so ergibt sich die Spannung zwischen diesen beiden Positionen zu

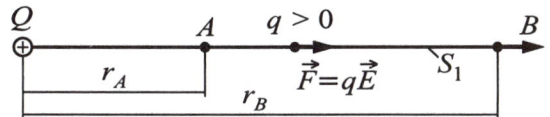

Abb. 13.11: Verschieben einer Probeladung q längs einer Feldlinie (Weg $S_1$) vom Punkt A nach Punkt B

$$U_{AB} = \frac{Q}{4\pi\varepsilon_0} \left( \frac{1}{r_A} - \frac{1}{r_B} \right) \tag{13.18}$$

Wenn man auf einem beliebigen Weg $S_2$ die Probeladung $q$ von $A$ nach $B$ verschiebt, gelangt man zum gleichen Ergebnis für die Spannung $U_{AB}$.

Die elektrische Kraft ist also, genau wie bei der Gravitationskraft hergeleitet, eine **konservative Kraft**. Die Gesamtenergie bleibt bei elektrischen Kräften erhalten.
Wählt man nun einen geschlossenen Weg, z. B. von $A$ nach $B$ über den Weg $S_2$ und von $B$ nach $A$ über den Weg $S_1$, so ergibt sich die in der Elektrotechnik wohlbekannte **Maschenregel in allgemeiner Darstellung**

$$\oint_S \vec{E} \cdot d\vec{s} = 0 \tag{13.19}$$

In dieser Gleichung wird über einen geschlossenen Weg $S$ integriert.

## Elektrisches Potential

Da jede beliebige Ladung aus elementaren „Punktladungen" zusammengesetzt ist und die Wegunabhängigkeit für jede Punktladung gilt, folgt, daß die Wegunabhängigkeit der elektrischen Spannung auch bei beliebigen elektrostatischen Feldern vorliegt.

Betrachten wir die Spannung zwischen zwei Punkten im Feld einer Punktladung etwas genauer. Wird die Position $A$ in der Spannung $U_{AB}$ konstant gehalten und die Position des Punktes $B$ variiert, so bekommt man den in der nebenstehenden Abbildung dargestellten Spannungsverlauf mit

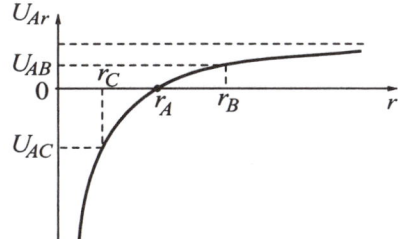

$$U_{Ar} = \frac{Q}{4\pi\varepsilon_0} \left( \frac{1}{r_A} - \frac{1}{r} \right) \tag{13.20}$$

Für die Spannung zwischen zwei festen Punkten $C$ und $B$ ergibt sich die Beziehung

$$U_{CB} = -U_{AC} + U_{AB} = \frac{Q}{4\pi\varepsilon_0} \left( \frac{1}{r_C} - \frac{1}{r_B} \right) \tag{13.21}$$

Abb. 13.12: Spannung im Feld einer Punktladung Q zwischen dem Punkt A und dem beliebigen Ladungsabstand r

Die ermittelte Spannung ist unabhängig vom Bezugspunkt $A$. Führen wir analog zum Gravitationspotential das **elektrische Potential** $\varphi$

$$\boxed{\varphi_A = -\frac{W_{\infty A}}{q} = -\int_{\infty}^{A} \vec{E} \cdot d\vec{s}} \ ; \qquad [\varphi] = V \text{ (Volt)} \tag{13.22}$$

ein, so bekommt man für die Spannung zwischen $C$ und $B$ den Ausdruck

$$U_{CB} = \varphi_C - \varphi_B = \Delta\varphi \tag{13.23}$$

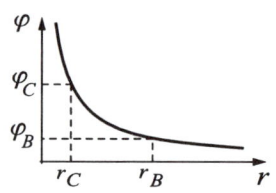

Abb. 13.13: Potentialverlauf einer Punktladung

d. h., $U$ ist die Differenz zweier Potentialwerte (Potentialdifferenz). Die Einheit des eingeführten Potentials $[\varphi] = 1$ V ist mit der Einheit der Spannung identisch. Durch die vorgegebene Potentialdefinition ergibt sich der folgende einfache Zusammenhang für eine Punktladung:

$$\varphi(r) = \frac{Q}{4\pi\varepsilon_0}\frac{1}{r} \tag{13.24}$$

Die an einer Probeladung zwischen den Punkten $C$ und $B$ zu verrichtende Arbeit in einem beliebigen elektrischen Feld

ist also

$$W_{CB} = q(\varphi_C - \varphi_B)$$

$$= -q\int_{\infty}^{C} \vec{E} \cdot d\vec{s} + q\int_{\infty}^{B} \vec{E} \cdot d\vec{s}$$

$$= q\int_{C}^{B} \vec{E} \cdot d\vec{s} = -q\int_{B}^{C} \vec{E}\,d\vec{s} = \varphi_C - \varphi_B \tag{13.25}$$

# Äquipotentialflächen

Verbindet man in einem elektrischen Feld die Punkte gleichen Potentials, so erhält man die sogenannten **Äquipotentialflächen**. Zusammen mit den Feldlinien gestatten sie eine besonders anschauliche Darstellung elektrischer Felder.

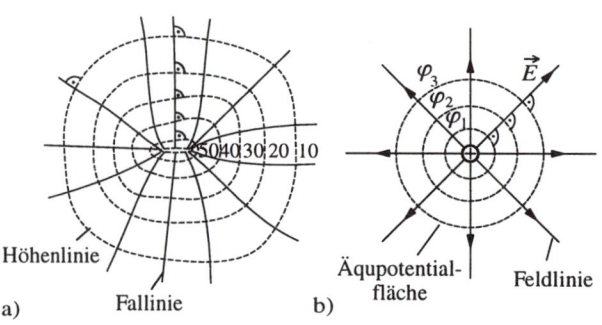

a)  Höhenlinie  Fallinie  b)  Äquipotentialfläche  Feldlinie

Abb. 13.14: Höhenlinienprofil einer Erhebung in m (a), Feldlinienbild einer Punktladung (b)

Zur Verschiebung von Ladungen auf einer Äquipotentialfläche ist keine Arbeit erforderlich, denn alle Punkte auf einer Äquipotentialfläche haben die Potentialdifferenz null, d. h., die Spannung und somit auch das Integral $\int \vec{E} \cdot d\vec{s}$ zwischen ihnen ist gleich null.

Ein anschaulicher Vergleich ergibt sich mit Wanderkarten. Die Höhenlinien kann man vergleichen mit **Äquipotentialflächen** bzw. **Äquipotentiallinien** des elektrischen Feldes und die Fallinien mit den Feldlinien.

Wird das Feldlinienbild einer Ladungsverteilung durch Einzeichnen von Äquipotentiallinien mit gleicher Potentialdifferenz zwischen benachbarten Linien ergänzt, so erkennt man aus dem so modifizierten Feldlinienbild mühelos Positionen großer und kleiner Feldstärken: Je kleiner der Abstand zwischen benachbarten Äquipotentiallinien ist, desto größer ist die elektrische Feldstärke. Eine ähnliche Schlußfolgerung ziehen wir aus dem Höhenlinienbild einer Wanderkarte: Je dichter die Höhenlinien verlaufen, desto steiler ist der Hang.

## Elektrische Feldstärke als Gradient des Potentials

Wie oben erwähnt ist das elektrische Kraftfeld $\vec{F}(\vec{r}) = q \cdot \vec{E}(\vec{r})$ und somit auch das elektrische Feld $\vec{E}(\vec{r})$ **konservativ**.

Für die Spannung $U_{AB}$ zwischen den Punkten $A$ und $B$ im elektrischen Feld $\vec{E}$ gilt die Relation:

$$U_{AB} = \varphi_A - \varphi_B = \int_B^A \mathrm{d}\varphi = -\int_A^B \mathrm{d}\varphi = \int_A^B \vec{E} \cdot \mathrm{d}\vec{s} \qquad (13.26)$$

Die Potentialdifferenz $\Delta\varphi = \varphi_A - \varphi_B$ ist nur von den Potentialen $\varphi_A$ und $\varphi_B$ bei den Endpunkten $A$ bzw. $B$ abhängig und nicht vom Integrationsweg $S$.

In Umkehrung der Integration folgt für die Feldstärke $\vec{E}$

$$\vec{E} = -\frac{\partial\varphi}{\partial x}\vec{e}_x - \frac{\partial\varphi}{\partial y}\vec{e}_y - \frac{\partial\varphi}{\partial z}\vec{e}_z \qquad (13.27)$$

Mit dem aus der Mathematik bekannten **Gradienten** eines **Skalarfeldes** $U$ (siehe z. B. Taschenbuch mathematischer Formeln v. H. Stöcker, Verlag Harri Deutsch)

$$\operatorname{grad} U = \vec{\nabla} U = \frac{\partial U}{\partial x}\vec{e}_x + \frac{\partial U}{\partial y}\vec{e}_y + \frac{\partial U}{\partial z}\vec{e}_z \qquad (13.28)$$

bekommen wir letztendlich die Beziehung

$$\boxed{\vec{E} = -\vec{\nabla}\varphi = -\operatorname{grad}\varphi} \qquad (13.29)$$

Die elektrische Feldstärke $\vec{E}$ ist der negative Gradient des **Potentials** $\varphi$ (Skalarfeld).

Im folgenden wollen wir die Eigenschaften des Gradienten eines Potentialfeldes etwas näher betrachten. Zwei benachbarte Punkte $A$ und $B$ sollen sich auf dem gleichen Potential befinden. Der Verbindungsweg $S$ zwischen diesen Punkten soll auf einer Potentialfläche verlaufen. Für die Spannung zwischen den Punkten $A$ und $B$ gilt der Ausdruck:

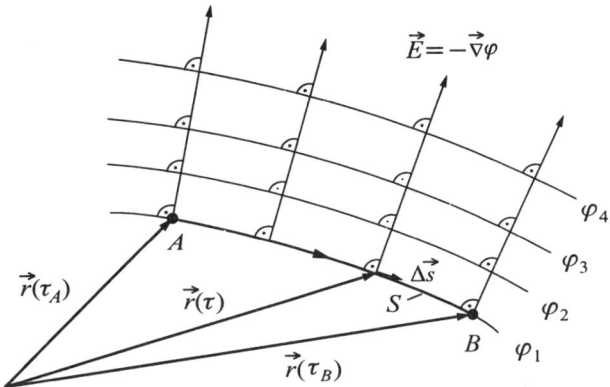

*Abb. 13.15: Elektrische Feldstärke als Gradient des Potentials*

$$U_{AB} = \varphi_A - \varphi_B = \int_A^B \vec{E} \cdot \mathrm{d}\vec{s} = 0 \qquad (13.30)$$

und somit auch für jedes Teilstück $\Delta\vec{s}$ der Strecke $S$

$$\vec{E}\cdot\Delta\vec{s}=0 \tag{13.31}$$

Aus dieser Gleichung folgt, daß die elektrische Feldstärke $\vec{E}$ und somit auch der Gradient des Potentials $\vec{\nabla}\varphi$ und die Feldlinien senkrecht zu den Äquipotentialflächen verlaufen.

**Der Gradient gibt die Richtung des stärksten Anstiegs des Potentials an.**

**Beispiel 13.1:**    Elektrische Feldstärke als Gradient des Potentials einer Punktladung

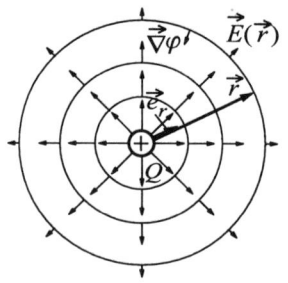

Abb. 13.16: *Elektrische Feldstärke und Gradient des elektrischen Potentials einer Punktladung*

Gegeben ist eine Punktladung $Q$ im Vakuum mit dem Potential

$$\varphi(r)=\frac{Q}{4\pi\varepsilon_0}\frac{1}{r}.$$

Es soll die elektrische Feldstärke dieser Punktladung unter Verwendung der Beziehung $\vec{E}=-\vec{\nabla}\varphi$ hergeleitet werden.

**Lösung:**

Es gilt für die Feldstärke in radialer Richtung

$$E_{\mathrm{r}}=-\frac{\partial\varphi}{\partial r} \qquad \underline{1}$$

Mit Hilfe dieser Ableitung ergibt sich für die elektrische Feldstärke der Punktladung $Q$:

$$E_{\mathrm{r}}=\frac{Q}{4\pi\varepsilon_0}\frac{1}{r^2} \qquad \underline{2}$$

# 13.4  Ladungsverteilung

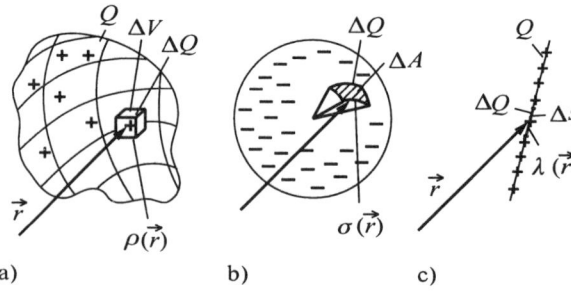

a)                      b)                      c)

Abb. 13.17: *Raumladungsdichte (a), Flächenladungsdichte (b), Linienladungsdichte (c)*

Wie erwähnt, kann man sich jede Ladungsverteilung aus Punktladungen zusammengesetzt vorstellen. Da die genaue Position der einzelnen Punktladungen in makroskopischen Körpern nicht feststellbar ist, wird zur Berechnung eine mittlere Ladungsverteilung herangezogen. Wir unterscheiden hierbei zwischen der **Raumladungsdichte** $\rho$, der **Flächenladungsdichte** $\sigma$ und der **Linienladungsdichte** $\lambda$.

## Raumladungsdichte

Die **Raumladungsdichte** ist der Quotient aus der Teilladung $\Delta Q$ eines Teilvolumens und des Teilvolumens $\Delta V$

$$\boxed{\rho=\frac{\mathrm{d}Q}{\mathrm{d}V}\approx\frac{\Delta Q}{\Delta V}}\ ; \qquad [\rho]=\frac{\mathrm{A}\cdot\mathrm{s}}{\mathrm{m}^3} \tag{13.32}$$

Die Raumladungsdichte wird zur Beschreibung der Ladungsverteilung in Körpern, wie Isolatoren, Halbleitern benötigt, sie ist aber auch in Elektrolyten und Plasmen von Bedeutung.

# Flächenladungsdichte

Die überschüssigen Ladungsträger gleichen Vorzeichens eines Leiters stoßen sich gegenseitig ab. Sie streben möglichst weit auseinander und wandern an die Begrenzungsflächen. Die Bewegung der Ladungsträger hört erst auf, wenn keine Kraftkomponente mehr parallel zur Oberfläche vorhanden ist. Dann ist die Feldstärke im Innern des Körpers zu Null geworden. Auf der Begrenzungsfläche ist die Richtung der Feldstärke immer senkrecht zur Oberfläche gerichtet. Da die überschüssigen und ruhenden Ladungsträger eines Leiters sich stets auf der Oberfläche befinden, ist es sinnvoll, eine **Flächenladungsdichte** einzuführen.

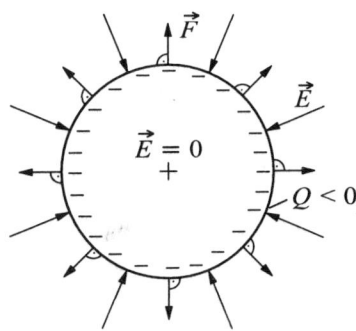

Abb. 13.18: Ladungsverteilung auf einer Metallkugel

$$\boxed{\sigma = \frac{dQ}{dA} \approx \frac{\Delta Q}{\Delta A}}\; ; \qquad [\rho] = \frac{A \cdot s}{m^2} \qquad (13.33)$$

Die Flächenladungsdichte ist der Quotient aus der Teilladung $\Delta Q$ einer Teilfläche und der Teilfläche $\Delta A$.

# Linienladungsdichte

Bei einem drahtförmigen Leiter mit kleinem Querschnitt kann man die Verteilung der überschüssigen Ladungsträger durch die **Linienladungsdichte** $\lambda$ beschreiben.

$$\boxed{\lambda = \frac{dQ}{ds} \approx \frac{\Delta Q}{\Delta s}}\; ; \qquad [\rho] = \frac{A \cdot s}{m} \qquad (13.34)$$

Die Linienladungsdichte ist der Quotient aus der Teilladung $\Delta Q$ einer Teilstrecke und der Teilstrecke $\Delta s$.

# Superpositionsprinzip

Jede Ladungsverteilung setzt sich aus $N$ Punktladungen $\Delta Q_i$ zusammen. Auf eine Probeladung $q$ wirkt somit eine Summe von $N$ Coulombkräften $\vec{F}_i$:

$$\vec{F} \approx \sum_{i=1}^{N} \vec{F}_i = q \sum_{i=1}^{N} \vec{E}_i = q \sum_{i=1}^{N} \frac{1}{4\pi\varepsilon_0} \frac{\Delta Q_i}{r_i^2} \frac{\vec{r}_i}{r_i} \qquad (13.35)$$

Dividiert man diese Gleichung durch die Probeladung $q$, so bekommt man ein resultierendes elektrisches Feld als Überlagerung der Einzelfeldstärken $\vec{E}_i$ der Punktladungen $\Delta Q_i$.

$$\vec{E} = \sum_{i=1}^{N} \vec{E}_i \qquad (13.36)$$

Diese Gleichung drückt die wichtige Aussage des **Superpositionsprinzips** aus, d. h., die Gesamtfeldstärke läßt sich als die ungestörte additive Überlagerung von Einzelfeldstärken angeben.

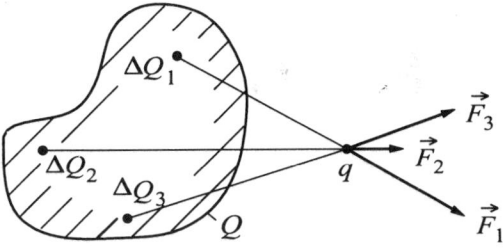

Abb. 13.19: Kraftwirkung einer Ladung $Q$ als Ansammlung von Punktladungen $\Delta Q_i$ auf die Punktladung $q$

# 13.5  Verschiebungsdichte

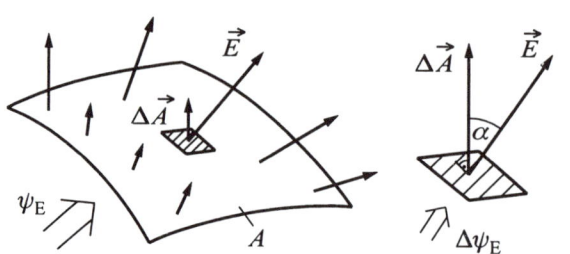

Durchsetzt die elektrische Feldstärke eine beliebige Fläche, so kann man formal einen „Fluß" $\psi_E$ definieren, welcher für ein kleines Flächenstück $\Delta A$ die Form

$$\Delta \psi_E \approx \vec{E} \cdot \Delta \vec{A}$$
$$= E \, \Delta A \cos \alpha \quad (13.37)$$

aufweist.

*Abb. 13.20: „Fluß" des elektrischen Feldes durch eine Fläche A*

Die Flächenrichtung ist durch die Normale auf der Flächenaußenseite gegeben. Für den „Fluß" $\psi_E$ durch eine größere beliebig geformte Fläche ergibt sich das Flächenintegral:

$$\psi_E = \int_A \vec{E} \cdot d\vec{A} \qquad (13.38)$$

Versuchen wir nun diese Beziehung auf eine geschlossene Oberfläche um eine Punktladung anzuwenden.

Zu diesem Zweck müssen wir das Oberflächenintegral $\oint_O \vec{E} \cdot d\vec{A}$ auswerten.

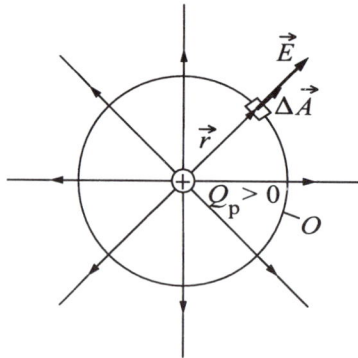

Um die Auswertung möglichst einfach zu gestalten, wählen wir als Oberfläche eine Kugeloberfläche mit der Punktladung $Q_p$ im Zentrum. Da die Flächenrichtung an jeder Stelle der Oberfläche parallel zur Feldstärke ist, können wir schreiben

$$\psi_E = \oint_O \vec{E} \cdot d\vec{A} = \oint_O E \cdot dA \qquad (13.39)$$

Durch die spezielle Wahl der Oberfläche bleibt der Abstand $r$ von der Punktladung und somit auch die elektrische Feldstärke $E(r)$ konstant. Für die obige Gleichung ergibt sich somit

$$\psi_E = E(r) \oint_O dA = \frac{Q_p}{4\pi\varepsilon_0} \frac{1}{r^2} \oint_O dA = \frac{Q_p}{\varepsilon_0} \qquad (13.40)$$

*Abb. 13.21: Kugeloberfläche um eine Punktladung $Q_p$*

Bis auf den Faktor $1/\varepsilon_0$ ist der „Fluß" identisch mit der eingeschlossenen Punktladung. Um diesen Faktor loszuwerden, formuliert man das Oberflächenintegral nicht über die elektrische Feldstärke, sondern über die **elektrische Verschiebungsdichte** $\vec{D}$.

$$\boxed{\vec{D} = \varepsilon_0 \cdot \vec{E}} \; ; \quad [D] = \frac{A \cdot s}{m^2} \qquad (13.41)$$

Die **dielektrische Verschiebungsdichte** $\vec{D}$, kurz **Verschiebungsdichte** genannt, ist – bis auf die Konstante $\varepsilon_0$ – gleichbedeutend mit der elektrischen Feldstärke $\vec{E}$.
Es gilt somit für die Punktladung $Q_p$

$$\oint_O \vec{D} \cdot d\vec{A} = Q_p \qquad (13.42)$$

Dieser Satz ist auch für eine beliebig geformte Oberfläche um die Punktladung gültig.

# Gaußscher Satz und Verschiebungsfluß

Beachtet man, daß jede Ladungsverteilung aus Punktladungen zusammengesetzt ist, so gelangt man zu dem fundamentalen **Gaußschen Satz der Elektrostatik**

$$\oint_O \vec{D} \cdot d\vec{A} = \int_V \rho \, dV = Q \tag{13.43}$$

mit $\rho$ als Ladungsdichte.

Der Gaußsche Satz sagt aus, daß der **dielektrische Verschiebungsfluß** $\psi$, kurz Verschiebungsfluß genannt, durch die Oberfläche eines Volumens $V$ mit der eingeschlossenen Ladung identisch ist. Der **Verschiebungsfluß** $\psi$ ist mit der Verschiebungsdichte $D$ gekoppelt und ist definiert durch

$$\psi = \int_A \vec{D} \cdot d\vec{A} \tag{13.44}$$

mit $\psi$ als Verschiebungsfluß durch eine beliebig geformte Fläche $A$.

# Verschiebungsdichte und elektrische Feldstärke im Plattenkondensator

Um die Verschiebungsdichte sowie den Verschiebungsfluß besser zu verstehen, wollen wir im folgenden den Gaußschen Satz zur Berechnung von $D$ und $E$ beim Plattenkondensator anwenden.

Ausgangspunkt der Überlegungen ist eine aufgeladene dünne Metallplatte mit großer Fläche. Die als positiv angenommene Überschußladung $Q$ wird sich aus den bereits besprochenen Gründen gleichmäßig auf die Platte verteilen. Die elektrische Feldstärke und damit die Verschiebungsdichte tritt senkrecht aus der Plattenoberfläche aus. Feldverzerrungen am Plattenrand werden vernachlässigt. Die gewählte Oberfläche $O$ verläuft parallel zur Metallplattenfläche und schließt die Platte mit der Ladung $Q$ ein.

Wenden wir den Gaußschen Satz an, so ergibt sich der Ausdruck:

$$Q = \oint_O \vec{D} \cdot d\vec{A}$$
$$= D \cdot 2 \cdot A \tag{13.45}$$

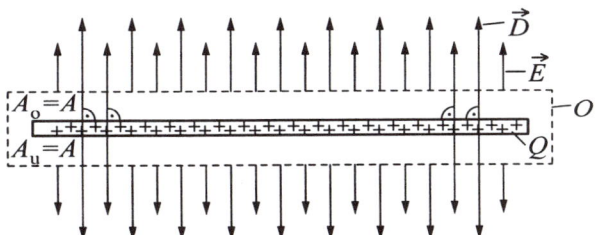

Vorausgesetzt wurde bei der Berechnung, daß auf Grund der gleichmäßigen Ladungsverteilung die Verschiebungsdichte homogen ist. Die obere und untere Plattenfläche im Volumen $V$ sind gleich groß, d. h. $A_o = A_u = A$.

Abb. 13.22: Elektrische Feldstärke und Verschiebungsdichte einer ausgedehnten dünnen Metallplatte

Aus der obigen Gleichung folgt für die **Verschiebungsdichte**:

$$D = \frac{Q}{2A} \tag{13.46}$$

Positionieren wir nun parallel zu der erwähnten Metallplatte eine weitere identische Platte mit entgegengesetzter Ladung, so ergibt sich der im folgenden dargestellte Feldverlauf.

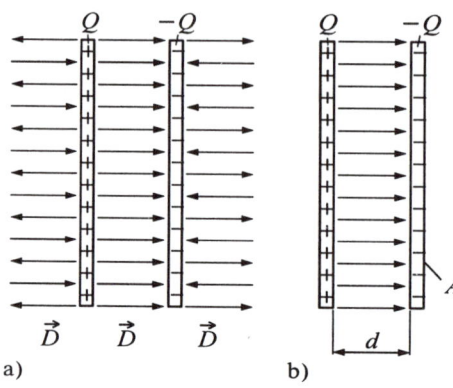

a)                    b)

*Abb. 13.23: Verschiebungsdichte eines Plattenkondensators*
*Getrennte Verschiebungsdichten (a), überlagerte Verschiebungsdichte (b)*

$$\sigma = \frac{Q}{A} = D$$

(13.49)

Im Außenbereich der Platten heben sich die Verschiebungsdichten auf und im Innenbereich addieren sie sich. Für die Verschiebungsdichte im Innenraum des Kondensators ergibt sich die Beziehung

$$D = \frac{Q}{A}$$

(13.47)

Die Verschiebungsdichte und somit auch die elektrische Feldstärke $E$

$$E = \frac{Q}{\varepsilon_0 A}$$

(13.48)

ist im Inneren des Plattenkondensators homogen, d. h. räumlich konstant.

Die Gleichung für die Verschiebungsdichte $D$ zeigt an, daß sie mit der Flächenladungsdichte $\sigma$ auf der positiven Platte des Kondensators identisch ist:

Diese Beziehung gilt nicht nur für den speziellen Fall des Plattenkondensators. Ist die Fläche $\delta A$ ein kleiner Ausschnitt einer beliebig gekrümmten Fläche, so kann man $\delta A$ als die Platte eines kleinen Plattenkondensators betrachten. Die Verschiebungsdichte $D$ ist an der positiven Elektrode mit der **Flächenladungsdichte** $\sigma$ und an der negativen Elektrode mit der negativen Flächenladungsdichte $-\sigma$ identisch. Berechnet man die Ladung auf einem beliebigen Flächenausschnitt $\Delta A$ der positiven Elektrode (siehe folgende Abbildung), so ist die ermittelte Ladung $\Delta Q$ mit dem Verschiebungsfluß $\Delta \psi$ in diesem Flächenbereich identisch.

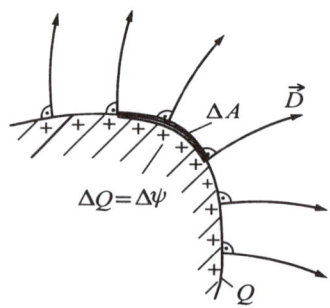

*Abb. 13.24: Ladung und Verschiebungsfluß auf der positiven Elektrode eines beliebigen Kondensators*

Wie wollen uns wieder dem Plattenkondensator zuwenden. Wir hatten festgestellt, daß im Innenbereich des Plattenkondensators die elektrische Feldstärke räumlich konstant ist. Für die Spannung zwischen den Kondensatorplatten ergibt sich demzufolge

$$U = U_{12} = \int_{P_1}^{P_2} \vec{E} \cdot \mathrm{d}\vec{s} = \int_{P_1}^{P_2} E \cdot \mathrm{d}s$$

$$= E \int_{P_1}^{P_2} \mathrm{d}s = E \cdot d = \frac{Qd}{\varepsilon_0 A}$$

(13.50)

mit dem Plattenabstand $d$ und der Plattenfläche $A$.

Bei vorgegebener Kondensatorspannung folgt für die elektrische Feldstärke $E$

$$E = \frac{U}{d}$$

(13.51)

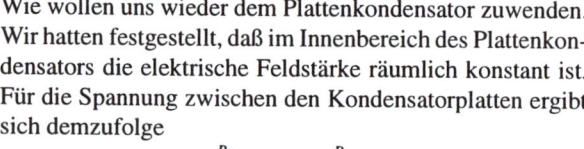

*Abb. 13.25: Spannung zwischen den Platten eines Plattenkondensators*

*Beispiel 13.2:*     Verschiebungsdichte und elektrische Feldstärke einer leitenden Kugel

Gegeben ist eine im Vakuum befindliche Metallkugel mit dem Radius $R$ und der positiven Ladung $Q > 0\,A\cdot s$.
Mit Hilfe des Gaußschen Satzes soll die Verschiebungsdichte und die elektrische Feldstärke ermittelt werden.

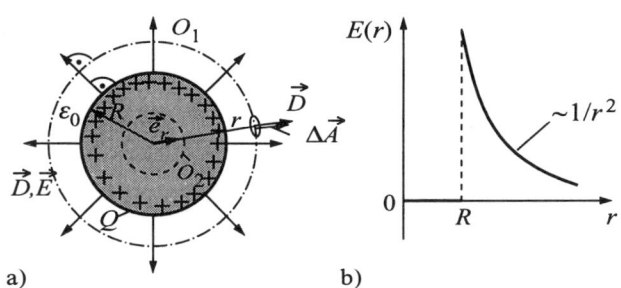

a)                              b)

*Abb. 13.26: Geladene Metallkugel (a) mit Radialverteilung der elektrischen Feldstärke (b)*

**Lösung:**

Bedingt durch die gegenseitige Abstoßung der Ladungsteile der Überschußladung, verteilt sich die Ladung $Q$ gleichmäßig über die Kugeloberfläche. Die Oberfläche der Metallkugel ist eine Äquipotentialfläche, so daß die Feldlinien senkrecht zur Oberfläche gerichtet sind. Sie verlaufen vom Kugelzentrum aus radial nach außen.

Man hat es hier mit einem radialsymmetrischen Feld zu tun. Wendet man den Gaußschen Satz für $r \geqq R$ an, so ergibt sich

$$Q = \oint_{O_1} \vec{D}(\vec{r})\,d\vec{A} = \oint_{O_1} D(r)\,dA = D(r) \oint_{O_1} dA = D \cdot 4\pi r^2 \qquad \underline{1}$$

Die Integration erstreckt sich über eine zum Kugelzentrum konzentrische Kugeloberfläche $O_1$ mit dem Radius $r$.

Das Flächenelement $d\vec{A}$ ist auf der Oberfläche parallel zur Verschiebungsdichte $\vec{D}$ und der Betrag der Verschiebungsdichte ist auf der Integrationsfläche konstant. Die Oberfläche schließt die Ladung $Q$ ein.
Aus der obigen Gleichung folgt für den Betrag der Verschiebungsdichte

$$D(r) = \frac{Q}{4\pi r^2} \qquad (r \geqq R) \qquad \underline{2}$$

und unter Beachtung der Radialsymmetrie des elektrischen Feldes für den Verschiebungsdichtevektor

$$\vec{D}(\vec{r}) = \frac{Q}{4\pi r^2}\vec{e}_r \qquad (r \geqq R) \qquad \underline{3}$$

Mit $\vec{D} = \varepsilon_0\vec{E}$ folgt für die elektrische Feldstärke

$$\vec{E}(\vec{r}) = \frac{Q}{4\pi\varepsilon_0}\frac{\vec{r}}{r^3} = \frac{Q}{4\pi\varepsilon_0}\frac{1}{r^2}\vec{e}_r \qquad (r \geqq R) \qquad \underline{4}$$

Für den Bereich $r < R$ ergibt sich nach Anwendung des Gaußschen Satzes

$$Q = 0 = \oint_{O_2} \vec{D}(r)\,d\vec{A} = D(r) \cdot 4\pi r^2 \qquad \underline{5}$$

und somit

$$\vec{D} = \vec{E} = 0 \qquad (r < R) \qquad \underline{6}$$

Bei der Auswertung des Oberflächenintegrals wurde ausgenutzt, daß innerhalb des eingeschlossenen Volumens mit $r < R$ keine Ladung enthalten ist. Berücksichtigt wurde weiterhin die Symmetrieeigenschaft der Verschiebungsdichte.
Die Radialverteilung der elektrischen Feldstärke ist in der obigen Abbildung dargestellt.

*Beispiel 13.3:*     Verschiebungsdichte und elektrische Feldstärke einer
                     Koaxialleitung

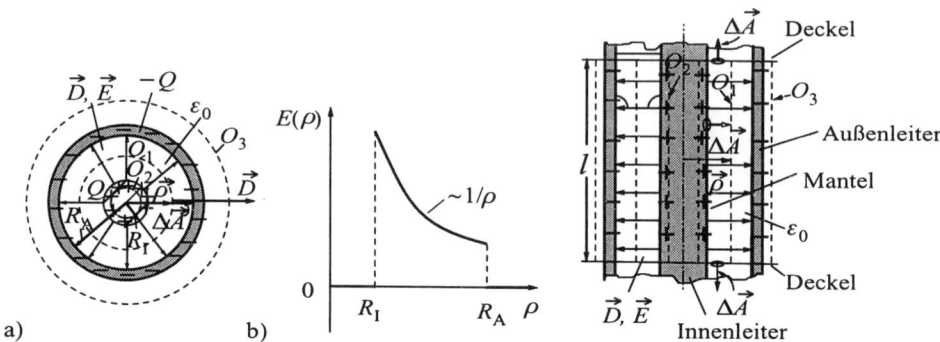

*Abb. 13.27: Koaxialleitung mit Feldverlauf und Integrationsflächen (a), sowie Radialabhängigkeit der
elektrischen Feldstärke (b)*

Eine Koaxialleitung besteht aus einem metallischen Innenleiter mit dem Radius $R_I$ und einem metallischen
rohrförmigen Außenleiter mit dem inneren Radius $R_A$. Zwischen beiden konzentrischen Leitern ist Vakuum
mit der Dielektrizitätskonstante $\varepsilon_0$.
Auf dem Innenleiter befindet sich eine positive Ladung $Q$ und auf dem Außenleiter die entgegengesetzte
Ladung $-Q$.
Für die Koaxialleitung sollen die Verschiebungsdichte und die elektrische Feldstärke ermittelt werden.

**Lösung:**

Die Ladung $Q$ bzw. $-Q$ verteilt sich gleichmäßig auf der Innenleiterfläche und auf der Innenseite des Au-
ßenleiters. Die Ursache hierfür ist die gegenseitige Abstoßung der Ladungsteile auf den jeweiligen Leitern,
sowie die gegenseitige Anziehung der ungleichnamigen Leiterladungen. Die Oberflächen der Leiter stellen Äquipotentialflächen dar, d. h., die Feldlinien sind senkrecht auf den Leiterflächen. Man hat es hier also
mit einem axialsymmetrischen Feld zu tun. Die Feldlinien verlaufen senkrecht zur Koaxialleiterachse radial
nach außen. Wir wenden nun den Gaußschen Satz zur Berechnung der elektrischen Felder an.

<u>Bereich: $R_I \leqq r \leqq R_A$</u>     Es gilt:

$$Q = \oint_{O_1} \vec{D}(\vec{\rho}) \cdot d\vec{A} = \int_{A_M} \vec{D}(\vec{\rho}) \cdot d\vec{A} + \int_{A_{D_1}} \vec{D}(\vec{\rho}) \cdot d\vec{A} + \int_{A_{D_2}} \vec{D}(\vec{\rho}) \cdot d\vec{A}$$

$$= \int_{A_M} \vec{D}(\vec{\rho}) \cdot d\vec{A} = \int_{A_M} D(\rho) \cdot dA = D(\rho) \int_{A_M} dA = D(\rho) 2\pi \cdot \rho \cdot l \qquad \underline{1}$$

Die Integrationsoberfläche $O_1$ des Zylinders wurde in die Mantelfläche $A_M$ sowie die Deckelflächen $A_{D_1}$
und $A_{D_2}$ aufgeteilt. Da die Verschiebungsdichte senkrecht zur Achse der Koaxialleitung verläuft, ist sie auch
senkrecht zur Deckelfläche $\vec{A}_{D_1}$ bzw. $\vec{A}_{D_2}$. Im Deckelbereich ist somit $\vec{D} \cdot d\vec{A} = 0$ und für das Flächenintegral
im Deckelbereich folgt

$$\int_{A_{D_1}} \vec{D}(\vec{\rho}) \cdot d\vec{A} = \int_{A_{D_2}} \vec{D}(\vec{\rho}) \cdot d\vec{A} = 0 \qquad \underline{2}$$

Bei der Integration über die Mantelfläche wurde ausgenutzt, daß die Verschiebungsdichtefeldlinien senkrecht zur Mantelfläche verlaufen und der Betrag der Verschiebungsdichte konstant auf der Mantelfläche ist.
Aus (<u>1</u>) ergibt sich der Betrag der Verschiebungsdichte $D$ zu

$$D(\rho) = \frac{Q/l}{2\pi} \frac{1}{\rho} \qquad \underline{3}$$

und unter Beachtung der Zylindersymmetrie des elektrischen Feldes für den Verschiebungsdichtevektor

$$\vec{D}(\vec{\rho}) = \frac{Q/l}{2\pi} \cdot \frac{1}{\rho} \vec{e}_\rho \qquad \underline{4}$$

Mit $\vec{D} = \varepsilon_0 \cdot \vec{E}$ folgt für die elektrische Feldstärke $\vec{E}$:

$$\vec{E}(\rho) = \frac{Q/l}{2\pi\varepsilon_0} \cdot \frac{1}{\rho} \vec{e}_\rho \qquad \underline{5}$$

Bereich: $r < R_1$    Wendet man den Gaußschen Satz für den Innenleiterbereich an, so ergibt sich

$$\oint_{O_2} \vec{D} \cdot d\vec{A} = D(\rho)2\pi\rho\, l = 0 \qquad \underline{6}$$

Unter Ausnutzung der Feldsymmetrie folgt aus (6) für die Feldgrößen des elektrischen Feldes im Innenleiterbereich

$$\vec{D} = \vec{E} = 0 \qquad \underline{7}$$

Bereich: $r > R_A$    Im Außenbereich ergibt sich bei Anwendung des Gaußschen Satzes der Ausdruck

$$\oint_{O_3} \vec{D} \cdot d\vec{A} = D(\rho) \cdot 2\pi\rho \cdot l = Q - Q = 0 \qquad \underline{8}$$

Die Ladungen innerhalb der Zylinderoberfläche $O_3$ im Außenbereich der Koaxialleitung heben sich zu Null auf. Analog zum Innenbereich sind die Feldgrößen des elektrischen Feldes im Außenbereich ebenfalls

$$\vec{D} = \vec{E} = 0 \qquad \underline{9}$$

Elektrische Felder sind nur im Leiterzwischenraum vorhanden. Der radiale Verlauf ist in der obigen Abbildung dargestellt.

# 13.6  Influenz

## Influenzerscheinung

Bei den bisherigen Betrachtungen hatten wir stets angenommen, daß vorher getrennte Ladungen von außen aufgebracht worden sind. Es gibt jedoch eine weitere Möglichkeit, eine Ladungstrennung zu bewirken. Bringt man einen Leiter in ein elektrisches Feld, so wirken auf die frei beweglichen Ladungsträger des Leiters Kräfte. Unter dem Einfluß dieser Kräfte bewegen sich die negativen Ladungsträger entgegen und positive Ladungen in Richtung der angreifenden elektrischen Feldstärke. In dem vorher neutralen Leiter tritt eine Ladungstrennung auf, es entsteht ein dem ursprünglichen Feld entgegengerichtetes Feld.

**Die durch ein äußeres elektrisches Feld in elektrischen Leitern hervorgerufene Ladungstrennung nennt man Influenz.**

Das äußere wie das influenzierte Feld überlagern sich, und die Ladungsträgerbewegung hört erst auf, wenn das resultierende Feld im Leiterinnern überall Null ist. Im Leiter herrscht dann überall das gleiche Potential. Die Gesamtsumme der Ladungen hat sich durch die influenzierende Wirkung des äußeren Feldes nicht geändert.

Betrachten wir diesen Sachverhalt am Beispiel eines Plattenkondensators.

### Influenzwirkung

In das Feld eines Plattenkondensators werden zwei kleine, ungeladene und sich berührende Metallplatten gebracht. Durch die influenzierende Wirkung des äußeren Feldes tritt eine Ladungstrennung in den Platten auf. Nun werden die Metallplatten getrennt.

**Im Zwischenraum dieser kleinen Platten ist keine elektrische Feldstärke mehr festzustellen.**

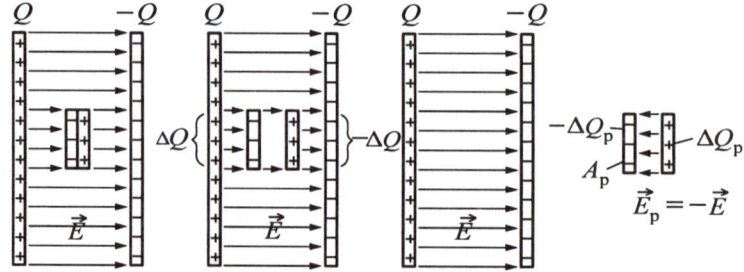

*Abb. 13.28: Influenzwirkung bei zwei Metallplatten im Feld eines Plattenkondensators*

Das äußere Feld wird durch das influenzierte Feld der eingebrachten Platten kompensiert.

Dieser Effekt wird nach der Herausnahme der beiden getrennten Platten aus dem Feldbereich des Kondensators besonders deutlich. Das Kondensatorfeld weist wieder seine ursprüngliche Verteilung auf und zwischen den herausgezogenen Metallplatten ist eine Feldstärke festzustellen, welche gerade den negativen Wert der Kondensatorfeldstärke aufweist.

Die influenzierte („verschobene") Ladung auf den eingeschobenen Metallplatten ist ein Maß für die herrschende Verschiebungsdichte $D$

$$\Delta Q_p = D_p \cdot A_p \tag{13.52}$$

# 13.7 Kapazität

## Kapazität und Kondensator

Wir wollen zwei gegeneinander isolierte Leiter betrachten, zwischen denen ein elektrisches Feld herrscht.

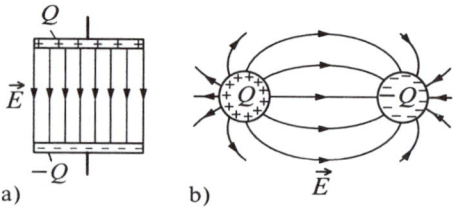

*Abb. 13.29: Plattenkondensator (a) und Kugelkondensator (b)*

Jede solche Anordnung wird als **Kondensator** bezeichnet. Wie wir bereits beim Plattenkondensator festgestellt hatten, befindet sich auf einem Leiter die positive Ladung $Q$ und auf dem anderen die negative Ladung $-Q$. Sämtliche Feldlinien im Kondensator haben ihren Ursprung bei der positiven und ihr Ende bei der negativen Ladung.

Da die Kondensatoren von großer technischer Bedeutung sind, existieren hierfür die vielfältigsten Bauweisen. In der nebenstehenden Abbildung sind zwei Kondensatortypen dargestellt. Die Kondensatoren dienen als Speichermedium für die elektrische Ladung $Q$. Das Aufnahmevermögen des Kondensators für elektrische Ladungen pro Spannungseinheit wird als **Kapazität** bezeichnet.

$$\boxed{C = \frac{Q}{U}} \quad ; \quad [C] = \frac{A \cdot s}{V} = F \text{ (Farad)} \tag{13.53}$$

Technisch realisierbare Kapazitätswerte liegen im Bereich 1 pF $= 10^{-12}$ F und 1 mF $= 10^{-3}$ F. Es gibt aber auch Kondensatoren für Spezialanwendungen bis zu 10 F.

Eine analoge Vorstellung zur Kapazität von Kondensatoren ist die pro Druckeinheit speicherbare Wassermenge in einem prismatischen Wasserbehälter (siehe folgende Abbildung).

Die gespeicherte Wassermasse $m$ ist proportional zum Druck $p$ in der Zuführungsleitung – in Analogie zur proportionalen Beziehung zwischen gespeicherter Ladung $Q$ und Spannung $U$ ($Q = C \cdot U$) beim Kondensator. Wird bei konstantem Druck $p$ die Querschnittsfläche $A$ des Wasserbehälters vergrößert bzw. verkleinert, so nimmt die gespeicherte Wassermasse $m$ linear zu bzw. ab.

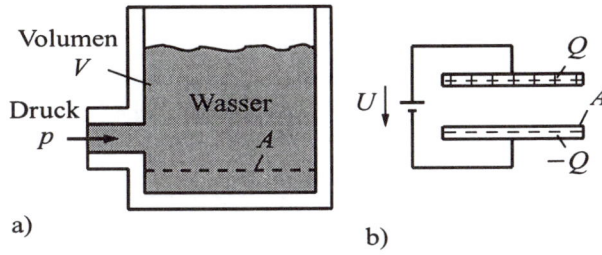

Abb. 13.30: *Vergleich zwischen prismatischem Wasserspeicher (a) und Plattenkondensator (b)*

Eine entsprechende Flächenabhängigkeit beobachtet man auch beim Plattenkondensator. Bei konstanter Kondensatorspannung $U$ ist die gespeicherte Ladung $Q$ proportional zur Plattenfläche $A$.

## Kapazität eines Plattenkondensators im Vakuum

Im folgenden wollen wir uns etwas ausführlicher mit der Kapazität eines Plattenkondensators beschäftigen.

Bei der Einführung der Verschiebungsdichte hatten wir den Zusammenhang zwischen Spannung und Ladung beim Plattenkondensator abgeleitet. Für die Kapazität eines Plattenkondensators im Vakuum ergibt sich somit

$$C = \frac{Q}{U} = \frac{\varepsilon_0 A}{d} \qquad (13.54)$$

Die Kapazität eines Plattenkondensators ist um so größer, je größer die Plattenfläche $A$ und je kleiner der Plattenabstand $d$ ist. Eine weitere Vergrößerung kann man durch Einbringen geeigneter Stoffe in den Plattenzwischenraum erreichen. Dies wollen wir im nächsten Abschnitt besprechen. Der obigen Gleichung können wir weiterhin entnehmen, daß, wie erwähnt, bei konstanter Spannung $U$ die Ladung $Q$ proportional zur Plattenfläche $A$ des Kondensators ist.

Kondensatoren kann man sowohl parallel als auch in Reihe schalten. Die physikalischen Zusammenhänge beim Zusammenschalten von Kondensatoren wollen wir nun untersuchen.

## Parallelschaltung von Kondensatoren

Bei der Parallelschaltung liegt an allen Kondensatoren die gleiche Spannung $U$ an. Die gespeicherte Ladung der parallel geschalteten Kondensatoren ergibt sich zu

$$
\begin{aligned}
Q &= Q_1 + Q_2 + \ldots + Q_N \\
&= C_1 \cdot U + C_2 \cdot U + \ldots + C_N \cdot U \\
&= C \cdot U \qquad (13.55)
\end{aligned}
$$

mit der Gesamtkapazität

$$C = C_1 + C_2 + \ldots + C_N \qquad (13.56)$$

**Durch Parallelschaltung von Kondensatoren werden die Einzelkapazitäten addiert.**

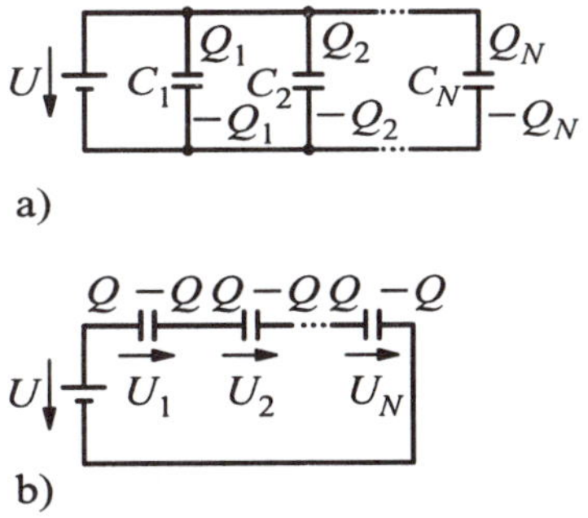

Abb. 13.31: *Parallelschaltung (a) und Reihenschaltung (b) von Kondensatoren*

## Reihenschaltung von Kondensatoren

Bei der Reihenschaltung anfangs ungeladener Kondensatoren wird mit Hilfe der angelegten Spannungsquelle die Ladung $Q$ durch die Kondensatorkette „durchgeschoben". Jeder Kondensator enthält die gleiche Ladung $Q$. Für die Gesamtspannung gilt mit $U_i = Q/C_i$ der Zusammenhang:

$$U = U_1 + U_2 + \ldots + U_N$$
$$= \frac{Q}{C_1} + \frac{Q}{C_2} + \ldots + \frac{Q}{C_N} = \frac{Q}{C} \qquad Q = konst \qquad (13.57)$$

mit dem Kehrwert der Gesamtkapazität

$$\frac{1}{C} = \frac{1}{C_1} + \frac{1}{C_2} + \ldots + \frac{1}{C_N} \qquad (13.58)$$

**Bei der Reihenschaltung von Kondensatoren ist der Kehrwert der Gesamtkapazität die Summe der Kehrwerte der Einzelkapazitäten.**

Werden zwei Kondensatoren in Reihe geschaltet, ergibt sich die einfache Formel

$$C = \frac{C_1 \cdot C_2}{C_1 + C_2} \qquad (13.59)$$

## Anwendungen von Kondensatoren

Kondensatoren spielen in der Elektrotechnik eine sehr wichtige Rolle.

- In der Schaltungstechnik werden sie z. B. zum Aufbau von Schwingkreisen und Filtern, zur Spannungsglättung und zur Signalkopplung zwischen verschiedenen Schaltungsteilen eingesetzt.
- In der Hochspannungstechnik bedient man sich Kondensatoren in spezieller Bauform zur Erzeugung von Hochspannungen.
- Leitungskapazitäten, wie z. B. die Kapazität einer Doppel- oder Koaxialleitung sind in der Nachrichtentechnik von großer Bedeutung.
- In der Meßtechnik dienen die Kondensatoren unter anderem als Sensoren zur Erfassung von Längen. Dies kann sowohl durch Veränderung des Plattenabstandes, der Plattenfläche als auch des Mediums im Plattenbereich geschehen. Veränderungen dieser Parameter führen zu Kapazitätsveränderungen, welche über geeignete Schaltungen in ein elektrisches Meßsignal umgeformt werden.

# 13.8 Dielektrikum im elektrischen Feld

Bisher haben wir elektrische Felder nur im leeren Raum (Vakuum) betrachtet. Die physikalischen Erscheinungen ändern sich jedoch stark, wenn wir Materialien in das elektrische Feld einbringen. Den Einfluß leitender Stoffe auf das Feld hatten wir bereits im Zusammenhang mit der Influenz besprochen. In diesem Abschnitt konzentrieren wir uns auf die Betrachtung des Einflußes von Isoliermaterialien auf das elektrische Feld und auf die Kapazität. Zur Verdeutlichung betrachten wir nun den folgenden Versuch:

### Dielektrikum im Plattenkondensator

Ein im Vakuum befindlicher Plattenkondensator wird auf die Spannung $U_K = U$ aufgeladen und anschließend von der Spannungsquelle getrennt. Auf den Kondensatorplatten befindet sich nach der Aufladung die Ladung $Q_0$. Bringen wir nun in den Plattenzwischenraum einen Isolierstoff, so beobachten wir ein Absinken der Kondensatorspannung $U_K$.

**Der Isolierstoff (Dielektrikum) hat zu einer Verkleinerung der elektrischen Feldstärke im Kondensatorraum geführt.**

Durch das elektrische Feld des Plattenkondensators ist ein entgegengesetztes Feld $E_p$ im Dielektrikum aufgebaut worden, das zu einem verkleinerten resultierenden Feld führt. Man sagt: „das Dielektrikum ist polarisiert worden". Wird nun im nächsten Schritt der Kondensator an die Spannungsquelle angeschlossen, so lädt sich der Kondensator wieder auf die Spannung der Quelle auf. Die elektrische Feldstärke hat wieder ihren ursprünglichen Wert erreicht. Zum Aufbau dieser Feldstärke ist allerdings eine zusätzliche Ladung $\Delta Q = Q - Q_0$ erforderlich.

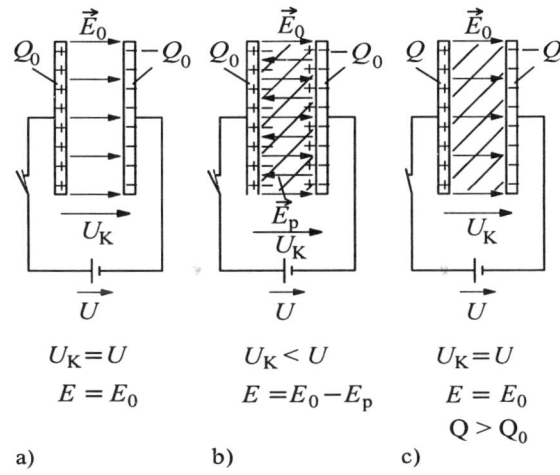

$$U_K = U \qquad U_K < U \qquad U_K = U$$
$$E = E_0 \qquad E = E_0 - E_p \qquad E = E_0$$
$$\qquad\qquad\qquad\qquad\qquad\qquad Q > Q_0$$

a)        b)        c)

*Abb. 13.32: Plattenkondensator:*
*Auflading ohne Dielektrikum (a), Dielektrikum im*
*Plattenzwischenraum (b), Nachladung des Kondensators (c)*

**Die Kapazität des Kondensators hat sich durch das Einbringen eines Dielektrikums erhöht.**

## Polarisation

Betrachten wir nun dieses Phänomen genauer.
Im Innern eines Isolators gibt es zwar keine frei beweglichen Ladungsträger, aber es gibt entweder sogenannte polare Moleküle (z. B. Wasser), die von einem äußeren Feld ausgerichtet werden können (**Orientierungspolarisation**), oder das äußere elektrische Feld macht aus zuvor neutralen Molekülen durch Verschieben der Ladungsverteilungen (Elektronenhüllen) Dipole (z. B. Luft) und richtet

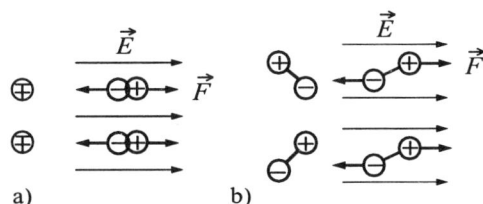

*Abb. 13.33: Polarisation im elektrischen Feld:*
*Verschiebungspolarisation (a),*
*Orientierungspolarisation (b)*

sie aus (**Verschiebungspolarisation**). In beiden Fällen führt die Polarisation zur Ladungstrennung. Das Dielektrikum wird durch das Feld des Kondensators polarisiert. Im Dielektrikum entsteht ein entgegengesetztes Feld, welches durch Überlagerung mit dem aufgeprägten Feld $E_0$ zu einer verkleinerten elektrischen Feldstärke $E = E_0 - E_p$ führt.
Wird nun, wie im Versuch 5 beschrieben, der Kondensator an die Spannungsquelle wieder angeschlossen, so werden so viele Ladungen auf die Plattenoberfläche nachfließen, bis die Wirkung des Polarisationsfeldes $E_p$ kompensiert wird.

**Die Verschiebungsdichte $\vec{D}_0$ wird um die elektrische Polarisation $\vec{P}$, d. h. um die Dichte der Polarisationsladungen auf der Dielektrikumsoberfläche erhöht.**

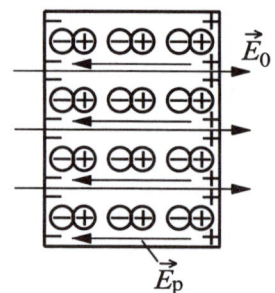

$$\vec{D} = \vec{D}_0 + \vec{P} = \varepsilon_0 \vec{E} + \vec{P} \qquad (13.60)$$

Die elektrische Polarisation $\vec{P}$ ist in vielen Fällen der angelegten Feldstärke $\vec{E}$ proportional

$$\vec{P} = \chi_\mathrm{e} \cdot \varepsilon_0 \vec{E} \qquad (13.61)$$

*Abb. 13.34: Dielektrikum im elektrischen Feld*

Mit der Proportionalitätskonstanten, der **elektrischen Suszeptibilität** $\chi_\mathrm{e}$, wird die Stärke der Ladungstrennung im Dielektrikum angegeben. Je größer die elektrische Suszeptibilität, desto leichter lassen sich die Ladungen trennen, desto leichter läßt sich das Material polarisieren. Für die Verschiebungsdichte $D$ ergibt sich mit der obigen Gleichung die Relation

$$\vec{D} = \varepsilon_0(1 + \chi_\mathrm{e})\vec{E} = \varepsilon_0 \cdot \varepsilon_\mathrm{r} \vec{E} = \varepsilon \vec{E} \qquad (13.62)$$

Die Größe $\varepsilon_\mathrm{r}$ wird **Dielektrizitätszahl**, **relative Dielektrizitätskonstante** oder **Permittivitätszahl** genannt und $\varepsilon$ heißt **Dielektrizitätskonstante** oder **Permittivität**.
In der folgenden Tabelle sind für einige wichtige Materialien die relativen Dielektrizitätszahlen angegeben.

*Tabelle 13.1    Relative Dielektrizitätszahlen verschiedener Dielektrika*

| Werkstoff | $\varepsilon_\mathrm{r}$ |
|---|---|
| Luft | $1,006$ |
| Trafoöl | $2,5$ |
| Kondensatorpapier | 4 bis 64 |
| Porzellan | $4,5$ bis $6,5$ |
| Glimmer | 4 bis 10 |
| Glas | 5 bis 74 |
| Tantaloxid ($Ta_2O_5$) | 27 |
| Wasser, destilliert | 81 |
| Bariumtitanat | 1000 bis 4000 |

## Kapazität eines Plattenkondensators mit Dielektrikum

Durch das Einbringen des Dielektrikums in den Zwischenraum eines Kondensators wird bei gleichbleibender Kondensatorspannung die Ladung $Q$ und somit auch die Kapazität $C$ um den Faktor $\varepsilon_\mathrm{r}$ erhöht. Für den Plattenkondensator ergibt sich somit die Kapazität

$$C = \varepsilon_0 \cdot \varepsilon_\mathrm{r} \frac{A}{d} = \varepsilon \frac{A}{d} \qquad (13.63)$$

*Beispiel 13.4:*    Kapazität eines Kugelkondensators mit konzentrischen Kugelelektroden

Ein Kugelkondensator besteht aus einer metallischen Hohlkugel mit dem Innenradius $R_\mathrm{A}$, in der sich konzentrisch eine zweite Metallkugel mit dem Radius $R_\mathrm{I}$ befindet. Der Kugelzwischenraum ist mit einem Dielektrikum der Dielektrizitätskonstanten $\varepsilon$ ausgefüllt. Dieser Kugelkondensator wird an eine Spannungs-quelle mit der Spannung $U$ angeschlossen.

**(a)** Ermitteln Sie die Kapazität dieses Kugelkondensators.

**(b)** Ermitteln Sie die Kapazität einer isolierten Metallkugel gegenüber der Umgebung.

**(c)** Welche Ladung befindet sich auf einer isolierten Metallkugel mit dem Radius $R = 10$ cm, die gegenüber der Umgebung auf $U = 100$ V aufgeladen worden ist?
Die Dielektrizitätskonstante der Umgebung hat den Wert $\varepsilon = 20$ pF/m.

**Lösung zu (a)**

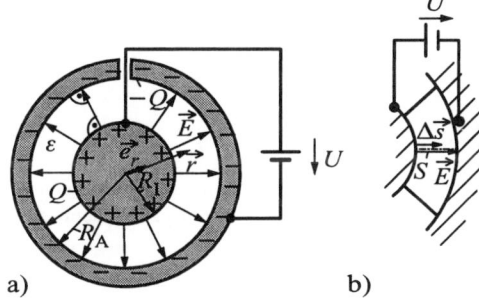

Die Ladung verteilt sich gleichmäßig auf den gegenüberliegenden Elektroden, so daß man von einer radialsymmetrischen Feldverteilung ausgehen kann (s. Beispiel 2 dieses Kapitels). Mit Hilfe des Gaußschen Satzes ergibt sich für den Kugelzwischenraum die Beziehung

$$Q = \oint_O \vec{D}(\vec{r}) \cdot d\vec{A}$$

$$= \oint_O D(r) \cdot dA$$

$$= D(r) \oint_O dA$$

$$= D(r)4\pi r^2 \qquad \underline{1}$$

a)          b)

*Abb. 13.35: Kugelkondensator mit konzentrischen Elektroden (a) und Integrationsweg S für die Spannungsberechnung (b)*

Hieraus folgt mit

$$\vec{D} = \varepsilon \vec{E} \qquad \underline{2}$$

für die elektrische Feldstärke im Zwischenraum

$$\vec{E}(\vec{r}) = \frac{Q}{4\pi\varepsilon} \frac{\vec{e}_r}{r^2}, \qquad \underline{3}$$

wählt man als Integrationsweg $S$ eine Feldlinie zwischen den Elektroden (siehe obige Abbildung), so ergibt sich für die Spannung $U$ zwischen den Elektroden

$$U = \int_S \vec{E} \cdot d\vec{s} = \int_{R_I}^{R_A} E(r)\,dr = \frac{Q}{4\pi\varepsilon} \int_{R_I}^{R_A} \frac{dr}{r^2} = \frac{Q}{4\pi\varepsilon} \left[ -\frac{1}{r} \right]_{R_I}^{R_A}$$

$$= \frac{Q}{4\pi\varepsilon} \left[ \frac{1}{R_I} - \frac{1}{R_A} \right] \qquad \underline{4}$$

Für die gesuchte Kapazität bekommt man somit den Wert

$$C = \frac{Q}{U} = \frac{4\pi\varepsilon}{\dfrac{1}{R_I} - \dfrac{1}{R_A}} \qquad \underline{5}$$

**Lösung zu (b)**

Divergiert der Innenradius $R_A$ der äußeren Hohlkugelelektrode gegen unendlich, so ergibt sich aus (5) die Kapazität einer isolierten Kugel gegenüber der Umgebung zu

$$C = 4\pi\varepsilon R_I = 4\pi\varepsilon R \qquad \underline{6}$$

**Lösung zu (c)**

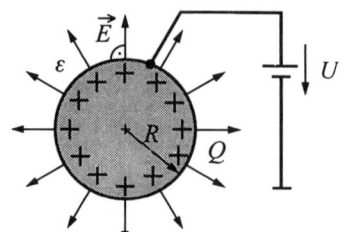

*Abb. 13.36: Isolierte Kugel als Kondensator*

Auf einer aufgeladenen Metallkugel befindet sich mit (6) die Ladung

$$Q = C \cdot U$$

$$= 4\pi\varepsilon \cdot R \cdot U$$

$$= 4\pi \cdot 20 \, \frac{\text{pC}}{\text{V} \cdot \text{m}} \cdot 0,1 \, \text{m} \cdot 100 \, \text{V}$$

$$= 2,513 \, \text{nC} \hspace{4cm} \underline{7}$$

## Beispiel 13.5: Kapazität einer Koaxialleitung

Für die skizzierte Koaxialleitung mit dem Innenleiterradius $R_I$, dem Innenradius $R_A$ des Außenleiterrohres und dem Dielektrikum mit der Dielektrizitätskonstanten $\varepsilon$ soll die Kapazität pro Längeneinheit ermittelt werden.

**Lösung:**

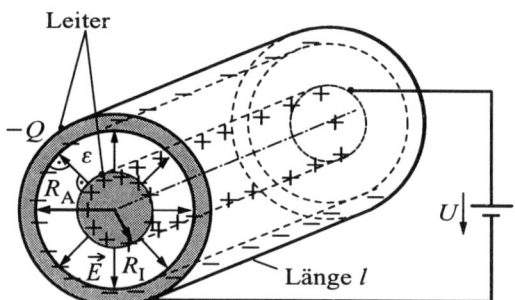

*Abb. 13.37: Zur Kapazität einer Koaxialleitung*

Nach Beispiel 3 dieses Kapitels beträgt die elektrische Feldstärke im Dielektrikum einer Koaxialleitung

$$\vec{E}(\vec{\rho}) = \frac{Q/l}{2\pi\varepsilon} \frac{\vec{e}_\rho}{\rho} \hspace{3cm} \underline{1}$$

Die Spannung $U$ ergibt sich durch das Linienintegral der elektrischen Feldstärke zwischen der Innen- und Außenelektrode entlang einer Feldlinie.

$$U = \int_S \vec{E} \cdot \mathrm{d}\vec{s} = \int_{R_I}^{R_A} E(\rho) \, \mathrm{d}\rho$$

$$= \frac{Q/l}{2\pi\varepsilon} \int_{R_I}^{R_A} \frac{\mathrm{d}\rho}{\rho} = \frac{Q/l}{2\pi\varepsilon} \ln \frac{R_A}{R_I} \hspace{2cm} \underline{2}$$

Für die Kapazität pro Längeneinheit ergibt sich mit (2)

$$C' = \frac{C}{l} = \frac{1}{l} \frac{Q}{U} = \frac{2\pi \cdot \varepsilon}{\ln(R_A/R_I)} \hspace{2.5cm} \underline{3}$$

**Zahlenbeispiel:**

Es ist die Kapazität einer Koaxialleitung der Länge $l = 1$ m mit den Werten $R_A = 5$ mm, $R_I = 0,5$ mm und $\varepsilon = 20$ pF/m zu ermitteln.

$$C = C' \cdot l = \frac{2\pi \cdot 20 \, \text{pF/m}}{\ln \dfrac{5}{0,5}} \cdot 1 \, \text{m} = 54,6 \, \text{pF} \hspace{2cm} \underline{4}$$

# 13.9 Energie im elektrischen Feld

Elektrische Felder treten auf, wenn Ladungen getrennt werden. Wir wollen nun am einfachen Beispiel des Plattenkondensators untersuchen, welcher Energieaufwand zur Trennung von Ladungen erforderlich ist.

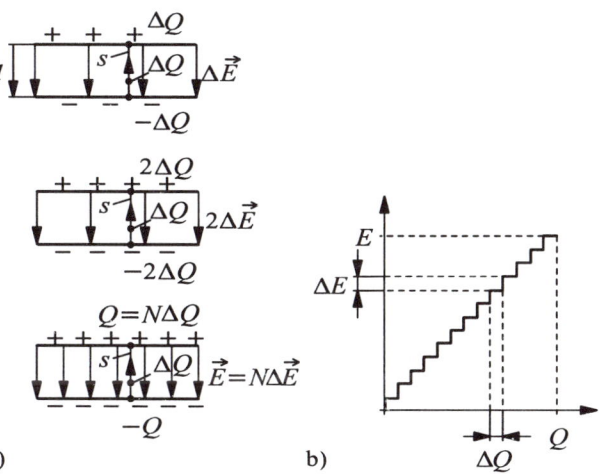

Entnimmt man aus einer Elektrode eine kleine Ladungseinheit $\Delta Q$ und transportiert sie längs des Weges $S$ zur anderen Elektrode, so muß im ersten Schritt die Arbeit $\Delta W_1 \approx \Delta Q \cdot \Delta E \cdot d$ und im zweiten Schritt bereits die Arbeit $\Delta W_2 \approx \Delta Q \cdot 2\Delta E \cdot d$ gegen das von den Ladungen aufgebaute elektrische Feld geleistet werden.

Abb. 13.38: Sukzessive Ladungstrennung im Plattenkondensator (a) und elektrische Feldstärke als Funktion der getrennten Ladung (b)

Wiederholt man diese Prozedur $N$-mal, so hat man die Ladung

$$Q = N \cdot \Delta Q \tag{13.64}$$

von einer zur anderen Elektrode transportiert und zwischen den Elektroden messen wir die Feldstärke

$$E \approx N \cdot \Delta E \tag{13.65}$$

Die gesamte gegen das Feld geleistete Arbeit ergibt sich zu

$$
\begin{aligned}
W_{\mathrm e} &\approx \Delta W_1 + \Delta W_2 + \ldots + \Delta W_N \\
&= \Delta Q \Delta E \cdot d + 2\Delta Q \Delta E \cdot d + \ldots + N\Delta Q \Delta E \cdot d \\
&= \Delta Q \Delta E \cdot d (1 + 2 + \ldots + N) = \Delta Q \Delta E \cdot d \frac{N(N+1)}{2} \\
&\approx \frac{1}{2} N\Delta Q \cdot N\Delta E \cdot d \\
&\approx \frac{1}{2} Q \cdot E \cdot d
\end{aligned}
\tag{13.66}
$$

Bei infinitesimal kleiner Ladungseinheit ($\Delta Q \to \mathrm{d}Q$) gilt für die aufzubringende **Energie zur Ladungstrennung im Plattenkondensator**

$$\boxed{W_{\mathrm e} = \frac{1}{2} Q \cdot E \cdot d = \frac{1}{2} Q \cdot U = \frac{1}{2} C \cdot U^2 = \frac{1}{2} \frac{Q^2}{C}} \tag{13.67}$$

mit der Kapazität $C$ und der Ladung $Q$ des Plattenkondensators sowie der Kondensatorspannung $U$. Diese Beziehung gilt auch für beliebige Kondensatoren.

Mit der Beziehung $C = \varepsilon A / d$ für die Kondensatorkapazität, $E = U/d$ für die elektrische Feldstärke und $D = \varepsilon E$ für die Verschiebungsdichte können wir für die elektrische Energie $W_{\mathrm e}$ im Plattenkondensator angeben:

$$W_{\mathrm e} = \frac{1}{2} \varepsilon \cdot E^2 \cdot A \cdot d = \frac{1}{2} D \cdot E \cdot A \cdot d \tag{13.68}$$

Dividiert man die elektrische Energie $W_e$ durch das Kondensatorvolumen $V = A \cdot d$, so erhält man die **elektrische Energiedichte**

$$w_e = \frac{W_e}{V} = \frac{1}{2} D \cdot E \tag{13.69}$$

Auch für inhomogene Felder kann man für die **elektrische Energiedichte** $w_e$ definieren:

$$\boxed{w_e = \frac{dW_e}{dV}} \tag{13.70}$$

Da jedes inhomogene Feld in kleine Bereiche mit nahezu homogener Feldverteilung aufgeteilt werden kann, gilt ganz allgemein für die elektrische Energiedichte:

$$\boxed{w_e = \frac{1}{2} \vec{D} \cdot \vec{E}} \quad ; \qquad [w_e] = \frac{V \cdot A \cdot s}{m^3} \tag{13.71}$$

Die elektrische Energie steckt also **im Feld**: auf dem Weg durch das Feld mit der Ladung $dQ$ muß man ja Arbeit leisten! Als Konsequenz aus dieser Betrachtung folgt, daß die Feldenergie bei Kondensatoren mit ruhender Ladung nur außerhalb von den Elektroden vorhanden ist. In den Elektroden ist die elektrische Feldstärke und somit auch die elektrische Energie gleich null.

# 13.10 Zusammenfassung

Die **Kraft** $\vec{F}$, die auf eine Ladung $Q$ im elektrischen Feld $\vec{E}$ wirkt, berechnet sich zu

$$\vec{F} = Q \cdot \vec{E} \tag{13.72}$$

Das **Coulombsche Gesetz** beschreibt die Kraft, die zwischen zwei Punktladungen $Q_1$ und $Q_2$ wirkt, bei einem Abstand $r$ und der Dielektrizitätskonstanten $\varepsilon$:

$$\vec{F} = \frac{1}{4\pi\varepsilon} \frac{Q_1 Q_2}{r^2} \tag{13.73}$$

Die **Verschiebungsdichte** $\vec{D}$ **im Vakuum** bei einer elektrischen Feldstärke $\vec{E}$ und der Influenzkonstanten $\varepsilon_0$ erhält man durch

$$\vec{D} = \varepsilon_0 \vec{E} \tag{13.74}$$

Die **Verschiebungsdichte** $\vec{D}$ **im isotropen Dielektrikum** bei einer elektrischen Feldstärke $\vec{E}$ und der Influenzkonstanten $\varepsilon$ erhält man durch

$$\vec{D} = \varepsilon_0 \varepsilon_r \vec{E} = \varepsilon \cdot \vec{E} \tag{13.75}$$

Die **elektrische Spannung** $U_{AB}$ zwischen den Punkten $A$ und $B$ bei der elektrischen Feldstärke $\vec{E}$ errechnet sich zu

$$U_{AB} = \int_A^B \vec{E} \cdot d\vec{s} \tag{13.76}$$

Die **elektrische Spannung zwischen zwei Punkten** läßt sich auch als Potentialdifferenz darstellen:

$$U_{AB} = \varphi_A - \varphi_B = \Delta\varphi \tag{13.77}$$

Verschwindet das Wegintegral über die elektrische Feldstärke $\vec{E}$ längs des Weges $S$, so spricht man von der **Wegunabhängigkeit einer Potentialdifferenz** $\Delta\varphi$:

$$\oint_S \vec{E} \cdot d\vec{s} = 0 \tag{13.78}$$

Als **elektrische Feldstärke einer Punktladung** $Q$ in einem Dielektrikum mit der Dielektrizitätskonstanten $\varepsilon$ und bei einem Ladungsabstand $\vec{r}$ erhält man:

$$\vec{E}(\vec{r}) = \frac{Q}{4\pi\varepsilon r^2} \frac{\vec{r}}{r} \tag{13.79}$$

Das **Potential einer Punktladung** $Q$ im Dielektrikum mit der Dielektrizitätskonstanten $\varepsilon$ und bei einem Ladungsabstand $\vec{r}$ ergibt sich zu:

$$\varphi(r) = \frac{Q}{4\pi\varepsilon r} \tag{13.80}$$

Stellt man die **Feldstärke als Gradient des Potentials** dar, so gilt:

$$\vec{E} = -\operatorname{grad}\varphi = -\vec{\nabla}\varphi \tag{13.81}$$

Der **Gaußsche Satz der Elektrostatik** wandelt ein Oberflächenintegral über die Verschiebungsdichte $\vec{D}$ und die Oberfläche $O$ in ein Volumenintegral mit dem durch $O$ eingeschlossenes Volumen $V$ über die Ladungsdichte $\rho$ um und man erhält die von der Oberfläche $O$ eingeschlossene Ladung $Q$:

$$\oint_O \vec{D} \cdot d\vec{A} = \int_V \rho\, dV = Q \tag{13.82}$$

Die **Kapazität eines Plattenkondensators** mit der Plattenfläche $A$, dem Plattenabstand $d$ und der Dielektrizitätskonstanten $\varepsilon$ ist gegeben durch

$$C = \frac{\varepsilon A}{d} \tag{13.83}$$

Bei der **Parallelschaltung von $N$ Kondensatoren** erhält man die Gesamtkapazität durch Summieren der Einzelkapazitäten:

$$C = C_1 + C_2 + \ldots + C_N \tag{13.84}$$

Bei der **Reihenschaltung von Kondensatoren** erhält man die reziproke Gesamtkapazität durch Summieren der reziproken Einzelkapazitäten:

$$\frac{1}{C} = \frac{1}{C_1} + \frac{1}{C_2} + \ldots + \frac{1}{C_N} \tag{13.85}$$

Die **Energiedichte** $w_e$ **im elektrischen Feld** mit der Verschiebungsdichte $\vec{D}$ und der elektrischen Feldstärke $\vec{E}$ ist gegeben durch

$$w_e = \frac{1}{2}\vec{D} \cdot \vec{E} \tag{13.86}$$

Die **elektrische Energie** im Volumen $V$ mit der elektrischen Energiedichte $w_e$ ergibt sich zu

$$W_e = \int_V w_e\, dV \tag{13.87}$$

Als **Energie $W_e$ im Kondensator** mit der Kapazität $C$ und der Kondensatorspannung $U$ erhält man:

$$W_e = \frac{1}{2}CU^2 \tag{13.88}$$

# 13.11 Aufgaben

**13.1**

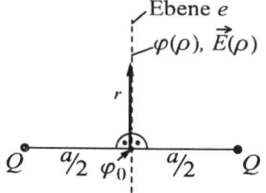

*Abb. 13.39: Potential und elektrische Feldstärke zweier Punktladungen*

Zwei in Luft mit $\varepsilon_L = \varepsilon_0 = 8,854$ pF/m befindliche punktförmige Ladungen $Q$ sind im Abstand $a = 10$ cm voneinander angeordnet.

In der Mitte der Verbindungsgeraden zwischen den beiden Ladungen weist das Potential den Wert $\varphi_0 = 10$ V auf.

1) Wie groß ist die Ladung $Q$?

2) Ermitteln Sie das Potential auf der Ebene $e$ in Abhängigkeit des Abstandes $\rho$ vom Mittelpunkt der Verbindungsgeraden zwischen den Ladungen.

3) Berechnen Sie die elektrische Feldstärke in der Ebene $e$ in Abhängigkeit von $\rho$.

4) Bei welchem Abstand $\rho$ hat die elektrische Feldstärke auf der Ebene $e$ ihr Maximum?

5) Welchen Wert weist die maximale Feldstärke auf der Ebene $e$ auf?

**13.2**   Zwischen den Elektroden eines konzentrischen Kugelkondensators mit den Radien $R_A$ und $R_I$ liegt die Spannung $U$ an.

Ermitteln Sie den Radius $r_x$ der Äquipotentialfläche, die die Spannung $U/2$ aufweist.

**13.3**   Gegeben ist eine Doppelleitung der Länge $l$. Die zwei Leitungen mit dem Radius $R$ sind im Abstand $a$ (Abstand zwischen den Drahtzentren) voneineinder angeordnet. Die Dielektrizitätskonstante hat den Wert $\varepsilon = \varepsilon_0$.

Der Drahtradius $R$ soll klein gegenüber dem Abstand $a$ sein ($R \ll a$).

Wie groß ist die Kapazität der Doppelleitung?

**13.4**

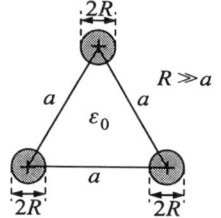

*Abb. 13.40: Zur Kapazität einer symmetrischen dreiadrigen Leitung*

Drei isolierte und parallel verlaufende Drähte einer dreiadrigen Leitung mit dem Radius $R$ haben zueinander den gleichen Abstand $a$ (gleichseitiges Dreieck).

Die Dielektrizitätskonstante im Raumbereich ist durch $\varepsilon = \varepsilon_0$ gegeben.

Der Drahtradius $R$ soll klein gegenüber dem Abstand $a$ sein ($R \ll a$).

Welche Kapazität pro Längeneinheit wird zwischen den Drähten gemessen?

**13.5**

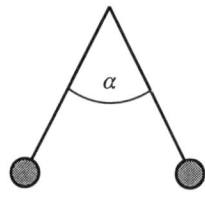

*Abb. 13.41:*

Zwei Kügelchen von je $m = 1,5$ g Masse, die in einem Punkt an Seidenfäden hängen, spreizen, nachdem sie gleiche Ladungen erhalten haben, um $r = 10,0$ cm auseinander. Dabei bilden die Fäden den Winkel $\alpha = 36°$. Welchen Betrag haben die Ladungen auf den beiden Körpern und aus wieviel Elektronen setzt sich diese Ladung zusammen?

**13.6**   Zwei Kugeln, deren Ladungen im Verhältnis $1 : 9$ stehen, befinden sich im Abstand $R = 12$ cm. An welchem Ort in der Umgebung wirkt auf eine Probeladung keine resultierende Kraft?

**13.7**   In einem einfachen Modell des Wasserstoffatoms umkreist das Elektron ein Proton auf einer Bahn mit dem Radius $r = 0,5 \cdot 10^{-10}$ m.

Wie groß ist dabei die elektrische Anziehungskraft zwischen den Teilchen? Wie groß ist die Frequenz, mit der das Elektron auf der Kreisbahn umläuft?

**13.8** Berechnen Sie algebraisch, wie die elektrische Feldstärke auf der Mittelsenkrechten zwischen zwei Ladungen (Dipol: zwei entgegengesetzte Ladungen im Abstand $d$) vom Abstand $r$ abhängt.
Welche Feldstärke tritt an einem Ort auf, der mit den beiden Ladungen ($|q| = 20$ nC im Abstand $d = 0,6$ m) ein rechtwinkliges Dreieck bildet?

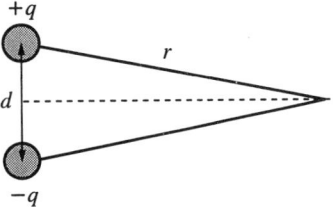

*Abb. 13.42:*

**13.9** Ein Elektronenstrahl, der zuvor mit der Spannung $U_B$ beschleunigt worden ist, wird in einer Röhre parallel zu den beiden Platten eines Kondensators eingeschossen. Der Strahl erfährt durch die Spannung $U_K$ am Kondensator eine Ablenkung $\Delta y$ senkrecht zur Einfallsrichtung auf dem Leuchtschirm.
Berechnen Sie aus den Daten die Ablenkung $\Delta y$!
$U_B = 250$ V, $U_K = 50$ V, $d = 1,4$ cm, $L = 2,0$ cm, $\Delta x = 15,0$ cm.

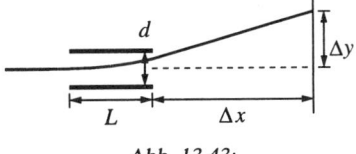

*Abb. 13.43:*

**13.10** Welche kinetische und potentielle Energie besitzt das Elektron in dem Atommodell nach Aufgabe 13.7 ($r = 0,5 \cdot 10^{-10}$ m)?
Geben Sie die Energien in der Einheit Elektronenvolt an.

**13.11** In Teilchenbeschleunigern werden schnelle Elementarteilchen zur Kollision gebracht.
a) Welchen kleinsten Abstand erreichen zwei Elektronen, die mit einer Spannung von 30 kV beschleunigt wurden und zentral miteinander stoßen?
b) Wie ändert sich dieser kleinste Abstand, wenn die Elektronen unter einem Winkel von 90° aufeinandertreffen?

**13.12** Berechnen Sie die Gleichung für das elektrische Feld im Innern eines Zylinderkondensators mit dem Gaußschen Satz. Leiten Sie daraus das elektrische Potential im gleichen Bereich her.

**13.13** Welche Ladung $q$ befindet sich auf einer Kugel ($r = 0,10$ m), die durch einen Bandgenerator auf eine Spannung von 60 kV gegen Erde aufgeladen wurde?
Hinweis: Berechnen Sie zuerst die Gleichung für die Kapazität eines Kugelkondensators mit den Radien $r$ und $R$ und führen im Anschluß den Grenzübergang $R \to \infty$ durch.

**13.14** Berechnen Sie die Kapazität einer in der digitalen Übertragungstechnik benutzten Koaxleitung pro Meter Länge. Betrachten Sie die Leitung als einen Zylinderkondensator ($r = 0,5$ mm, $R = 6$ mm) mit einer Kunststoffisolation als Dielektrikum ($\varepsilon_r = 2,5$).

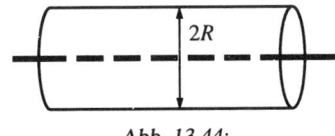

*Abb. 13.44:*

**13.15** Wie groß ist die Kapazität $C_G$ (in Vielfachen der Kapazität $C$) der folgenden Schaltung aus drei Kondensatoren?

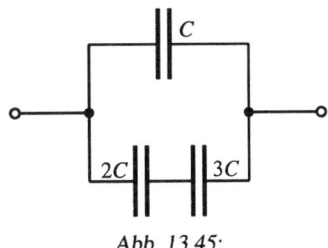

*Abb. 13.45:*

**13.16** Vergleichen Sie die Energie eines geladenen Kondensators in einem Fotoblitz ($C = 1000\,\mu$F, $U = 300$ V) mit der kinetischen Energie eines Körpers der Masse $m = 1$ kg.

# Kapitel 14

# Das stationäre elektrische Strömungsfeld

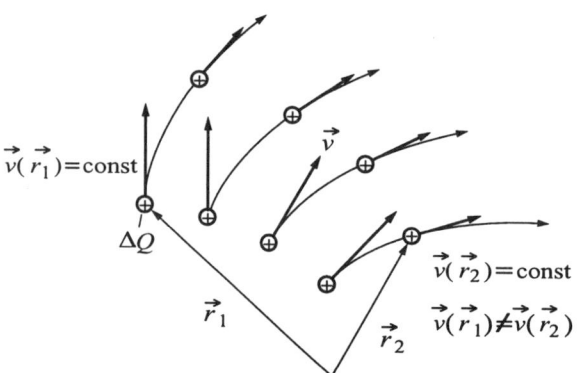

$\vec{v}(\vec{r_1}) = \mathrm{const}$

$\Delta Q$

$\vec{v}$

$\vec{v}(\vec{r_2}) = \mathrm{const}$

$\vec{r_1}$

$\vec{r_2}$

$\vec{v}(\vec{r_1}) \neq \vec{v}(\vec{r_2})$

Abb. 14.1: Stationäre Ladungsströmung

In diesem Kapitel werden wir Erscheinungen und Gesetzmäßigkeiten untersuchen, welche mit strömenden Ladungen in der Materie verbunden sind. Die Strömung der Ladungen soll stationär sein, d. h., die mittlere Geschwindigkeit der Ladungsträger an beliebiger Raumposition soll konstant bleiben. Über den gesamten Raumbereich betrachtet, können allerdings unterschiedliche mittlere Ladungsgeschwindigkeiten vorkommen.

## 14.1 Elektrischer Strom

Um die Zusammenhänge im **stationären elektrischen Strömungsfeld** zu verstehen, müssen zuerst einige fundamentale physikalische Größen eingeführt werden. Eine dieser Größen ist die im **Internationalem Einheitensystem** (SI) enthaltene **Basisgröße Strom**. Als Strom wird die Bewegung von elektrischen Ladungen bezeichnet. Zum Verständnis betrachten wir die Vorgänge beim Ladungstransport in einem metallischen Draht. Im Leiter, also auch in unserem Draht, sind über das gesamte Volumen frei bewegliche Ladungsträger (Elektronen) verteilt. Die Dichte $\rho_Q$ dieser Ladungsträger und auch die Ladungsmenge im Drahtvolumen $Q = V \cdot \rho_Q$ ist konstant.

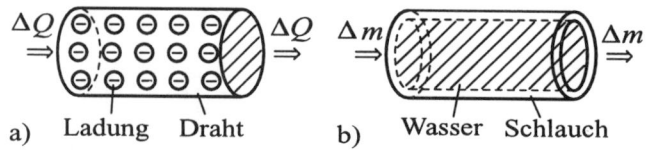

$\Delta Q \Rightarrow$    $\Rightarrow \Delta Q$    $\Delta m \Rightarrow$    $\Rightarrow \Delta m$

a) Ladung Draht    b) Wasser Schlauch

Abb. 14.2: Analogie zwischen Ladungstransport im Draht (a) und in einem mit Wasser gefüllten Schlauch (b)

Treten nun an einem Drahtende Ladungen ein, so wird im gleichen Zeitraum die gleiche Ladungsmenge am anderen Drahtende wieder austreten. Ein analoges Modell liegt bei einem mit Wasser gefüllten Gartenschlauch vor. Die über den Wasserhahn entnommene Wassermasse $\Delta m$ tritt im gleichem Zeitraum am Schlauchende wieder aus. Die fließende Wassermenge kann hierbei mit der fließenden Ladung im Leiter verglichen werden.

Kommen wir nun zurück zu unserem Metalldraht. Wir wollen die Ladungsmenge $\Delta Q$ erfassen, welche pro Zeiteinheit $\Delta t$ durch die Endfläche (Meßfläche) des Drahtes hindurchtritt. Die Elektronen im Draht sollen eine mittlere Driftgeschwindigkeit $\bar{v}$ aufweisen. Im Zeitraum $\Delta t$ wird die im Drahtvolumenbereich

$$\Delta V = A \cdot \Delta x = A \cdot \bar{v} \cdot \Delta t \qquad (14.1)$$

enthaltene Ladungsmenge

$$\Delta Q = \rho_Q \cdot \Delta V \qquad (14.2)$$

durch die Meßfläche wandern.

Definiert man nun den **Strom** $I$ als Quotient der in der Zeit $\Delta t$ durch eine Meßfläche hindurch tretenden Ladung $\Delta Q$,

$$\boxed{I = \frac{\Delta Q}{\Delta t}} \qquad (14.3)$$

$$[I] = A \quad \text{(Ampere)}$$

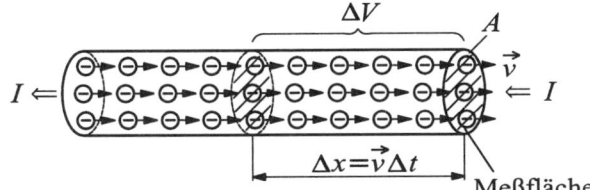

*Abb. 14.3: Ladungstransport durch eine Meßfläche in einem Metalldraht*

so ergibt sich die folgende Beziehung für den Ladungstransport im Metalldraht

$$I = \frac{\Delta Q}{\Delta t} = \rho_Q \cdot A \cdot \bar{v} \qquad (14.4)$$

Bei stationärer elektrischer Strömung bleibt die Ladungsgeschwindigkeit $\bar{v}$ konstant. Der Strom ist also zeitunabhängig und wird im folgenden auch als **Gleichstrom** bezeichnet. Symbolisiert wird dies in der Gleichstromtechnik durch den Großbuchstaben „$I$". Die Definition des Stromes gilt nicht nur für stationäre elektrische Ladungsströmungen. Im allgemeinen Fall der **nichtstationären Strömung** wird für den Strom definiert:

$$\boxed{i = \frac{dQ}{dt}} \qquad (14.5)$$

Der Kleinbuchstabe „$i$" gibt an, daß der elektrische Strom **zeitlich veränderlich** ist.
Aus der Definition des elektrischen Stromes folgt, daß die Richtung des Stromes durch das Vorzeichen der transportierten Ladung festgelegt wird. Tragen nur die Elektronen zum Ladungstransport bei, wie z. B. bei Metallen, so gilt:

**Die Stromrichtung ist der Bewegung der Elektronen entgegengesetzt.**

Die Definition der Stromeinheit $[I] = A$ wird auf mechanische Basisgrößen zurückgeführt. Die im Internationalen Einheitssystem enthaltene Stromeinheit 1 A basiert auf der magnetischen Kraftwirkung zwischen zwei parallelen und stromdurchflossenen Drähten (siehe Kapitel „Magnetostatik").

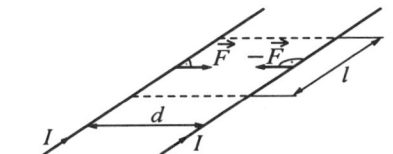

*Abb. 14.4: Zur Definition der Stromeinheit 1 A*

**Definition:**

**Der Strom $I$ hat den Wert 1 A, wenn zwischen zwei im Abstand $d = 1$ m parallel angeordneten, geradlinigen, unendlich lang gedachten und vom gleichen Strom durchflossenen Leitern mit vernachlässigbarem Drahtquerschnitt der Betrag der Kraft pro Leiterlänge $F/l = 2 \cdot 10^{-7}$ N/m ist.**

## Definition der Stromdichte

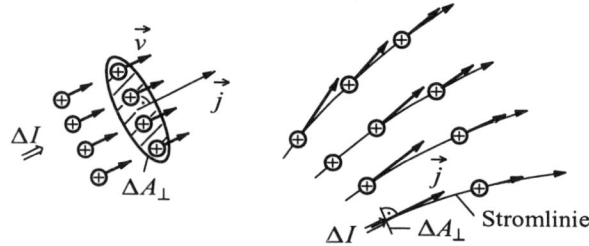

Eine weitere wichtige physikalische Größe im elektrischen Strömungsfeld ist die **elektrische Stromdichte**, oft einfach kurz „Stromdichte" genannt. Die Stromdichte ist an die Bewegungsrichtung positiver Ladungsträger gekoppelt. Der Betrag der Stromdichte ist festgelegt durch den Strom $\Delta I$, welcher durch eine senkrecht zur Bewegungsrichtung der **Ladungsträger** befindliche Fläche $\Delta A_\perp$ hindurchtritt.

*Abb. 14.5: Zur Definition der Stromdichte*

Für infinitesimal kleine Flächenstücke gilt also für die **Stromdichte**

$$\boxed{j = \frac{\mathrm{d}I}{\mathrm{d}A_\perp}} \ ; \qquad [j] = \frac{\mathrm{A}}{\mathrm{m}^2} \tag{14.6}$$

Mit dem Strom $I = \rho_Q \cdot A_\perp \cdot \bar{v}$ kann man die Stromdichte durch das Produkt aus der Raumladungsdichte $\rho_Q$ und der lokalen mittleren Ladungsgeschwindigkeit $\vec{v}$ ausdrücken:

$$\boxed{\vec{j} = \rho_Q \cdot \vec{v}} \tag{14.7}$$

## 14.2 Ohmsches Gesetz

## Ohmsches Gesetz, Widerstand und Leitwert

Dem Ladungstransport durch ein leitendes Medium wird je nach Materialart und Ausführungsform ein unterschiedlicher Widerstand entgegengesetzt. Wird die gleiche Spannung $U$ an unterschiedliche Leiter angelegt, so mißt man in der Regel auch unterschiedliche Ströme $I$. Zur Charakterisierung der Leiter wird der Quotient aus Spannung $U$ und Strom $I$ gebildet und als **elektrischer Widerstand $R$** bezeichnet:

$$\boxed{R = \frac{U}{I}} \ ; \qquad [R] = \frac{\mathrm{V}}{\mathrm{A}} = \Omega \ (\mathrm{Ohm}) \tag{14.8}$$

Diese Gleichung wird in der Elektrotechnik auch als **Ohmsches Gesetz** bezeichnet. Für die Widerstandsberechnung wird oft auch der **elektrische Leitwert** als Quotient aus Strom $I$ und Spannung $U$ verwandt.

$$\boxed{G = \frac{I}{U} = \frac{1}{R}} \ ; \qquad [G] = \frac{\mathrm{A}}{\mathrm{V}} = \mathrm{S} \ (\mathrm{Siemens}) \tag{14.9}$$

Der Zusammenhang zwischen Spannung $U$ und Strom $I$ kann, je nach Leiter, linear oder auch nichtlinear sein. Beim linearen Zusammenhang ist die $U$-$I$-Kennlinie eine Gerade und der Widerstand wird als **linearer** oder auch als **ohmscher Widerstand** bezeichnet.

Metallische Leiter weisen bei konstanter Temperatur eine lineare $U$-$I$-Kennlinie auf.

Ist der Zusammenhang zwischen $U$ und $I$ nichtlinear, so wird der Widerstand als ein **nichtlinearer Widerstand** bezeichnet.

Um Widerstände von Leitern berechnen zu können, betrachten wir zuerst den einfachen Fall des drahtförmigen Widerstandes.

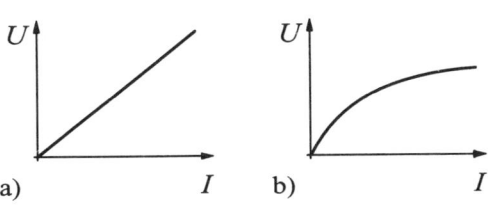

a)          I          b)          I

*Abb. 14.6: Strom-Spannungs-Kennlinie (U-I-Kennlinie) eines linearen (a) und eines nichtlinearen (b) Widerstandes*

## Widerstand eines drahtförmigen Leiters

### Drahtwiderstand

Variiert man bei konstanter Spannung $U$ die Länge $l$ und den Querschnitt $A$ eines drahtförmigen Leiters, so sind die gemessenen Ströme proportional zum Querschnitt $A$ und umgekehrt proportional zur Drahtlänge $l$.

Für den elektrischen Widerstand eines Leiters mit der Länge $l$ und dem Querschnitt $A$ gilt somit:

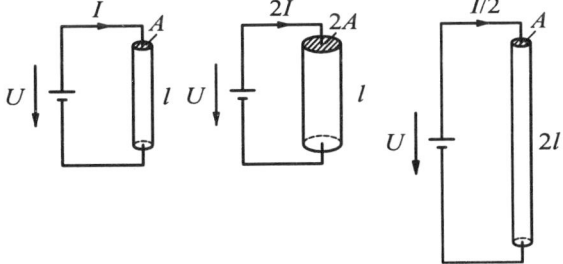

$$\boxed{R = \rho \frac{l}{A}} \qquad (14.10)$$

*Abb. 14.7: Abhängigkeit des Drahtwiderstandes R vom Querschnitt A und Länge l*

Die Proportionalitätskonstante $\rho$ nennt man den **spezifischen Widerstand** und den Kehrwert die **elektrische Leitfähigkeit**:

$$\boxed{\kappa = \frac{1}{\rho}}\;; \qquad [\rho] = \Omega \cdot m, \quad [\kappa] = \frac{S}{m} \qquad (14.11)$$

Die spezifischen Widerstände der Stoffe umfassen einen Bereich von ca. 24 Zehnerpotenzen.

In der folgenden Abbildung ist in einem Diagramm für einige ausgewählte Materialien der spezifische Widerstand dargestellt.

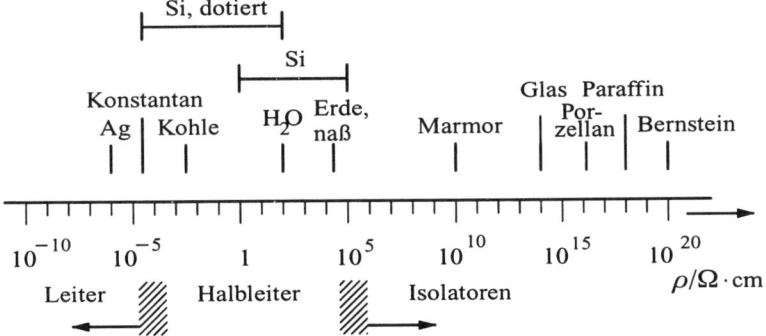

*Abb. 14.8: Spezifischer Widerstand für ausgewählte Materialien bei Raumtemperatur*

# Beweglichkeit der Ladungträger

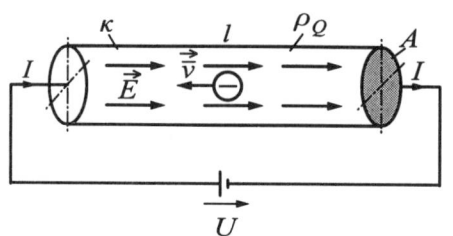

Abb. 14.9: Ladungstransport in einem metallischen Draht

Den funktionalen Zusammenhang zwischen dem Widerstand $R$ des drahtförmigen Leiters und der Bewegung der Ladungsträger gewinnt man, indem man die Beziehung $I = \rho_Q \cdot A \cdot \bar{v}$ für den elektrischen Strom in das Ohmsche Gesetz $R = U/I$ einsetzt und die Gleichung $R = l/(\kappa A)$ benutzt:

$$R = \frac{U}{I} = \frac{U}{\rho_Q \cdot A \cdot \bar{v}} = \frac{l}{\kappa A} \qquad (14.12)$$

Hieraus folgt mit der elektrischen Feldstärke $E = U/l$ im Drahtinnern für die elektrische Leitfähigkeit

$$\kappa = \rho_Q \frac{\bar{v}}{E} = \rho_Q \cdot b \qquad (14.13)$$

mit der Ladungsdichte $\rho_Q$ und der **Beweglichkeit** $b$ der Ladungsträger

$$b = \frac{\bar{v}}{E} = \frac{\bar{v} \cdot l}{U} \qquad (14.14)$$

Die Beweglichkeit gibt an, welche mittlere **Driftgeschwindigkeit** $\bar{v}$ die Ladungsträger im elektrischen Feld $E$ erreichen. Ist die mittlere Driftgeschwindigkeit $\bar{v}$ proportional zur angelegten Spannung $U$, so haben wir es mit einem linearen Widerstand zu tun.
Wie in einem Beispiel dieses Abschnittes gezeigt wird, liegen die Driftgeschwindigkeiten der Elektronen in metallischen Leitern in der Größenordnung von mm/s.

*Beispiel 14.1:*   Driftgeschwindigkeit der Elektronen in einem Metalldraht

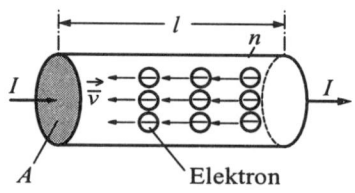

Abb. 14.10: Driftgeschwindigkeit der Elektronen in einem stromdurchflossenen Draht

Durch einen Metalldraht mit dem Querschnitt $A = 1,5\ mm^2$ fließt ein Strom von $I = 1$ A. Die Ladungsträgerdichte, d. h. der frei beweglichen Elektronen, beträgt im Metall $n \approx 8,5 \cdot 10^{22}/cm^3$ und die Elektronenladung besitzt den Wert $e = -e_0 = -1,602 \cdot 10^{-19}$ A · s.
Wie groß ist die Driftgeschwindigkeit $\bar{v}$ der Elektronen in diesem Metalldraht?

**Lösung:**

Es gilt die Beziehung

$$I = \rho_Q \cdot A \cdot \bar{v} = n \cdot e_0 \cdot A \cdot \bar{v} \qquad \underline{1}$$

mit der Ladungsdichte $\rho_Q$ und der Driftgeschwindigkeit $v$. Aus der obigen Gleichung ergibt sich für die Driftgeschwindigkeit

$$\bar{v} = \frac{I}{n \cdot e_0 A} = \frac{1 \cdot A \cdot cm^3}{8,5 \cdot 10^{22} \cdot 1,602 \cdot 10^{-19} A \cdot s \cdot 1,5\ mm^2} = 49\ \mu m/s \qquad \underline{2}$$

# 14.3 Temperaturabhängigkeit des elektrischen Widerstandes

Im vorigen Abschnitt hatten wir die Strom-Spannungs-Kennlinie ($U$-$I$-Kennlinie) von Widerständen betrachtet. Experimente zeigen, daß der Verlauf der $U$-$I$-Kennlinien temperaturabhängig ist. Für einen metallischen Leiter ist qualitativ in der Abbildung der Verlauf der $U$-$I$-Kennlinie für zwei unterschiedliche Temperaturen dargestellt. Man erkennt, daß die Steigung der Kennlinie, also der Widerstand, mit steigender Temperatur zunimmt. Eine mehr oder minder starke **Temperaturabhängigkeit des Widerstandes** beobachtet man auch bei anderen Leiterwerkstoffen.

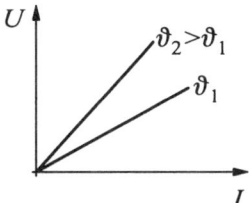

*Abb. 14.11: Strom-Spannungs-Kennlinie eines metallischen Leiters für zwei unterschiedliche Temperaturen*

## Temperaturabhängigkeit der Beweglichkeit von Ladungsträgern

Zum Verständnis der physikalischen Vorgänge betrachten wir den im vorigen Abschnitt behandelten Zusammenhang des Widerstandes $R$ von den mikroskopischen Größen der mittleren Ladungsgeschwindigkeit $\bar{v}$, der lokalen elektrischen Feldstärke $\vec{E}$ und der Ladungsdichte $\rho_Q$:

$$R = \frac{l}{\kappa A} = \frac{l}{\rho_Q b A} = \frac{l}{\rho_Q(\bar{v}/E)A} \tag{14.15}$$

Aus der Größe der Widerstandsänderung $\Delta R$ bei Änderung der Temperatur um $\Delta\vartheta$ schließen wir, daß der Hauptbeitrag zur Widerstandsänderung von der Temperaturabhängigkeit der elektrischen Leitfähigkeit herrührt:

$$\kappa = \rho_Q \cdot \frac{\bar{v}}{E} = \rho_Q \cdot b \tag{14.16}$$

Das Produkt aus Ladungsdichte $\rho_Q$ und Beweglichkeit $b$ der Ladungsträger ist also hauptverantwortlich für die Temperaturabhängigkeit von Widerständen.

Betrachten wir zuerst die Temperaturabhängigkeit der Beweglichkeit $b = \bar{v}/E$ und somit auch der Driftgeschwindigkeit $\bar{v}$ der Ladungsträger in einem Leiter.

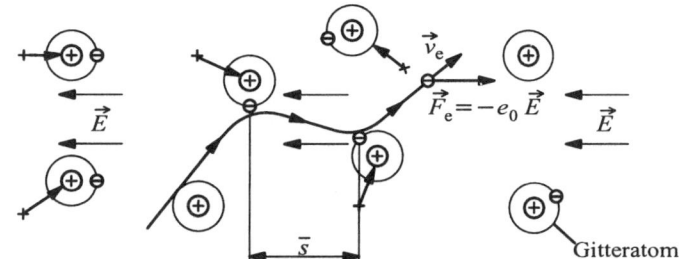

*Abb. 14.12: Bewegung eines Elektrons im Leiterinnern unter dem Einfluß der lokalen elektrischen Feldstärke $\vec{E}$*

Die Elektronen in einem Leiter werden durch die von außen aufgeprägte elektrische Feldstärke $E = U/l$ beschleunigt. Der Betrag dieser Beschleunigung ist gegeben durch

$$a = \frac{e_0}{m_e}E \tag{14.17}$$

mit der Elementarladung $e_0$ und der Elektronenmasse $m_e$. Nach kurzer Wegstrecke (im Mittel die freie Weglänge $\bar{s}$) stoßen die Elektronen jedoch mit den Elektronen der Gitteratome zusammen. Nach jedem Stoß durch das äußere Feld beginnt die Beschleunigung bei $v = 0$ von neuem (siehe folgende Abbildung). In der mittleren Zeit $\bar{\tau}$ zwischen zwei Stößen erreichen die Elektronen im Mittel immer die gleiche Endgeschwindigkeit. Die Hälfte der mittleren Endgeschwindigkeit ist die Durchschnittsgeschwindigkeit oder **Driftgeschwindigkeit:**

$$\bar{v} = \frac{1}{2} a \bar{\tau} = \frac{1}{2} \frac{e_0}{m_\text{e}} \bar{\tau} \cdot E \tag{14.18}$$

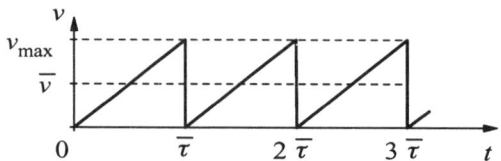

Abb. 14.13: Geschwindigkeit von freien Ladungsträgern
im Leiter zwischen zwei Stößen

Hieraus ergibt sich für die **Beweglichkeit** $b$:

$$b = \frac{1}{2} \frac{e_0}{m_\text{e}} \bar{\tau} \tag{14.19}$$

Da mit steigender Temperatur die Bewegung der Gitteratome immer intensiver wird, nimmt auch die Anzahl der Stöße pro Zeiteinheit zu. Die mittlere Zeit $\bar{\tau}$ zwischen zwei Stößen nimmt ab (s. obige Gleichung) und somit auch die Beweglichkeit der Ladungsträger.

## Temperaturabhängigkeit metallischer Leiter

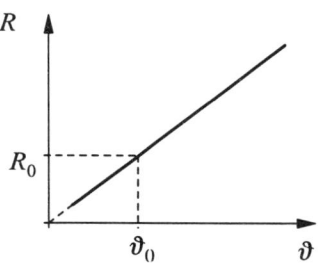

Abb. 14.14: Temperaturabhängigkeit
metallischer Widerstände

Bei metallischen Leitern ist die Ladungsdichte $\rho_Q$ der beweglichen Ladungsträger (Elektronen) im technisch interessierenden Temperaturbereich nahezu konstant. Die Temperaturabhängigkeit des Widerstandes wird somit durch die Temperaturabhängigkeit der Beweglichkeit bestimmt. Für diese Leiterart nimmt demzufolge bei steigender Temperatur die elektrische Leitfähigkeit $\kappa$ ab und der elektrische Widerstand $R$ zu. Die Abhängigkeit des Widerstandes $R$ von der Temperatur ist nahezu linear.
Beschrieben wird dieser Zusammenhang üblicherweise durch die Gleichung

$$\boxed{R(\vartheta) = R_0 (1 + \alpha_0 (\vartheta - \vartheta_0))}; \qquad [\alpha_0] = \frac{1}{\text{K}} \tag{14.20}$$

mit dem linearen Temperaturkoeffizienten $\alpha_0$ und dem Widerstand $R_0$ bei der Bezugstemperatur $\vartheta_0$ (in der Regel die Raumtemperatur).
Die nahezu lineare Temperaturcharakteristik der Metallwiderstände wird z. B. in der Temperaturmeßtechnik ausgenutzt. Als Material für diese Widerstandsthermometer wird vorwiegend Platin verwandt.

## Temperaturabhängigkeit nichtmetallischer Leiter

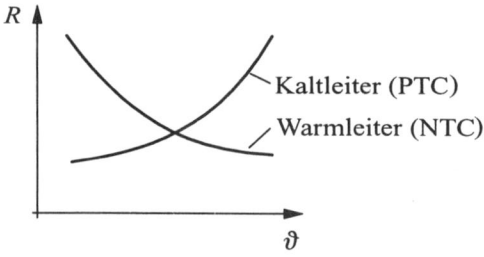

Abb. 14.15: Temperaturabhängigkeit von Kalt-
und Warmleitern

Bei Halbleitermaterialien, Kohle, Glas und einigen anderen Materialien ist die Ladungsdichte temperaturabhängig. Durch thermische Bewegung werden mit steigender Temperatur immer mehr Ladungsträger freigesetzt. Diese Ladungsträger tragen zum Ladungstransport bei und erhöhen mit steigender Temperatur die Dichte der frei beweglichen Ladungsträger. Dieser Effekt kann dermaßen stark werden, daß er in der elektrischen Leitfähigkeit $\kappa$ den gegenläufigen Effekt der Beweglichkeit überkompensiert.

In bestimmten Temperaturbereichen beobachtet man daher eine Zunahme der elektrischen Leitfähigkeit und somit eine Abnahme des elektrischen Widerstandes mit steigender Temperatur.
In anderen Temperaturbereichen und auch bei anderen Leitermaterialien dominiert die Beweglichkeit, so daß der Widerstand mit steigender Temperatur zunimmt. Diese Erscheinungsformen werden zum Bau von Widerständen mit negativen und positiven Temperaturkoeffizienten $\alpha$ ausgenutzt. In der Elektrotechnik kennt man die PTC- und NTC-Widerstände, die sogenannten „**Kalt- und Warmleiter**", welche eine positive bzw. negative Steigung in der Temperaturabhängigkeit des Widerstandes aufweisen. Hergestellt werden diese Widerstände aus Verbindungshalbleitern.

*Beispiel 14.2*: Widerstand und Temperaturkoeffizient eines Metallwiderstandes bei verschiedenen Temperaturen

Gegeben ist ein Platinwiderstand mit dem Widerstand $R_0 = 100\ \Omega$ und dem linearen Temperaturkoeffizienten $\alpha_0 = 3,9 \cdot 10^{-3}/\mathrm{K}$ bei $\vartheta_0 = 0\ °\mathrm{C}$.
(a) Welchen Wert weist der Platinwiderstand bei $\vartheta = 200\ °\mathrm{C}$ auf?
(b) Wie groß ist der lineare Temperaturkoeffizient $\alpha_{50}$ bei $\vartheta = 50\ °\mathrm{C}$?

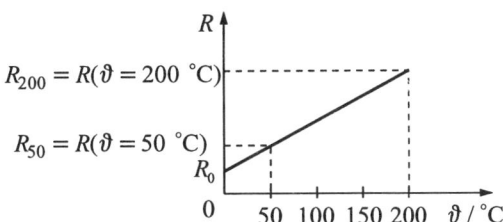

Abb. 14.16: *Temperaturverhalten eines Metallwiderstandes*

**Lösung zu (a):**

Für den Platinwiderstand gilt bei $\vartheta_0 = 0\ °\mathrm{C}$

$$R(\vartheta) = R_0(1 + \alpha_0(\vartheta - \vartheta_0)) = R_0(1 + \alpha_0 \cdot \vartheta) \tag{1}$$

Bei $\vartheta = 200\ °\mathrm{C}$ ergibt sich der Widerstand zu

$$R_{200} = R(\vartheta = 200\ °\mathrm{C}) = 100\ \Omega\ (1 + 3,9 \cdot 10^{-3} \cdot 200) = 178\ \Omega \tag{2}$$

**Lösung zu (b):**

Es gilt bei der Bezugstemperatur $\vartheta_0 = 50\ °\mathrm{C}$

$$R(\vartheta) = R_{50}\ (1 + \alpha_{50}(\vartheta - 50\ °\mathrm{C})) \tag{3}$$

Sowohl (1) als auch (3) beschreiben das gleiche Widerstandverhalten, d. h.

$$R_0(1 + \alpha_0 \cdot \vartheta) = R_{50}\ (1 + \alpha_{50}(\vartheta - 50\ °\mathrm{C})) \tag{4}$$

Aus (4) folgt für den linearen Temperaturkoeffizienten $\alpha_{50}$ bei $\vartheta_0 = 50\ °\mathrm{C}$:

$$\alpha_{50} = \alpha_0 \frac{R_0}{R_{50}} \tag{5}$$

und aus (1) der Widerstand bei $\vartheta = 50\ °\mathrm{C}$

$$R_{50} = R(\vartheta = 50\ °\mathrm{C}) = R_0(1 + \alpha_0 \cdot 50\ °\mathrm{C}) \tag{6}$$

Für den linearen Temperaturkoeffizienten von Platin bei $\vartheta_0 = 50\ °\mathrm{C}$ ergibt sich somit

$$\alpha_{50} = \alpha_0 \frac{R_0}{R_0\ (1 + \alpha_0 \cdot 50\ °\mathrm{C})} = \frac{\alpha_0}{1 + \alpha_0 \cdot 50\ °\mathrm{C}} = \frac{3,9 \cdot 10^{-3}/\mathrm{K}}{1 + 3,9 \cdot 10^{-3} \cdot 50}$$

$$= 3,26 \cdot 10^{-3}\ \frac{1}{\mathrm{K}} \tag{7}$$

## 14.4 Leistung und Arbeit in einem Leiter

Ist man an der verbrauchten Gesamtenergie $W$ interessiert, so genügen zur Ermittlung dieser Größe die makroskopischen Meßgrößen Strom $I$ und Spannung $U$.
Wir bekommen für die verbrauchte Energie im Leiter

$$\Delta W \approx U \cdot \Delta Q \tag{14.21}$$

und erhalten letztendlich die pro Zeiteinheit $\Delta t$ verbrauchte Energie im Leiter:

$$\Delta W \approx U \cdot I \cdot \Delta t \tag{14.22}$$

Mit dem Begriff der **Leistung**

$$\boxed{P = \frac{dW}{dt} \approx \frac{\Delta W}{\Delta t}} \; ; \qquad [P] = \text{V} \cdot \text{A} = \text{W (Watt)} \tag{14.23}$$

folgt aus der obigen Gleichung für die **Gesamtleistung**

$$\boxed{P = U \cdot I} \tag{14.24}$$

und für die verbrauchte Energie im Leiter

$$W = \int_{t_1}^{t_2} P \cdot dt = P(t_2 - t_1) = U \cdot I \cdot (t_2 - t_1) \tag{14.25}$$

Die Energie wird laufend über das elektrische Feld als Bewegungsenergie an die Ladungsträger weitergegeben. Diese wiederum geben die Energie über Stöße als Wärmeenergie an die Gitteratome weiter, von wo sie über Leitung, Strahlung und Konvenktion nach außen abgeführt wird. Da die Strömung der Ladungsträger nur bei Anwesenheit des elektrischen Feldes vorhanden ist, kann keine Energiespeicherung erfolgen.

## 14.5 Einführung in die Gleichstromtechnik

In diesem Abschnitt wollen wir mit der **Gleichstromtechnik** eine typische Anwendung des stationären elektrischen Strömungsfeldes betrachten.

## Definitionen und Symbole

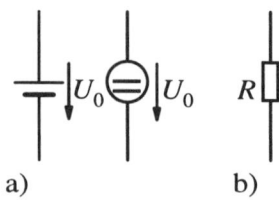

a)                    b)

*Abb. 14.17: Symbole für eine Gleichspannungsquelle (a) und einen ohmschen Widerstand (b)*

In der Skizze sind die Symbole für eine **Gleichspannungsquelle** und einen **ohmschen Widerstand** dargestellt. Die Spannung $U$ wird durch einen Pfeil symbolisiert, welcher vom höheren zum tieferen Potentialwert weist. Wird nun die Spannungsquelle an einen Widerstand angeschlossen, so entsteht ein **einfacher Gleichstromkreis**. Unter der Einwirkung der elektrischen Feldstärke $\vec{E}$ findet im Widerstand vom höheren zum tieferen Potentialwert hin ein Stromtransport statt. Im Widerstand $R$ wird Energie verbraucht.

Man bezeichnet den Widerstand als **Verbraucher** und den Energielieferanten (Spannungsquelle) als **Quelle**. In der Elektrotechnik ist es üblich, mit dem **Verbraucherzählsystem** zu operieren. Im Verbraucher ist die Richtung von Strom und Spannung identisch. Hiermit folgt für die Verbraucherleistung mit

$$P_v = U \cdot I > 0 \text{ W} \qquad (14.26)$$

ein positiver Wert.

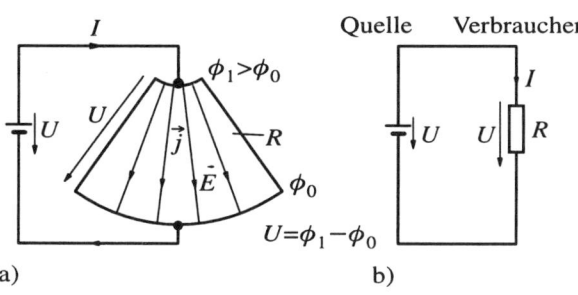

Abb. 14.18: Gleichstromkreis mit tatsächlicher (a) und symbolischer (b) Widerstandsdarstellung

In der Quelle ist entsprechend unserer Richtungsfestlegung der Strom der Spannung entgegengerichtet. Bilden wir das Produkt aus Strom und Spannung, so bekommen wir für die abgegebene Quellenleistung mit

$$P_q = U \cdot I < 0 \text{ W} \qquad (14.27)$$

einen negativen Wert.

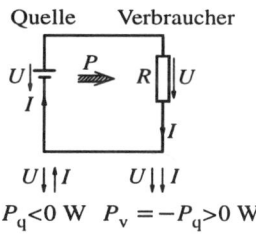

Abb. 14.19: Verbraucherzählsystem

Eine beliebige Zusammenschaltung elektrischer Bauelemente nennt man ein **Netzwerk**. Ein Netzwerk besteht aus einzelnen Zweigen, die an den Knotenpunkten (Knoten) miteinander verbunden sind und auf diese Weise **Maschen** bilden.
Ein **Knoten** verbindet leitend mindestens drei Zuführungsleitungen. Der **Zweig** ist eine Zusammenschaltung von Bauelementen zwischen zwei Knoten, und die Masche ist ein in sich geschlossener Kettenzug von Zweigen und Knoten.

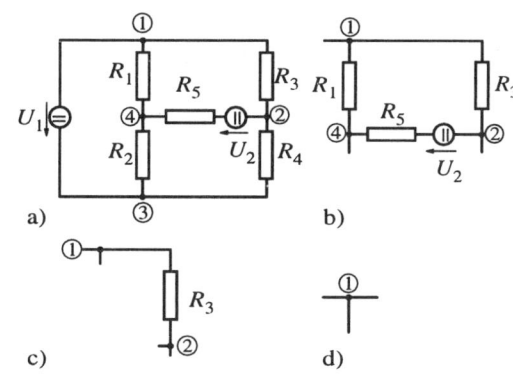

Abb. 14.20: Netzwerk (a), Masche (b), Zweig (c) und Knoten (d)

# Erstes Kirchhoffsches Gesetz

Zur Berechnung des Verhaltens elektrischer Ströme in Netzwerken werden die sogenannten **Kirchhoffschen Regeln** benutzt. Wir wollen zuerst das als **Knotenregel** bekannte erste Kirchhoffsche Gesetz ableiten.
Der Ausgangspunkt dieser Ableitung ist der Kontinuitätssatz,

<table>
<tr><td>**erster Kirchhoffscher Satz für**<br>**das elektrische Strömungsfeld**</td><td>$$\oint_O \vec{j} \cdot d\vec{A} = 0$$</td><td>(14.28)</td></tr>
</table>

welcher besagt, daß die Summe aller Ströme durch eine geschlossene Oberfläche gleich Null ist.

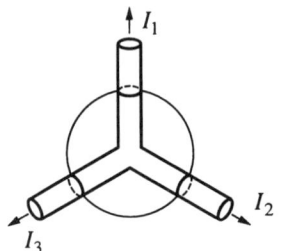

*Abb. 14.21: Zur Herleitung der Knotenregel*

Wenden wir diesen Satz auf einen Knoten in dem skizzierten Beispiel an, so bekommen wir die Beziehung

$$I_1 - I_2 + I_3 = 0 \qquad (14.29)$$

Werden z. B. abfließende Ströme positiv und zufließende Ströme negativ gezählt, so bekommt man für eine beliebige Anzahl von Zuführungsleitungen eines Knotens den gesuchten **ersten Kirchhoffschen Satz**

$$\boxed{\sum_{i=1}^{N} I_i = 0} \qquad (14.30)$$

Der erste Kirchhoffsche Satz besagt, daß die Summe aller Ströme bei einem beliebigen Knoten mit $N$ Knotenzweigen gleich Null ist.

## Zweites Kirchhoffsches Gesetz

Ein nicht minder wichtiges Gesetz bei Netzwerkberechnungen ist das als **Maschenregel** bekannte zweite Kirchhoffsche Gesetz. Der Ausgangspunkt der Ableitung ist die durch das Linienintegral

$$\oint_S \vec{E} \cdot d\vec{s} = 0 \qquad (14.31)$$

ausgedrückte Wegunabhängigkeit für den Transport einer Ladung im elektrischen Feld. Bei Anwendung der Beziehung $\oint_S \vec{E} \cdot d\vec{s} = 0$ auf beliebige Maschen (geschlossener Weg) bekommen wir den gesuchten **zweiten Kirchhoffschen Satz**

$$\boxed{\sum_{i=1}^{N} U_i = 0} \qquad (14.32)$$

Der zweite Kirchhoffsche Satz besagt, daß die Summe aller Spannungen in einer Masche mit $N$ Bauelementen gleich Null ist.

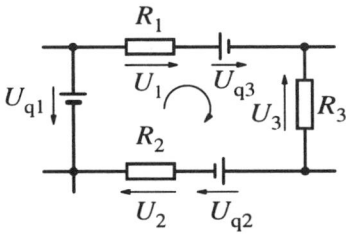

*Abb. 14.22: Zur Anwendung der Maschenregel*

Wir wollen nun diese Regel auf die skizzierte Masche anwenden. Beim Durchlauf entsprechend der angegebenen Richtung bekommen wir die Gleichung:

$$U_1 + U_{q3} - U_3 + U_{q2} + U_2 - U_{q1} = 0$$

Spannungen in Richtung des Umlaufs werden positiv und Spannungen gegen die Umlaufrichtung negativ gezählt. Die Spannungspfeile für die Gleichspannungsquellen sind durch die Lage der Quellen vorgegeben. Die Richtungen der Verbraucherspannungspfeile kann man beliebig festlegen. In einem exemplarischen Beispiel am Ende dieses Abschnittes wollen wir das näher betrachten.

# Reihenschaltung von Widerständen

In der skizzierten Schaltung fließt durch jeden Widerstand der gleiche Strom $I$. Entsprechend dem Ohmschen Gesetz erhalten wir für die Spannungen an den einzelnen Widerständen

$$U_i = I \cdot R_i \qquad (14.33)$$

Nach Anwendung der **Maschenregel** bekommt man für die Reihenschaltung den Ausdruck

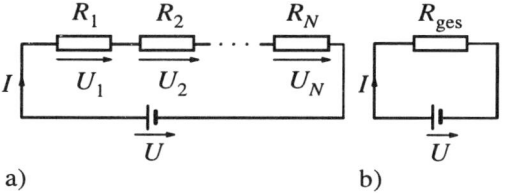

*Abb. 14.23: Reihenschaltung (a) und äquivalente Schaltung mit einem Ersatzwiderstand (b)*

$$U = U_1 + U_2 + \cdots + U_N = I \cdot R_1 + I \cdot R_2 + \cdots + I \cdot R_N = I \cdot R_{\text{ges}} \qquad (14.34)$$

Hieraus folgt, daß der Gesamtwiderstand einer Reihenschaltung die Summe aus den Einzelwiderständen ist

$$R_{\text{ges}} = R_1 + R_2 + \cdots + R_N \qquad (14.35)$$

Für das Spannungsverhältnis zwischen irgendeiner Teilspannung $U_i$ zur Gesamtspannung ergibt sich mit $U_i = I \cdot R_i$

$$\frac{U_i}{U} = \frac{I \cdot R_i}{I \cdot R_{\text{ges}}} = \frac{R_i}{R_{\text{ges}}} \qquad (14.36)$$

und für das Verhältnis zwischen beliebigen Teilspannungen

$$\frac{U_i}{U_j} = \frac{R_i}{R_j} \qquad (14.37)$$

Die Spannungen an den Widerständen einer Reihenschaltung verhalten sich zueinander wie die zugehörigen Widerstandswerte. In der Elektrotechnik werden die beiden obigen Gleichungen als **Spannungsteilerregeln** bezeichnet.

# Parallelschaltung von Widerständen

An jedem Widerstand dieser Parallelschaltung liegt die gleiche Spannung $U$ an. Für den Strom durch jeden Widerstand erhalten wir

$$I_i = \frac{U}{R_i} \qquad (14.38)$$

Nach Anwendung der **Knotenregel** folgt für die Parallelschaltung

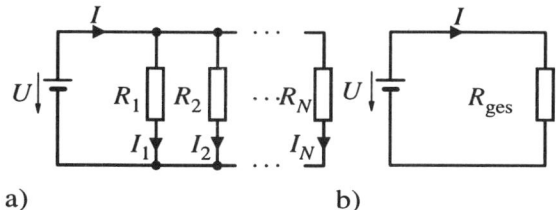

*Abb. 14.24: Parallelschaltung von Widerständen (a) und äquivalente Schaltung mit einem Ersatzwiderstand (b)*

$$I = I_1 + I_2 + \cdots + I_N = \frac{U}{R_1} + \frac{U}{R_2} + \cdots + \frac{U}{R_N} = \frac{U}{R_{\text{ges}}} \qquad (14.39)$$

Mit dem elektrischen Leitwert $G_i = 1/R_{ii}$ bekommen wir aus der letzten Gleichung letztendlich die Beziehung

$$G_{\text{ges}} = \frac{1}{R_{\text{ges}}} = G_1 + G_2 + \cdots + G_N \tag{14.40}$$

Der Gesamtleitwert $G_{\text{ges}}$ einer Parallelschaltung von Widerständen ist die Summe aus den Einzelleitwerten $G_i$. Sind nur zwei Widerstände parallel geschaltet, so ergibt sich für den Gesamtwiderstand

$$R_{\text{ges}} = \frac{R_1 \cdot R_2}{R_1 + R_2} \tag{14.41}$$

Für das Verhältnis der Ströme beliebiger Widerstände einer Parallelschaltung zueinander erhalten wir mit $I_i = U/R_i$

$$\frac{I_i}{I_j} = \frac{G_i}{G_j} = \frac{R_j}{R_i} \tag{14.42}$$

und für das Verhältnis eines Teilstroms zum Gesamtstrom ergibt sich

$$\frac{I_i}{I} = \frac{G_i}{G_{\text{ges}}} = \frac{R_{\text{ges}}}{R_i} \tag{14.43}$$

Die Ströme durch die Widerstände verhalten sich zueinander wie die zugehörigen Leitwerte.
In der Elektrotechnik sind die beiden obigen Gleichungen als **Stromteilerregeln** bekannt.

# Reale Spannungsquelle

In bisherigen Betrachtungen hatten wir nur Spannungsquellen einbezogen, welche bei unterschiedlicher Belastung, d. h. veränderlichem Strom $I$, ihre **Klemmenspannung** $U_{\text{KL}}$ nicht verändern. Man nennt diese Quellen **ideale Spannungsquellen**.

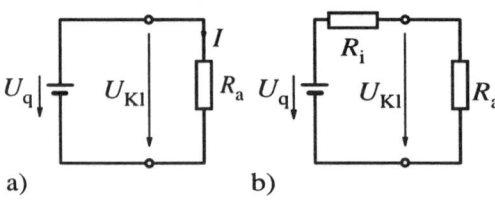

a)                    b)

*Abb. 14.25: Belastete ideale (a) und reale (b) Spannungsquelle*

In der Praxis zeigt sich nun, daß für viele Spannungsquellen die Klemmenspannung $U_{\text{KL}}$ mit steigendem Strom in guter Näherung linear abnimmt. Diesem Zusammenhang kann durch die Einführung eines Innenwiderstandes $R_i$ Rechnung getragen werden. Spannungsquellen mit einem Innenwiderstand nennt man **reale Spannungsquellen**.

Für den Strom $I$ einer mit einem Lastwiderstand $R_a$ beschalteten realen Spannungsquelle ergibt sich der Wert

$$I = \frac{U_q}{R_a + R_i} \tag{14.44}$$

mit der **Quellenspannung** $U_q$ und dem **Innenwiderstand** $R_i$. Unter Verwendung der Spannungsteilerregel bekommen wir für die Klemmenspannung $U_{\text{KL}}$

$$U_{\text{KL}} = \frac{R_a}{R_a + R_i} U_q \tag{14.45}$$

Jede reale Spannungsquelle kann durch den Innenwiderstand $R_i$ (Innenleitwert $G_i = 1/R_i$) und den Kurzschlußstrom $I_K$ bzw. die Leerlaufspannung $U_L$ beschrieben werden.

Der **Kurzschlußstrom** ergibt sich mit $R_a = 0\ \Omega$ zu

$$\boxed{I_K = \frac{U_q}{R_i}} \qquad (14.46)$$

und die **Leerlaufspannung** aus mit $R_a \to \infty\ \Omega$ zu

$$\boxed{U_L = U_q} \qquad (14.47)$$

Die Quellenspannung ist mit der Leerlaufspannung (keine Last) identisch.

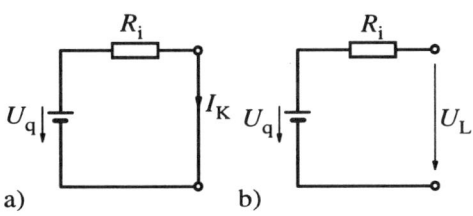

a)  b)

*Abb. 14.26: Kurzschlußstrom (a) und Leerlaufspannung (b) einer realen Spannungsquelle*

Mit Hilfe des Kurzschlußstromes und der Leerlaufspannung läßt sich der Innenwiderstand einer realen Spannungsquelle berechnen.

## Leistung und Leistungsanpassung

Wird ein Verbraucher an eine Spannungsquelle angeschlossen, so wird der Quelle Leistung entnommen. Ein Teil dieser Quellenleistung $P_q$ wird vom Verbraucher aufgenommen und ein anderer Teil geht als Verlustleistung verloren. Es gilt die Leistungsbilanz

$$P_q = P_a + P_v \qquad (14.48)$$

mit der Verbrauchsleistung (Nutzleistung) $P_a$ und der im Innenwiderstand umgesetzten Verlustleistung $P_v$. Unter Ausnutzung der Spannungsteilerregel bekommen wir für die **Nutzleistung** $P_a = U \cdot I$ die Beziehung

$$\boxed{P_a = \frac{R_a}{(R_a + R_i)^2} U_q^2} \qquad (14.49)$$

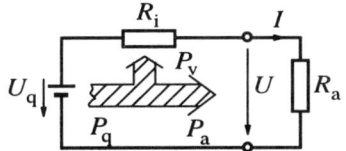

*Abb. 14.27: Leistung einer belasteten realen Spannungsquelle*

und für die **Verlustleistung** $P_v = (U_q - U) \cdot I$ der Quelle die Beziehung

$$\boxed{P_V = \frac{R_i}{(R_a + R_i)^2} U_q^2} \qquad (14.50)$$

Die maximale Verbrauchsleistung wird der Spannungsquelle mit

$$\boxed{R_a = R_i} \qquad (14.51)$$

entnommen, d. h. bei Identität des Last- und Innenwiderstandes. Man spricht in diesem Fall auch von der **Leistungsanpassung**. Mit der obigen Beziehung folgt für die **maximale Verbrauchsleistung**

$$\boxed{P_{a\,max} = \frac{1}{4} \frac{U_q^2}{R_i} = \frac{1}{4} P_K} \qquad (14.52)$$

mit $P_K$ als **Kurzschlußleistung**.

Die Kurzschlußleistung ist die größte Leistung, die die Quelle liefern kann. Sie tritt beim Kurzschluß der Quellenanschlüsse auf und wird ausschließlich als Verlustleistung umgesetzt.

*Beispiel 14.3:*    Ströme und Spannungen in einem Gleichstromkreis

Gegeben ist das skizzierte Netzwerk mit der Quellenspannung $U_q = 100$ V und dem Widerstand $R = 100\,\Omega$. Wie groß sind die Ströme und Spannungen im Widerstandsnetzwerk?

**Lösung:**

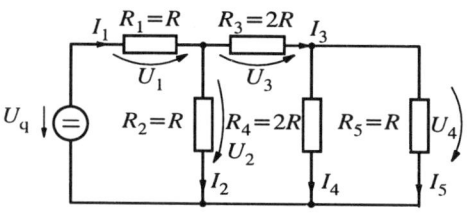

*Abb. 14.28: Gleichstromnetzwerk*

Zur Ermittlung der Ströme und Spannungen muß zuerst der Gesamtwiderstand $R_{ges}$ bestimmt werden.
Es gilt

$$R_{ges} = R_1 + \frac{R_2 \cdot (R_3 + R_{45})}{R_2 + R_3 + R_{45}}  \qquad \underline{1}$$

mit

$$R_{45} = \frac{R_4 \cdot R_5}{R_4 + R_5} = \frac{2R \cdot R}{2R + R} = \frac{2}{3}R  \qquad \underline{2}$$

Nach dem Einsetzen von (2) in (1) folgt für den

Gesamtwiderstand

$$R_{ges} = R + \frac{R(2R + 2/3R)}{R + 2R + \frac{2}{3}R} = \frac{19}{11}R = 172,73\,\Omega  \qquad \underline{3}$$

Für den Strom $I_1$ ergibt sich somit

$$I_1 = \frac{U_q}{R_{ges}} = \frac{100\text{ V}}{172,73\,\Omega} = 0,579\text{ A}  \qquad \underline{4}$$

und für die Spannung $U_1$

$$U_1 = I_1 \cdot R_1 = I_1 \cdot R = 57,9\text{ V}  \qquad \underline{5}$$

Mit Hilfe der Stromleiterregel

$$\frac{I_2}{I_1} = \frac{G_2}{G_2 + G_{345}}  \qquad \underline{6}$$

und

$$G_{345} = \frac{1}{R_{345}} = \frac{1}{R_3 + R_{45}} = \frac{1}{2R + \frac{2}{3}R} = \frac{3}{8}\frac{1}{R}  \qquad \underline{7}$$

folgt für die Ströme:

$$I_2 = I_1 \cdot \frac{1/R}{\frac{1}{R} + \frac{3}{8}\frac{1}{R}} = \frac{8}{11}I_1 = 0,421\text{ A}  \qquad \underline{8}$$

$$I_3 = I_1 - I_2 = 0,158\text{ A}  \qquad \underline{9}$$

Aus diesen Strömen ergeben sich die Spannungen:

$$U_2 = I_2 \cdot R_2 = I_2 \cdot R = 42,1\text{ V}  \qquad \underline{10}$$

$$U_3 = I_3 \cdot R_3 = I_3 \cdot 2R = 31,6\text{ V}  \qquad \underline{11}$$

Unter Anwendung der Maschenregel folgt für die Spannung $U_4$:

$$U_4 = U_2 - U_3 = 10,5\text{ V}  \qquad \underline{12}$$

Die restlichen Ströme ergeben sich mit Hilfe der Spannung $U_4$:

$$I_4 = \frac{U_4}{R_4} = \frac{U_4}{2R} = 0,053\text{ A}  \qquad \underline{13}$$

$$I_5 = \frac{U_4}{R_5} = \frac{U_4}{R} = 0,105\text{ A}  \qquad \underline{14}$$

*Beispiel 14.4*:   Leistungen in einem Gleichstromkreis mit realer Spannungsquelle

An einer realen Spannungsquelle mit der Leerlaufspannung $U_q = 100$ V und dem Innenwiderstand $R_i = 50$ Ω ist ein Potentiometer angeschlossen. Das Potentiometer weist den Wert $R_p = 100$ Ω und der Lastwiderstand den Wert $R_1 = 50$ Ω auf.

**(a)** Welche Potentiometereinstellung muß bei Leistungsanpassung vorliegen?

**(b)** Welche Leistung wird im Potentiometer und im Lastwiderstand umgesetzt?

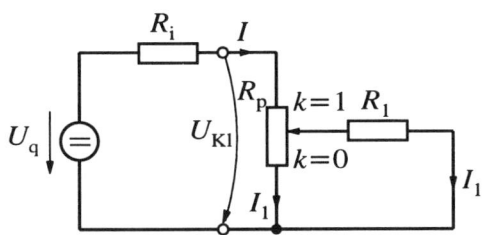

*Abb. 14.29: Belastete Potentiometer an einer realen Spannungsquelle*

**Lösung zu (a)**

Bei Leistungsanpassung muß gelten:

$$R_a = R_i \qquad\qquad \underline{1}$$

Auf das vorliegende Beispiel angewandt ergibt sich

$$R_i = (1-k)R_p + \frac{kR_p \cdot R_1}{kR_p + R_1} \qquad\qquad \underline{2}$$

und hieraus für den Potentiometereinstellwert

$$k = \frac{\sqrt{5}+1}{4} = 0,809 \qquad\qquad \underline{3}$$

**Lösung zu (b)**

Für den Quellenstrom berechnet man

$$I = \frac{U_q}{R_q + R_i} = \frac{U_q}{2R_i} = \frac{100 \text{ V}}{100 \text{ Ω}} = 1 \text{ A} \qquad\qquad \underline{4}$$

und für die Klemmenspannung

$$U_{KL} = \frac{U_q}{R_q + R_i}R_q = \frac{1}{2}U_q = 50 \text{ V} \qquad\qquad \underline{5}$$

Die Nutzleistung ergibt sich aus den beiden obigen Werten zu

$$P_{a\max} = U_{KL} \cdot I = 50 \text{ W} \qquad\qquad \underline{6}$$

Um die Leistungsverteilung auf das Potentiometer und den Lastwiderstand zu ermitteln, wendet man die Stromleiterregel an

$$\frac{I_1}{I} = \frac{kR_p}{kR_p + R_1} = \frac{0,809 \cdot 100 \text{ Ω}}{0,809 \cdot 100 \text{ Ω} + 50 \text{ Ω}} = 0,618 \qquad\qquad \underline{7}$$

und bekommt

$$I_1 = I \cdot 0,618 = 0,618 \text{ A} \qquad\qquad \underline{8}$$

Der Leistungsverbrauch in den beiden Bauelementen ergibt sich somit zu

$$\text{Lastwiderstand } R_1: \quad P_1 = I_1^2 \cdot R_1 = 19,1 \text{ W} \qquad\qquad \underline{9}$$

$$\text{Potentiometer } R_p: \quad P_{R_p} = P_{a\max} - P_1 = 30,9 \text{ W} \qquad\qquad \underline{10}$$

# 14.6  Zusammenfassung

**Elektrischer Strom im drahtförmigen Leiter** mit der Ladungsdichte $\rho_Q$, dem Drahtquerschnitt $A$ und der Driftgeschwindigkeit $\bar{v}$ der Ladungsträger:

$$I = \rho_Q \cdot A \cdot \bar{v} \tag{14.53}$$

**Stromdichte** mit der Ladungsdichte $\rho_Q$ und der Driftgeschwindigkeit $\bar{v}$ der Ladungsträger:

$$j = \rho_Q \cdot \bar{v} \tag{14.54}$$

**Ohmsches Gesetz** mit der Spannung $U$, dem Strom $I$ und dem Widerstand $R$:

$$U = I \cdot R \tag{14.55}$$

**Elektrischer Widerstand eines drahtförmigen Leiters** mit der Länge $l$, dem Querschnitt $A$ und der elektrischen Leitfähigkeit $\kappa$:

$$R = \frac{l}{\kappa \cdot A} \tag{14.56}$$

**Elektrische Leitfähigkeit in einem drahtförmigen Leiter** mit der Ladungsdichte $\rho_Q$ und der Beweglichkeit $b$:

$$\kappa = \rho_Q \cdot b \tag{14.57}$$

**Beweglichkeit von Ladungsträgern** mit der Driftgeschwindigkeit $\bar{v}$ der Ladungsträger und der elektrischen Feldstärke $E$:

$$b = \frac{\bar{v}}{E} \tag{14.58}$$

**Temperaturabhängigkeit metallischer Widerstände** mit der Temperatur $\vartheta$ sowie dem Widerstand $R_0$ und dem linearen Temperaturkoeffizienten $\alpha_0$ bei der Temperatur $\vartheta_0$:

$$R(\vartheta) = R_0 \left(1 + \alpha_0 \cdot (\vartheta - \vartheta_0)\right) \tag{14.59}$$

**Leistung** mit der Spannung $U$ und dem Strom $I$:

$$P = U \cdot I \tag{14.60}$$

Die Summe aller Ströme $I_i$ eines Knotens mit $N$ Zweigen ist gleich Null.

**Erste Kirchhoffsche Regel**     $$\sum_{i=1}^{N} I_i = 0 \tag{14.61}$$

Die Summe aller Quellenspannungen und aller Spannungen an den Bauelementen ist gleich Null.

**Zweiter Kirchhoffscher Satz (Maschenregel)**     $$\sum_{i=1}^{N} U_i = 0 \tag{14.62}$$

Der Widerstand von $N$ in Reihe geschalteten Widerständen $R_i$ ist durch die Summe aus den Einzelwiderständen gegeben

$$R_{\text{ges}} = R_1 + R_2 + \cdots R_N \tag{14.63}$$

Der Leitwert von $N$ parallel geschalteten Widerständen ist durch die Summe der Leitwerte der Einzelwiderstände gegeben

$$G_{\text{ges}} = G_1 + G_2 + \cdots G_N$$
$$\frac{1}{R_{\text{ges}}} = \frac{1}{R_1} + \frac{1}{R_2} + \cdots + \frac{1}{R_N} \tag{14.64}$$

In einer Reihenschaltung von Widerständen verhalten sich die Spannungen an beliebigen Widerständen wie die zugehörigen Widerstände zueinander

**Spannungsteilerregel** $\qquad \dfrac{U_i}{U_j} = \dfrac{R_i}{R_j}$ (14.65)

In einer Parallelschaltung von Widerständen verhalten sich die Ströme durch beliebige Widerstände wie die Leitwerte dieser Widerstände zueinander

**Stromteilerregel** $\qquad \dfrac{I_i}{I_j} = \dfrac{G_i}{G_j} = \dfrac{R_j}{R_i}$ (14.66)

Eine **reale Spannungsquelle** mit dem Quellenwiderstand $U_q$ und dem Innenwiderstand $R_i$ liefert an einen Verbraucher mit dem Widerstand $R_a$ die **Leistung**

$$P_a = \frac{R_a}{(R_a + R_i)^2} U_q^2$$ (14.67)

Einer realen Spannungsquelle wird bei Identität des Verbrauchswiderstandes $R_a$ mit dem Quelleninnenwiderstand $R_i$ die maximale Verbrauchsleistung $P_{a\,max}$ entnommen

**Leistungsanpassung** $\qquad R_a = R_i$ (14.68)

Die **maximale Verbrauchsleistung** einer realen Spannungsquelle ist 1/4 der **Kurzschlußleistung** $P_k$

$$P_{a\,max} = \frac{1}{4}\frac{U_q^2}{R_i} = \frac{1}{4}P_k$$ (14.69)

# 14.7  Aufgaben

**14.1**

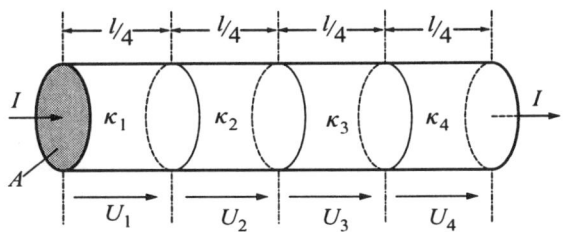

*Abb. 14.30: Leiter aus vier unterschiedlichen Materialstückchen*

Gegeben ist ein aus vier verschiedenen Materialien zusammengesetzter Leiter mit kreisförmigem Querschnitt, der vom Strom $I$ durchflossen wird. Die Materialstücke sind gleich lang und verhalten sich in ihren elektrischen Leitfähigkeiten zueinander wie $\kappa_1 : \kappa_2 : \kappa_3 : \kappa_4 = 1 : 2 : 3 : 4$. In welchem Verhältnis zueinander stehen die Spannungen $U_1$ bis $U_4$?

**14.2** Ein Strommesser für die Meßbereiche $I_1 = 150$ mA und $I_2 = 15$mA ist entsprechend der Abbildung verschaltet und enthält ein Drehspulmeßwerk A mit dem maximalen Meßstrom $I_{M\,max} = 0,3$ mA und einem Meßwerkwiderstand von $R_M = 200\ \Omega$. Zur Erreichung einer optimalen Zeigerdämpfung muß der Kreiswiderstand $R_K = R_1 + R_2 + R_3 + R_M = 600\ \Omega$ betragen. Welchen Wert müssen die einzelnen Widerstände aufweisen?

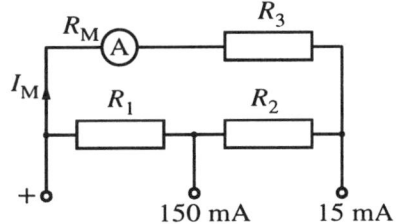

*Abb. 14.31: Strommesser für die Meßbereiche $I_1 = 150$ mA und $I_2 = 15$ mA*

**14.3**  Durch einen Kupferdraht mit dem Querschnitt $A = 1,5\ \text{mm}^2$ fließt ein Strom von $I = 1$ A. Die Ladungsträgerdichte beträgt in Kupfer $n = 8,4 \cdot 10^{22}/\text{cm}^3$.
Wie groß ist die mittlere Geschwindigkeit der Elektronen in diesem Draht?

**14.4**  Welche Widerstände treten zwischen gegenüberliegenden Ecken eines Würfels auf, der aus 12 gleichen Widerständen $R$ zusammengesetzt ist?

**14.5**

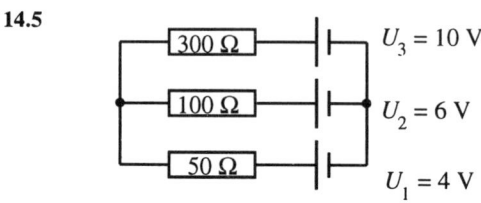

Abb. 14.32:

Welche Ströme fließen in der folgenden Anordnung von Widerständen und Spannungsquellen?

**14.6**

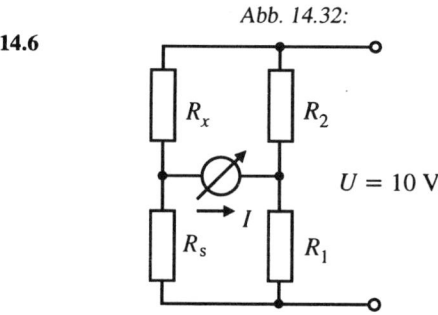

Abb. 14.33:

Eine Brückenschaltung besteht aus zwei festen Widerständen $R_1 = 10\ \Omega$ und $R_2 = 100\ \Omega$, einem variablen Widerstand $R_s$ und einem unbekannten Widerstand $R_x$.
a) Welchen Wert hat der Widerstand $R_x$, wenn beim Strom $I = 0$ A durch das Meßgerät der Widerstand $R_s$ den Wert $470\ \Omega$ hat?
b) Wie groß ist der Widerstand $R_x$, wenn die Brücke nicht abgeglichen ist und ein Strom $I = 1$ mA angezeigt wird?

**14.7**  Welcher Spannungsabfall $U$ und welche Verlustleistung $P$ treten an einer 650 m langen und 5 mm dicken Kupferleitung zu einer Baustelle auf, durch die ein Strom $I = 25$ A fließt?
a) Der spezifische Widerstand von Cu ist $\rho = 0,0175\ \mu\Omega \cdot \text{m}$.
b) Wie ändern sich der Spannungsabfall und die Verlustleistung, wenn bei gleichbleibender Gesamtleistung die Betriebsspannung verzehnfacht wird?

**14.8**

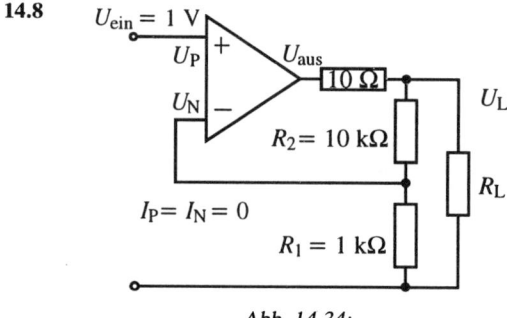

Abb. 14.34:

Welche Spannung $U_L$ liegt am Lastwiderstand eines Verstärkers, der gemäß Abbildung beschaltet ist? Der Verstärker selbst wird durch die Gleichung $U_{\text{aus}} = v \cdot (U_P - U_N)$ mit der Verstärkung $v = 10^5$ beschrieben.

# Kapitel 15

# Magnetostatik

In der Magnetostatik behandeln wir Erscheinungen und Wirkungen, die stationär fließende Ladungen auf ihre Umgebung hervorrufen. Stationäre Ladungsströmung liegt vor, wenn die Stromdichteverteilung örtlich konstant ist (s. letztes Kapitel).

## 15.1 Grundlegende Erscheinungen

Magnetische Erscheinungen wurden bereits im Altertum an den Kraftwirkungen des Magneteisensteins entdeckt.

Permanente Magnete aus Magneteisenstein oder anderen Magnetmaterialien üben aufeinander und auf Eisen, Nickel, Kobalt sowie verschiedene Legierungen Kräfte aus. Nähert man gleichartige Pole zweier Magnete einander an, so stoßen sich die Magnete ab, nähert man die ungleichnamigen Pole einander an, so ziehen sich die Magnete an. Diese Erscheinung wird in der Elektrostatik zwischen elektrischen Dipolen

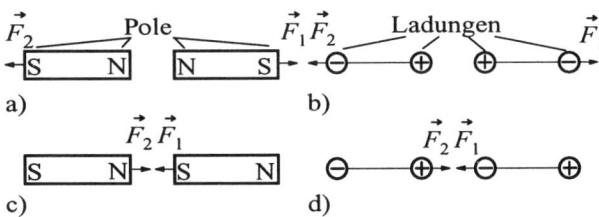

Abb. 15.1: Kraftwirkung zwischen Magneten (a) und (c), sowie elektrischen Dipolen (b) und (d). Abstoßende Kräfte bei gleichnamigen Polen (a) und Ladungen (b), anziehende Kräfte bei ungleichnamigen Polen (c) und Ladungen (d)

ebenfalls beobachtet. Die besonders an den Polen ausgeprägte Kraft ist über große Entfernungen hinweg wirksam. Man nennt den Bereich dieser Kraftwirkung **magnetisches Kraftfeld** oder kurz **Magnetfeld**.

Mit Eisenfeilspänen läßt sich das magnetische Kraftfeld sichtbar machen. Die Eisenteilchen lagern sich zu Ketten aneinander und bilden damit das magnetische Feld mit seinen Feldlinien ab. Analog zu den elektrischen Dipolen im elektrischen Feld beobachtet man im magnetischen Kraftfeld eine Orientierung der Eisenfeilspäne in Richtung der Feldlinien. Das gleiche Verhalten weist auch ein im Schwerpunkt drehbar gelagerter Magnet auf. Auf der Erde stellt sich dieser Magnet (Kompaßnadel) so ein, daß die Verbindungslinie seiner Pole ungefähr in geographischer Nord-Süd-Richtung liegt und der gleiche Pol nach Norden zeigt.

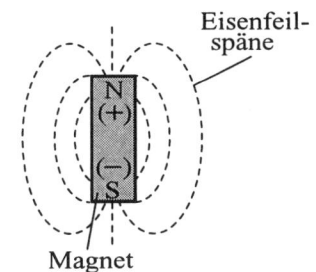

Abb. 15.2: Magnetfeld eines Stabmagneten

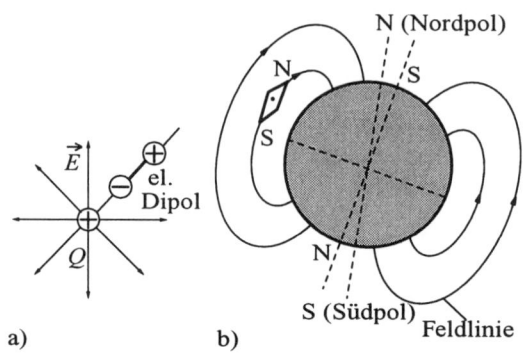

Abb. 15.3: Orientierung eines elektrischen Dipols im Feld einer Punktladung (a) und eines Magneten (Kompaßnadel) im Erdmagnetfeld (b)

Man bezeichnet den nach Norden zeigenden Pol als **Nordpol** (auch +-Pol ) und den entgegengesetzten als **Südpol** (auch −-Pol ). Als Feldlinienrichtung wird die Richtung vom positiven zum negativen Pol außerhalb des Magneten festgelegt. Auf Grund der herrschenden Kraftwirkungen auf die Kompaßnadel muß die Erde als ein Magnet mit großen Abmessungen betrachtet werden. Der magnetische Südpol des Erdmagneten befindet sich in der Nähe des geographischen Nordpols und der magnetische Nordpol in der Nähe des geographischen Südpols.

**Magnetfeld eines stromdurchflossenen Drahtes**

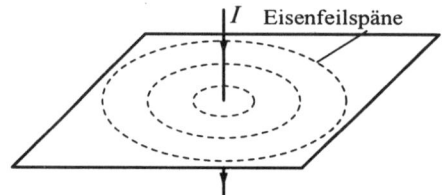

Abb. 15.4: Magnetfeld eines stromdurchflossenen Drahtes

Magnetische Kraftfelder beobachtet man nicht nur bei Permanentmagneten. Durch eine in der Mitte durchbohrte nichtleitende Scheibe wird senkrecht ein gerader Leitungsdraht hindurch gesteckt. Die Scheibe ist mit Eisenfeilspänen bestreut. Fließt nun durch den Draht ein Strom, so ordnen sich die Eisenfeilspäne zu konzentrischen Kreisen um den Leiter. Die fließende Ladung im Leiter hat ein magnetisches Kraftfeld in konzentrischer Form um den Draht herum aufgebaut.

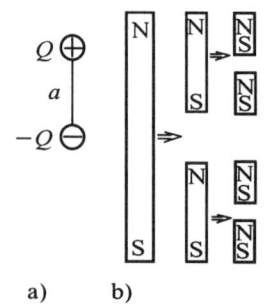

Abb. 15.5: Elektrischer Dipol (a), Teilung eines Magneten (b)

Mikroskopische Betrachtungen in diesem Kapitel werden zeigen, daß das magnetische Feld von Permanentmagneten auf Ströme im atomaren Bereich zurückgeführt wird.
Wie bekannt, setzt sich der elektrische Dipol aus zwei entgegengesetzten Ladungen $Q$ und $-Q$ zusammen, welche im Abstand $a$ angeordnet sind. Eine Zerlegung dieses Dipols in die einzelnen Ladungsbestandteile ist möglich. Beim Magneten kann eine Trennung der beiden Pole nicht erreicht werden. Jede Teilung des Magneten führt wieder zu Magneten mit zwei Polen. Die kleinste erreichbare „Magneteinheit" ist der aus dem atomaren Kreisstrom gebildete **Elementarmagnet**.

# 15.2  Magnetische Induktion und magnetischer Fluß

## Magnetische Induktion

Wie das elektrische Feld ist auch das Magnetfeld durch seine Kraftwirkung feststellbar. Die für das Magnetfeld charakteristischen Größen werden analog zur Elektrostatik aus Versuchen hergeleitet.

**Kraftwirkung im Magnetfeld eines stromdurchflossenen Leiters**

Im vorigen Abschnitt hatten wir festgestellt, daß drehbar gelagerte Magnete sich in Richtung des herrschenden Magnetfeldes einstellen, d. h. tangential zu den Magnetfeldlinien. Versuche mit der Kompaßnadel zeigen, daß die Magnetfeldlinien, wie erwartet, in konzentrischen Kreisen im Uhrzeigersinn um den stromführenden Leiter verlaufen. Die Orientierung kann man sich mit der „Rechte-Hand-Regel" merken. Der Daumen zeigt in Stromrichtung und die restlichen Finger geben die Umlaufrichtung der Feldlinien an.

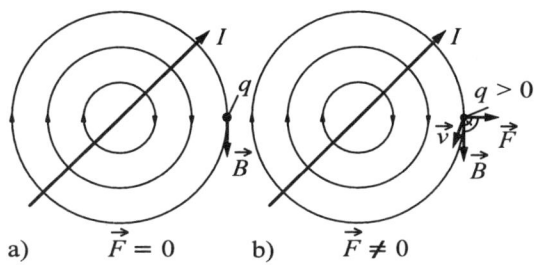

a) $\vec{F} = 0$  b) $\vec{F} \neq 0$

*Abb. 15.6: Kraft auf eine Probeladung q im Magnetfeld.*
*Ladung in Ruhe (a), Ladung mit der Geschwindigkeit $\vec{v}$ (b)*

Um das Magnetfeld auch quantitativ zu erfassen, führen wir, analog zur Elektrostatik, eine Probeladung $q$ ein. Befindet sich die Probeladung in Ruhe, so wird auf diese Ladung keine Kraft ausgeübt. Erst bei Ladungsbewegung stellen wir eine Kraftwirkung fest. Ausgedehnte Versuche ergeben die folgende Beziehung für die Kraft auf die Probeladung $q$

**Lorentz-Kraft**     $\boxed{\vec{F} = q\left(\vec{v} \times \vec{B}\right)}$     (15.1)

mit der Ladungsgeschwindigkeit $\vec{v}$ und der noch zu definierenden magnetischen Feldgröße $\vec{B}$. Die Lorentz-Kraft wirkt senkrecht zur Ladungsgeschwindigkeit $\vec{v}$ und der magnetischen Feldgröße $\vec{B}$. Sie ist proportional zur Ladung $q$, der Ladungsgeschwindigkeit $v$ und der Stärke der magnetischen Feldgröße $B$.
Die maximale Kraft $F_{max}$ auf die Ladung $q$ ergibt sich bei einer Bewegung senkrecht zur magnetischen Feldgröße $\vec{B}$ zu

$$F_{max} = q \cdot v \cdot B \tag{15.2}$$

Mit Hilfe dieser Beziehung definieren wir die **magnetische Induktion (magnetische Flußdichte)** $B$:

$$\boxed{B = \frac{F_{max}}{q \cdot v}} \; ; \qquad [B] = \frac{V \cdot s}{m^2} = T \quad \text{(Tesla)} \tag{15.3}$$

# Magnetischer Fluß

Analog zur Ermittlung des Verschiebungsflusses aus der Verschiebungsdichteverteilung und des Stromes aus der Stromdichteverteilung definieren wir auch beim Magnetfeld eine äquivalente Größe.
Der **magnetische Fluß** $\phi$ durch eine Fläche $A$ ist gegeben durch das Flächenintegral

$$\boxed{\phi = \int_A \vec{B} \cdot d\vec{A}} \tag{15.4}$$

$[\phi] = Vs = Wb \text{ (Weber)}$

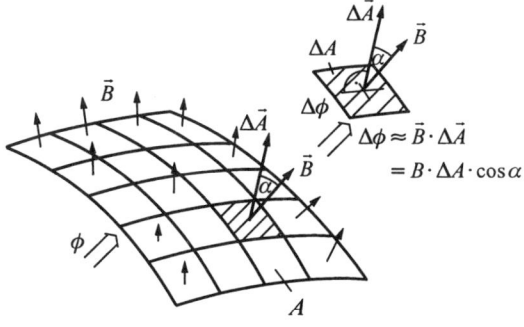

$\Delta\phi \approx \vec{B} \cdot \Delta\vec{A}$
$= B \cdot \Delta A \cdot \cos\alpha$

*Abb. 15.7: Magnetischer Fluß durch eine Fläche A*

Anschaulich ist der magnetische Fluß ein Maß für die Anzahl der magnetischen Feldlinien, welche die vorgegebene Fläche *A* durchsetzt. Da es **keine magnetischen Einzelpole** (Monopole) gibt, sind die Feldlinien geschlossene Linien.

Ermittelt man den magnetischen Fluß durch eine Hüllfläche (Oberfläche) eines Volumens, so bekommt man die **integrale Form** des Satzes von der **Quellenfreiheit des magnetischen Flusses.**

$$\oint_O \vec{B} \cdot d\vec{A} = 0 \qquad (15.5)$$

# 15.3 Magnetische Feldstärke und Durchflutungssatz

## Magnetische Feldstärke

Die magnetische Flußdichte *B* hat im Bereich der Magnetfelder die gleiche Bedeutung wie die Verschiebungsdichte *D* in der Elektrostatik und die Stromdichte *j* im elektrischen Strömungsfeld, d. h., sie gibt die Größe des Flusses pro Flächeneinheit an. Als Ursache für den Aufbau des magnetischen Feldes führen wir in Analogie zur elektrischen Feldstärke *E* die **magnetische Feldstärke** (magnetische Erregung) $\vec{H}$ ein:

$$\vec{H} = \frac{\vec{B}}{\mu} \qquad (15.6)$$

Die Größe $\mu$ wird als **Permeabilität** bezeichnet und beschreibt den Zusammenhang zwischen $\vec{B}$ und $\vec{H}$ im Material oder im Vakuum. In isotropen magnetischen Materialien hat $\vec{B}$ die gleiche Richtung wie $\vec{H}$, so daß gilt

$$\vec{B} = \mu \vec{H} \qquad (15.7)$$

Im Abschnitt 6 dieses Kapitels wollen wir uns etwas intensiver mit der Bedeutung von $\mu$ befassen.

## Durchflutungssatz

Im folgenden beschäftigen wir uns mit der Ableitung des Durchflutungssatzes, mit welchem wir erst in die Lage versetzt werden, Magnetfelder zu berechnen.

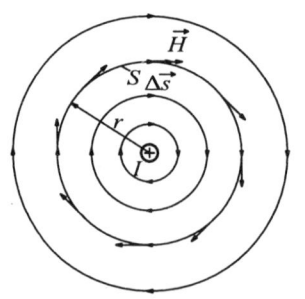

Abb. 15.8: Zur Durchflutung eines stromdurchflossenen geraden Leiters

**Durchflutung eines stromdurchflossenen Leiters**

Zur Herleitung des Durchflutungssatzes betrachten wir das magnetische Feld des stromdurchflossenen geraden Leiters. Da die magnetische Feldstärke proportional zur magnetischen Induktion ist, verläuft sie ebenfalls in konzentrischen Kreisen um den Leiter. Ermittelt man in Abhängigkeit vom Leiterabstand *r* und des Stromes *I* die Kraft $F_{max}$ auf eine parallel zum Leiter bewegte Ladung *q*, so bekommt man mit $B \sim F_{max}$ und $H \sim B$ für die magnetische Feldstärke die Beziehung

$$H = a\frac{I}{r} \qquad (15.8)$$

wobei *a* eine Konstante ist.

Unter Einbeziehung dieser Relation ergibt sich für das Linienintegral $\oint_S \vec{H} \cdot d\vec{s}$ der magnetischen Feldstärke längs eines Kreises mit dem Radius $r$:

$$\oint_S \vec{H} \cdot d\vec{s} = H \cdot 2\pi \cdot r = a \cdot 2\pi I \tag{15.9}$$

Wählen wir für $a = 1/(2\pi)$, so vereinfacht sich die obige Gleichung zu

$$\boxed{\oint_S \vec{H} \cdot d\vec{s} = I} \tag{15.10}$$

Man kann zeigen, daß das obige Linienintegral unabhängig vom gewählten Weg $S$ um den stromführenden Leiter ist, d. h. immer zum gleichen Ergebnis führt.
Jeder beliebig verteilte Strom durch eine Ebene kann in diskrete Stromfäden aufgeteilt werden, für die die obige Aussage gilt.

Der **Durchflutungssatz** für eine beliebig verteilte Stromverteilung in der Fläche $A$ lautet somit

$$\boxed{I = \oint_S \vec{H} \cdot d\vec{s}} \ ; \qquad [H] = \frac{A}{m} \tag{15.11}$$

Die Durchflutung $I$ ist der gesamte, durch die vom Weg $S$ umrandete Fläche $A$ hindurchtretende Strom.

Umschließt der Integrationsweg $S$ keinen Strom, so vereinfacht sich der Durchflutungssatz zu

$$\oint_S \vec{H} \cdot d\vec{s} = 0 \tag{15.12}$$

Wendet man den Durchflutungssatz auf den stromdurchflossenen Leiter an, so ergibt sich für die magnetische Feldstärke

$$\boxed{H = \frac{I}{2\pi r}} \tag{15.13}$$

Die magnetische Feldstärke ist nur vom erregenden Strom $I$ und vom Leiterabstand $r$ abhängig. Eine Materialabhängigkeit ist nicht gegeben.
Aus dem obigen Zusammenhang für die magnetische Feldstärke $H$ und durch entsprechende Messungen der magnetischen Induktion $B$ folgt für die Permeabilität im Vakuum die **magnetische Feldkonstante (Induktionskonstante)**:

$$\boxed{\mu_0 = 4\pi \cdot 10^{-7} \ \frac{V \cdot s}{A \cdot m} \approx 1,257 \cdot 10^{-6} \ \frac{V \cdot s}{A \cdot m}} \tag{15.14}$$

*Beispiel 15.1*:    Magnetische Induktion einer langen Zylinderspule

Gegeben ist eine lange **Zylinderspule** mit der Windungszahl $N$, dem Spulenstrom $I$, der Länge $l$ und der konstanten Permeabilität $\mu$.

Für den Spuleninnenbereich ist die magnetische Induktion zu ermitteln.

**Lösung:**

Die magnetischen Feldlinien sind geschlossen und verlaufen alle durch den Spuleninnenbereich. Die Geometrie der Spule mit der langen zylindrischen Ausführung hat ein homogenes Magnetfeld im Innenbereich der Spule zur Folge.

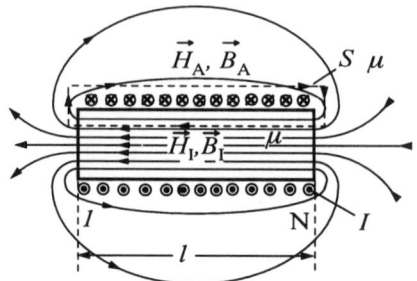

*Abb. 15.9: Magnetische Felder
einer langen Zylinderspule*

Zur Bestimmung der magnetischen Feldstärke wenden wir den Durchflutungssatz an

$$\Theta = N \cdot I = \oint_S \vec{H} \cdot d\vec{s}$$

$$= \int_{S_I} \vec{H}_I \cdot d\vec{s} + \int_{S_A} \vec{H}_A \cdot d\vec{s} \qquad \underline{1}$$

Der Integrationsweg $S$ spaltet sich in den, im Innenbereich der Spule parallel zur Feldlinie verlaufenden Weg $S_I$, und den außerhalb der Spule befindlichen Weg $S_A$.

Berücksichtigt man, daß die Feldstärke $H_I$ innerhalb der Spule weitaus größer als die Außenfeldstärke $H_A$ ist und zudem die Spule sehr lang ist, so kann man den Beitrag der Außenfeldstärke zur Durchflutung vernachlässigen und bekommt

für (<u>1</u>) den Ausdruck

$$NI \approx \int_{S_I} \vec{H}_I \cdot d\vec{s} = \int_l H_I \cdot dl = H_I \cdot l \qquad \underline{2}$$

Die magnetische Feldstärke weist somit im Innenbereich der Zylinderspule den funktionalen Zusammenhang

$$H = H_I \approx \frac{NI}{l} \qquad \underline{3}$$

auf.

Für die magnetische Induktion ergibt sich

$$B = B_I = \mu H_I \approx \mu \frac{NI}{l} \qquad \underline{4}$$

# 15.4  Magnetisches Moment

Im einleitenden Abschnitt dieses Kapitels wurde darauf hingewiesen, daß Magnetpole nicht trennbar sind. Die Magnetpole, d. h. Quellen und Senken magnetischer Feldlinien, treten immer nur paarweise auf. Wir haben es ausschließlich mit **magnetischen Dipolen** zu tun.

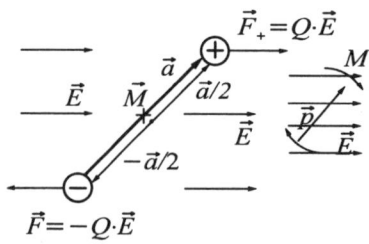

*Abb. 15.10: Drehmoment bei einem elektrischen
Dipol im homogenen elektrischen Feld*

Zum Verständnis der Kraftwirkung auf Dipole betrachten wir einen elektrischen Dipol im homogenen elektrischen Feld. Auf dem Dipol wirkt das Drehmoment

$$\vec{M} = 2 \left( \frac{1}{2}\vec{a} \right) \times (Q\vec{E})$$

$$= Q \cdot \vec{a} \times \vec{E}$$

$$= \vec{p} \times \vec{E} \qquad (15.15)$$

mit dem elektrischen Dipolmoment

$$\vec{p} = Q \cdot \vec{a} \qquad (15.16)$$

Für das Drehmoment im magnetischen Feld können wir analog zum elektrischen Feld schreiben

$$\vec{M} = \vec{m}_A \times \vec{B}$$ (15.17)

mit dem **Ampèreschen magnetischen Moment** $\vec{m}_A$.

Neben dem in der Atom- und Kernphysik weit verbreiteten Ampèreschen magnetischen Moment, auch kurz **magnetisches Moment** genannt, existiert das über die magnetische Feldstärke definierte **Coulombsche magnetische Moment** $\vec{m}_C$

$$\vec{M} = \vec{m}_C \times \vec{H}$$ (15.18)

Analog zum elektrischen Dipolmoment $\vec{p}$ definieren wir:

**Ampèresches**
**magnetisches Moment** $\quad \boxed{\vec{m}_A = \dfrac{\phi \cdot \vec{a}}{\mu_0}}$ ; $\quad [m_A] = A \cdot m^2$ (15.19)

**Coulombsches**
**magnetisches Moment** $\quad \boxed{\vec{m}_C = \phi \cdot \vec{a}}$ ; $\quad [m_C] = V \cdot s \cdot m$ (15.20)

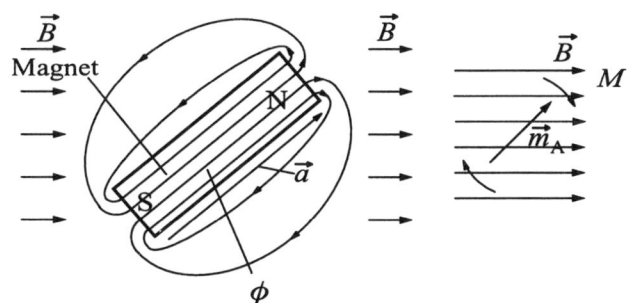

*Abb. 15.11: Drehmoment bei einem magnetischen Dipol im Magnetfeld*

mit dem magnetischen Fluß $\phi$ des Magneten und dem Polabstand $a$.
Bei sehr kurzen Spulen und insbesondere bei Ringströmen ist eine Angabe des Polabstandes $a$ nur schwer möglich. Es läßt sich zeigen, daß für Ringströme das Ampèresche magnetische Moment in der Form

$$\boxed{\vec{m}_A = I \cdot \vec{A}}$$ (15.21)

mit dem Strom $I$ und der Schleifenfläche $A$ angegeben werden kann.

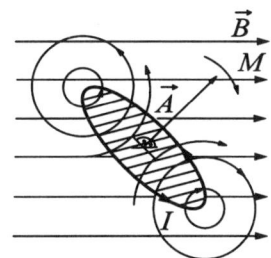

*Abb. 15.12: Magnetisches Dipolmoment eines Ringstromes*

## Beispiel 15.2: Magnetisches Moment einer langen Zylinderspule

Gegeben ist eine lange Zylinderspule mit der Windungszahl $N$, dem Spulenstrom $I$, der Länge $l$, dem Querschnitt $A$ und der konstanten Permeabilität $\mu$ (s. Beispiel 1 und 4 dieses Kapitels).

Wie groß ist das Coulombsche magnetische Moment $\vec{m}_C$ der Zylinderspule?

**Lösung:**

Im Innenbereich der Spule herrscht die magnetische Feldstärke

$$H = \frac{NI}{l} \qquad\qquad \underline{1}$$

vor.

Hieraus ergibt sich der magnetische Fluß innerhalb der Spule zu

$$\phi = \mu A \frac{NI}{l} \qquad\qquad \underline{2}$$

Mit der Definition für das Coulombsche magnetische Moment erhält man für die Zylinderspule:

$$\vec{m}_C = \phi \cdot \vec{l} = \mu \cdot A \cdot N \cdot I \cdot \vec{e}_l \qquad\qquad \underline{3}$$

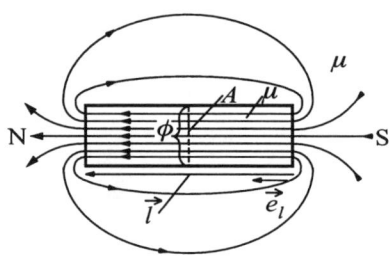

*Abb. 15.13: Zum magnetischen Moment einer langen Zylinderspule*

## 15.5 Kraftwirkung auf bewegte Ladungen im magnetischen Feld

### Kraftwirkung auf stromdurchflossene Leiter

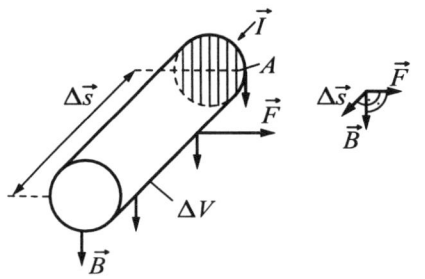

*Abb. 15.14: Kraft auf ein Leiterstück im Magnetfeld*

Ausgangspunkt der Überlegungen ist die Kraft auf eine bewegte Ladung im Magnetfeld

$$\vec{F}_Q = Q(\vec{v} \times \vec{B}) \qquad\qquad (15.22)$$

Betrachten wir ein kleines Leiterstück der Länge $\Delta s$. Fließt durch dieses Drahtstück ein Strom $I$, so gilt für die mittlere **Driftgeschwindigkeit** $\bar{v}$ der frei beweglichen Ladungsträger die Beziehung (siehe voriges Kapitel)

$$\bar{v} = \frac{I}{\rho_Q A} \qquad\qquad (15.23)$$

mit der Ladungsdichte $\rho_Q$ und der Querschnittsfläche $A$. Mit den frei beweglichen Ladungsträgern des Drahtstückes $\Delta Q = \rho_Q \cdot A \cdot \Delta s$ ergibt sich mit den obigen Gleichungen für die Kraft auf ein Leiterstück der Länge $\Delta s$ im Magnetfeld

$$\boxed{\Delta\vec{F} = \Delta s(\vec{I} \times \vec{B})} \qquad\qquad (15.24)$$

### Kraftwirkung zwischen parallelen stromführenden Leitern

Die magnetische Induktion $B_1$ an der Stelle des Drahtes 2 ergibt sich mit $H = I_1/(2\pi r)$ und $B = \mu H$ zu

$$B_1 = \mu \frac{I_1}{2\pi a} \qquad\qquad (15.25)$$

Beachtet man, daß $B_1$ über die gesamte Länge des Drahtes 2 konstant und die Drahtrichtung senkrecht zu $\vec{B}_1$ ist, so ergibt sich für die **Kraft zwischen den beiden Leitern**

$$\boxed{F = \frac{I_1 \cdot I_2 \cdot l}{2\pi a} \cdot \mu} \qquad\qquad (15.26)$$

Fließen die Ströme in die gleiche Richtung, so ziehen sich die Drähte an, bei entgegengesetzten Stromrichtungen werden die Drähte abgestoßen. Ist der Strom identisch in den beiden Drähten, so vereinfacht sich die obige Gleichung zu

$$F = \frac{I^2 l}{2\pi a} \cdot \mu \qquad (15.27)$$

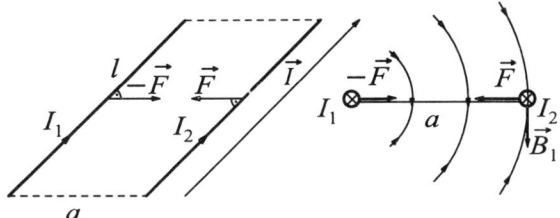

Abb. 15.15: *Kraftwirkung zwischen zwei parallelen Leitern*

Diese Beziehung wird verwandt zur Definition der Stromstärke 1 A (Ampere) im Internationalen Einheitensystem (SI-System).

## Kraftwirkung auf frei bewegliche Ladungsträger

Bei der Einführung der magnetischen Induktion wurde auch die Lorentz-Kraft, d. h. die Kraft auf eine bewegte Ladung $Q$ im Magnetfeld, eingeführt.
Wirkt nun gleichzeitig ein elektrisches und magnetisches Feld, so erhält man als Kraft auf eine bewegte Ladung die **vollständige Lorentz-Kraft**.

$$\vec{F}_{\text{L}} = Q \cdot \vec{E} + Q \cdot \vec{v} \times \vec{B} \quad \text{bzw.}$$

$$\boxed{\vec{F}_{\text{L}} = Q(\vec{E} + \vec{v} \times \vec{B})} \qquad (15.28)$$

Als Anwendung wollen wir nun die Bewegungsbahn freier Ladungsträger im homogenen Magnetfeld ermitteln. Bewegt sich ein Elektron mit konstanter Geschwindigkeit $\vec{v}$ im homogenen magnetischen Querfeld mit der magnetischen Induktion $\vec{B}$, so wirkt auf das Elektron die Lorentz-Kraft $\vec{F}_{\text{L}} = -e_0 \cdot \vec{v} \times \vec{B}$ ein. Sie steht senkrecht zur Geschwindigkeit $\vec{v}$ und ändert lediglich die Richtung, nicht aber den Betrag der Geschwindigkeit. Wegen der Homogenität der magnetischen Induktion und Konstanz von $v$ bleibt der Betrag der einwirkenden Lorentz-Kraft ebenfalls konstant. Das Elektron bewegt sich auf einer Kreisbahn mit konstanter Bahngeschwindigkeit.

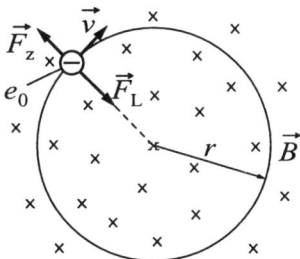

Abb. 15.16: *Kreisbewegung freier Elektronen im homogenen Magnetfeld*

Aus der Identität der auf das Elektron einwirkenden Zentrifugal- und Lorentz-Kraft $F_z = F_{\text{L}}$ folgt im rotierenden Bezugssystem die Beziehung

$$\frac{m_{\text{e}} \cdot v^2}{r} = e_0 \cdot v \cdot B \qquad (15.29)$$

und für den Bahnradius

$$r = \frac{m_{\text{e}}}{e_0} \frac{v}{B} \qquad (15.30)$$

Bei Kenntnis der Elektronengeschwindigkeit $v$, des Bahnradius $r$ und der magnetischen Induktion $B$ ist es möglich, die spezifische Ladung $e/m$ geladener Teilchen zu ermitteln. Für das Elektronergibt sich die **spezifische Ladung** zu

$$\boxed{\frac{e_0}{m_{\text{e}}} = 1,7588 \cdot 10^{11} \frac{\text{A} \cdot \text{s}}{\text{kg}}} \qquad (15.31)$$

## Beispiel 15.3 :    Zeigerausschlag eines Drehspulmeßwerkes

Gegeben ist ein Drehspulmeßwerk mit einem Magnetsystem und einer drehbaren Spule mit Rückstellfedern und Zeiger. Im ringförmigen Luftspalt herrscht eine konstante magnetische Induktion $B$ vor. Die Spule mit $N$ Windungen, dem Durchmesser $D$ und der Länge $l$ ist reibungsfrei um die Achse $A$ gelagert und kann sich im Magnetfeld des Luftspaltes bewegen. Wird die Spule gedreht, so wirkt auf sie ein Rückstelldrehmoment $M_R = C\varphi$ mit der Federkonstanten $C$ ein.
Durch die Spule fließt der Strom $I$.

Wie lautet der funktionale Zusammenhang zwischen dem Zeigeranschlagswinkel $\varphi$ und dem Spulenstrom $I$.

**Lösung:**

Fließt durch die Wicklung ein Strom, so wirkt auf jeden Leiter die Kraft

$$F_l = I \cdot l \cdot B \qquad \underline{1}$$

Für das durch den Stromfluß erzeugte Drehmoment ergibt sich die Gleichung

$$M = N \cdot F_l \cdot 2 \cdot \frac{D}{2} = D \cdot l \cdot N \cdot I \cdot B \qquad \underline{2}$$

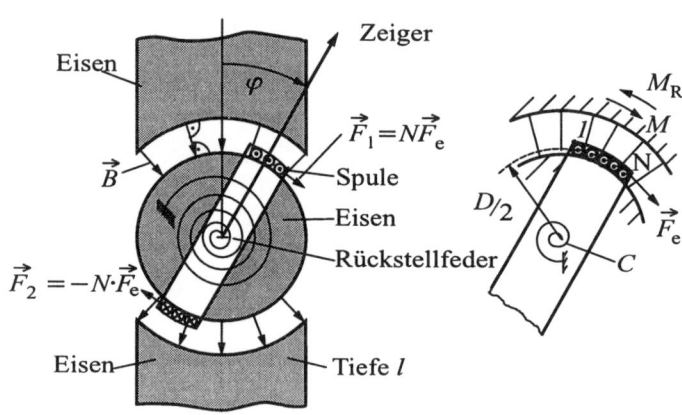

Abb. 15.17: Drehspulmeßwerk

Gleichgewicht herrscht vor, wenn das durch den Strom $I$ erzeugte Drehmoment $M$ mit dem Rückstellmoment $M_R$ identisch ist, d. h.

$$M = D \cdot l \cdot N \cdot I \cdot B = C \cdot \varphi = M_R \qquad \underline{3}$$

Aus dieser Gleichung folgt für den gesuchten Zeigerausschlag

$$\varphi = \frac{A}{C} N \cdot B \cdot I \qquad \underline{4}$$

mit der Spulenfläche $A = D \cdot l$. Der Zeigerausschlag ist proportional zum Spulenstrom.

## Beispiel 15.4 :    Kraft zwischen den Drähten einer zweiadrigen Leitung

Gegeben ist eine gerade zweiadrige Leitung mit dem Drahtabstand $a = 10$ mm, kleinem Drahtquerschnitt, der Länge $l = 1$ m und der Permeabilität $\mu = \mu_0 = 1,256 \cdot 10^{-6}$ V $\cdot$ s/(A $\cdot$ m).
Die Drähte der Leitung sind an einem Leitungsende miteinander und am anderen Leitungsende mit einer Spannungsquelle verbunden.

Welche Kraft wirkt zwischen den Drähten der Leitung bei einem Strom von $I = 10$ A?

**Lösung:**

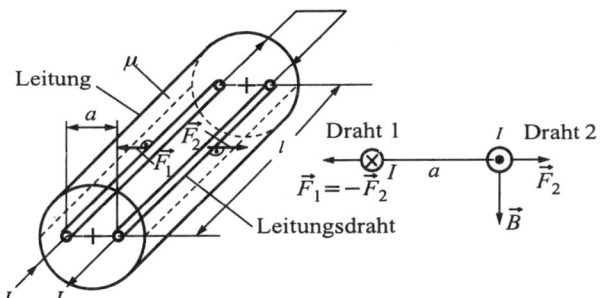

Abb. 15.18: Kraftwirkung in einer stromdurchflossenen
zweiadrigen Leitung

Die Drähte der Leitung verlaufen parallel im Abstand $a$.
Der Strom durch den Draht 1 erzeugt am Ort vom Draht 2 die magnetische Induktion

$$B = \mu_0 \frac{I}{2\pi a} \qquad \underline{1}$$

Mit der Kraftgleichung für ein gerades Leiterstück im Magnetfeld

$$\Delta \vec{F} = I(\Delta \vec{s} \times \vec{B}) \qquad \underline{2}$$

folgt für die einwirkende Kraft auf die Leitungsadern

$$F = F_1 = \mu_0 \frac{I^2 \cdot l}{2\pi a} = 1,256 \cdot 10^{-6} \, \frac{\text{V} \cdot \text{s}}{\text{A} \cdot \text{m}} \cdot \frac{(10 \, \text{A})^2 \cdot 1 \, \text{m}}{2\pi \cdot 10 \, \text{mm}}$$

$$F = 2 \, \text{mN} \qquad \underline{3}$$

Die Leitungsdrähte werden voneinander mit der Kraft $F = 2 \, \text{mN}$ abgestoßen.

# 15.6   Materie im Magnetfeld

## Grundbegriffe

Im folgenden betrachten wir nur isotrope magnetische Materialien, d. h. Materialien, bei denen die magnetische Induktion $B$ unabhängig ist von der Richtung der erregenden magnetischen Feldstärke $\vec{H}$. Wird Materie in ein magnetisches Feld gebracht, so ändert sich analog zur Materie im elektrischen Feld die magnetische Induktion $B$.

Das Verhältnis der magnetischen Induktion $B$ in Materie zu derjenigen im Vakuum $B_0$ bei gleicher magnetischen Feldstärke $H$ nennt man **Permeabilitätszahl (relative Permeabilität)**

$$\mu_r = \frac{B}{B_0} \qquad (15.32)$$

Für isotrope magnetische Materialien gilt somit:

$$\vec{B} = \mu_r \vec{B}_0 = \mu_0 \cdot \mu_r \vec{H} = \mu \vec{H} \qquad (15.33)$$

Die **Permeabilität** $\mu$ eines Stoffes ist somit durch die Beziehung

$$\mu = \mu_0 \cdot \mu_r \qquad (15.34)$$

gegeben.

Durch das Einbringen in ein Magnetfeld entsteht in einem Stoff zusätzlich eine magnetische Induktion $\Delta \vec{B}$. Diese Zusatzinduktion nennt man **magnetische Polarisation**

$$\vec{J} = \vec{B} - \vec{B}_0 = (\mu_r - 1)\mu_0 \vec{H}$$
$$= (\mu_r - 1)\vec{B}_0$$

Wird die magnetische Polarisation $\vec{J}$ durch die magnetische Feldkonstante $\mu_0$ dividiert, so bekommt man die **Magnetisierung** $\vec{M}$ des Stoffes mit

$$\boxed{\vec{M} = \frac{\vec{J}}{\mu_0} = (\mu_r - 1)\vec{H}}$$
(15.35)

Die Magnetisierung $M$ gibt die Erhöhung der magnetischen Feldstärke $H$ in einem Stoff an. Führen wir analog zum Dielektrikum die **magnetische Suszeptibilität** eines Stoffes mit

$$\boxed{\chi_m = \mu_r - 1}$$
(15.36)

ein, so ergibt sich für die magnetische Polarisation

$$\vec{J} = \chi_m \cdot \vec{B}_0$$
(15.37)

und für die Magnetisierung

$$\vec{M} = \chi_m \cdot \vec{H}$$
(15.38)

Die Magnetisierung ist bei vielen Stoffen proportional zur magnetischen Feldstärke. Ausgenommen hiervon sind magnetische Werkstoffe (z. B. **Ferromagnetika**).
Werkstoffe können nach ihrem Verhalten im Magnetfeld klassifiziert werden. Wir unterscheiden hauptsächlich zwischen

- diamagnetischen Werkstoffen:  $\mu_r < 1, (\chi_m < 0)$
- paramagnetischen Werkstoffen:  $\mu_r > 1, (\chi_m > 0)$
- ferromagnetischen Werkstoffen: $\mu_r \gg 1, (\chi_m \gg 0)$

Das unterschiedliche magnetische Verhalten von Materie wird auf die Elektronenstruktur zurückgeführt. Die Elektronen erzeugen als sich bewegende elektrische Teilchen magnetische Momente, und zwar

- die Bahnbewegung ein **magnetisches Bahnmoment** $m_{Bahn}$ senkrecht zur Umlauffläche und
- die Eigenrotation (**Elektronen-Spin**) ein **magnetisches Spinmoment** $m_{Spin}$

## Ferromagnetismus

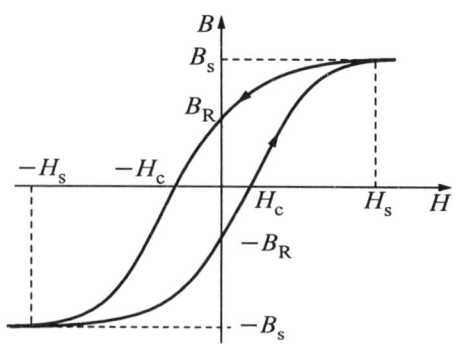

Abb. 15.19: Magnetisierungskurve
mit Hysteresekurve

Von technischem Interesse ist der Zusammenhang zwischen der magnetischen Induktion $B$ und der magnetischen Feldstärke $H$ bei ferromagnetischen Materialien. Unterhalb einer Sättigungsfeldstärke ($|H| < |H_s|$) ist die Magnetisierungskurve nichtlinear und weist in der Regel eine Hysterese auf.
Wird ein Ferromagnetikum durch ein äußeres Feld bis in den Sättigungsbereich magnetisiert und anschließend das äußere magnetische Feld auf Null reduziert, so bleibt eine magnetische Restinduktion übrig, die man **Remanenzinduktion (Remanenzflußdichte)** $B_R$ nennt. Um wieder einen unmagnetischen Materialzustand zu erreichen ($B = 0$ T), muß eine gewisse Gegenfeldstärke auf das Material einwirken. Diese magnetische Feldstärke wird **Koerzitivfeldstärke** $H_c$ genannt. Bei weiter zunehmender Gegenfeldstärke wird das Material bis zur Sättigung in Gegenrichtung ($-B_s$) magnetisiert. Bei anschließender Reduktion des äußeren Magnetfeldes auf Null fällt die magnetische Induktion wieder bis zur Remanenzinduktion ($B_R$) und erst ein positives Magnetfeld ($H_c$) erzeugt

wieder ein unmagnetisches Material. Bei erneuter Erhöhung des magnetischen Feldes wird wieder die Sättigungsinduktion $B_s$ erreicht. Die durchlaufene Kurve nennt man **Hysteresekurve**.

# 15.7  Zusammenfassung

Die **Quellenfreiheit des magnetischen Flusses** mit der magnetischen Induktion $\vec{B}$ ist gegeben durch

$$\oint_O \vec{B} \cdot \mathrm{d}\vec{A} = 0 \tag{15.39}$$

Der **Zusammenhang zwischen magnetischen Induktion** $\vec{B}$ **und magnetischer Feldstärke** $\vec{H}$ wird bei isotropen Magnetmaterialien beschrieben durch

$$\vec{B} = \mu \vec{H} \tag{15.40}$$

Der **Durchflutungssatz** lautet:

$$I = \oint_S \vec{H} \cdot \mathrm{d}\vec{s} \tag{15.41}$$

Die **magnetische Feldstärke** eines geraden Drahtes im Abstand $r$ und bei einem Leiterstrom $I$ berechnet sich zu

$$H = \frac{I}{2\pi \cdot r} \tag{15.42}$$

Das **Coulombsche magnetisches Moment** einer langen Zylinderspule mit dem magnetischen Fluß $\phi$ und der Spulenlänge $a$ ist gegeben durch:

$$\vec{m}_C = \phi \cdot \vec{a} \tag{15.43}$$

Das **Ampèresche magnetische Moment** einer langen Zylinderspule mit dem magnetischen Fluß $\phi$ und der Spulenlänge $a$ lautet:

$$\vec{m}_A = \frac{\phi \vec{a}}{\mu_0} \tag{15.44}$$

Das **Ampèresche magnetische Moment eines Ringstromes** mit der Ringfläche $A$ ist gegeben durch:

$$\vec{m}_A = I \cdot \vec{A} \tag{15.45}$$

Das **Drehmoment eines magnetischen Momentes** $\vec{m}_A$ bzw. $\vec{m}_C$ **im Magnetfeld** mit der magnetischen Induktion $\vec{B}$ bzw. der magnetischen Feldstärke $\vec{H}$ ist definiert durch

$$\vec{M} = \vec{m}_A \times \vec{B}$$
$$\vec{M} = \vec{m}_C \times \vec{H} \tag{15.46}$$

Die auf eine Ladung $Q$ mit der Ladungsgeschwindigkeit $\vec{v}$, der magnetischen Induktion $\vec{B}$ und der elektrischen Feldstärke $\vec{E}$ wirkende **vollständige Lorentz-Kraft** lautet:

$$\vec{F} = Q\left(\vec{E} + \vec{v} \times \vec{B}\right) \tag{15.47}$$

Die **Kraft auf ein Leiterstück der Länge** $\Delta s$ **im Magnetfeld** bei einem Leiterstrom $I$ und der magnetischen Induktion $\vec{B}$ ist gegeben durch

$$\Delta \vec{F} = \Delta s \left(\vec{I} \times \vec{B}\right) \tag{15.48}$$

Die **Kraft zwischen zwei parallelen Leitern im Medium mit der Permeabilität** $\mu$ mit dem Leiterabstand $a$, der Leiterlänge $l$ und den Leiterströmen $I_1$ und $I_2$ berechnet sich zu

$$F = \frac{I_1 \cdot I_2 \cdot l}{2\pi a} \cdot \mu \,. \tag{15.49}$$

Die **Permeabilität** mit der Permeabilitätszahl $\mu_r$ und der magnetischen Feldkonstante $\mu_0$ ist gegeben durch

$$\mu = \mu_r \cdot \mu_0 \tag{15.50}$$

Als **magnetische Suszebtibilität** mit der Permeabilitätszahl $\mu_r$ ergibt sich

$$\chi_m = \mu_r - 1 \tag{15.51}$$

Die **magnetische Polarisation** mit der magnetischen Suszebtibilität $\chi_m$ und den magnetischen Indukтionen $\vec{B}_0$ und $\vec{B}$ im Vakuum bzw. im Magnetikum ist gegeben durch

$$\vec{J} = \chi_m \cdot \vec{B}_0 = \vec{B} - \vec{B}_0 \tag{15.52}$$

Die **Magnetisierung** mit der magnetischen Suszebtibilität $\chi_m$ und der magnetischen Feldstärke $\vec{H}$ errechnet sich zu

$$\vec{M} = \chi_m \cdot \vec{H} \tag{15.53}$$

# 15.8  Aufgaben

**15.1**

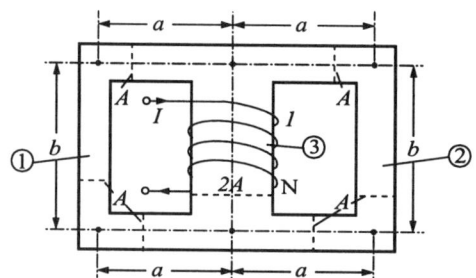

Abb. 15.20: M-förmiger, symmetrischer Eisenkreis
mit Spule

Gegeben ist ein M-förmiger symmetrischer Eisenkreis mit einer Spule der Windungszahl $N$ um den mittleren Schenkel und den Querschnittsflächen ($A_3 = 2A$, $A_1 = A_2 = A$). Durch die Spule fließt der Strom $I$. Die Permeabilität $\mu$ des Eisenmaterials soll konstant sein.
Berechnen Sie in allgemeiner Form die magnetische Flüsse und die magnetischen Feldstärken in den einzelnen Schenkeln für den Strom $I$.

**15.2**

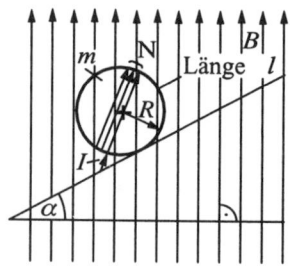

Abb. 15.21: Nichtmagnetischer Zylinder
mit Spule auf einer schiefen Ebene

Ein nichtmagnetischer Zylinder mit der Masse $m$, dem Radius $R$ und der Länge $l$ hat $N$ Windungen. Dieser Zylinder befindet sich auf einer schiefen Ebene mit dem Winkel $\alpha$. Der Zylinder wird in vertikaler Richtung von einem homogenen Magnetfeld mit der magnetischen Induktion $B$ durchdrungen.
Wie groß muß mindestens der Strom $I$ durch die Spule sein, um den Zylinder am Abrollen zu hindern?

**15.3**  Elektronen, die mit der Spannung $U = 300$ V beschleunigt wurden, werden senkrecht zu den Feldlinien eines homogenen Magnetfeldes $B = 10$ mT eingeschossen.
Wie groß sind der Radius $r$ der Kreisbahn und die Umlauffrequenz $f$?
Auf welchen Bahnen bewegen sich die Elektronen, wenn der Winkel zwischen der Elektronengeschwindigkeit und dem Magnetfeld $\varphi = 45°$ beträgt?

**15.4** Bei einer Isotopentrennanlage treten einfach positiv geladen Kohlenstoffisotope $^{12}C^+$ und $^{14}C^+$ mit gleicher
kinetischer Energie $W_{kin}$ in ein konstantes Magnetfeld
ein. Sie durchlaufen Kreisbahnen mit unterschiedlichen
Radien und Mittelpunkten. Das Magnetfeld $B$ ist so eingestellt, daß die $^{12}C$-Isotope auf einen Schlitz im Abstand $r_{12}$ von der Kante treffen.
An welchem Abstand $b$ von der Kante (in Vielfachen
von $r_{12}$) muß sich ein zweiter Schlitz befinden, damit
die $^{14}C$-Atome ihn treffen?

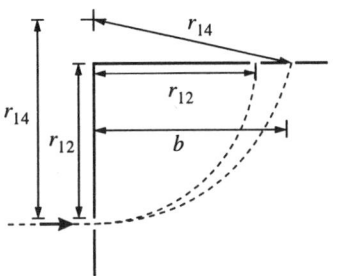

*Abb. 15.22:*

**15.5** Gegeben ist eine zweiadrige Leitung der Länge $l = 1$ m und dem Drahtabstand $a = 10$ mm. Die Drähte
sind an einem Ende miteinander und am anderen Ende mit einer Stromquelle verbunden.
Welche Kraft wirkt zwischen den Drähten bei einem Strom $I = 10$ A?

**15.6** In einem Hallelement aus Wismut wird bei einer ma-
gnetischen Feldstärke $B = 0,1$ T und einer Stromstärke
$I = 0,1$ A die Hallspannung $U_H = 5$ µV gemessen.
Wieviel Ladungsträger pro cm$^3$ treten in Wismut auf?

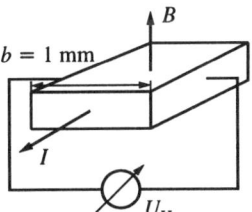

*Abb. 15.23:*

**15.7** Das Magnetfeld auf der Mittelachse einer Ring-
spule mit dem Radius $R$ ist durch die Gleichung
$B(x) = (1/2) \cdot \mu_0 I R^2 / (R^2 + x^2)^{3/2}$ gegeben.
Wie lautet die Gleichung für das Magnetfeld, wenn
zwei Spulen parallel im Abstand $a$ vorhanden sind? Bei
welchem Abstand $a$ ist das Feld möglichst homogen?
Verwenden Sie als Kriterium das Verschwinden der
2. Ableitung in der Mitte zwischen den beiden Spulen.

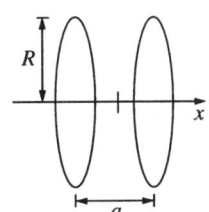

*Abb. 15.24:*

# Kapitel 16

# Instationäre elektromagnetische Felder

In diesem Kapitel behandeln wir Eigenschaften und Erscheinungen zeitlich sich ändernder elektrischer und magnetischer Feldgrößen.

## 16.1 Induktionsgesetz

Bewegt man Leiter oder eine Leiterschleife im Magnetfeld, so wird bei bestimmten Voraussetzungen zwischen den Enden des Leiters bzw. der Leiterschleife eine Spannung induziert. Man spricht in diesem Fall von einer **Bewegungsinduktion**.

Eine induzierte Spannung kann man auch bei ruhenden Leiterschleifen beobachten, die von einem zeitlich sich ändernden magnetischen Feld durchsetzt werden. In diesem Fall liegt eine **transformatorische Induktion** (Ruheinduktion) vor.

## Bewegungsinduktion

Im vorigen Kapitel hatten wir festgestellt, daß auf bewegte Ladungen im Magnetfeld die **Lorentz-Kraft** $\vec{F}$ einwirkt.

$$\vec{F} = Q(\vec{v} \times \vec{B}) \tag{16.1}$$

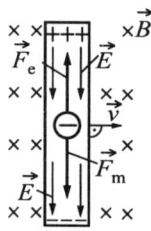

Abb. 16.1: Bewegung eines Leiters im Magnetfeld: Kräftegleichgewicht

Wird ein Leiter im Magnetfeld bewegt, so wirkt auf die frei beweglichen Ladungsträger (in der Regel Elektronen) die Kraft

$$\vec{F}_{\mathrm{m}} = -e_0(\vec{v} \times \vec{B}) \tag{16.2}$$

ein, die zur Ladungstrennung und somit zum Aufbau einer elektrischen Feldstärke $\vec{E}$ führt. Gleichgewicht liegt vor, wenn die magnetisch induzierte Kraft $\vec{F}_{\mathrm{m}}$ durch die elektrische Kraft $\vec{F}_{\mathrm{e}} = -e_0\vec{E}$ kompensiert wird, d. h.

$$\vec{F}_{\mathrm{m}} + \vec{F}_{\mathrm{e}} = 0 \tag{16.3}$$

Setzen wir in diese Gleichung die oben angegebenen Beziehungen für die Kräfte $\vec{F}_{\mathrm{m}}$ und $\vec{F}_{\mathrm{e}}$ ein, so folgt

$$\boxed{\vec{E} = -\vec{v} \times \vec{B}} \tag{16.4}$$

Bei einem hinreichend kleinen und geraden Leiterstück der Länge $\Delta s$ kann die elektrische Feldstärke $\vec{E}$ im Leiter als homogen betrachtet werden, so daß für die Spannung zwischen den Leiterenden die Beziehung

$$\Delta u_{\mathrm{ind}} = \vec{E} \cdot \Delta \vec{s} = -(\vec{v} \times \vec{B}) \cdot \Delta \vec{s} \tag{16.5}$$

folgt.

Jeder Leiter kann in beliebig kleine Leiterstücke aufgeteilt werden. Für die induzierte Spannung zwischen den Drahtenden gilt somit

$$u_{\mathrm{ind}} = \int_{P_1}^{P_2} \vec{E} \cdot \mathrm{d}\vec{s} = - \int_{P_1}^{P_2} (\vec{v} \times \vec{B}) \cdot \mathrm{d}\vec{s} \tag{16.6}$$

Eine andere Darstellungsart bekommen wir für die induzierte Spannung unter Zuhilfenahme der folgenden Identität für das Spatprodukt (siehe Taschenbuch mathematischer Formeln von H. Stöcker, Verlag Harri Deutsch)

$$(\vec{A} \times \vec{B}) \cdot \vec{C} = (\vec{C} \times \vec{A}) \cdot \vec{B} = (\vec{B} \times \vec{C}) \cdot \vec{A} \tag{16.7}$$

Wenden wir diese Gleichung an, so ergibt sich der Ausdruck

$$\Delta u_{\mathrm{ind}} = - (\vec{v} \times \vec{B}) \cdot \Delta\vec{s} = -(\Delta\vec{s} \times \vec{v}) \cdot \vec{B} = \vec{B} \cdot (\vec{v} \times \Delta\vec{s}) \tag{16.8}$$

In der Zeiteinheit $\Delta t$ wird der Leiter um die Strecke $\Delta\vec{x} \approx \vec{v} \cdot \Delta t$ verschoben. Für die induzierte Spannung folgt somit der Ausdruck

$$\Delta u_{\mathrm{ind}} \approx \vec{B}\frac{\Delta\vec{A}}{\Delta t}$$

$$= \frac{\Delta\phi_{\mathrm{s}}}{\Delta t}$$

mit der in $\Delta t$ überstrichenen Fläche $\Delta A = |\Delta\vec{x} \times \Delta\vec{s}|$ und dem magnetischen Fluß $\Delta\phi_{\mathrm{s}} \approx \vec{B} \cdot \Delta\vec{A}$. Der überstrichene Fluß $\Delta\phi_{\mathrm{s}}$ wird auch als **„geschnittener Fluß"** bezeichnet.

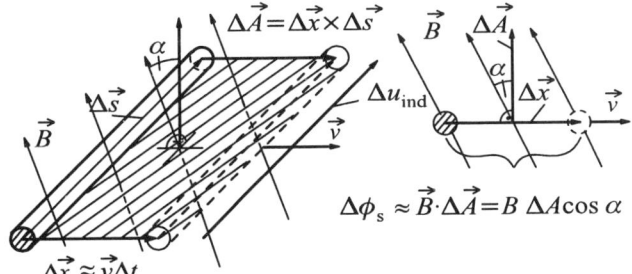

Abb. 16.2: *Überstrichener Fluß („geschnittener Fluß") und induzierte Spannung bei einer Leiterbewegung*

Für eine infinitesimal kleine Zeiteinheit $\mathrm{d}t$ ergibt sich der einfache Zusammenhang

$$\boxed{\Delta u_{\mathrm{ind}} = - \frac{\mathrm{d}\phi_{\mathrm{s}}}{\mathrm{d}t}} \tag{16.9}$$

mit der Änderungsgeschwindigkeit des magnetischen Flusses $\mathrm{d}\phi_{\mathrm{s}}/\mathrm{d}t$ beim Leiterstück $\Delta\vec{s}$.

Wir wollen nun diese Erkenntnisse auf eine Leiterschleife übertragen. Eine Leiterschleife kann man sich zusammengesetzt denken aus kleinen sich überlappenden Leiterstücken. Bewegt man nun die einzelnen Leiterstücke entsprechend der obigen Abbildung, so wird in den einzelnen Leitern die Spannung $\Delta u_i$ induziert und pro Zeiteinheit der magnetische Fluß $\Delta\phi_{\mathrm{s}i} \approx \vec{B}_i \cdot \Delta\vec{A}_i$ überstrichen. Der magnetische Fluß innerhalb der Leiterschleife nimmt somit um

$$\Delta\phi \approx \sum_{i=1}^{N} \Delta\phi_{\mathrm{s}i} \tag{16.10}$$

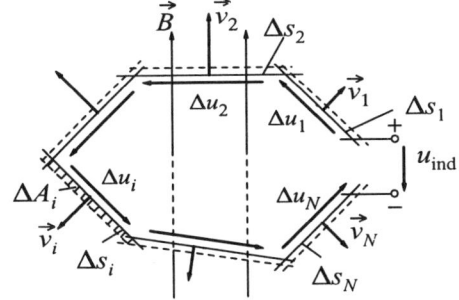

Abb. 16.3: *Zur Herleitung der induzierten Spannung in einer Leiterschleife*

zu und für die induzierte Spannung der Leiterschleife ergibt sich der Wert

$$u_{\text{ind}} \approx \sum_{i=1}^{N} \Delta u_i \qquad (16.11)$$

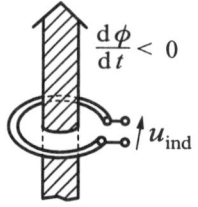

$$\frac{\mathrm{d}\phi}{\mathrm{d}t} < 0$$

$u_{\text{ind}}$

Für infinitesimal kleine Leiterstücke $\Delta s$ und Zeiten $\Delta t$ folgt somit unter Zugrundelegung der Richtungsfestlegung der Abb. 16.4 für die induzierte Spannung einer Leiterschleife im Magnetfeld

$$u_{\text{ind}} = -\frac{\mathrm{d}\phi}{\mathrm{d}t} = -\frac{\mathrm{d}}{\mathrm{d}t}\left(\int_A \vec{B} \cdot \mathrm{d}\vec{A}\right) \qquad (16.12)$$

*Abb. 16.4: Richtungsfestlegung der induzierten Spannung in einer Leiterschleife*

Nimmt der magnetische Fluß $\phi$ innerhalb der Leiterschleifenfläche $A$ ab, so wird an den Enden der Schleife eine Spannung entsprechend der dargestellten Richtung induziert.

## Transformatorische Induktion

### Induktion einer Spannung im Magnetfeld eines Permanentmagnetsystems

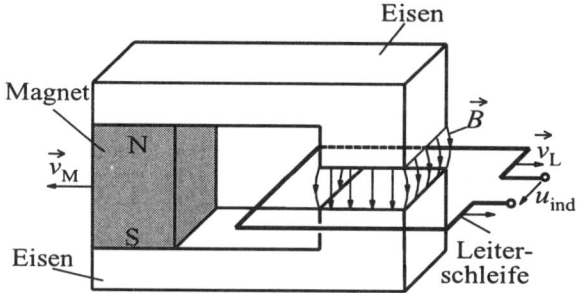

*Abb. 16.5: Leiterschleife im Luftspalt eines Permanentmagnetsystems*

Im Luftspalt eines Permanentmagnetsystems befindet sich eine Leiterschleife. Bewegt man bei ruhendem Magnetsystem ($v_{\text{M}} = 0$ m/s) die Leiterschleife mit der konstanten Geschwindigkeit $\vec{v}_{\text{L}}$, so wird in der Schleife eine zeitlich veränderliche Spannung $u_{\text{ind}}(t)$ induziert.
Den gleichen Spannungsverlauf bekommt man auch bei ruhender Leiterschleife und einem mit der Geschwindigkeit $\vec{v}_{\text{M}} = -\vec{v}_{\text{L}}$ sich bewegendem Magnetsystem.

Aus diesem Versuch folgt, daß für die Induzierung einer Spannung nur die Änderungsgeschwindigkeit des magnetischen Flusses in der Leiterschleifenfläche verantwortlich ist. Die Veränderung des magnetischen Flusses kann sowohl durch Bewegung der Leiterschleife als auch durch eine zeitliche Veränderung der magnetischen Induktion erreicht werden.

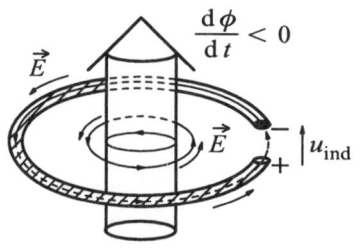

*Abb. 16.6: Elektrische Feldstärke $\vec{E}$ um einen sich zeitlich ändernden magnetischen Fluß*

Durch Umschreiben der induzierten Spannung in ein Linienintegral

$$u_{\text{ind}} = \oint_S \vec{E} \cdot \mathrm{d}\vec{s} \qquad (16.13)$$

folgt die **verallgemeinerte Form des Induktionsgesetzes**

$$\oint_S \vec{E} \cdot \mathrm{d}\vec{s} = -\frac{\mathrm{d}}{\mathrm{d}t}\left(\int_A \vec{B} \cdot \mathrm{d}\vec{A}\right) \qquad (16.14)$$

mit der elektrischen Feldstärke $\vec{E}$.

Diese Gleichung ist auch als **Zweite Maxwellsche Gleichung** bekannt.
Die Gleichung besagt, daß jedes zeitlich
sich ändernde magnetische Feld **elektrische Wirbelfelder** im Raum zur Folge
hat. In einer offenen Leiterschleife führt
diese elektrische Feldstärke zu der induzierten Spannung $u_{\text{ind}}$.
Ist die Leiterschleife geschlossen, so hat

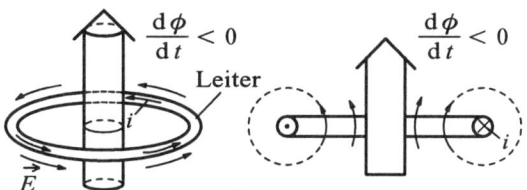

*Abb. 16.7: Induzierung eines Stromes in einer
geschlossenen Leiterschleife*

die induzierte elektrische Feldstärke einen Kreisstrom zur Folge. Das magnetische Feld dieses induzierten Stromes wirkt der Änderung des magnetischen Feldes entgegen. Diese Erscheinung ist als **Lenzsche Regel** bekannt.

## Anwendungen des Induktionsgesetzes

Das Induktionsgesetz findet in der Technik eine breite Anwendung. Wechselspannungen kann man
durch Rotation von Leiterschleifen mit konstanter Winkelgeschwindigkeit im homogenen Magnetfeld
erzeugen (siehe Beispiel 16.1).
Bei **Transformatoren** wird mit Hilfe einer Spule im Eisenkreis ein zeitlich sich veränderndes magnetisches Feld erzeugt. In einer weiteren Spule induziert dieses Feld eine Spannung. Je nach Windungszahl
der beiden Spulen kann eine gezielte Transformation von Wechselspannungsamplituden vorgenommen
werden; eine für die Energieversorgung wichtige Eigenschaft (siehe Beispiel 16.3).
Induktionsströme benutzt man z. B. zur Dämpfung von Einschwingvorgängen bei Drehspulmeßwer-
ken. Bei **Wirbelstrombremsen** werden mit Hilfe eines Permanentmagneten bei Bewegung in einem
Leiter Wirbelströme induziert, die der Bewegung entgegenwirken; also zur Bremsung führen.

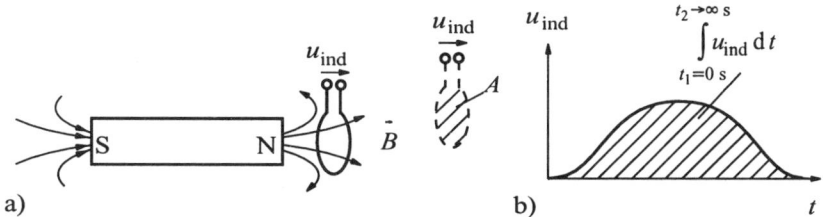

*Abb. 16.8: Messung der magnetischen Induktion mit Hilfe einer Induktionsspule*

In der Meßtechnik kann man mit Hilfe einer kleinen und kurzen Zylinderspule die magnetische Flußdichte messen. Bringt man diese Spule aus großer Entfernung zur Meßstelle und ermittelt bei dieser
Verschiebung den **Spannungsstoß**

$$\int_{t_1=0\,\text{s}}^{t_2\to\infty\,\text{s}} u_{\text{ind}}\,\mathrm{d}t = \phi_2 - \phi_1 \approx \phi_2 = \phi \tag{16.15}$$

so ergibt sich für die gesuchte magnetische Induktion am Spulenort

$$B = \frac{1}{A}\int_{0\,\text{s}}^{\infty\,\text{s}} u_{\text{ind}}\,\mathrm{d}t \tag{16.16}$$

*Beispiel 16.1:*    Rotierende Leiterschleife im homogenen Magnetfeld

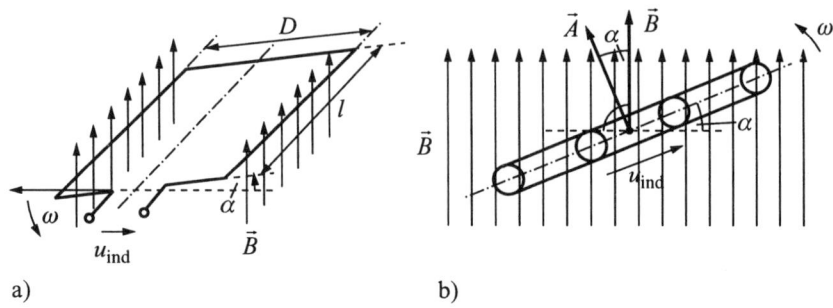

*Abb. 16.9: Rotierende Leiterschleife im homogenen Magnetfeld*

Eine Leiterschleife mit dem Durchmesser $D$ und der Länge $l$ rotiert mit konstanter Winkelgeschwindigkeit $\omega$ im homogenen Magnetfeld mit der magnetischen Induktion $B$.

Welche Spannung wird an den Enden der Leiterschleife induziert?

**Lösung:**

Für die induzierte Spannung $u_{\text{ind}}$ gilt mit $A = D \cdot l$

$$u_{\text{ind}} = -\frac{\mathrm{d}}{\mathrm{d}t}\left(\int_A \vec{B}\,\mathrm{d}\vec{A}\right) \qquad\qquad \underline{1}$$

Hieraus folgt die Beziehung

$$u_{\text{ind}} = -\frac{\mathrm{d}}{\mathrm{d}t}\int_A B \cdot \cos\alpha\,\mathrm{d}A = -\frac{\mathrm{d}}{\mathrm{d}t}(B \cdot \cos\alpha \cdot A) \qquad\qquad \underline{2}$$

Ausgenutzt wurde bei der Integration, daß $B$ über dem gesamten Flächenbereich konstant ist. Mit dem Zusammenhang $\alpha = \omega t$ ergibt sich für die induzierte Spannung in der Leiterschleife

$$u_{\text{ind}} = \hat{u}_{\text{ind}} \cdot \sin\omega t$$
$$= A \cdot B \cdot \omega \cdot \sin\omega t \qquad\qquad \underline{3}$$

Die induzierte Spannung ist sinusförmig und weist den Mittelwert Null auf. Die Spannungsamplitude ist proportional zur Leiterfläche $A$, der magnetischen Induktion $B$ und der Winkelgeschwindigkeit $\omega$.

# 16.2 Selbstinduktion und Selbstinduktivität

Bei zeitlicher Änderung des Stroms in einer Spule ändert sich der damit verbundene magnetische Fluß, der vom Leiter der Spule $N$-mal umfaßt wird. Diese Flußänderung induziert in jeder Windung der Spule eine Spannung entsprechend der Beziehung $u_{\text{ind}} = -\mathrm{d}\phi / \mathrm{d}t$, die der Änderung des magnetischen Flusses und somit der Stromänderung entgegen wirkt.
Die gesamte induzierte Spannung ergibt sich zu

$$u_{\text{ind}} = -N\frac{\mathrm{d}\phi}{\mathrm{d}t} = -\frac{\mathrm{d}\psi}{\mathrm{d}t} \qquad\qquad (16.17)$$

mit dem **Induktionsfluß** $\psi = N \cdot \phi$.

Bezeichnet wird diese Erscheinung als **Selbstinduktion**. Der Induktionsfluß $\psi$ ist direkt mit dem Spulenstrom $i$ gekoppelt. Ausgedrückt wird dieser Zusammenhang durch

$$\boxed{\psi = L \cdot i}\;; \qquad [L] = \frac{\text{V} \cdot \text{s}}{\text{A}} = \text{H (Henry)} \tag{16.18}$$

mit der Proportionalitätsgröße $L$.

Die Proportionalitätsgröße $L$ wird als **Selbstinduktivität** oder kurz als **Induktivität** bezeichnet.

Betrachten wir die Selbstinduktivität anhand eines Beispiels etwas genauer. Unter Zugrundelegung des Ersatzschaltbildes folgt für den Induktionsfluß

$$\psi = N \cdot \phi$$

$$= N \frac{\Theta}{R_{\text{mFe}}}$$

$$= \frac{N^2}{R_{\text{mFe}}} i$$

$$= L \cdot i \tag{16.19}$$

mit der Selbstinduktivität $L$ der Spule mit Eisenkreis

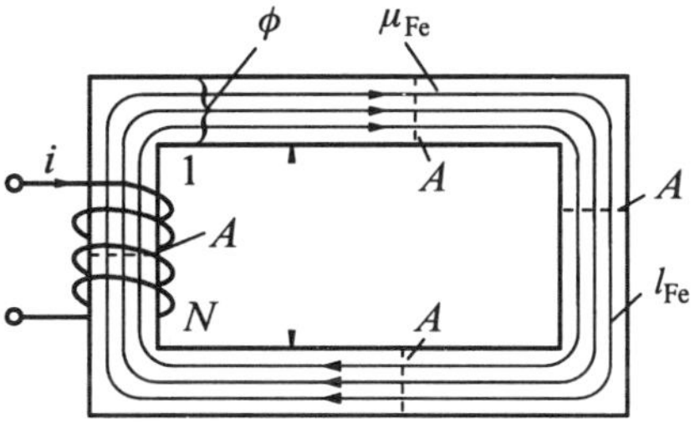

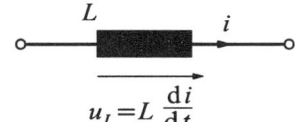

*Abb. 16.10: Spule mit Eisenkreis*

$$L = N^2 \frac{A}{l_{\text{Fe}}} \cdot \mu_{\text{Fe}} \tag{16.20}$$

dem magnetischen Widerstand $R_{\text{mFe}}$

$$R_{\text{mFe}} = \frac{l_{\text{Fe}}}{\mu_{\text{Fe}} \cdot A} \tag{16.21}$$

der Querschnittsfläche $A$, der mittleren Eisenlänge $l_{\text{Fe}}$ und der Permeabilität $\mu_{\text{Fe}}$ des Eisenkreises.

Generell kann man für die Selbstinduktivität den Ausdruck

$$\boxed{L = N^2 \frac{1}{R_{\text{m}}} = N^2 \Lambda_{\text{m}}} \tag{16.22}$$

angeben mit dem gesamten magnetischen Widerstand $R_{\text{m}}$ bzw. **magnetischen Leitwert** $\Lambda_{\text{m}}$.

Ist die Permeabilität von der Stromstärke unabhängig, so ist der magnetische Widerstand der Spule und auch die Selbstinduktivität $L$ eine Konstante. Für die induzierte Spannung folgt der Zusammenhang

$$u_{\text{ind}} = -\frac{\mathrm{d}\psi}{\mathrm{d}t}$$

$$= -\frac{\mathrm{d}(L \cdot i)}{\mathrm{d}t}$$

$$= -L \frac{\mathrm{d}i}{\mathrm{d}t} \tag{16.23}$$

$$u_L = L \frac{\mathrm{d}i}{\mathrm{d}t}$$

*Abb. 16.11: Ersatzschaltbild einer stromunabhängigen Induktivität*

Technisch einsetzbare Induktivitätswerte liegen im Bereich $1\,\mu\text{H} = 10^{-6}\,\text{H}$ bis $1\,\text{H}$.

*Beispiel 16.2:*     Induktivität einer langen Zylinderspule

Gegeben ist eine lange Zylinderspule mit der Windungszahl $N$, der Länge $l$ und der Querschnittsfläche $A$. In der Spule befindet sich ein Eisenkern mit konstanter Permeabilität $\mu_{\text{Fe}}$.
Gesucht ist die Induktivität (Selbstinduktivität) $L$ dieser Spule. Die magnetische Spannung außerhalb der Spule soll vernachlässigt werden.

**Lösung:**

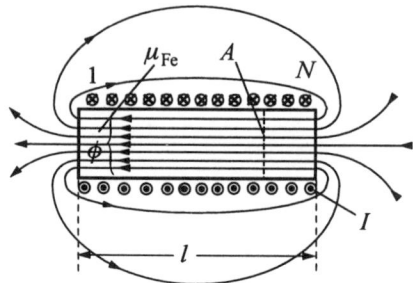

*Abb. 16.12: Zur Induktivität einer langen Zylinderspule*

Bei Vernachlässigung der magnetischen Spannung außerhalb des Spulenbereiches gilt entsprechend dem ersten Beispiel des vorigen Kapitels für die magnetische Feldstärke $H$ im Innenbereich der Spule

$$H = \frac{NI}{l} \qquad \underline{1}$$

Hieraus folgt für den magnetischen Fluß $\phi$

$$\phi = BA = \mu_{\text{Fe}}H \cdot A = \frac{\mu_{\text{Fe}}NIA}{l} \qquad \underline{2}$$

und somit für den Induktionsfluß

$$\psi = N\phi = N^2 \frac{\mu_{\text{Fe}}A}{l}I \qquad \underline{3}$$

Die gesuchte Induktivität der Spule ergibt sich somit zu

$$L = \frac{\psi}{I} = N^2 \cdot \frac{\mu_{\text{Fe}}A}{l} = N^2 \Lambda_{\text{m}} \qquad \underline{4}$$

mit dem magnetischen Leitwert $\Lambda_{\text{m}}$ der Zylinderspule.

## Beispiel 16.3 :    Toroidspule mit zwei Wicklungen als Transformator

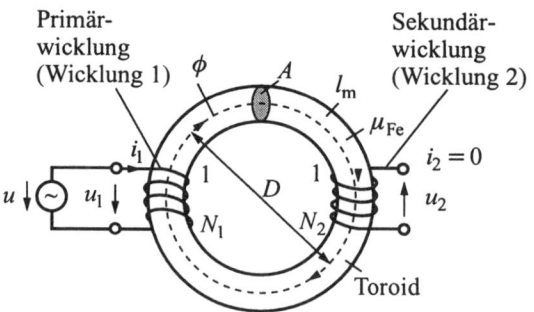

*Abb. 16.13: Toroidspule als Transformator*

Gegeben ist ein Ring aus Eisen mit einer konstanten Permeabiltät $\mu_{\text{Fe}}$, auf dem zwei Wicklungen mit den Windungszahlen $N_1$ und $N_2$ aufgebracht sind. Die Querschnittsfläche ist durch $A$ gegeben. Von Streuflüssen und Wicklungswiderständen soll abgesehen werden. Die Querschnittsabmessung soll klein gegenüber dem Ringdurchmesser sein, so daß man von einer homogenen Flußverteilung im Ringquerschnitt ausgehen kann.

Die Spule mit der Primärwicklung (Wicklung 1) wird an eine Wechselspannungsquelle angeschlossen.

Welcher Zusammenhang besteht zwischen der Sekundärspannung $u_2$ und der Primärspannung $u_1$?

**Lösung:**

Für die induzierte Spannung in der Sekundärwicklung gilt die Beziehung

$$u_2 = -N_2 \frac{d\phi}{dt} = -N_2 \frac{u_1}{N_1} \qquad \underline{1}$$

Nach dem Auflösen der Gleichung ergibt sich

$$|u_2| = +N_2 \left| \frac{d\phi}{dt} \right| = +\frac{N_2}{N_1}|u_1|$$

$$\frac{u_2}{u_1} = \frac{N_2}{N_1} \qquad \underline{2}$$

Das Spannungsverhältnis $u_2/u_1$ zwischen der Sekundär- und Primärspannung bei sekundärem Leerlauf ist bei diesem idealen Transformator durch das Windungszahlverhältnis $N_2/N_1$ gegeben.

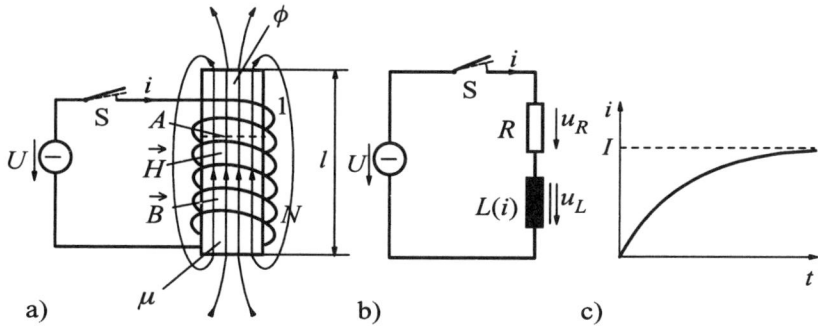

*Abb. 16.14: Lange reale Zylinderspule (a) mit Ersatzschaltbild (b) und Stromverlauf (c) an einer Gleichspannungsquelle*

Die in einer Spule gespeicherte Energie $W_m$ kann als Integral über die Leistung $P$ berechnet werden:

$$W_m = \int P\,dt = \int u_L \cdot I\,dt = L\int \dot{i} \cdot I\,dt$$

$$W_m = L\int \frac{d}{dt}\frac{1}{2}I^2\,dt = \frac{1}{2}LI^2$$

## *Beispiel 16.4:* Magnetische Energie einer Toroidspule

Gegeben ist ein Toroidring aus Eisen mit konstanter Permeabilität $\mu_{Fe} = 1000\mu_0$, $(\mu_0 = 1{,}256 \cdot 10^{-6}\ V \cdot s/(A \cdot m))$. Der Toroid ist mit einer Wicklung der Windungszahl $N = 1000$ versehen, durch die der Strom $I = 0{,}1\ A$ fließt.
Gesucht ist die im Ring gespeicherte magnetische Energie bei einer mittleren Ringlänge von $l_m = 10\ cm$ und einer Querschnittsfläche $A = 1\ cm^2$.
Von Streueffekten soll abgesehen werden.
Die Querschnittsabmessung soll klein gegenüber dem Ringdurchmesser sein, so daß man von einer homogenen Feldverteilung im Toroid ausgehen kann.

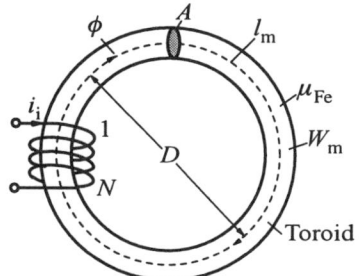

*Abb. 16.15: Zur magnetischen Energie einer Toroidspule*

**Lösung:**

Für die gespeicherte magnetische Energie gilt der Zusammenhang

$$W_m = \frac{1}{2}LI^2 \qquad \underline{1}$$

Aus dem letzten Beispiel ergab sich für die Selbstinduktivität einer Toroidspule

$$L = \frac{N^2}{R_m} = N^2\frac{A\mu_{Fe}}{l_m} \qquad \underline{2}$$

Setzt man die obige Gleichung in ($\underline{1}$) ein, so erhält man für die gespeicherte magnetische Energie

$$W_m = \frac{1}{2}N^2\frac{A_m\mu_{Fe}}{l_m} \cdot I^2 = \frac{10^6 \cdot 1\ cm^2 \cdot 10^3 \cdot 1{,}256 \cdot 10^{-6}\ V \cdot s/(A \cdot m)}{2 \cdot 10\ cm} \cdot (0{,}1\ A)^2$$

$$= 6{,}28\ mJ \qquad \underline{3}$$

# 16.3  Maxwellsche Gleichungen

In den vorigen Kapiteln der Elektrodynamik hatten wir grundlegende Gesetzmäßigkeiten des elektrischen und magnetischen Feldes sowie die Verknüpfungen zwischen diesen Feldern kennengelernt. Die **Maxwellschen Gleichungen** sind eine Zusammenstellung der fundamentalen Gesetzmäßigkeiten des elektrischen und magnetischen Feldes und der analytischen Verknüpfungen zwischen diesen beiden Feldern. Sie stellen das Gleichungssystem des elektromagnetischen Feldes dar. Mit Hilfe der Maxwellschen Gleichungen, den Materialgleichungen und der verallgemeinerten Lorentz-Kraft lassen sich sämtliche Erscheinungen und Phänomene in der Elektrodynamik beschreiben.

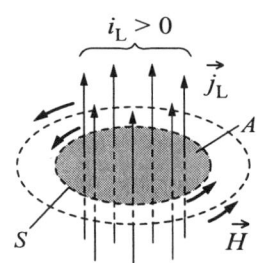

*Abb. 16.16: Zur ersten Maxwellschen Gleichung: Magnetische Wirbelfelder um einen Leitungsstrom*

Die **erste Maxwellsche Gleichung** ist der Durchflutungssatz. Es gilt für statische Felder folgende Beziehung:

$$\oint_S \vec{H} \cdot d\vec{s} = I \tag{16.24}$$

Die **zweite Maxwellsche Gleichung** ist eine verallgemeinerte Form des Induktionsgesetzes $u_{\mathrm{ind}} = -\,d\phi / dt$. Es gilt die Beziehung:

$$\oint_S \vec{E} \cdot d\vec{s} = -\frac{d}{dt} \int_A \vec{B} \cdot d\vec{A}$$
$$= -\int_A \frac{\partial \vec{B}}{\partial t} \cdot d\vec{A} \tag{16.25}$$

mit $S$ als Berandung der Fläche $A$.

Die Gleichung sagt aus, daß jedes zeitlich sich ändernde magnetische Feld ein **elektrisches Wirbelfeld** im Raum zur Folge hat. Diese Felderzeugung ist unabhängig von der Anwesenheit eines Leiters.

Neben diesen beiden Gleichungen zur Beschreibung der elektromagnetischen Wechselwirkung umfaßt das Maxwellsche Gleichungssystem den **Gaußschen Satz der Elektrostatik**

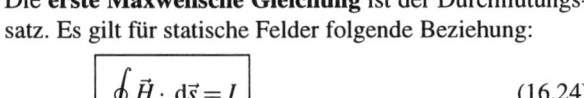

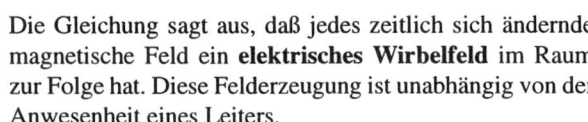

*Abb. 16.17: Zur zweiten Maxwellschen Gleichung Elektrische Wirbelfelder als Folge von Magnetfeldänderungen*

$$\oint_O \vec{D} \cdot d\vec{A} = \int_V \rho \, dV = Q \tag{16.26}$$

mit $O$ als Oberfläche des Volumens $V$ und der Ladungsdichte $\rho$, sowie den Satz über die **Quellenfreiheit des magnetischen Feldes**

$$\oint_O \vec{B} \cdot d\vec{A} = 0 \tag{16.27}$$

Der Gaußsche Satz der Elektrostatik besagt, daß elektrische Ladungen Quellen und Senken elektrischer Feldlinien sind. Elektrische Feldlinien können sowohl in geschlossener Form existieren als auch den positiven Ladungen entspringen und in den negativen Ladungen enden.

Der Satz über die Quellenfreiheit des magnetischen Feldes besagt, daß die magnetischen Feldlinien in sich geschlossen sind, d. h., es existieren keine magnetische Einzelpole (Monopole) als Quellen.

# 16.4 Zusammenfassung

## Induktion einer Spannung im Magnetfeld

Bewegt sich ein Leiter in einem Magnetfeld, so findet man mit Hilfe der Lorentz-Kraft die **induzierte Spannung**

$$\Delta u_{\text{ind}} = -(\vec{v} \times \vec{B}) \cdot \Delta \vec{s} \tag{16.28}$$

wobei $\Delta s$ die Leiterlänge, $v$ die Leitergeschwindigkeit und $B$ die magnetische Induktion ist.
Für eine geschlossene Leiterschleife ist die induzierte Spannung die zeitliche Änderung des **magnetischen Flusses**:

$$u_{\text{ind}} = -\frac{\mathrm{d}\phi}{\mathrm{d}t} = -\frac{\mathrm{d}}{\mathrm{d}t} \int_A \vec{B} \cdot \mathrm{d}\vec{A} \tag{16.29}$$

mit der magnetischen Induktion $B$, dem magnetischen Fluß $\phi$ in der Leiterschleifenfläche $A$.
Die induzierte Spannung in einer Spulenwicklung ist gleich der negativen zeitlichen Änderung des **Induktionsflusses** $\psi$

$$u_{\text{ind}} = -\frac{\mathrm{d}\psi}{\mathrm{d}t} = -N\frac{\mathrm{d}\phi}{\mathrm{d}t} \tag{16.30}$$

mit dem magnetischen Fluß $\phi$ und der Windungszahl $N$.
Die **Selbstinduktivität** (Induktivität) $L$ berechnet sich aus dem Quotienten des magnetischen Flusses $\psi$ zu dem Spulenstrom $i$:

$$L = \frac{\psi}{i} \tag{16.31}$$

oder über den Zusammenhang:

$$L = N^2 \Lambda_{\text{m}} \tag{16.32}$$

mit der Windungszahl $N$ und dem seitens der Wicklung aus gesehenen **magnetischen Leitwert** $\Lambda_{\text{m}}$.
Für konstante Permeabilität ist die Spulenspannung proportional zur zeitlichen Änderung des Spulenstroms:

$$u_L = L\frac{\mathrm{d}i}{\mathrm{d}t} \tag{16.33}$$

## Energie und Kraft im magnetischen Feld

Die gesamte gespeicherte **Energie im Magnetfeld** einer vom Strom $I$ durchflossenen Spule mit der Induktivität $L$ beträgt

$$W_{\text{m}} = \frac{1}{2}I^2 L \tag{16.34}$$

Die **verallgemeinerte Lorentz-Kraft** im elektromagnetischen Feld ist gegeben durch:

$$\vec{F} = Q(\vec{E} + \vec{v} \times \vec{B}) \tag{16.35}$$

mit der Ladung $Q$, der Ladungsgeschwindigkeit $v$, der elektrischen Feldstärke $E$ und der magnetischen Induktion $B$.

# 16.5 Aufgaben

**16.1** Neben einem langen stromdurchflossenen Leiter befindet sich eine rechteckige Spule mit der Windungszahl $N$.

1. Ermitteln Sie in allgemeiner Form den magnetischen Fluß $\phi$ durch die Spule.
2. Welche Spannung $u_{ind}$ wird beim linearen Stromanstieg $i(t) = c \cdot t$ $(c > 0/\mathrm{s})$ in der Spule induziert?

Die Permeabilität ist durch $\mu_0$ gegeben.

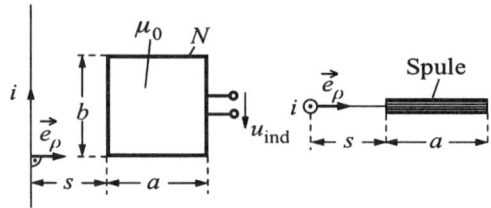

*Abb. 16.18: Luftspule im magnetischen Feld eines stromdurchflossenen langen Leiters*

**16.2** Gegeben ist der Leiter und die Spule der vorigen Aufgabe. Der Strom $I$ ist in diesem Fall konstant, und die Spule bewegt sich mit der konstanten Geschwindigkeit $\vec{v} = v \cdot \vec{e}_\rho$ in radialer Richtung ($\rho$-Richtung) vom Leiter weg.

Welche Spannung $u_{ind}$ wird in Abhängigkeit des Abstandes $s$ in der Spule induziert?

**16.3**

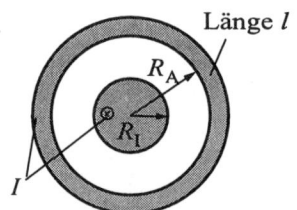

*Abb. 16.19: Zur Induktivität einer Koaxialleitung*

Die Selbstinduktivität pro Längeneinheit $L'$ eines Koaxialkabels bei gleich großen Strömen $I$ mit verschiedener Stromrichtung ist ohne Berücksichtigung des Flusses im Innen- und Außenleiter zu bestimmen.

Die Permeabilität im Innenraum beträgt $\mu_0$.

**16.4**

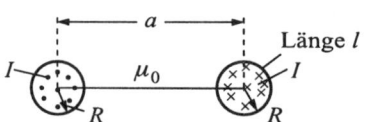

*Abb. 16.20: Zur Induktivität einer Doppelleitung*

Die Selbstinduktivität pro Längeneinheit $L'$ einer Doppelleitung bei gleich großen Strömen $I$ mit verschiedener Stromrichtung ist nur bei Berücksichtigung des Flusses zwischen den Leitern zu bestimmen. Die Permeabilität beträgt $\mu_0$.

**16.5** Die Selbstinduktivität pro Längeneinheit $L'$ einer Doppelleitung bei gleich großen Strömen $I$ mit verschiedener Stromrichtung läßt sich genauer berechnen durch die Einbeziehung der Eigeninduktivität $L_i$ der Leitungen (siehe Aufgabe 4 dieses Kapitel).

1. Bestimmen Sie die Energiedichte und die Energie in den Leitungen.
2. Leiten Sie aus der berechneten Energie die pro Längeneinheit bezogene Eigeninduktivität $L'_i$ einer einzelnen Leitung ab.
3. Ermitteln Sie den verbesserten Induktivitätswert pro Längeneinheit $L'$ der Doppelleitung.

# Teil V
# Thermodynamik

# Kapitel 17

# Gleichgewicht und Zustandsgrößen

## 17.1 Überblick

Zuerst ein Überblick über die wichtigsten Phänomene, Gesetzmäßigkeiten und Modelle der Thermodynamik. Die griechischen Philosophen im Altertum nahmen an, daß alle Stoffe aus **vier Elementen** zusammengesetzt sind. Die moderne Vorstellung geht von vier, den nebenstehenden Elementen, analogen Phasen oder Aggregatzuständen aus.

- Erde ⟷ Festkörper,
- Wasser ⟷ Flüssigkeit,
- Luft ⟷ Gas,
- Feuer ⟷ Plasma.

Alle Körper können in diesen Phasen vorkommen. Materie besteht aus Atomen und Molekülen (einige $10^{26}$ pro Kilogramm Materie).

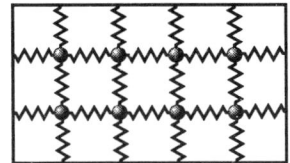 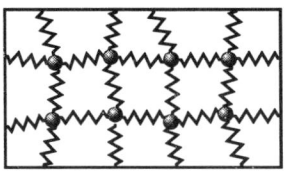

*Abb. 17.1: Kristallgitter*

Nun sind es gerade die Kräfte zwischen den Atomen, die das makroskopische Verhalten der Körper in verschiedenen Aggregatzuständen verursachen. Im **Festkörper** sind die Atome oder Moleküle an ihre Positionen, dem sogenannten Gitter, gebunden, allerdings nicht starr: Sie können um ihre Gleichgewichtslage schwingen! Die mittlere mikroskopische Bewegungsenergie dieser „thermischen" Schwingungen wird makroskopisch als Temperatur interpretiert.

Bringt man einen Körper mit Teilchen einer bestimmten mittleren Bewegungsenergie mit einem anderen zusammen, so übertragen sich die Schwingungen bzw. die Bewegungsenergie der Teilchen von einem Körper auf den anderen und umgekehrt:

**Die thermische Energie verteilt sich so, daß auf jeden Freiheitsgrad eines Teilchens im statistischen Mittel, d. h., wenn man die mittlere Energie vieler Teilchen betrachtet, dieselbe Energie kommt.**

Dies ist die statistische Bedeutung des Gleichgewichtszustands – der sich im **nullten Hauptsatz der Thermodynamik** widerspiegelt:

**Alle Systeme, die mit einem System im thermischen Gleichgewicht sind, sind auch untereinander im Gleichgewicht – auf jeden Freiheitsgrad verteilt sich im Mittel die gleiche (mittlere) Energie.**

Ein Freiheitsgrad ist dabei eine Möglichkeit, Energie aufzunehmen. Dies wird im allgemeinen durch Bewegung erfolgen. Durch die Bewegung in die drei Raumrichtungen werden schon drei Freiheitsgrade erschlossen. Bei Molekülen kann Energie auch durch die inneren Schwingungen zwischen den Atomen oder durch Rotation des Moleküls aufgenommen werden, was zu weiteren Freiheitsgraden führt.

Kühlt man den Körper ab, so kommen die thermischen Schwingungen schließlich zum Stillstand – der **absolute Nullpunkt** der Temperatur ist erreicht (dies tritt bei $-273,15\,°C$ ein). Führt man dem Körper Wärmeenergie zu, so schwingen die Teilchen stärker – der Körper dehnt sich im allgemeinen dabei aus.

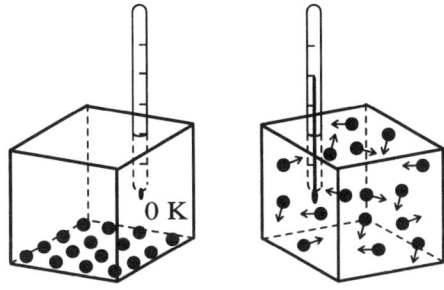

Bei einer gewissen Bewegungsenergie der Teilchen (Temperatur), der **Schmelztemperatur**, verlieren die Festkörperteilchen schließlich ihre Bindung an eine bestimmte Stelle. Die Temperatur erhöht sich durch Wärmezufuhr nicht, aber immer mehr Teilchen lösen sich aus dem

*Abb. 17.2: Absoluter Nullpunkt – Die thermische Bewegung kommt zum Stillstand*

Festkörperverband: Eine **Phasenumwandlung** vom Festkörper in die **flüssige Phase** findet statt.

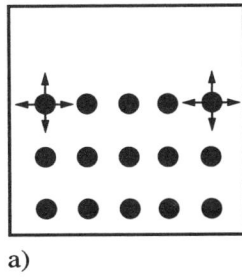 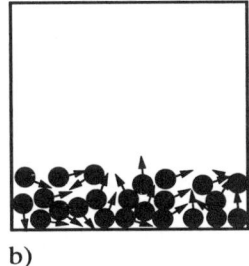 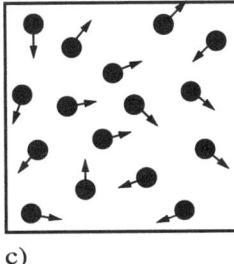

a)                               b)                               c)

*Abb. 17.3: (a) Die Moleküle eines Festkörpers haben thermische Bewegung um eine Gleichgewichtsposition. (b) Die Moleküle einer Flüssigkeit bewegen sich mehr oder weniger frei, bei konstantem relativen Abstand. (c) Die Moleküle eines Gases sind in konstanter, zufälliger Bewegung.*

Weitere Zufuhr von makroskopischer Wärmeenergie auf die Flüssigkeit erhöht – falls man Wärmeverluste durch Strahlung, Leitung und Fließbewegungen verhindert – die mikroskopische Bewegungsenergie der Teilchen, die Temperatur steigt wieder an, bis die Energie so groß wird, daß besonders schnelle Teilchen sich ganz aus dem Flüssigkeitsverband lösen. Makroskopisch wird dies als **Dampfphase** bezeichnet.

Ist der Siedepunkt nach weiterer Energiezufuhr erreicht, so verdampft (ohne Temperaturerhöhung) die gesamte Flüssigkeit: Die kinetische Energie der Teilchen ist größer als die Energie, die die Teilchen im geordneten Verband hält, und sie fliegen ungeordnet mit großer Geschwindigkeit durcheinander – die **Gasphase** ist gebildet.

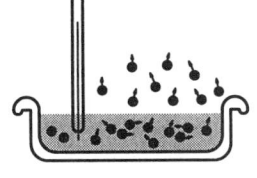

Die schnellsten Moleküle entkommen

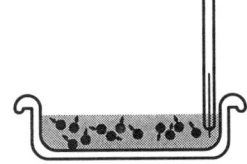

Die restlichen Moleküle haben niedrigere mittlere Energien, da die Temperatur der Flüssigkeit niedriger ist

*Abb. 17.4: Die Flüssigkeit ist nach der Verdampfung kühler als zuvor.*

Durch weitere Temperaturerhöhung (auf mehrere tausend Grad Celsius) können die Stöße zwischen den Teilchen zu ihrer Zerstörung führen, indem aus den Atomen Elektronen herausgeschlagen werden: Ionen (geladene Atomrümpfe) und Elektronen, die beim Stoß freigesetzt werden, bilden den vierten Aggregatzustand, die **Plasmaphase** – die Materie wird immer stärker in ihre Bestandteile zerlegt. Plasma existiert z. B. in der Sonne, kann aber auch an Schweißelektroden und beim Laserbeschuß von Metallen (z. B. bei der Nockenwellenhärtung) beobachtet werden. Die Elektronen und Ionen können sich unabhängig voneinander bewegen.

In Metallen liegt eine verwandte Situation vor: Die Atome sitzen fest in einem Gitter und geben einige ihrer Elektronen frei, so daß diese sich zwischen den Ionen frei bewegen können. Diese freie Beweglichkeit von Elektronen, die für die elektrische Leitfähigkeit von Metallen von Bedeutung ist, führt zur Bezeichnung **Elektronenplasma** bzw. freies Elektronengas.

Der in dieser kurzen Übersicht immer wieder auftauchende Begriff der **Energie** (Wärme, Temperatur) ist für die Thermodynamik von zentraler Bedeutung. Die Umwandelbarkeit von makroskopischer Energie (z. B. potentieller Energie, Bewegungsenergie) eines Körpers in mikroskopische „thermische" Energie unter Energieerhaltung ist Gegenstand des **ersten Hauptsatzes** der Thermodynamik:

**Die Gesamtenergie eines geschlossenen Systems ist erhalten.**

Allerdings kann man die ungeordnete thermische Bewegung der Teilchen nicht beliebig in geordnete makroskopische Bewegung zurückverwandeln: Dies ist durch den **zweiten Hauptsatz** der Thermodynamik verboten. Damit ist der in der Physik allgemein so wichtige Begriff der **Entropie** verbunden. Da sich die Energie statistisch so verteilt, daß jeder Freiheitsgrad im Mittel die gleiche Energie aufnimmt, strebt ein System immer auf einen makroskopischen Zustand (das Gleichgewicht) zu, dessen mikroskopischer Zustand durch ein **Höchstmaß** an **Unordnung**, der sogenannten **maximalen Entropie**, gekennzeichnet ist, d. h., durch ein Minimum an Ordnung.

**Am absoluten Nullpunkt $T = 0$ K ist die Ordnung maximal, d. h., die Entropie ist Null $S = 0$ (dritter Hauptsatz).**

Die Energie eines Systems ist nicht auf ein Teilchen konzentriert, das sich bewegt, während alle anderen in Ruhe sind, sondern alle Teilchen bewegen sich ungeordnet durcheinander.

# 17.2  Systeme, Phasen und Zustandsgrößen

Der Begriff eines **thermodynamischen Systems** bedarf einer näheren Definition. Wir verstehen darunter eine beliebige Menge von Materie, deren Eigenschaften durch die Angabe bestimmter **makroskopischer Variablen** (Volumen, Energie, Teilchenzahl etc.) eindeutig und vollständig beschrieben werden können. Diese Materie ist durch Wände gegen die Umgebung abgegrenzt. Werden weitere spezielle Forderungen an diese Wände (Behälter) gestellt, so unterscheidet man:

**Isolierte oder abgeschlossene Systeme:**
Diese sind gegen jede Wechselwirkung mit der Umgebung abgeschlossen. Der Behälter muß für jede Form von Energie und Materie undurchlässig sein. Insbesondere ist für ein solches System die Gesamtenergie $W$ (mechanisch, elektrisch etc.) konstant, eine so genannte „Erhaltungsgröße" und kann daher zur Kennzeichnung des Makrozustandes verwendet werden, ebenso wie die Teilchenzahl $N$ und das Volumen $V$.

**Geschlossene Systeme:**
Hier ist nur ein Energieaustausch mit der Umgebung zugelassen, jedoch kein Materieaustausch. Die Energie ist daher keine Erhaltungsgröße mehr. Vielmehr wird die aktuelle Energie des Systems durch den Energieaustausch mit der Umgebung schwanken. Im Gleichgewicht des geschlossenen Systems mit seiner Umgebung wird sich jedoch ein bestimmter Mittelwert der Energie einstellen, den man mit einer Temperatur des Systems bzw. der Umgebung in Zusammenhang bringen kann. Zur Kennzeichnung des Makrozustandes kann neben $N$ und $V$ jene Temperatur verwandt werden.

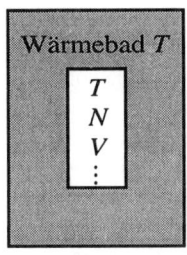

*Abb. 17.5: Geschlossenes System*

**Offene Systeme:**
Diese Systeme können sowohl Energie als auch Materie mit ihrer Umgebung austauschen. Weder Energie noch Teilchenzahl sind daher Erhaltungsgrößen. Befindet sich das offene System im Gleichgewicht mit der Umgebung, so stellen sich bestimmte Mittelwerte der Energie und der Teilchenzahl ein. Wie man die mittlere Energie mit der Temperatur in Verbindung setzt, so kann man auch die mittlere Teilchenzahl mit einer Größe in Verbindung bringen, die man als **chemisches Potential** bezeichnet.

Man kann daher **Temperatur** und **chemisches Potential** (die Definition folgt in den nächsten Abschnitten) zur Kennzeichnung des Makrozustandes verwenden.

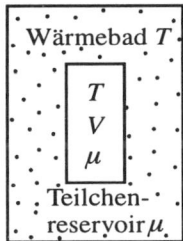

*Abb. 17.6: Offenes System*

Es ist klar, daß zumindest das abgeschlossene System eine Idealisierung darstellt, denn in der Realität ist ein Energieaustausch mit der Umgebung streng nicht zu verhindern. Mit Hilfe von gut isolierten Gefäßen (z. B. verspiegelte Vakuumgefäße, Dewar-Gefäße) lassen sich abgeschlossene Systeme aber **näherungsweise** verwirklichen.

# Phasen

Sind die Eigenschaften eines Systems in allen Teilen gleich, so nennt man es **homogen**. Ändern sich die Eigenschaften jedoch an bestimmten **Grenzflächen** sprunghaft, so ist das System **heterogen**. Man bezeichnet die homogenen Teile eines heterogenen Systems als **Phasen** und die trennenden Grenzflächen als **Phasengrenzflächen**. Ein typisches Beispiel für ein solches System ist ein geschlossener Topf mit Wasser, Wasserdampf und Luft. Die Wasseroberfläche wäre in diesem Fall die Phasengrenzfläche. Man spricht dann von der Gasphase (Dampf und Luft) und der flüssigen Phase (Wasser). In manchen Fällen hängen die makroskopischen Eigenschaften des Systems von der Größe (und Form) der Phasengrenzflächen ab. In unserem Beispiel eines Topfes mit Wasser führt es zu unterschiedlichen makroskopischen Eigenschaften, wenn das Wasser am Boden versammelt oder etwa in Form kleiner Tropfen (Nebel) verteilt ist.

# Zustandsgrößen

Die makroskopischen physikalischen Größen, mit deren Hilfe ein System beschrieben werden kann, heißen **Zustandsgrößen**. Neben **Energie** $W$, **Volumen** $V$, **Teilchenzahl** $N$, **Entropie** $S$, **Temperatur** $T$, **Druck** $p$ und **chemischem Potential** $\mu$ gehören hierzu auch Größen wie Ladung, Dipolmoment, Brechungsindex, Viskosität, chemische Zusammensetzung, Größe der Phasengrenzflächen etc. Nicht zu den Zustandsgrößen zählen mikroskopische Eigenschaften wie z. B. die Positionen oder Impulse der Teilchen. Wir werden später (siehe Gibbssche Phasenregel) noch sehen, daß die Zahl der Zustandsgrößen, welche zur eindeutigen Festlegung eines thermodynamischen Zustandes benötigt werden, eng mit der Zahl der Phasen eines Systems zusammenhängt. Es genügt, die Werte einiger weniger Zustandsgrößen zu wählen (**Zustandsvariable**): Die übrigen Zustandsgrößen werden dann bestimmte Werte annehmen, die von den gewählten Zustandsvariablen abhängen.

Gleichungen, welche auf diese Weise Zustandsgrößen miteinander verknüpfen, heißen **Zustandsgleichungen.** Die Zustandsgleichungen eines Systems müssen in der Thermodynamik empirisch bestimmt werden. Oftmals verwendet man dazu als Ansatz Polynome in den Zustandsvariablen, deren Koeffizienten dann experimentell bestimmt werden. Es ist wichtig, sich bewußt zu machen, daß solche empirisch bestimmten Zustandsgleichungen meist nur in einem sehr eingeschränkten Wertebereich der Zustandsvariablen vernünftige Übereinstimmung mit den Experimenten geben. Insbesondere sei in diesem Zusammenhang auf das oft benutzte Modellbeispiel des idealen Gases verwiesen, das für reale Gase nur bei sehr niedrigen Dichten verläßliche Aussagen machen kann.

Man unterscheidet generell zwei Kategorien von Zustandsgrößen:

**1. Extensive (additive) Zustandsgrößen:**
Sie sind **proportional** zur Stoffmenge in einem System, z. B. zur Teilchenzahl oder Masse. Ein charakteristisches Beispiel für eine extensive Eigenschaft ist etwa das Volumen oder die Energie. Insbesondere setzt sich eine extensive Zustandsgröße eines heterogenen Gesamtsystems **additiv** aus den entsprechenden extensiven Eigenschaften der einzelnen Phasen zusammen. So ergibt sich das Volumen eines Topfes mit Wasser, Dampf und Luft aus den Volumina von flüssiger Phase und Gasphase. Die für die Thermodynamik charakteristischste extensive Zustandsgröße ist die Entropie.

**2. Intensive Zustandsgrößen:**
Diese sind **unabhängig** von der Stoffmenge und nicht additiv für die einzelnen Phasen eines Systems. Sie können in den einzelnen Phasen unterschiedliche Werte annehmen, müssen es aber nicht. Beispiele: Dichte, Druck, Temperatur Brechungsindex etc. Es ist kennzeichnend für intensive Zustandsgrößen, daß sie lokal definiert werden können, d. h., sich räumlich ändern können.

Man denke etwa an die Dichte der Erdatmosphäre, die von der Erdoberfläche ab kontinuierlich mit der Höhe abnimmt, oder an den Wasserdruck in einem Ozean, der mit zunehmender Tiefe zunimmt, oder die Temperatur auf der Erdoberfläche, die ja stark vom Ort (und Zeit) abhängt.

Wir werden uns allerdings vorerst auf räumlich konstante intensive Eigenschaften beschränken. Die Bestimmung der räumlichen Abhängigkeiten intensiver Zustandsvariablen erfordert nämlich entweder zusätzliche Bestimmungsgleichungen (z. B. aus der Hydrodynamik) oder muß in Form weiterer Zustandsgleichungen (ohne weiteres Verständnis für deren Zustandekommen) hinzugenommen werden.

Oft geht man von extensiven Zustandsgrößen zu intensiven Zustandsgrößen über, die im wesentlichen sehr ähnliche physikalische Eigenschaften beschreiben. So sind z. B. Energie, Volumen und Teilchenzahl extensive Größen, während Energie pro Volumen (Energiedichte) oder Energie pro Teilchen sowie Volumen pro Teilchen intensive Zustandsgrößen sind. Die extensiven Variablen werden bei einer einfachen Vergrößerung eines Systems (ohne Änderung der intensiven Eigenschaften und bei Vernachlässigung von Oberflächeneffekten) proportional vergrößert, ohne daß dies neue Erkenntnisse über die intrinsischen Eigenschaften des Systems beinhalten würde.

# 17.3 Gleichgewicht und Temperatur – Nullter Hauptsatz der Thermodynamik

Die Temperatur ist eine in Mechanik und Elektrodynamik unbekannte, speziell für die Thermodynamik eingeführte Zustandsgröße, deren Definition eng mit dem Begriff des (thermischen) Gleichgewichts verbunden ist. **Gleichheit der Temperatur** zweier Körper ist die Bedingung für das thermische Gleichgewicht zwischen diesen Körpern.

**Nur im Gleichgewicht lassen sich thermodynamische Zustandsgrößen überhaupt definieren (und messen).**

Der **Gleichgewichtszustand** ist dabei definiert als derjenige makroskopische Zustand eines abgeschlossenen Systems, der sich nach hinreichend langer Wartezeit von selbst einstellt und in dem sich die makroskopischen Zustandsgrößen zeitlich nicht mehr ändern.

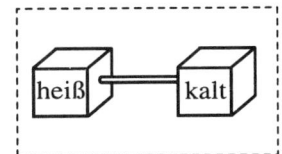

*Abb. 17.7: Zwei Kupferklötze, die durch eine schlecht wärmeleitende Stange aneinander gekoppelt sind.*

Die Anwendung des Begriffes des thermodynamischen Gleichgewichts erfordert jedoch einige Vorsicht. So ist es beispielsweise bis heute nicht klar, ob unser Universum einem solchen Gleichgewichtszustand zustrebt. Wir beschränken uns daher ausschließlich auf Situationen, in denen die Existenz eines Gleichgewichtszustandes offensichtlich ist. Oft ist es sinnvoll, auch dann von einem thermodynamischen Gleichgewicht zu sprechen, wenn die Zustandsgrößen eigentlich noch sehr langsam veränderlich sind. So ist z. B. unsere Sonne keineswegs in einem Gleichgewichtszustand (sie verliert dauernd Energie durch Strahlung), dennoch ergibt die Anwendung thermodynamischer Zustandsgrößen in diesem Fall durchaus einen Sinn, da die Veränderungen sehr langsam vor sich gehen. Bringt man in einem abgeschlossenen System zwei Teilsysteme in energetischen Kontakt (kein Materieaustausch), die jedes für sich im Gleichgewicht waren, so beobachtet man im allgemeinen verschiedene Prozesse, die mit einer Veränderung der Zustandsgrößen verbunden sind, bis sich nach genügend langer Wartezeit wieder ein neuer Gleichgewichtszustand eingestellt hat. Man bezeichnet diesen als thermisches Gleichgewicht.

**Die Erfahrung zeigt: Alle Systeme, die sich mit einem gegebenen System in thermischem Gleichgewicht befinden, stehen auch untereinander in thermischem Gleichgewicht.**

Diese Erfahrung, die wir als Grundlage unserer Temperaturdefinition benutzen werden, bezeichnet man wegen ihrer Wichtigkeit auch als **nullten Hauptsatz der Thermodynamik**. Systeme, die sich miteinander im thermischen Gleichgewicht befinden, haben also eine gemeinsame intensive Eigenschaft, die wir als **Temperatur** bezeichnen. Systeme, die nicht miteinander im thermischen Gleichgewicht stehen, haben dementsprechend verschiedene Temperaturen. Über die Zeit, die bis zum Erreichen des thermischen Gleichgewichts vergeht, kann die Thermodynamik keine Aussage machen. Wir haben nun die Möglichkeit, den Temperaturbegriff noch zu präzisieren, indem wir ein Meßverfahren und eine Einheit angeben. Das Meßverfahren besteht darin, ein System, dessen thermischer Gleichgewichtszustand eindeutig mit einer leicht zu

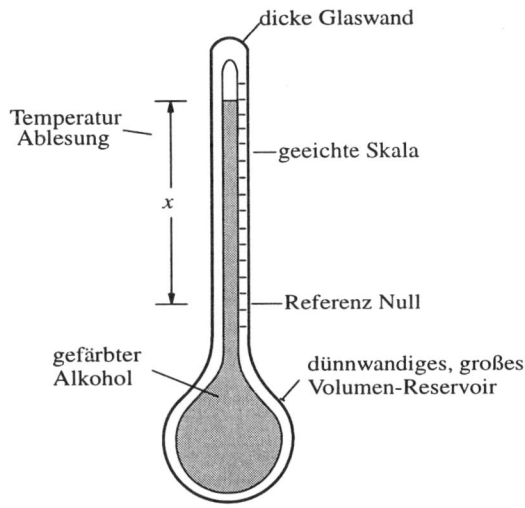

*Abb. 17.8: Flüssigkeitsthermometer*

beobachtenden Zustandsgröße zusammenhängt (**Thermometer**), mit dem zu messenden System in thermisches Gleichgewicht zu bringen. Die zu beobachtende Zustandsgröße kann dabei z. B.

– das Volumen einer Flüssigkeit (**Flüssigkeitsthermometer**),
– das Volumen eines Gases (**Gasthermometer**),
– die Spannung, die an der Verbindung eines Paares ungleicher Metalldrähte auftritt (**Thermoelement**),

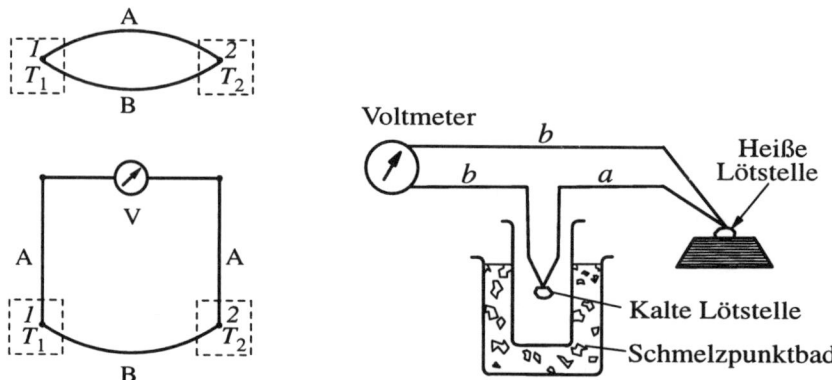

Abb. 17.9: Links oben: zwei verschiedene Materialien sind an den Stellen 1 und 2 miteinander verlötet. Bei verschiedenen Temperaturen dieser Lötstellen bildet sich zwischen ihnen eine Spannung aus. Links unten: mit einem Voltmeter läßt sich dann die Thermospannung messen.

– die Farbe des Lichts, das von einem festem Körper oder einem Gas emittiert wird (**Pyrometer**) sein, aber auch der

– Widerstand bestimmter Leiter (**Widerstandsthermometer**) kommt in Frage.

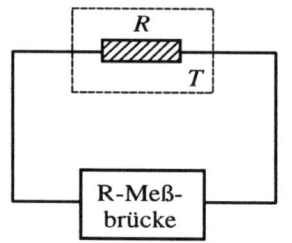

Abb. 17.10: Widerstandsthermometer

Die folgende Tabelle gibt verschiedene Typen von Thermometern an, den physikalischen Effekt, auf dem sie beruhen, und den Temperaturbereich, in dem sie in der Praxis benutzt werden. Die Temperaturangabe erfolgt dabei in der allgemein verwendeten Celsius-Skala, auf die wir später nochmals zurückkommen.

Schon an dieser Stelle sei darauf hingewiesen, daß man den Begriff Temperatur auch auf Systeme erweitern kann, die sich nicht als Ganzes im thermischen Gleichgewicht befinden. Dies ist möglich, sofern man das Gesamtsystem in Teilsysteme zerlegen kann, denen man eine lokale (ortsabhängige) Temperatur zuordnen kann. Das System befindet sich dann nicht im sogenannten globalen, sondern nur in einem lokalen thermischen Gleichgewicht.

Tabelle 17.1    Verschiedene Thermometer

| **Thermometer**, physikalisch zugrunde liegender Effekt | **Temperaturbereich** in °C |
|---|---|
| Magnetische Eigenschaften von paramagnetischem Salz | $-273$ bis $-272$ |
| Druck von Helium-Dampf im Gleichgewicht mit flüssigem Helium | $-272$ bis $-269$ |
| Widerstandsthermometer (elektrischer Widerstand einer Substanz) | $-261$ bis $600$ |
| Thermoelemente (Thermoelektrizität) | $-250$ bis $1000$ |
| Flüssigkeitsthermometer (Wärmeausdehnungseigenschaften) | $-196$ bis $500$ |
| Bimetallthermometer (unterschiedliche thermische Ausdehnung) | $-50$ bis $400$ |
| Gasthermometer (konstanter Druck oder konstantes Volumen, ideales Gas) | $\gtrapprox 300$ |
| Optisches Pyrometer (über die Intensität des Lichtes wird auf die Temperatur geschlossen) | $> 600$ |

Solche Systeme begegnen uns in Maschinen, deren Teile unterschiedliche Temperaturen haben (in Automotoren: Kühlwasser, Zylinder, Öl, Auspuffgas), in der Erdatmosphäre oder auch in Sternen, deren Zonen verschieden temperiert sind. Oft kann man auch die Temperatur eines Körpers durch seine Eigenschaften bestimmen, ohne daß man ein zusätzliches System benötigt. So kann man beispielsweise die Flammentemperatur eines Brenners oder die Oberflächentemperatur der Sonne durch Vermessen des Spektrums der ausgesendeten elektromagnetischen Strahlung bestimmen.

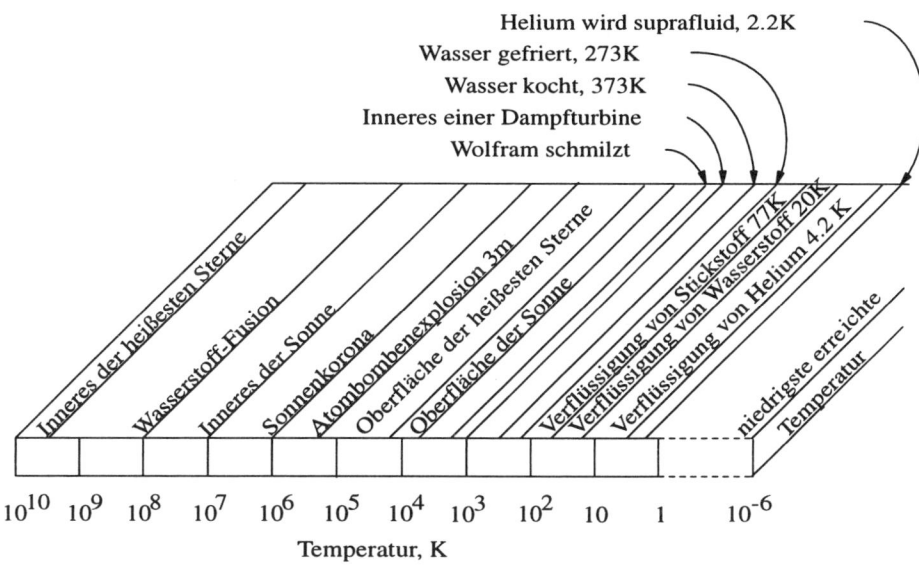

Abb. 17.11: Temperaturbereiche

Das Meßverfahren der Temperatur ist mit einer Zustandsgleichung verknüpft, nämlich der Abhängigkeit der beobachteten Zustandsgröße (Volumen, Widerstand) von der Temperatur. Wir müssen daher noch ein Standardsystem wählen, mit dessen Hilfe wir dann auch eine einheitliche Temperaturskala festlegen können: **Das Gasthermometer**.

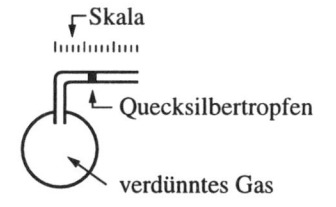

Abb. 17.12: Gasthermometer (schematisch)

# 17.4 Absolute Temperatur, Kelvin- und Celsius-Skala

Hierbei verwendet man die Tatsache, daß sich viele verdünnte Gase sehr ähnlich verhalten. Man kann das Volumen einer bestimmten Menge eines solchen Gases (bei bestimmtem Druck) als Maß für die Temperatur benutzen und entsprechend andere Thermometer damit eichen. Wir definieren die **thermodynamische** oder **absolute Temperatur** $T$ mit Hilfe des Volumens eines solchen verdünnten Gases als

$$T = T_0 \frac{V}{V_0} \qquad (17.1)$$

bei konstantem Druck und konstanter Teilchenzahl.

## Absolute Temperatur

Durch Festlegen eines Fixpunktes, d. h. Definition einer Temperatur $T_0$ für ein Standardvolumen $V_0$ (z. B. bei Atmosphärendruck $p = 101\,325$ Pa), können wir dann auch die Skala festlegen. Man wählt heute üblicherweise den **Tripelpunkt** (bei $101\,325$ Pa) des Wassers (Temperatur eines im Gleichgewicht befindlichen Gemischs von Eis, Wasser und Dampf) zu $273,16$ K (sprich Kelvin). Damit ergibt sich der Schmelzpunkt von Eis zu $T = 273,15$ K, wobei die Einheit zu Ehren von Lord **Kelvin** benannt ist, der wesentliche Beiträge zur Thermodynamik lieferte. Historisch war die Temperatureinheit durch die Festsetzung, daß die Temperatur des Schmelzpunktes des Eises 0 °C und diejenige von siedendem Wasser 100 °C (bei atmosphärischem Druck) entspricht, festgelegt (die **Celsius**-Skala).

Die Kelvin- und die Grad Celsius-Skala sind also leicht umrechenbar:

$$\boxed{T = (t + 273,15)\ \text{K}}\tag{17.2}$$

wobei $t$ den Wert der Celsius-Temperatur in °C angibt.

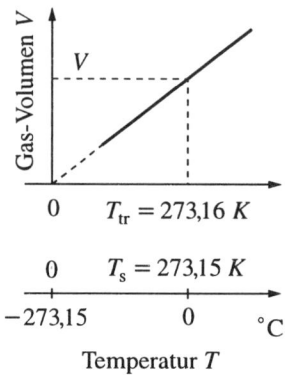

**Abb. 17.13:** *V-T-Diagramm eines verdünnten Gases, Luft verflüssigt sich bei 80 K, $H_2$ bei 13 K und He bei 4 K*

Trägt man nun das Volumen eines verdünnten Gases gegen diese Temperatur in °C auf, so findet man bei der Temperatur von $-273,15$ °C einen Schnittpunkt mit der Abszisse, den **absoluten Nullpunkt** $T = 0$ K, an dem alle Bewegung der Atome und Moleküle eingefroren ist. In der Praxis kann man bei sehr niedrigen Temperaturen das Volumen eines Gases nicht mehr experimentell messen, da Verflüssigung einsetzt, aber man kann den Schnittpunkt extrapolieren. Wir haben dadurch ein idealisiertes System konstruiert, ein sogenanntes **ideales Gas**, dessen Volumen bei der **absoluten Temperatur** (im folgenden kurz Temperatur) $T = 0$ K gerade das Volumen $V = 0$ cm$^3$ hat. Auf den ersten Blick mag es etwas unpraktisch erscheinen, ein solches idealisiertes System, welches nie als reales Thermometer (bei niedrigen Temperaturen) dienen kann, zur Definition der Einheit zu benutzen.

Dieser Temperaturbegriff ergibt sehr einfache Zusammenhänge im Rahmen der kinetischen Gastheorie. So ist die absolute Temperatur direkt proportional zur mittleren kinetischen Energie der Gasteilchen und gewinnt somit eine einfache und anschauliche mikroskopische Bedeutung. Insbesondere können wir feststellen, daß es im thermischen Gleichgewicht **keine negativen** absoluten Temperaturen geben kann, denn wenn alle Teilchen in Ruhe sind (kinetische Energie Null), ist auch die mittlere Energie gleich Null und damit ist auch die Temperatur gleich Null. Negative kinetische Energien kann es aber nicht geben. (Für bestimmte Nichtgleichgewichtszustände ist es trotzdem möglich, negative Temperaturen zu definieren.) Wegen der experimentell festgestellten linearen Druck-Temperatur-Beziehung (Gesetz von Gay-Lussac, wir werden es in Kürze genauer behandeln) kann man die Kelvin-Temperatur für stark verdünnte Gase auch schreiben als

$$\boxed{T = \left(\frac{p}{p_{\text{Tr}}}\right) \cdot T_{\text{Tr}}}\tag{17.3}$$

wobei $p_{\text{Tr}} = 612$ Pa und $T_{\text{Tr}} = 273,16$ K sind.

Es ist sehr wichtig, den Begriff des Gleichgewichtes von dem eines **stationären Zustandes abzugrenzen**. Auch in einem stationären Zustand ändern sich die makroskopischen Zustandsgrößen zeitlich nicht. Solche stationären Zustände sind jedoch immer mit einem Energiefluß verknüpft, was bei Gleichgewichtszuständen nicht der Fall ist.

Betrachten wir z. B. eine elektrische Warmhalteplatte, wie sie in vielen Haushalten zu finden ist. Wird ein Topf mit Speisen darauf gestellt, so stellt sich nach einiger Zeit ein stationärer Zustand ein, bei dem sich die Temperatur der Speisen nicht mehr ändert. Dies ist jedoch kein thermisches Gleichgewicht, solange die Umgebung eine andere Temperatur hat. Es ist nämlich nötig, dauernd Energie (elektrisch) zuzuführen, um ein Abkühlen der Speisen zu verhindern, welche permanent Energie (Wärme) an die Umgebung abgeben. Kennzeichnend für dieses System ist, daß es nicht abgeschlossen ist, sondern Energie sowohl zu- als auch abgeführt wird.

## 17.5 Druck

Den **Druck** können wir rein mechanisch als eine Kraft senkrecht auf eine Meßfläche $A$ verstehen.

$$p = \frac{F_\perp}{A} \qquad (17.4)$$

Als Einheit des Drucks ergibt sich daher
$[p] = \text{N} \cdot \text{m}^{-2} = 1\,\text{Pa} = 1\,\textbf{Pascal}$.
Das **bar** ist das $10^5$-fache des Pascals.
In der Meteorologie wird häufig das Hektopascal $= 100\,\text{Pa}$ (identisch mit dem früher benutzten Millibar: $10^{-3}$ bar) verwendet.

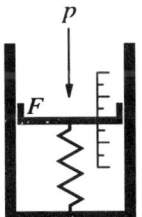

*Abb. 17.14: Zylinder mit einem durch eine Feder in einer Gleichgewichtslage gehaltenen Stempel als Druckmesser*

$$1\,\text{Pa} = 1\,\frac{\text{N}}{\text{m}^2} = 1\,\frac{\text{kg}}{\text{m} \cdot \text{s}^2} = 10^{-5}\,\text{bar}$$

$$1\,\text{bar} = 10^5\,\text{Pa} = 10\,\frac{\text{N}}{\text{cm}^2} \qquad (17.5)$$

Ältere, heute ungesetzliche Einheiten sind:
**1.** Die **technische Atmosphäre** [at] entspricht dem Druck, den 1 kg bei Normalbeschleunigung (1 Kilopond [kp]) auf einen Quadratzentimeter ausübt.

$$1\,\text{at} = 1\,\frac{\text{kp}}{\text{cm}^2} = 1\,\frac{\text{kg}}{\text{cm}^2}g = 98\,066{,}5\,\text{Pa} = 0{,}980\,665\,\text{bar} \quad 1\,\text{bar} = 1{,}02\,\text{at} \qquad (17.6)$$

**2.** Die **physikalische Atmosphäre** [atm] ist an den mittleren Luftdruck am Erdboden angepaßt.

$$1\,\text{atm} = 760\,\text{Torr} = 101\,325\,\text{Pa} \qquad (17.7)$$

**3.** Das **Torr** entspricht der Steighöhe von Quecksilber (in mm) in einem luftleer abgeschlossenen Glasrohr.

$$1\,\text{Torr} = 133{,}32\,\text{Pa}$$

$$1\,\text{bar} = 0{,}987\,\text{atm} = 750{,}06\,\text{Torr} \qquad (17.8)$$

Der Druck hat die gleiche Dimension wie eine Energiedichte. Wir werden noch oft an speziellen Systemen feststellen können, daß der Druck meist in einfacher Weise mit der Energiedichte zusammenhängt. Für das ideale Gas (siehe nächsten Abschnitt) gilt:

**Der Druck ist proportional zum Produkt aus Teilchendichte und Temperatur.**

Analog zur Temperatur kann auch der Druck lokal, d. h. in einem kleinen Teilsystem, definiert werden.

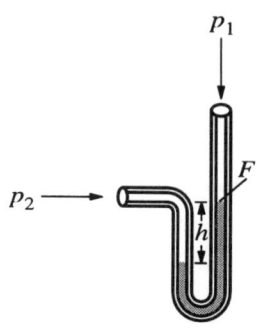

$p_1$

$p_2 \longrightarrow$

$F$

$h$

*Abb. 17.15: Messung des Differenzdrucks*

Zur Messung des lokalen Druckes bringt man eine kleine Testfläche (Einheitsfläche) in das System und mißt die Kraft, welche das System auf eine Seite der Fläche ausübt. Die andere Seite der Testfläche muß dabei gegen das System mechanisch isoliert sein. Auf dieser Seite möge ein bekannter Referenzdruck $p_0$ herrschen. Die Druckdifferenz, $p - p_0$, zwischen System und Innendruck des Barometers bewirkt dann eine effektive Kraft auf die Meßfläche.

# 17.6  Ideales Gas

Um die Grundbegriffe der Thermodynamik zu veranschaulichen, wollen wir das ideale Gas genauer untersuchen. Ein solches ideales Gas ist dadurch gekennzeichnet, daß die Teilchen wie Punktteilchen der klassischen Mechanik ohne jede Wechselwirkung behandelt werden. Es ist klar, daß dies nur ein einfaches Modell eines realen Gases sein kann, dessen Teilchen ja atomare Dimension haben und wechselwirken können. Die Näherung ist um so besser, je stärker verdünnt ein Gas ist, unter Normalbedingungen ist sie schon recht gut für Luft, Wasserdampf und die Edelgase erfüllt.

## Boyle-Mariottesches Gesetz

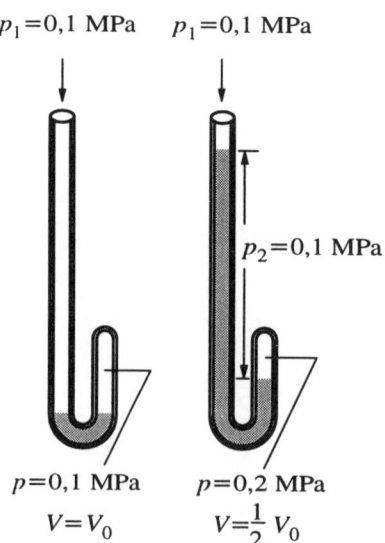

$p_1 = 0,1$ MPa    $p_1 = 0,1$ MPa

$p_2 = 0,1$ MPa

$p = 0,1$ MPa    $p = 0,2$ MPa

$V = V_0$    $V = \frac{1}{2} V_0$

*Abb. 17.16: Darstellung des Boyle-Mariottschen Gesetzes*

Schon 1664 fand R. **Boyle** und wenig später (1676) unabhängig davon E. **Mariotte** einen allgemeinen Zusammenhang zwischen Druck und Volumen eines Gases bei konstanter Temperatur. Halbiert man bei gleichbleibender Temperatur das Volumen eines Zylinders durch Zusammendrücken des Kolbens, so verdoppelt sich der Druck im Zylinder:

**Das Produkt aus Druck und Volumen ist konstant (bei $T$ = const.).**

Es gilt also bei konstanter Temperatur $T$ und Teilchenzahl $N$

$$\boxed{pV = p_0 V_0, \quad N = \text{const.}} \tag{17.9}$$

oder mit der Teilchendichte $\tilde{\rho} = N/V$

$$\boxed{\frac{p}{\tilde{\rho}} = \frac{p_0}{\tilde{\rho}_0}, \qquad T, N = \text{const.}} \tag{17.10}$$

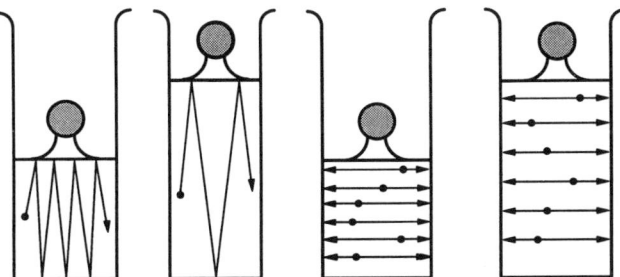

*Abb. 17.17: Der Druck fällt bei Verdopplung des Kolbenvolumens, da die Moleküle mit vertikalem Impuls (die beiden linken Abbildungen) längere Zeiten für die Bewegung brauchen. Moleküle mit horizontalem Impuls (die beiden rechten Abbildungen) verteilen ihre Energie auf das neue Volumen.*

Mikroskopisch kommt der Druck dadurch zustande, daß Teilchen auf die Fläche „aufprasseln", wobei sie reflektiert werden und einen bestimmten Impuls übertragen.

Halbiert man also bei gleichbleibender Temperatur das Volumen eines Zylinders durch Zusammendrücken des Kolbens, so verdoppelt sich der Druck des Zylinders.

## Gesetz von Gay-Lussac

Erst 1802 untersuchte **Gay-Lussac** die Abhängigkeit des Volumens eines Gases von der Temperatur.

**Bei Änderung der absoluten Temperatur des Gases in einem Zylinder mit verschiebbaren Kolben (bei konstantem Druck) ändert sich das Volumen proportional zur Temperatur.**

Je größer (kleiner) die Temperatur ist, um so größer (kleiner) wird das Gasvolumen.

$$V = V_0(1 + \gamma \Delta t), \qquad p = \text{const.} \tag{17.11}$$

Der **Volumenausdehnungskoeffizient** $\gamma$ ist für alle verdünnten Gase ungefähr gleich. Für das ideale Gas beträgt er $\gamma = 0,003\,661\ \text{K}^{-1} = 1/273,15\ \text{K}^{-1}$ bezogen auf das Volumen bei 0 °C. Die zugehörige Gleichung ist mit unserer Definition der absoluten Temperatur identisch, die Teilchenzahl sei hier generell konstant.

$$V = \frac{T}{T_0} V_0, \qquad p = \text{const.} \tag{17.12}$$

oder

$$\frac{V}{V_0} = \frac{T}{T_0}, \qquad p = \text{const.} \tag{17.13}$$

**Für konstantes Volumen ändert sich der Druck des idealen Gases proportional zur Temperatur.**

$$\frac{p}{p_0} = \frac{T}{T_0}, \qquad V = \text{const.} \tag{17.14}$$

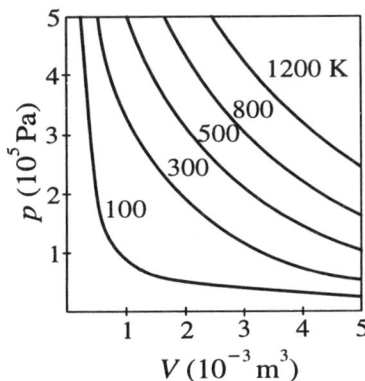

*Abb. 17.18: p-V-Diagramm für 1 Mol ideales Gas. Die Isothermen haben Hyperbelform*

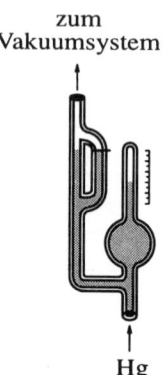

zum
Vakuumsystem

Hg

*Abb. 17.19: Mc Leod-Manometer*

**Anwendung: Mc Leod-Manometer**

Das Meßinstrument besteht aus einem unsymme-
trischen, einseitig geschlossenen U-Rohr. Der linke
Schenkel des U-Rohres wird an den zu messenden Gas-
behälter angeschlossen. Dann läßt man von unten her
Quecksilber in das U-Rohr eindringen und unterbricht
damit die Verbindung zwischen den beiden Schenkeln.
Imm rechten Schenkel wird dadurch eine bestimmte
Gasmenge eingeschlossen. Durch weiteres Heben des
Quecksilberspiegels kann das Volumen dieses Gases
im rechten Schenkel auf 1/100 oder 1/1000 (Marken)
seines ursprünglichen Wertes komprimiert werden. Die
Standhöhendifferenz des Quecksilbers im linken und
rechten Schenkel bringt diesen Druck zur Anzeige.

# Die Zustandsgleichung des idealen Gases

Die Größen $p_0, V_0, T_0$ sind Druck, Volumen und Temperatur eines beliebigen Ausgangszustandes. Wir
können nun danach fragen, welcher Zusammenhang zwischen Druck, Volumen und Temperatur besteht, wenn wir von diesem Zustand $p_0, T_0, V_0$ zu einem Endzustand $p, T, V$ übergehen. Dazu verändern
wir zuerst den Druck bei konstanter Temperatur, bis wir den gewünschten Druck $p$ erreichen, wobei
sich ein Volumen $V_0'$ einstellt

$$pV_0' = p_0 V_0, \qquad T_0 = \text{const.} \tag{17.15}$$

Jetzt erhöhen wir die Temperatur bei konstantem Druck und haben

$$V = \frac{T}{T_0} V_0', \qquad p = \text{const.} \tag{17.16}$$

Eliminiert man aus beiden Gleichungen das Zwischenvolumen $V_0'$, so ist

$$\boxed{\frac{pV}{T} = \frac{p_0 V_0}{T_0} = \text{const.}} \tag{17.17}$$

Druck und Temperatur sind intensive Größen, d. h. unabhängig von der Stoffmenge, das Volumen jedoch ist eine extensive Größe. Daher muß der Ausdruck $pV/T$ bei sonst gleichen Bedingungen proportional zur Teilchenzahl wachsen, also gleich $kN$ sein, wobei wir die **Boltzmannsche Proportionalitätskonstante**

$$\boxed{k = (1,38066 \pm 0,00010) \cdot 10^{-23}\ \text{J} \cdot \text{K}^{-1}} \tag{17.18}$$

einführen.

$$\boxed{\frac{pV}{T} = \frac{p_0 V_0}{T_0} = Nk = R \cdot n} \tag{17.19}$$

mit der **universellen Gaskonstante**

$$R = N_A k = 8,3144\ \frac{\text{J}}{\text{mol} \cdot \text{K}} \tag{17.20}$$

oder

$$\boxed{pV = NkT} \tag{17.21}$$

oder

$$\boxed{p = \rho kT} \tag{17.22}$$

Dies ist das **ideale Gasgesetz**, wie wir es noch oft benötigen werden, es ist zugleich ein Beispiel für eine **Zustandsgleichung**.

**Der Druck ist das Produkt von Teilchendichte** $\rho = N/V$ **und Temperatur.**

# 17.7 Stoffmenge und Avogadrozahl

**Stoffmengen** wollen wir allgemein durch die Teilchenzahl $N$ messen. Da $N$ für makroskopische Systeme sehr große Zahlen annimmt, verwendet man oft Vielfache der **Avogadrozahl** $N_A = 6,022 \cdot 10^{23}$,

$$n = \frac{N}{N_A} \tag{17.23}$$

die mit der atomaren Masseneinheit zusammenhängt.

Die **atomare Masseneinheit** u (engl. früher atomic mass unit, amu) ist besonders geeignet, die Massen einzelner Teilchen (Atome, Moleküle) zu messen; sie ist definiert durch

$$1 \ \mathrm{u} = \frac{1}{12} m_{12_C} = 1,66054 \cdot 10^{-27} \ \mathrm{kg} \tag{17.24}$$

d. h., als ein Zwölftel der Masse eines Atoms des Kohlenstoffisotops $^{12}$C. Diese Einheit ist besonders zweckmäßig, da Atommassen heute sehr präzise in Massenspektrometern gemessen werden und diese mit Kohlenstoffverbindungen leicht zu eichen sind. Die Avogadrozahl ist nun genau die Zahl von Teilchen der Masse 1 u, die zusammen eine Masse von $10^{-3}$ kg haben,

$$N_A = \frac{1 \ \mathrm{g}}{1 \ \mathrm{u}} = 6,022 \cdot 10^{23} \ \mathrm{mol}^{-1} \tag{17.25}$$

Die Stoffmenge aus $N_A$ Teilchen (Atome, Moleküle) eines bestimmten Elementes (oder einer Verbindung) bezeichnet man auch als **1 Mol**.

**Das Mol (mol) ist die Basiseinheit der Stoffmenge:**
**1 mol ist die Stoffmenge eines Systems, das genauso viele Moleküle enthält wie Atome in 0,012 kg des Kohlenstoffisotops $^{12}$C enthalten sind.**

Die **molare Masse** oder **Molmasse** $M$, $[M] = 1$ kg/mol, gibt an, wie groß die Masse eines Mols einer Substanz ist, z. B. $M_{12_C} = 0,012$ kg.
Für Anwendungen, z. B. bei stöchiometrischen Rechnungen in der Chemie, reicht es oft aus, die Masse eines Atoms durch ihre Massenzahl (Anzahl der Protonen und Neutronen, wird im Periodensystem mit angegeben) in u einheitlich anzugeben. Bei Molekülen muß man natürlich auf die Anzahl der Atome achten. So hat ein Sauerstoffmolekül $O_2$ die Masse:

$$m(O_2) = m(2^{16}O) = 2 \cdot 16 \ \mathrm{u} = 32 \ \mathrm{u} \tag{17.26}$$

Die Molmasse des Sauerstoffs ist also 32 g $= 0,032$ kg.

*Beispiel 17.1:* Molvolumen und die Masse der Luft

Die Dichte von Luft beträgt bei $T = 0$ °C und $p = 1,013$ bar, $\rho = 0,001293$ g $\cdot$ cm$^{-3}$.
a) Welches Volumen nimmt ein Mol Luft bei diesen Bedingungen ein?
b) Wie groß ist die Masse eines Liters Luft bei 27 °C und 1 bar?

**Lösung:**

a) Wir setzen für Luft als Näherung die ideale Gasformel an. Aus der Zustandsgleichung folgt für das Molvolumen $v = V(1\,\text{mol})$

$$v = \frac{N_A \cdot k \cdot T}{p} \qquad \underline{1}$$

mit $N_A = 6{,}022 \cdot 10^{23}\,\text{mol}^{-1}$ und $k = 1{,}3806 \cdot 10^{-23}\,\text{J} \cdot \text{K}^{-1}$.
Für den Atmosphärendruck gilt:

$$p = 101\,325\,\text{Pa} \qquad \underline{2}$$

Außerdem gilt

$$1\,\text{Pa} = 1\,\frac{\text{N}}{\text{m}^2} = 1\,\frac{\text{N} \cdot \text{m}}{\text{m}^3} = 1\,\frac{\text{J}}{\text{m}^3}$$

$$\Rightarrow v = \frac{6{,}022 \cdot 10^{23}\,\text{mol}^{-1} \cdot 1{,}38066 \cdot 10^{-23}\,\frac{\text{J}}{\text{K}} \cdot 273{,}15\,\text{K}}{101\,325\,\text{J/m}^3} = 2{,}2414 \cdot 10^{-2}\,\text{m}^3/\text{mol}$$

$$= 22{,}414 \cdot 10^{-3}\,\text{m}^3/\text{mol} \qquad \underline{3}$$

b) Aus der bekannten Massendichte bei $T_0$ und $p_0$ und der Zustandsgleichung können wir die Massendichte bei beliebiger Temperatur und Druck berechnen. Es sei $M = Nm$ die Gesamtmasse und $m$ die Masse eines Teilchens, dann gilt für $\rho = N/V$

$$\rho_m = \frac{M}{V} \rightarrow \frac{\rho_m}{\rho_{m_0}} = \frac{V_0}{V} = V_0 \cdot \frac{p}{NkT} \qquad \underline{4}$$

Setzen wir noch $V_0 = \dfrac{NkT_0}{p_0}$ ein, so folgt

$$\frac{\rho_m}{\rho_{m_0}} = \frac{T_0 p}{p_0 \cdot T}$$

$$\Rightarrow \rho_m(300\,\text{K},\ 1\,\text{bar}) = \rho_{m_0}(273\,\text{K},\ 1{,}013\,\text{bar}) \cdot \frac{273 \cdot 1}{1{,}013 \cdot 300}$$

$$= 1{,}16\,\text{g/l} = 1{,}16\,\text{kg/m}^3 \qquad \underline{5}$$

Ein Mol aller Gase nimmt unter Standardbedingungen (0 °C, 1,013 bar) immer das gleiche Volumen (ca. 22,4 l pro mol), das sogenannte **Molvolumen** ein.
Für das ideale Gas ist das Molvolumen

$$\boxed{V_\text{m} = \frac{V}{n} = 22{,}41\,\frac{\text{m}^3}{\text{kmol}}} \qquad (17.27)$$

wobei $n$ die **Zahl der Mole** im Volumen $V$ ist,

$$\boxed{n = \frac{m}{M}} \qquad (17.28)$$

$m$ ist die Gesamtmasse und $M$ ist die Molmasse des Stoffes.

Wasser ($H_2O$) hat eine Molekülmasse von ca. $2\,\text{u} + 16\,\text{u} \approx 18\,\text{u}$, also besteht 1 mol $H_2O$ aus rund 18 Gramm Wasser.

Damit können wir die **Standardform des idealen Gasgesetzes** angeben, die für alle (nahezu idealen) Gase die gleiche Konstante $R$ benutzt:

$$\boxed{pV = nRT} \qquad (17.29)$$

wobei $n$ die Zahl der Mole und $R$ die **universelle Gaskonstante** (auch **molare Gaskonstante** $R_\text{m}$) ist, die leicht über die Definition bei der Standardbedingung (Normdruck $p_0$ und Normtemperatur

$T = 273,15$ K $= 0$ °C) zu berechnen ist:

$$R = \frac{p_0 V_0}{n T_0} V = \frac{1,013\,25 \cdot 10^5 \ \text{N/m}^2 \cdot 22,414 \cdot 10^{-3} \ \text{m}^3}{1 \ \text{mol} \cdot 273,15 \ \text{K}} = 8,3144 \ \text{J/(mol} \cdot \text{K)}$$ (17.30)

Eine alternative Form des universellen Gasgesetzes ist

$$\frac{p_1 V_1}{m_1 T_1} = \frac{p_2 V_2}{m_2 T_2}$$ (17.31)

wobei die Indizes 1 und 2 die verschiedenen Zustände des Gases kennzeichnen.
Andere Formen der idealen Gasgleichung sind:

$$pV = m R_\text{i} T$$ (17.32)

mit der spezifischen (individuellen) Gaskonstante

$$R_\text{i} = \frac{pV}{mT} = \frac{R}{M}$$ (17.33)

wobei $m$ die Gesamtmasse des betrachteten Gases ist.
Oft wird auch die Dichte

$$\rho = \frac{m}{V}$$ (17.34)

eingeführt, so daß gilt:

**Der Druck ist proportional zum Produkt aus Dichte und Temperatur.**

$$p \sim \rho T$$ (17.35)

Die Dichte am Normzustand ist damit

$$\rho_\text{n} = \frac{m}{V_\text{n}}$$ (17.36)

oder

$$\rho_\text{n} = \frac{p_\text{n}}{T_\text{n} R_\text{i}}$$ (17.37)

## *Beispiel 17.2*:    Dichte von Helium bei Standardbedingung

Unter Standardbedingungen wurde gezeigt, daß das Molvolumen $22,414 \cdot 10^{-3}$ m$^3$ für alle nahezu idealen Gase beträgt. Die atomare Masse von Helium beträgt $4,003$ u. Damit ist die Dichte direkt zu berechnen:

$$\rho = \frac{m}{V_\text{m}} = 0,1786 \ \text{kg/m}^3 \ . \qquad\qquad \underline{1}$$

Aus der Messung des Druckes eines idealen Gases, bei gegebener Temperatur, Teilchenzahl und Volumen, können wir den Wert der Boltzmann–Konstante angeben. Meist nimmt man $N = N_\text{A}$ Teilchen, also gerade ein Mol, und findet

$$N_\text{A} k = R$$ (17.38)

## *Beispiel 17.3*:    Barometrische Höhenformel und Boltzmannfaktor

Wir wollen nun kurz darlegen, wie sich der Luftdruck als Funktion der Höhe über der Erdoberfläche verändert.
Die Fallbeschleunigung und die Temperatur sollen als konstant angenommen werden.

**Lösung:**

In zwei verschiedenen Höhen $z_1$ und $z_2$ werden die Drücke $p_1$ und $p_2$ gemessen. Wir bezeichnen die Druckdifferenz als $\Delta p$ und die Höhendifferenz als $\Delta z$.

$$p_z - p_1 = \Delta p$$
$$z_2 - z_1 = \Delta z \tag{1}$$

Wir nehmen nun an, daß der Druckunterschied auf einen unterschiedlichen Schweredruck zurückzuführen ist, d. h., daß die Druckdifferenz zwischen den Höhen $z_1$ und $z_2$ gerade durch die Gewichtskraft der sich zwischen den beiden Höhen befindlichen Teilchen verursacht wird.
So erhalten wir

$$\Delta p = -\rho \cdot g \cdot \Delta z \tag{2}$$

$\rho$ ist die spezifische Dichte, d. h. die Gesamtmasse $M$ pro Volumen $V$. Nehmen wir an, daß alle Teilchen die gleiche Teilchenmasse $m$ haben, so können wir schreiben

$$\rho = \frac{M}{V} = \frac{N \cdot m}{V} = \frac{N}{V} \cdot m \tag{3}$$

wobei $N$ die Zahl der Teilchen angibt.
Den Wert $N/V$ können wir mit Hilfe der Gleichung des idealen Gases beschreiben

$$pV = NkT \tag{4}$$

somit erhalten wir für $\rho$

$$\rho = \frac{N}{V} \cdot m = \frac{p}{kT} \cdot m \tag{5}$$

Eingesetzt in unsere Gleichung für $\Delta p / \Delta z$ erhalten wir also

$$\frac{\mathrm{d}p}{\mathrm{d}z} = \lim_{\Delta z \to 0} \frac{\Delta p}{\Delta z} = -\frac{mg}{kT} p \tag{6}$$

Dabei haben wir gleichzeitig den Grenzübergang $\Delta z \to 0$ durchgeführt. Die Ableitung von $p$ ist also gleich der Funktion $p(z)$, multipliziert mit einem Vorfaktor. Solche Differentialgleichungen werden durch die Exponentialfunktion gelöst:

$$p(z) = c \cdot \mathrm{e}^{-\frac{mg}{kT}z} \tag{7}$$

Es bleibt nur noch die Bestimmung von $c$. An der Erdoberfläche $(z = 0)$ soll der Druck $p_0$ sein

$$p(z = 0) = c \cdot \mathrm{e}^{-\frac{mg}{kT}0} = c = p_0 \tag{8}$$

Die Konstante $c$ ist also der Druck $p_0$ bei $z = 0$.
Damit erhalten wir die **barometrische Höhenformel**

$$\boxed{p(z) = p_0 \mathrm{e}^{-\frac{mgz}{kT}} = p_0 \mathrm{e}^{-\frac{\rho_0}{p_0}gz}} \tag{9}$$

**Der Druck in der Erdatmosphäre nimmt exponentiell mit der Höhe ab.**

Der Faktor $\mathrm{e}^{-\frac{mgz}{kT}}$ heißt **Boltzmannfaktor**. Gemäß Gleichung (18) fällt der Druck bei der Höhe $z = kT/(mg)$ auf 37 % des Wertes $p_0$ ab. Diese Höhe $Z$ besitzt unter Normalbedingungen den Wert:

$$Z = \frac{p_0}{\rho_0 g} = \frac{101\,325 \text{ N/m}^2}{1,292\,8 \text{ kg/m}^3 \cdot 9,81 \text{ m/s}^2} \approx 7989 \text{ m} \tag{10}$$

# 17.8  Kinetische Theorie des idealen Gases

Wir leiten nun die Zustandsgleichung eines idealen Gases unter Zuhilfenahme eines einfachen mikroskopischen Modells ab. Wir stellen eine Beziehung her zwischen dem Geschehen auf mikroskopischer Ebene und den Zustandsgrößen des Systems. Diese Frage wird im Rahmen der Thermodynamik nicht gestellt. Die statistische Mechanik nimmt sich dieser Problematik an. Kennzeichnend für deren Vorgehensweise ist die Verwendung von Mittelwerten.

Unsere Modellannahmen zur Beschreibung des idealen Gases lauten:

1. Das Gas besteht aus sehr vielen identischen Teilchen.
2. Die räumliche Ausdehnung der Teilchen ist sehr klein, so daß sie als Punktmassen betrachtet werden können.
3. Zwischen den Teilchen wirken außer im Moment des Zusammenstoßes keine Kräfte, d. h., die Teilchen bewegen sich zwischen den Stößen geradlinig. Sie besitzen nur kinetische Energie.
4. Die Zusammenstöße der Teilchen untereinander und mit den Wänden erfolgen elastisch, d. h., die kinetische Energie bleibt erhalten.
5. Die Bewegung erfolgt völlig regellos. Damit ist keine Bewegungsrichtung ausgezeichnet (Isotropie).

Wir betrachten zur Herleitung des Druckes $p$ das Gas in einem Würfel der Kantenlänge $a$. Die Kantenlänge $a$ wird so klein gewählt, daß Stöße zwischen den Gasteilchen unwahrscheinlich werden. Die Gasteilchen stoßen daher nur elastisch mit den Wänden und pendeln mit konstantem Geschwindigkeitsbetrag zwischen den Wänden hin und her. Bei jedem Stoß überträgt das Teilchen mit dem Index $i$ auf die Seitenflächen den Impuls:

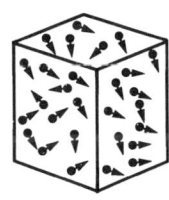

*Abb. 17.20: Modellsystem*

$$\Delta p_{i,y} = 2mv_{i,y} \tag{17.39}$$

Die Kraft auf diese Seitenwände ergibt sich, wenn das zweite Newtonsche Gesetz $\vec{F}_i = \mathrm{d}\vec{p}_i/\mathrm{d}t$ angewendet wird, aus dem Impulsübertrag $\Delta p_{i,y}$ pro Einzelstoß und der Anzahl $\Delta n$ der Stöße dieses Teilchens in der Zeit $\Delta t$:

$$F_{i,y} = 2mv_{i,y}\left(\frac{\Delta n}{\Delta t}\right) \tag{17.40}$$

Der Differenzenquotient $\Delta n/\Delta t$ ist am einfachsten anzugeben, wenn die Zeit zwischen zwei Stößen mit der gleichen Wand berechnet wird:

$$\frac{\Delta n}{\Delta t} = \frac{v_{i,y}}{2a} \tag{17.41}$$

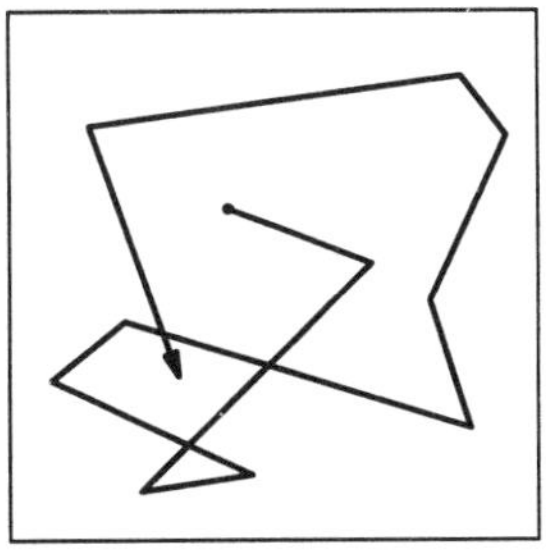

*Abb. 17.21: Bewegung eines Gasteilchens*

Damit ergibt sich für den Druck, den das Teilchen mit dem Index $i$ auf die Wand ausübt:

$$F_{i,y} = m\frac{v_{i,y}^2}{a} \tag{17.42}$$

Die Gesamtkraft $F_y$ auf die Seitenfläche folgt durch die Summierung der Beiträge aller Teilchen:

$$F_y = \sum_{i=1}^{N} F_{i,y} = \frac{m}{a}\sum_{i=1}^{N} v_{i,y}^2 \tag{17.43}$$

An dieser Stelle wird nun der Mittelwert berechnet:
Mit der Bezeichnung

$$\langle v_y^2 \rangle = \frac{1}{N}\sum_{i=1}^{N} v_{i,y}^2 \tag{17.44}$$

folgt:

$$F_y = \frac{m}{a}N\langle v_y^2 \rangle \tag{17.45}$$

Der Druck auf die Seitenfläche wird durch Division durch die Fläche $A = a^2$ berechnet:

$$p = \frac{F_y}{a^2} = \frac{m}{a^3}N\langle v_y^2 \rangle = \frac{m}{V}N\langle v_y^2 \rangle \tag{17.46}$$

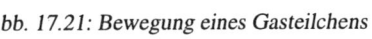

Nun muß dieser Mittelwert aber wegen der Isotropie des Gases (also weil keine Raumrichtung bevorzugt werden sollte) in allen Raumrichtungen der gleiche sein, d. h.,

$$\langle v_x^2 \rangle = \langle v_y^2 \rangle = \langle v_z^2 \rangle \qquad (17.47)$$

Wegen $\vec{v}^2 = v_x^2 + v_y^2 + v_z^2$ gilt

$$\langle v_z^2 \rangle = \frac{1}{3} \langle \vec{v}^2 \rangle = \frac{1}{3} \left( \langle v_x^2 \rangle + \langle v_y^2 \rangle + \langle v_z^2 \rangle \right) \qquad (17.48)$$

so daß wir schließlich haben:

$$pV = mN \frac{1}{3} \langle \vec{v}^2 \rangle = \frac{2}{3} N \langle \varepsilon_{\text{kin}} \rangle \qquad (17.49)$$

Hier ist $\langle \varepsilon_{\text{kin}} \rangle = \frac{1}{2} m \langle \vec{v}^2 \rangle$ die mittlere kinetische Energie eines Teilchens. Vergleichen wir dies mit dem idealen Gasgesetz, so ist offenbar

$$\langle \varepsilon_{\text{kin}} \rangle = \frac{3}{2} kT \qquad (17.50)$$

d. h., die Größe $3/2kT$ mißt genau diese mittlere kinetische Energie eines Teilchens in einem idealen Gas. Wir werden im Abschnitt über den **Gleichverteilungssatz** (Äquipartitionstheorem) sehen, daß dieser Zusammenhang nicht etwa auf ein ideales Gas beschränkt ist, sondern sich verallgemeinern läßt. Damit wird auch die Bedeutung der Boltzmann-Konstante $k$ deutlich, die wir hier nur ad hoc für ein ideales Gas eingeführt hatten. Weiterhin ist hiermit klar, daß die Temperatur $T = 0$ K gerade erreicht wird, wenn die mittlere Energie aller Teilchen Null wird, d. h. alle mikroskopischen Bewegungen erstarrt sind.

# Maxwell-Boltzmann-Verteilung

Jedes Teilchen im Gas hat einen bestimmten Geschwindigkeitsvektor $\vec{v}$, der sich im Laufe der Zeit natürlich stark verändern wird.
Im Gleichgewichtszustand werden aber **im Mittel** immer gleich viele Teilchen in einem bestimmten Geschwindigkeitsintervall $d^3\vec{v} = dv_x \, dv_y \, dv_z$ liegen, wenn auch einzelne Teilchen ihre Geschwindigkeit ändern.

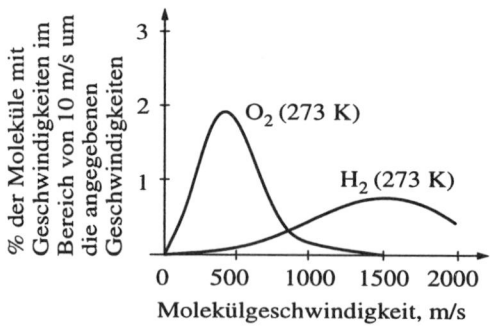

*Abb. 17.22: Maxwell-Boltzmann-Verteilung bei verschiedenen Massen*

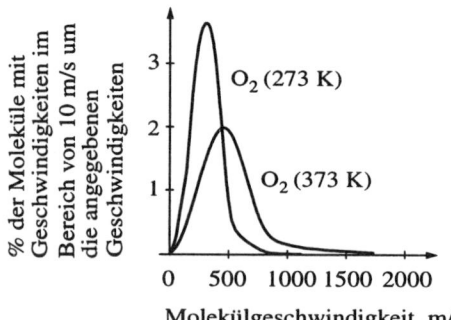

*Abb. 17.23: Maxwell-Boltzmann-Verteilung bei verschiedenen Temperaturen*

Es ist daher sinnvoll zu fragen, mit welcher Wahrscheinlichkeit ein Teilchen in dem Intervall $d^3\vec{v}$ liegt, d. h., von einer **Geschwindigkeitsverteilung** im Gas zu sprechen, die sich zeitlich im thermodynamischen Gleichgewicht nicht ändert. Wir schreiben für die Zahl der Teilchen $dN(\vec{v})$ im Geschwindigkeits-intervall um $\vec{v}$:

$$\boxed{dN = Nf(\vec{v})\,d^3v} \tag{17.51}$$

wobei für $f(\vec{v})$ die **Maxwell-Boltzmann-Verteilung**:

$$\boxed{f(\vec{v}) = \frac{1}{N}\frac{dN}{d^3v} = 4\pi v^2 \left(\frac{m_M}{2\pi kT}\right)^{3/2} e^{-\frac{\frac{1}{2}m_M v^2}{kT}}} \tag{17.52}$$

mit der Molekülmasse $m_M$ ist.
Es muß natürlich gelten:

$$\int_{-\infty}^{\infty} f(\vec{v})\,d^3v = 1 \tag{17.53}$$

Die Wurzel aus dem Mittelwert des Geschwindigkeitsquadrats ist:

$$\sqrt{\langle v^2 \rangle} = \sqrt{\frac{3kT}{m_M}} = v_m \tag{17.54}$$

Die **wahrscheinlichste Geschwindigkeit**

$$v_w = \sqrt{\frac{2kT}{m_M}} = \sqrt{\frac{2}{3}}v_m \tag{17.55}$$

ist die Geschwindigkeit des Maximums der Verteilung.
Der **durchschnittliche Geschwindigkeitsbetrag** $\langle |\vec{v}| \rangle$ liegt zwischen $v_w$ und $v_m$:

$$\langle |\vec{v}| \rangle = \sqrt{\frac{8kT}{\pi m_M}} = \sqrt{\frac{8}{3\pi}}v_m \tag{17.56}$$

## *Beispiel 17.4:* Mittlere quadratische Geschwindigkeit von $H_2$

In einem vorgegeben Volumen $V$ seien $N$ Teilchen mit der Masse $m$. Demnach berechnet sich die Dichte des Volumenelements nach $\rho = (N \cdot m)/V$.
$H_2$ zu

$$\rho = \frac{2,016\,\text{kg}}{22,5\,\text{m}^3} = 9,00 \cdot 10^{-2}\,\text{kg/m}^3 \qquad \underline{1}$$

Dies in obige Gleichung (17.49) eingesetzt führt auf:

$$p = \frac{1}{3}\rho\,\langle \vec{v}^2 \rangle \qquad \underline{2}$$

mit unseren Zahlenwerten ergibt sich bei einem Druck von $p = 1,013 \cdot 10^5$ Pa die Geschwindigkeit:

$$\sqrt{\langle \vec{v}^2 \rangle} = \sqrt{\frac{3p}{\rho}} = 1\,838\,\text{m/s} = 6617\,\text{km/h} \qquad \underline{3}$$

Bei sehr hohen Temperaturen sind die Molekülgeschwindigkeiten so hoch, daß die Stöße zwischen den Molekülen zu ihrem Aufbruch und zum Abstreifen der Elektronen führen kann – die Plasmaphase, der vierte Aggregatzustand, wird gebildet.

## *Beispiel 17.5:* Plasmaphase von $H_2$

Bei einer Energie von $1 \cdot 10^{-19}$ J pro Molekül beginnt $H_2$ zu ionisieren, d. h., die Elektronen werden aus ihren Molekülen herausgeschlagen. Wie groß ist die entsprechende Temperatur?

**Lösung:**

Für das ideale Gas wurde der Zusammenhang:

$$pV = NkT \qquad \underline{1}$$

mit der Boltzmannkonstante $k$, festgestellt. Dies in Gleichung (17.49) eingesetzt führt auf:

$$NkT = \frac{2}{3}N\langle \varepsilon_{\text{kin}} \rangle$$

$$\implies \langle \varepsilon_{\text{kin}} \rangle = \frac{3}{2}kT \qquad \underline{2}$$

oder nach der Temperatur umgestellt:

$$T = \frac{\langle \varepsilon_{\text{kin}} \rangle}{\frac{3}{2}k} \qquad \underline{3}$$

Obige Zahlenwerte eingesetzt ergibt eine Temperatur von ca. 5 000 K, dies entspricht 4 727 °C. Auf der Sonne wird diese Temperatur weit überschritten, daher liegt dort der Wasserstoff ionisiert vor, d. h., die Elektronen haben sich vom Atomkern gelöst. Außerdem ist die Annahme eines idealen Gases gerechtfertigt, und man bezeichnet die Materie auf der Sonne unter diesen extremen Bedingungen als **Solarmaterie**.

## 17.9  Zustandsgleichung realer Gase

Wie bereits erwähnt, genügt es im allgemeinen, einige wenige Zustandsvariablen für ein System festzulegen, so daß alle übrigen Zustandsgrößen dann von diesen Zustandsvariablen abhängige Werte haben. Beispiele für solche Zusammenhänge beschreibende Zustandsgleichungen haben wir schon kennengelernt:

$$pV = p_0 V_0 , \qquad T = \text{const.} \tag{17.57}$$

oder

$$V = \frac{T}{T_0}V_0 , \qquad p = \text{const.} \tag{17.58}$$

Als Standardbeispiel einer Zustandsgleichung, die alle relevanten Variablen miteinander verknüpft, haben wir das ideale Gasgesetz

$$pV = NkT \tag{17.59}$$

welches allerdings nur verdünnte reale Gase richtig beschreibt.

## Realgasfaktor

In der Praxis wird für die Zustandsgleichung realer Gase die funktionale Abhängigkeit des idealen Gases angesetzt und die Abweichung vom idealen Gas mit einem Temperatur- und druckabhängigen **Realgasfaktor** $Z$ korrigiert:

$$\boxed{pV = Z \cdot nRT} \tag{17.60}$$

Für Luft gilt im Bereich $T = -50\,°C \ldots +300\,°C$ und $p < 200$ bar

$$Z \approx 0,9 \ldots 1,1 \tag{17.61}$$

d. h., das ideale Gasgesetz ist in grober Näherung (bis auf 10 %) gültig. In der Nähe der Flüssig-Gas-Phasenübergangs wird $Z$ wesentlich kleiner, am kritischen Punkt gilt für die Van-der-Waals-Gase

$$Z \approx \frac{3}{8} = 0,375 \tag{17.62}$$

d. h., die Abweichungen vom idealen Gas sind erheblich.

# Van-der-Waals-Gleichung

Eine sehr bekannte Zustandsgleichung für reale Gase ist die von **van der Waals** (1873), die man durch folgende Überlegung plausibel machen kann: Bisher wurde das Eigenvolumen der Teilchen vernachlässigt, was zur Folge hat, daß $V$ für $T \rightarrow 0$ verschwindet. Wir können dies beheben, wenn wir $V$ durch $V - Nb$ ersetzen, wobei $b$ ein Maß für das Eigenvolumen eines Teilchens und $Nb$ das gesamte Eigenvolumen aller Teilchen ist. Weiterhin ist in einem idealen Gas die überwiegend attraktive Wechselwirkung der Teilchen untereinander vernachlässigt.

*Abb. 17.24: Zum Binnendruck*

Betrachten wir etwa eine Gaskugel mit einer Teilchendichte $N/V$, so werden sich im Inneren der Kugel die Kräfte der Teilchen aufeinander wegmitteln.

Dies ist analog zur Oberflächenspannung in Flüssigkeiten. Die Teilchen an der Oberfläche verspüren jedoch eine effektive nach innen gerichtete Kraft. Dies bedeutet, daß der Druck des realen Gases auf die einschließende Gefäßwand im Vergleich zu einem idealen Gas kleiner sein muß. Wir können dies in Gleichung (17.59) berücksichtigen, wenn wir den idealen Gasdruck $p_{id}$ durch $p_{real} + p_0$ ersetzen, wobei $p_0$ der sogenannte **Binnendruck** ist.

Mit $p_{id} = p_{real} + p_0$ folgt dann natürlich, daß der Druck des realen Gases um $p_0$ kleiner ist als der des idealen Gases. Nun

*Abb. 17.25: Analogon zum Binnendruck, Oberfläche einer Flüssigkeit*

ist der Binnendruck $p_0$ aber nicht etwa einfach eine Konstante, sondern hängt davon ab, wie nahe sich die Teilchen im Mittel kommen (bei größerem Abstand wird die attraktive Kraft schwächer) und wieviel Teilchen an der Oberfläche sitzen. Beide Faktoren sind voneinander unabhängig und in grober Näherung proportional zur Teilchendichte $N/V$, so daß man $p_0 = a(N/V)^2$ hat, wobei $a$ eine Konstante ist.

Die **Van-der-Waals-Gleichung** lautet daher

$$\left[ p + \left( \frac{N}{V} \right)^2 a \right] (V - Nb) = NkT \tag{17.63}$$

Hier sind $a, b$ Materialkonstanten, die meist nicht pro Teilchen, sondern pro mol angegeben werden. Man beachte, daß Zustandsgleichungen in der Thermodynamik keinerlei Begründung benötigen! Entscheidend ist einzig und allein, ob und in welchem Bereich der Zustandsgrößen eine Zustandsgleichung das Verhalten eines Systems beschreibt.

Löst man die Van-der-Waals-Gleichung nach dem Druck auf, so erhält man bei konstanter Temperatur die Differenz einer Hyperbel und einer quadratischen Hyperbel

$$p = \frac{n \cdot R \cdot T}{V - nb} - a \frac{n^2}{V^2} \tag{17.64}$$

deren Graphen in der Abbildung 17.26 aufgetragen sind.

Darin ist der Druck in Abhängigkeit vom Volumen, jeweils für $T = $ const., mit den optimalen Parametern $a, b$ für Wasser aufgetragen. Offensichtlich tritt hier ein Fehler auf. Für niedrige Temperaturen und bestimmte Volumina wird der Druck negativ. Das heißt, der Binnendruck ist dort zu groß. Außerdem gibt es auch bei positiven Drücken Bereiche, wo der Druck mit kleiner werdendem Volumen abnimmt, d. h., wo das System nicht stabil sein kann, sondern sich von selbst auf ein kleineres Volumen verdichten möchte.

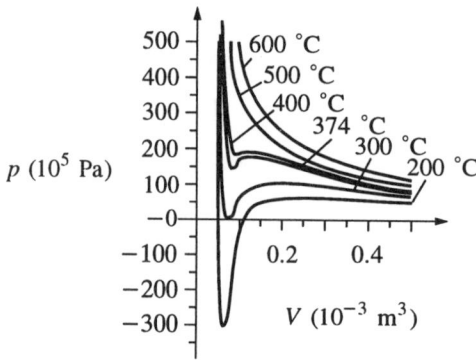

Abb. 17.26: Van-der-Waals-Isothermen
im p-V-Diagramm

Wie wir noch sehen werden, ist die Zustandsgleichung (Gl. (17.63)) aber viel besser, als es jetzt auf den ersten Blick erscheint, wenn man den **Phasenübergang** Gas–Flüssigkeit mitberücksichtigt. Für hohe Temperaturen und kleine Dichten geht die Van-der-Waals-Gleichung in die Gleichung des idealen Gases über.

Wie man sieht, ist das Eigenvolumen $b$ eine sehr kleine Korrektur zum Molvolumen eines idealen Gases bei 0 °C von 22.4 l/mol, wie wir es in Beispiel 17.1 ausgerechnet haben.

# 17.10 Zustandsgleichung für Flüssigkeiten und Festkörper

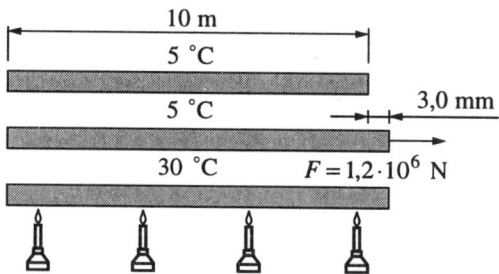

Abb. 17.27: Längenausdehnung von Festkörpern

Auch die meisten Flüssigkeiten und Festkörper dehnen sich – wie Gase – beim Erwärmen in alle Richtungen aus. Dies hat für die Praxis weitgehende Bedeutung (Konstruktion von Transformatoren, Brücken und Motoren).

Mikroskopisch betrachtet stammen die Änderungen der makroskopischen Dimensionen eines Körpers von Änderungen der Abstände zwischen den Atomen bzw. Molekülen.

Für Festkörper und Flüssigkeiten ist die Temperatur und Druckabhängigkeit des Volumens in erster (linearer) Näherung für einen weiten Bereich von Temperaturen und Drücken durch die **Zustandsgleichung**

$$V(T,p) = V_0 \left[ 1 + \gamma \left( T - T_0 \right) - \kappa \left( p - p_0 \right) \right] \tag{17.65}$$

gegeben. Hier ist $V(T_0, p_0) = V_0$ ein beliebiger Ausgangszustand. Die Konstanten $\gamma$ und $\kappa$ bezeichnet man als **Volumenausdehnungskoeffizient** $\gamma$ (wirkt bei konstantem Druck) und $\kappa$ als **Kompressibilität** (bei konstanter Temperatur), und können sie durch

$$\gamma = \frac{1}{V_0} \left. \frac{\partial V}{\partial T} \right|_{p=p_0} \tag{17.66}$$

$$\kappa = -\frac{1}{V_0} \left. \frac{\partial V}{\partial p} \right|_{T=T_0} \tag{17.67}$$

berechnen.

Der Ausdehnungskoeffizient vieler Materialien liegt für Festkörper im Bereich

$$\gamma \approx 10^{-5} \ \mathrm{K}^{-1}$$

für Flüssigkeiten um 1–2 Größenordnungen darüber ($10^{-3} - 10^{-4}$ K$^{-1}$). Die Kompressibilität von Flüssigkeiten und Festkörpern ist wesentlich geringer als die von Gasen und liegt in der Größenordnung von $\kappa \approx 10^{-6}$ bar. Dies hat zur Folge, daß auch kleine Temperaturänderungen bei vorgegebenen konstantem Volumen sehr große Drücke, d. h. Kräfte, bewirken können.

Wäre das Wasser nicht kompressibel, so würde, wenn das Wasser in der Tiefe die gleiche spezifische Dichte besäße wie das Wasser an der Oberfläche, der Wasserspiegel der Weltmeere um 30 m steigen. Große Küstenstriche lägen unter Wasser!

Werden nur die Änderungen der Maße des Körpers in einer Richtung oder in zwei Richtungen, berücksichtigt, so ergibt sich der lineare **Längenausdehnungskoeffizient** $\alpha$ und der **Flächenausdehnungskoeffizient** $\beta$ : Die Änderung der Länge eines Objektes von einer Temperatur $T_1$ zu einer zweiten Temperatur $T_2 = T_1 + \Delta T$ beträgt in erster Näherung, wenn man kleine Änderungen $\Delta T$ betrachtet und die Funktion in diesem Bereich als Gerade betrachtet,

$$L_2 = L_1 + \Delta L = L_1 + \alpha L_1 \Delta T$$
$$= L_1(1 + \alpha \Delta T) \tag{17.68}$$

oder

$$\boxed{\Delta L = \alpha \Delta T L} \tag{17.69}$$

das heißt die relative Längenänderung ist der Temperaturänderung direkt proportional.

$$\boxed{\alpha = \frac{1}{L} \frac{\partial L}{\partial T}\bigg|_{p=p_0}} \tag{17.70}$$

Da die Fläche eines quadratischen Meßstückes, $A = L^2$, und das Volumen eines Würfels, $V = L^3$, sich direkt mit der Länge zur zweiten bzw. dritten Potenz ändern, kann man für die Fläche schreiben

$$A_2 = L_1^2(1 + \alpha \Delta T)^2 = L^2(1 + 2\alpha \Delta T + \alpha^2 \Delta T^2) \tag{17.71}$$

d. h., in linearer Näherung (der sehr kleine Term proportional $\alpha^2 \approx 10^{-12}$ wird vernachlässigt) gilt

$$\boxed{A_2 = A_1(1 + 2\alpha \Delta T)} \tag{17.72}$$

Der **Flächenausdehnungskoeffizient** $\beta$ ist doppelt so groß wie der Längenausdehnungskoeffizient $\alpha$ :

$$\boxed{\beta = 2\alpha} \tag{17.73}$$

Analog gilt für das Volumen, das von $V_1 = L_1^3$ auf $V_2 = L_2^3$ expandiert

$$V_2 = L_2^3 = L_1^3(1 + \alpha \Delta T)^3 = L_1^3(1 + 3\alpha \Delta T + \dots) \tag{17.74}$$

d. h, unter Vernachlässigung der Terme 2. und 3. Ordnung gilt:

$$\boxed{\begin{aligned} V_2 &= V_1(1 + 3\alpha \Delta T) \\ &= V_1(1 + \gamma \Delta T) \end{aligned}}$$

mit dem **Volumenausdehnungskoeffizient**.

$$\boxed{\gamma = 3\alpha} \tag{17.75}$$

Er berechnet sich aus vorheriger Gleichung durch ($V_1 = V$, $V_2 = V + \Delta V$)

$$\boxed{\frac{\Delta V}{V} = \gamma \Delta T \quad \Longrightarrow \quad \gamma = \frac{1}{V} \frac{\partial V}{\partial T}} \tag{17.76}$$

*Tabelle 17.2   Ausdehnungskoeffizienten*

| Material | Temperaturbereich °C | $\alpha$ $K^{-1}$ | $\gamma$ $K^{-1}$ |
|---|---|---|---|
| **Festkörper** | | | |
| Aluminium | 20...600 | $28 \cdot 10^{-6}$ | |
| Eis | $-250$ | $-6,1 \cdot 10^{-6}$ | |
| | 0 | $53 \cdot 10^{-6}$ | |
| Eisen-Nickel Legierung (64 %/32 %) | 0...100 | $\approx 1 \cdot 10^{-6}$ | |
| Glas | 20...100 | $3,3 \cdot 10^{-6}$ | |
| Kohlenstoff (Diamant) | 27 | | $3,2 \cdot 10^{-6}$ |
| Kupfer | $-25,3...10$ | $16 \cdot 10^{-6}$ | |
| | 0...100 | $17 \cdot 10^{-6}$ | |
| Platin | 0...100 | $9,1 \cdot 10^{-6}$ | |
| Silber | 0...100 | $19,4 \cdot 10^{-6}$ | |
| Stahl | 20...100 | $12 \cdot 10^{-6}$ | |
| Wolfram | 0...100 | $4,6 \cdot 10^{-6}$ | |
| **Flüssigkeiten** | | | |
| Alkohol | 18...39 | | $293 \cdot 10^{-6}$ |
| Quecksilber | 0...100 | | $182 \cdot 10^{-6}$ |
| Wasser | 0 | | $-68 \cdot 10^{-6}$ |
| | 4 | | $0,0 \cdot 10^{-6}$ |
| | 20 | | $207 \cdot 10^{-6}$ |

# Anomalie des Wassers

Die nachfolgende Abbildung zeigt das Volumen von 1 kg Wasser für $T = -10\,°C$ bis $+50\,°C$. Hier wird sehr deutlich, daß die oben gemachte lineare Näherung nicht immer gut ist: Das Volumen steigt eher quadratisch als linear mit $T$ an – ein einzelner Ausdehnungskoeffizient kann nicht für alle Temperaturen zwischen 0 °C und 100 °C gültig sein: $\gamma$ ist von der Temperatur $T$ abhängig.
Insbesondere sieht man, daß das Volumen des Wassers zwischen dem Gefrierpunkt 0 °C und 4 °C mit steigender Temperatur abnimmt:

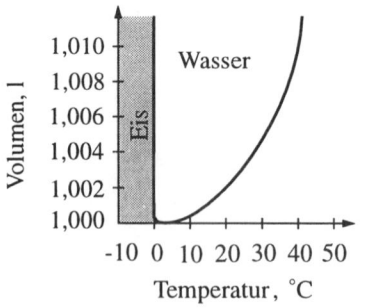

*Abb. 17.28: Thermische Ausdehnung von Wasser*

**Der Ausdehnungskoeffizient von Wasser ist zwischen 0 °C und 4 °C negativ!**

**Bei 4 °C ist $\gamma = 0$!**

Wasser ist also bei 4 °C am dichtesten. Damit ist aber ein Liter Wasser bei 4 °C schwerer als ein Liter Wasser am Gefrierpunkt:
Eis schwimmt oben auf dem wärmeren flüssigen Wasser, Seen und Flüsse frieren von oben nach unten zu. Wasserleitungen, die einfrieren, platzen, weil sich das unbewegliche Eis ausdehnt.

# 17.11 Zusammenfassung

**Nullter Hauptsatz der Thermodynamik:**
Alle Systeme, die mit einem gegebenen System im thermischen Gleichgewicht stehen, stehen auch untereinander im thermischen Gleichgewicht.

Die **Temperatur** beschreibt die mittlere innere kinetische Energie der Atome oder Moleküle.

**Absoluter Nullpunkt** $T = 0\,\mathrm{K} = -273,15\,^\circ\mathrm{C}$: Alle Bewegung friert aus.

**Tripelpunkt des Wassers** $273,16\,\mathrm{K} = +0,01\,^\circ\mathrm{C}$

Die **Stoffmenge** 1 mol beschreibt die Anzahl von Teilchen in 12 g $^{12}\mathrm{C}$.

Die **Avogadrozahl** $N_A = 6,022 \cdot 10^{23}$ gibt die Zahl der Teilchen in jeweils 1 mol eines Stoffes an.

Der **Druck** beschreibt die Kraft $F$ auf eine Oberfläche $A$

$$p = \frac{F_\perp}{A} \qquad [p] = \frac{\mathrm{N}}{\mathrm{m}^2} = \mathrm{Pa} \tag{17.77}$$

**Ideales Gasgesetz:**
Der Druck ist proportional zu Dichte und Temperatur

$$pV = NkT = nRT \tag{17.78}$$

oder

$$p = \frac{n}{V} RT \tag{17.79}$$

mit $p$ = Druck, $V$ = Volumen, $T$ = Temperatur, $N$ = Anzahl der Teilchen, $n$ = Anzahl der Mole, $k$ = Boltzmannkonstante: $k = 1,38066 \cdot 10^{-23}\,\mathrm{J/K}$, $R$ = allgemeine Gaskonstante: $R = 8,3144\,\mathrm{J/K \cdot mol}$

**Es gilt:**

$$p \cdot V = \text{const.} \quad \text{bei} \quad T = \text{const.} \tag{17.80}$$

sowie

$$p \sim \rho T \tag{17.81}$$

**Kompressibilität:**

$$\kappa_T = -\frac{1}{V_0} \left.\frac{\partial V}{\partial p}\right|_{T=T_0} \tag{17.82}$$

**Volumenausdehnung** bei $p = $ const.:

$$V = V_0 (1 + \alpha (T - T_0)) \tag{17.83}$$

**Volumenausdehnungskoeffizient:**

$$\alpha = \frac{1}{V_0} \left.\frac{\partial V}{\partial T}\right|_{p=p_0} \tag{17.84}$$

**Van-der-Waals-Gleichung** für reale Gase:

$$\left[ p + \left(\frac{N}{V}\right)^2 a \right] (V - V_b) = NkT \tag{17.85}$$

mit dem Binnendruck $(N/V)^2 \cdot a$ und Eigenvolumen der Moleküle $V_b$.

# 17.12 Aufgaben

**17.1**   Ein Gas nimmt bei der Temperatur 12 °C und dem Druck 0,81 MPa das Volumen 855 l ein. Wie groß ist der Druck, wenn die gleiche Gasmasse das Volumen 800 l bei der Temperatur 43,85 °C einnimmt?

**17.2**   Bei einem Druck von 0,72 MPa und der Temperatur 11,85 °C beträgt das Volumen eines Gases 0,6 m$^3$. Bei welcher Temperatur nimmt diese Gasmasse ein Volumen von 1,6 m$^3$ ein, wenn der Druck 0,225 MPa beträgt?

**17.3**   Zur Aufbewahrung von Kohlendioxyd sind Stahlflaschen im Gebrauch. Gesucht ist die Masse des Kohlendioxids in einer solchen Flasche, deren Volumen 80 l beträgt, bei der Temperatur 288 K und einem Druck von 49 bar.

**17.4**   In einem Gefäß mit 51,2 l Volumen befinden sich 2,08 kg Stickstoff beim Druck von 35,5 bar. Wie groß ist die Temperatur des Gases?

**17.5**   In einem Gefäß mit 30 l Volumen befindet sich $O_2$ bei einem Druck von 73 bar und der Temperatur von $-12,15$ °C. Ein Teil dieses Gases wird entnommen, wobei sich die Temperatur um 26 K erhöht und der Druck um 43,6 bar kleiner wird. Welche Masse hat das entnommene Gas?

**17.6**   Zeigt eine Präzisionswaage im Verlauf eines Sommertages unterschiedliche Meßergebnisse für ein und dieselbe Probe?

**17.7**   Es werden 0,5 km Aluminiumdraht und 0,5 km Kupferdraht abgemessen bei einer Temperatur von 276,15 K. Wie groß ist der Unterschied in der Länge der beiden Drähte, wenn man sie auf 376,15 K erhitzt?

**17.8**   Ein Stahlwürfel, der in Eiswasser liegt, hat ein Volumen von 0,8 l. Wie groß ist sein Volumen, wenn man ihn in auf 200 °C aufheizt?

**17.9**   Wie groß ist die Dichte von Eisen bei den Temperaturen 476,15 K und $-70$ °C?

**17.10**   Wie hoch über dem Meeresspiegel befindet sich ein Barometer, wenn es 117, 387 bzw. 982 mbar anzeigt, wobei der Druck bei NN auf 1013 mbar festgesetzt ist? Ist das richtig, wenn man die Temperaturänderung mit der Höhe in die Überlegung einbezieht?

**17.11**   Wie groß ist die Dichte der Luft in 10 km über NN bei einer Temperatur von 228,15 K und dem Druck 30 kPa. Auf NN wird Normalatmosphäre vorausgesetzt.

**17.12**   In einem Hochvakuum herrscht ein Druck von $1,3 \cdot 10^{-11}$ mbar und eine Temperatur von 16,85 °C. Wieviel Moleküle befinden sich in 1 cm$^3$ und in 1 m$^3$?

**17.13**   Ein Gas, dessen Moleküle aus C- und H-Atomen bestehen, hat bei einer Temperatur von 13 °C und dem Druck 0,22 MPa die Dichte von $2,4 \text{ kg} \cdot \text{m}^{-3}$. Was ist das für ein Gas?

**17.14**   Unter Normalbedingungen nimmt eine bestimmte Menge Sauerstoff das Volumen 13,65 l ein. Welchen Druck übt dieselbe Menge Gas bei einer Temperatur von 103°C und dem Volumen von 40 l aus? Wie groß ist die Masse?

**17.15**   Gesucht ist die molare Masse eines Gases, dessen Dichte bei der Temperatur 286,15 K und einem Druck von $2 \cdot 10^5$ Pa   0,34 kg m$^{-3}$ beträgt.

**17.16**   Ein Ballon hat ein Volumen von 10000 l. Er ist mit einem Druck von $9,58 \cdot 10^4$ Pa gefüllt, und das Gas hat eine Temperatur von 17 °C. Wieviel Kilomol Gas befinden sich im Ballon?

# Kapitel 18

# Energieformen und Zustandsänderungen

## 18.1 Arbeit

Eine zentrale Größe der Thermodynamik (wie der ganzen Physik) ist die **Energie**. Aus der Mechanik sind uns **kinetische** und **potentielle Energie** wohlbekannt, ebenso **elektrische** oder **magnetische Energie** aus der Elektrodynamik sowie auch die **chemische Energie**, die letztendlich auch elektrischen Ursprungs ist. In der Thermodynamik spielt nur die **Gesamtenergie** $U$ eines Systems, welche eine makroskopische Größe ist, eine Rolle; die Energie eines **speziellen** Teilchens hat keine Bedeutung, wohl aber die **mittlere Energie** der Teilchen, $U/N$. Die Thermodynamik macht keine Aussage darüber, wie sich die Gesamtenergie $U$ auf die einzelnen Teilchen verteilt. Stellvertretend für die oben genannten Energieformen verwenden wir jetzt in der Thermodynamik den Begriff **Arbeit** („Kraft mal Weg") $W$ aus der Mechanik. Es gilt

$$\delta W = -\vec{F_i} \cdot d\vec{s}$$

oder

$$W_{1,2} = -\int_1^2 \vec{F_i}\, d\vec{s} \qquad (18.1)$$

wenn $\vec{F_i}$ die vom System ausgeübte Kraft und $d\vec{s}$ ein kleines Wegstück ist. Das Minuszeichen in Gleichung (18.1) ist eine Konvention in der Thermodynamik, welche die einem System **zugeführte Energie positiv, abgeführte Energie negativ** rechnet. Der Ausdruck $\delta W$ in Gleichung (18.1) soll darauf hinweisen, daß es sich um (infinitesimal) kleine Änderungen handelt. Dabei wurde bewußt die Schreibweise $dW$ vermieden, um darauf hinzuweisen, daß es sich bei der Arbeit **nicht** um ein totales Differential handelt. Die verrichtete mechanische Arbeit $W$ hängt nicht nur von den Integrationsgrenzen ab, sondern auch davon, wie man von 1 nach 2 gelangt.

## Kompressionsarbeit

Als Standardbeispiel für eine an dem System **geleistete Arbeit** betrachten wir das Komprimieren eines Gases (z. B. im Inneren eines Zylinders) gegen den inneren Druck. Im Gleichgewicht ist die äußere Kraft $|\vec{F_a}|$ gerade gleich der vom Druck auf den beweglichen Stempel mit Fläche $A$ ausgeübten Kraft

$$F_i = pA \qquad (18.2)$$

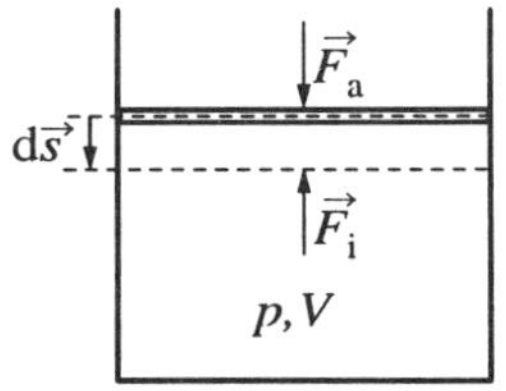

Abb. 18.1: Zur Kompressionsarbeit

Drückt man nun gegen diese vom System ausgeübte Kraft den Stempel um ein Wegstück $d\vec{s}$ weiter hinein, so ist die dafür benötigte Arbeit

$$\delta W = pA|\,d\vec{s}| > 0$$

da d$\vec{s}$ und $\vec{F}_i$ entgegengesetzt gerichtet sind. Nun ist $A$ d$s = -$ d$V$ gerade die Verkleinerung des Gasvolumens d$V$. Weil das Volumen nach der Kompression im Behälter kleiner wird, gilt d$V < 0$, und wir haben

$$\boxed{\delta W = -p \, dV}$$ (18.3)

Wie man sich leicht überzeugt, bleibt diese Gleichung auch bei einer **Expansion** richtig. Es ist zu beachten, daß wir hier nur eine infinitesimale Arbeit betrachten dürfen, da sich nach der **Kompression** der Druck etwas ändert und zur Berechnung der totalen Kompressionsarbeit die Zustandsgleichung $p(V)$ benötigt wird.

Allgemein gilt:

**Die einem System zu- oder abgeführten Energie ist das Produkt einer intensiven Zustandsgröße (Druck) und der Änderung einer extensiven Zustandsgröße (Volumen).**

## 18.2  Wärme und Wärmekapazität

Wir wollen nun eine weitere Energieform besprechen, die für die Thermodynamik von grundlegender Bedeutung ist: die **Wärme**. Historisch war es R. J. **Mayer** (1842), der nach ersten Ansätzen von B. Thompson, dem späteren Graf Rumfort (1798) und Davy (1799) erkannte:

**Wärme ist eine spezielle Energieform**.

Es ist eine alltägliche Erfahrung, daß die einem thermodynamischen System zugeführte Arbeit (mechanisch oder elektrisch) oft die Temperatur erhöht. Man kann diese Eigenschaft zur Definition der **Wärmemenge** $Q$ benutzen. Wir definieren daher

$$\boxed{\delta Q = C \, dT}$$

oder

$$\boxed{Q_{1,2} = \int_1^2 C \, dT}$$ (18.4)

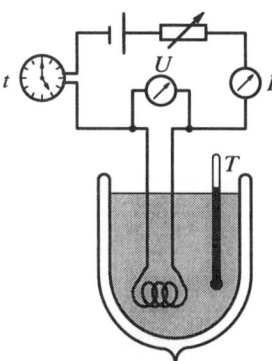

*Abb. 18.2: Umwandlung von elektrischer Energie in Wärme*

Dabei ist $\delta Q$ eine kleine Wärmemenge, die in einem System die **Temperaturerhöhung** d$T$ bewirkt. Die Proportionalitätskonstante $C$ heißt **totale Wärmekapazität** des Systems. $C$ wird für ein Standardsystem definiert.

Früher wählte man als Einheit der Wärmemenge die **Kalorie** (1 cal), dies ist die Wärmemenge, welche 1 g Wasser von $14,5\,°C$ auf $15,5\,°C$ erwärmt. Dies entspricht der Festlegung $C_{1\,\mathrm{g\,H_2O,\,15°C}} = 1\,\mathrm{cal\,grad}^{-1}$.

Die Wärmekapazität kann mit **Kalorimetern** gemessen werden.

**Bei Phasenumwandlung (z. B. Sieden, Kondensieren, Schmelzen und Erstarren) kann Wärme zu- bzw. abgeführt werden, ohne daß die Temperatur verändert wird.**

Durch präzise Messungen konnte **Joule** um 1843–1849 zeigen, daß die Wärmemenge von 1 cal einer mechanischen Arbeit, die nach neuesten Messungen gerade 4,1868 Joule ist, äquivalent ist. Dazu führte er einem gut isolierten Behälter mit Wasser eine genau definierte mechanische Arbeit durch Umrühren zu und maß die zugehörige Temperaturerhöhung. Heute stellt man eine definierte Wärmemenge hauptsächlich durch **elektrische Widerstandsheizung** her, was von Joule ebenfalls schon untersucht wurde.

Der entscheidende qualitative Unterschied von Arbeit und Wärme läßt sich sehr einfach im mikroskopischen Bild erklären. Demnach ist Wärme auf alle Teilchen **statistisch verteilte Energie**. Betrachten wir etwa einige Teilchen, die alle mit parallelem (geordnetem) Impuls in eine Richtung fliegen. Die Bewegungsenergie dieser Teilchen läßt sich jederzeit vollständig zurückgewinnen und in andere Energieformen verwandeln, z. B. indem man sie durch eine Kraft abbremst. Fliegen die Teilchen jedoch völlig ungeordnet statistisch durcheinander, ist es offensichtlich nicht möglich, durch eine einfache Vorrichtung allen Teilchen gleichzeitig ihre Bewegungsenergie zu entziehen. Würde man etwa wie in a) eine für alle Teilchen gleiche Kraft wirken lassen, so würden manche Teilchen gebremst und andere beschleunigt, so daß man dem System nicht die ganze Bewegungsenergie entnehmen kann.

Es ist daher viel einfacher, Arbeit in Wärme zu verwandeln, was praktisch immer „von selbst" passiert, als umgekehrt aus Wärme nutzbare Arbeit zu gewinnen (dafür ist immer eine thermodynamische Maschine nötig). Auch hier spielt wieder die außerordentlich große Teilchenzahl in makroskopischen Systemen eine wesentliche Rolle. So wäre es unter Umständen noch möglich, für wenige Teilchen wie in b) ein

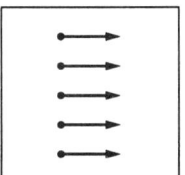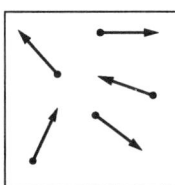

*Abb. 18.3: Teilchen mit a) parallelen bzw. b) statistisch verteilten Impulsen*

geeignetes (ortsabhängiges) Kraftfeld zu konstruieren, welches alle Teilchen bremst, wobei die Teilchen ihre Bewegungsenergie an den Erzeugungsmechanismus des Feldes abgeben würden. Bei $10^{23}$ Teilchen aber ist das nicht mehr denkbar und im thermodynamischen Grenzfall $N \to \infty$ unmöglich.

# Spezifische Wärmekapazität

Wir wollen an dieser Stelle noch einmal auf die im Zusammenhang mit Gleichung (Gl. (18.4)) definierte Wärmekapazität zurückkommen. Die Wärmemenge $\delta Q$ ist eine extensive Größe: Wie man leicht einsieht, braucht man eine größere Wärmemenge, um ein größeres System um die gleiche Temperaturdifferenz aufzuwärmen. Daher muß auch die **totale Wärmekapazität** eine extensive Größe sein, da die Temperatur ja von der Systemgröße unabhängig ist. Man kann daher eine intensive Größe, die **molare Wärmekapazität** $C_{\mathrm{mol}}$, definieren mittels

$$\boxed{C = n C_{\mathrm{mol}}}$$  (18.5)

mit $n = N/N_{\mathrm{A}}$, und

$$\boxed{\begin{aligned} C_{\mathrm{mol}} &= \frac{\delta Q}{n\,\mathrm{d}T} \\[2mm] \delta Q &= C_{\mathrm{mol}}\, n\, \mathrm{d}T \end{aligned}}$$

Der numerische Wert von $C_{\mathrm{mol}}$ gibt an, wie leicht oder schwer es ist, die Temperatur eines Mols eines Materials zu ändern.

Diese Definition hat in der praktischen Anwendung jedoch den Nachteil, daß man zum betrachteten Stoff erst die Molmenge bestimmen muß. Einfacher ist die Verwendung der **spezifischen Wärmeka-**

**pazität** $c$, die die **Wärmekapazität pro Masseneinheit** beschreibt. Man erhält sie, indem man die spezifische molare Wärmekapazität durch die Molmasse $M$ teilt. Dies entspricht einer Division der totalen Wärmekapazität $C$ durch die Gesamtmasse $m$ des vorliegenden Stoffes.

$$c = \frac{C_{\text{mol}}}{M} = \frac{\delta Q}{M \cdot n \cdot dT} = \frac{\delta Q}{m\, dT} = \frac{C}{m} \tag{18.6}$$

Aus der spezifischen Wärmekapazität läßt sich also leicht die totale Wärmekapazität eines Systems bestimmen.

Die Einheit der totalen Wärmekapazität ist Energieeinheit pro Temperatureinheit, die der spezifischen Wärmekapazität ist Energieeinheit pro Temperatureinheit und pro Masseneinheit.

$$C = m \cdot c, \qquad [C] = \frac{\text{J}}{\text{K}}, \qquad [c] = \frac{\text{J}}{\text{kg} \cdot \text{K}} \tag{18.7}$$

• Die spezifische Wärmekapazität hängt im allgemeinen von der Temperatur ab.
• Die spezifische Wärmekapazität aller Substanzen geht am absoluten Nullpunkt $T = 0$ K gegen 0!

$$c_{T \to 0} = 0 \tag{18.8}$$

Beispiel: Die spezifische Wärmekapazität von Kupfer ist bei Zimmertemperatur 389 J/(kg · K), bei $-263\,°\text{C}$ (10 K) aber nur 3,6 J/(kg · K).

*Tabelle 18.1    Spezifische Wärmekapazität*

| Stoff | Spezifische Wärmekapazität $c_p$ kJ/(kg · K) | Temperatur (°C) |
|---|---|---|
| **Gase** (bei konstantem Druck) | | |
| Luft | 1,005 | 27 |
| Helium | 5,2 | 27 |
| Wasserstoff | 14,3 | 27 |
| **Flüssigkeiten** | | |
| Quecksilber | 0,14 | 0...100 |
| Wasser | 4,2177 | 0 |
| | 4,1840 | 17 |
| | 4,2160 | 100 |
| **Festkörper** | | |
| Aluminium | 0,90 | 25 |
| Blei | 0,130 | 20...100 |
| Eis | 2,04 | −10 |
| Eisen | 0,47 | 20...100 |
| Kupfer | 0,0036 | −263 |
| | 0,389 | 25 |
| | 4,60 | 1000 |

Man sieht, die spezifische Wärmekapazität von Wasser ist recht hoch, d. h., es ist vergleichsweise teuer, Wasser zu erwärmen (bzw. abzukühlen). Daher ist Wasser aber ein hervorragendes Kühlmittel: Es kann viel Wärmeenergie aufnehmen und bleibt dabei vergleichsweise kühl.

Bei der Anwendung von Gleichung (Gl. (18.4)) ist zu beachten, daß die Wärmekapazität von den äußeren Bedingungen abhängen kann, unter denen die Wärmemenge dem System zugeführt wird. Es ist daher von Bedeutung, ob eine Messung bei konstantem Druck oder bei konstantem Volumen ausgeführt wird. Man unterscheidet dementsprechend $c_V, c_p$, die spezifischen Wärmekapazitäten bei konstantem Volumen und konstantem Druck, und notiert dies durch einen Index. Wir werden den Zusammenhang von $c_V$ und $c_p$ noch genauer untersuchen.

# Molare Wärmekapazität und kinetische Theorie

Als nächstes wollen wir die molare (spezifische) Wärmekapazität etwas näher betrachten. Wie bereits bei der Definition im vorigen Abschnitt erwähnt, hängt die molare spezifische Wärmekapazität davon ab, unter welchen äußeren Bedingungen man dem System eine Wärmemenge zuführt. Geschieht dies bei konstantem Druck (z. B. atmosphärischem Druck), so erhält man $C_{pmol}$, während bei konstantem Volumen $C_{Vmol}$ gemessen wird. Sowohl $C_{Vmol}$ wie auch $C_{pmol}$ können wir in Abhängigkeit von den am leichtesten experimentell zu kontrollierenden Zustandsvariablen $T$ und $p$ betrachten. Für verdünnte Gase ($p \to 0$) sind die spezifischen Wärmekapazitäten weitgehend druckunabhängig und sogar näherungsweise temperaturunabhängig (zumindest für die Edelgase, siehe Abbildung 18.4).

Faßt man die spezifische Wärmekapazität als Fähigkeit einer Substanz auf, Energie statistisch verteilt aufzunehmen, so wird klar, daß diese Fähigkeit offensichtlich mit der **Zahl der Freiheitsgrade** eines Teilchens, also die Möglichkeit Energie aufzunehmen, zunehmen muß. So haben **einatomige Edelgase** nur die Möglichkeit der Translationsbewegung, während **zweiatomige Gase** auch um die Ver-

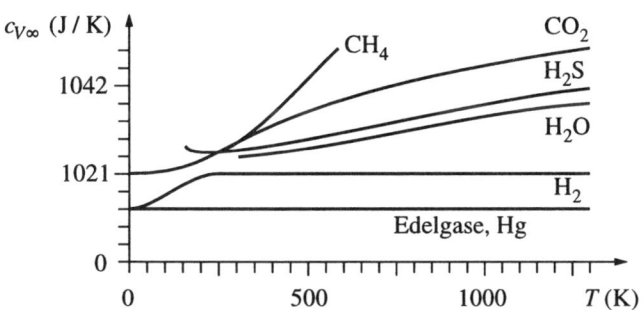

Abb. 18.4: *Spezifische Wärmekapazität bei konstantem Volumen für niedrige Drücke*

bindungsachse zwischen beiden Atomen rotieren können. Bei mehratomigen Gasen können die miteinander verbundenen Atome gegeneinanderschwingen. Jede dieser verschiedenen Bewegungsformen ist mit einer darin gespeicherten Energie verbunden. Man spricht auch von den **Freiheitsgraden** der Atome oder Moleküle. So haben Atome nur die drei Freiheitsgrade der Translation ($f = 3$), während zweiatomige Moleküle auch noch um zwei zur Molekülachse senkrechten Drehachsen rotieren können ($f = 5$).

Die Rotation um die Molekülachse selbst zählt hier nicht als Freiheitsgrad, da das zugehörige **Trägheitsmoment**, $\theta$, sehr klein ist und deshalb zur Anregung dieser Rotationen sehr hohe Energien notwendig wären ($E = L^2/2\theta$). Bei drei- oder mehratomigen Molekülen kann dieses aber um drei voneinander unabhängige Achsen rotieren, und es ist $f = 6$.

Der grundlegende **Gleichverteilungssatz** der statistischen Mechanik besagt, daß jeder Freiheitsgrad eines Systems in einem Wärmebad im Mittel die gleiche Energie, nämlich $1/2\,kT$, hat (**Äquipartitionstheorem**). Deshalb ist die mittlere (kinetische) Energie einatomiger Gase pro Teilchen

$$\langle W_{\text{kin}} \rangle = \frac{f}{2}kT = \frac{3}{2}kT \qquad (f = 3) \tag{18.9}$$

Die mittlere Energie pro Molekül zweiatomiger Gase ist dagegen

$$\langle W_{\text{kin}} + W_{\text{rot}} \rangle = \frac{f}{2}kT = \frac{5}{2}kT \qquad (f = 5) \tag{18.10}$$

Schließlich haben drei- und mehratomige Gase sechs Freiheitsgrade, die bei Zimmertemperatur Energie aufnehmen können; somit ist die Energie pro Molekül

$$\langle W_{\text{kin}} + W_{\text{rot}} \rangle = \frac{f}{2}kT = 3kT \qquad (f = 6) \tag{18.11}$$

Wir werden später noch sehen, daß man die spezifische Wärmekapazität bei konstantem Volumen aus $c_V = \partial U / \partial T |_V$, also aus der Änderung der inneren Energie mit der Temperatur bei konstantem Volumen, sehr leicht berechnen kann. Die innere Energie ist nun aber nichts anderes als die totale mittlere Energie aller Atome oder Moleküle, also

$$U = N\frac{f}{2}kT \qquad (18.12)$$

$$\Longrightarrow \quad C_{V\text{mol}} = N_A k \frac{f}{2} \qquad (18.13)$$

$$C_{V\text{mol}} = R\frac{f}{2} \qquad (18.14)$$

Für ideale Gase gilt dann aber für die molare Wärmekapazität

$$C_{p\text{mol}} - C_{V\text{mol}} = R \qquad (18.15)$$

und damit

$$C_{p\text{mol}} = \left(\frac{f}{2} + 1\right) R \qquad (18.16)$$

und für die spezifischen Wärmekapazitäten

$$c_p - c_V = R_\text{i} \qquad (18.17)$$

mit der individuellen Gaskonstanten $R_\text{i}$.
Der **Isentropenexponent** $\kappa$ ist der Quotient

$$\gamma = \frac{c_{p\text{mol}}}{c_{V\text{mol}}} = \frac{c_p}{c_V} = 1 + \frac{2}{f} \qquad (18.18)$$

Tabelle 18.2   Molare Wärmekapazität $C_{V\text{mol}}$ von Gasen bei $T = 0\,°C$

| Gas | Zahl der Freiheitsgrade | | | $C_{V\text{mol}}^{\text{exp}}$ [J · K$^{-1}$ · mol$^{-1}$] | $C_{V\text{mol}}^{\text{theo}}$ [J · K$^{-1}$ · mol$^{-1}$] |
|---|---|---|---|---|---|
| | trans | rot | total | | |
| He | 3 | 0 | 3 | 12,6 | 12,47 |
| Ar | 3 | 0 | 3 | 12,4 | 12,47 |
| $O_2$ | 3 | 2 | 5 | 21,0 | 20,78 |
| $N_2$ | 3 | 2 | 5 | 20,7 | 20,78 |
| $H_2$ | 3 | 2 | 5 | 20,2 | 20,78 |
| $CO_2$ | 3 | 3 | 6 | 25,1 | 24,90 |
| $N_2O$ | 3 | 3 | 6 | 26,5 | 24,90 |

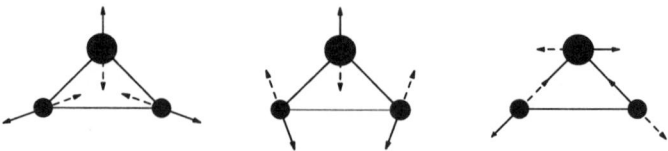

*Abb. 18.5: Schwingungen eines dreiatomigen Moleküls*

Man beachte, daß wir hier die ebenfalls vorhandenen **Freiheitsgrade der Schwingung** von Atomen gegeneinander in einem Molekül nicht gezählt haben, obwohl diese im Prinzip eigentlich vorhanden sind. Die Bindungsenergie einer chemischen Bindung ist aber im allgemeinen in der Größenordnung von einigen Elektronenvolt $(1 \text{ eV} = 1,602 \cdot 10^{-19} \text{ J})$, während die bei Zimmertemperatur zur Verfügung stehende thermische Energie für die Freiheitsgrade der Schwingung nur $(1/2)kT \approx (1/80) \text{ eV}$ ist.

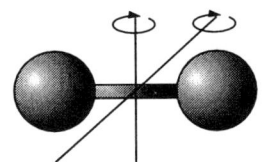

*Abb. 18.6: Rotationsfreiheitsgrad*

Dieser Wert ist somit sehr viel kleiner als zur Anregung von Schwingungen in den Molekülen erforderlich wäre, wogegen dieser Wert ausreicht, um bei Zimmertemperatur Rotationen der Moleküle (neben der Translation) hervorzurufen. Man sagt auch, daß bei Zimmertemperatur die Freiheitsgrade der Schwingung noch „eingefroren sind" und somit nicht gezählt werden dürfen. Sie machen sich aber bei höheren Temperaturen ($\approx 1\,000$ K) durchaus bemerkbar und führen dann zu einer Erhöhung der Wärmekapazität.

In gleicher Weise sind bei Zimmertemperatur auch die vielen Freiheitsgrade der Elektronen, die im Atom bzw. Molekül gebunden sind, noch eingefroren. Erst wenn die thermische Energie $(1/2)kT$ in die Größenordnung der Energien für Anregung von Elektronen kommt (ebenfalls einige Elektronenvolt), machen sich diese zusätzlichen Freiheitsgrade bemerk-

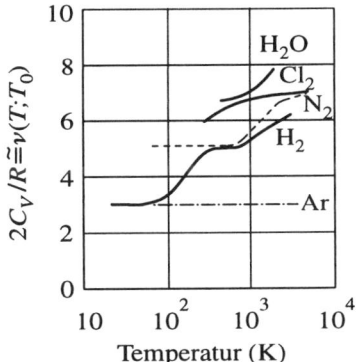

*Abb. 18.7: $2C_V/R$ als Funktion der Temperatur für verschiedene Gase*

bar. Erst recht gilt dies für die Freiheitsgrade der Protonen und Neutronen im Atomkern, die wegen der Anregungsenergien von einigen keV sich erst bei noch viel höheren Temperaturen bemerkbar machen, wie sie etwa im Inneren von Sternen vorliegt.

Sind nun die Drücke nicht mehr klein, so werden auch die spezifischen Wärmekapazitäten druckabhängig. Als Beispiel führen wir $c_{p\text{mol}}$ und $c_{V\text{mol}}$ für Ammoniak in Abbildung 18.8 an. Die als **Sättigungslinie** bezeichnete Kurve entspricht dabei dem Phasenübergang Gas $\rightarrow$ Flüssigkeit.

Zunächst erkennt man aus der Abbildung, daß die spezifische Wärmekapazität bei konstantem Druck, $c_p$, immer größer ist als die bei konstantem Volumen, $c_V$. Führt man einem System bei konstantem Druck eine Wärmemenge $\delta Q$ zu, so wird sich das System nicht nur erwärmen, sondern u. a. auch ausdehnen und damit gegen den äußeren Druck (Atmosphärendruck) eine Volumenarbeit leisten. Die zugeführte Wärmemenge wird daher nicht nur in Form von statistisch verteilter kinetischer und potentieller Energie im Gas gespeichert, sondern auch zur Arbeitsleistung gegen den äußeren Druck gebraucht.

Daher kann ein System bei konstantem Druck im allgemeinen eine größere Wärmemenge aufnehmen als bei konstantem Volumen ($c_p > c_V$). Der allgemein gültige Zusammenhang zwischen $C_{p\text{mol}}$ und $C_{V\text{mol}}$ ist

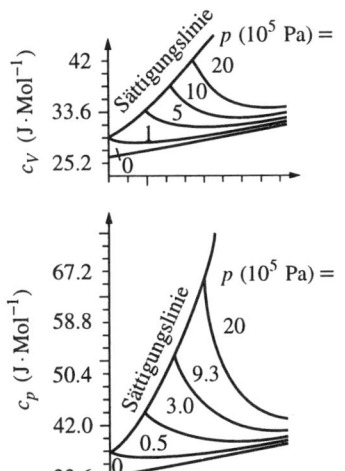

*Abb. 18.8: Spezifische Wärmekapazitäten $c_p, c_V$ von Ammoniak*

$$C_{p\text{mol}} = C_{V\text{mol}} + TV\frac{\alpha^2}{\kappa} \qquad (18.19)$$

wobei $\kappa$ der **isotherme** $(T = \text{const.})$ **Kompressibilitätskoeffizient** und $\alpha$ der **isobare** $(p = \text{const.})$ **Ausdehnungskoeffizient** ist.

Desweiteren zeigt die Abbildung einen starken Anstieg sowohl von $c_p$ als auch von $c_V$, wenn man sich bei gegebenem Druck mit kleiner werdender Temperatur den Phasenübergang von gasförmigem zu flüssigem Ammoniak (Sättigungslinie) nähert.

Ein starker Anstieg der Wärmekapazität als Funktion der Temperatur ist ein Anzeichen für das Einsetzen von **Phasenübergängen**. Die Wärmekapazität ($c_p$ oder $c_V$) steigt aber auch (kontinuierlich) mit wachsendem Druck. Je näher sich die Teilchen im Mittel kommen (hohe Drücke, hohe Dichte), um so stärker machen sich die Kräfte zwischen den Teilchen des Gases bemerkbar.

Bei Flüssigkeiten und Festkörpern gibt man fast ausschließlich den leichter meßbaren Wert von $c_p$ an. Flüssigkeiten zeigen recht verschiedene Abhängigkeiten von Druck und Temperatur (außer z. B. Hg und $H_2O$, mit $c_p \approx \text{const.}$). Für chemisch einfach kristalline Festkörper gilt die **Regel von Dulong und Petit**:

**Alle Metalle haben über einen weiten Temperaturbereich $T > 300$ K die konstante molare Wärmekapazität von $C_p \approx 25$ J $\cdot$ K$^{-1} \cdot$ mol$^{-1}$.**

In Festkörpern schwingen die Atome bzw. Moleküle um ihre Gleichgewichtslagen; dafür wird in jede Richtung $x, y, z$ potentielle Energie (Auslenkung gegen die rückstellende Kraft) aufgewendet. Bei harmonischen Schwingungen ist die mittlere potentielle Energie gleich der mittleren kinetischen Energie der Teilchen.

Nach dem **Gleichverteilungssatz** müssen die Freiheitsgrade der durch die rückstellenden Kräfte verursachten potentiellen Energien jeweils genausoviel Energie aufnehmen, wie die kinetischen Energien. Damit haben Kristalle eine effektive Zahl von 6 Freiheitsgraden. Damit wird

$$C_{V\text{mol}} = \frac{6}{2}R = 3R \approx 25\,\text{J}/(\text{mol} \cdot \text{K})  \tag{18.20}$$

*Tabelle 18.3    Molare Wärmekapazität bei Zimmertemperatur und Atmosphärendruck*

| Metall | Spezifische Wärmekapazität $c_p$ (J/(g $\cdot$ K)) | Molmasse M (g/mol) | Molare Wärmekapazität $C_{p\text{mol}}$ (J/(mol $\cdot$ K)) |
|---|---|---|---|
| Aluminium | 0,900 | 27,0 | 24,4 |
| Blei | 0,128 | 207 | 26,5 |
| Kupfer | 0,386 | 63,5 | 24,5 |
| Silber | 0,236 | 108 | 25,5 |
| Wolfram | 0,134 | 184 | 24,8 |

Spezifische Wärmekapazitäten sind allgemein von großer Bedeutung in der Thermodynamik, da sie die Berechnung einer Fülle anderer Eigenschaften ermöglichen und leicht meßbar sind. Weiterhin hat das genaue Vermessen von spezifischen Wärmekapazitäten bei sehr niedrigen Temperaturen gezeigt, daß sich viele Eigenschaften der Materie nur mit Hilfe der Quantenmechanik bzw. Quantenstatistik verstehen lassen. Bei sehr tiefen Temperaturen geht die spezifische Wärme aller Kristalle gegen Null. Eine praktische Bedeutung besitzt die spezifische Wärmekapazität, bzw. die totale Wärmekapazität, bei der Wärmeübertragung zwischen Körpern unterschiedlicher Temperatur (kühlen, heizen). Wir werden darauf später zurückkommen.

# 18.3  Umwandlung von Energieformen

In den vorherigen Abschnitten wurden verschiedene Energieformen vorgestellt. Hier soll noch einmal kurz auf die Umwandlung zwischen diesen verschiedenen Energieformen eingegangen werden. Es zeigt sich, daß nicht alle Energieformen vollständig ineinander übergeführt werden können. Es darf jedoch nicht angenommen werden, daß bei manchen Energieumwandlungen Energie verloren ginge! Prinzipiell gilt immer die Energieerhaltung:

**Die Gesamtenergie ist eine Erhaltungsgröße.**
**Energie kann nicht verlorengehen!**

Wichtig für die Thermodynamik sind vor allem Energieumwandlungen bei denen eine der beiden Energieformen die Wärme ist. Wir wollen daher zunächst einige Prozesse besprechen, bei denen Wärme erzeugt wird.

## Wärmeerzeugung aus elektrischer Energie

**Elektrische Energie** kann verlustfrei durch die in einem elektrischen Leiter entstehende Wärme in Wärmeenergie umgewandelt werden. Umgekehrt hingegen kann Wärmeenergie nicht vollständig in elektrische Energie verwandelt werden.
Die erzeugte Wärmeleistung ist, wenn man von einer vollständigen Umwandlung ausgeht, gleich der elektrischen Energie, also dem Produkt von Spannung $U$, Stromstärke $I$ und Zeitintervall $t$.

$$\boxed{Q = U \cdot I \cdot t} \qquad Q = P \cdot t \tag{18.21}$$

*Beispiel 18.1:*    Wärmeerzeugung mit einem Tauchsieder

Ein Tauchsieder (220 V Nennspannung, 4,5 A Stromaufnahme) heizt 1 Minute lang Wasser auf. Die elektrische Leistung wird vollständig in Wärme umgewandelt. Die dabei erhaltene Wärmemenge ist

$$Q = W_{el} = P_{el} \cdot t = U \cdot I \cdot t$$

$$= 220\,\text{V} \cdot 4,5\,\text{A} \cdot 60\,\text{s} = 59\,400\,\text{W} \cdot \text{s} = 59,4\,\text{kJ} \qquad \underline{1}$$

Verwendet man das **Ohmsche Gesetz**

$$U = R \cdot I \tag{18.22}$$

so gilt für die an einem Widerstand abfallende Leistung

$$\boxed{\begin{aligned} Q &= \frac{U^2 t}{R} \\ Q &= I^2 R t \end{aligned}} \tag{18.23}$$

*Beispiel 18.2:*    Abwärme eines Widerstandes

An einem Widerstand ($R = 4,7\,\text{k}\Omega$) fällt eine Spannung von 5 Volt ab. Die Abwärme des Widerstands beträgt in einer Stunde

$$Q = \frac{U^2}{R} t \qquad \underline{1}$$

$$= \frac{(5\,\text{V})^2}{4,7\,\text{k}\Omega} \cdot 3600\,\text{s} = 19,15\,\text{J} \qquad \underline{2}$$

## Wärmeerzeugung aus mechanischer Energie

**Mechanische Energie** kann, ebenso wie elektrische Energie, vollständig in Wärme umgewandelt werden. Eine vollständige Umwandlung von Wärmeenergie in mechanische Energie ist jedoch nicht möglich. Mechanische Energie kann hierbei in der Form von kinetischer Energie wie auch potentieller Energie vorliegen.

Die erzeugte Wärmemenge ist dabei gleich dem Unterschied in der Energiebilanz von kinetischer und potentieller Energie.

$$Q = \Delta W_{\text{kin}} + \Delta W_{\text{pot}} \qquad (18.24)$$

Die Umwandlung kinetischer Energie erfolgt im allgemeinen durch Abbremsen von Körpern. Meist geschieht das durch Reibung.

### Beispiel 18.3:    Abstoppen einer Kugel im Sandsack

Eine 5 g schwere Kugel mit einer Geschwindigkeit von 150 m/s wird in einem Sandsack abgestoppt. Die kinetische Energie wird vollständig in Wärme umgewandelt. Die freiwerdende Wärme ist

$$Q = W_{\text{kin}} = \frac{1}{2}mv^2 = \frac{1}{2} \cdot 0,005 \text{ kg} \cdot \left(150 \, \frac{\text{m}}{\text{s}}\right)^2 = 56,25 \text{ N} \cdot \text{m} = 56,25 \text{ J} \qquad \underline{1}$$

## Verbrennungsenergie

Die **Verbrennung** ist die wichtigste Form der Umwandlung von chemischer Energie in Wärme. Hierbei werden vorwiegend kohlenstoff- und wasserstoffhaltige Materialien oxidiert.

Erdöl und Erdgas beispielsweise bestehen im wesentlichen aus Kohlenwasserstoffketten (vorwiegend Alkanen) unterschiedlicher Länge. Bei ihrer Verbrennung wird überwiegend Kohlendioxid ($CO_2$) und Wasser ($H_2O$) frei, aber aufgrund von Verunreinigungen auch andere Stoffe, wie z. B. Schwefeldioxid ($SO_2$).

Der **spezifische Heizwert** eines flüssigen oder festen Materials beschreibt die pro Masseneinheit bei Verbrennung freigewordene Wärmeenergie.

$$H = \frac{Q}{m} \qquad (18.25)$$

Die meisten festen (trockenen) Brennstoffe haben einen Heizwert im Bereich von ca. 20–50 MJ/kg, Erdölsorten haben einen Wert von ca. 40–50 MJ/kg.

Analog läßt sich der spezifischer Heizwert auch bei gasförmigen Stoffen definieren. Hierbei bietet sich allerdings an, statt der schlecht meßbaren Masse das Volumen zu verwenden. Da das Volumen von Temperatur und Druck abhängt, wird das Normvolumen bei Standardbedingungen ($p = 101\,325$ Pa, $T = 0\,°C$) verwandt.

Daher definiert man den spezifischen Heizwert bei gasförmigen Stoffen als die pro Volumeneinheit bei Standardbedingungen erzielte Wärme.

$$H_g = \frac{Q}{V_0} \qquad (18.26)$$

Gase haben einen Heizwert in der Größenordnung von ca. $10\ldots130$ MJ/m$^3$.

Der **Brennwert** eines Stoffes ist die bei der Verbrennung direkt erzeugte Energie pro Masse. Ein Teil dieser Energie wird jedoch für die Verdampfung des durch Wasserstoffverbrennung erzeugten Wassers verbraucht. Der verbleibende nutzbare Anteil der Wärmemenge ist der Heizwert.

*Tabelle 18.4  Heizwerte einiger fester, flüssiger und gasfömiger Stoffe*

| Stoff | Heizwert MJ/kg | Stoff | Heizwert MJ/m$^3$ |
|---|---|---|---|
| Anthrazitkohle | 31 | Ammoniak | 14,2 |
| Braunkohlenbrikett | 20 | Butan | 124 |
| Holzkohle | 31 | Methan | 36 |
| trockenes Holz | 16 | Propan | 93,4 |
| frisches Holz | 8–9 | Stadtgas | 20 |
| Steinkohle | 30 | Wasserstoff | 10,8 |
| Heizöl | 41 | | |
| Ethylalkohlol | 27 | | |
| Methylalkohol | 19,5 | | |

Der Brennwert ist nie geringer als der Heizwert und hängt von der Wasserstoffkonzentration des verbrannten Stoffes ab. Für reinen Wasserstoff, der außschließlich zu Wasser verbrennt, beträgt beispielsweise der Heizwert $10,8\,\text{MJ/m}^3$ und der Brennwert $12,8\,\text{MJ/m}^3$, was einer Erhöhung um ca. 20 % entspricht. Bei Metangas ist der Heizwert $36\,\text{MJ/m}^3$ und der Brennwert $39,9\,\text{MJ/m}^3$, was einer 10 prozentigen Erhöhung entspricht. Bei Kohlenmonoxyd, das rein zu Kohlendioxyd verbrennt, sind schließlich Heizwert und Brennwert gleich $H_\text{u} = H_\text{o} = 12,6\,\text{MJ/m}^3$.

Der Brennwert wurde früher als **oberer Heizwert** $H_\text{o}$ bezeichnet, während der **untere Heizwert** $H_\text{u}$ eine alte Bezeichnung ist, für die heute nur noch das Wort Heizwert verwendet wird.

In älteren technischen Anlagen ist für die nutzbare Wärmeenergie der (untere) Heizwert von Bedeutung. Modernere Anlagen werden so betrieben, daß die Temperatur der Abgase unter dem Taupunkt liegt und somit die Kondensationsenergie des verdampften Wassers zurückgewonnen wird. Dadurch kann der volle Brennwert ausgenutzt werden, was z. B. bei Gasheizung ungefähr 10 % zusätzliche Ausnutzung bedeutet.

Für die bei der Verbrennung erzeugte Wärmemenge gilt also, je nachdem, ob es sich um ein Gas handelt oder nicht.

$$\boxed{\begin{aligned} Q &= m \cdot H \\ Q &= V_0 \cdot H_\text{g} \end{aligned}} \tag{18.27}$$

## *Beispiel 18.4:*  Kohlefeuerung

300 g Holzkohle, z. B. Grillkohle, werden verbrannt. Die freiwerdende Wärmemenge ist

$$Q = m \cdot H \qquad\qquad \underline{1}$$

$$= 0,3\,\text{kg} \cdot 31\,\frac{\text{MJ}}{\text{kg}} = 9,3\,\text{MJ} \qquad\qquad \underline{2}$$

# Wärmeerzeugung durch Sonnenenergie

Die Einstrahlung der Sonne auf die Erde stellt einen Wärmetransport durch Strahlung dar. Die Strahlung kann in Wärme umgewandelt werden. Hierbei ist neben der Zeitdauer $t$ der Sonneneinstrahlung der Absorptionsgrad $\alpha$ des aufnehmenden Stoffes sowie der Winkel $\varphi$ zwischen der Sonneneinstrahlung und der Senkrechten zur Strahlungsfläche zu beachten.

$$\boxed{Q = q_\text{S} A \alpha t \cos \varphi} \tag{18.28}$$

Die **Solarkonstante** $q_S$ beschreibt dabei den Mittelwert der Leistung der Sonneneinstrahlung auf der Erde pro Fläche

$$q_S = 1,37 \, \frac{kW}{m^2} \tag{18.29}$$

Die Solarkonstante ist nur ein Mittelwert unter Vernachlässigung der Einflüsse von Wolken, Dunst, etc.

*Beispiel 18.5*:   Aufwärmung einer Platte in der Sonne

> Eine 50 cm × 50 cm Platte liegt eine Stunde unter dem Winkel (der Senkrechten) von 30° in der Sonne. Unter Annahme einer Absorptionsrate von 70 % ist die Wärmeaufnahme
>
> $$Q = q_S A \alpha t \cos \varphi \qquad \underline{1}$$
> $$= 1,37 \, \frac{kW}{m^2} \cdot 0,25 \, m^2 \cdot 0,7 \cdot 3600 \, s \cdot \cos 60° = 431,55 \, kJ \qquad \underline{2}$$

## Umwandlung von Wärme in andere Energieformen

Die Umwandlung von Wärmeenergie in andere Energieformen erfolgt im allgemeinen mit einer Wärmemaschine, die nach dem Prinzip des Carnot-Prozesses arbeitet.

Eine genaue Beschreibung des Carnot-Prozesses erfolgt im Kapitel über die Hauptsätze der Thermodynamik. Sein Grundprinzip liegt darin, verschiedene Arten von Zustandsänderungen so hintereinander durchzuführen, daß ein Stoffsystem abwechselnd mit einem kalten und einem heißen Temperaturbad in Berührung kommt, dabei Wärme vom heißen Bad ins kalte Bad transportiert und dabei mechanische Arbeit verrichtet, die in andere Energieformen umgewandelt werden kann.

Der Anteil der gewonnenen mechanischen Arbeit am gesamten Energieumsatz ist immer kleiner als Eins.

**Man kann Wärmeenergie nicht vollständig in andere Energien umwandeln.**

Der Wirkungsgrad der Wärmemaschine hängt sehr stark von den Temperaturen des heißen und des kalten Bades ab, zwischen denen der Wärmeaustausch stattfindet.

## 18.4   Reversible und irreversible Prozesse

Es ist eine allgemeine Erfahrung, daß in einem abgeschlossenen System solange von selbst Prozesse ablaufen, bis sich ein **Gleichgewichtszustand** eingestellt hat. Da sich solche Prozesse erfahrungsgemäß nie von selbst umkehren können, nennt man sie **irreversibel**. Beispiele für solche Prozesse sind fast alle Prozesse des täglichen Lebens, z. B. die Ausdehnung eines Gases aus einem kleinen in ein größeres Volumen oder alle Formen von Prozessen, bei denen Reibungswärme entsteht.

So wird etwa ein Pendel nach einiger Zeit von selbst und ohne Antrieb immer weniger ausschlagen, weil mechanische Energie durch Reibung in Wärme verwandelt wurde. Der umgekehrte Prozeß, daß sich ein Pendel unter Abkühlung der Umgebung von selbst in Gang setzt, ist noch nie beobachtet worden.

Es ist kennzeichnend für irreversible Prozesse, daß sie über **Nichtgleichgewichtszustände** führen. Irreversible Prozesse erhöhen die Unordnung im System, die **Entropie**. Dies werden wir später noch genauer erläutern.

Im Gegensatz dazu bezeichnet man Prozesse, die nur über Gleichgewichtszustände führen, als **reversibel**. **Reversible Prozesse** sind eine Idealisierung, die es streng genommen nicht gibt, denn wenn sich

ein System im Gleichgewicht befindet, so haben die Zustandsvariablen zeitunabhängige Werte, und es passiert makroskopisch nichts. Reversible Zustandsänderungen lassen sich aber durch kleine (infinitesimale) Änderungen der Zustandsvariablen simulieren, bei denen das Gleichgewicht nur wenig gestört wird. Wenn diese Änderungen genügend langsam erfolgen, hat das System genügend Zeit, immer wieder ins Gleichgewicht zu kommen.
Solche Zustandsänderungen bezeichnet man auch als **quasireversibel.**

Die Bedeutung von reversiblen Zustandsänderungen liegt darin, daß man in jedem Teilschritt des Prozesses einen Gleichgewichtszustand mit definierten Werten der Zustandsgrößen hat, so daß sich die totalen Änderungen von Zustandsgrößen durch Integration über die infinitesimalen reversiblen Schritte erhalten lassen. Bei irreversiblen Prozessen ist dies nicht möglich. Während eines irreversiblen Prozesses ist das System im allgemeinen nicht im Gleichgewicht, und es ist meist nicht einmal möglich, den Zustandsgrößen überhaupt Werte zuzuordnen.

### *Beispiel 18.6*: Isotherme Expansion

Wir betrachten die Expansion eines Gases bei konstanter Temperatur (**isotherme Expansion**). Eine konstante Temperatur stellt man praktisch durch ein **Wärmebad** her, z. B. durch einen großen Behälter mit Wasser der Temperatur $T$, in dem das System untergebracht wird und der sich mit dem System im thermischen Gleichgewicht befindet.

Wir können die isotherme Expansion des Gases vom Volumen $V_1$ auf $V_2$ einfach dadurch bewirken, daß wir die äußere Kraft $F_a$ auf den Kolben, welche das Gleichgewicht aufrecht erhält, beseitigen. Dann wird sich das Gas sehr schnell auf das Volumen $V_2$ ausdehnen, wobei während dieses Prozesses lokal Druckunterschiede, Wirbelbildung und Temperatur- sowie Dichteunterschiede auftreten.

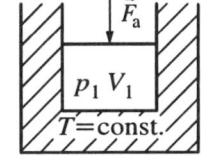

Dieser Prozeß läuft von selbst ab und würde sich aller Erfahrung nach niemals von selbst umkehren. Er ist daher irreversibel.

*Abb. 18.9: Isothermes System mit Wärmebad*

Während der Expansion können wir den makroskopischen Zustandsgrößen keine Werte zuordnen. Erst wenn sich wieder ein Gleichgewicht eingestellt hat, können wir dies tun. Die bei der Expansion vom System geleistete Arbeit ist Null, solange man einen idealen masselosen Kolben verwendet, da die Verschiebung des Kolbens kräftefrei erfolgt.

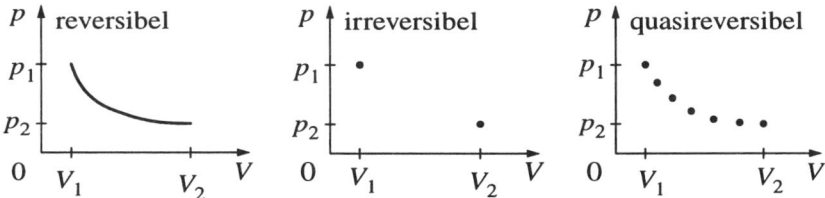

*Abb. 18.10: Verschiedene Arten der Prozeßführung*

Wir können diese isotherme Expansion aber auch reversibel oder zumindest quasireversibel durchführen, wenn wir die Kraft jeweils nur um einen infinitesimalen Schritt verkleinern und warten, bis sich in der neuen Situation wieder ein Gleichgewicht eingestellt hat. Der große Unterschied zur irreversiblen (isothermen) Expansion ist, daß in diesem Fall in jedem Zwischenschritt die thermodynamischen Variablen definierte Werte haben und beispielsweise die Zustandsgleichungen gelten. Nehmen wir in unserem Fall ein ideales Gas an, so ist $p = NkT/V$, und wir können die totale vom System bei der Expansion geleistete Arbeit berechnen.

$$\int_1^2 dW = -\int_{V_1}^{V_2} p\,dV = -NkT \int_{V_1}^{V_2} \frac{dV}{V} = -NkT \ln \frac{V_2}{V_1} \qquad \underline{1}$$

Das heißt im Unterschied zur irreversiblen Expansion hat unser System in diesem Fall eine Arbeit gegen die äußere Kraft $F_a$ geleistet. Es sei angemerkt, daß diese reversible Arbeitsleistung des Systems auch die maximale dem System zu entnehmende Arbeit ist: Es gibt keine Möglichkeit, mehr als die **reversible Arbeitsleistung** aus einem System zu entnehmen.

Reale Expansionen liegen natürlich zwischen den Extremfällen der total irreversiblen Expansion

$$(\Delta W = 0) \qquad \qquad \underline{2}$$

und der total reversiblen Expansion

$$(\Delta W = -NkT \ln(V_2/V_1)) \qquad \qquad \underline{3}$$

Die reversible und die irreversible Prozeßführung aus unserem Beispiel ist in dem obenstehenden Diagramm veranschaulicht.

Im irreversiblen Fall können wir nur Anfangs- und Endzustand angeben, während bei reversibler Prozeßführung alle Punkte der $p$-$V$-Isothermen (Kurven zu konstanter Temperatur) abgefahren werden. Obwohl Anfangs- und Endzustand bei reversibler und irreversibler Prozeßführung identisch sind, ist die umgesetzte Arbeit (Energiebilanz) total verschieden. Offensichtlich ist die irreversible Prozeßführung mit einer Verschwendung von zur Verfügung stehender Arbeitsleistung verbunden. Dies gilt übrigens auch, wenn wir die isotherme Kompression betrachten. Bei reversibler Prozeßführung benötigen wir dafür die Arbeit

$$\int_2^1 \mathrm{d}W = -\int_{V_2}^{V_1} p \, \mathrm{d}V = -NkT \ln \frac{V_1}{V_2} = NkT \ln \frac{V_2}{V_1} > 0 \qquad \qquad \underline{4}$$

Hierbei ist vorausgesetzt, daß in jedem Schritt die Kraft auf den Kolben nur infinitesimal vergrößert wird. Würden wir statt dessen plötzlich mit großer Kraft den Kolben hineinschieben, so müssen wir dafür mehr Arbeit aufwenden, die letztendlich in Form von Wärme an das Wärmebad abgegeben wird.

Wie wir diesem Beispiel entnehmen, ist die bei der isothermen Expansion geleistete Arbeit von der Art der **Prozeßführung** abhängig, obwohl Anfangs- und Endzustände in beiden Fällen die gleichen sind. Dies ist ein spezieller Fall der allgemeinen Erfahrung, daß die von einem Prozeß geleistete Arbeit und auch die umgesetzte Wärme nicht nur von Anfangs- und Endzustand des Systems abhängen, sondern auch von der Art der Prozeßführung. Das bedeutet aber, daß Arbeit und Wärme nicht geeignet sind, einen makroskopischen Zustand eindeutig zu beschreiben. Sie sind **keine** Zustandsgrößen! Mathematisch bedeutet dies, daß Arbeit und Wärme **keine** exakten, d. h. totalen Differentiale sind.

# 18.5   Spezielle Zustandsänderungen

## 1. Isotherme Prozesse – die Temperatur ist konstant

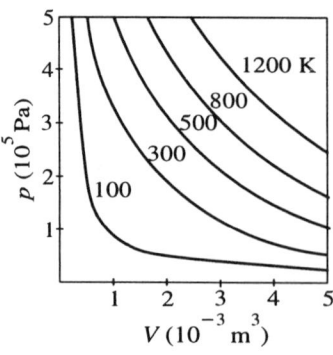

**Isotherme** sind für das ideale Gas Hyperbeln in der $p$-$V$-Ebene.

$$\boxed{p \cdot V = \text{const.}} \qquad (18.30)$$

d. h., der Druck nimmt bei isothermer Expansion ab und bei isothermer Kompression zu wie $1/V$.

*Abb. 18.11: Isothermer Prozeß*

## 2. Isobare Prozesse – der Druck bleibt konstant

**Isobaren** sind horizontale Geraden ($p$ = const.) in der $p$-$V$-Ebene: Die Temperatur nimmt bei Expansion (steigendem Volumen) zu – das Material geht von einer niedrigeren Isotherme auf eine höhere Isotherme über.

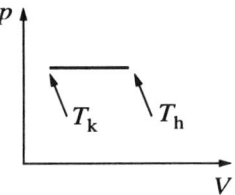

Abb. 18.12: Isobarer Prozeß

## 3. Isochore Prozesse – das Volumen bleibt konstant

**Isochoren** sind vertikale Geraden ($V$ = const.) in der $p$-$V$-Ebene. Der Druck steigt mit steigender Temperatur an, das System geht von einer niedrigen Isotherme auf eine höhere über.

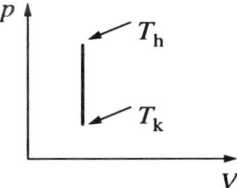

Abb. 18.13: Isochorer Prozeß

## 4. Isentrope Prozesse – die Entropie ist konstant

Obwohl wir die Entropie noch nicht eingeführt haben, nehmen wir hier schon den isentropen, auch als adiabatisch bezeichneten Prozeß vorweg.
Bei isentropen Prozessen wird dem System keine Wärme zu- oder abgeführt. Isentropen verlaufen im $p$-$V$-Diagramm steiler als Isothermen, nämlich wie

$$pV^\kappa = \text{const.}, \quad \kappa > 1 \qquad (18.31)$$

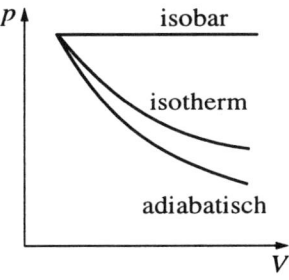

Abb. 18.14: Vergleich von isobarem, isentropen Prozeß und isothermen Prozeß

*Beispiel 18.7*:    Arbeit eines idealen Gases

a) Ein ideales Gas expandiert isotherm, wieviel Arbeit hat das Gas geleistet?
b) Wie ändert sich das Ergebnis, falls isobar expandiert wird?

**Lösung:**

a) Für den isothermen Prozess gilt $pV$ = const., daher berechnet sich die geleistete Arbeit zu:

$$W_{1\to2} = \int_{V_1}^{V_2} p\, dV$$

1

Einsetzen der Zustandsgleichung für das ideale Gas führt auf:

$$W_{1\rightarrow2} = nRT \int_{V_1}^{V_2} \frac{\mathrm{d}V}{V} = nRT \ln \frac{V_2}{V_1} \qquad \underline{2}$$

Die Intergration kann nur deshalb so einfach ausgeführt werden, da $T$ eine Konstante ist (isothermer Prozeß).

b) Für den isobaren Prozeß können wir die Ausgangsgleichung direkt integrieren, da $p = \text{const.}$:

$$W_{1\rightarrow2} = \int_{V_1}^{V_2} p\,\mathrm{d}V = p \int_{V_1}^{V_2} \mathrm{d}V = p(V_2 - V_1) \qquad \underline{3}$$

# 18.6  Zusammenfassung

Die am System geleistete **mechanische Arbeit** $W$ wird

$$W = -\int p\,\mathrm{d}V \qquad (18.32)$$

**Wärme** $Q$ kann in thermodynamischen Prozessen in **Arbeit** umgewandelt werden und umgekehrt.
Die **totale Wärmekapazität** $C$ beschreibt das Verhältnis zwischen der zugeführten Wärmeenergie und der resultierenden Temperaturerhöhung

$$Q = \int C\,\mathrm{d}T \qquad [C] = \mathrm{J/K} \qquad (18.33)$$

**Molare spezifische Wärmekapazität** $C_{\mathrm{mol}}$: Wärmekapazität pro Mol

$$C_{\mathrm{mol}} = \frac{C}{n} \qquad (18.34)$$

**Spezifische Wärmekapazität** $c$: Wärmekapazität pro Masseneinheit ($m = $ Masse)

$$c = \frac{C}{m} = \frac{C_{\mathrm{mol}}}{M} \qquad [c] = \mathrm{J/K\cdot kg} \qquad (18.35)$$

mit der Molmasse $M$. **Wärmezufuhr** kann bei konstantem Volumen oder bei konstantem Druck erfolgen. Die zugehörigen spezifischen Wärmekapazitäten sind **unterschiedlich**:

$$c_p > c_V$$

$$C_p = C_V + TV\left(\frac{\alpha^2}{\kappa_T}\right)$$

$$c_{p\mathrm{mol}} - c_{V\mathrm{mol}} = R \qquad (18.36)$$

**Umwandlung von elektrischer Energie** in Wärme

$$Q = U \cdot I \cdot t \qquad Q = P \cdot t \qquad (18.37)$$

**Umwandlung von mechanischer Energie** in Wärme

$$Q = \Delta W_{\mathrm{kin}} + \Delta W_{\mathrm{pot}} \qquad (18.38)$$

**Spezifischer Heizwert** eines flüssigen oder festen Materials beschreibt die pro Masseneinheit bei Verbrennung freigewordene Wärmeenergie.
In Gasen wird der Heizwert pro Volumen bei Standardbedingungen gemessen.

$$H = \frac{Q}{m}, \quad Q = H \cdot m; \qquad H_g = \frac{Q}{V_0}, \quad Q = H_g \cdot V_0 \qquad (18.39)$$

**Brennwert** ist die bei der Verbrennung direkt erzeugte Wärmeenergie. Ein Teil dieser Energie wird jedoch zum Verdampfen des erzeugten Wassers aufgewandt.

**Umwandlung von Sonnenenergie** in Wärme

$$Q = q_S A \alpha t \cos \varphi \tag{18.40}$$

Dabei ist $q_S = 1,37\,\dfrac{\text{kW}}{\text{m}^2}$ die **Solarkonstante**.

Während **elektrische und mechanische Energie vollständig** in Wärme umgewandelt werden können, kann **Wärme nicht vollständig** in andere Energieformen umgewandelt werden.

**Reversible** Prozesse sind **umkehrbar**. Sie finden normalerweise nur in grober Näherung statt, und auch nur bei langsamen Prozessen.
**Irreversible** Prozesse sind **nicht umkehrbar**.
**Isotherme** Prozesse finden bei konstanter **Temperatur** statt. Das System befindet sich in einem Wärmebad.
**Isobare** Prozesse finden bei konstantem **Druck** statt.
**Isochore** Prozesse laufen bei konstantem **Volumen** ab.
**Isentrope** Prozesse laufen bei konstanter **Entropie** ab.
**Adiabatische** Prozesse finden **ohne Wärmeaustausch** mit der Umgebung statt.

# 18.7   Aufgaben

**18.1**  Zum Erwärmen eines Eisenteils wird die Wärmemenge 1,62 MJ augewendet. Um wieviel vergrößert sich das Volumen des Teiles? Um wieviel Kelvin wird es erwärmt, wenn sein Anfangsvolumen $3\,000\ \text{cm}^3$ betrug?

**18.2**  Es ist bekannt, daß sich die spezifische Wärmekapazität eines Gases bei konstantem Druck ($c_p$) merklich von der spezifischen Wärmekapazität desselben Gases bei konstantem Volumen ($c_V$) unterscheidet. Welche dieser beiden Wärmekapazitäten ist größer? Warum?

**18.3**  Wasser stürzt aus der Höhe 1200 m herab. Um welchen Betrag erhöht sich die Temperatur des Wassers, wenn zu dessen Erwärmung 60 % der potentiellen Energie aufgewandt werden?

**18.4**  Beim Bohren von Metall mit einer handbetriebenen Bohrmaschine erwärmt sich der Bohrer aus Stahl mit $\text{b}0\,$g Masse nach 3 min ununterbrochener Arbeit um 70,5 K. Unter der Annahme, daß zum Erwärmen des Bohrers 15 % der gesamten aufgewandten Energie gebraucht werden, ist die beim Bohren aufgebrachte Leistung zu bestimmen.

**18.5**  Mit Hilfe eines Maschinenhammers von 58,8 kN Gewicht wird ein eisernes Schmiedestück mit der Masse 205 kg bearbeitet. Nach 35 Schlägen hat sich das Schmiedestück von 283 auf 291 K erwärmt. Wie groß ist die Geschwindigkeit des Hammers im Augenblick des Schlages? Es wird angenommen, daß zum Erwärmen des Schmiedestücks 70 % der Hammerenergie aufgewandt werden.

**18.6**  Ein Stahlhammer mit der Masse 12 kg fällt auf eine Eisenscheibe von 0,20 kg Masse, die auf einem Amboß liegt. Die Fallhöhe des Hammers ist 1,5 m. Unter der Annahme, daß zum Erwärmen der Scheibe 40 % der kinetischen Energie des Hammers aufgewandt werden, ist zu berechnen, um welchen Temperaturbetrag sich die Scheibe nach 50 Hammerschlägen erwärmt hat.

**18.7**  Wasser von 80 °C tritt in den Radiator einer Warmwasserheizungdurch ein Rohr von $500\ \text{mm}^2$ Querschnitt mit der Geschwindigkeit 1,2 cm/s ein und verläßt ihn mit der Temperatur 25 °C. Welche Wärmemenge erhält der beheizte Raum im Verlauf eines Tages?

**18.8**  Ein Gefäß mit dem Volumen 12 l, das Gas unter dem Druck 0,40 MPa enthält, wird mit einem leeren Gefäß vom Volumen 3,0 l verbunden, aus dem die Luft vollständig abgepumpt wurde. Gesucht ist der Endwert des Druckes. Der Prozeß verläuft isotherm.

**18.9** Wird die Temperatur eines Gases von 286 auf 325 K geändert, erhöht sich sein Druck um 160 mbar. Gesucht ist der ursprüngliche Gasdruck. Der Prozeß verläuft isochor.

**18.10** Feuerungsgase haben beim Austritt aus dem Schornstein in die Atmosphäre die Temperatur 400 K, wobei sich ihr ursprüngliches Volumen auf den 3,5-ten Teil vermindert. Unter der Annahme, daß der Druck unverändert bleibt, ist die Anfangstemperatur der Gases zu bestimmen.

**18.11** 1. Es sind Beispiele für adiabatische und angenähert adiabatische Prozesse anzuführen.

     2. Wodurch unterscheidet sich ein adiabatischer Prozeß von einem beliebigen iso-Prozeß?

     3. Kann der adiabatische Prozeß in einem Gas ablaufen, wenn die Wärmeisolation zwischen Gas und dem umgebenden Medium fehlt?

**18.12** Gesucht ist die spezifische Wärmekapazität eines Gasgemisches, das aus 3 kmol Argon und 2 kmol Stickstoff besteht, bei konstantem Druck?

**18.13** Für die Erwärmung von 40 g Sauerstoff von 16 °C auf 40 °C werden 628,5 J aufgewendet. Unter welchen Bedingungen wird das Gas erwärmt?
(Bei konstantem Volumen oder bei konstantem Druck?)

**18.14** Unter der Verwendung der Dulong-Petitschen Regel ist das Material gesucht, aus dem eine metallische Kugel mit einer Masse von 0,025 kg gefertigt ist, wenn für ihre Erwärmung von 10 °C auf 30 °C eine Wärmemenge von 117 J erforderlich ist.

# Kapitel 19

# Thermodynamische Hauptsätze

Wir haben in den vorangehenden Abschnitten erkannt, daß Wärme nichts anderes als eine spezielle Form von Energie ist. Diese Erkenntnis geht auf **R. J. Mayer** (1842) zurück. Das Verständnis der Wärme als Energie, die auf die Teilchen des Systems in statistischer Weise verteilt ist, wurde von **Clausius** (1857) begründet: Er führte das statistische Konzept der mittleren quadratischen Geschwindigkeit ein und leitete das ideale Gasgesetz aus der kinetischen Theorie ab.

Bei allen Betrachtungsweisen ist der Aspekt des Gleichgewichts von großer Bedeutung. Alle hier betrachteten Zustandsänderungen sollen wieder in einen (anderen) Gleichgewichtszustand führen.

Fügt man zwei Systeme zusammen, so werden so lange Austauschprozesse erfolgen, bis sich die intensiven Größen der Systeme angeglichen haben:

Für das thermische Gleichgewicht findet so lange ein Wärmeaustausch statt, bis die Temperaturen beider Systeme gleich sind. Hat man mehrere Systeme, so gilt:

**Alle Systeme, die mit einem System im thermischen Gleichgewicht stehen, sind auch untereinander im thermischen Gleichgewicht.**

Diese Eigenschaft ist so wichtig, daß sie oft als **nullter Hauptsatz der Thermodynamik** bezeichnet wird. Auf ihm beruht die Wirkungsweise des Thermometers.

## 19.2  Erster Hauptsatz

In der Physik ist das Prinzip der Energieerhaltung von fundamentaler Bedeutung, und alle Erfahrung bestätigt die Annahme, daß dieses Prinzip sowohl in makroskopischen als auch in mikroskopischen Dimensionen richtig ist. Man muß daher neben der Arbeit, die ein System leistet oder aufnimmt, auch die mit der Umgebung ausgetauschte Wärme berücksichtigen. Wir können daher jedem makroskopischen System eine **innere Energie** $U$ zuordnen. Für ein **abgeschlossenes System**, welches mit der Umgebung keine Arbeit oder Wärme austauscht, ist die innere Energie $U$ identisch mit der aus Mechanik und Elektrodynamik bekannten Gesamtenergie $W$ des Systems.

Kann das System jedoch Arbeit oder Wärme mit der Umgebung austauschen, so gilt der gegenüber Mechanik und Elektrodynamik erweiterte Energiesatz. Die Änderung der inneren Energie bei einer beliebigen (reversiblen oder irreversiblen) Zustandsänderung ist dann gegeben durch die Summe der mit der Umgebung ausgetauschten Arbeit $\delta W$ und Wärme $\delta Q$. Wir schreiben den ersten Hauptsatz als

$$dU = \delta W + \delta Q \qquad (19.1)$$

Hierbei ist

- $dU$ ein differentieller Zuwachs der inneren Energie des Systems,

- $\delta Q$ ein kleiner Betrag mikroskopischer thermischer Energie, der dem System als Wärme zugeführt wird,
- $\delta W$ ein kleiner Betrag makroskopischer Arbeit, die vom System geleistet wird:
- $\delta W < 0$ ist Arbeit, die <u>vom</u> System geleistet wird und
- $\delta W > 0$ Arbeit, die <u>am</u> System verrichtet wird. Häufig findet man auch in der Literatur die umgekehrte Definition, was letztendlich an der Physik nichts ändert.

Von entscheidender Bedeutung ist, daß die bei einer kleinen Zustandsänderung mit der Umgebung ausgetauschte Arbeit und Wärme selbst von der Art der Prozeßführung abhängen, d. h. keine vollständigen Differentiale sind, weshalb wir hier zur Unterscheidung ein $\delta$ für die Änderung schreiben.

Wir werden später noch Kreisprozesse kennenlernen, bei denen das System vom Ausgangszustand weg und wieder zurückgeführt wird und dabei vom System Arbeit geleistet (und Wärme aufgebraucht) wird. Die geleistete Arbeit hängt also nicht von Ausgangs- und Endzustand ab.

Die Änderung der Gesamtenergie ist dagegen unabhängig von der Prozeßführung und hängt nur von Anfangs– und Endzustand des Systems ab. Die innere Energie besitzt ein totales Differential. Es sei noch einmal ausdrücklich betont, daß z. B. die Arbeit nur bei **reversibler Prozeßführung** die Änderung $\delta W_{\mathrm{rev}} = -p\,dV$ hat; bei irreversiblen Prozessen kann z. B. $\delta W_{\mathrm{irr}} = 0$ sein. Das gleiche gilt für die ausgetauschte **Wärme**: $\delta Q_{\mathrm{rev}} = C_V\,dT$ ist nur bei reversiblen Prozessen richtig, während Gleichung (19.1) allgemein und immer richtig ist.

Es gibt eine Fülle von Formulierungen des ersten Hauptsatzes der Thermodynamik, die jedoch alle dasselbe bedeuten:

**Bei der Energiebilanz eines Systems ergeben die ausgetauschte Arbeit und Wärme zusammen die totale Energieänderung des Systems.**

Diese Erkenntnis ist Robert Mayer (1814–1878) und J. P. Joule (1818–1889) zu verdanken, der mit seinen präzisen Experimenten nachweisen konnte, daß Wärme gerade eine spezielle Form der Energie ist.

Wir wollen hier wenigstens eine Auswahl dieser verschiedenen Formulierungen des ersten Hauptsatzes präsentieren, die alle gleichwertig sind:

- **Die innere Energie $U$ eines Systems ist eine Zustandsfunktion.**
  Das bedeutet, daß der totale Energieinhalt eines Systems nach wiederholtem Einnehmen desselben Makrozustandes immer derselbe ist.
- **Es gibt kein Perpetuum mobile erster Art.**
  Als Perpetuum mobile erster Art bezeichnet man eine Maschine, die dauernd Energie erzeugt, ohne ihre Umgebung zu verändern. Es ist dies nicht etwa nur eine Maschine, die dauernd in Gang bleibt, ohne zur Ruhe zu kommen, wie dies in guter Näherung für unser Planetensystem der Fall ist, sondern eine Maschine, die effektive Arbeit leistet, ohne ein Energiereservoir anzuzapfen.
- Die Änderung der inneren Energie bei einer beliebigen infinitesimalen Zustandsänderung ist ein totales Differential, d. h., die Änderung der inneren Energie hängt nur von Anfangs- und Endzustand eines Systems, nicht aber vom Weg ab.

Was passiert mit den Molekülen der Substanz während der verschiedenen Prozesse?

- Wenn dem System weder Wärme noch Arbeit zugeführt werden, dann ändert sich die mittlere kinetische Energie der Moleküle, $\frac{1}{2}m\overline{v^2}$, nicht.
- Wenn das System über die Wände des Zylinders aufgeheizt wird, ohne das Arbeit geleistet wird, so erhöht sich die innere Energie, das heißt die kinetische Energie der Moleküle, durch Stöße an der Wand. Bei den Stößen wird dann Energie von der Wand auf die Teilchen übertragen. Das System wird erwärmt, die Wände kühlen ab. Ist die Wand kälter, d. h., besitzt sie geringere mittlere Energie als das System, überträgt sich Energie auf die Wand.
- Leistet das System Expansionsarbeit, d. h., der Kolben wird nach außen verschoben, so verlieren die Moleküle kinetische Energie bei Stößen am sich wegbewegenden Kolben.

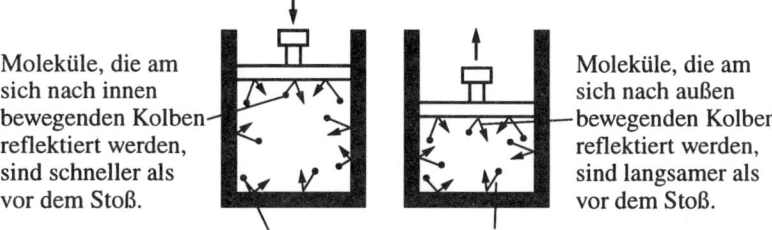

Moleküle, die am sich nach innen bewegenden Kolben reflektiert werden, sind schneller als vor dem Stoß.

Moleküle, die am sich nach außen bewegenden Kolben reflektiert werden, sind langsamer als vor dem Stoß.

Moleküle, die an festen Wänden reflektiert werden, haben gleiche Geschwindigkeit nach dem Stoß.

*Abb. 19.1: Mittlere Molekülgeschwindigkeit ändert sich bei Expansion und Kompression*

• Bewegt sich der Kolben nach innen, d. h., am System wird Kompressionsarbeit geleistet, so erhalten die Teilchen, wenn sie an den Kolben stoßen, von der Bewegung des Kolbens einen zusätzlichen Impuls, der auch die kinetische Energie erhöht.

Wir wollen noch einmal ausdrücklich betonen, daß das Energieprinzip unabhängig von der Prozeßführung für reversible wie auch für irreversible Zustandsänderungen gleichermaßen gilt.

## Beispiel 19.1: Innere Energie und geleistete Arbeit bei Zustandsänderung des idealen Gases

Ein ideales Gas mit dem Druck $p_1$ und dem Volumen $V_1$ wird mit konstantem Druck auf das Doppelte seines ursprünglichen Volumens expandiert. Danach wird bei konstantem Volumen der Druck um die Hälfte reduziert.

a) Wie ist die Gesamtänderung der inneren Energie d$U$ ?
b) Wie groß ist die gesamte geleistete Arbeit ?
c) Wie groß ist die zugeführte (abgeführte) Wärme $\delta Q$?

**Lösung:**

a) Die Zustandsänderungen können wie folgt beschrieben werden:

$$(p_1, V_1) \rightarrow (p_1, 2V_1) \rightarrow (\frac{1}{2}p_1, 2V_1) \qquad \underline{1}$$

Für das ideale Gas gilt bekanntlich $pV = nRT$. Vergleicht man die linke Seite der vorherigen Gleichung mit der rechten Seite, so sieht man, daß sich das Produkt aus Volumen und Druck nicht ändert und daher die Anfangstemperatur gleich der Endtemperatur ist.
Die innere Energie ist, wie schon im letzten Kapitel beschrieben, eine Funktion der Temperatur $U = 3/2NkT$. Da diese konstant ist, muß auch die innere Energie nach Ablauf des Prozesses konstant sein, also

$$dU = 0 \qquad \underline{2}$$

b) Die Arbeit, die während des Prozesses geleistet wird, ist das Volumenintegral über den Druck $-\int p \, dV$ gleich der Fläche unter der $p$-$V$-Kurve in obiger Abbildung. Leicht läßt sich geometrisch nachvollziehen, daß

$$\delta W = W_{1\rightarrow 2} = p_1(2V_1 - V_1) = p_1 V_1 \qquad \underline{3}$$

die geleistete Arbeit ist.
c) Mit Hilfe des ersten Hauptsatzes der Thermodynamik finden wir:

$$dU = \delta A + \delta Q$$
$$0 = p_1 V_1 + \delta Q$$
$$\Longrightarrow \delta Q = -p_1 V_1 \qquad \underline{4}$$

## Beispiel 19.2: Innere Energie

Als Beispiel berechnen wir die innere Energie eines idealen Gases. Wir haben schon im Abschnitt „Kinetische Theorie des idealen Gases" die folgende Gleichung abgeleitet:

$$pV = NkT = \frac{2}{3} N \langle \varepsilon_{kin} \rangle \qquad \underline{1}$$

wobei $\langle \varepsilon_{kin} \rangle$ die mittlere kinetische Energie pro Teilchen war. Nun ist aber die innere Energie in der statistischen Interpretation nichts anderes als die totale mittlere Energie des Systems. Im Fall des idealen Gases besitzen die Teilchen nur kinetische, keine potentielle Energie. Also gilt mit $U = \langle E_{kin} \rangle = N \langle \varepsilon_{kin} \rangle$

$$U = \frac{3}{2} NkT = \frac{3}{2} nRT \qquad \underline{2}$$

Wir wollen noch die spezifische Wärmekapazität des idealen Gases ableiten. Betrachten wir einen Behälter mit idealem Gas bei konstantem Volumen in einem Wärmebad der Temperatur $T$, so ist bei einer Temperaturänderung um d$T$

$$dU = \delta W + \delta Q \qquad \underline{3}$$

Andererseits ist die mit der Umgebung ausgetauschte Arbeit wegen

$$\delta W = -p \, dV = 0 \qquad (V = \text{const.}) \qquad \underline{4}$$

gleich Null.
(Bemerkung: Man nennt Zustandsänderungen bei konstantem Volumen **isochor**.)
Also gilt:

$$dU = \delta Q = C_V(T) \, dT \qquad \underline{5}$$

Hier wurde die Wärmekapazität $C_V$ bei konstantem Volumen verwendet. Man beachte, daß wegen der vorliegenden Prozeßführung $\delta Q$ als Integral berechnet werden kann. Nun ist aber für verdünnte Gase die spezifische Wärmekapazität konstant (vgl. Abschnitt „Spezifische Wärmekapazität"), so daß wir Gleichung $\underline{5}$ als das Integral über eine Konstante ansehen können.

$$U(T) - U_0(T_0) = C_V (T - T_0) \qquad \underline{6}$$

Berücksichtigen wir noch, daß die **totale Wärmekapazität** proportional zur Molzahl ist, $C_V = nC_{V\,\text{mol}}$, so finden wir

$$U(T) - U_0(T_0) = nC_{V\,\text{mol}} (T - T_0) \qquad \underline{7}$$

Durch Vergleich mit Gleichung $\underline{2}$ ergibt sich

$$C_V = \frac{3}{2} Nk \quad \text{bzw.} \quad C_{V\,\text{mol}} = \frac{3}{2} R \quad \text{und} \quad C_V = \frac{3}{2} nR \qquad \underline{8}$$

Auch hier sehen wir wieder die große praktische Bedeutung der spezifischen Wärmen. Mit Gleichung $\underline{5}$ können wir aus gemessenen spezifischen Wärmen realer Gase deren innere Energie bestimmen. Wir können ganz allgemein nun die totale Wärmekapazitäten bei konstantem Volumen mit

$$C_V = \left. \frac{\partial U}{\partial T} \right|_V \qquad \underline{9}$$

identifizieren, da Gleichung $\underline{5}$ für $V = $ const.; immer richtig ist.
Gleichung $\underline{7}$ ist übrigens allgemeiner als es zunächst erscheint: Die spezifische Wärmekapazität vieler Substanzen kann für einen gewissen Temperaturbereich als konstant angesehen werden. Daher gilt $\underline{7}$ z. B. auch für Metalle und reale Gase, solange die betrachteten Temperaturdifferenzen nicht zu groß werden.

## Beispiel 19.3: Adiabatengleichung

Wir fragen nun nach dem Zusammenhang von Temperatur und Volumen eines idealen Gases, wenn kein Wärmeaustausch mit der Umgebung zugelassen wird. Prozesse, bei denen kein Wärmeaustausch mit der Umgebung stattfindet, heißen **adiabatische** Prozesse. Es gilt nach dem 1. Hauptsatz mit $\delta Q = 0$ und $\delta A_{rev} = -p \, dV$ für einen reversiblen adiabatischen Prozeß

$$dU = \delta A_{rev} = -p \, dV \qquad \underline{1}$$

Wird das System also um das Volumen $dV$ komprimiert, d. h. Arbeit am System geleistet, so wächst der Energieinhalt des Systems um $dU = -p\,dV > 0$ ($dV < 0$). Da das System jedoch diesen Energiegewinn nicht in Arbeit umsetzt, muß die Energie in Form von Wärmeenergie gespeichert werden. Diese bleibt nach Vorraussetzung im System, so daß die Temperatur um $dT$ erhöht wird:

$$C_V\,dT = -p\,dV \qquad \underline{2}$$

Setzen wir für $p(V,T)$ den aus der idealen Gasgleichung gewonnenen Ausdruck ein, so ergibt sich

$$C_V\,dT = -\frac{NkT}{V}\,dV \qquad \underline{3}$$

Dies ist eine Differentialgleichung, die den Zusammenhang von $V$ und $T$ bei adiabatischen Zustandsänderungen beschreibt. Wir können $\underline{3}$ wegen $C_V = $ const. durch Trennung der Variablen von einem Ausgangszustand $T_0, V_0$ zu einem Endzustand $T, V$ aufintegrieren,

$$\int_{T_0}^{T}\frac{C_V}{Nk}\frac{dT}{T} = -\int_{V_0}^{V}\frac{dV}{V} \quad \Rightarrow \quad \frac{C_V}{Nk}\ln\frac{T}{T_0} = -\ln\frac{V}{V_0} \qquad \underline{4}$$

Wenn wir $C_V = \frac{3}{2}Nk$ einsetzen und auflösen, ergibt sich

$$\left(\frac{T}{T_0}\right)^{3/2} = \frac{V_0}{V} \qquad \underline{5}$$

Mit Hilfe der idealen Gasgleichung können wir äquivalente Gleichungen für die Zusammenhänge von $p$ und $V$ bzw. $p$ und $T$ bei reversiblen adiabatischen Prozessen angeben, z. B. setzen wir $V = NkT/p$, so erhalten wir

$$\left(\frac{T}{T_0}\right)^{\frac{3}{2}} = \frac{NkT_0}{NkT}\frac{p}{p_0} \quad \Longrightarrow \quad \left(\frac{T}{T_0}\right)^{\frac{5}{2}} = \left(\frac{p}{p_0}\right) \qquad \underline{6}$$

Setzen wir nun $T = pV/Nk$, so folgt

$$\boxed{\left(\frac{p}{p_0}\right) = \left(\frac{T}{T_0}\right)^{\frac{5}{2}}}$$

$$\left(\frac{pV\,Nk}{p_0V_0\,Nk}\right)^{\frac{5}{2}} = \left(\frac{p}{p_0}\right)^{\frac{5}{2}}\left(\frac{V}{V_0}\right)^{\frac{5}{2}} \qquad \underline{7}$$

Wir fassen die Terme $(p/p_0)$ zusammen und potenzieren mit $2/3$:

$$\boxed{\frac{p}{p_0} = \left(\frac{V_0}{V}\right)^{\frac{5}{3}}}$$

$$\Longrightarrow \quad \boxed{pV^{\frac{5}{3}} = p_0V_0^{\frac{5}{3}}} \qquad \underline{8}$$

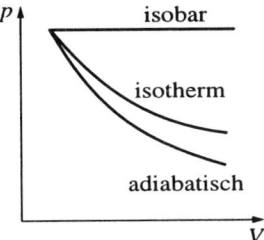

*Abb. 19.2: Isentrope – Isotherme*

Die letzte Gleichung besagt, daß das Produkt $pV^{5/3}$ eine Konstante ist. Die Gleichungen $\underline{5}$, $\underline{6}$ und $\underline{8}$ sind die **Adiabatengleichungen des idealen Gases**. Man beachte, daß sie sich logisch von der idealen Gasgleichung unterscheiden, da wir hier einen bestimmten Prozeß (einen adiabatischen) betrachtet haben: Genau wie bei Prozessen mit konstanter Temperatur (Isothermen), konstantem Druck (Isobaren) oder konstantem Volumen (Isochoren) können wir hier eine Variable der idealen Gasgleichung, die ja das Verhalten eines Zustandes (und nicht seiner Veränderung) beschreibt, eliminieren. Wie wir noch sehen werden, ändert sich bei adiabatischen, reversiblen Prozessen die Gesamtentropie des Systems nicht (**Isentropen**).

Wegen $pV^{5/3}$ = const. verlaufen die **Adiabaten** (Isentropen) in einem $p$-$V$-Diagramm steiler als die **Iso-thermen**, für die das Boyle-Mariottsche-Gesetz ($pV$ = const.) gilt.
Allgemein lautet die Adiabatengleichung (das **Poissonsche Gesetz**)

$$pV^{\kappa} = \text{const.}$$

9

Diese ist auch für reale Gase eine gute Näherung, wenn der sogenannte Adiabatenkoeffizient $\kappa$ experimentell bestimmt wird.

# 19.3   Carnotscher Kreisprozeß und Entropie

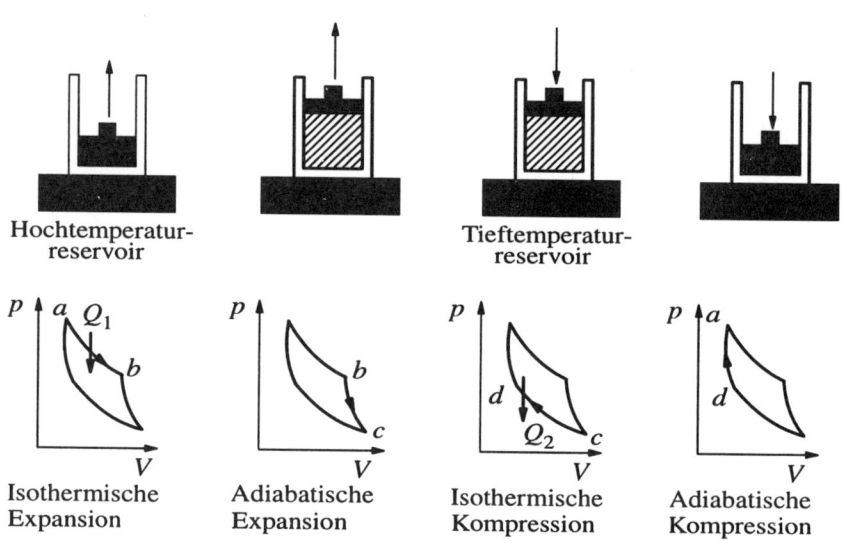

Abb. 19.3: Teilschritte des Carnot-Prozesses

Dieser **Kreisprozeß mit idealem Gas als Arbeitsmedium** wurde von Carnot 1824 eingeführt. Die Absicht war, eine Maschine zu konstruieren, mit der man einem Wärmebad Wärme entnehmen und in mechanische Arbeit umsetzen kann. Bei dem Arbeitsmedium sollen mehrere Prozesse stattfinden, bei denen der Zustand des Systems mehrfach verändert wird, aber schließlich seinen Ausgangszustand wieder erreicht. Das Gas wird als geschlossenes System betrachtet, das mit zwei Wärmebädern in Kontakt steht.

Seine Bedeutung liegt darin, daß er nicht nur als idealisierter Grenzfall realer Kreisprozesse aufgefaßt werden kann, sondern uns auch einige prinzipielle Erkenntnisse verdeutlichen wird. Der Carnot-Prozeß wird in vier aufeinanderfolgenden reversiblen Teilschritten ausgeführt, die wir im $p$-$V$-Diagramm veranschaulichen können.

**1. Isotherme Expansion** vom Volumen $V_1$ auf das Volumen $V_2$ bei konstanter Temperatur $T_h$. Es gilt für die Isotherme

$$\frac{V_2}{V_1} = \frac{p_1}{p_2}$$

(19.2)

Wir wissen, daß sich die Energie eines idealen Gases bei konstanter Temperatur nicht ändern kann. Folglich gilt

$$\Delta U_I = W_I + Q_I = 0$$

(19.3)

Daraus können wir $Q_I$ berechnen:

$$Q_I = -W_I = NkT_h \ln \frac{V_2}{V_1} .$$ (19.4)

Das ist die im ersten Schritt mit dem Wärmebad ausgetauschte Wärmemenge. Da $V_2 > V_1$, ist $\Delta Q_I > 0$, d. h., die Wärmemenge $\Delta Q_I$ wird aus dem Wärmebad dem Gas zugeführt.

**2. Adiabatische Expansion** des isolierten Arbeitsmediums von $V_2$ auf $V_3$. Dabei ändert sich die Temperatur von $T_h$ nach $T_k$. Die Indizes h und k stehen für „heiß" und „kalt", d. h. $T_h > T_k$. Es gilt

$$\frac{V_3}{V_2} = \left( \frac{T_h}{T_k} \right)^{3/2}$$ (19.5)

Mit $\Delta Q_{II} = 0$ (für adiabatische Prozesse) wird die bei der Expansion geleistete Arbeit der inneren Energie entnommen.

$$W_{II} = \Delta U_{II} = C_V (T_k - T_h)$$ (19.6)

Für ein ideales Gas ist $C_V = \frac{3}{2} Nk$ eine Konstante unabhängig von Temperatur und Volumen. Die Differenz der inneren Energien bei diesem Teilprozeß ist daher durch Gleichung (19.6) gegeben, obwohl sich hier das Volumen ändert. Das Vorzeichen entspricht der Richtung $T_h \rightarrow T_k$.

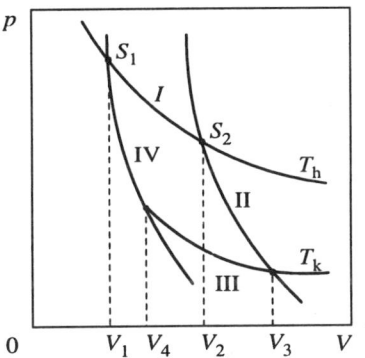

*Abb. 19.4: Der Carnot-Prozeß im p-V-Diagramm*

**3. Isotherme Kompression** des Systems bei der konstanten kleineren Temperatur $T_k$ (isotherm) von $V_3$ auf $V_4$. Analog zu Schritt 1. haben wir dann

$$\frac{V_4}{V_3} = \frac{p_3}{p_4} .$$ (19.7)

Die bei der Kompression geleistete Arbeit wird wegen $\Delta U_{III} = 0$ bei $T = $ const. in Form von Wärme an das Wärmebad abgegeben,

$$\Delta U_{III} = W_{III} + Q_{III} = 0$$ (19.8)

$$Q_{III} = -W_{III} = NkT_k \ln \frac{V_4}{V_3}$$ (19.9)

Das ist die in diesem 3. Schritt dem Wärmebad zugeführte Wärmemenge. Da $V_4 < V_3$, folgt $Q_{III} < 0$, d. h., das Gas verliert diese Wärmemenge.

**4. Adiabatische Kompression** von $V_4$ auf $V_1$ bringt das System in den Ausgangszustand zurück, wobei sich die Temperatur von $T_k$ wieder auf $T_h$ erhöht:

$$\frac{V_1}{V_4} = \left( \frac{T_k}{T_h} \right)^{3/2}$$ (19.10)

Wegen $\Delta Q_{IV} = 0$ folgt mit der Richtung $T_k \rightarrow T_h$

$$W_{IV} = \Delta U_{IV} = C_V (T_h - T_k)$$ (19.11)

Als erstes wollen wir die totale Energiebilanz des Prozesses überprüfen. Wir haben

$$\Delta U_{\text{total}} = \underbrace{Q_I + W_I}_{I} + \underbrace{W_{II}}_{II} + \underbrace{Q_{III} + W_{III}}_{III} + \underbrace{W_{IV}}_{IV}$$ (19.12)

Setzen wir die Gleichungen (19.4), (19.6), (19.9) und (19.11) ein, so sehen wir unmittelbar, daß in der Tat $\Delta U_{\text{total}} = 0$ ist, wie es für einen Kreisprozeß auch sein muß: Es ist $Q_I + W_I = 0$ und ebenso

$Q_{III} + W_{III} = 0$ und weiter $W_{II} = -W_{IV}$. Ferner haben wir folgende Gleichungen für die mit dem Wärmebad ausgetauschten Wärmemengen:

$$Q_I = NkT_h \ln \frac{V_2}{V_1}, \quad Q_{III} = NkT_k \ln \frac{V_4}{V_3} \qquad (19.13)$$

andererseits gilt nach Gleichung (19.5) und (19.10)

$$\frac{V_3}{V_2} = \frac{V_4}{V_1} \quad \text{oder} \quad \frac{V_2}{V_1} = \left(\frac{V_4}{V_3}\right)^{-1} \qquad (19.14)$$

Damit gilt aber für $Q_I$ und $Q_{III}$ nach Gleichung (19.13)

$$\boxed{\frac{Q_I}{T_h} + \frac{Q_{III}}{T_k} = 0} \qquad (19.15)$$

Diese Gleichung ist nun von großer Bedeutung. Sie gilt nämlich nicht nur für unseren speziellen Carnot-Prozeßführung, sondern aller Erfahrung nach für jeden **reversiblen** Kreisprozeßführung. Man bezeichnet die Größe $\Delta Q/T$ auch als **reduzierte Wärme**. Zerlegen wir den Carnot-Prozeß in infinitesimale Teilschritte, so können wir offensichtlich schreiben

$$\boxed{\oint \frac{\delta Q_{rev}}{T} = 0} \qquad (19.16)$$

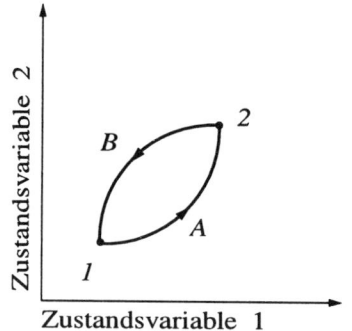

Abb. 19.5: Schematische Darstellung eines Kreisprozesses

Das Ringintegral $\oint$ beschreibt dabei die Integration längs eines Weges, der beim Ausgangszustand beginnt und dort wieder endet.

Wenn wir nun zeigen können, daß diese Gleichung auch für beliebige geschlossene Wege gilt und nicht nur für einen Carnotschen Kreisprozeß, so bedeutet dies nichts anderes, als daß die reduzierte Wärme $\delta Q_{rev}/T$ wegunabhängig ist und somit ein vollständiges Differential bildet.

Die Äquivalenz von Gleichung (19.16) und der Behauptung, daß $\delta Q/T$ ein exaktes Differential ist, folgt auch aus folgender Überlegung: Integriert man von einem Zustand 1 zu einem Zustand 2 und wieder zurück, so kann man das Ringelement in zwei Wegintegrale zerlegen, die den Hin- und Rückweg beschreiben.

$$\oint \frac{\delta Q}{T} = \int\limits_{C_A} \frac{\delta Q}{T} + \int\limits_{C_B} \frac{\delta Q}{T} = 0 \qquad (19.17)$$

Damit ist auch gleichzeitig die Wegunabhängigkeit des Integrals $\int\limits_1^2 \delta Q/T$ erkannt, wenn man auf Weg $C_B$ die Integrationsrichtung umkehrt (Vorzeichenwechsel).

Um die Wegunabhängigkeit von (19.16) für einen beliebigen Kreisprozeß (und nicht nur für den Carnotschen) zu zeigen, zerlegen wir den beliebigen Kreisprozeß in eine Folge infinitesimaler Carnotscher Teilschritte ($N \to \infty$), wie dies in der obenstehenden Abbildung angedeutet ist. Die gestrichelt gezeichneten Wegstücke werden jeweils von zwei benachbarten Prozessen in verschiedener Richtung durchlaufen. Die zugehörigen Integrale besitzen den gleichen Wert mit unterschiedlichem Vorzeichen und heben sich auf. Für genügend große Teilschrittzahl $N$ kann man die exakte Form des allgemeinen Kreisprozesses immer beliebig genau durch die Carnot-Prozesse approximieren. Für jeden einzelnen dieser Carnotschen Prozessen ist natürlich Gleichung (19.16) erfüllt, damit aber auch für die Summe aller Prozesse und folglich für einen beliebigen Kreisprozeß.

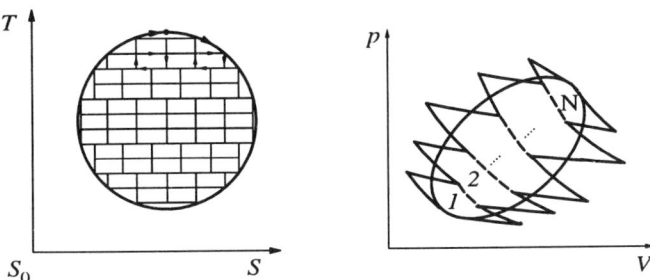

*Abb. 19.6: Zerlegung eines Kreisprozesses*

**Wie sich experimentell zeigt, ist** $\delta Q_{\text{rev}}/T$ **nicht nur für ideale Gase ein vollständiges Differential, sondern für jeden beliebigen reversiblen thermodynamischen Prozeß.**

Mit anderen Worten, es muß eine **Zustandsfunktion** geben, deren **totales Differential** durch $\delta Q/T$ dargestellt ist. Die Veränderung dieser Größe hängt nur von den Endpunkten des Weges ab. Diese extensive Zustandsfunktion ist die **Entropie** $S$, die durch

$$dS = \frac{\delta Q_{\text{rev}}}{T}, \quad S_1 - S_0 = \int_0^1 \frac{\delta Q_{\text{rev}}}{T} \tag{19.18}$$

definiert ist. Gleichung (19.18) kann natürlich auch als Meßvorschrift der Entropie verwendet werden. Man muß dazu die bei einer gegebenen Temperatur $T$ vom System reversibel ausgetauschte Wärmemenge messen. Allerdings sind so nur Entropiedifferenzen, aber kein absoluter Wert der Entropie definiert. Die absolute Normierung erfolgt durch den dritten Haupsatz der Thermodynamik.

**Die Entropie am absoluten Nullpunkt ist Null:**

$$S_{T=0} = 0 \tag{19.19}$$

In der $T$-$S$-Ebene wird der Carnot-Prozeß durch ein Rechteck beschrieben, das durch die Geraden $T = \text{const.}$ (Isothermen) in Schritt I und III und die Geraden $S = \text{const.}$ (Adiabaten) in Schritt II und IV beschrieben wird. Im Carnot-Prozeß wird, wie sich aus den Gleichungen ergibt, effektiv eine Arbeit $A$ geleistet, da die in den Teilschritten III und IV benötigte Kompressionsarbeit kleiner ist als die bei den Schritten I und II frei gewordene Expansionsarbeit, nämlich

$$W = W_{\text{I}} + W_{\text{II}} + W_{\text{III}} + W_{\text{IV}} = -NkT_{\text{h}} \ln \frac{V_2}{V_1} - NkT_{\text{k}} \ln \frac{V_4}{V_3}, \tag{19.20}$$

und unter Benutzung von (19.14):

$$W = -Nk(T_{\text{h}} - T_{\text{k}}) \ln \frac{V_2}{V_1} = -(\Delta Q_{\text{I}} + \Delta Q_{\text{III}}) \tag{19.21}$$

$W$ ist negativ; es handelt sich also um Arbeit, die vom Gas geleistet (abgeführt) wird. Wegen $T_{\text{h}} > T_{\text{k}}$ und $V_2 > V_1$ ist dies eine negative Größe. Wir haben hier offenbar eine Maschine, die Wärme in Arbeit verwandelt.

Die geleistete Arbeit nimmt dabei mit der Temperaturdifferenz $T_{\text{h}} - T_{\text{k}}$ und dem Verdichtungsverhältnis $V_2/V_1$ zu. Wir wollen nun den **Wirkungsgrad** $\eta$ dieser Maschine berechnen. Als Wirkungsgrad definieren wir den in Arbeit verwandelten Bruchteil der aufgenommenen Wärme

$$\eta = \frac{|W|}{Q_{\mathrm{I}}}$$

$$= \frac{Q_{\mathrm{I}} + Q_{\mathrm{III}}}{Q_{\mathrm{I}}}$$

$$= 1 + \frac{Q_{\mathrm{III}}}{Q_{\mathrm{I}}} .$$

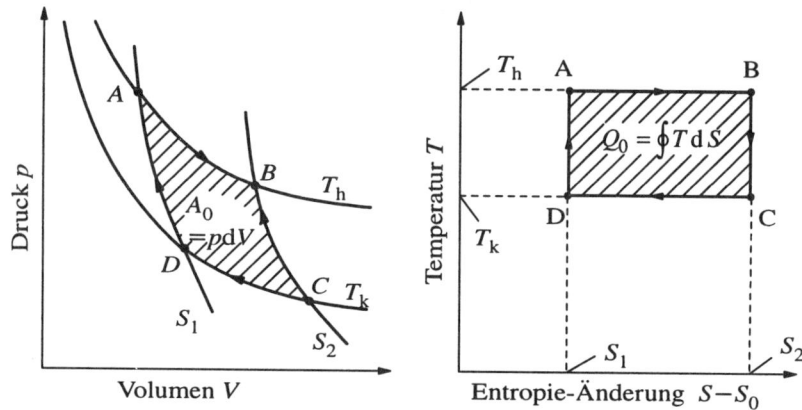

Abb. 19.7: Carnot-Prozess im p-V-Diagramm und T-S-Diagramm

Setzen wir hier Gleichung (19.13) ein, so ist

$$\eta = 1 - \frac{T_{\mathrm{k}}}{T_{\mathrm{h}}} = \frac{T_{\mathrm{h}} - T_{\mathrm{k}}}{T_{\mathrm{h}}}$$

(19.22)

Der Wirkungsgrad wächst also mit der Temperaturdifferenz $T_{\mathrm{h}} - T_{\mathrm{k}}$. Da man aber nie eine gewisse Verlustwärme $Q_{\mathrm{III}}$ vermeiden kann, die an das kältere Wärmebad (mit $T_{\mathrm{k}}$) abgegeben wird, ist der Wirkungsgrad (19.22) erheblich kleiner als Eins.

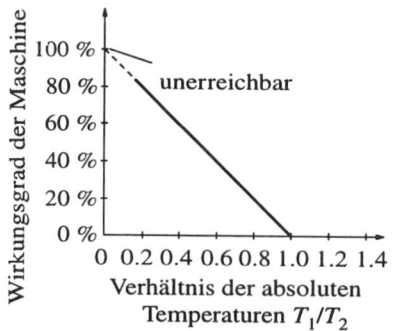

Abb. 19.8: Abhängigkeit des Wirkungsgrades vom Temperaturverhältnis

Es ist also selbst mit dieser (idealisierten) Maschine nicht möglich, die Wärme $Q_{\mathrm{h}}$ vollständig in Arbeit umzuwandeln, es sei denn, das kältere Wärmebad hätte die Temperatur $T_{\mathrm{k}} = 0$ (oder das heißere Wärmebad die Temperatur $T_{\mathrm{h}} \to \infty$). Wir werden noch sehen, daß es prinzipiell keine Wärmekraftmaschine mit einem besseren Wirkungsgrad als (19.22) gibt. Die Unmöglichkeit, eine solche Maschine zu konstruieren, führt uns zur Formulierung des zweiten Hauptsatzes der Thermodynamik.

# 19.4  Zweiter Hauptsatz

Die Zustandsgröße **Entropie** wurde 1850 von R. **Clausius** eingeführt. Sie ist definiert durch

$$dS = \frac{\delta Q_{rev}}{T}, \qquad S_1 - S_0 = \int_0^1 \frac{\delta Q_{rev}}{T} \tag{19.23}$$

als die bei einer Temperatur $T$ reversibel ausgetauschte Wärmemenge. Da die bei irreversibler Prozeßführung umgesetzte Wärmemenge, $\delta Q_{irr}$, immer kleiner ist als die bei reversibler Prozeßführung umgesetzte, $\delta Q_{rev}$, gilt (Vorzeichen!)

$$\delta Q_{irr} < \delta Q_{rev} = T \, dS \tag{19.24}$$

Wir haben insbesondere für abgeschlossene Systeme $\delta Q_{rev} = 0$. In einem abgeschlossenen System ist also im thermischen Gleichgewicht (Reversibilität!) die Entropie konstant und hat wegen $dS = 0$ einen Extremwert.

**Alle Erfahrungen bestätigen, daß die Entropie im Gleichgewicht ein Maximum annimmt.**

Alle irreversiblen Prozesse in einem abgeschlossenen System, die ja ins Gleichgewicht führen, sind mit einer Entropievergrößerung verbunden. Nach der Zustandsänderung muß das System wieder ins Gleichgewicht laufen, wobei die Entropie ansteigt.

Dies ist bereits eine erste Formulierung des zweiten Hauptsatzes, die wir kürzer als Formel notieren können:

**Zweiter Hauptsatz:**  In einem abgeschlossenen System gilt im Gleichgewicht

$$dS = 0$$
$$S = S_{max}$$

Für **irreversible** Prozesse nimmt die Entropie zu,

$$dS > 0 \tag{19.25}$$

In irreversiblen Prozessen strebt das System nach einem neuen Gleichgewichtszustand. Dabei wächst die Entropie des Systems, bis sie im Gleichgewicht maximal geworden ist. Wohlgemerkt, die Entropie eines Systems kann auch abnehmen, wenn es mit der Umgebung Wärme austauscht. In einem abgeschlossenen System ist jedoch $\delta Q = 0$, und dann ist Gleichung (19.25) richtig.

**Die Entropie ist eine extensive Größe.**

Da sich die Wärmemenge mit der Größe des Systems ändert und die Temperatur gleichbleibt, ändert sich auch die Entropie mit der Größe des Systems. Die Entropie stellt somit für den Austausch von Wärme bei einer Temperatur $T$ eine analoge Größe dar, wie das Volumen bei einer Kompressionsarbeit gegen den Druck $p$. Um dies zu präzisieren, schreiben wir den ersten Hauptsatz noch einmal für **reversible** Zustandsänderungen explizit aus.

$$dU = \delta Q_{rev} + \delta W_{rev} = T \, dS - p \, dV \tag{19.26}$$

Wir haben hier alle möglichen vom System mit der Umgebung austauschbaren Energieformen zu berücksichtigen und sehen, daß die Entropie sich gerade in die Reihe der extensiven Zustandsgrößen einfügt $(S, V)$, welche die Änderung der inneren Energie gegen eine intensive, lokal definierbare Feldgröße $(T, p)$ beschreiben. In der Formulierung der Gleichung (19.26) ist die innere Energie eine Funktion der sogenannten **natürlichen Variablen** $S, V$. Wir können hier nun auch ablesen, wieviel Zustandsvariablen nötig sind, um einen Zustand eindeutig zu beschreiben, nämlich gerade soviel, wie Terme in Gleichung (19.26) auftreten, solange keine Nebenbedingungen an den Zustand gestellt werden. Eine solche Nebenbedingung könnte z. B. die Koexistenz mehrerer Phasen sein. Ist also die Funktion $U(S,V)$ gegeben, so können wir $T, p$ durch

$$T = \frac{\partial U}{\partial S}\bigg|_{V,N,q,\dots}$$

$$-p = \frac{\partial U}{\partial V}\bigg|_{S,N,q,\dots} \tag{19.27}$$

bestimmen. Dies ist leicht einzusehen. Bei konstantem $V$ ist das Differential $dV = 0$, und es verbleibt $dU = TdS$ usw. Es zeigt sich, daß die Kenntnis der Funktion $U(S,V)$ der vollständigen Kenntnis über das System gleichkommt. Deshalb nennt man $U(S,V)$ auch **Fundamentalrelation**. Die Gleichungen (19.27) sind dann die zugehörigen Zustandsgleichungen.

**Die intensiven Zustandsgrößen sind die Ableitungen der Fundamentalrelation nach den verschiedenen extensiven Zustandsgrößen.**

Kennt man umgekehrt genügend viele Zustandsgleichungen, so kann $U(S,V)$ bis auf Integrationskonstanten bestimmt werden. Man kann auch die **Entropie** als Funktion der anderen extensiven Zustandsgrößen angeben: $S(U,V)$. Diese Fundamentalbeziehung macht deutlich, daß die Entropie der eigentlich neue Begriff in der Thermodynamik ist:

**Der Gleichgewichtszustand ist als der Zustand definiert, bei dem die Entropie maximal wird, $dS = 0$.**

## Beispiel 19.4: Entropie eines idealen Gases

Wir wollen die Entropie eines idealen Gases bei konstanter Teilchenzahl in Abhängigkeit von $T$ und $V$ bestimmen.
Für eine reversible Zustandsänderung lautet der erste Hauptsatz

$$dU = T\,dS - p\,dV \qquad \underline{1}$$

für $dN = 0$. Mit den Zustandsgleichungen

$$U = \frac{3}{2}NkT \qquad \underline{2}$$

$$pV = NkT \qquad \underline{3}$$

für ein ideales Gas können wir Gleichung $\underline{1}$ nach $dS$ auflösen:

$$dS = \frac{3}{2}Nk\frac{dT}{T} + Nk\frac{dV}{V} \qquad \underline{4}$$

Ausgehend von einem Zustand $T_0, V_0$ mit der Entropie $S_0$ können wir diese Gleichung integrieren,

$$S(T,V) - S_0(T_0,V_0) = \frac{3}{2}Nk\ln\frac{T}{T_0} + Nk\ln\frac{V}{V_0}$$

$$= Nk\ln\left[\left(\frac{T}{T_0}\right)^{3/2}\left(\frac{V}{V_0}\right)\right] \qquad \underline{5}$$

und, wenn wir für $V \propto T/p$ substituieren, so folgt mit $V = aT/p$

$$\left(\frac{T}{T_0}\right)^{\frac{3}{2}}\left(\frac{V}{V_0}\right) = \left(\frac{T}{T_0}\right)^{\frac{3}{2}}\left(\frac{aTp_0}{paT_0}\right) = \left(\frac{T}{T_0}\right)^{\frac{3}{2}}\left(\frac{T}{T_0}\right)\left(\frac{p_0}{p}\right) \qquad \underline{6}$$

und somit

$$S(T,p) - S_0(T_0,p_0) = Nk\ln\left[\left(\frac{T}{T_0}\right)^{5/2}\left(\frac{p_0}{p}\right)\right] \qquad \underline{7}$$

Die Entropie eines idealen Gases nimmt also mit Temperatur und Volumen zu. Man beachte aber, daß Gleichung <u>5</u>, obwohl $N$ vorkommt, nicht die volle Abhängigkeit von $N$ für Systeme enthält, bei denen die Teilchenzahl variabel ist.

Bis jetzt haben wir die Entropie rein thermodynamisch betrachtet und einige Erfahrungstatsachen konstatiert, ohne diese genauer begründen zu können. Die anschauliche Bedeutung der Entropie wird aber sofort klar, wenn wir die mikroskopische Interpretation des Entropiebegriffs betrachten.

# 19.5 Entropie – mikroskopisch betrachtet

Statistische Betrachtungen sind außerordentlich wichtig für das tiefere Verständnis der phänomenologischen Zusammenhänge der Thermodynamik. Es zeigt sich, daß gerade der zweite Hauptsatz der Thermodynamik eine sehr enge Verbindung von statistischer und phänomenologischer Betrachtung ermöglicht. Er formuliert die wohlbekannte Tatsache, daß sich alle abgeschlossenen physikalischen Systeme von selbst in einen Gleichgewichtszustand begeben, in dem sich nach einer gewissen **Relaxationszeit** die Zustandsgrößen nicht mehr ändern. Er stellt weiterhin fest, daß sich dieser Prozeß niemals von selbst umkehrt. Ein schönes Beispiel für diese Tatsache ist, daß ein Gas, welchem plötzlich ein größerer Raum zur Verfügung gestellt wird, diesen Raum nach einer gewissen Zeit gleichmäßig ausfüllt. Ein spontanes Sammeln des Gases in einer Ecke des Behälters wurde noch nie beobachtet, obwohl es der Energieerhaltung nicht widersprechen würde.

Die Zustandsgröße, welche diese Tendenz eindeutig kennzeichnet, ist die Entropie: Prozesse, die spontan ablaufen und ins Gleichgewicht führen, sind mit einer Entropievergrößerung verbunden. Im Gleichgewicht ist die Entropie dann maximal und ändert sich nicht mehr.

Wir können aus dem zweiten Hauptsatz die beiden Aussagen ableiten, daß das Ansammeln der Teilchen eines Gases in einer Hälfte des Behälters nicht möglich ist, da es die Entropie verringern würde. Statistisch wäre es zwar möglich, aber äußerst unwahrscheinlich, daß sich alle Teilchen in die gleiche Richtung bewegen und in einer Ecke sammeln. Der Zustand, daß ungefähr gleich viele Teilchen rechts und links im Behälter sind, ist viel wahrscheinlicher.

**Derjenige Makrozustand mit der größten Zahl von mikroskopischen Realisierungsmöglichkeiten entspricht dem thermodynamischen Gleichgewicht.**

Zusammenfassend läßt sich also sagen: Zu jedem makroskopischen, thermodynamischen Zustand gibt es eine große Zahl mikroskopischer Realisierungsmöglichkeiten. Die Tatsache, daß ein abgeschlossenes System nach hinreichend langer Wartezeit in den Gleichgewichtszustand übergeht, ist darauf zurückzuführen, daß es zu einem Gleichgewichtszustand ungleich viel mehr Mikrozustände gibt als für einen Nichtgleichgewichtszustand. Wir können daher das Bestreben eines Systems nach maximaler Entropie auch als einen Übergang in den wahrscheinlichsten Zustand verstehen, d. h. in jenen Zustand mit den meisten mikroskopischen Realisierungsmöglichkeiten. Insbesondere ist damit die Entropie ein Maß für die Zahl der dem System bei gegebenem Makrozustand offenstehenden Mikrozustände.

Ebenso wie den ersten Hauptsatz können wir nun auch den zweiten Hauptsatz auf verschiedene Weisen formulieren.

In Anlehnung an den Energiesatz können wir beispielsweise sagen:

- Es gibt kein Perpetuum mobile zweiter Art. Ein Perpetuum mobile zweiter Art ist dabei eine Maschine, die nichts anderes tut, als unter Abkühlung eines Wärmereservoirs Arbeit zu leisten, die also Wärme hundertprozentig in Arbeit verwandeln könnte. In diesem Fall würde sich die Entropie verringern, $\delta S < 0$.
Man braucht immer ein zweites Reservoir, das man aufheizt.

Aus mikroskopischer Sicht ist folgende Formulierung besonders einsichtig:

- Jedes abgeschlossene makroskopische System strebt nach dem wahrscheinlichsten Zustand, d. h. nach jenem Zustand, der durch die meisten mikroskopischen Realisierungsmöglichkeiten gekennzeichnet ist.

# 19.6   Dritter Hauptsatz

Im vorigen Abschnitt wurde dargestellt, daß mikroskopisch die Entropie eines Systems mit der Anzahl der möglichen Zustände korreliert ist. Ferner haben wir gesehen, wie man makroskopisch Entropiedifferenzen mit Hilfe von Temperatur und Wärmemenge beschreiben kann. Für eine absolute Maßangabe der Entropie braucht man einen Punkt mit fest vorgegebener Entropie. Alle weiteren Werte können dann über Entropiedifferenzen bestimmt werden. Diese absolute Entropiefestlegung wird durch den dritten Hauptsatz der Thermodynamik vollzogen.

Jeder Festkörper besitzt bei endlichen Temperaturen eine der Wärme entsprechende innere Anregungsenergie, die er z. B. in der Form von Schwingungen seiner Bausteine gegeneinander speichert. Am absoluten Nullpunkt besitzt er hingegen keine Anregungsenergie mehr. Alle Schwingungen sind eingefroren. Der dritte Hauptsatz der Thermodynamik definiert den absoluten Entropiewert am absoluten Nullpunkt zu Null:

- Jeder Körper besitzt am absoluten Nullpunkt $T = 0$ die Entropie $S = 0$.

Da die Wärmekapazität aller Stoffe verschwindet, $c_{T=0} = 0$, ist der absolute Nullpunkt **nie** experimentell erreichbar:

Jede noch so kleine Wärmemenge (Energie) bewirkt eine endliche Temperaturerhöhung!

# 19.7   Abgeschlossenes System im Gleichgewicht

Wir benutzen nun den ersten und zweiten Hauptsatz dazu, um einige Konsequenzen für die Zustandsvariablen $T, p$ in einem abgeschlossenen System im Gleichgewicht abzuleiten.

Dazu unterteilen wir das abgeschlossene Gesamtsystem gedanklich wieder in zwei Teile. Das Gesamtsystem sei etwa durch die Zustandsvariablen $S, V$ gekennzeichnet, wobei die innere Energie $U$ eine Funktion dieser Variablen ist.

**Da das Gesamtsystem abgeschlossen ist, sind alle diese Zustandsvariablen konstant.**

Es wird ja mit der Umgebung weder Arbeit noch Wärme ausgetauscht. Die beiden Teilsysteme jedoch können alle Formen der Arbeit und Wärme miteinander austauschen.

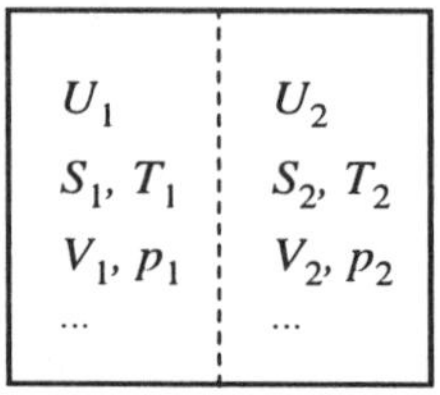

| $U_1$ | $U_2$ |
|---|---|
| $S_1, T_1$ | $S_2, T_2$ |
| $V_1, p_1$ | $V_2, p_2$ |
| ... | ... |

Die extensiven Zustandsvariablen $U_i, S_i, V_i$ mit $i = 1, 2$ haben daher keine konstanten Werte, aber es muß gelten

$$U_1 + U_2 = U$$

$$S_1 + S_2 = S$$

$$V_1 + V_2 = V \tag{19.28}$$

*Abb. 19.9: Schema des betrachteten Systems*

Erinnern wir uns nun an den ersten Hauptsatz für eine reversible Zustandsänderung für die beiden Teilsysteme, so ist

$$dU_1 = T_1 \, dS_1 - p_1 \, dV_1$$

$$dU_2 = T_2 \, dS_2 - p_2 \, dV_2 \tag{19.29}$$

Hier sind $T_i, p_i$ Temperatur, Druck in den beiden Teilsystemen. Wegen Gleichung (19.28) gilt nun $dU_1 + dU_2 = 0$. Addieren wir daher die beiden Gleichungen (19.29), so folgt mit $dS_1 = - \, dS_2$, $dV_1 = - \, dV_2, \ldots$

$$0 = (T_1 - T_2) \, dS_1 - (p_1 - p_2) \, dV_1 + \ldots \tag{19.30}$$

Da aber die Änderung der Variablen $S_1, V_1, \ldots$ in System 1 keiner Beschränkung unterliegt, also $dS_1 \neq 0$, $dV_1 \neq 0$, gilt, kann Gleichung (19.30) nur richtig sein, wenn im einzelnen gilt:

Thermisches Gleichgewicht $\quad T_1 = T_2$

Mechanisches Gleichgewicht $\quad p_1 = p_2$

$$\vdots \tag{19.31}$$

Das sind die notwendigen Bedingungen für thermodynamisches Gleichgewicht. Da weiterhin die gedankliche Unterteilung des abgeschlossenen Systems beliebig gewählt war, können wir schließen:

**Wenn sich ein abgeschlossenes System im Gleichgewicht befindet, so hat es in allen Teilen dieselbe konstante Temperatur, überall denselben Druck, das gleiche chemische Potential etc.**

Hat man nun aber anstelle der gedachten Trennung der Teilsysteme eine reale Wand, die z. B. keine Volumenänderung und Teilchenzahländerung der Teilsysteme zuläßt, $dV_1 = 0$, so ist nur noch die Bedingung

$$T_1 = T_2 \tag{19.32}$$

vorhanden. Entsprechend gelten die Bedingungen (19.31) auch einzeln oder in Kombination, wenn die Trennwand nur bestimmte Änderungen der Zustandsvariablen zuläßt, z. B. eine wärmeleitende Scheibe, die nur Temperatur-, aber keinen Druckausgleich erlaubt. Man spricht dann von thermischem, mechanischem etc. Gleichgewicht. Befindet sich das abgeschlossene Gesamtsystem noch nicht im Gleichgewicht, z. B. $T_1 \neq T_2$ und $p_1 \neq p_2$, so sind im allgemeinen die Relaxationszeiten bis zum Erreichen des Gleichgewichts für die verschiedenen Variablen $T, p$ verschieden! Am schnellsten erfolgt meistens der Druckausgleich, also mechanisches Gleichgewicht, gefolgt von thermischem Gleichgewicht.

# 19.8 Thermodynamische Maschinen

Periodisch arbeitende Wärmekraftmaschinen spielen in der Technik eine außerordentlich große Rolle. Ein großer Teil der Energie des täglichen Lebens wird in solchen Maschinen erzeugt, wie z. B. **Verbrennungskraftwerke, Kernkraftwerke, Verbrennungsmotoren.**

Im Jahr 1992 betrug die weltweite **Energieproduktion** rund $3,15 \cdot 10^{20}$ J, d. h., die weltweit durchschnittlich bereitgestellte Leistung beträgt ca. $10^{13}$ W! (Erstmals seit langem ist die Weltenergieproduktion 1992 nicht gestiegen). Da die Energieproduktion eines großen Kernkraftwerkes ca. 1 Gigawatt $= 10^9$ W beträgt, wären 10000 Kernkraftwerke nötig, um den Weltenergieverbrauch zu decken. Tatsächlich wird aber der Energiebedarf weltweit noch immer zu 90,6 % aus fossilen (kohlenstoffhaltigen) Brennstoffen gedeckt (Erdöl, Kohle und Erdgas). Dies trägt wesentlich zur Steigerung des $CO_2$–Anteils in der Erdatmosphäre und damit zum **Treibhauseffekt** bei!

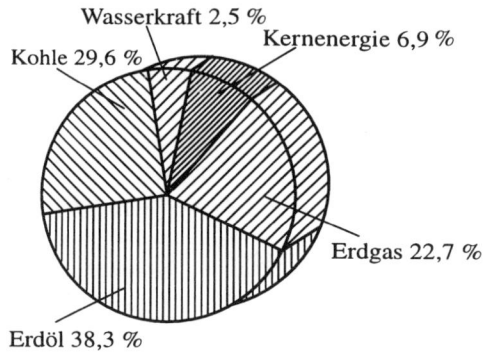

Wasserkraft 2,5 %

Kernenergie 6,9 %

Kohle 29,6 %

Erdgas 22,7 %

Erdöl 38,3 %

*Abb. 19.10: Abdeckung des Weltenergieverbrauchs*

Das liegt daran, daß Wärme bei den verschiedensten chemischen Prozessen auf einfachste Weise erzeugt werden kann. Die direkte Erzeugung nutzbarer Arbeitsformen aus natürlichen Quellen ist dagegen sehr viel schwieriger, z. B. in **Wasserkraftwerken** (weltweit nur ca. 2,5 % der Energieproduktion), **Gezeitenkraftwerken**, als **Windenergie**, durch direkte Umwandlung von **Sonnenenergie** in elektrische Energie (**galvanische Zellen, Brennstoffzellen**, der Anteil der letzteren Energiequellen ist kleiner als 1 % !). Auch dies bestätigt die Erfahrung, daß Wärme als statistisch verteilte Energie nahezu immer entsteht. Wir können nun allein aus den beiden Hauptsätzen schon weitreichende Schlußfolgerungen bezüglich der Umwandlung von Wärme in Arbeit ziehen. Die im zweiten Hauptsatz zusammengefaßte Erfahrung sagt nämlich, daß die bei reversibler Prozeßführung umgesetzte Arbeit minimal und die umgesetzte Wärme maximal ist.

$$\delta W_{\text{irr}} > \delta W_{\text{rev}} = -p \, dV$$
$$\delta Q_{\text{irr}} < \delta Q_{\text{rev}} = T \, dS$$

Man sollte im Gedächtnis behalten, daß dabei am System geleistete Arbeit positiv und vom System geleistete Arbeit negative Werte hat.

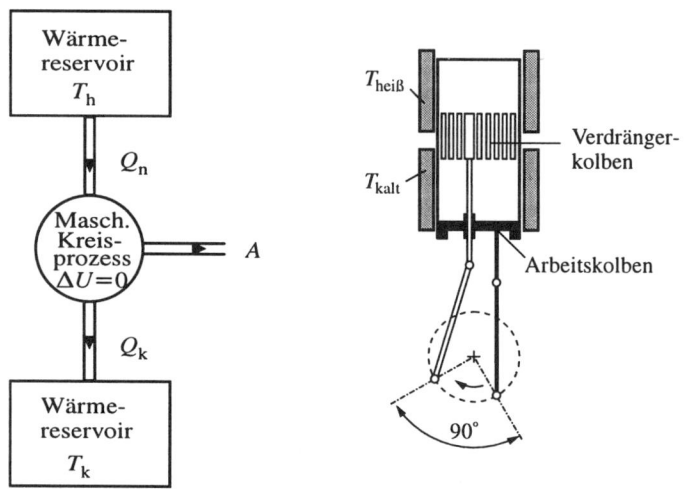

*Abb. 19.11: Wärmekraftmaschine (schematisch) und Stirling Motor*

Bei der reversiblen bzw. irreversiblen Expansion (Kompression) eines idealen Gases konnten wir diese Ungleichung auch explizit verifizieren. Expandiert das ideale Gas in ein Vakuum ohne Arbeitsleistung, so ist $\delta W_{\text{irr}} \approx 0$. Expandiert das Gas jedoch reversibel (im dauernden Gleichgewicht mit einer äußeren Kraft), so leistet es die Arbeit $\delta W_{\text{rev}} = -p \, dV$. Mit $dV > 0$ folgt also $\delta W_{\text{irr}} = 0$, das ist aber größer als $\delta W_{\text{rev}} = -p \, dV$. Wird umgekehrt das Gas reversibel komprimiert, $dV < 0$, so ist $\delta W_{\text{rev}} = -p \, dV > 0$. Es wird also eine bestimmte reversible Arbeitsleistung benötigt, um das Gas zu komprimieren, die wir im Beispiel 19.1 berechnet haben.

Wird das Gas jedoch irreversibel komprimiert, z. B., indem man den Stempel mit großer Kraft in den Gaszylinder hineinschiebt, so wird dabei ein Teil der Arbeit in Wirbel und letztendlich in ungeordnete (kinetische) Energie, d. h. Wärme, verwandelt. Zur irreversiblen Kompression des Gases wird deshalb mehr Arbeit benötigt als im reversiblen Fall. Auch hier gilt $\delta W_{\text{irr}} > \delta W_{\text{rev}} = -p\,dV$ ($dV < 0$). Bei der irreversiblen Expansion leistet das System also weniger Arbeit als im reversiblen Fall.

Ganz analog ist die zweite Ungleichung zu verstehen: Der Einfachheit halber nehmen wir an, daß sich ein ideales Gas sowohl nach der reversiblen als auch nach der irreversiblen Expansion wieder bei der gleichen Temperatur (im Gleichgewicht) befinden soll wie vorher. Da die innere Energie eines idealen Gases nur von der Temperatur abhängt, folgt $dU = 0$ und wegen des ersten Hauptsatzes also $dU = \delta W + \delta Q = 0$. Die Arbeitsleistung des Systems bei der Expansion, $\delta W \leq 0$, wird also sowohl bei reversibler als auch bei irreversibler Prozeßführung dem Wärmebad entnommen. Bei irreversibler Expansion ist aber $\delta W_{\text{irr}} = 0$ und somit auch $\delta Q_{\text{irr}} = 0$.

Bei reversibler Expansion leistet das System die Arbeit $\delta W_{\text{rev}} = -p\,dV < 0$, die dem Wärmebad, welches die konstante Temperatur herstellt, entzogen werden muß ($\delta Q_{\text{rev}} = -\delta W_{\text{rev}} > 0$), also gilt $\delta Q_{\text{irr}} < \delta Q_{\text{rev}}$. Umgekehrt gilt bei der isothermen Kompression ebenfalls $\delta W_{\text{irr}} > \delta W_{rev} > 0$. Im irreversiblen Fall wird die zusätzlich eingesetzte Arbeit im Vergleich zum reversiblen Fall in Form einer größeren Wärmemenge an das Wärmebad abgegeben, und es gilt $\delta Q_{\text{irr}} < \delta Q_{\text{rev}} < 0$.

Haben wir nun eine periodisch arbeitende Maschine, die nach einem **Zyklus** die Arbeitssubstanz in den Ausgangszustand zurückführt, so gilt nach dem 1. Hauptsatz, daß das Integral über einen geschlossenen Weg Null ist:

$$\oint dU = 0 \tag{19.33}$$

und daher

$$0 = W_{\text{rev}} + Q_{\text{rev}} = W_{\text{irr}} + Q_{\text{irr}} \tag{19.34}$$

Die reversible Prozeßführung erzeugt also von allen möglichen Prozeßführungen am meisten nutzbare Arbeit, $W < 0$: Diese Arbeit wird vom System geleistet (abgegeben) und wird daher negativ gezählt und benötigt bei gegebenem Wärmeumsatz $Q$ am wenigsten Arbeit.

$W > 0$: diese Arbeit wird am System geleistet (ihm zugeführt) und wird deshalb positiv gezählt.

**Der optimale Wirkungsgrad zur Umwandlung von Wärme in Arbeit wird in einer reversibel arbeitenden Maschine erreicht.**

Wie schon erwähnt, sind reversible Prozesse aber eine Idealisierung, die es in Wirklichkeit nicht gibt. Solche Prozesse würden ja nur unendlich langsam ablaufen.

## *Beispiel 19.5*:    Zimmerheizung

Ein Zimmer soll bei 21 °C gehalten werden, die Außentemperatur sei 0 °C. Betrachten wir das Verhältnis der Heizungskosten für Heizung
1) mit elektrischem Strom,
2) mit Hilfe einer Wärmepumpe zwischen $T_1$ und $T_2$, wenn in der Wärmepumpe ein Bruchteil $\varepsilon$ der aufgewendeten Arbeit verlorengeht.

**Lösung:**

Entsprechend obenstehendem Schema ist $Q_1$ der Wärmestrom (pro Zeiteinheit), welcher dem Außenraum entnommen wird. Zusammen mit der Leistung $P$ (Arbeit pro Zeiteinheit) kann eine Wärmepumpe dann den Wärmestrom $Q_2$ pro Zeit dem zu heizenden Zimmer zuführen.

Der Wärmestrom $Q_3$ stellt den Wärmeverlust des Zimmers wegen mangelnder Isolierung an die Umgebung dar. Dieser Wärmestrom $Q_3$ ist proportional zur Temperaturdifferenz $T_2 - T_1$ ($T_2 > T_1$), also

$$Q_3 = \gamma(T_2 - T_1) \tag{1}$$

Der Koeffizient $\gamma$ ist hierbei von der Isolierung des Zimmers abhängig und als **Wärmeleitzahl** bekannt. Wegen des ersten Hauptsatzes gilt für die vorzeichenbehafteten Energieströme – bezogen auf die Wärmepumpe –

$$W + Q_1 + Q_2 = 0 \tag{2}$$

da sich innere Energie im (stationären) Gleichgewicht nicht ändert.
Für eine reversibel arbeitende Wärmepumpe gilt

$$\frac{Q_2}{T_2} + \frac{Q_1}{T_1} = 0 \tag{3}$$

oder

$$Q_1 = -Q_2 \frac{T_1}{T_2} \tag{4}$$

Nach Gleichung 2 folgt damit

$$W + Q_2\left(1 - \frac{T_1}{T_2}\right) = 0 \tag{5}$$

Wenn Außen– und Innentemperatur übereinstimmen, wird keinerlei Arbeit benötigt. Falls aber $T_1 < T_2$ ist, so muß die Arbeit $W$ geleistet werden. Im stationären Fall muß der Wärmestrom $Q_2$ genau die Wärmeverluste $Q_3$ ausgleichen, also gilt mit $Q_2 = -Q_3$

$$W = -Q_2\left(1 - \frac{T_1}{T_2}\right) = Q_3\left(1 - \frac{T_1}{T_2}\right) = \gamma(T_1 - T_2)\left(1 - \frac{T_1}{T_2}\right) \tag{6}$$

Berücksichtigt man, daß in der Wärmepumpe Verluste entstehen, so muß die Arbeitsleistung $W$ um eben diese Verluste höher angesetzt werden, etwa

$$W = W_{\text{eff}}(1 - \varepsilon) = \gamma(T_1 - T_2)\left(1 - \frac{T_1}{T_2}\right) \tag{7}$$

Für die Heizung mit einer Wärmepumpe wird demnach pro Zeit die Arbeitsleistung

$$W_{\text{eff}}^{\text{Wp}} = \gamma \frac{T_1 - T_2}{1 - \varepsilon}\left(1 - \frac{T_1}{T_2}\right) \tag{8}$$

benötigt. Bei Heizung mit elektrischem Strom muß die Arbeitsleistung direkt die Wärmeverluste $Q_3$ decken, also gilt

$$W^{\text{el}} = \gamma(T_1 - T_2) \tag{9}$$

Das Verhältnis der Arbeitsleistungen entspricht gerade

$$\frac{W_{\text{eff}}^{\text{Wp}}}{W^{\text{el}}} = \frac{1}{1 - \varepsilon}\left(1 - \frac{T_1}{T_2}\right) \tag{10}$$

Man sieht, daß die Heizung mit einer Wärmepumpe bei kleinen Temperaturdifferenzen ungleich günstiger ist, als die Heizung mit Strom. Allerdings ist das Verhältnis 10 nicht sehr aussagekräftig, da bei kleinen Temperaturdifferenzen auch der absolute Wärmestrom $Q_3$ sehr klein wird, so daß es nicht die eigentliche Ersparnis angibt.
Dafür ist die Differenz

$$W^{\text{el}} - W_{\text{eff}}^{\text{Wp}} = \gamma(T_1 - T_2)\left[1 - \frac{1}{1 - \varepsilon}\left(1 - \frac{T_1}{T_2}\right)\right] \tag{11}$$

besser geeignet.
Wie man sieht, ist es für ein adiabatisches Zimmer mit $\gamma = 0$ im Dauerbetrieb egal, wie man heizt, da bei einmal erreichter Temperatur gar keine Heizung mehr notwendig ist.
Bei den hier angenommenen Temperaturen ist

$$\left(1 - \frac{T_1}{T_2}\right) \approx 0,07 \tag{12}$$

Eine Wärmepumpe ist also selbst mit $\varepsilon = 93$ % Verlusten nicht ungünstiger als eine elektrische Heizung.

# Kältemaschine

Man kann den Carnot-Prozeß auch umkehren (linksläufiger Prozeß) und bei der tiefen Temperatur Wärme entnehmen (**Wärmequelle**, $T_1$), die dann an das System mit der höheren Temperatur abgegeben wird (**Wärmesenke**, $T_2 > T_1$). Dieser Prozeß findet Anwendung in der Kältemaschine (Kühlschrankinneres ist die Wärmequelle bei $T_1$).

Die **Leistungszahl** $\varepsilon_K$ einer Carnot-Kältemaschine ist

$$\varepsilon_K = \frac{T_1}{T_2 - T_1}, \qquad (19.35)$$

d. h., je näher $T_2$ und $T_1$ sich sind, um so effektiver ist die Maschine.

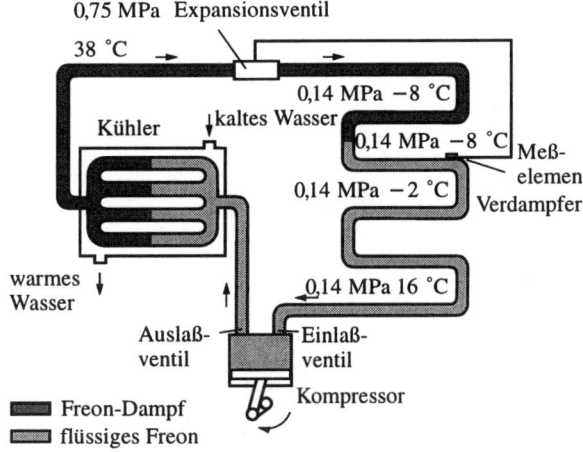

0,75 MPa  Expansionsventil
38 °C
0,14 MPa −8 °C
Kühler  ↓kaltes Wasser
0,14 MPa −8 °C  Meß-
0,14 MPa −2 °C  element  Verdampfer
warmes ↓ Wasser
0,14 MPa 16 °C
Auslaß-ventil  Einlaß-ventil
Kompressor
▬ Freon-Dampf
▬ flüssiges Freon

*Abb. 19.12: Prinzip eines Kühlschranks*

# Wärmepumpe

Die Wärmepumpe, die die Umgebung (Boden, Luft) als Wärmequelle mit $T_1$ benutzt, um ein Haus oder Schwimmbad mit $T_2 > T_1$ zu heizen, arbeitet nach dem gleichen Prinzip.

Wir wollen nun den Wirkungsgrad eines allgemeinen reversiblen Kreisprozesses berechnen. Dazu schematisieren wir die wesentlichen Teile einer **Wärmekraftmaschine** in der obenstehenden Abbildung. Jede solche Maschine benötigt ein Wärmereservoir ($T = T_h$), dem die Wärmeenergie entzogen werden kann, und ein weiteres ($T = T_k$), an das die Abwärme des Prozesses ab-

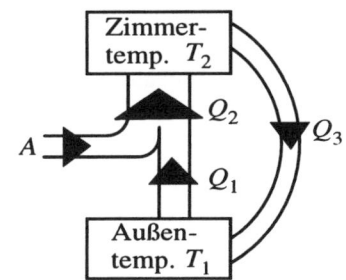

Zimmer-temp. $T_2$
$Q_2$
$A$  $Q_3$
$Q_1$
Außen-temp. $T_1$

*Abb. 19.13: Prinzip einer Wärmepumpe*

gegeben werden kann, welches also die Kühlung der Maschine übernimmt. Eine Maschine, die nur mit **einem** Reservoir arbeitet, kann in einem **Kreisprozeß** keine nutzbare Arbeit leisten, da das Abkühlen eines Behälters ohne Aufwärmen eines anderen zu $\delta S < 0$ führt, was dem zweiten Hauptsatz widerspricht. Nach dem 1. Hauptsatz gilt

$$0 = W + Q_h + Q_k \qquad (19.36)$$

Als Wirkungsgrad der Maschine haben wir schon den Bruchteil $|W|/Q_h$ definiert, der angibt, wieviel der Wärmemenge $Q_h$ in Arbeit verwandelt wird ($W < 0$, $Q_h > 0$, $Q_k < 0$)

$$\eta_{irr} < \eta_{rev}$$
$$= -\frac{W}{Q_h}$$
$$= \frac{Q_h + Q_k}{Q_h} \qquad (19.37)$$

Da die Maschine reversibel arbeiten soll, gilt

$$\delta Q_h = T_h \, dS$$

$$\delta Q_k = -T_k \, dS \qquad (19.38)$$

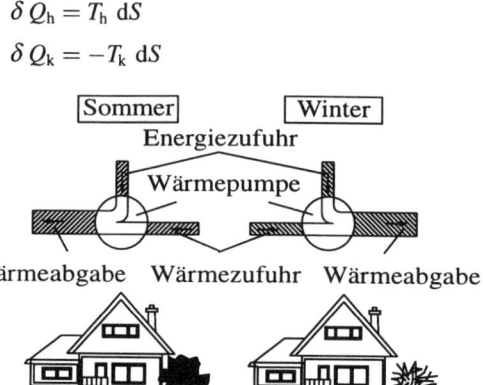

Abb. 19.14: *Verwendung einer Wärmepumpe im Sommer und Winter*

$dS$ ist hier die genau definierte Entropieänderung (Zustandsfunktion) bei einem kleinen Teilschritt des Kreisprozesses. Man beachte, daß hier $dS \neq 0$ ist, obwohl nur Gleichgewichtszustände vorkommen, weil jedes Reservoir für sich kein abgeschlossenes System ist! Die Vorzeichen in (19.38) entsprechen den in der Abbildung angegebenen Richtungen. Mit $W < 0$ (abgegebene Arbeit) haben wir

$$\eta = \frac{|W|}{Q_h} = \frac{T_h - T_k}{T_h} \qquad (19.39)$$

Für den Wirkungsgrad gilt immer $\eta \leq 1$, und die Umwandlung von Wärme in Arbeit würde nur dann vollständig sein, wenn man die Verlustwärme (Abwärme) vermeiden könnte. Dies funktioniert aber nur dann, wenn das kalte Reservoir die Temperatur $T_k = 0$ hat. Andererseits wird aus (19.39) klar, daß nicht allein die Temperatur des heißen Reservoirs (z. B. Flammentemperatur eines Brenners) wichtig ist, sondern genau so die Temperatur, bei der die Verlustwärme abgegeben wird (Abgastemperatur). Um einen hohen Wirkungsgrad zu erreichen, muß diese möglichst gering sein. Ein wichtiger Punkt unserer Überlegung ist, daß (19.39) unabhängig von der Arbeitssubstanz und der technischen Ausführung der Maschine immer gilt!

## Perpetuum mobile zweiter Art

Gäbe es zwei reversible Kreisprozesse mit unterschiedlichem Wirkungsgrad, so könnten wir ein Perpetuum mobile zweiter Art konstruieren.

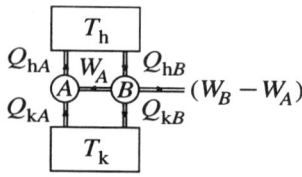

Abb. 19.15: *Verschaltung von zwei Prozessen im Perpetuum mobile*

Wir könnten dann die beiden Prozesse wie in der nebenstehenden Abbildung hintereinander schalten. Maschine A arbeitet hier verkehrt herum, also als **Wärmepumpe**, welche unter dem Arbeitsaufwand $W_A$ die Wärme $Q_{kA}$ aus dem kalten Reservoir als Wärme $Q_{hA}$ in das heiße Reservoir pumpt. Die Arbeit $W_A$ wird dabei von dem Prozeß B, der mit einem höheren Wirkungsgrad arbeiten soll, erzeugt; zusätzlich aber bleibt noch

eine Arbeitsmenge $W_B - W_A$ übrig. Sind $\eta_A, \eta_B$ die Wirkungsgrade der Maschinen, so gilt, wenn wir nur Beträge betrachten und die Vorzeichen entsprechend der Abbildung wählen,

$$W_A = \eta_A Q_{hA}$$

$$W_B = \eta_B Q_{hB}$$

$$Q_{kA} = Q_{hA} - W_A$$

$$Q_{kB} = Q_{hB} - W_B \qquad (19.40)$$

Richten wir die Maschine nun so ein, daß $Q_{hA} = Q_{hB} = Q_h$, so wird im heißen Reservoir auf Dauer keine Änderung eintreten, da genausoviel Wärme entnommen wie zurückgepumpt wird. Es gilt dann

$$Q_{kA} = (1 - \eta_A) Q_h > Q_{kB} = (1 - \eta_B) Q_h \quad \text{wegen} \quad \eta_B > \eta_A \,. \tag{19.41}$$

Dem kalten Reservoir wird damit effektiv die Wärme

$$Q_k = Q_{kA} - Q_{kB} = (\eta_B - \eta_A) Q_h \tag{19.42}$$

entzogen. Die Maschine leistet also unter Abkühlung des kalten Reservoirs die Arbeit

$$W_B - W_A = (\eta_B - \eta_A) Q_h \tag{19.43}$$

Dies ist genau ein Perpetuum mobile zweiter Art, welches dauernd Arbeit leistet und dabei lediglich ein Wärmereservoir abkühlt. Das jahrhundertelange vergebliche Bemühen, eine solche Maschine zu konstruieren, die nicht dem Energiesatz widerspricht, wohl aber dem Entropiesatz, entspricht der Erkenntnis, daß $\Delta Q_k = W_B - W_A = 0$ ist, oder

$$\boxed{\eta_A = \eta_B = \frac{T_h - T_k}{T_h}} \tag{19.44}$$

für alle reversiblen Prozesse bei gegebenem $T_h$, $T_k$.

# 19.9 Zusammenfassung

Die **Änderung der inneren Energie** kann durch mechanische Arbeit oder durch Wärmeaustausch geschehen

$$\Delta U = W + Q \tag{19.45}$$

Die **Entropie** $S$ ist eine Zustandsfunktion, die ein Maß für die mikroskopische Unordnung im System darstellt. Die Änderung der Entropie ist die Änderung der Wärmemenge, geteilt durch die Temperatur.

$$dS = \frac{\delta Q}{T} \tag{19.46}$$

$$Q = \int T \, dS \tag{19.47}$$

**Erster Hauptsatz der Thermodynamik:**
Die innere Energie ist eine Zustandsfunktion, d. h., alle gleichartigen Makrozustände besitzen unabhängig von ihrer Vorgeschichte die gleiche innere Energie.

Die **Änderung** der inneren Energie hängt nur vom Anfangs- und Endpunkt des Prozesses ab.
In einem geschlossenen Kreisprozeß kann keine innere Energie gewonnen oder verloren werden:

$$\oint dU = 0 \tag{19.48}$$

**Zweiter Hauptsatz der Thermodynamik:**
Die Entropie verändert sich im Gleichgewicht nicht. Sie besitzt ihren maximalen Wert im Gleichgewicht.

$$dS = 0$$

$$S = S_{max} \tag{19.49}$$

In einem Prozeß kann die Entropie des Gesamtsystems nicht kleiner werden.
**Die Entropie verändert sich in reversiblen Prozessen nicht.**

In irreversiblen Prozessen steigt die Entropie an.

$$\Delta S_{\text{rev}} = 0 \tag{19.50}$$

$$\Delta S_{\text{irr}} > 0 \tag{19.51}$$

Man kann keine Maschine konstruieren, die Arbeit leistet und dabei nur ein Reservoir abkühlt, ohne ein zweites Reservoir aufzuheizen.

**Dritter Hauptsatz der Thermodynamik:**
An absoluten Nullpunkt ist die Entropie gleich Null

$$S = 0 \quad \text{bei} \quad T = 0. \tag{19.52}$$

Da die Wärmekapazität für $T \longrightarrow 0$ verschwindet, ist der **absolute Nullpunkt** experimentell **nie erreichbar.**

**Carnot-Prozeß**
Hintereinanderausführung von isothermer und adiabatischer Kompression und isothermer und adiabatischer Expansion. Umwandlung von Wärme in Arbeit (z. B. Verbrennungsmotor) bzw. umgekehrt (z. B. Wärmepumpe).
**Maximal erreichbarer Wirkungsgrad** $\eta$ wird nur in reversiblen Prozessen erreicht.

$$\eta = 1 - \frac{T_{\text{kalt}}}{T_{\text{heiß}}} \tag{19.53}$$

**Adiabatengleichung,**

$$pV^\kappa = \text{const.} \tag{19.54}$$

$\kappa$ hängt von der Stoffart ab.

# 19.10 Aufgaben

**19.1**  Zu bestimmen ist die Leistung eines Gasgenerators, der mit Erdgas als Brennstoff arbeitet und bei 3,5 h Betriebsdauer 140 m³ Gas benötigt. Die Anlage hat den Wirkungsgrad 30 %.

**19.2**  Die Hauptmaschine eines Seemotorschiffes besteht aus zwei Dieselmotoren mit einer Leistung von je 800 kW. Der spezifische Kraftstoffverbrauch beträgt 245 g/(kW h). Es sind der Wirkungsgrad der Motoren und der Kraftstoffverbrauch während einer einwöchigen Schiffsreise zu bestimmen.

**19.3**  Eine ideale Wärmemaschine arbeitet nach dem Carnot-Prozeß. Dabei werden 80 % der Wärme, die vom Wärmeerzeuger erhalten wird, an den Kühler abgegeben. Die vom Wärmeerzeuger erhaltene Wärmemenge beträgt 6285 J. Gesucht sind
a) der Wirkungsgrad des Kreisprozesses,
b) die bei einem vollen Zyklus verrichtete Arbeit.

**19.4**  Ein Kilomol eines idealen Gases durchläuft einen Kreisprozeß, der aus zwei Isochoren und zwei Isobaren besteht. Dabei ändert sich das Volumen des Gases von $V_1 = 25\,\text{m}^3$ auf $V_2 = 50\,\text{m}^3$ und der Druck von $p_1 = 1,013 \cdot 10^5$ Pa auf $p_2 = 2,026 \cdot 10^5$ Pa. Um wieviel kleiner ist die Arbeit, die bei einem solchen Zyklus verrichtet wird, als die in einem Carnot-Prozeß verrichtete Arbeit, dessen Isothermen der größten und kleinsten Temperatur des betrachteten Zyklus entsprechen? Bei der isothermen Ausdehnung soll sich das Volumen verdoppeln.

**19.5**  Eine ideale Wärmemaschine arbeite nach dem Carnot-Prozeß. Es ist der Wirkungsgrad des Kreisprozesses zu bestimmen, wenn für jeden Zyklus eine Arbeit von 2940 J aufgewendet wird und an den Kühlern $1,34 \cdot 10^4$ J abgegeben wird.

**19.6** Eine ideale Kältemaschine, die nach einem umgekehrten Carnot-Prozeß arbeitet, verrichtet in einem Zyklus die Arbeit von $3,7 \cdot 10^4$ J. Dabei übernimmt sie Wärme von einem Körper mit einer Temperatur von $-10\,°C$ und übergibt Wärme an einen Körper mit einer Temperatur von $+17\,°C$. Gesucht sind
a) Der Wirkungsgrad des Zyklus,
b) die Wärmemenge, die von dem kalten Körper in einem Zyklus übernommen wird,
c) die Wärmemenge, die dem warmen Körper in einem Zyklus übergeben wird.

**19.7** Ein Raum wird durch eine Kältemaschine beheizt, die nach einem umgekehrten Carnot-Prozeß arbeitet. Wieviel mal ist die Wärmemenge $Q_0$, die der Raum durch Verbrennen von Holz in einem Ofen erhält, kleiner als die Wärmemenge $Q_1$, die dem Raum durch die Kältemaschine zugeführt wird?
Diese wirkt als Wärmemaschine, die die gleiche Holzmenge wie der Ofen verbraucht. Diese Wärmemaschine arbeitet zwischen den Temperaturen $t_1 = 100\,°C$ und $t_2 = 0\,°C$. Der Raum muß bei der Temperatur $t_1' = 16\,°C$ gehalten werden. Die Temperatur der Umgebungsluft ist $t_2' = -10\,°C$.

**19.8** Eine Dampfmaschine mit einer Leistung von 14,7 kW erfordert für 1 h Arbeit 8,1 kg Kohle mit einem Heizwert von $3,3 \cdot 10^7$ J/kg. Die Temperatur des Kessels beträgt $200\,°C$, die Temperatur des Kühlers $58\,°C$. Gesucht ist der tatsächliche Wirkungsgrad $\eta_1$ der Maschine. Dieser soll mit dem Wirkungsgrad $\eta_2$ einer idealen Wärmemaschine verglichen werden, die in einem Carnot-Prozeß zwischen den gleichen Temperaturen arbeitet.

**19.9** Der Zylinderdurchmesser eines Vergaser-Verbrennungsmotors beträgt 10 cm, der Kolbenweg 11 cm.
a) Welches Volumen muß der Verdichtungsraum haben, wenn der Anfangsdruck des Gases $0,98 \cdot 10^5$ Pa, die Anfangstemperatur des Gases $127\,°C$ und der Enddruck im Verdichtungsraum nach der Verdichtung $9,8 \cdot 10^5$ Pa betragen?
b) Wie groß wird die Temperatur des Gases in diesem Raum nach der Verdichtung sein?
c) Gesucht ist die Arbeit, die bei der Verdichtung verrichtet wird. Der Polytropenexponent sei 1,3.

**19.10** Gesucht ist die Entropieänderung von 8 g Sauerstoff beim Übergang von einem Volumen von $10^{-2}$ $m^3$ bei einer Temperatur von $80\,°C$ zu einem Volumen von $4 \cdot 10^{-2}$ $m^3$ bei einer Temperatur von $300\,°C$.

**19.11** Gesucht ist die Entropieänderung bei isothermer Ausdehnung von 6 g Wasserstoff von $10^5$ Pa auf $0,5 \cdot 10^5$ Pa

**19.12** 10 g Sauerstoff werden von $t_1 = 50\,°C$ auf $t_2 = 150\,°C$ erwärmt. Gesucht ist die Entropieänderung, wenn die Erwärmung
a) isochor und
b) isobar erfolgt.

**19.13** Ein Kubikmeter Luft, die bei einer Temperatur von $0\,°C$ unter einem Druck von 1962 Pa steht, dehnt sich isotherm vom Volumen $V_1$ auf das Volumen $V_2 = 2V_1$ aus. Gesucht ist die Entropieänderung bei diesem Prozeß.

# Kapitel 20

# Nichtgleichgewichtsprozesse

In diesem Kapitel soll darauf eingegangen werden, was passiert, wenn zwei Systeme miteinander in Wechselwirkung treten, die noch nicht miteinander im Gleichgewicht sind. Wir werden als erstes Systeme mit unterschiedlicher Temperatur betrachten.

## 20.1 Temperaturausgleich

Wir haben bei der Besprechung des zweiten Hauptsatzes der Thermodynamik dargelegt, daß Wärme nur vom wärmeren zum kälteren System fließen kann. Das wärmere System kühlt sich dabei ab und heizt das kältere System auf.

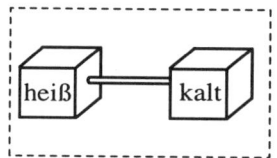

Abb. 20.1: Temperaturausgleich

Dies kann zum einen über eine Wärmemaschine geschehen, wie wir sie eben schon besprochen haben, oder über direkten Kontakt mit **Wärmeaustausch**.

Wird keine mechanische Arbeit oder Wärme nach außen abgegeben, so bleibt die innere Energie $U$ des Gesamtsystems konstant, und wir erhalten die **Richmannsche Mischungsregel** für die **Endtemperatur** $T_f$:

$$C_A(T_f - T_A) = C_B(T_B - T_f) \qquad (20.1)$$

wobei die **Anfangstemperaturen** der beiden Systeme $T_A$ und $T_B$ sind und die totalen Wärmekapazitäten $C_A$ und $C_B$ im Bereich zwischen $T_A$ und $T_B$ als temperaturunabhängig angenommen werden.

## Mischungstemperatur zweier Systeme

Der Bereich möglicher Endtemperaturen $T_f$ kann im Gleichgewicht für ein aus zwei Teilsystemen $A$, $B$ zusammengesetztes isoliertes System leicht berechnet werden, wenn A und B Anfangstemperaturen $T_A, T_B$ und temperaturunabhängige Wärmekapazitäten $C_V^A, C_V^B$ besitzen.

Dazu berechnet man die Grenzfälle total irreversibler ($\delta W = 0$) und total reversibler ($\delta W_{max}$) Prozeßführung. Die mit diesem System maximal erhältliche mechanische Arbeit sowie die **Entropieänderungen** der Teilsysteme ist für die beiden Fälle unterschiedlich.

**1. Total irreversible Prozeßführung**

$$\delta W = 0, \quad \mathrm{d}U = \delta Q_A + \delta Q_B = 0 \qquad (20.2)$$

Eine Temperaturänderung der Teilsysteme ist mit einer ausgetauschten Wärmemenge verbunden durch

$$\delta Q_A = C_A\,\mathrm{d}T_A, \quad \delta Q_B = C_B\,\mathrm{d}T_B \quad \text{und} \quad \delta Q_A = -\delta Q_B \qquad (20.3)$$

Daraus folgt für die Endtemperatur $T_f$

$$\int_{T_A}^{T_f} C_A\,\mathrm{d}T_A = -\int_{T_B}^{T_f} C_B\,\mathrm{d}T_B \qquad (20.4)$$

Wegen der Temperaturunabhängigkeit von $C_A$, $C_B$ gilt

$$C_A\left(T_f - T_A\right) = -C_B\left(T_f - T_B\right) \tag{20.5}$$

oder

$$\boxed{T_f = \frac{C_A T_A + C_B T_B}{C_A + C_B}} \tag{20.6}$$

$T_f$ ist hier die „**Richmannsche Mischungstemperatur**" bei irreversibler Prozeßführung, z. B. beim Zusammengießen von Flüssigkeiten verschiedener Temperaturen. Die Entropieänderungen sind

$$\Delta S_A = \int \frac{\delta Q_A}{T} = \int_{T_A}^{T_f} C_A \frac{dT}{T} = C_A \ln\frac{T_f}{T_A}$$

$$\Delta S_B = \int \frac{\delta Q_B}{T} = \int_{T_B}^{T_f} C_B \frac{dT}{T} = C_B \ln\frac{T_f}{T_B} \tag{20.7}$$

Falls etwa $T_A > T_B$, so ist $T_f < T_A$ und $\Delta S_A < 0$ bzw. $T_f > T_B$ und $\Delta S_B > 0$, aber

$$\boxed{\Delta S_{\text{tot}} = \Delta S_A + \Delta S_B = C_A \ln\frac{T_f}{T_A} + C_B \ln\frac{T_f}{T_B} \geq 0} \tag{20.8}$$

**2. Reversible Prozeßführung** mit zwischen A und B laufender Wärmekraftmaschine (**Wärmepumpe**):

Hier gilt

$$\boxed{\Delta S = \Delta S_A + \Delta S_B = 0} \tag{20.9}$$

$$\boxed{dS = \frac{\delta Q_A}{T_A} + \frac{\delta Q_B}{T_B} = 0} \tag{20.10}$$

woraus sofort durch Integration

$$\int_{T_A}^{T_f} C_A \frac{dT_A}{T_A} + \int_{T_B}^{T_f} C_B \frac{dT_B}{T_B} = 0 \tag{20.11}$$

oder

$$C_A \ln\frac{T_f}{T_A} + C_B \ln\frac{T_f}{T_B} = 0 \tag{20.12}$$

und damit

$$\left(\frac{T_f}{T_A}\right)^{C_A} \left(\frac{T_f}{T_B}\right)^{C_B} = 1 \tag{20.13}$$

folgt, d. h.

$$\boxed{T_f = T_A^{\frac{C_A}{C_A + C_B}} T_B^{\frac{C_B}{C_A + C_B}}} \tag{20.14}$$

oder

$$\boxed{T_f = \sqrt[C_A + C_B]{T_A^{C_A} T_B^{C_B}}} \tag{20.15}$$

Bei **reversibler** Prozeßführung erhält man das mit $C_A$, $C_B$ gewichtete **geometrische Mittel** von $T_A$ und $T_B$. Bei **irreversibler** Prozeßführung das mit $C_A$ und $C_B$ gewichtete **arithmetische Mittel**.

Es gilt immer $T_f^{\mathrm{rev}} < T_f^{\mathrm{irr}}$. Die von der Wärmekraftmaschine geleistete Arbeit im reversiblen Fall ist

$$\delta W = \Delta U = C_A(T_f - T_A) + C_B(T_f - T_B) \, . \tag{20.16}$$

## Spezielle Mischungstemperaturen

Betrachten wir nochmal das Ergebnis des total irreversiblen Falles (direkter Kontakt):

$$T_f = \frac{C_A T_A + C_B T_B}{C_A + C_B} = \frac{c_A m_A T_A + c_B m_B T_B}{c_A m_A + c_B m_B} \tag{20.17}$$

Auf der rechten Seite haben wir die totale Wärmekapazität $C$ in die spezifische Wärmekapazität $c$ umgeschrieben.

## Systeme mit gleicher spezifischer Wärmekapazität

Haben die Systeme die gleiche spezifische Wärme (z. B. $A$ warmes Wasser und $B$ kaltes Wasser) $c_A = c_B = c$, so können wir durch $c$ kürzen. Dann hängt die Mischungstemperatur nur noch von den Massen der Systeme $m_A$ und $m_B$ ab.

$$\boxed{T_f = \frac{m_A T_A + m_B T_B}{m_A + m_B} \quad \text{für} \quad c_A = c_B} \tag{20.18}$$

Sind die **Systeme gleich groß**, $m_A = m_B$, so ist die Mischungstemperatur der Mittelwert der Temperaturen

$$\boxed{T_f = \frac{T_A + T_B}{2} \quad \text{für} \quad C_A = C_B} \tag{20.19}$$

Ist hingegen ein System **viel größer** als das andere ($m_B \gg m_A$ für $c_A = c_B$ bzw. $C_B \gg C_A$), so ist die Mischungstemperatur ungefähr gleich der Temperatur des größeren Systems.

$$\boxed{T_f \approx \frac{C_A}{C_B} T_A + T_B \approx T_B \quad \text{für} \quad C_B \gg C_A} \tag{20.20}$$

Dies ist auch die Bedingung, die wir an ein **Wärmebad** mit fester Temperatur $T_B$ stellen müssen. Seine Wärmekapazität sollte viel größer sein als die des im Bad erwärmten Systems.

*Beispiel 20.1:*    **Mischung bei kleinem $\Delta T$**

Gehen wir noch einmal kurz auf das Endergebnis des reversiblen Falles ein. Die Formel sieht auf den ersten Blick sehr unübersichtlich aus, weil mit Dimensionen behaftete Größen im Exponenten stehen und nichtganzzahlige Potenzen der Temperatur auftreten. Dies läßt sich etwas aufbereiten, indem man umformt:

$$T_B = T_A + T_B - T_A = T_A \left(1 + \frac{T_B - T_A}{T_A}\right) \qquad \underline{1}$$

Wird dies in die letzte Gleichung eingesetzt, führt das zu

$$T_f = T_A^{\frac{C_A}{C_A + C_B}} \cdot T_A^{\frac{C_B}{C_A + C_B}} \cdot \left(1 + \frac{T_B - T_A}{T_A}\right)^{\frac{C_B}{C_A + C_B}}$$

$$= T_A \cdot \left(1 + \frac{T_B - T_A}{T_A}\right)^{\frac{C_B}{C_A + C_B}} \qquad \underline{2}$$

Wir haben nun sowohl im Exponenten wie in der Basis des Potenzausdrucks nur dimensionslose Größen. Wie schon bei der Beschreibung quasireversibler Prozesse besprochen, sollten die Ergebnisse von irreversibler und reversibler Reaktion bei sehr kleinen Temperaturdifferenzen gleichwertig sein. Dies können wir zeigen, indem wir die Formel für die reversible Reaktion entwickeln: Für sehr kleine $x$ läßt sich für die Potenzfunktion schreiben

$$(1+x)^a \approx 1+ax \qquad \underline{3}$$

Dies führt für kleine Temperaturdifferenzen $x \ll 1$, $(T_B - T_A) \ll T_A$, zu

$$T_f = T_A \cdot \left(1 + \frac{T_B - T_A}{T_A}\right)^{\frac{C_B}{C_A+C_B}} \approx T_A \left(1 + \frac{C_B}{C_A+C_B} \frac{T_B - T_A}{T_A}\right) \qquad \underline{4}$$

Schreiben wir $1 = (C_A + C_B)/(C_A + C_B)$, so erhalten wir nach Ausmultiplizieren

$$T_f \approx T_A \frac{C_A+C_B}{C_A+C_B} + T_B \frac{C_B}{C_A+C_B} - T_A \frac{C_B}{C_A+C_B} = \frac{C_A T_A + C_B T_B}{C_A+C_B} \qquad \underline{5}$$

Dies ist gerade die Formel des irreversiblen Falls.

# 20.2 Wärmeübertragung

Wärme ist eine Energieform, die durch verschiedene Mechanismen von einem Körper auf einen anderen übertragen werden kann. Dabei kühlt sich der Körper mit höherer Temperatur ab und heizt den Körper mit niedrigerer Temperatur auf. Der **Wärmeaustausch** endet, sobald die Körper die gleiche Temperatur haben. Die Endtemperatur hängt von den Wärmekapazitäten der Körper ab und wurde im vorigen Abschnitt genauer untersucht. In den folgenden Abschnitten wird uns allerdings weniger die Endtemperatur interessieren, als vielmehr die ausgetauschte Wärmemenge. Mögliche Mechanismen bei Wärmeübertragung sind dabei: Konvektion, Wärmestrahlung und Wärmeleitung.

## Konvektion

Bei der **Konvektion** wird die Wärmeenergie durch das **Strömen** des flüssigen oder gasförmigen Materials transportiert.

Die Zufuhr von warmem Meerwasser aus den Tropen in die nördliche Erdhalbkugel durch den Golfstrom, die Zufuhr kalter Luft durch Nordwinde oder auch die Aufwärtsströmung heißer Flüssigkeiten und Gase in Heizkesseln und Schornsteinen sowie die **Wärmetauscher**

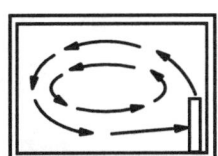

Konvektion

*Abb. 20.2: Konvektion*

(**Kühlwasserströmung** in Motoren bzw. **Kühlluftströmungen** in Computern) sind konvektive Formen der Wärmeübertragung. Sie werden mit den Methoden der Gas- und Hydrodynamik berechnet.

Auch der im folgenden Abschnitt besprochene **Wärmeübergang** hat seine wesentliche technische Anwendung in der durch Konvektion bedingten **Abkühlung** von Stoffen.

## Wärmestrahlung

Jeder Körper mit endlicher Temperatur $T \neq 0$ K sendet **elektromagnetische Strahlung** aus, die sogenannte **Wärmestrahlung**. Die dabei **abgestrahlte Energie** wächst mit der vierten Potenz der Temperatur an.

Die von einer Fläche $A$ mit der Temperatur $T$ abgestrahlte Wärmeenergie pro Zeiteinheit ist durch das **Stefan-Boltzmann-Gesetz** gegeben

$$\dot{Q} = \frac{\Delta Q}{\Delta t} = A \cdot \varepsilon \cdot \sigma \cdot T^4 \qquad (20.21)$$

mit der **Stefan-Boltzmann-Konstante** $\sigma$ (auch **Strahlungskonstante des schwarzen Körpers** genannt)

$$\sigma = 5,67 \cdot 10^{-8} \ \text{W}/(\text{m}^2 \cdot \text{K}^4) \qquad (20.22)$$

Sonnen-
strahlung

Strahlung

*Abb. 20.3:*

Der Emissionsgrad $\varepsilon \leq 1$ ist eine dimensionslose Größe, die stark vom Material und von der Oberflächenbeschaffenheit des strahlenden Körpers sowie von seiner Temperatur abhängt. Sehr heiße Körper leuchten auch im sichtbaren Wellenlängenbereich (Anwendung: Glühlampen).
Die **Strahlungsleistung der Sonne** mit der Oberflächentemperatur von ca. 6000 K beträgt $\phi_S = 3,86 \cdot 10^{26}$ W.

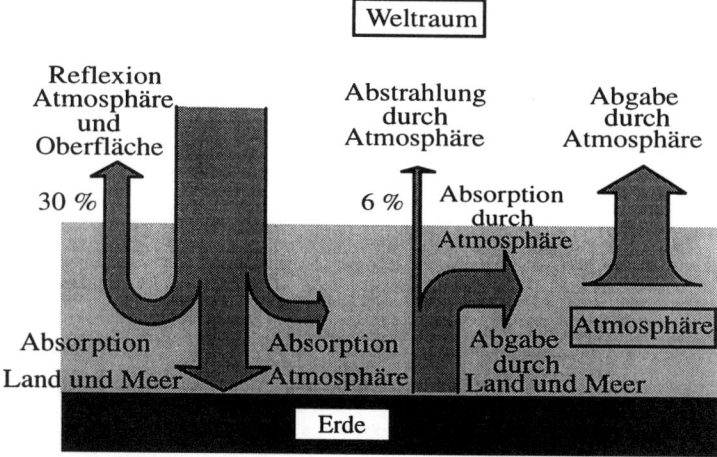

Weltraum

Reflexion
Atmosphäre
und
Oberfläche

Abstrahlung
durch
Atmosphäre

Abgabe
durch
Atmosphäre

30 %

6 %

Absorption
durch
Atmosphäre

Absorption
Land und Meer

Absorption
Atmosphäre

Abgabe
durch
Land und Meer

Atmosphäre

Erde

*Abb. 20.4: Der Treibhaus-Effekt; Der größte Teil der kurzwelligen Sonnenstrahlung wird von Erdoberfläche reflektiert und als Infrarotstrahlung von atmosphärischem $CO_2$ absorbiert.*

Die Strahlungsdichte des Sonnenlichtes, das auf die Erde auftrifft, ist durch die **Solarkonstante** $S_0$ standardisiert:

$$S_0 = 1,369 \cdot 10^3 \ \frac{\text{W}}{\text{m}^2} \qquad (20.23)$$

Die **Infrarot-Strahlung** von Körpern mit Temperaturen im Zimmertemperaturbereich können nur mit Hilfe von **Infrarotgeräten** sichtbar gemacht werden.

## Wärmeleitung

Die dritte Form der Energieübertragung, Wärmelei-
tung, erfordert den direkten Kontakt zwischen zwei
Körpern – die Teilchen des einen Körpers übertra-
gen durch Stöße Energie auf die Teilchen des anderen
Körpers.
Wir werden auf diese Form der Wärmeübertragung in
Kürze zurückkommen.

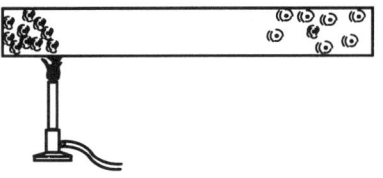

*Abb. 20.5: Wärmeleitung*

# 20.3  Wärmeübergang

Betrachten wir nun eine spezielle Form von Wärmetransport, nämlich den Abtransport bzw. Zufuhr
von Wärme von bzw. zu einem Körper (typischerweise ein Festkörper) durch Gas (z. B. Luft) oder
auch durch eine Flüssigkeit (z. B. Kühlwasser). Das die Wärme aufnehmende Gas soll dabei in recht
großer Menge vorliegen, d. h., es soll eine sehr große Wärmekapazität besitzen. Uns interessiert dabei
hier nicht so sehr die Endtemperatur des Systems nach vollständigem Wärmeaustausch, sondern der
**Wärmeverlust** $\Delta Q$ während des Zeitraumes $\Delta t$.
Die Wärmemenge $\Delta Q$ ist zunächst einmal sicher proportional zur Zeitdauer $\Delta t$ des Wärmeaustausch.
Dies gilt jedoch nur, solange $\Delta t$ ausreichend klein ist, so daß sich die globalen Größen des Systems
(z. B. die Temperatur) nicht verändern.
Wie wir schon bei der Diskussion der spezifischen Wärmekapazitäten gesehen haben, sollte die ausge-
tauschte Wärmemenge proportional zur Temperaturdifferenz $(T_A - T_B)$ sein, wobei $T_A$ die Temperatur
des Stoffes und $T_B$ die Temperatur des Gases ist.
Der Wärmeaustausch findet nur an der Kontaktfläche $A$ statt. Je größer diese Oberfläche ist, desto
größer ist der **Wärmeaustausch**.
Fassen wir alle drei Proportionalitäten zusammen und nennen wir die Proportionalitätskonstante $\alpha$, so
erhalten wir

$$Q = \alpha \cdot A \cdot (T_A - T_B) \cdot \Delta t \qquad (20.24)$$

$\Delta t$ muß, wie gesagt, sehr klein sein, weil man in diesem Zeitraum sonst die Temperaturen nicht als konstant annehmen kann. Wir dividieren die Gleichung durch $\Delta t$ und erhalten so eine Gleichung, die den
Übergang der Wärmemenge pro Zeiteinheit angibt. Diese Größe wird auch **Wärmefluß** oder **Wärmestrom** $\Phi$ genannt

$$\Phi = \lim_{\Delta t \to 0} \frac{\delta Q}{\Delta t} = \frac{dQ}{dt}, \qquad [\Phi] = \frac{J}{s} = W \qquad (20.25)$$

In manchen Büchern wird auch der Wärmestrom mit $Q$ bezeichnet, was zu Verwirrungen führen kann.
Die Einheit des Wärmestroms ist Joule pro Sekunde, was der Leistungseinheit Watt entspricht. Die
Gleichung für den Wärmestrom lautet also

$$\Phi = \frac{\delta Q}{dt} = \alpha \cdot A \cdot (T_A - T_B) \qquad (20.26)$$

Wir können auch den Wärmefluß $\Phi$ durch die Fläche dividieren und erhalten die **Wärmestromdichte**
$I_{\text{th}}$. Lassen wir die Fläche gegen Null gehen, so erhalten wir

$$I_{\text{th}} = \lim_{\Delta A \to 0} \frac{\Delta \Phi}{\Delta A} = \frac{d^2 Q}{dA dt}$$

Die Bestimmungsgleichung für die Wärmestromdichte wird zu

$$I_{th} = \frac{d\Phi}{dA} = \alpha(T_A - T_B)$$

Die Größe $\alpha$ wird **Wärmeübergangskoeffizient** genannt. Ihre Einheit ist Watt pro Quadratmeter und pro Kelvin

$$[\alpha] = \frac{W}{m^2 \cdot K} \tag{20.27}$$

Die folgende Tabelle gibt einige typische Werte des Wärmeübergangskoeffizienten:

*Tabelle 20.1   Verschiedene Werte des Wärmeübergangskoeffizienten in $W/(m^2 \cdot K)$*

| | |
|---|---|
| Luft, ruhend, an Metallwand | 3,5 ... 35 |
| Luft, mäßig bewegt, an Metallwand | 23 ... 70 |
| Luft, kräftig, bewegt, an Metallwand | 58 ... 290 |
| Wasser im Behälter/Kessel | 580 ... 2300 |
| Wasser, strömend | 2300 ... 4700 |
| Kondensierender Wasserdampf | ca. 11600 |

Die Wärmeübergangszahl hängt von vielen Eigenschaften des wärmeableitenden Stoffes ab. Wichtig ist unter anderem die spezifische Wärmekapazität des Stoffes, da sie die Fähigkeit des Stoffes widerspiegelt, Wärme aufzunehmen (um sie abtransportieren zu können). So hat z. B. kondensierender Wasserdampf eine sehr große Wärmekapazität (weil beim Übergang flüssig/gasförmig eine große Entropiedifferenz überwunden werden muß) und dementsprechend einen sehr großen Wärmeübergangskoeffizienten von über $11\,000\,W/(m^2 \cdot K)$.

Dabei ist auch die Dichte des Stoffes von Bedeutung, da eine höhere Stoffmenge in einem Volumen auch eine höhere Wärmekapazität zur Folge hat. Verdünnte Gase haben daher einen extrem kleinen Wärmeübergangskoeffizienten und können demzufolge bestens zur Isolierung, z. B. in **Thermosflaschen** (sogenannte **Dewar-Gefäße**), verwendet werden.

Wichtig ist weiterhin die Fähigkeit, Wärme im Stoff weiterzuleiten, was durch die **Wärmeleitzahl** beschrieben wird.

Auch die Möglichkeit, Teilchen im Stoff zu bewegen, ist wichtig: So können hochenergetische Teilchen von der Kontaktstelle weg transportiert werden und niederenergetische Teilchen herangeführt werden. Sie wird durch die **Viskosität** des Stoffes gegeben.

Schließlich ist es auch wichtig, ob sich das Gas (oder die Flüssigkeit) in Ruhe befindet oder an den abzukühlenden Stoff vorbeiströmt. So kann der Übergangskoeffizient von Luft (in Ruhe ca. $10\,W/(m^2 \cdot K)$) bei Sturm Werte über $100\,W/(m^2 \cdot K)$ annehmen.

Aus diesem Grund werden in der technischen Anwendung zur **Kühlung** fast ausschließlich strömende Medien verwendet **(Konvektion)**.

*Beispiel 20.2:*   Abkühlung eines Metallwerkstücks in Luft

Ein Metallwerkstück mit Temperatur $T_0$, Wärmekapazität $C$ und Oberfläche $A$ kühlt an der Luft (Temperatur $T_L$) ab.
Berechnen Sie die Zeitentwicklung der Temperatur.

**Lösung:**

Wir bezeichnen mit $T(t)$ die momentane Temperatur des Werkstücks zum Zeitpunkt $t$. Die im Zeitintervall $\Delta t$ auf die Luft übertragene Wärmemenge $Q_L$ ist

$$Q_L = d \cdot A \cdot (T(t) - T_L) \cdot \Delta t$$

1

$\Delta t$ muß natürlich klein sein, da $T$ von $t$ abhängt. Durch die Wärmeabgabe kühlt sich aber auch das Werkstück ab

$$Q_W = C \cdot \Delta T(t), \Delta T(t) = T(t + \Delta t) - T(t) \qquad \underline{2}$$

wobei $\Delta T$ die Differenz von der Anfangstemperatur $T(t)$ zur Endtemperatur $T(t + \Delta t)$ ist. Bezeichnen wir nun mit $T_d(t)$ die zeitabhängige Temperaturdifferenz zwischen Werkstück und Luft, wobei wir annehmen, daß die Temperatur der Luft konstant bleibt, d. h., daß die totale Wärmekapazität der Luft viel größer als die totale Wärmekapazität des Werkstücks ist (vgl. hierzu den Abschnitt Temperaturausgleich)

$$T_d = T(t) - T_L \Delta T_d = (T(t + \Delta t) - T_L) - (T(t) - T_L) = \Delta T(t) \qquad \underline{3}$$

Wegen der Differenzbildung gilt $\Delta T_d = \Delta T(t)$.
Unsere beiden Gleichungen für $Q$ lauten nun

$$Q_L = \alpha \cdot A \cdot T_d \cdot \Delta t$$

$$Q_W = C \cdot \Delta T_d \qquad \underline{4}$$

Es gilt $Q_{ges} = Q_L + Q_W = 0$, d. h., die Wärmeaufnahme der Luft $Q_L$ ist gleich dem Wärmeverlust $-Q_W$ des Werkstücks. Einsetzen von $Q_L = -Q_W$ führt zu

$$-C\Delta T_d = \alpha \cdot A \cdot T_d \cdot \Delta t \qquad \underline{5}$$

Teilen wir durch $-C$ und durch $\Delta t$ und führen wir den Grenzübergang $\Delta t \to 0$ durch, so erhalten wir die Differentialgleichung

$$\frac{dT_d}{dt} = \frac{-\alpha \cdot A}{C} \cdot T_d \qquad \underline{6}$$

Diese Gleichung wird durch die Exponentialfunktion gelöst, denn es gilt

$$\frac{d}{dt}(b e^{at}) = a \cdot b e^{at} \qquad \underline{7}$$

Durch Vergleich erkennen wir, daß der Vorfaktor von $T_d$ gerade der Faktor im Exponenten ist. Die Lösung der Differentialgleichung ist also

$$T_d(t) = b \cdot e^{-\frac{\alpha A}{C} t} \qquad \underline{8}$$

Einsetzen von $T_d = T - T_L$ führt zu

$$T(t) = T_L + b \cdot e^{-\frac{\alpha A}{C} \cdot t} \qquad \underline{9}$$

Für die Bestimmung von $b$ benötigen wir die Anfangsbedingung: Zur Zeit $t = 0$ hatte das Werkstück die Temperatur $T_0$:

$$T(t = 0) = T_0 = T_L + b e^{-\frac{\alpha A}{C} \cdot 0} \qquad \underline{10}$$

Daraus folgt

$$T(t) = (T_0 - T_L) e^{-\frac{\alpha A}{C} t} + T_L \qquad \underline{11}$$

Die Temperatur klingt also exponentiell ab.

In unserem Beispiel beeinflußt die Wärmekapazität des Werkstücks den Wärmeübergang nur insofern, als sie bestimmt, wie schnell das Werkstück abkühlt. Durch das Abkühlen des Werkstücks wird die Temperaturdifferenz zur Luft verringert und dadurch auch die abgegebene Wärmemenge verkleinert. Ansonsten haben (bei konstanter Temperatur) Materialeigenschaften wie die spezifische Wärmekapazität keinen Einfluß auf den Wärmeübergang. Die **Oberflächenbeschaffenheit** des Werkstücks spielt allerdings eine Rolle.

# 20.4  Wärmeleitung

Im vorigen Abschnitt haben wir die Wärmeaufnahme durch ein umgebenes Medium mit sehr großer Wärmekapazität betrachtet. Jetzt betrachten wir den anderen Fall:

Ein wärmeleitender Gegenstand mit vergleichweise kleiner Wärmekapazität befindet sich zwischen zwei Systemen unterschiedlicher Temperatur (z. B. Fenster oder Wände eines Hauses zwischen Außenluft und Innenraum). Der Wärmeleiter selbst soll dabei keine Wärme mehr aufnehmen, sondern sie nur weitertransportieren, d. h., die gleiche Wärmemenge, die auf einer Seite einfließt, wird auf der anderen Seite wieder abgegeben. Es handelt sich um einen **stationären Zustand**, der sich erst geraume Zeit nach dem ersten Kontakt (bei dem der Wärmeleiter evtl. noch Wärme aufnimmt und nicht gleichviel wieder abgibt) einstellt. Die Wärmekapazität des den Wärmeleiter umschließenden Systems sei relativ groß, so daß sich die Temperaturen nicht wesentlich verändern.

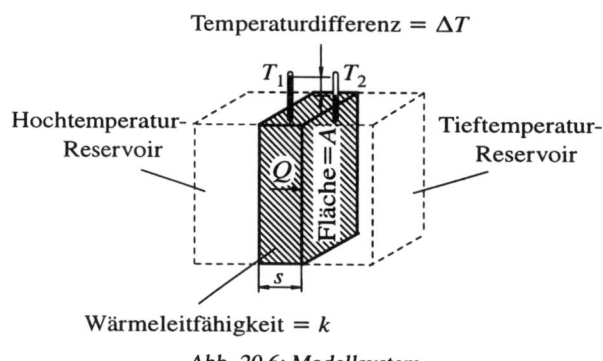

Temperaturdifferenz = $\Delta T$

Hochtemperatur-Reservoir

Tieftemperatur-Reservoir

Wärmeleitfähigkeit = $k$

*Abb. 20.6: Modellsystem*

Die übertragene Wärmemenge $\Delta Q$ ist – wie auch beim Wärmeübergang – proportional zum (wiederum als klein angenommenen) Zeitintervall $\Delta t$, sowie der Temperaturdifferenz der umschließenden Systeme $A$ und $B$, $T_A - T_B$, und der Größe der Kontaktfläche $A$. Weiterhin gilt, daß die Wärmeleitung um so schlechter wird, je dicker die wärmeleitende Wand ist.

Fassen wir alle Proportionalitäten zusammen und bezeichnen wir die Proportionalitätskonstante mit $\lambda$, so erhalten wir

$$\Delta Q = \lambda \cdot \frac{A}{s} \cdot (T_A - T_B) \cdot \Delta t \tag{20.28}$$

wobei $s$ die Dicke des Leiters ist. Teilen wir durch $\Delta t$ und verwenden wir den Wärmestrom $\Phi$, so erhalten wir

$$\Phi = \frac{\mathrm{d}Q}{\mathrm{d}t} = \lambda \cdot \frac{A}{s} \cdot (T_A - T_B) = k \cdot A(T_a - T_b) \qquad [\lambda] = \frac{\mathrm{W}}{\mathrm{m} \cdot \mathrm{K}} \quad [k] = \frac{\mathrm{W}}{\mathrm{m}^2 \cdot \mathrm{K}} \tag{20.29}$$

Die Größe $\lambda$ heißt **Wärmeleitwert** und wird in Einheiten Watt pro Meter und pro Kelvin angegeben. $k = \lambda / s$ ist der Wärmedurchgangskoeffizient, auch $k$-Wert genannt.

Die **Wärmeleitfähigkeit** wird von inneren Eigenschaften des Materials bestimmt. Wichtig sind dabei die Dichte $\rho$ des Stoffes, die spezifische Wärmekapazität $c_V$, die mittlere innere **Transportgeschwindigkeit** $\bar{v}$ und die **mittlere freie Weglänge** $l$. Die letzten beiden Größen beschreiben innere Transportprozesse im Material, z. B. im Gas die mittlere Geschwindigkeit, mit der die Moleküle fliegen, und die freie Wegstrecke, die ein Molekül im Mittel fliegen kann, bevor es mit einem anderen Molekül stößt. Diese Beziehungen werden wir zum Abschluß dieses Kapitels aufführen. Die folgende Tabelle gibt einige charkteristische Wärmeleitfähigkeitswerte $\lambda$ in W/(m · K) an.

*Tabelle 20.2    Wärmeleitfähigkeit für verschiedene Stoffe in* W/(m · K)

| Aluminium | 220 | Beton | 1 | Benzin | 0,12 |
|---|---|---|---|---|---|
| Blei | 35 | Glas | 1 | Äthanol | 0,17 |
| Eisen | 74 | Porzellan | 1 | Mineralöl | 0,15 |
| Gold | 312 | Gummi | 0,1…0,2 | Luft | 0,026 |
| Kupfer | 384 | Holz | 0,1…0,2 | $CO_2$-Gas | 0,016 |
| Nickel | 91 | Wachs | 0,1 | Styropor | 0,04 |
| Silber | 407 | Wasser | 0,6 | Schaumstoff | 0,04 |

Wie man sieht, besitzen Metalle eine sehr hohe **Leitfähigkeit**. Dies rührt von der hohen Dichte der Stoffe und der großen Beweglichkeit der Elektronen im Metall her. Gase haben eine sehr geringe Leitfähigkeit, was mit ihrer geringen Dichte zusammenhängt. Die Isolierfähigkeit vieler **Isolierstoffe**, wie z. B. Styropor oder Schaumstoff, basieren auf dem Einschluß von Gasbläschen im Feststoff.

Zu beachten ist, daß bei der Formel für den Wärmefluß die Dicke $s$ der Wand im Nenner steht. Wenn man also statt einer Wand zwei gleichartige Wände hintereinander stellt, so verdoppelt sich die Dicke $s$ und der Wärmefluß halbiert sich.

Für zwei Wände mit Dicken $s_1$ und $s_2$ gilt dann

$$\Phi = \frac{\lambda \cdot A}{s_1 + s_2}(T_A - T_B) \tag{20.30}$$

Was macht man aber, wenn die Wände auch unterschiedliche Wärmeleitzahlen $\lambda_1$ und $\lambda_2$ haben? Wir nehmen an, daß die beiden Wände die Dicke $s_1$ und $s_2$ besitzen. Statt der zweiten Wand können wir auch eine „Ersatzwand" aufstellen, die die Wärmeleitzahl $\lambda_1$, aber dafür eine andere Dicke $s_2'$ besitzt, so daß die Ersatzwand und die ersetzte Wand den gleichen Wärmefluß haben:

$$\Phi_2 = \frac{\lambda_2}{s_2}A(T_A - T_B) = \frac{\lambda_1}{s_2'}A(T_A - T_B) \tag{20.31}$$

Dies liefert uns eine Bestimmungsgleichung für die Dicke $s_2'$ der Ersatzwand:

$$s_2' = \frac{\lambda_1}{\lambda_2}s_2 \tag{20.32}$$

Das können wir wieder in die Formel einsetzen

$$\Phi = \frac{\lambda_1}{s_1 + s_2'}A(T_A - T_B) = \frac{\lambda_1}{s_1 + \frac{\lambda_1}{\lambda_2}s_2}A(T_A - T_B) \tag{20.33}$$

Wir erweitern mit $\lambda_2$ und bilden dann einen Doppelbruch

$$\Phi = \frac{\lambda_1\lambda_2}{\lambda_2 s_1 + \lambda_1 s_2}A(T_A - T_B) = \frac{1}{\left(\frac{\lambda_2 s_1 + \lambda_1 s_2}{\lambda_1\lambda_2}\right)}A(T_A - T_B) \tag{20.34}$$

Den Bruch im Nenner können wir aufteilen und kürzen

$$\Phi = \frac{1}{\frac{\lambda_2 s_1}{\lambda_1\lambda_2} + \frac{\lambda_1 s_2}{\lambda_1\lambda_2}}A(T_A - T_B) = \frac{1}{\frac{s_1}{\lambda_1} + \frac{s_2}{\lambda_2}}A(T_A - T_B) \tag{20.35}$$

Den **Gesamtwärmefluß** erhalten wir also, wenn wir die Kehrwerte $s/\lambda$ im Nenner addieren.

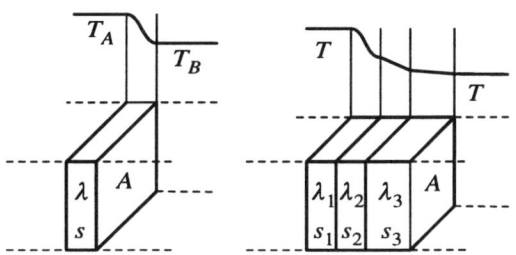

*Abb. 20.7: Wärmeleitung in einer Wand und in mehreren Wänden*

Für **mehrere Leiter** erhalten wir damit

$$\Phi = \frac{1}{\frac{s_1}{\lambda_1} + \frac{s_2}{\lambda_2} + \frac{s_3}{\lambda_3} + \dots}A(T_A - T_B) \tag{20.36}$$

Haben alle Wände die **gleiche Dicke** $s$, so können wir schreiben

$$\Phi = \frac{1}{\dfrac{1}{\lambda_1} + \dfrac{1}{\lambda_2} + \dfrac{1}{\lambda_3} + \ldots + \dfrac{1}{\lambda_n}} \frac{A}{s}(T_A - T_B) \qquad (20.37)$$

Würden wir nun für die $n$ Wände mit verschiedenen Leitwerten $\lambda$ durch $n$ gleichartige Wände mit einem **gemittelten Wärmeleitwert** $\lambda$ ersetzen, so erhielten wir (die Gesamtdicke wäre $n \cdot s$):

$$\Phi = \frac{\lambda \cdot A}{n \cdot s}(T_A - T_B) \qquad (20.38)$$

Für den **gemittelten Leitwert** $\lambda$ gilt dann

$$\frac{1}{\lambda} = \frac{1}{n}\left(\frac{1}{\lambda_1} + \frac{1}{\lambda_2} + \cdots + \frac{1}{\lambda_n}\right) \qquad (20.39)$$

Ähnlich wie für den Leitwert $\lambda$ kann man verfahren, wenn die Kontaktoberflächen der verschiedenen Wände nicht gleich sind. Wieder kann man sich eine Ersatzwand denken, die eine veränderte Fläche und dafür auch eine veränderte Dicke hat. Die Schlußfolgerungen erfolgen analog zur Diskussion der Wärmeleitfähigkeit.

## 20.5   Wärmewiderstand und Wärmedurchgang

Wir haben im letzten Abschnitt bei Hintereinandersetzen mehrerer Wände sämtliche Additionen $s_1/\lambda_1 + s_2/\lambda_2$ im Nenner durchführen müssen. Dies legt nahe, den Kehrwert des Vorfaktors unserer **Wärmeflußgleichung** näher zu untersuchen. Wir schreiben

$$\Phi = \frac{T_A - T_B}{R_{\text{th}}} \qquad (20.40)$$

mit

$$R_{\text{th}} = \frac{s}{\lambda A} \qquad (20.41)$$

und bezeichnen $R_{\text{th}}$ als **Wärmewiderstand**.
Der Wärmewiderstand beeinflußt den Wärmestrom bei einer gegebenen Temperaturdifferenz. Das Hintereinandersetzen mehrerer Wände (Wärmewiderstände) läßt sich nun auch recht einfach schreiben:

$$\Phi = \frac{T_A - T_B}{R_1 + R_2} \qquad (20.42)$$

$$R_1 = \frac{s_1}{\lambda_1 A_1} \qquad (20.43)$$

$$R_2 = \frac{s_2}{\lambda_2 A_2} \qquad (20.44)$$

Hier sehen wir einige **Analogien zur Elektrizitätslehre**:
Auch hier beeinflußt der (elektrische) Widerstand $R$ die (elektrische) Stromstärke $I$. Auch hier addieren sich hintereinander geschaltete Widerstände

$$R_{\text{ges}} = R_1 + R_2 + R_3 + \ldots \qquad (20.45)$$

Schreiben wir nun $\Delta T = T_A - T_B$, so können wir die Gleichung für den Wärmestrom in einer Form schreiben, die als **Ohmsches Gesetz der Wärmelehre** bekannt ist

$$\Phi = \frac{\Delta T}{R_{\text{th}}}$$ (20.46)

Wir können nun folgende Analogien zwischen den Größen der Thermodynamik und der Elektrizitätslehre ziehen:

- Die Temperaturdifferenz $\Delta T$ entspricht der Potentialdifferenz (= Spannung) $U$.
- Der Wärmestrom $\Phi$ entspricht der Stromstärke $I$.
- Der Wärmewiderstand $R_{\text{th}}$ entspricht dem elektrischen Widerstand $R$.
- Der Wärmeleitwert $\lambda$ entspricht dem (spezifischen) elektrischen Leitwert.
- Die Wärmeleitwertgleichung hintereinanderliegender Wände entspricht der Leitwertgleichung hintereinandergeschalteter Widerstände.
- Analog zum elektrischen Widerstand hängt der thermische Widerstand von Oberfläche und Länge des Widerstands (Dicke der Wand) und der (spezifischen) Leitfähigkeit ab.

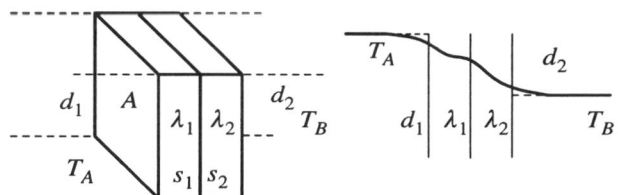

*Abb. 20.8: Wärmedurchgang durch mehrere Schichten*

Als Anwendung wollen wir den **Wärmedurchgang** betrachten. Zwei flüssige oder gasförmige Stoffe $A$ und $B$ seien durch (eine oder mehrere) Wände getrennt. Die Wärmeübertragung vollzieht sich in folgenden Schritten:

- Wärmeübergang vom Stoff $A$ zur Wand mit den Wärmeübergangskoeffizienten $\alpha_1$.
- Wärmeleitung durch Wand 1 mit der Dicke $s_1$ und der Wärmeleitzahl $\lambda_1$.
- Wärmeleitung durch weitere Wände.
- Wärmeübergang von der letzten Wand zum Medium 2 mit dem Wärmeübergangskoeffizienten $\alpha_2$.

Nehmen wir die Oberfläche aller Wände $A$ als gleich an, so erhalten wir

$$\Phi = \frac{1}{R_A + R_B + R_1 + R_2 + \ldots}(T_A - T_B)$$ (20.47)

mit

$$R_A = \frac{1}{\alpha_1 A}, \qquad R_B = \frac{1}{\alpha_2 A}, \qquad R_1 = \frac{s_1}{\lambda_1 A}, \qquad R_2 = \frac{s_2}{\lambda_2 A}, \qquad \ldots$$ (20.48)

und eingesetzt

$$\Phi = \frac{1}{\dfrac{1}{\alpha_1} + \dfrac{1}{\alpha_2} + \dfrac{s_1}{\lambda_1} + \dfrac{s_2}{\lambda_2} + \cdots} \cdot A(T_A - T_B)$$ (20.49)

Den Gesamtdurchgang des Wärmestroms können wir auch schreiben als

$$\Phi = \frac{1}{R_{\text{ges}}}(T_A - T_B) = k \cdot A(T_A - T_B)$$ (20.50)

wobei $R_{\text{ges}}$ der **gesamte Wärmewiderstand** und $k$ der **Wärmedurchgangskoeffizient** oder **k-Wert** ist

$$R_{\text{ges}} = \frac{1}{kA} = R_A + R_B + R_1 + R_2 + \ldots$$ (20.51)

Der Wärmedurchgangskoeffizient läßt sich beschreiben als

$$\frac{1}{k} = \frac{1}{\alpha_1} + \frac{1}{\alpha_2} + \frac{s_1}{\lambda_1} + \frac{s_2}{\lambda_2} + \dots \tag{20.52}$$

Er ist abhängig von Materialbeschaffenheit, Materialdicke und den umgebenen Medien. Er findet bei der Berechnung des Wärmeabflusses bei Hausmauern, Röhrenleitungen usw. Verwendung.

# 20.6  Zusammenfassung

**Wärmeausgleich** zwischen heißen und kalten Medien:
Mischtemperatur $T_f$ bei direktem Kontakt der Stoffe $A$ und $B$, wobei $T_A$ und $T_B$ die Temperaturen und $G_A$ und $G_B$ die Wärmekapazitäten sind.

$$C_A T_A + C_B T_B = (C_A + C_B) T_f \tag{20.53}$$

Innerhalb der Zeit d$t$ übertragene Wärmemenge d$Q$, wobei $A$ die Kontaktfläche $(T_A - T_B)$, die Temperaturdifferenz und $\alpha$ die Wärmeübergangszahl ist:

$$\frac{\mathrm{d}Q}{\mathrm{d}t} = \alpha \cdot A \cdot (T_A - T_B) \tag{20.54}$$

**Wärmeleitung** überträgt innerhalb der Zeit d$t$ die Wärmemenge d$Q$, wobei $S$ die Dicke des Wärmeleiters, $A$ die Kontaktfläche, $\lambda$ die Wärmeleitzahl und $R_{\mathrm{th}}$ der thermische Widerstand ist.

$$\frac{\mathrm{d}Q}{\mathrm{d}t} = \frac{(T_A - T_B)}{R_{\mathrm{th}}}, \qquad R_{\mathrm{th}} = \frac{s}{\lambda A} \tag{20.55}$$

**Wärmestrom** $\Phi$: die während des Zeitintervalls $\Delta t$ abgegebene Wärmemenge d$Q$

$$\Phi = \frac{\mathrm{d}Q}{\mathrm{d}t} = \lim_{\Delta t \to 0} \frac{\Delta Q}{\Delta t} \tag{20.56}$$

**Ohmsches Gesetz der Thermodynamik:**

$$\Phi = \frac{\Delta T}{R} \tag{20.57}$$

Analogie zur Elektrodynamik

$$\text{Temperaturdifferenz} \quad \Delta T \Longleftrightarrow \text{Spannung} \quad U \tag{20.58}$$

$$\text{Wärmestrom} \quad \Phi \Longleftrightarrow \text{Stromstärke} \quad I$$

$$\text{Wärmewiderstand} \quad R_{\mathrm{th}} \Longleftrightarrow \text{elektrischer Widerstand} \quad R$$

**Wärmedurchgang:** Werden zwei Medien durch eine leitende Wand getrennt, so gilt für den Wärmedurchgang

$$\frac{\mathrm{d}Q}{\mathrm{d}t} = k \cdot A \cdot (T_A - T_B) \tag{20.59}$$

$T_A, T_B$ sind die Temperaturen der Medien, $A$ die Kontaktfläche.
$k$ ist der **Wärmedurchgangskoeffizient**, auch **k-Wert**, der sich aus den Wärmeübergangskoeffizienten $\alpha_A$, $\alpha_B$ und dem Wärmleitungskoeffizienten $\lambda$ der Wand ergibt.

$$\frac{1}{k} = \frac{1}{\alpha_A} + \frac{1}{\alpha_B} + \frac{1}{\lambda} \tag{20.60}$$

# 20.7  Aufgaben

**20.1** Zu bestimmen ist die Wassertemperatur, die sich nach dem Mischen von 6 kg Wasser von 42 °C, 4 kg Wasser von 72 °C und 20 kg Wasser von 18 °C einstellt.

**20.2** Wie groß ist der maximale Unterschied an Masse und Gewicht der Luft, die in einem Raum vom Volumen 100 m³ ausgefüllt, beim Atmosphärendruck im Winter und im Sommer, wenn die Raumtemperatur im Sommer auf 30 °C steigt und im Winter auf 5 °C sinkt?

**20.3** Wasser von 341 K tritt in den Radiator einer Warmwasserheizung ein und bei 313 K aus. Auf welche Temperatur erwärmt sich die Luft in einem Zimmer mit den Abmessungen 6 m × 5 m × 3 m, wenn die Lufttemperatur im Zimmer anfänglich 279 K betrug und durch den Heizkörper 40 l Wasser strömen? Die Wärmeverluste durch Wände, Fenster und Fußboden machen 50 % aus.

**20.4** In einem Aluminiumkalorimeter mit der Masse 30 g, das Petroleum von 20 °C enthält, wird ein Zinnzylinder der Masse 0,60 kg eingetaucht, der vorher auf 100 °C erwärmt wurde. Welche Petroleummenge befand sich im Kalorimeter, wenn die Endtemperatur 29, 5 °C beträgt und die Wärmeverluste an den umgebenden Raum 15 % ausmachen?

**20.5** Eine Platte mit der Masse 0,30 kg, die auf 85 °C erwärmt wurde, wird dann in ein Aluminiumkalorimeter mit der Masse 30 g getaucht, das 0,25 kg Wasser von 22 °C enthält. Die Temperatur, die sich im Kalorimeter einstellt, beträgt 28 °C. Zu bestimmen ist die spezifische Wärmekapazität des Plattenmaterials.

**20.6** Wieviel Liter Wasser von 20 °C und von 100 °C müssen gemischt werden, um 300 l Wasser von 40 °C zu erhalten?

**20.7** Ein Stahlbohrer mit der Masse 90 g, der zum Härten auf 840 °C erhitzt wurde, wird in ein Gefäß getaucht, das Maschinenöl von 20 °C enthält. Welche Menge Öl muß man nehmen, damit dessen Endtemperatur 70 °C nicht übersteigt?

**20.8** Zur Bestimmung der Temperatur eines Ofens ließ man einen darin erhitzten Stahlbolzen von 0,30 kg Masse in ein Kupfergefäß mit der Masse 0,20 kg fallen, das 1,27 kg Wasser von 15 °C enthielt. Die Wassertemperatur stieg auf 32 °C an. Zu berechnen ist die Ofentemperatur.

**20.9** In ein Gefäß, das 2,35 kg Wasser von 20 °C enthält, wird ein Stück Zinn getaucht, das auf 507 K erhitzt wurde; die Wassertemperatur im Gefäß steigt um 15 K. Zu berechnen ist die Masse des Zinns. Das Verdampfen von Wasser wird vernachlässigt.

**20.10** Wieviel Liter Wasser von 95 °C müssen zu 30 l Wasser von 25 °C hinzugefügt werden, um Wasser mit der Temperatur 67 °C zu erhalten?

**20.11** Die Außenfläche einer Wand hat die Temperatur $t_1 = -20$ °C, die Innenfläche die Temperatur $t_2 = +20$ °C. Die Wanddicke beträgt 40 cm. Gesucht ist die Wärmeleitfähigkeit des Wandmaterials, wenn in 1 h eine Wärmemenge von 460 kJ je m² hindurchgeht.

**20.12** Welche Wärmemenge verliert ein Zimmer mit der Grundfläche 4 m × 5 m und einer Höhe von 3 m in einer Minute über seine vier Ziegelwände? Die Zimmertemperatur beträgt $t_1 = 15$ °C, die Außentemperatur $t_2 = -20$ °C. Die Wärmeleitfähigkeit von Ziegelsteinen beträgt 0, 828 W/(m · K), die Wanddicke ist 50 cm. Die Wärmeverluste durch Fußboden und Decke sind zu vernachlässigen.

**20.13** Welche Wärmemenge geht in 1 s durch einen Kupferstab mit der Querschnittsfläche von 10 cm² und einer Länge von 50 cm, wenn der Temperaturunterschied zwischen den Stabenden 15 K beträgt?

# Kapitel 21

# Phasenumwandlungen

## 21.1 Aggregatzustände und Phasenübergänge

Ein **Phasenübergang** ist eine Veränderung einer Substanz in ihrer inneren Struktur, die die Ordnung des Systems beeinflußt. Diese Veränderung der **Systemordnung** bewirkt eine Veränderung der Temperaturabhängigkeit.

Erhitzt man Wasser, so fängt es bei Erreichen der **Siedetemperatur** an zu sieden. Weitere Wärmezufuhr führt zunächst nicht zu einer Temperaturerhöhung, sondern zum **Verdampfen** von Wasser. Erst wenn alles Wasser verdampft ist, nimmt die Temperatur des Systems zu. Die zugeführte Wärme, die nicht zur Temperaturerhöhung, sondern zum Verdampfen diente, wird **Verdampfungswärme** genannt. Ebenso wird beim **Schmelzen** von Stoffen **Schmelzwärme** zugeführt.

Wärmezufuhr kann also eine Zustandsänderung – einen Phasenübergang – bewirken, ohne daß sich die Temperatur ändert. Phasenübergänge – wie z. B. das Schmelzen von Festkörpern, das Verdampfen einer Flüssigkeit – benötigen also Energie, die sogenannte **Schmelzwärme** bzw. **Verdampfungswärme**.

*Beispiel 21.1:*   Erwärmung eines Eisblocks

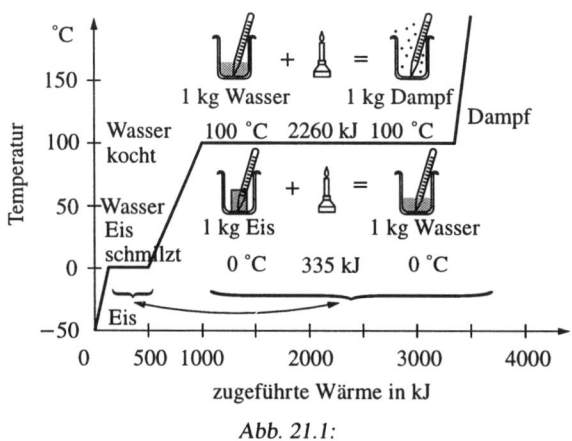

Abb. 21.1:

Ein Eisblock der Masse $m = 1$ kg wird unter atmosphärischem Druck $p_0$, beginnend bei $-50\,°C$ erwärmt.

Die Temperatur des umgebenden Wärmebads soll gleichmäßig ansteigen und die Wärmeaufnahme durch den Eisklotz soll bei konstantem Druck erfolgen.

**Lösung:**

Die gemessene Kurve ist in nebenstehender Graphik dargestellt:

Folgende „Phasen" können von links beginnend aus der Figur gelesen werden, da die Erwärmung konstant vonstatten gehen soll, kann man wahlweise die zugeführte Energie oder die verstrichene Zeit auf der x-Achse ablesen.

- Die Temperatur des Eises erhöht sich bis 0 °C, und die spezifische Wärmekapazität, die der Eisblock aufnahm, beträgt $2,1\,\text{kJ}/(\text{kg}\cdot\text{K})$.
- Bei 0 °C gibt es einen Phasenübergang, das feste Eis verwandelt sich in Wasser, unter Aufnahme einer spezifischen Wärme von 335 kJ/kg. Während des Umwandlungsprozesses bleibt die Temperatur von 0 °C erhalten.
- Von 0 °C bis 100 °C nimmt die Temperatur des Wassers gleichmäßig zu. Die spezifische Wärmekapazität ist $4,18\,\text{kJ}/(\text{kg}\cdot\text{K})$.

- Bei 100 °C gibt es wieder einen Phasenübergang, Wasser wird zu Wasserdampf. Die spezifische Verdampfungswärme beträgt 2256 kJ/kg. Das Wasser beginnt zu sieden, und bis das ganze Wasser in Gas umgewandelt ist, bleibt die Temperatur konstant bei 100 °C.
- Über 100 °C existiert nur noch Wasserdampf, und die Temperatur steigt abhängig von der zugeführten Wärme weiter.

Die **spezifische Schmelzwärme** bzw. **spezifische Verdampfungswärme** sind als Stoffkonstanten definiert:

$$q = \frac{Q}{m}, \qquad [q] = \mathrm{J/kg} \tag{21.1}$$

Sie geben an, wieviel Energie notwendig ist, um 1 kg eines Materials (z. B. Eis bei 0 °C) zu schmelzen bzw. zu verdampfen.

Tabelle 21.1  *Spezifische Schmelz- Verdampfungswärme einiger Stoffe*

| Stoff | Spez. Schmelzwärme (kJ/kg) | Spez. Verdampfungswärme (kJ/kg) |
|---|---|---|
| Aceton | 98 | 525 |
| Aluminium | 397 | 10 900 |
| Benzol | 128 | 394 |
| Beryllium | 1 390 | 32 600 |
| Blei | 23 | 8 600 |
| Brom | 67,8 | 183 |
| Chrom | 280 | 6 700 |
| Eisen | 277 | 6 340 |
| Essigsäure | 192 | 406 |
| Ethanol | 108 | 840 |
| Gold | 65,7 | 1 650 |
| Hexan | 152 | 332 |
| Kaliumchlorid | 342 | 2 160 |
| Kupfer | 205 | 4 790 |
| Mangan | 266 | 4 190 |
| Methanol | 92 | 1 100 |
| Natriumchlorid | 500 | 2 900 |
| Nickel | 303 | 6 480 |
| Oktan | 181 | 299 |
| Phosphor | 21 | 400 |
| Quecksilber | 11,8 | 285 |
| Schwefel | 42 | 290 |
| Silber | 105 | 2 350 |
| Wasser | 334 | 2 256 |
| Wolfram | 192 | 4 350 |
| Xylol | 109 | 343 |
| Zink | 111 | 1 755 |
| Zinn | 59,6 | 2 450 |

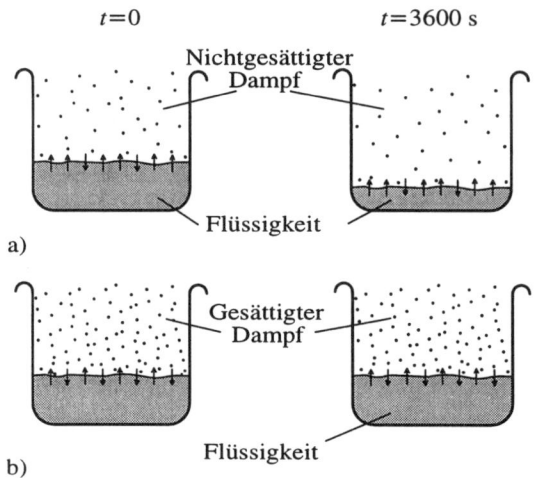

a)

b)

*Abb. 21.2: (a) Bei nichtgesättigtem Dampf entweichen die Moleküle der Flüssigkeit; der Flüssigkeitsspiegel sinkt. (b) Bei gesättigtem Dampf verdampfen und kondensieren gleichviel Moleküle; der Flüssigkeitsspiegel ist konstant.*

Die **Kondensationswärme** (bzw. **Erstarrungswärme**) wird bei der Umkehrung des Verdampfens, dem **Kondensieren** (bzw. das **Schmelzen**) wieder frei. Ihr numerischer Wert ist gleich der Verdampfungswärme (bzw. der Schmelzwärme).

In der Technik wird die Koexistenz von flüssigem und gasförmigem Zustand im Gleichgewicht als **Naßdampf** oder gesättigter Dampf bezeichnet.

**Nichtgesättigter Dampf** ist **nicht** im Gleichgewicht, mit der Zeit verdunstet die Flüssigkeit, so lange bis sich entweder Gleichgewicht einstellt – das ist beim **Sättigungsdampfdruck** der Fall – oder bis alle Flüssigkeit verdampft ist.

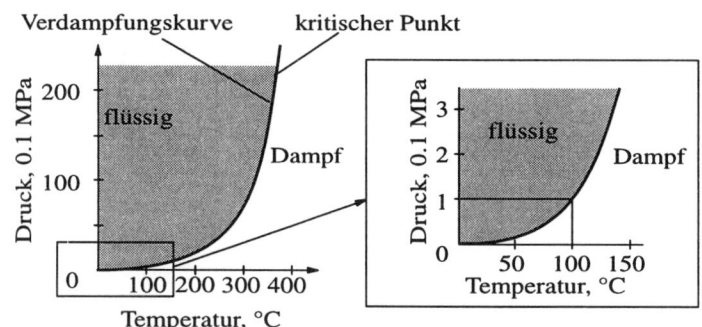

*Abb. 21.3: Sättigungsdampfdruck von Wasser in Luft*

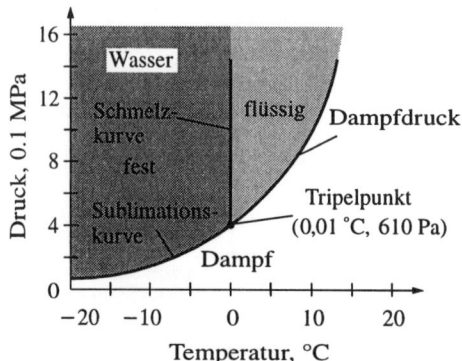

*Abb. 21.4: Schmelz-, Sublimations- und Dampfdruckkurve von Wasser*

Die Sättigungskurven für Wasserdampf in Luft als Funktion des Drucks sind in der nebenstehenden Abbildung gezeigt.

Bei 100 °C ist die Sättigung bei ca. 1 bar = 0,1 MPa erreicht.

Im Phasenkoexistenzgebiet kann der Dampfdruck nicht überschritten werden: Verkleinerung (Vergrößerung) des Volumens führt zu Kondensation (Verdampfung), der Druck bleibt konstant! Analoges gilt für Schmelzen und Sublimieren.

## Enthalpie und Phasenübergänge

Bei Phasenübergängen, die unter konstantem Druck (isobar) und bei konstanter Temperatur (isotherm) ablaufen, ist die Enthalpieänderung der Substanz gleich der latenten Wärme, die aufgenommen (beim **Schmelzen**, **Sublimieren** und **Sieden**) beziehungsweise abgegeben (beim **Erstarren**, **Desublimieren** und **Kondensieren**) wird:

$$H_{fl} = H_{fest} + \Delta H_S \tag{21.2}$$

mit der **Schmelzenthalpie** $\Delta H_S$, die wieder frei wird (**Erstarrungsenthalpie** $-\Delta H_S$), wenn die Substanz wieder erstarrt. Analog sind die **Verdampfungsenthalpie** $\Delta H_V$ und die **Sublimationsenthalpie** $\Delta H_{Sub} = \Delta H_S + \Delta H_V$ mit der **Kondensationsenthalpie** $-\Delta H_V$ und der **Desublimationsenthalpie** $-H_{Sub}$ verknüpft.

**Die idealen Gasgesetze gelten nicht im Phasengleichgewicht!**

# 21.2 Klassifikation von Phasenübergängen

Die beim Phasenübergang aufgewandte Wärme führt zu einer Veränderung der **Entropie** gemäß

$$Q = T \cdot \Delta S \tag{21.3}$$

Zeichnet man nun $S$ als Funktion von $T$, so erkennt man einen Sprung in der Entropie bei der Temperatur des Siedepunktes (vgl. Abbildung).

Betrachten wir nun die Wärmekapazität des Stoffes, so gilt

$$Q = C \cdot \Delta T \tag{21.4}$$

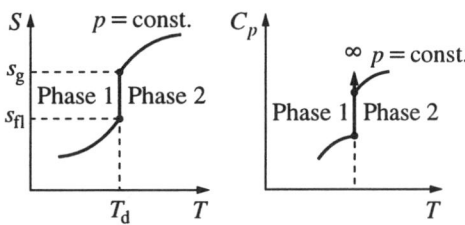

*Abb. 21.5: Entropie und Wärmekapazität in Abhängigkeit von der Temperatur für einen Phasenübergang 1. Ordnung (schematisch)*

Da aber die Temperatur konstant bleibt, $\Delta T = 0$, die Wärme aber einen von Null verschiedenen Betrag hat, stehen wir vor einem Problem bei der Erfüllung dieser Gleichung. Wir müssen der Wärmekapazität einen Wert von Unendlich zuordnen, um diesem Dilemma zu entfliehen:

$$C \to \infty \tag{21.5}$$

**die Wärmekapazität divergiert beim Phasenübergang!**

Wenn man das gleiche System im $p$-$V$-Diagramm anschaut (was bei der Beschreibung der Maxwellkonstruktion ausführlich passieren wird), stellt man fest, daß auch

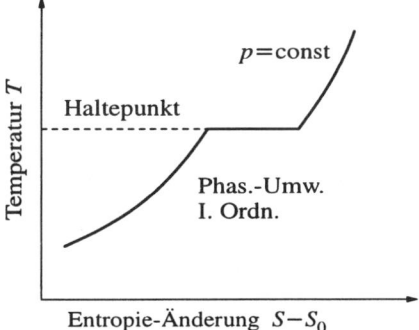

*Abb. 21.6: Phasenübergang erster Ordnung*

das Volumen $V$ bei festgehaltenem Druck $p$ einen Sprung macht, was einer Änderung der Dichte entspricht.

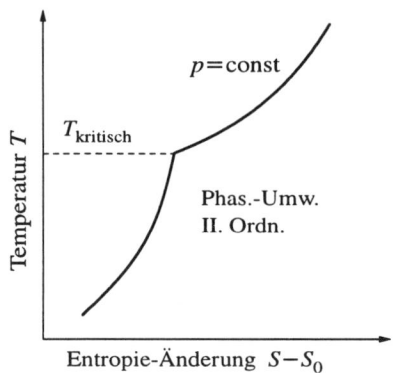

*Abb. 21.7: Phasenübergang zweiter Ordnung*

Ändert sich aber das Volumen bei konstantem Druck, so bedeutet das, daß, ähnlich wie bei der Wärmekapazität, auch die **Kompressibilität des Stoffes am Phasenübergang divergiert**:

$$\kappa = \frac{1}{V}\frac{\partial V}{\partial p}\bigg|_{T=\text{const.}} \longrightarrow \infty \qquad (21.6)$$

Der eben vorgestellte Übergang wird als **Phasenübergang erster Ordnung** bezeichnet.

Phasenübergänge erster Ordnung sind gekennzeichnet durch einen Sprung in der Entropie und einer Divergenz der Wärmekapazität und der Kompressibilität.

Neben Phasenübergängen erster Ordnung gibt es auch **Phasenübergänge zweiter Art**, wie sie in nebenstehender Abbildung zu sehen sind.

Hier macht die Entropie als Funktion der Temperatur keinen Sprung; die Kurve hat lediglich einen Knick. Die Wärmekapazität zeigt auch keine Divergenz mehr; sie hat lediglich einen endlichen **Sprung** bei der Sprungtemperatur $T_0$. Weiterhin kann auch passieren, daß die Entropie als Funktion von $T$ zwar keinen Knick hat, aber bei einer Temperatur $T_d$ eine **senkrechte Tangente** hat. Die Ableitung geht an diesem Punkt gegen Unendlich. Analog divergiert auch die Wärmekapazität an diesem Punkt. Man nennt solche Übergänge wegen der charakteristischen $\lambda$-Form der Wärmekapazitätskurve $\lambda$-**Übergänge**. Ein Beispiel für einen solchen Phasenübergang ist der Übergang zur Suprafluidität, wie wir ihn bei den Beispielen zu Phasenübergängen kurz vorstellen werden.

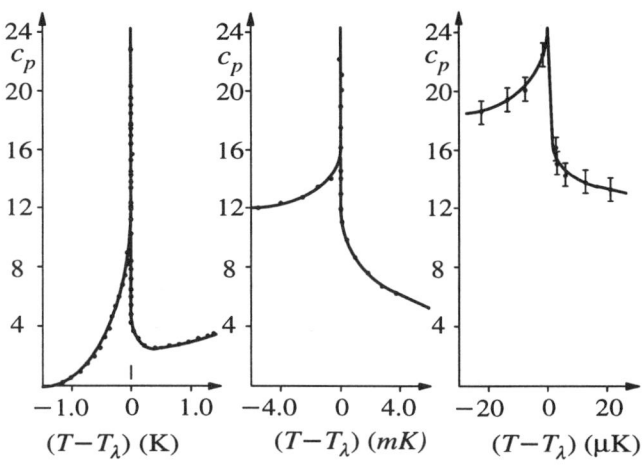

*Abb. 21.8: $\lambda$-Übergang*

Betrachten wir den Phasenübergang noch einmal näher:
Wir sehen in nachstehender Abbildung das $S$-$T$-Diagramm eines Stoffes bei verschiedenen Drücken. Wir sehen drei Isobaren (Kurven bei konstantem Druck). Eine mit einem Sprung, eine mit einem Knick und eine ohne Unstetigkeitsstellen. Bei der Kurve mit Sprung liegen beim Erreichen der Sprungtemperatur beide Phasen gleichzeitig vor. Man nennt diesen Bereich **Koexistenzbereich** beider Phasen. Der Koexistenzbereich beider Phasen wird mit steigendem Druck kleiner, bis er am **kritischen Punkt** (zweite Kurve mit Knick) auf einen Punkt zusammenschrumpft.

Bei noch höheren Drücken liegt kein Phasenübergang mehr vor, und es ist auch nicht sinnvoll, von verschiedenen Phasen zu sprechen.

Analoge Bilder sieht man, wenn man sich Isotherme im $p$-$V$-Diagramm anschaut, was wir gleich im Abschnitt über die Maxwellkonstruktion tun werden. Für niedrige Temperaturen findet man einen Koexistenzbereich, der bei der kritischen Temperatur auf einen Punkt zusammenschrumpft. Oberhalb der kritischen Temperatur gibt es keinen Phasenübergang mehr.

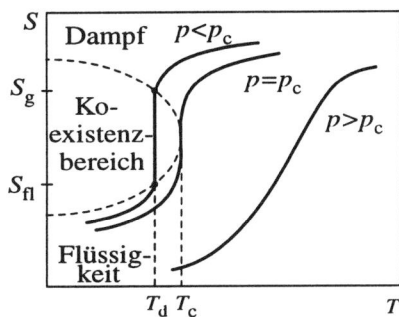

Abb. 21.9: *S-T-Diagramm (schematisch)*

# 21.3 Phasengleichgewicht

Bei der Einführung der Van-der-Waals-Zustandsgleichung haben wir bereits auf einige Unstimmigkeiten dieser Gleichung hingewiesen. Die Isothermen der Van-der-Waals-Gleichung,

$$\left( p + \frac{N^2 a}{V^2} \right)(V - Nb) = NkT \tag{21.7}$$

zeigen sowohl Bereiche negativer Drücke wie auch mechanisch instabile Bereiche mit $\partial p / \partial V > 0$, für die das Gas von selbst kollabieren möchte. Beide Fälle sind thermodynamisch nicht stabil.

Diese Widersprüche können durch die Berücksichtigung des Phasenüberganges Gas–Flüssigkeit gelöst werden können. Bei der isothermen Kompression der meisten Gase unterhalb einer kritischen Temperatur setzt nämlich bei einem bestimmten Volumen $V_1$ die Verflüssigung ein.

Im Gleichgewicht zwischen Dampf und Flüssigkeit stellt sich ein bestimmter **Dampfdruck** $p_g$ ein, der aus den folgenden Gleichgewichtsbedingungen folgt:

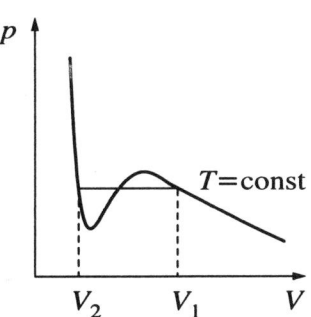

Abb. 21.10: *Isotherme des Van-der-Waals-Gases*

**Mechanische Stabilität**

$$p_{fl} = p_g \tag{21.8}$$

**Thermische Stabilität**

$$T_{fl} = T_g \tag{21.9}$$

Der Dampfdruck $p_g(T)$ ist dabei eine reine Temperaturfunktion und hängt nicht vom Dampfvolumen $V$ ab, so daß sich eine horizontale Isotherme im $p$-$V$-Diagramm ergibt. Eine isotherme Kompression über den Verflüssigungspunkt $V_1$ hinaus bewirkt, daß immer mehr Dampf in Flüssigkeit umgewandelt wird, bis dann im Punkt $V_2$ alles Gas verflüssigt ist. Bei einer weiteren Kompression steigt der Druck wegen der geringen Kompressibilität der Flüssigkeit sehr steil an.

Es ist bemerkenswert, daß sich weder die **Dichte der Flüssigkeit** (gegeben durch $N_2/V_2$) noch die **Dichte des Dampfes** (gegeben durch $N_1/V_1$) während dieser Phasenumwandlung ändert. Die Erhöhung der mittleren Dichte, die durch den Übergang von $V_1$ nach $V_2$ erzwungen wird, ist einzig auf die Bildung von mehr und mehr Flüssigkeit und auf die gleichzeitige Verminderung des Teilvolumens der Dampfphase zurückzuführen.

# 21.4   Beispiele für Phasenübergänge

Wie wollen hier einige Beispiele für Phasenübergänge phänomenologisch beschreiben. Dieser Abschnitt soll einen Überblick über die reichhaltige Zahl von Phasenübergängen geben und erleichtert das Verständnis für die weite Anwendbarkeit der Thermodynamik.

## a) Magnetische Phasenumwandlungen

Bestimmte Materialien wie Eisen, Kobalt und Nickel weisen unterhalb einer Übergangstemperatur $T_c$ (Curie-Temperatur) ferromagnetische Eigenschaften auf. Gleiches trifft auch auf einige Legierungen aus Elementen zu, die selbst nicht ferromagnetisch sind ($Cu_2MnAl$, $Cu_2MnSn$). Im Vergleich zum paramagnetischen Verhalten, welches oberhalb dieser Übergangs-Temperatur angenommen wird, sind **Ferromagnetika** durch eine Reihe von Besonderheiten gekennzeichnet. Während in einem **Paramagneten** Feldstärken der Größenordnung $10^9$ $A \cdot m^{-1}$ benötigt werden, um **Sättigungsmagnetisierung** zu erreichen, genügen dazu in Ferromagnetika einige $10^5$ $A \cdot m^{-1}$. Die **Anfangssuszeptibilität** von Ferromagnetika ist um etwa **neun Größenordnungen** höher als die von Paramagnetika. Nach Abschalten des äußeren Feldes bleibt in Ferromagnetika ein **permanentes magnetisches Dipolmoment** erhalten, welches stark von der mechanischen und thermischen Vorbehandlung des Materials abhängt. Ferromagnetismus findet sich nur in Festkörpern mit wohldefinierter Kristallstruktur.

## b) Ordnungs-Unordnungs-Phasenübergänge

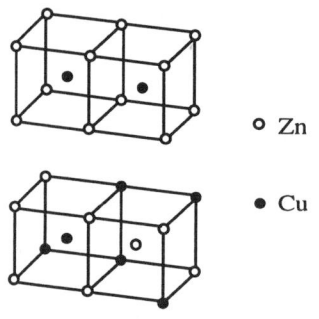

o  Zn

•  Cu

*Abb. 21.11: Strukturen von $\beta$-Messing; links: geordnet, rechts: statistisch verteilt*

Bei Phasenübergängen dieser Art besitzt die Tieftemperaturphase eine gewisse Ordnung der Atome oder Moleküle, die oberhalb der Übergangstemperatur verlorengeht. Die Ordnung kann sich dabei auf die Anordnung der Atome oder Moleküle in einem Kristallgitter beziehen (**Lageordnung**) oder auf die Orientierung bestimmter Moleküle relativ zueinander (**Orientierungsordnung**). Im Prinzip zählen zu diesen Phasenübergängen natürlich auch die Übergänge fest–flüssig und fest–gasförmig. Es ist aber Konvention, in diese Kategorie nur Phasenübergänge fest–fest aufzunehmen (da sonst fast alle Phasenübergänge in diese Rubrik gehören würden).

**Lageordnung**

Neben verschiedenen Umwandlungen der Kristallstruktur treten in manchen Legierungen, z. B. vom Typ AB (CuZn) oder $A_3B$ ($Cu_3Au$), auch Umwandlungen in der Anordnung der Atome auf den Gitterplätzen ein. Seit langem ist der Phasenübergang in $\beta$-Messing (CuZn) bei $T = 465\ ^\circ C$ bekannt. In der Tieftemperaturphase besitzt das Messing eine Struktur, bei der Kupfer und Zink wohlgeordnet in verschiedenen Untergittern sitzen.

## c) Umwandlungen der Kristallstruktur

Die festen Phasen vieler Substanzen können je nach Druck und Temperatur (bei Legierungen auch je nach Zusammensetzung) verschiedene Kristallstrukturen annehmen.

So sind allein von Eis bei Drücken bis zu 8000 bar sechs verschiedene Modifikationen (Eis I ... Eis VI) bekannt, von denen das gewöhnliche Eis bei $p \approx 1$ bar nur eine ist.

Einige Nichtmetalle können bei extrem hohen Drücken sogar in eine **metallische Phase** übergehen. Ist kein geeigneter Katalysator vorhanden, so können die Phasenübergänge fest–fest mitunter erheblich verzögert sein. So ist beispielsweise Diamant bei Atmosphärendruck eigentlich nicht stabil (siehe Abbildung). Ebenso geht Zinn unterhalb $13,2\ ^\circ C$ aus der metallischen Phase mit tetragonaler Symmetrie ($\beta$-Sn) in eine halbleitende Phase mit Diamantstruktur ($\alpha$-Sn) über, aber auch dies geschieht nur extrem langsam (**Zinnpest**).

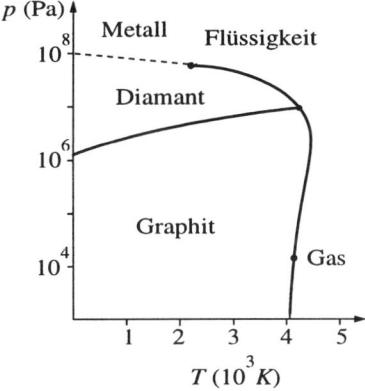

*Abb. 21.12: Phasendiagramm von $^{12}C$*

## d) Flüssige Kristalle

In manchen organischen Substanzen mit hohem Molekulargewicht und langgestreckter Form der Moleküle geht beim Schmelzen die **Fernordnung** nicht verloren. Auch in der flüssigen Phase besitzen die Moleküle eine gewisse Ausrichtung. Im Gegensatz zu normalen Flüssigkeiten sind flüssige Kristalle daher nicht isotrop. Je nach Art der Orientierung unterscheidet man verschiedene Formen (siehe Abbildung).

Manche Substanzen können mit steigender Temperatur mehrere Formen flüssiger Kristalle bilden. Sie besitzen dann **mehrere Umwandlungstemperaturen**.

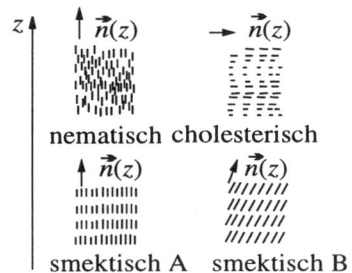

*Abb. 21.13: Strukturen flüssiger Kristalle*

Flüssige Kristalle werden i.allg. nur von komplizierten organischen Substanzen gebildet, von denen viele Umwandlungstemperaturen bzw. Schmelzpunkte im Bereich 100 °C haben. Bei Zimmertemperatur haben sie eher die Konsistenz zäher Fette als die von kristallinen Festkörpern.

Erst nachdem es gelungen ist, Substanzen mit Umwandlungstemperaturen bei einigen Grad Celsius zu finden, werden flüssige Kristalle technisch interessant. Die **optische Anisotropie nematischer** flüssiger Kristalle führt zu einer starken Lichtstreuung. Beim Phasenübergang zur isotropen Flüssigkeit verschwindet die Streuung. In flüssigen Kristallen mit genügend großem elektrischen Dipolmoment läßt sich die **Lichtdurchlässigkeit** bzw. Reflexion auf einfache Weise durch Anlegen eines elektrischen Feldes fast leistungslos steuern. Sie haben in den „liquid-crystal-displays" (LCD) große technische Bedeutung erlangt.

## e) Supraleitung

Das Phänomen der Supraleitung ist schon seit 1911 bekannt. Kühlt man ein normal leitendes Metall auf sehr niedrige Temperaturen ab, so behält es einen **Restwiderstand** bei. Bei supraleitenden Materialien sinkt der Widerstand bei Unterschreiten einer Sprungtemperatur $T_c$ auf einen nicht meßbar kleinen Wert. Diese **Sprungtemperatur** liegt bei den meisten metallischen Supraleitern bei ca. 1–10 Kelvin. In den letzten Jahren ist es gelungen, supraleitende Materialien mit Sprungtemperaturen über 100 K herzustellen (**Hochtemperatursupraleiter**).

# 21.5   Zusammenfassung

Phasenübergänge sind Übergänge, bei denen sich die Temperaturabhängigkeit der Entropie ändert.

Phasenübergänge **erster Ordnung** zeigen einen Sprung in der Entropie und divergieren in der Wärmekapazität.

Phasenübergänge **zweiter Ordnung** zeigen einen Knick in der Entropiekurve und einen Sprung in der Wärmekapazität.

$\lambda$ -**Übergänge** sind durch eine senkrechte Tangente der Entropiefunktion gekennzeichnet. Die Wärmekapazität divergiert bei der Sprungtemperatur.

# 21.6   Aufgaben

**21.1**   Es sind je 200 g Äthanol und Äther bei der Temperatur 20 °C vorhanden. Welche Wärmemenge muß aufgebracht werden, um diese Flüssigkeiten in Dampf zu verwandeln?

**21.2**   Warum ist im Sommer die Wassertemperatur in offenen Wasserbehältern immer niedriger als die Temperatur der umgebenden Luft?

**21.3**   Auf welche Temperaturen erwärmen sich 0,80 l Wasser, das sich in einem Kupferkalorimeter der Masse 0,70 kg befindet und die Temperatur 285 K hat, wenn in das Kalorimeter 50 g Dampf von 373 K eingeleitet werden?

**21.4**   Welche Wärmemenge wird bei der Kondensation von 200 g Wasserdampf bei der Temperatur 100 °C und anschließender Abkühlung auf 20 °C abgegeben?

**21.5**   Ein Gefäß mit Wasser wird auf einem elektrischen Kocher in 20 min von 20 °C bis zum Sieden erhitzt. Wieviel Zeit benötigt man, um bei demselben Wirkungsgrad und der gleichen Arbeitsweise des Kochers 20 % des Wassers in Dampf umzuwandeln?

**21.6**   Aus den Rohren einer Warmwasserheizung wie auch aus den Kühlern von Kraftwagen läßt man das Wasser ab, wenn in der kalten Jahreszeit die Arbeit der Kesselpumpe oder des Automotors für längere Zeit eingestellt wird. Zu welchem Zweck wird das gemacht?

**21.7**   Welche Wärmemenge muß man aufwenden, um 8,0 kg Eis von −30 °C zum Schmelzen zu bringen und das Wasser auf 60 °C zu erwärmen?

**21.8**   Was geschieht, wenn man in ein Aluminiumgefäß mit der Masse 100 g, das 410 g Wasser von 24 °C enthält,
1. 100 g Eis von 0 °C,
2. 150 g Eis von 0 °C
eintaucht?

**21.9** Welche Wärmemenge muß man aufbringen, um 6,0 kg Eis von −20 °C in Dampf mit der Temperatur 100 °C umzuwandeln?

**21.10** Welche Masse Eis von 0 °C kann man auftauen und in Wasser mit der Temperatur 20 °C umwandeln, wenn dafür die gesamte Wärme aufgewandt wird, die beim Verbrennen von 20 m³ Erdgas anfällt?

**21.11** Weshalb läßt man durch die Rohre von Kühlanlagen eine Kochsalzlösung zirkulieren, nicht aber reines Wasser?

**21.12** Wie kann man bei Frost aus Salzwasser Süßwasser erhalten?

**21.13** Welche Wärmemenge muß man aufwenden, um
1. 100 g Eis 0 °C,
2. 100 g Eis von −20 °C
zum Schmelzen zu bringen?

**21.14** Auf einem Petroleumkocher mit dem Wirkungsgrad 30 % werden 0,50 kg Eis, das die Temperatur 0 °C hat, geschmolzen und das dabei gebildete Wasser auf 100 °C erwärmt. Zu bestimmen ist die Masse des verbrauchten Petroleums.

# Lösungen der Aufgaben

**2.1** $s_1 + s_2 = s = 3000$ m,
$0,75 s_2 = s_1 = 1286$ m

**2.2** $t_1 = 4,8$ s, $a_1 = 2,17$ m/s²,
$v_{max} = 10,4$ m/s

**2.3** Brenndauer: $t_1 = 10$ s; $s_1 = 225$ m;
$s_2 = 675$ m; $a_2 = -1,5$ m/s²
$t(v = 20$ m/s$) = 4,4$ s bzw. 26,7 s
$s(v = 20$ m/s$) = 44,4$ m bzw. 767 m

**2.4** $a = -2,5$ m/s², $t_{Br} = 5,54$ s,
$s_{Br} = 38,45$ m

**2.5** $t_1 = 12$ s; $s_1 = 72$ m; $t_{Br} = 8$ s;
$s_{Br} = 48$ m; $t_3 = 35$ s
$v_{max} = 19$ m/s, $\Delta t = 3,38$ s, $s_1 = 180$ m

**2.6** $t_1 = 1,79$ s, $v_1 = 17,55$ m/s, $h_1 = 15,69$ m
$t_2 = 2,29$ s, $v_2 = 22,45$ m/s

**2.7** $T = 4,36$ s, $v_0 = 21,36$ m/s, $h = 23,26$ m

**2.8** $t_1 = 9,99$ s; $t_2 = -4,9$ s (physikalisch sinnlos); $t_{ges} = 10,7$ s
Steighöhe: $h_{max} = 31,85$ m
Steigzeit: $t_S = 2,55$ s
Fallzeit: $t_F = 7,44$ s

**2.9** $s_1 = s_2 = 78,5$ m; $t = 4$ s,
$v_0 = 19,14$ m/s

**2.10** $\Delta x(2$ s$) = 18,6$ m, $\Delta x(t \geqq 4,8$ s$) = 9$ m

**2.11** $t_{ges} = 10,75$ s, $s_{ges} = 322,5$ m

**2.12** $t = 6/18/30/42/54$ min

**2.13** $\Delta t = 778$ s, $\Delta x = 24$ m

**2.14** $v_0 = 82,4$ km/h

**2.15** $|s_2(t = 0)| \geqq 258,3$ m, $s_1 = 208,3$ m

**2.16** $v_0 = 117,2$ km/h

**2.17** $t = 198$ s, $\Delta x = 25$ m

**2.18** $s = 106,6$ m

**2.19** $\bar{v} = 91$ km/h

**2.20** $\Delta s = 4,434 \cdot 10^{11}$ m, $\Delta t_1 = 470850$ s

**2.21** $t = 1,89$ min $= 1 : 53,5$ min,
$\Delta s = 0,398$ km

**2.22** $\bar{v} = \dfrac{7}{12} v_{max}$

**2.23** $\bar{v} = 19,58$ m/s, $v_{exact} = 20$ m/s

**2.24** $\Delta t = 4$ min, $\Delta s = 18,6\bar{6}$ km

**2.25** $\Delta s = 14$ km

**3.1** $v = 80,3$ m/s; $x_W = 327,1$ m, $t = 6,06$ s;
$\alpha = 47,74°$

**3.2** Turmhöhe $h = 57,7$ m; $l = 68,8$ m;
$v_{max} = 36,8$ m/s; $h_{max} = 66,3$ m

**3.3** $v_{0I} = 24,9$ m/s; $v_{0II} = 20,33$ m/s

**3.4** $\Delta t = 3,61$ s

**3.5** $\alpha = 12,56$ s⁻²; $v = 301,6$ m/s;
$N = 100/1600/3600$

**3.6** $n_1 = 6,67$ s⁻¹; $n_2 = 13,3$ s⁻¹; $\alpha = 14$ s⁻²;
$v = 31,4$ m/s

**3.7** $\alpha = 1,21$ s⁻²; $t = 3,48$ s; $N = 1,17$;
$t = 54,5$ s

**3.8** $a_B = 1$ m/s²; $a_N = 0,57$ m/s²;
$a_{ges} = 1,15$ m/s²

**3.9** $n = 0,091/$s; $\Delta a/a = 18$ %

**3.10** $v = 27,65$ m/s, $a_r = 324,6 \cdot g$

**3.11** $n_{max} = 194,37$ m/s

**3.12** 1.) $\omega = 12,626$ s⁻¹,
2.) $\alpha = 3,6241/$s²

**3.13** $v_0 = 22,6$ m/s, $t = 4,404$ s

**3.14** $v = 45,16$ m/s, $r = 119,0$ m

**3.15** $\alpha = 10,371/$s², $N = 2200$

**3.16** $\Delta t = 600$ h

**3.17** $N = 89$

**3.18** $t = 0,75$ s

**3.19** $\Delta t = \dfrac{3}{110}$ s $= 0,27\overline{27}$ s

**3.20** $n_{max} = 226,4/$s

**3.21** $t_f = 4,07$ s, $r = 115,32$ m

**3.22** $\alpha = 7,85/\text{s}^2$, $N = 1666,\overline{6}$

**3.23** $v_0 = 3,88$ m/s

**3.24** $n = 40/\text{s}$

**3.25** 1.) $\alpha_0 = 31,24°$,
2.) $v_{min} = 24,1$ m/s,
3.) $x = 51,74$ m, $y = 22,68$ m,
4.) $v_{max} = 44,8$ m/s,
5.) $\alpha_{max} = 57,5°$

**3.26** $n_0 = 300/\text{min}$, $t_B = 20$ s

**3.27** $\Delta t = 3,448$ s

**4.1** $-0.5\text{ m/s} \leqq v \leqq +0,5$ m/s,
$-0,125\text{ m} \leqq x \leqq +0,125$ m

**4.2** Parallel zur schiefen Ebene wegen der Trägheitskraft

**4.3** $a = 3,085$ m/s$^2$, $\alpha = 17,46°$

**4.4** $\vartheta = 4,75°$

**4.5** $a = \dfrac{1}{15}\,g = 0,654$ m/s$^2$, $v = 1,308$ m/s

**4.6** $F = 358,3\text{kN}$

**4.7** $F_1 = 1267$ N, $F_2 = 981$ N, $F_3 = 838\text{N}$

**4.8** $a = 0,92$ m/s$^2$, $F_= = 4910$ N, $F_u = 986$ N

**4.9** $a = 1,635$ m/s$^2$, $F_s = 8,2$ N

**4.10** $t = 8,47$ s, $v = 0,71$ m/s

**4.11** $a_1 = 4,73$ m/s$^2$, $s_1 = 59,1$ m,
$v_1 = 23,65$ m/s
$a_2 = -2,35$ m/s$^2$, $t_2 = 1,92$ s,
$v_2 = 19,14$ m/s
$a_3 = -1,14$ m/s$^2$, $t_3 = 16,8$ s

**4.12** $v_1 = 9,5$ m/s, $v_2 = 1,40$ m/s, $s_3 = 1,54$ m

**4.13** $t = 5$ s, $s = 4,9$ m

**4.14** $F = 1,24 \cdot 10^4$ N, $x = 10$ cm

**4.15** $F = 9,8 \cdot 10^4$ N, $P_{max} = 1470$ kW,
$\bar{P} = 980$ kW

**5.1** $s_1 = 28,57$ m, $s_2 = 4,08$ m

**5.2** $v = 12,0$ m/s

**5.3** $a = 0,25$ m/s$^2$

**5.4** $m = 1780,9$ kg

**5.5** $P_{max} = 7436$ kW
$W = 1,487 \cdot 10^9$ J

**5.6** $\dfrac{\Delta V}{\Delta t} = 138,5$ m$^3$/s

**5.7** $v_0 = 15,43$ m/s, $t = 617,1$ s
$s = 4760,7$ m, $W = 4,628$ MJ

**6.1** $x = 10,8$ m, $v_W = 5,94$ m/s, $u = 3,57$ m/s

**6.2** $u_1 = -2,23$ m/s, $u_2 = 7,64$ m/s
$\Delta x = 5,38$ m, $x_2 = 4,90$ m

**6.3** $v_1 = 5,08$ m/s, $u_1 = -3,39$ m/s,
$m_2 = 10$ kg
$u_2 = 1,69$ m/s, $\Phi = 22°$

**6.4** $v = 0,4$ m/s

**6.5** $u_2 = 0,909$ m/s, $u_1 = -4,09$ m/s,
$u = 0,45$ m/s

**6.6** $u_3 = 3,55$ m/s

**6.7** $|v_2| = 2/3u = 6,\overline{6}$ m/s

**6.8** $\dfrac{m_B}{m_A} = 5,386$

**6.9** $v_x = 3,3$ m/s

**7.1** $v = 9,9$ m/s

**7.2** $h = 4$ m

**7.3** $h = 7,5$ m

**7.4** $m_s = 552$ kg

**7.5** $J_1 = 0,200$ g·m$^2$, $J_2 = 0,370$ g·m$^2$,
$J_3 = 0,285$ g·m$^2$

**7.6** $J_A = 0,2566$ kg·m$^2$, $J_B = 0,4630$ kg·m$^2$

**7.7** $\Delta t_1 = 61,1$ s, $P = 986$ W, $\Delta t_2 = 4612$ s

**7.8** $J = 2,72 \cdot 10^{-3}$ kg·m$^2$,
$M_{Br} = -1,90 \cdot 10^{-2}$ N·m

**7.9** $a = 1,71$ m/s$^2$, $v = 1,85$ m/s

**7.10** $\phi = 0,11/\text{s}^2$,
$|a_1| = 2,2$ cm/s$^2$, $|a_2| = 4,4$ cm/s$^2$,
$F_1 = 9,832$ N, $F_2 = 9,766$ N

**7.11** $a = 3$ m/s$^2$, $\omega = 2,121/\text{s}$

**7.12** a) $F_a = 32$ N
b) $F_b = 54$ N

**7.13** $v = 2,44$ m/s

**7.14** Beschleunigung : $M = 0,11425 \ \mathrm{N \cdot m}$,
$\bar{P} = 17,9 \ \mathrm{W}$; $\alpha = 0$: $M = M_{\mathrm{b}} = 0,02 \ \mathrm{N \cdot m}$,
$P = 6,28 \ \mathrm{W}$; $\Delta t = 47,12 \ \mathrm{s}$

**7.15** $a = 0,0\overline{75} \ \mathrm{m/s^2}$, $F \geqq 462,5 \ \mathrm{N}$

**7.16** a) $F = 7848 \ \mathrm{N}$
b) $F = 648 \ \mathrm{N}$
c) $F = 15048 \ \mathrm{N}$

**7.17** $v = 3,237 \ \mathrm{m/s}$

**7.18** $J = 4,2\overline{6} \ \mathrm{kg \cdot m^2}$

**7.19** $J = 4,25 \cdot 10^{-3} \mathrm{kg \ m^2}$

**7.20** $W_{\mathrm{Rot}}/W_{\mathrm{Gesamt}} = 5/13$

**8.1** $F = 171,35 \ \mathrm{N}$

**8.2** Merkur 4,18 km/s  Saturn 36,0 km/s
Venus 10,4 km/s  Uranus 22,3 km/s
Mars 5,04 km/s  Neptun 24,9 km/s
Jupiter 60,2 km/s  Pluto 2,1 km/s

**8.3** $v = 42,1 \ \mathrm{km/s}$

**8.4** $v_{\mathrm{e}} = 29,8 \ \mathrm{km/s}$, $v_{\mathrm{M}} = 1,022 \ \mathrm{km/s}$

**8.5** $T = 5066 \ \mathrm{s} = 84,4 \ \mathrm{min}$, $v = 7,90 \ \mathrm{km/s}$

**9.1** 1.) Die Deformation des Drahtes ist elastisch.
2.) Die Kraft, die die gegebene Deformation des Drahtes hervorruft, beträgt 627 N.

**9.2** 1.) Gleich.
2.) An den zweiten Stab muß die größere Kraft angelegt werden.

**9.3** Für den ersten Draht betragen die Dehnungen ein Viertel und die Verlängerung die Hälfte des Wertes, der für den zweiten gilt.

**9.4** 1. $A = 20 \ \mathrm{mm^2}$
2. $\sigma = 24 \ \mathrm{MPa}$, $\sigma < \sigma_{\mathrm{B}}$, folglich hält die Stange der Belastung stand.

**9.5** $0,283 \ \mathrm{mm}$

**9.6** Die Kupferfeder hat die größere potentielle Energie, da ihre Verlängerung größer ist.

**9.7** $l = 2904 \ \mathrm{m}$

**9.8** $l = 11,94 \ \mathrm{km}$

**9.9** Für die Verdrehung des Drahtes um den Winkel $\mathrm{d}\varphi$ muß man die Arbeit
$$\mathrm{d}W = M \, \mathrm{d}\varphi$$
verrichten, wobei $M$ das Drehmoment ist. Da $M = \dfrac{\pi G r^4 \varphi}{2L}$ ist, wird
$$W = \int_0^{\varphi} \frac{\pi G r^4 \varphi}{2L} \, \mathrm{d}\varphi = \frac{\pi G r^4 \varphi^2}{2L}$$
Setzen wir diese Werte aus der Aufgabenstellung ein, so erhalten wir
$$W = 1,25 \cdot 10^{-12} \ \mathrm{J}$$
Diese Arbeit geht in die potentielle Energie des verdrehten Drahtes über.

**9.10** $h = 18,5 \ \mathrm{cm}$

**9.11** 1.) $x = 1,65 \ \mathrm{cm}$
2.) $x = 1,67 \ \mathrm{cm}$

**9.12** $v_1 = 2,53 \ \mathrm{m/s}$; $\Delta V / \Delta t = 0,051 \ \mathrm{m^3/s}$

**9.13** $h = 19 \ \mathrm{cm}$

**9.14** a) Die Strömung versucht den Speer (aus den gleichen Gründen wie bei der schräg angeströmten Platte) quer zu stellen.
b) Der Speer wird eine Präzessionsbewegung ausführen, und in Flugrichtung gesehen wird die Speerspitze nach rechts ausweichen.

**9.15** $\Delta p = p_{\mathrm{aus}} - p_{\mathrm{ein}} = -102,65 \ \mathrm{mbar}$

**9.16** a) $\Delta p = \rho \bar{v} \Delta v$
b) $\dfrac{\Delta p \bar{v}}{\Delta V} = \rho \bar{v}^2$
c) 11 km

**9.17** Der Auftrieb ist gegeben durch den Druckunterschied $\Delta p = \rho \bar{v} \Delta v$. Während einer Rotorumdrehung bewegt sich das Rotorblatt einmal in Flugrichtung (höhere Anströmgeschwindigkeit $\bar{v}$) und einmal ihr entgegen (niedrigere Anströmgeschwindigkeit $\bar{v}$). Die Schwankungen in der Anströmgeschwindigkeit müssen ausgeglichen werden durch Variation des Anstellwinkels, sonst würde der Hubschrauber seitlich wegkippen.

**9.18** Linearer Zusammenhang: $F = 8\pi \eta \, l \cdot v$

**10.1** $A = 18,54 \ \mathrm{cm}$, $f = 0,222 \ \mathrm{Hz}$

**10.2** $\Delta t = \dfrac{1}{220}$ s

**10.3** $\Delta t = 0,1$ s

**10.4** $A = 7,07$ cm, $\omega = 2$ s$^{-1}$

**10.5** $n = 31,83/$s, $H = 22,36$ cm (doppelte Amplitude)

**10.6** $D = 24,525$ N/m, $T = 0,695$ m

**10.7** $m = 117,2$g

**10.8** a) $T = 0,59$ s
b) $T = 0,33$ s
c) $\Delta m = 2400$ kg

**10.9** $A \gtrless 17,26$ cm

**10.10** $f = 1,244 \cdot 10^{14}$ Hz

**10.11** $f = 3,479$ Hz

**10.12** $l_0 = 7,27$ cm, $f_0 = 1,85$ cm

**10.13** $f = 0,448$ Hz

**10.14** $f = 45,2/$min

**10.15** $J = 1,161$ kg m$^2$

**10.16** $M = 16,9$ N·m

**10.17** a) Aus $m\omega^2 r = mg\tan\vartheta$ und $r = l \cdot \sin\vartheta$,
folgt $\cos\vartheta = \dfrac{g}{\omega^2 l}$
b) $F = \dfrac{mg}{\cos\vartheta} = m\omega^2 l$
Aus $F_\vartheta \approx F \cdot \Delta\vartheta$ oder $D^* = ml^2 \cdot \omega$ und schließlich $\omega_0 = \omega$: die Bahn ist eben, was wegen der Drehimpulserhaltung auch nicht anders möglich ist.

**10.18** $J_{\text{scheibe}} = \dfrac{1}{2}\rho\pi r^2 \cdot dr^2 \Longrightarrow$
$J_{\text{Rad}} = \dfrac{1}{2}\rho\pi d(r_a^4 - r_i^4)$;
$D^* = \omega_0^2 \cdot J_{\text{Rad}} \Longrightarrow$
$M_r(2\pi) = 1,14 \cdot 10^{-4}$ N·m

**10.19** $f_0 = \sqrt{\dfrac{g}{l_1}} \cdot \sqrt{\dfrac{1 - (l_2/l_1)}{1 + (l_2/l_1)^2}} < \sqrt{\dfrac{g}{l_1}}$

**10.20** a) $T = 2,006$ s
b) $l_{\text{red}} = 1,00$ m

**10.21** $x = 0,2113$ m

**10.22** $J_s = 8,46 \cdot 10^{-3}$ kg·m$^2$

**10.23** $T = 1,59$ s, $l_{\text{red}} = 0,627$m

**10.24** $J_s = 16$ kg, $l_{\text{red}} = 87,4$ cm
$r_{s_{\min}} = 24,3$ cm, $T_{\min} = 1,4$ s

**10.25** $A/A_0 = 0,154$ %

**10.26** $\delta / \omega_0 = 3,740 \cdot 10^{-3}$

**10.27** a) $\delta = 0,35/$s, $\omega = 6,995/$s
b) $A_{10} = 0,145°$
c) $\delta / \omega_0 = 6,12 \cdot 10^{-2}$

**10.28** $D = \dfrac{300\text{kg} \cdot 9,81\text{m/s}^2}{0,1\text{m}} = 29430$ N/m;
$f_0 = \dfrac{1}{2\pi}\sqrt{\dfrac{29430\text{ N/m}}{20\text{ kg}}} = 6,1$ Hz;
$b_{\min} = 1534,4$ N·s/m

**10.29** a) $\delta = 9,62 \cdot 10^{-2}/$s, $\delta / \omega_0 = 3,55 \cdot 10^{-2}$,
$D = 1,10$ N/m
b) $\dfrac{\Delta T}{T} = 6,3 \cdot 10^{-4}$

**10.30** a) $f_r = 0,431$ Hz, $A_r = 70,4$ mm
b) $\phi = -87,96°$

**10.31** $f_r = 3,56$ Hz, $\delta = 15,81/$s,
$b = 7,9$ N·s/m

**10.32** $f_{\text{Err}} = 200$ Hz,
$D^* = \dfrac{10^4\text{ N} \cdot 0,3\text{ m}}{3,491 \cdot 10^{-2}} = 85944$ N·m
$J_{\text{Scheibe}} = \dfrac{1}{2}\rho\pi r^2 \cdot d \cdot r^2 = \dfrac{1}{2}\rho\pi dr^4$
$= 0,048$ kg·m$^2$
$J_{\text{Ring}} = \dfrac{1}{2}\rho\pi d(r_a^4 - r_i^4) = 0,102$ kg·m$^2$
$\Longrightarrow J = 0,15$ kg·m$^2$
$\Longrightarrow f_0 = 120,5$ Hz $< f_{\text{Err}}$

**10.33** Bewegungsgleichung
$$\ddot{\varphi}(t) = \dfrac{3}{2}\dfrac{g}{L}\sin\varphi(t) = 0$$
Dies ist auch für kleine $\varphi$ keine Schwingungsgleichung. Nur die Stablänge bestimmt den Bewegungsablauf, nicht die Stabmasse.

**10.34** $A = 10,6$ cm, $\Delta\varphi = 40,89°$

**10.35** $f_1 = 440$ Hz, $f_2 = 442$ Hz

**10.36** $|\Delta\varphi_{\text{I,II}}| = 120°$, $|\Delta\varphi_{\text{I,III}}| = 60°$

**11.1** $\Delta l = 4,544 \cdot 10^{-4}$ m

**11.2** $\Delta t = 9,87 \cdot 10^{-3}$ s, $\Delta t_L = 0,147$ s

**11.3** $\dfrac{\Delta V}{V} = 4,53 \cdot 10^{-3}$

**11.4**  $c = \sqrt{\dfrac{F_0}{\rho \cdot A}} = 67,24 \text{ m/s} \Longrightarrow$

$t = c/l = 0,149 \text{ s}$

$s(x,t) = \hat{s} \cdot \sin(\omega t - kx) \Longrightarrow$

$\ddot{s}(x,t) = -\omega^2 \hat{s} \cdot \sin(\omega t - kx)$

$\Longrightarrow$ Beschleunigungsamplitude : $\omega^2 \hat{s}$

$\omega = 2\pi f; \; f \cdot \lambda = c \Longrightarrow \omega = \dfrac{2\pi c}{\lambda}$

$\Longrightarrow \hat{s} = 13,74 \text{ mm}$

**11.5**  Der Energiestrom muß überall gleich sein:

$\dfrac{1}{2}\left(\dfrac{\Delta m}{\Delta x}\right)_1 \cdot \omega^2 \cdot \hat{s}_1^2 \cdot c_1$

$= \dfrac{1}{2}\left(\dfrac{\Delta m}{\Delta x}\right)_2 \cdot \omega^2 \cdot \hat{s}_2^2 \cdot c_2$

$c = \sqrt{\dfrac{F_0}{(\Delta m / \Delta x)}}$

$\left(\dfrac{\Delta m}{\Delta x}\right)_2 = \dfrac{1}{2}\left(\dfrac{\Delta m}{\Delta x}\right)_1$

$\Longrightarrow \hat{s}_2 = \sqrt[4]{2} \cdot \hat{s}_1$

**11.6**  $F = 48,4 \text{ N}$

**11.7**  $f_1 = \dfrac{c}{2l}; \quad c = \sqrt{\dfrac{F_0}{\rho \cdot A}} \Longrightarrow$

$A_{max} = 0,045 \text{ mm}^2; \; \alpha_{max} = 0,24 \text{ mm}$

**11.8**  a) $\lambda = 5054 \text{ m/s}$
b) $E = 2 \cdot 10^{11} \text{ N/m}^2$
c) ungerade Vielfache der Grundfrequenz

**11.9**  Hörschwelle: $\hat{s} = 1,1 \cdot 10^{-11} \text{ m}$
Schmerzgrenze: $\hat{s} = 1,1 \cdot 10^{-5} \text{ m}$
Durchmesser Bohr-Atom etwa $10^{-10} \text{ m}$

**11.10**  $N = 1000$

**11.11**  $L = 135,2 \text{ dB}, S = 33,3 \text{ W/m}^2$

**11.12**  $L = 130,6 \text{ dB}, S = 11,38 \text{ W/m}^2$

**11.13**  $i = \dfrac{2 \text{ J/s}}{4\pi \cdot (4 \text{ m})^2} = 0,01 \text{ J/(m}^2 \cdot \text{s)};$
$L = 100 \text{ dB}$: nahe an der Schmerzgrenze

**11.14**  $f_{E1} = 461,1 \text{ Hz}; f_{E2} = 420,8 \text{ Hz}$

**11.15**  $f_E = f_s \cdot \dfrac{1 - \dfrac{v}{c}}{1 + \dfrac{v}{c}}$
a) $f_E = 93\,999\,996\,240 \text{ Hz}$
b) $\Delta f = 52 \text{ Hz}$

**11.16**  $f_E = f_s \cdot \dfrac{1 - \dfrac{v}{c}}{1 + \dfrac{v}{c}} \Longrightarrow$

$v = c \cdot \dfrac{f_E - f_s}{f_E + f_s} = 6,5 \text{ m/s} = 23,3 \text{ km/h}$

**11.17**  $f_s = 30,3 \text{ Hz}$

**11.18**  $f_{E1} = f_s \cdot \dfrac{1}{1 - \dfrac{v}{c}}; \quad f_{E2} = f_s \cdot \dfrac{1}{1 + \dfrac{v}{c}}$

$\dfrac{f_{E1} - f_{E2}}{f_{E1}} = 0,18 \Longrightarrow$

$v_s = 32,6 \text{ m/s} = 117,5 \text{ km/h}$

**11.19**  $f = 170 \text{ Hz} \cdot (2m + 1) \quad m = 0,1,2,\dots$

**11.20**  $x_1 = 174,7 \text{ mm}, x_2 = 438,8 \text{ mm},$
$x_3 = 3426,4 \text{ mm}$

**11.21**  $\sin \alpha_{4V}^{grün} = \sin \alpha_{3V}^{rot} \Longrightarrow$
$\lambda_{grün} = \dfrac{3}{4} \cdot \lambda_{rot} = 0,4746 \text{ μm}$

**11.22**  Abschätzung für Richtung des Maximums
*n*-ter Ordnung:

$\sin \alpha_{nV} = (2n + 1)\dfrac{\lambda}{2b}$

Der Beobachter steht in Richtung eines Maximums 1. Ordnung der Schallwelle und in Richtung eines Maximums 900 000. Ordnung der Lichtwelle. Wegen der mit wachsender Ordnung rasch fallenden Intensität ist das Klavier zwar zu hören aber nicht zu sehen.

**11.23**  Abschätzung für Richtung des Maximums
*n*-ter Ordnung:

$\sin \alpha_{nV} = (2n + 1)\dfrac{\lambda}{2b}$

Das Haus steht in Richtung eines Maximums 1. Ordnung der Schallwelle der Frequenz 50 Hz und eines 16. Ordnung der Schallwelle der Frequenz 550 Hz. Wegen der mit wachsender Ordnung rasch fallender Intensität ist am Haus die Lautstärke tieffrequenter Anteile höher als die höherer Frequenzen.

**12.1**  $\Delta \alpha = 37,38°$

**12.2**  $\phi = \pi - 2\theta'; \; \theta' = \dfrac{\pi}{2} - \theta \Longrightarrow \phi = 2\theta$:
Wechselwinkel an geschnittenen Geraden, die folglich parallel sind.

**12.3** $d(h_\text{w}) = \left\{ 1 - \tan\left[ \text{asin}\left( \frac{1}{n} \cdot \sin\frac{\pi}{4} \right) \right] \right\} \cdot h_\text{w}$

$= \left[ 1 - \frac{1}{\sqrt{2n^2 - 1}} \right) \cdot h_\text{w}$

$d(8\,\text{cm}) = 2,98\,\text{cm}$

**12.4** Brewster-Winkel: $\alpha_{1B} = 53,06°$;

Entfernung $x = \dfrac{100\,\text{cm}}{\cos 53,06°} = 166,4\,\text{m}$

**12.5** $c_\text{rot} = 207\,069\,\text{km/s}$;

$c_\text{violett} = 193\,824\,\text{km/s}$;

*Achtung*: Der Winkel $\alpha$ ist im Bogenmaß zu nehmen!

**12.6** Brechung für $\theta_1 = \pi/2$: $\sin\theta_2 = 1/n$;

Totalreflexion: $\sin\theta_2' = 1/n \Longrightarrow$

$\theta_2 = \theta_2' = \pi/4 \Longrightarrow n = \sqrt{2}$

**12.7** $\dfrac{1}{f} = \dfrac{1}{g} + \dfrac{1}{b}$;

$g \to \infty \Longrightarrow f \to b = 2,5\,\text{cm}$;

$g = 25\,\text{cm} \Longrightarrow f = 2,27\,\text{cm}$

**12.8** $\alpha_1 \approx \dfrac{2\,\text{m}}{100\,\text{m}} \cdot 30 = 0,6$

$\alpha_2 \approx \dfrac{2\,\text{m}}{200\,\text{m}} \cdot 30 = 0,3$

Abstände für gleichen Sehwinkel ohne Fernrohr:

$x_1 = \dfrac{2\,\text{m}}{\tan 0,6} = 2,92\,\text{m}$

$x_2 = \dfrac{2\,\text{m}}{\tan 0,3} = 6,47\,\text{m}$

Abstände der Gegenstände untereinander $x_2 - x_1 = 3,55\,\text{m}$.

**12.9** $b = 7,5\,\text{cm}$, $B = -1,5\,\text{cm}$.

Das Bild ist virtuell und verkleinert.

**12.10** $d = 0,1\,\text{m}$

**12.11** $\varphi_\text{rot} = 41°28'$ und $\varphi_\text{viol} = 40°49'$

**12.12** Die violetten Strahlen werden total reflekiert, die roten Strahlen treten aus dem Glas in die Luft ein.

**12.13** a) $f_1/f_2 = 1,4$

b) In der gegebenen Flüssigkeit wirkt die erste Linse wie eine Zerstreuungslinse und die zweite wie eine Sammellinse.

**12.14** $f = 0,59\,\text{m}$

**12.15** $|r_1| = |r_2| = 25\,\text{mm}$

**12.16** Auf 5 mm

**12.17** Unter einem Winkel von $7°45'$

**12.18** Auslöschung für $\lambda = 0,45\,\mu\text{m}$, Verstärkung für $\lambda = 0,6\,\mu\text{m}$: die Oberfläche erscheint Orange.

**12.19** $d = 5,54\,\text{cm}$, $f_m = f = 3600\,\text{Hz}$

**12.20** Im Öl ist die Wellenlänge kleiner:

$\lambda_\text{Öl} = \dfrac{1}{n}\lambda_\text{Luft}$

**12.21** $\alpha_\text{min} \approx \sin\alpha_\text{min} = \dfrac{0,59\,\mu\text{m}}{3\,\text{mm}} \Longrightarrow$

$d_\text{min} = 100\,\text{m} \cdot \alpha_\text{min} = 2\,\text{cm}$

**12.22** a) $\alpha_\text{min} \approx \sin\alpha_\text{min} = \dfrac{5 \cdot 10^{-7}\,\text{m}}{5\,\text{m}} = 10^{-7}$

b) $\alpha \approx \dfrac{150 \cdot 10^6\,\text{km}}{4,07 \cdot 10^{13}\,\text{km}} = 3,7 \cdot 10^{-6} > \alpha_\text{min}$

**13.1** 1.) $Q = 27,8\,\text{pC}$,

2.) $\varphi_e(\rho) = \dfrac{\varphi_0}{\sqrt{1 + (2\rho/a)^2}}$,

3.) $E(\rho) = \dfrac{Q}{2\pi\varepsilon_0} \dfrac{\rho}{\left( \frac{a^2}{4} + \rho^2 \right)^{3/2}}$,

4.) $\rho = 3,53\,\text{cm}$

5.) $E_\text{max} = 38,5\,\text{V/m}$

**13.2** $r_x = \dfrac{2}{\dfrac{1}{R_A} + \dfrac{1}{R_I}}$

**13.3** $C = \pi\varepsilon_0 l \dfrac{1}{\ln\dfrac{a-R}{R}}$

**13.4** $C' = \dfrac{C}{l} = \dfrac{3}{2}\dfrac{\pi\varepsilon_0}{\ln\dfrac{a-R}{R}}$

**13.5** $q = 73\,\text{nC}$; $N = 4,6 \cdot 10^{11}$

**13.6** Abstand $r = 3\,\text{cm}$ von der kleineren Ladung

**13.7** $F = 9,226 \cdot 10^{-8}\,\text{N}$; $f = 7,154 \cdot 10^{15}\,\text{Hz}$

**13.8** $E = 1400\,\text{N/C}$

**13.9** $\Delta y = 2,2\,\text{cm}$

**13.10** $W_\text{kin} = 14,38\,\text{eV}$; $W_\text{pot} = -28,77\,\text{eV}$

**13.11** a) $r = 4,80 \cdot 10^{-14}\,\text{m}$

b) $r = 2,40 \cdot 10^{-14}\,\text{m}$

**13.12** $E(r) = \dfrac{q/l}{2\pi\varepsilon_0} \cdot \dfrac{1}{r}$

$\varphi(r) = - \displaystyle\int_{r_1}^{r} E(r)\,\mathrm{d}r = \dfrac{q/l}{2\pi\varepsilon_0} \ln\left(\dfrac{r_1}{r}\right)$

**13.13** $Q = 0,668\ \mu\text{C}$

**13.14** $C/l = 56\ \text{pF/m}$

**13.15** $C_G = 2,2 \cdot C$

**13.16** $v = 9,49\ \text{m/s}$

**14.1** $U_1 : U_2 : U_3 : U_4 = 12 : 6 : 4 : 3$

**14.2** $R_1 = 1,2\ \Omega,\ R_2 = 10,8\ \Omega,\ R_3 = 388\ \Omega$

**14.3** $49,6\ \mu\text{m/s}$

**14.4** $(5/6) \cdot R,\ (3/4) \cdot R,\ (7/12) \cdot R$

**14.5** $I_1 = 24\ \text{mA},\ I_2 = -8\ \text{mA},\ I_3 = 16\ \text{mA}$

**14.6**  a) $R_x = 4700\ \Omega$
b) $R_x = 3098\ \Omega$

**14.7**  a) $U = 29\ \text{V},\ P = 725\ \text{W}$
b) $U = 2,9\ \text{V},\ P = 7,25\ \text{W}$

**14.8** $U_L = 11\ \text{V}$

**15.1** $\phi_1 = \phi_2 = \dfrac{\phi_3}{2} = \dfrac{NI\mu A}{2(a+b)}$,

$H_1 = H_2 = H_3 = \dfrac{NI}{2(a+b)}$

**15.2** $I = \dfrac{m \cdot g}{2N \cdot l \cdot B}$

**15.3** $r = 5,84\ \text{cm},\ f = 27,99\ \text{MHz}$
Spiralbahnen

**15.4** $b = 1,077 \cdot r_{12}$

**15.5** $F = 2\ \text{mN}$

**15.6** $n = 1,25 \cdot 10^{19}/\text{cm}^3$

**15.7** $R = a$

**16.1**  1.) $\phi = \dfrac{\mu_0 i \cdot b}{2\pi} \ln\left(\dfrac{a+s}{s}\right)$,

2.) $u_{\text{ind}} = -\dfrac{\mu_0 \cdot N \cdot c \cdot b}{2\pi} \ln\left(\dfrac{a+s}{s}\right)$

**16.2** $u_{\text{ind}} = \dfrac{\mu_0 NIAv}{2\pi(a+s) \cdot s}$, $A = a \cdot b$

**16.3** $L' = \dfrac{L}{l} = \dfrac{\mu_0}{2\pi} \ln \dfrac{R_A}{R_I}$

**16.4** $L' = \dfrac{L}{l} = \dfrac{\mu_0}{\pi} \ln\left(\dfrac{a-R}{R}\right)$

**16.5**  1.) $w_{\text{m}} = \dfrac{B^2}{2\mu_0} = \dfrac{\mu_0 I^2 r^2}{8\pi^2 R^4}$,

$W_{\text{m}} = \displaystyle\int_{V} w_{\text{m}}\,\mathrm{d}V = \dfrac{\mu_0 I^2 l}{16\pi}$,

2.) $L' = \dfrac{2W_{\text{m}}}{I_2 l} = \dfrac{\mu_0}{8\pi}$,

3.) $L' = 2L_i' + \dfrac{\mu_0}{\pi} \ln \dfrac{d}{r} = \dfrac{\mu_0}{\pi}\left(\dfrac{1}{4} + \ln \dfrac{d}{R}\right)$

**17.1**   976 kPa

**17.2**   240 K

**17.3**   7,2 kg

**17.4**   294 K

**17.5**   2 kg

**17.6**   Ausdehnung des Waagebalkens

**17.7**   55 cm

**17.8**   805,8 cm$^3$

**17.9**   $7,74\ \text{kg} \cdot \text{dm}^{-3}$ und $7,28\ \text{kg} \cdot \text{dm}^{-3}$

**17.10**   15,5 km; 7 km; 210 m; nein

**17.11**   $0,47\ \text{kg} \cdot \text{m}^{-3}$

**17.12**   $3,3 \cdot 10^{-5}\ \text{cm}^{-3}$; $3,3 \cdot 10^{-11}\ \text{m}^{-3}$

**17.13**   Azetylen

**17.14**   47 kPa; 19,5 g

**17.15**   $4\ \text{kg} \cdot \text{kmol}^{-1}$

**17.16**   0,4 kmol

**18.1**   Um 16,2 cm$^3$; um 150 K

**18.2**   $c_p > c_V$, da Energie nicht zum Erwärmen des Gases, sondern auch zum Verrichten mechanischer Arbeit notwendig ist. Für 1-, 2- und 3-atomige Gase ist $c_p/c_V \approx 5/3,\ 7/5$ bzw. $4/3$.

**18.3**   Um 1,7 K

**18.4**   60 W

**18.5**   3,3 m/s

**18.6**   Um 38 K

**18.7**   120 MJ

**18.8**   0,32 MPa

**18.9**   0,12 MPa

**18.10**  1400 K

**18.11**  1. Schnelle Kompression des Gases im Zylinder eines Motors oder einer Pumpe; Abkühlung der Luft, wenn sie in die obere Schicht der Atmosphäre aufsteigt, u. a.

2. Beim adiabatischen Prozeß ändern sich alle drei Parameter des Gases.

3. Ja, wenn der Prozeß hinreichend schnell abläuft

**18.12**  $c_p = 685 \, \text{J}/(\text{kg} \cdot \text{K})$

**18.13**  $Q = \dfrac{M}{\mu} C_x \Delta T$, daraus folgt

$C_x = \dfrac{\mu \, Q}{M \Delta T} = 20,8 \cdot 10^4 \, \text{J}/(\text{kmol})$.

Da Sauerstoff ein zweiatomiges Gas ist, spricht die erhaltene Größe $C_x$ dafür, daß die Erwärmung bei konstantem Volumen durchgeführt wurde.

**18.14**  Die molare Masse (hier: die Masse eines Kilogrammatoms) des Kugelmaterials beträgt 107 kg/kmol. Folglich ist die Kugel aus Silber.

**19.1**  120 kW

**19.2**  35 %; 66 t

**19.3**  a) $\eta = 20 \, \%$
b) $W = 1,26 \cdot 10^3 \, \text{J}$

**19.4**  2,1 mal

**19.5**  $\eta = 18 \, \%$

**19.6**  Bei einem umgekehrten Kreisprozeß verrichten äußere Kräfte im Gas die Arbeit $W$. Dabei sind die von dem kalten Körper übernommene Wärmemenge $Q_2$ und die verrichtete Arbeit $W$ gleich der Wärmemenge $Q_1$, die dem wärmeren Körper übergeben wird.

a) $\eta = \dfrac{T_1 - T_2}{T_1} = 0,093$

b) $Q_2 = Q_1 - W = \dfrac{W}{\eta} - W = \dfrac{1 - \eta}{\eta} W$.
Hierbei ist $W = 37000 \, \text{J} = 37 \, \text{kJ}$. Folglich wird $Q_2 = \dfrac{1 - \eta}{\eta} W = 360 \, \text{kJ}$.

**19.7**  Mit der Wärmemenge $Q_0$ kann die Arbeit $W = \eta_2 Q_0$ verrichtet werden, wo-

bei $\eta_2$ der Wirkungsgrad der Wärmemaschine mit $\eta_2 = \dfrac{T_1 - T_2}{T_1}$ ist. Dann wird dem Raum durch die Kältemaschine die Wärmemenge $Q_1 = W/\eta_3$ übergeben, wobei $\eta_3$ der Wirkungsgrad der Kältemaschine mit $\eta_3 = \dfrac{T_1' - T_2'}{T_1'}$ ist. Dann wird

$\dfrac{Q_1}{Q_0} = \dfrac{\eta_2 Q_0}{\eta_3 Q_0} = \dfrac{\eta_2}{\eta_3} = \dfrac{(T_1 - T_2) T_1'}{(T_1' - T_2') T_2}$.

Setzten wir die Werte aus der Aufgabenstellung ein, erhalten wir $Q_1/Q_0 = 3$ d. h., der Raum erhält dreimal weniger Wärme durch die Verbrennung von Holz in einem Ofen als durch Beheizen mit der Wärmemaschine, die die gleiche Holzmenge verbraucht.

**19.8**  $\eta_1 = 20 \, \%$ und $\eta_2 = 30 \, \%$

**19.9**  a) Offensichtlich ist $V_1 - V_2 = Ah$, wobei $A$ die Querschnittsfläche und $h$ der Weg des Kolbens ist. Andererseits gilt $\left( \dfrac{V_1}{V_2} \right)^\kappa = \dfrac{p_2}{p_1}$.

Wenn wir diese beiden Gleichungen für $V_2$ lösen und die gegebenen Werte einsetzten, finden wir $V_2 = 1,76 \cdot 10^{-4}\,^3$.

b) $\dfrac{T_1}{T_2} = \left( \dfrac{p_1}{p_2} \right)^{\frac{\kappa - 1}{\kappa}}$, daraus folgt $T_2 = 680 \, \text{K} = 407°\text{C}$.

c) $W = \dfrac{p_1 V_1}{\kappa - 1} \dfrac{T_1 - T_2}{T_1}$, außerdem ist $V_1 = Ah + V_2 = 1,04 \cdot 10^{-3} \, \text{m}^3$ und $W = 243 \, \text{J}$.

**19.10**  Es gilt $S_2 - S_1 = \displaystyle\int_1^2 \dfrac{\text{d}Q}{T}$.

Da $\text{d}Q = \dfrac{M}{\mu} C_V \, \text{d}t + p \, \text{d}V$ und außerdem $pV = \dfrac{M}{\mu} RT$ ist, wird

$S_2 - S_1 = \displaystyle\int_1^2 \dfrac{M}{\mu} \dfrac{C_V \, \text{d}T}{T} + \int_1^2 \dfrac{M}{\mu} \dfrac{R \, \text{d}V}{V}$

$= \dfrac{M}{\mu} C_V \ln \dfrac{T_2}{T_1} + \dfrac{M}{\mu} R \ln \dfrac{V_2}{V_1}$

$= 5,4 \, \text{J}/\text{K}$.

**19.11** Es gilt $\Delta S = \dfrac{M}{\mu} C_p \ln \dfrac{T_2}{T_1} \dfrac{M}{\mu} R \ln \dfrac{p_2}{p_1}$; bei einem isothermen Prozeß ist $T_1 = T_2$ und

$$\Delta S = -\dfrac{M}{\mu} R \ln \dfrac{p_2}{p_1} = \dfrac{M}{\mu} R \ln \dfrac{p_1}{p_2}.$$

Setzen wir die Werte aus der Aufgabenstellung ein, erhalten wir $\Delta S = 17,3$ J/K.

**19.12** a) $\Delta S = 1,76$ J/K, b) $\Delta S = 2,46$ J/K.

**19.13** $\Delta S \approx 500$ J/K.

**20.1** 303 K

**20.2** 10,4 kg; 102 N

**20.3** Auf 299 K

**20.4** 0,43 kg

**20.5** 380 J/(kg K)

**20.6** 225 l bzw. 75 l

**20.7** 0,3 kg

**20.8** 973 K

**20.9** 3 kg

**20.10** 45 l

**20.11** $\lambda = 1,28$ W/(m K)

**20.12** $Q = 1,9 \cdot 10^5$ J

**20.13** $Q = 11,7$ J

**21.1** 200 kJ; 80 kJ

**21.2** Die Verdampfung bewirkt eine Verminderung der inneren Energie, dabei kühlen Wasser und die umgebenden Elemente ab.

**21.3** Auf 319 K

**21.4** 518 kJ

**21.5** 1620 s

**21.6** Gefrierendes Wasser dehnt sich aus und sprengt die Rohre bzw. den Motorblock.

**21.7** 5,2 MJ

**21.8** 1.) Das Eis schmilzt; das Wasser nimmt die Temperatur 277,5 K an.
2.) Im Wasser bleiben 20 g Eis, die Temperatur beträgt natürlich 0 °C.

**21.9** 18,3 MJ

**21.10** 1700 kg

**21.11** Die Salzlösung bleibt auch bei Temperaturen unter 0 °C flüssig.

**21.12** Wenn Salzwasser gefriert, werden Kristalle reinen Eises abgeschieden; das Salz verbleibt in der Lösung, deren Konzentration ansteigt.

**21.13** 1.) 33,5 kJ
2.) 37,7 kJ

**21.14** 29 g

# Sachwortverzeichnis

abgeführte Energie 337
abgeschlossenes System 312, 355
abgestrahlte Energie 381
Abkühlung 381
absoluter Brechungsindex 219
absolute Temperatur 317
Absorption 222
Achse, Figuren- 101
   freie 100
   Haupt- 100
Adiabate 359 ff.
Adiabatengleichung des idealen Gases 359
Aerodynamik 123
Ampère 1
Ampèresches magnetisches Moment 289
Amplitude 148, 151, 164, 197
   der Anregung 165
   der Antwort 165
Amplitudenfunktion 161
Anfangsamplitude 165
Anfangsbedingungen 150
Anfangssuszeptibilität 398
Anfangstemperatur 378
Anisotropie, optische 399
anomaler Dispersion 222
Anregung 157
Anregungsfrequenz 158
Antiferromagnetika 294
aperiodischer Grenzfall 156
Äquipartitionstheorem 341
Äquipotentialflächen 242
Äquipotentiallinien 242
Aräometer 128
Arbeit 54, 57, 78, 89, 337
   Beschleunigungs- 57
   Expansions- 363
   Feder- 56
   geleistete 337
   Hub- 55
   Kompressions- 338
   mechanische 337
   nutzbare 339, 370
   Reibungs- 55
   Wärme- 338
Arbeitsleistung, reversible 350
archimedisches Prinzip 128
arithmetisches Mittel 379
Asymptote 197

Äther 192
Atom 236
   neutrales 236
   Wasserstoff- 236
atomare Masseneinheit 323
Atomkern 236
Atommodell 236
Atwood-Maschine 51, 88
Auftrieb 127
Auftriebskraft 141
Ausdehnungskoeffizient, isobarer 344
Ausfallswinkel 206
Auslöschung 195, 210 f.
Auslenkung 219
Auswuchten 101
Avogadrozahl 323

Bahngeschwindigkeit 31, 81
Bahnkurve 28
Bahnmoment, magnetisches 294
Ballistisches Pendel 75
bar 125
Basisgröße 264
Beobachter 197
Beobachtungsabstand 197
Beobachtungswinkel 210
Bereich, dynamischer 189
Bernoulli-Gleichung 133
Beschleunigung 12, 78
   Durchschnitts- 12
   Fall- 16
   mittlere 12
   Momentan- 12
   radiale 32
   Winkel- 82
   Zentripedal- 32, 82, 93
Beschleunigungsarbeit 57
Beton 207
Beugung 211
   am Doppelspalt 211
Beugungserscheinung 200
Beugungsgitter 200 f., 223
Beweglichkeit 268, 270
   Temperaturabhängigkeit 269
bewegter Empfänger 190, 210
bewegter Sender 190, 210
bewegtes Bezugssystem 48

Bewegung, eindimensionale 7
    zusammengesetzte 26
Bewegungsgleichung 149 f.
Bewegungsinduktion 298
bewerteter Schallpegel 189
Bezugssystem 6
    rotierendes 93
Binnendruck 331
Blende 199
Bogenmaß 31
Boltzmannfaktor 326
Boltzmann-Konstante 322
Boyle 320
Boyle-Mariottsches-Gesetz 360
Brechkraft 227
Brechungsindex 206, 212
    absoluter 219
Bremszeit 16
Brennstoffzellen 370
Brennweite 227
Brennwert 346
Brewster-Winkel 220

Candela 2
Carnot-Prozeß 360
    reduzierte Wärme 362
    Wirkungsgrad 364
    Zerlegung allgemeiner Prozesse 362
Celsius 318
chemische Energie 337
chemisches Potential 313
Clausius 355, 365
Corioliskraft 95 f.
Coulombsches Gesetz 237 f.
Coulombsches magnetisches Moment 289
Curie-Temperatur 398

d' Alembertsches Prinzip 50
Dampf, nichtgesättigter 394
Dampfdruck 397
Dampfphase 311
Dämpferstärke 161
Dämpfungsgrad 159
Dämpfungsstärke 161
Definition der Stromstärke 291
Deformation 140
    Schub- 140
    Zug- 140
Deformationskraft 40
Dehnung 120
destruktive Interferenz 195, 210
Desublimationsenthalpie 395
Dewar-Gefäß 384
Diamagnetika 294

Dichte 124
Dielektrikum, isotropes 260
dielektrische Verschiebungsdichte 246
dielektrischer Verschiebungsfluß 247
Dielektrizitätskonstante 256
    relative 256
Dielektrizitätszahl 256
Differentialgleichung 150
Differenzkreisfrequenz 161
Dioptrie 227
Dipol 255
    elektrischer 283
    magnetischer 288
Dipolkräfte 236
Dipolmoment, magnetisches 288
    permanentes magnetisches 398
Direktionsmoment 92
Dispersion 222
Doppler-Effekt 189
    bei bewegtem Empfänger 190
Drehbewegung 30, 78
Drehimpuls 98, 103
    Erhaltung bei Gravitation 111
    Erhaltungssatz 98
Drehmoment 82 f., 98, 103, 288
Drehschwingung 92
Drehstuhl 99
Drehzahl 31
Driftgeschwindigkeit 268, 270, 290
Druck 125, 141, 313, 319
    Binnen- 331
    Einheit 319
    hydrostatischer 125, 141
    Schwere- 125
Druckdeformation 118
Druckunterschied 132
Dulong-Petit-Regel 344
Durchflutungssatz 287
Durchschnittsbeschleunigung 12
Durchschnittsgeschwindigkeit 8
Durchschnittsgleichung 64
Durchschnittsleistung 89
dynamischer Bereich 189
dynamisches Grundgesetz 150

ebene Polarkoordinaten 30
ebene Wellen 208
Echolot 207
Edelgase, einatomige 341
Eigenfrequenz 151, 165
Eigenkreisfrequenz 151
Eigenschwingung, von Kontinua 187
Einfallsebene 220

einatomige Edelgase 341
eindimensionale Bewegung 7
einfache Scherung 120
einfache Strömungen 131
einfacher Gleichstromkreis 272
Einfallswinkel 206
Einhüllende 165
Einheitsvektoren 24
Einzelpole, magnetische 286
elastischer Stab 208
elastischer Stoß 7ß 02
elastisches Seil 208
Elastizität 115
Elastizitätsmodul 119, 208
Elastomere 115
elektrische Energie 337
elektrische Feldkonstante 238
elektrische Feldstärke 237, 239
    Feldlinie 239
elektrische Ladung 234 f.
elektrische Leitfähigkeit 267
elektrische Spannung 240
elektrische Stromdichte 266
elektrische Suszeptibilität 256
elektrische Widerstandsheizung 339
elektrische Wirbelfelder 301
elektrischer Dipol 283
elektrischer Leitwert 266
elektrischer Widerstand 266
elektrisches Potential 242
elektrisches Strömungsfeld, stationäres 264
elektrisches Wirbelfeld 306
elektroakustischer Schallgeber 207
Elektrodynamik 217, 234
elektromagnetische Schwingung 217
elektromagnetische Strahlung 381
Elektron 236, 291
Elektronen-Spin 294
Elektrostatik 234 f.
    Gaußscher Satz 247
elektrostatische Kraft 234
Elementarladung 237
Elementarmagnet 284
Elementarwelle 211
Elongation 148, 164
Empfänger, bewegter 190, 210
Endtemperatur 378
Energie 54, 78, 313, 337
    abgeführte 337
    abgestrahlte 381
    chemische 337
    dichte 180

    elektrische 337
        Wärmeerzeugung 345
    kinetische 56 f., 337
    magnetische 337
    mechanische, Wärmeerzeugung 346
    mittlere 337
    potentielle 58, 61, 337
    Rotations- 91
    Schwingungs- 180
    statistisch verteilte 339
    Verbrennungs- 346
    zugeführte 337
    zur Ladungstrennung im Plattenkondensator 259
Energiedichte 260
Energieerhaltung 58, 132
Energieelastizität 115
Energieproduktion 369
Energiesatz der Mechanik 58, 91
Energiestrom 180
Energiestromdichte 183, 209
    elektrische 260
Entropie 116, 312 f., 348, 363 ff.
    ideales Gas 366
    Maximierung 365
    mikroskopische Interpretation 367
    zweiter Hauptsatz 365
Entropieänderung 378
Entropieelastizität 116
eponentiell abklingend 164
Erhaltung, Drehimpuls bei Gravitation 111
    Energie- 132
    Masse- 131
Erregerpunkt 211
Erregung 157
    magnetische 286
Erstarrungsenthalpie 395
erste Maxwellsche Gleichung 306
erster Kirchhoffscher Satz 274
erster Kirchhoffscher Satz für das elektrische Strahlungsfeld 273
erstes Kirchhoffsches Gesetz 273
erzwungene Schwingungen 157
Expansion 338
    isotherme 349
Exponentialfunktion 165

Fallbeschleunigung 16
Farbe des Lichts 222
Feder, Auslenkung 148
Federkonstante 45, 164
Federkraft 148
Federpendel 148, 150

Feld 130, 139
    skalares 130
    Strömungs- 130
    Tensor- 140
    Vektor- 130
Feldgröße 130
Feldkonstante, elektrische 238
    magnetische 287
Feldlinie der elektrischen Feldstärke 239
Feldstärke, elektrische 237, 239
    Feldlinie der elektrischen 239
    magnetische 286
Fequenz, Kreis- 147
Fernfeld 197, 217
Fernfeldnäherung 197
Fernordnung 399
Fernwirkungskraft 111
Ferromagnetika 294, 398
Ferromagnetismus 398
Festkörper 115
Figurenachse 101
Flächenausdehnungskoeffizient 333
Flächenladungsdichte 244 f., 248
Flächensatz 108
Flüssigkeitsthermometer 315
Fluß, geschnittener 299
    magnetischer 285
Flußdichte, magnetische 285
Fluchtgeschwindigkeit 112
Fluid 124
    reales 141
    kompressibles 132
freie Achsen 100
freie Schwingungen 157
freie Weglänge, mittlere 386
Freiheitsgrad 341
    der Schwingung 343
    eines Gases 343
    Zahl 341
Frequenz 31, 147, 164, 177, 208, 210
    änderung 191
    erhöhung 192
    erniedrigte 164
Fresnel 220
Füllstandsanzeiger 127
Fundamentalschwingungen 163

Galilei, Transformation 49
galvanische Zellen 370
Gangunterschied 194, 196, 210
Gas, Freiheitsgrad 343
    ideales 320
    Thermometer 315

    zweiatomiges 341
Gaskonstante, universelle 322
Gaußscher Satz 247
    der Elektrostatik 247, 306
Gay-Lussac 321
Gefäß, kommunizierende 127
Gegentakt 158, 186
Gehen 47
geleistete Arbeit 337
gemittelter Leitwert 388
gemittelter Wärmeleitwert 388
geometrisches Mittel 379
Gesamtdruck 133
Gesamtenergie 337
gesamter Wärmewiderstand 389
Gesamtleistung 272
Gesamtwärmefluß 387
geschlossenes System 313
geschnittener Fluß 299
Geschwindigkeit 78
    Bahn- 81
    Betrag, durchschnittlicher 329
    Durchschnitts- 8
    Flucht- 112
    konstante 10
    Momentan- 9
    wahrscheinlichste 329
geschwindigkeitsabhängig 154
Geschwindigkeitsfeld 130
Geschwindigkeitsprofil 137
Gewichtskraft 40
Gezeitenkraftwerken 370
Gitterkonstante 201, 211
gleichförmige Kreisbewegung 31
gleichförmige Winkelbeschleunigung 33
Gleichgewicht 314
    indifferentes 62 f.
    labiles 62 f.
    lokales thermisches 316
    mechanisches 369
    stabiles 62
    statisches 96
    thermisches 369
Gleichgewichtsbedingung 96
Gleichgewichtszustand 348
gleichphasig 163
Gleichspannungsquelle 272
Gleichstrom 265
Gleichstromkreis, einfacher 272
Gleichstromtechnik 272
Gleichverteilungssatz 328, 341, 344
Gleitreibung 46
Gleitreibungskoeffizient 47

Gleitreibungskraft 46
Grad 31
Gradient 243
Gravitation 108
    feld 111
    feldstärke 111
    konstante 110
Grenzfläche 219
Grenzwinkel 226
Grundgesetz der Dynamik 85
Grundschwingung 187, 210
Güte 159

Haftreibung 46
Haftreibungskraft 46
Haftreibungskoeffizient 46
harmonisch 147
Harmonische Kräfte 45
harmonische Wellen 208
Hauptachsen 100
Hauptebene 227
Hauptsatz, erster 355
    Carnot-Prozeß 360
    nullter 315
    zweiter 365
        perpetuum mobile 367
Heizwert 346
    oberer 347
    unterer 347
Hertz 147
heterogenes System 313
Hochtemperatursupraleiter 400
homogenes System 313
Hookesches Gesetz 45, 51, 120
Hörbereich 188
Hörschwelle 189
    menschliche 189
Hovercraft 136
Hubarbeit 55
Huygensches Prinzip 199, 211
Hydraulik 125
Hydrodynamik 123
hydrodynamisches Paradoxon 135
Hydrostatik 129
hydrostatische Paradoxon 126
hydrostatischer Druck 125
Hyperschall 207
Hysteresekurve 295

ideale Flüssigkeit 131
ideale Spannungsquelle 276
ideales Gas 131, 318, 320
    Adiabate 359
    Adiabatengleichung 359

Entropie 366
Isotherme 360
Gesetz 323
kinetische Theorie 326
spezifische Wärme 358
Zustandsgleichung 323, 330
Impuls 42, 68, 78
Impulsänderung 69
Impulserhaltung 69
Impulssatz 70
Induktion, magnetische 285
Induktionsfluß 302, 304
Induktionsgesetz, verallgemeinerte Form 300
Induktionskonstante 287
Induktivität 303
Inertialsystem 48
Influenz 251
Influenzkonstante 238
Infrarotgeräte 382
Infrarot-Strahlung 382
Ingenieurspannung 118
inkompressibel 118, 128
Inkompressibilität 117
Innenwiderstand 276
innere Energie 355
    erster Hauptsatz 356
    totales Differential 358
    Zustandsfunktion 356
innere Reibung 138
Intensität 183, 188, 209 f., 219
    Referenz- 188
Interferenz 210
    destruktive 195, 210
    konstruktive 194, 210
    von Wellen 193
Interferenzmuster 197
    stationäres 210
Interferometer 224
Internationales Einheitensystem 264
Ionen 237
irreversibler Prozeß 348
    Entropie 365
Isentrope 359
Isentropen 360
Isentropenexponent 342
Isobaren 351
isobarer Ausdehnungskoeffizient 344
Isochoren 351
isochorer Prozeß 358
Isolierstoffe 387
Isotherme 350, 360
    Boyle-Mariottsches-Gesetz 360
    instabiler Bereich 397

isotherme Expansion 349
isothermer Kompressibilitätskoeffizient 344
isothermer Prozeß 349
isotropes Dielektrikum 260

Johannes Kepler 108
Joule 339

Kalorie 338
Kältemaschine 373
Kaltleiter 271
Kapazität 252
Kartesisches Koordinatensystem 6, 24
Kelvin 2, 318
Keplersches Gesetz, erstes 108
   zweites 108
   drittes 109
Kernkraft 236
Kernkraftwerke 369
Kettenmolekülen 115
kinetische Energie 56 f., 337
Kirchhoffsche Regel 273
Kirchhoffscher Satz, erster 274
   erster, für das elektrische Strahlungsfeld 273
Kirchhoffsches Gesetz, erstes 273
   zweites 274
Klang 210
Klemmenspannung 276
Knoten 273
Knotenregel 273, 275
Koerzitivfeldstärke 294
Koexistenzbereich 396
kommunizierende Gefäße 127
Kompaßnadel 283
kompressibel 128
Kompressibilität 117, 128 f., 141, 208, 332
Kompressibilitätskoeffizient, isothermer 344
kompressible Fluide 132
kompressibles Medium 208
Kompression 338
Kompressionsarbeit 337
Kompressionsmodul 117
Kondensationsenthalpie 395
Kondensator 252
   Parallelschaltung 253
   Reihenschaltung 254
konservativ 243
konservative Kraft 59, 241
konstante Geschwindigkeit 10
konstruktive Interferenz 194, 210
Kontinua 207
Kontinuität 131
Kontinuitätsgleichung 132
Kontinuitätssatz 273

Kontinuumsmechanik 117, 139
Konvektion 381, 384
Koordinatensystem, kartesisches 6, 24
Koordinatenursprung 7
Körper, starrer 7
Kraft 40, 78
   Auftriebs- 141
   Coriolis- 95, 96
   Deformations- 40
   Fernwirkungs- 111
   Gesetz 150
   Gewichts- 40
   Gleitreibung- 46
   Haftreibungs- 46
   harmonische 45
   konservative 59, 112, 241
   Muskel- 40
   nichtkonservative 63
   Normal- 46
   Rückstell- 149
   Schwer- 40, 108
   Trägheits- 49
   Verformungs- 40
   Wechsel- 158
   Zentripetal- 93
   zwischen zwei Leitern 290
Kraftfeld, magnetisches 283
Kraftstoß 69
Kreisbewegung, gleichförmige 31
Kreisel 101
   kardanisch gelagert 101
   symmetrischer 101
Kreisfrequenz 31, 147, 164, 209
   erniedrigte 155
Kreisprozeß 373
Kreuzprodukt 81
Kriechfall 156
Kristalle, flüssige 399
   nematische 399
   Strukturunordnung 399
kritischer Punkt 396
Kugelwellen 181, 208
Kühlluftströmungen 381
Kühlung 384
Kühlwasserströmung 381
Kurzschlußleistung 277
Kurzschlußstrom 277
k-Wert 389 f.

Ladung 237
   Einheit 237
   elektrische 234 f.
   negative 235

positive 235
    spezifische 291
Ladungsbewegung, nichtstationäre 234
Ladungsträger 266
Ladungstrennung im Plattenkondensator 259
    Energie 259
Lageordnung 398
$\lambda$ -Übergänge 396
laminarer Strömung 131
Längenausdehnungskoeffizient 333
Lautstärke 188, 210
Lautstärkemaß 188
Lautstärkepegel 189
Leerlaufspannung 277
Lehrsches Dämpfungsmaß 159
Leistung 54, 64, 272
    Durchschnitts- 64, 89
    Momentan- 64, 89
Leistungsanpassung 277
Leistungszahl 373
Leitfähigkeit 387
    elektrische 267
Leitwert, elektrischer 266
    gemittelter 388
    magnetischer 303 f.
Lenzsche Regel 301
Lichtdurchlässigkeit 399
Lichtleiter 225
linearer Widerstand 266
Linienladung 239
Linienladungsdichte 244, 245
Linien-Massendichte 172
Linsen 227
logarithmisches Dekrement 156
longitudinale Wellen 208
Lorentz-Kraft 285, 291, 298
Loschmidtsche Zahl 323
Luftkissenfahrzeug 136

Mach 192
Mach-Kegel 193, 210
Mach-Stoßfront 192, 210
Mach-Welle 192
    Öffnungswinkel 193
Machzahl 192
Magnet 283
Magneteisenstein 283
Magnetfeld 284
magnetische Einzelpole 286
magnetische Energie 337
magnetische Erregung 286
magnetische Feldkonstante 287
magnetische Feldstärke 286

magnetische Flußdichte 285
magnetische Induktion 285
magnetische Kräfte 234
magnetische Monopole 306
magnetische Phasenumwandlung 398
magnetische Polarisation 293
magnetische Suszeptibilität 294
magnetischer Dipol 288
magnetischer Fluß 285
    Quellenfreiheit 286
magnetischer Leitwert 303, 304
magnetischer Widerstand 303
magnetisches Bahnmoment 294
magnetisches Dipolmoment 288
    permanentes 398
magnetisches Feld, Quellenfreiheit 306
magnetisches Kraftfeld 283
magnetisches Moment 289
    Ampèresches 289
    Coulombsches 289
magnetisches Spinmoment 294
Magnetisierung 294
Magnetostatik 234
Magnetpole 288
Manometer, U-Rohr- 127
Mariotte 320
Maschen 273
Maschenregel 241, 274 f.
Masse 164
    molare 323
    schwere 42
    träge 41 f.
Massenanziehung 108
Massendichte 208 f.
Massenpunkt 7
Massenträgheitsmoment 85
    einer Punktmasse 85
Materietransport 174
maximale Verbrauchsleistung 277
Maxwellsche Gleichung 306
    erste 306
    zweite 301, 306
Mayer, R. J. 338, 355
Mechanik, Energiesatz 58, 91
mechanische Schwingungsgeber 206
Medium, elastisches 175
    träges 175
Mehrkörperproblem 68
metallische Phase 399
Michelsonsche Interferometer 224
Mikrochirurgie 207
Minimum erster Ordnung 202
Mischungsregel, Richmannsche 378

Mischungstemperatur 378
   Richmannsche 379
   spezielle 380
Mittel, arithmetisches 379
   geometrisches 379
Mittelwert 4
   Standardabweichung 4
   Ungenauigkeit 4
Mittenkreisfrequenz 161
mittlere Beschleunigung 12
mittlere Energie 337
mittlere freie Weglänge 386
mittlere Seillänge 194
Mol 2
molare Masse 323
molare spezifische Wärmekapazität 341
molare Wärmekapazität 339
Molekül, polares 255
Molmasse 323
Molvolumen 323 f.
Moment, magnetisches 289
Momentanbeschleunigung 12
Momentangeschwindigkeit 9
Momentanleistung 64, 89
Monopole 286
Mostwaage 128
Muskelkraft 40

Naßdampf 394
nematische Kristalle 399
Netzwerk 273
neutral 236
neutrale Atome 236
Neutron 236
Newtonsche Fluide 138
Newtons Gesetzte 40
   erstes 40
   zweites 42
   drittes 44
Nichtgleichgewichtszustände 348
nichtkonservative Kraft 63
nichtlinearer Widerstand 267
nichtstationäre Strömung 265
Nordpol 284
normale Dispersion 222
Normalkraft 46, 123
Normalspannung 121
NTC-Widerstand 271
Nullphase 151, 165
Nutation 101
Nutzleistung 277

oberer Heizwert 347
Oberflächenbeschaffenheit 385

Oberschwingung 187, 210
Öchsle-Grade 128
offenes System 313
ohmscher Widerstand 266, 272
Ohmsches Gesetz 266
   der Wärmelehre 389
optisch dünn 219
optisch dicht 219
optische Achse 227
optische Anisotropie 399
optische Fiber 225
Ordnung 211
Ordnung der Extrema 200
Ordnungs-Unordnungs-Phasenübergang 398
Orientierungsordnung 398
Orientierungspolarisation 255
Ortung 207

Parallelschaltung von Kondensatoren 253
Paramagnet 398
Paramagnetika 294
Paramagnetismus 398
Pendel 152
   Reversions- 153
   Schwere- 152
Pendellänge 152
   reduzierte 153
Pendelmasse 152
Periode 146 f.
Periodendauer 146, 177
periodischer Zustandsänderung 146
permanentes magnetisches Dipolmoment 398
Permanentmagnet 284
Permeabilität 286, 293
   relative 293
Permeabilitätszahl 293
Permittivität 256
Permittivitätszahl 256
Perpetuum mobile, erster Art 356
   zweiter Art 367, 375
Pfeifen 206
Phase 147, 164, 219
   Gleichgewicht 397
   Grenzfläche 313
   metallische 399
   Umwandlung 311
Phasenübergang 344, 395
   erster Ordnung 396
   flüssige Kristalle 399
   Kristallstrukturumordnung 399
   magnetische Phasenumwandlung 398
   Ordnung-Unordnung 398
   zweiter Art 396

Phasendifferenzverlauf 160
Phasengeschwindigkeit 173, 178, 208
Phasenkoexistenz 366
Phasensprung 209
Phasenwinkel 147
piezoelektrischer Effekt 207
Plattenkondensator 239
    Energie zur Ladungstrennung 259
Poissonsches Gesetz 360
Pol 159, 165
polare Moleküle 255
Polarisation, magnetische 293
    vollständige 221
Polarisationsebene 174, 217
Polarisationswinkel 220
polarisierte Wellen 208
Polarkoordinaten, ebene 30
Potential 243
    differenz 242
    elektrisches 242
Potentielle Energie 58, 61, 337
Präzession 102
    Frequenz 102
Präzisionsmessung von Winkeln 225
Prandtlsches Staurohr 134
Prisma 223
Probeladung 238
Pronyschen Zaum 89
Proton 236
Prozeß, adiabatischer 358
    irreversibler 348
    isochorer 358
    isothermer 349, 360
    quasireversibler 349
    reversibler 348
Prozeßführung 350
    reversible 379
    total irreversible 378
PTC-Widerstand 271
Punkt, kritischer 396
Punktladung 239
Punktmasse, Massenträgheitsmoment 85
Pyrometer 316

quasireversible Zustandsänderung 349
quasireversibler Prozeß 349
Quelle 130, 195, 273
Quellenfreiheit, des magnetischen Feldes 306
    des magnetischen Flusses 286
Quellenleistung 273
Quellenspannung 276
Querkraft 135
Querschnitt 208

Rückstellkraft 149
Radialbeschleunigung 32
Raumladungsdichte 244
Rauschen 189
reale Flüssigkeiten und Gase 137
reale Spannungsquelle 276
reales Gas, Zustandsgleichung 331
Realgasfaktor 330
reduzierte Pendellänge 153
reduzierte Wärme 362
Referenzkonfiguration 116
reflektierte Welle 219
Reflexion 184
Reflexionsgesetz 74, 206, 212, 219
Reflexionskoeffizient 220
Regel von Dulong-Petit 344
Reibung 137, 141
Reibungsarbeit 55
Reihenschaltung von Kondensatoren 254
reine Scherströmung 137
reine Scherung 121
Relativabstand 139
relative Dielektrizitätskonstante 256
relative Permeabilität 293
Relativpositionen 123, 139
Relaxationszeit 367
Remanenzflußdichte 294
Remanenzinduktion 294
Resonanz 159
Resonanzfrequenz 165, 222
Resonanzkatastrophe 159
Resonanzkreisfrequenz 159
Resonanzkurvenbreite 161
Resonanzüberhöhung 159
Restwiderstand 400
reversible Arbeitsleistung 350
reversible Prozeßführung 379
reversibler Prozeß 348
    Entropie 365
Reversionspendel 153
Rheologie 123, 138
Richmannsche Mischungsregel 378
Rollen 48
Rollreibungskraft 48
Rotation, Bewegung 7
Rotationsenergie 91
rotierendes Bezugsystem 93
Ruheinduktion 298

Saite 188, 209
Sättigungslinie 343
Sättigungsmagnetisierung 398
Satz von Steiner 86, 87

Schall, Über- 192
Schallgeber, elektroakustischer 207
Schallgeschwindigkeit 209
Schallpegel 210
    bewerteter 189
Schallpegel bzw. Schallintensitätspegel 188
Schallwellen 175, 208
Scherung 137, 140
    reine 121
schiefen Ebene 43
Schmelzenthalpie 395
Schmelzwärme 392
Schmerzgrenze 189
Schmierung 138
Schnelle 151, 179
schräger Wurf 28
Schubdeformation 120, 140
Schubmodul 121
Schubspannung 121, 137
schwarzer Körper, Strahlungskonstante 382
Schwebung 161, 165
Schwebungskreisfrequenz 162
schwere Masse 42
Schweredruck 125
Schwerependel 152
Schwerkraft 40, 108
Schwerpunkt 69
    Geschwindigkeit 69
Schwimmen 141
Schwingung 163
    Dreh- 92
    energie 180
    erzwungene 157
    Freiheitsgrad 343
    Grund- 187
    harmonische 146, 164
    Ober- 187
Schwingungsbauch 186, 209
Schwingungserreger 157
schwingungsfähiges System 207
Schwingungsgeber, mechanischer 206
Schwingungsknoten 186, 209
Schwingungsperiode 146
Schwungrad 90
Seillänge, mittlere 194
Selbstinduktion 303
Selbstinduktivität 303
Sender, bewegter 190, 210
Senke 130
Senkwaage 128
Sensor 254
Sinusfunktion 147
Sirene 206

Skalar 2
skalares Feld 130, 243
Skalarprodukt 55
Snelliussches Brechungsgesetz 206, 212
Solarkonstante 382
Solarmaterie 330
Sonne, Strahlungsleistung 382
Sonnenenergie 347, 370
Spannung, elektrische 240
Spannungsquelle, ideale 276
    reale 276
Spannungsstoß 301
Spannungsteilerregeln 275
Spannungstensor 117, 140
Spektralanalysator 223
Spektrum 223
spezielle Mischungstemperatur 380
spezifische Ladung 291
spezifische Wärme, ideales Gas 358
spezifische Wärmekapazität 339 ff.
    molare 341
spezifischer Heizwert 346
spezifischer Widerstand 267
sphärische Linse 227
Spinmoment, magnetisches 294
Spiralfeder 151
Sprungtemperatur 400
Störungen 207
Stahl 207
Standardabweichung 4
    des Mittelwertes 4
starrer Körper 7, 78
stationäre Strömung 131
stationärer Zustand 318, 386
stationäres elektrisches Strömungsfeld 264
stationäres Interferenzmuster 210
statischer Druck 133
statisches Gleichgewicht 96
statistisch verteilte Energie 339
Staudruck 133
Stefan-Boltzmann-Gesetz 382
Stefan-Boltzmann-Konstante 382
stehende Welle 209
Steifigkeit 172
Steinerscher Satz 153
Stoß 71
    elastischer 71
    inelastischer 71, 74
    total inelastischer 71, 74
Stoßwellen 174
Strömung 123
    nichtstationäre 265

Strömungsfeld 130
    stationäres elektrisches 264
Strahl 219
Strahlenoptik 211
Strahlung, elektromagnetische 381
    Solarkonstante 348
Strahlungskonstante des schwarzen Körpers 382
Strahlungsleistung der Sonne 382
Strom 264 f.
Stromdichte 266
    elektrische 266
Stromlinien 130
Stromstärke 291
Stromteilerregeln 276
Sublimationsenthalpie 395
Südpol 284
Superpositionsprinzip 26, 165, 245
Supraleitung 400
Suszeptibilität, elektrische 256
    magnetische 294
symmetrischer Kreisel 101
synchron schwingende Quellen 211
System, schwingungsfähiges 207

Takt 158
Teilchenzahl 313
Temperatur 313
    absolute 317, 321
    Celsius-Skala 318
    Curie- 398
    Kelvin-Skala 318
    Mischungs- 378
    thermodynamische 317
Temperaturabhängigkeit, Beweglichkeit 269
    Widerstand 269
Temperaturausgleich 378
Temperaturerhöhung 338
Temperaturmeßtechnik 270
Tensor 2, 116
    Spannungs- 140
Tensorfeld 140
Thermoelement 315
thermodynamische Maschine 369
    Wirkungsgrad 371
thermodynamische Temperatur 317
thermodynamisches System 312
Thermometer 315
Thermosflasche 384
Tonhöhe 210
Torsion 122, 140
total irreversible Prozeßführung 378
totale Wärmekapazität 338 f.
totales Differential 363

Totalreflexion 226, 230
träge Masse 41 f.
Trägheit 149
Trägheitskraft 49
Trägheitsmoment 341
Trägheitsprinzip 41
Transformation, Galilei- 49
Transformatoren 301
transformatorische Induktion 298
Translation 7
Transmissionskoeffizient 220, 229
transmittierte Welle 219
Transportgeschwindigkeit 386
transversale Wellen 208
Treibhauseffekt 369, 382
Tripelpunkt 318
turbulenzfrei 131

Überhöhung 161
Überlagerung 161, 165, 193, 210
    von Translations- und Drehbewegung 34
Überschall 192
Überschallbereich 192
Überschallbewegung 192
Überschallgeschwindigkeit 192
Überschallknall 193
Ultraschalldiagnostik 207
Ultraschallecho 207
Ultraschallreinigung 207
Ultraschalltherapie 207
Ultrazentrifuge 93
Umwandlungstemperatur 399
Ungenauigkeit im Mittelwert 4
universelle Gaskonstante 322, 324
Unruh 151
unterer Heizwert 347
U-Rohr-Manometer 127

van der Waals-Gleichung 331
    Isotherme 397
Vektor 2
    Addition 23
    Differenz 24
    Einheits- 24
    Grundbegriffe 22
    Komponenten 22
    Multiplikation 23
    Produkt 81
Vektorfeld 130, 239
Venturi-Düse 134
verallgemeinerte Form des Induktionsgesetzes 300
Verbraucher 273
Verbraucherzählsystem 273
Verbrauchsleistung, maximale 277

verbrauchte Energie im Leiter 272
Verbrennungsenergie 346
Verbrennungskraftwerke 369
Verbrennungsmotoren 369
Verdampfungsenthalpie 395
Verdampfungswärme 392
Verdrillung 122
Verformung 116 f.
Verformungsarbeit 56
Verformungskraft 40
Verformungsverhaltens 117
Verlustfaktor 159
Verlustleistung 277
Verlustwärme 374
Vernetzungsstellen 115
Verschiebungsdichte 246 f.
    dielektrische 246
Verschiebungsfluß 247
    dielektrischer 247
Verschiebungspolarisation 255
Verstärkung 194, 210 f.
viskose Dämpfung 154
Viskosität 137 f., 141, 384
    dynamische 138
    kinematische 139
vollständige Polarisation 221
Volumen 313
Volumenausdehnungskoeffizient 321, 332 f.
Vorspannkraft 172, 208

Wärme 338, 356
    aus elektrischer Energie 345
    aus mechanischer Energie 346
    Definition der Kalorie 338
    reduzierte 362
    Sonnenenergie 347
    Verbrennungsenergie 346
    Verlust- 374
Wärmeübergang 381, 383
Wärmeübergangskoeffizient 384
Wärmeübergangszahl 384
Wärmeübertragung 381
Wärmeaustausch 378, 381, 383
Wärmebad 349, 380
Wärmedurchgang 389
Wärmedurchgangskoeffizient 389 f.
Wärmefluß 383
Wärmeflußgleichung 388
Wärmekapazität 338
    ideales Gas 358
    konstantes Volumen 358
    molare spezifische 339, 341
    pro Masseneinheit 340

    spezifische 339 ff.
    totale 338 f.
Wärmekraftmaschine 369, 373
    Mischungstemperatur 379
    Wirkungsgrad 371
Wärmelehre, Ohmsches Gesetz 389
Wärmeleitfähigkeit 386
Wärmeleitfähigkeitswert 386
Wärmeleitung 383, 385
Wärmeleitwert 386
    gemittelter 388
Wärmeleitzahl 372, 384
Wärmemenge 338
Wärmepumpe 373 f., 379
Wärmequelle 373
Wärmesenke 373
Wärmestrahlung 381
    Solarkonstante 348
Wärmestrom 383
Wärmestromdichte 383
Wärmetauscher 381
Wärmeverlust 383
Wärmewiderstand 388
    gesamter 389
waagrechter Wurf 27
wahre Spannung 118
Warmleiter 271
Wasserkraftwerken 370
Wasserstoffatom 236
Wassertiefenbestimmung 207
Wechselkraft 158
Weg 78
Weglänge, mittlere freie 386
Welle 163, 173
    ebene 181, 208
    harmonische 176 f., 208
    Interferenz 193
    Kugel- 181, 208
    longitudinale 174, 208
    polarisierte 174, 208
    Schall- 175
    stehende 185, 209
    Stoß- 174
    transversale 174, 208
    Zylinder- 181, 208
Wellenausbreitungsgeschwindigkeit 172
Wellenausbreitungsrichtung 208
Wellenbewegung 171
Wellenerreger 177
Wellenfront 219
Wellengleichung 207
    Lösung 177

Wellenlänge 177, 208
  des Ultraschalls 207
  verkürzung 190
  verlängerung 190
wellentragende Medien 207
Wellenzahl 177, 208
Werkstoffe, energieelastische 115
  Verhalten von 117
Werkstoffprüfung 207
Widerstand, elektrischer 266
  linearer 266
  magnetischer 303
  nichtlinearer 267
  ohmscher 266
  spezifischer 267
  Temperaturabhängigkeit 269
Widerstandsheizung, elektrische 339
Windenergie 370
Winkelbeschleunigung 79, 82
  gleichförmige 33
Winkelgeschwindigkeit 79
  mittlere 31
  momentane 31
Wirbelfeld, elektrisches 301, 306
Wirbeln 131
Wirbelstrombremsen 301
Wirkungsgrad 64 f.
  einer Maschine 364, 371
Wurf, schräger 28
  waagrechter 27
Wurfweite 29

Youngscher Modul 119

Zahl der Freiheitsgrade 341
Zahl der Umdrehungen 31
Zähigkeit 137, 141
  dynamische 138
  kinematische 139

Zeit 78
  für eine Periode 31
Zellen, galvanische 370
Zentralbeschleunigung 93
Zentrifugalkräfte 93
Zentrifugalkraft 291
Zentripetalbeschleunigung 32, 82
Zentripetalkraft 93
Zinnpest 399
Zugdeformation 118, 140
zugeführte Energie 337
Zugspannung 118
zusammengesetzte Bewegung 26
Zustand, stationärer 386
Zustandsänderung
  irreversible 348
  isotherme 349
  quasireversible 349
  reversible 348
Zustandsfunktion, der Entropie 365
  der inneren Energie 356
Zustandsgleichung 314, 323, 366
  für Festkörper 332
  ideales Gas 323, 330
  reales Gas 331
  van der Waals 331
Zustandsgröße 313
  extensive 314
  intensive 314
Zustandsvariable 314, 368
zweiatomiges Gas 341
Zweig 273
Zweikörpersystem 69
Zweiphasen-Koexistenzbereich 396
zweite Maxwellsche Gleichung 301, 306
zweiter Kirchhoffscher Satz 274
zweites Kirchhoffsches Gesetz 274
Zyklus 371
Zylinderspule 287
Zylinderwellen 181, 208

H. Stöcker u.a.
**Taschenbuch der Physik**
1.087 Seiten, Plastikeinband,
ISBN 3-8171-1556-3

Ein Nachschlagewerk für Ingenieure
und Naturwissenschaftler, die im physi-
kalisch-technischen Sektor tätig sind.
Eine Formelsammlung für Studierende
dieser Fachrichtungen, die den relevanten Stoff leicht auffinden möchten. Das
strukturierte Inhaltsverzeichnis, die
Griffleisten für den schnellen Zugriff,
das umfassende Stichwortregister und
die übersichtlichen Definitionen der
Begriffe und Formeln erleichtern das
rasche Auffinden des Gesuchten.

H. Stöcker u.a.
**Taschenbuch der Physik**
mit Multiplattform-CD-ROM
ISBN 3-8171-1580-6

Die dem Buch beiliegende CD-ROM aus der DeskTop-Reihe enthält den komplet-
ten Inhalt des Taschenbuches der Physik als vernetzte HTML-Struktur mit farbigen
Abbildungen und multimedialen Zusatzkomponenten, angereichert mit Filmen im
QuickTime-Format.
Die Multimedia-Physik-Enzyklopädie ist plattformübergreifend nutzbar, das Medi-
um ist damit eine zeitgemäße Lern- und Arbeitshilfe an PC, Workstation oder Mac.

W. Bauer u.a.
**cliXX • Physik**
Multimedia-CD-ROM auf HTML-Basis,
ISBN 3-8171-1553-9

Als einführender Lehrgang in
die Physik vermittelt die CD-
ROM Grundwissen aus den
Gebieten Mechanik, Wärme-
lehre, Schwingungen, Wellen.
Der Lehrgang wendet sich an
Ingenieur- und Universitätsstu-
denten mit Physik im Neben-
fach, ist aber, aufgrund der
multimedialen Aufbereitung,
auch in der Sekundarstufe II
schon sinnvoll einsetzbar. Der
Lernerfolg wird unterstützt
durch interaktiv zu lösende
Aufgaben mit jeweils neu generierten Zahlenwerten, Lösungshilfen und -kontrollen.
Die durch Hyperlinks vernetzte HTML-Struktur integriert Text, Farbgraphiken, Ta-
bellen und Quick-Time-Videos. cliXX•Physik ist als HTML-Dokument plattformübergreifend nutzbar, das Medium ist damit eine zeitgemäße Lern- und Arbeitshilfe an PC, Workstation oder Mac.

**Fachlexikon ABC Physik**
Ein alphabetisches Nachschlagewerk in 2 Bänden
1.046 Seiten, etwa 11.000 Stichwörter,
1.600 Abb. im Text, 48 teils farbige Tafeln, graphische Darstellungen
und Literaturanhang, 2 Bände, Ln. mit Schutzumschlag,
ISBN 3-8171-1047-2

Halblederausgabe mit Goldprägung
ISBN 3-8171-1227-0

Die ca. 11.000 Stichwörter erläutern physikalische Gesetzmäßigkeiten und
Zusammenhänge sowie typische Anwendungen auf verschiedenen Gebieten.

# Aus unserem Verlagsprogramm

N. Treitz
**Brücke zur Physik**
für Schüler der Oberstufe,
Studienanfänger und Lehrkräfte
424 Seiten, zahlr. Abb., Aufgaben und
kurze Computerprogramme, kart.,
ISBN 3-8171-1518-0

Einführung in die Physik auf dem Niveau der Sekundarstufe II unter Benutzung einfacher Formeln der Integral- und Differentialrechnung. Die Darstellung orientiert sich am Schulstoff, wobei der Stil nicht ganz so streng ist und die Beispiele mitunter etwas unorthodox sind. Der Autor versteht es hervorragend, das Augenmerk auf kritische Punkte zu lenken, die im Unterricht manchmal etwas untergehen.

N. Treitz
**cliXX • Physik in bewegten Bildern**
Multimedia-CD-ROM auf HTML-Basis
ISBN 3-8171-1577-6

Wie schon in seinem Buch „*Brücke zur Physik*" behandelt der Autor auch auf der Multiplattform-CD-ROM in unkonventioneller Weise ein breites Themenspektrum der Physik. Die CD-ROM ermöglicht, physikalische Zusammenhänge nicht mehr nur statisch in Graphiken, sondern durch dynamische Animationen im QuickTime-Format darzustellen. Die durch Hyperlinks vernetzte HTML-Struktur verbindet tabellarische Themenüberblicke, kurze einführende und erklärende Texte, Animationen physikalischer Modelle, gefilmte Experimente, Programmsequenzen in Pascal sowie Aufgaben mit Lösungen. Darüber hinaus enthält die Multiplattform-CD-ROM stereoskopische Animationen: Mit der beiliegenden Stereo-Brille erscheinen geometrische Objekte als frei im Raum schwebend. Die CD-ROM ist geeignet für Lehrkräfte, Studienanfänger und Schüler der Sekundarstufe II.

N. Treitz
**Brücke zur Physik**
**mit Multimedia CD-ROM cliXX•Physik in bewegten Bildern**
ISBN 3-8171- 1578-4

N. Treitz
**Spiele mit Physik!**
Ein Buch zum Basteln, Probieren und Verstehen
272 Seiten, zahlr. Abb., kart.,
ISBN 3-8171-1498-2
Zu jedem Versuch wird angegeben, was man dazu braucht, wie er vorzubereiten und durchzuführen ist. Im Nachwort für Lehrer werden Hinweise vermittelt, wie die Versuche auch im Unterricht als Leckerbissen eingesetzt werden können.

*- Irrtümer vorbehalten -*

K. Simonyi
**Kulturgeschichte
der Physik**
Von den Anfängen
bis 1990
576 Seiten, zahlreiche
Abb. und Tafeln,
Ln. mit Schutzum-
schlag,
ISBN 3-8171-1379-X

...Der Ungar Károly
Simonyi hat ein Buch
geschrieben, das sei-
nesgleichen sucht...
*Rheinischer Merkur*

...Kulturgeschichte der Physik, Wissenschaftsgeschichte: das ist noch
viel zu bescheiden. Das Buch ist eine Bibliothek, ein Bildarchiv, ein Kul-
turdepot...

*Norddeutscher Rundfunk*

...Wenn man kein anderes Werk über die Geschichte der Naturwissenschaften hat, dieses müßte her. Für den interessierten Leser, ob Laie
oder Fachmann, ist es ein reichhaltiger Fundus, den zu erschließen
unerwartetes Vergnügen bereitet...

*F.A.Z.*